湖北五峰后河国家级自然保护区科考丛书

湖北五峰后河国家级自然保护区
综合科学考察报告

刘 芳 李迪强 毛业勇 主编

中国林业出版社

图书在版编目(CIP)数据

湖北五峰后河国家级自然保护区综合科学考察报告 / 刘芳等主编. —北京：中国林业出版社，2022.8
（湖北五峰后河国家级自然保护区科考丛书）
ISBN 978-7-5219-1826-7

Ⅰ.①湖… Ⅱ.①刘… Ⅲ.①自然保护区-科学考察-考察报告-五峰土家族自治县 Ⅳ.①S759.992.634

中国版本图书馆 CIP 数据核字(2022)第 151928 号

中国林业出版社·自然保护分社（国家公园分社）

策划与责任编辑：葛宝庆　肖　静
电话：(010)83143577

出版发行	中国林业出版社（100009　北京市西城区刘海胡同 7 号）
	http://www.forestry.gov.cn/lycb.html
印　　刷	河北京平诚乾印刷有限公司
版　　次	2022 年 8 月第 1 版
印　　次	2022 年 8 月第 1 次印刷
开　　本	889mm×1194mm　1/16
印　　张	28.5
彩　　页	14 面
字　　数	820 千字
定　　价	120.00 元

未经许可，不得以任何方式复制或抄袭本书之部分或全部内容。

版权所有　侵权必究

编辑委员会

主　　任　江泽平
副 主 任　陈　华　王润章
委　　员　李伦华　万　红　刘新平　柯志强　邓红静　陈宏铃　毛业勇

主　　编　刘　芳　李迪强　毛业勇
副 主 编　张代贵　宿秀江　栾晓峰　张培毅　茆灿泉　陈双林　刘胜祥
　　　　　姬云瑞　韦雪蕾
编　　委　（以姓氏笔画为序）
　　　　　王业清　王永芳　王永来　王永英　王永香　王永琼　王永超
　　　　　王新忠　韦雪蕾　邓　权　邓　昊　邓长胜　左　杰　吕　泓
　　　　　朱雨诗　朱晓琴　向明月　向明贵　向明喜　向梅花　刘　琼
　　　　　刘伯寿　刘建华　许建华　许海波　杜建锋　李凤英　李忠华
　　　　　杨　林　杨　佳　杨继红　何　平　何玉芬　汪　磊　张　娥
　　　　　张　超　张国锋　陈　岑　陈政宇　陈昱竹　陈敏豪　邵建峰
　　　　　罗小华　郑志章　宗　宇　赵润锋　胡　杨　胡发祥　胡琼芳
　　　　　聂才爱　姬云瑞　黄德兰　黄德枚　龚仁琥　隗向阳　程玉芬
　　　　　曾凡焌　薛　锋

学术支持单位
　　中国林业科学研究院森林生态环境与自然保护研究所
　　吉首大学
　　北京林业大学
　　中国科学院昆明植物研究所
　　西南交通大学
　　南京师范大学
　　华中师范大学
　　武陵山动植物研究所

编撰指导单位
　　湖北省林业局自然保护地管理处
　　湖北省林业局野生动植物与湿地保护管理处
　　湖北省野生动植物保护总站
　　宜昌市林业和园林局

序 一

湖北五峰后河国家级自然保护区地处我国生物多样性保护优先区武陵山地区的东段，同时也处于我国植物特有性三大核心区之一的鄂西地区，是北亚热带与中亚热带的过渡带，生态地理位置十分重要，古老孑遗物种相当丰富，成为生物避难所和中国特有物种的集中分布区之一。

我所自然保护地与生物多样性学科组的专家利用数字化采集的创新技术，开展了扎实的野外调查工作，将湖北五峰后河国家级自然保护区（以下简称后河保护区）网格化，基于网格进行高等植物（植物物种、植物群落）、鸟类和兽类调查取样，并且采用数据采集应用程序（APP）开展野外数据收集，建立了后河保护区监测平台。

本底资源调查成立了领导小组，由保护区管理局局长担任组长，相关专题负责人与后河各科室相关人员组成。设立了保护区本底资源调查工作管理办公室，负责调查工作的组织、管理、协调等工作。本次调查采用首席科学家李迪强研究员负责制，由首席科学家和专题负责人共同编制《湖北五峰后河国家级保护区本底资源调查工作实施方案》，并严格执行。

按照专业分工，组成植物、植被、兽类、鸟类、小型哺乳类、两栖爬行类、鱼类和无脊椎动物综合调查队，由参加单位有关科学家任队长。

本底资源调查不仅极大地补充和修订了生物物种，而且明确划分了各生物类群的生物群落，分析了生物区系，成果科学、明确，表明了专业队伍扎实的生物区系学、生物地理学、生物群落学的功底。

通过调查，发现了新物种2种，包括1种鱼类新种和1种真菌新种，发现了植物新记录1409种、真菌251种、苔藓植物14种以及地衣15种。新增后河保护区新记录脊柱动物117种以及昆虫1911种。本次调查丰富了后河保护区的物种记录，为后河保护区生物多样性保护工作提供了关键的基础数据。

后河保护区虽然面积不是很大，但是这项自然资源科学本底考察却仍有值得同业学习借鉴之处，如比较强的领导和协调班子，严谨和先进的考察调查方法，有着扎实专业基础的科学队伍。李迪强团队是中国林业科学研究院一开始就从事自然保护系统考察、管理、规划研究的团队，参与国家相关事业的筹划与发展，本身拥有很强的野生动物、大型濒危兽类等的调查监测经历，获得不少显著成果。

自然保护区是我国生物多样性保护的基础，自然保护区的科学考察工作只是为自然保护区的科学管理迈出了第一步。后河保护区位于我国长江中游的关键区域，在长江经济带生物多样性保护中有着重要地位，希望后河保护区继续联合中国林业科学研究院的专家，在自然保护区生物多样性科学保护上做出更多的创新成果，促进我国生物多样性保护优先区乃至长江经济带的自然保护工作，为我国生态文明建设创举出新典范。为此祝愿与期盼，欣然作序。

中国科学院院士
中国林业科学研究院首席科学家
中国林业科学研究院森林生态环境与
自然保护研究所名誉所长

2022 年 7 月

序 二

后河国家级自然保护区地处我国云贵高原东延部分的武陵山区，是湖北省第二个森林生态类型的国家级自然保护区，也是长江经济带的天然种质基因库，拥有被赞誉为"中国仅有，世界罕见"的"稀有珍贵树种群落"、水丝梨纯林以及珙桐、光叶珙桐林，还是北纬30°上的一颗璀璨明珠！

为进一步摸清保护区物种资源现状，2017年，经原省林业厅批准，后河保护区依托中国林业科学研究院和北京林业大学、中国科学院昆明植物研究所等力量，启动资源本底调查工作。由57位专家和31名保护区职工组成的科考队伍，历时5年时间完成了这项系统、全面、复杂的科研工作。其间，开展了74轮累计455天的外业调查，采集标本3万余份，收集电子数据超过2200GB，获得了大量珍贵的标本、数据、样方、照片、视频等一手资料。

这次调查意义重大、成果丰硕、影响深远。通过调查，发现了一批珍稀物种，丰富了物种图谱，保护区103.4km² 范围内共有野生维管束植物3302种，陆生野生脊椎动物417种，包括珙桐、长果安息香、中华秋沙鸭、金雕等国家重点保护野生动植物140余种；运用了一批先进技术，打造了示范样板，采用全要素"公里网格"法取样以及个人数码助理(PDA)系统采集数据，拥有享有软件著作权的科考APP，创新制作新型植物标本等，多项技术系在行业内率先应用；培养了一批业务骨干，提升了保护能力，保护区干部全程参与调查，有效掌握了标本采集制作、样方调查监测、动植物物种鉴别等方法，培养了一批本土专家队伍；建立了一批协作机制，增强了技术支撑，保护区同中国林业科学研究院、北京林业大学等近10家院校建立了科研协作机制，为开展后续科研监测提供了有力支撑；形成了一批宝贵成果，提高了保护水平，完成相关科研论文17篇，主要调查成果编撰成1个综合、8个专题科考报告，形成了一套后河科考成果丛书。这本《湖北五峰后河国家级自然保护区综合科学考察报告》，正是这次调查的"重量级"成果之一。

习近平总书记指出，人不负青山，青山定不负人。这次本底调查，特别是科考丛书的出版，树立了全域生物多样性保护的"湖北标杆"，必将对全省保护区建设和林业资源保护起到重要促进作用。我相信，后河国家级自然保护区将在新时代新征程上，牢记初心使命，擦亮绿色名片，奋力续写辉煌，为建设人与自然和谐共生的美丽湖北贡献更大力量！

王昌友
2022年7月

前 言

湖北五峰后河国家级自然保护区(以下简称后河保护区)位于我国三大阶梯的第二向第三阶梯的过渡地带，地处湘、鄂两省交界的武陵山东段。武陵山脉是连接云贵高原与我国亚热带地区东部的重要纽带，是北亚热带与中亚热带的过渡带，是我国东亚成分迁移过程中介于秦岭与南岭之间的重要通道，具有其他地区不可替代的重要性。武陵山脉还地处中国17个具有国际意义的生物多样性关键地区、全球200个重要生态区之一的武陵山区东段，是中国生物区系核心地带——华中区的重要组成部分。后河保护区处于云贵高原向东南丘陵平原的过渡地带和中亚热带向北亚热带的过渡地带，生物区系具有十分明显的过渡性和代表性，古老子遗物种相当丰富，成为生物避难所和中国特有物种的集中分布区之一。

为了全面调查后河保护区野生动植物、文化和社会资源本底，获取翔实的资源本底信息，建立本底资源数据库，建立后河保护区资源共享平台，掌握重要物种动态变化规律，分析其生境与受威胁的主要因素，为保护区培养一批能独立完成资源调查、鉴定和资料整理的技术人员，以中国林业科学研究院森林生态环境与自然保护研究所(以下简称森环森保所)为主的科研机构，自2017年开始了后河保护区的本底资源调查。将后河保护区划分为$2\times2km^2$的网格，后河保护区累计有26个网格，高等植物(植物物种、植物群落)、鸟类和兽类调查样线和鸟兽调查取样均基于网格进行，要求每个专题在每个网格内均有实地调查，保证取样空间代表性。在时间上，要求植物物种在生长季节有2个季节的重复调查，野生动物样线有冬春季和夏季调查，鸟类有在春秋迁徙季节和繁殖季节的调查。调查时采用数据采集APP开展野外数据收集，建立了后河保护区监测平台。

本底资源调查成立了领导小组，由保护区管理局毛业勇局长担任组长，成员由相关专题负责人与后河科研所、项目管理科、计划财务科、后河管理站和茅坪管理站等相关人员组成。设立了保护区本底资源调查工作管理办公室，负责调查工作的组织、管理、协调等工作。

本底资源调查采用首席科学家负责制，首席专家为森环森保所自然保护地与生物多样性学科组的首席专家李迪强研究员。

按照专业分工，组成植物、植被、兽类、鸟类、小型哺乳类、两栖爬行类、鱼类和无脊椎动物综合调查队，每个调查小组均配备2~3名保护区内的相关工作人员。此外，保护区配备专门工作人员参加监测平台工作。首席科学家和专题负责人共同编制《湖北五峰后河国家级自然保护区本底资源调查工作实施方案》。

参加单位和分工如下。

植物多样性：吉首大学，组长为张代贵教授。

植被：武陵山动植物研究所，组长为宿秀江正高级工程师。

兽类和鸟类：森环森保所，组长为刘芳副研究员。

小型哺乳类、两栖爬行类、鱼类：北京林业大学，组长为栾晓峰教授。

无脊椎动物：森环森保所，组长为张培毅研究员。

本底资源调查结果表明，后河保护区有3个植被型组10个植被型17个植被亚型46个植物群系组79个植物群系。垂直分布带谱明显，海拔从低到高，依次出现常绿阔叶林、硬叶阔叶林与暖性针叶林带，常绿、落叶阔叶混交林带，落叶阔叶林带，温性针叶林带，山地灌丛带和山地草甸带。

后河保护区植物种类丰富多样，包括维管束植物共202科1112属3307种(包含种下分类群、栽培植物），苔藓植物61科132属272种，地衣植物16科30属57种。维管束植物中的蔷薇科、菊科、禾本科、豆科、唇形科、兰科是该区所含种数较多的科；木通科、山茱萸科、五味子科和清风藤科等，在后河地区具有重要植物地理学指示意义，是武夷山地区的表征科。

后河保护区良好的地理环境、优越的气候条件为野生动物提供了一个理想的繁衍生息环境，使其境内具有丰富的野生动物资源。据调查，保护区内已知的陆生脊椎动物有4纲28目98科417种，水生脊椎动物有3目4科8种，昆虫有19目218科1964属2476种。陆生脊椎动物中包括两栖类动物2目9科41种、爬行类动物2目10科53种、鸟类动物16目55科255种和哺乳类动物8目24科68种。

调查共获得大型真菌标本703份，结合形态分类学和分子系统学研究，共鉴定出子囊菌43种，隶属于4纲6目16科27属；担子菌294种，隶属于3纲13目54科145属；共计7纲19目70科172属337种，为保护区新增了251种大型真菌记录。至此，后河保护区共知大型真菌413种。

后河保护区珍稀濒危动植物物种较多，国家重点保护野生植物有76种，其中，国家一级重点保护野生植物有5种，即红豆杉、南方红豆杉、珙桐、曲茎石斛、大黄花虾脊兰；国家二级重点保护野生植物有篦子三尖杉、连香树、闽楠等71种。国家重点保护野生动物有66种，其中，国家一级重点保护野生动物有穿山甲、大灵猫、金猫、云豹、金钱豹、林麝、中华秋沙鸭和金雕等8种，国家二级重点保护野生动物有猕猴、黑熊、黄喉貂、水獭、豹猫、红腹角雉、松雀鹰、灰林鸮、领鸺鹠、红脚隼等58种；而为《濒危野生动植物种国际贸易公约》(CITES)附录Ⅰ收录的野生动物有9种，CITES附录Ⅱ收录的有10种；被《世界自然保护联盟濒危动物红色名录》列为受威胁(CR、EN和VU)的物种有16种；被《中国濒危动物红皮书》列为受威胁(CR、EN和VU)物种收录的动物有44种。

由于独特的生态环境和优越的气候条件，后河保护区物种资源十分丰富。保护区地处中亚热带湿润季风气候区，与所处气候带对应，区内地带植被有中亚热带典型的湿润常绿落叶林与落叶混交林的特征形态，特别是大片珍稀植物群落保持着原始状态，其多样性、稀有性和代表性都十分显著。保护好后河的绿水青山以及丰富的生物多样性，在我国生物多样性保护上具有重要的意义。

本次综合科学考察报告编制工作得到了湖北省各级政府、相关部门的大力支持和帮助，在此表示衷心感谢。由于时间仓促，加之水平有限，不足之处在所难免，望各位专家和同仁批评指正。

编辑委员会
2021年12月

目 录
CONTENTS

序 一

序 二

前 言

第1章 总论 ··· 001
  1.1 自然地理概况 ·· 001
    1.1.1 地理位置 ··· 001
    1.1.2 地质地貌 ··· 001
    1.1.3 水文 ·· 001
    1.1.4 土壤 ·· 001
    1.1.5 气候 ·· 001
  1.2 自然资源概况 ·· 002
    1.2.1 植被和植物资源 ··· 002
    1.2.2 野生动物资源 ·· 002
    1.2.3 野生大型真菌资源 ·· 003

第2章 自然环境 ··· 004
  2.1 地质概况 ·· 004
    2.1.1 地层 ·· 004
    2.1.2 地质构造 ··· 005
  2.2 地貌特征与类型 ··· 005
    2.2.1 由多级夷平形成高山陡岭 ·· 005
    2.2.2 由河流下切形成幽深峡谷 ·· 006
  2.3 气候 ·· 006
    2.3.1 日照 ·· 006
    2.3.2 气温 ·· 007
    2.3.3 降雨 ·· 007
    2.3.4 相对湿度 ··· 007
    2.3.5 蒸发量 ··· 007

2.4 水文 … 008
　　2.4.1 地表水 … 008
　　2.4.2 地下水 … 008
2.5 土壤 … 008
　　2.5.1 暗棕壤 … 009
　　2.5.2 红壤 … 009
　　2.5.3 黄壤 … 010
　　2.5.4 黄棕壤 … 010
　　2.5.5 棕壤 … 010
　　2.5.6 石灰土 … 010
　　2.5.7 沼泽土 … 010
　　2.5.8 水稻土 … 010

第3章 植被资源 … 011

3.1 植被调查方法与数据分析 … 011
　　3.1.1 调查研究概况 … 011
　　3.1.2 数据分析 … 011
3.2 森林群落介绍 … 011
　　3.2.1 a组：日本柳杉群落 … 011
　　3.2.2 b组：巴山松群落 … 013
　　3.2.3 c组：红豆杉针阔混交林群落 … 014
　　3.2.4 d组：水杉、马尾松、杉木群落 … 014
　　3.2.5 e组：岩栎群落 … 016
　　3.2.6 f组：匙叶栎群落 … 016
　　3.2.7 g组：青冈类群落 … 017
　　3.2.8 h组：栲类群落 … 020
　　3.2.9 i组：润楠类群落 … 022
　　3.2.10 j组：柯类群落 … 024
　　3.2.11 k组：木荷类群落 … 026
　　3.2.12 l组：其他常绿阔叶林群落 … 027
　　3.2.13 m组：桦树群落 … 028
　　3.2.14 n组：杨树群落 … 030
　　3.2.15 o组：栗类群落 … 032
　　3.2.16 p组：鹅耳枥类群落 … 033
　　3.2.17 q组：水青冈群落 … 035
　　3.2.18 r组：落叶栎类 … 036
　　3.2.19 s组：枫树(杈叶枫、血皮枫、金钱枫、薄叶枫)、椴树、三桠乌药类 … 038
　　3.2.20 t组：其他落叶杂木类 … 041
　　3.2.21 u组：常绿栎、落叶阔叶混交林群落 … 048
　　3.2.22 v组：雷公鹅耳枥、山羊角树、水丝梨混交林群落 … 050

3.2.23　w组：其他杂木混交林群落 ··· 050
3.2.24　x组：曼青冈常绿落叶阔叶混交林群落 ··· 052
3.3　竹林 ·· 054
3.3.1　毛金竹林 ··· 054
3.3.2　篌竹林 ··· 054
3.3.3　箬竹林 ··· 054
3.3.4　箬叶竹林 ··· 054
3.3.5　鄂西玉山竹林 ··· 055
3.4　灌丛和灌草丛 ··· 055
3.4.1　卵果蔷薇灌丛 ··· 055
3.4.2　半边月灌丛 ··· 055
3.4.3　马桑灌丛 ··· 055
3.4.4　石门小檗灌丛 ··· 055
3.4.5　平枝栒子灌丛 ··· 056
3.4.6　弯尖杜鹃灌丛 ··· 056
3.4.7　芒灌草丛 ··· 056
3.4.8　毛轴蕨灌草丛 ··· 056
3.5　小结 ·· 056

第4章　苔藓和药用地衣植物 ··· 057

4.1　苔藓植物 ··· 057
4.1.1　研究方法 ··· 057
4.1.2　物种组成及优势科、属 ·· 058
4.1.3　区系地理成分分析 ·· 059
4.1.4　生态群落状况 ··· 062
4.1.5　新记录及新分布种类 ··· 068
4.1.6　结语 ·· 070
4.2　药用地衣植物 ··· 070
4.2.1　野外研究方法 ··· 070
4.2.2　室内鉴定方法 ··· 071
4.2.3　种类组成 ··· 071
4.2.4　不同海拔的分布 ··· 072
4.2.5　不同基物上的分布 ·· 074
4.2.6　讨论 ·· 074
4.2.7　湖北省新分布种类 ·· 074
4.2.8　药用地衣 ··· 081
4.2.9　结论 ·· 082

第5章　维管束植物多样性 ··· 083

5.1　研究方法 ··· 083

5.2 科的统计分析 ··· 083
　　5.2.1 科的大小统计分析 ··· 083
　　5.2.2 优势科和表征科的统计分析 ·· 087
　　5.2.3 小结 ·· 090
5.3 种子植物属的统计分析 ·· 091
5.4 种子植物种的地理成分分析 ··· 096
5.5 结论与讨论 ·· 100
5.6 珍稀濒危植物与新记录种 ··· 101
　　5.6.1 国家保护植物 ·· 101
　　5.6.2 湖北新记录种 ·· 113
　　5.6.3 新种及疑似新种 ··· 114
5.7 本次调查与2006年科学考察对比 ·· 116
　　5.7.1 变型等级忽略不计 ·· 116
　　5.7.2 文献无从查找 ·· 116
　　5.7.3 与原变种区分不开，没有必要成立的变种 ·················· 116
　　5.7.4 名称重复 ··· 116
　　5.7.5 物种鉴定或资料出处有误 ·· 116
　　5.7.6 分类地位变动 ·· 116
　　5.7.7 后河保护区可能有分布，但没采到标本 ····················· 117
5.8 新发现植物物种DNA条形码分析与鉴定 ······························ 117
　　5.8.1 研究方案及技术路线 ·· 117
　　5.8.2 研究成果 ··· 118

第6章　大型真菌 ·· 122

6.1 研究方法 ··· 122
6.2 种类组成 ··· 123
6.3 生态分布 ··· 125
6.4 营养类型 ··· 130
6.5 经济价值 ··· 132
6.6 本次调查与之前调查报道对比 ·· 137
6.7 新记录物种 ·· 138
6.8 真菌多样性保护建议 ·· 138

第7章　脊椎动物多样性 ·· 140

7.1 研究方法 ··· 140
7.2 鱼类动物 ··· 140
　　7.2.1 种类组成 ··· 140
　　7.2.2 区系分析 ··· 141
　　7.2.3 保护鱼类 ··· 141
7.3 两栖类动物 ·· 142

    7.3.1 种类组成 ·· 142

    7.3.2 区系分析 ·· 142

    7.3.3 生态分布 ·· 142

    7.3.4 保护两栖类 ·· 143

  7.4 爬行类动物 ·· 145

    7.4.1 种类组成 ·· 145

    7.4.2 区系分析 ·· 145

    7.4.3 生态分布 ·· 146

    7.4.4 保护爬行类 ·· 146

  7.5 鸟类动物 ·· 147

    7.5.1 种类组成 ·· 147

    7.5.2 区系分析 ·· 148

    7.5.3 生态分布 ·· 149

    7.5.4 珍稀及特有鸟类 ··· 150

    7.5.5 本次调查与1999年科学考察对比 ·· 153

  7.6 哺乳类动物 ·· 154

    7.6.1 种类组成 ·· 154

    7.6.2 区系分析 ·· 155

    7.6.3 生态分布 ·· 155

    7.6.4 珍稀及特有哺乳动物 ··· 156

    7.6.5 本次调查与1999年科学考察对比 ·· 158

第8章 昆虫资源 ··· 162

  8.1 种类组成及分布 ·· 162

  8.2 区系分析 ·· 163

  8.3 资源昆虫 ·· 164

    8.3.1 传粉昆虫 ·· 164

    8.3.2 药用昆虫 ·· 165

    8.3.3 天敌昆虫 ·· 165

    8.3.4 指示性昆虫 ·· 165

  8.4 本次调查与2006年昆虫科学考察对比 ··· 165

第9章 旅游资源 ··· 168

  9.1 自然旅游资源 ·· 168

  9.2 人文旅游资源 ·· 168

  9.3 特色景点概况 ·· 169

  9.4 旅游资源评价 ·· 170

第10章 社区经济发展 ··· 173

  10.1 社区经济概况 ·· 173

10.2　保护区土地资源和利用 173
   10.3　社区共管 174

第11章　自然保护区管理 175
   11.1　机构设置 175
   11.2　基础设施设备管理 176
      11.2.1　管护设施 176
      11.2.2　管护车辆 176
      11.2.3　通信电力设备 176
      11.2.4　消防设施 176
      11.2.5　其他保护设备 176
   11.3　巡护监测管理 176
      11.3.1　日常巡护体系 176
      11.3.2　保护区监测体系 178
   11.4　科学研究 178
      11.4.1　植物调查 179
      11.4.2　动物调查 181
      11.4.3　其他调查 182
      11.4.4　科研成果 183

第12章　保护价值评价 184
   12.1　典型性 184
   12.2　稀有性 184
   12.3　自然性 185
   12.4　多样性 185
      12.4.1　植被和植物资源 185
      12.4.2　动物资源 185
      12.4.3　大型真菌资源 185
   12.5　经济价值评价 185
      12.5.1　直接经济价值 185
      12.5.2　间接经济价值 186

参考文献 187

附　录 190
   附录一　湖北五峰后河国家级自然保护区维管束植物名录 190
   附录二　湖北五峰后河国家级自然保护区重要植物物种DNA条形码 302
   附录三　湖北五峰后河国家自然保护区大型真菌名录 303
   附录四　湖北五峰后河国家级自然保护区主要地衣植物名录 323
   附录五　湖北五峰后河国家级自然保护区苔藓植物名录 328
   附录六　湖北五峰后河国家级自然保护区野生兽类名录 348

附录七　湖北五峰后河国家级自然保护区野生鸟类名录……………………………………… 352
附录八　湖北五峰后河国家级自然保护区野生爬行类名录…………………………………… 366
附录九　湖北五峰后河国家级自然保护区野生两栖类名录…………………………………… 368
附录十　湖北五峰后河国家级自然保护区鱼类名录…………………………………………… 370
附录十一　湖北五峰后河国家级自然保护区昆虫名录………………………………………… 371
附录十二　湖北五峰后河国家级自然保护区重点保护野生脊椎动物名录…………………… 439

附　图

第1章 总论

1.1 自然地理概况

1.1.1 地理位置

湖北五峰后河国家级自然保护区(以下简称后河保护区)位于湖北省西南部的五峰土家族自治县中南部,地处湖北与湖南两省交界的武陵山东段,地理坐标为东经110°30′5.313″~110°43′16.125″,北纬30°02′55.675″~30°08′55.250″,总面积10339.24hm²。后河保护区东与长乐坪镇接界,南与湖南壶瓶山国家级自然保护区毗邻,西与湾潭镇相邻,北与五峰镇和采花乡接壤。

1.1.2 地质地貌

后河保护区属于云贵高原武陵山脉东北支脉地带,山高谷深,地势南北高、东西低,北部马棚岭-关门山是清江水系和澧水水系的分水岭,南部群峰并立,壶瓶山主峰2098.7m,为湖北、湖南两省分界山脉。后河保护区内最高峰独岭海拔2252.2m,为武陵山脉东北支脉的最高峰;最低点在百溪河谷,海拔398.5m。大地貌为山地和谷地;小地貌主要为各种岩溶地貌形态,断崖、溶洞、漏斗、孤峰是常见景观。

后河自然保护区地层分布较全,出露较好。主要出露下古生界寒武-志留系的地层,全为沉积岩,岩性主要为滨海-浅海相的碳酸盐类岩石夹碎屑岩。后河保护区位于长江中下游东西向构造带两段延伸部分,为云贵地洼所属的湘西-黔东地穹的北缘,以东西向褶皱为主,以及压性或扭性断裂组成。后河保护区其基底埋藏较深,缺失岩浆活动,盖层发育,褶皱变形强烈。

1.1.3 水文

后河保护区地处湘鄂边缘,河流属于长江流域澧水水系。百溪河发源于五峰镇后河村天生桥,至雷打石出省境流入澧水,百溪河水滩头以上则称为后河。区内主要河流后河由西向东横贯保护区全境。百溪河在保护区境内长16km,宽1030m,流域面积171km²,总落差1220m。区内石岩分布面积较大,天坑溶洞较为发达,许多地表径流明流一段后,进入天坑、溶洞形成伏流,再成泉水出露,补给地表径流。后河保护区地下水主要包括三种类型,即松散岩类孔隙潜水、基岩裂隙水和碳酸岩类岩溶水。

1.1.4 土壤

后河保护区成土母质大部分为泥质岩、碳酸盐岩、石英岩坡积物。土类以黄壤和红壤为主,土壤偏酸性,土壤疏软,保水保肥。土壤随海拔变化出现垂直结构,由低至高呈现为红壤带、山地红壤带、山地黄棕壤带、山地草甸带的垂直带谱。

1.1.5 气候

后河保护区属中亚热带与北亚热带的过渡带,气候温和,四季分明,雨量充沛,雨热同季。受地形起伏变化影响,气候垂直地带性明显。积温2319~3319℃,无霜期211~247天。

保护区年平均气温14℃以上,受海拔高度变化影响,中山地带年平均气温13~14℃、高中山地带年平均气温在13℃以下。保护区内7月平均气温最高,1月平均气温最低。

后河保护区降雨量充沛，年平均降水量 1343.9mm，最高达 2577.9mm。受山脉东西走向影响，暖湿气流沿迎风面山坡爬升，造成大量降水多在南坡，南北坡降雨量年相差 11.0%~15.0%。受季风影响，降雨多集中在春夏季。春季平均降水量约为 397.5mm，约占全年降水量的 28.6%；夏季平均降水量约为 634.3mm，约占全年降水量的 47.2%。

1.2 自然资源概况

1.2.1 植被和植物资源

后河保护区特殊的地理位置和自然环境孕育了丰富的植物资源。后河保护区在《中国植被》的区划上属于亚热带常绿阔叶林区域（Ⅳ）东部（湿润）常绿阔叶林亚区域（ⅣA），中亚热带常绿阔叶林地带（ⅣAii），鄂西南山地丘陵栲、楠、松、杉、柏林区。在湖北植被区划上属于湖北南部中亚热带常绿阔叶林地带鄂西南山地植被区武陵山山原植被小区。后河的植被可划分为 3 个植被型组 10 个植被型 17 个植被亚型 46 个植物群系组，79 个植物群系。具有明显的垂直分布带谱，在低海拔区分布有大面积的湖北锥、栲树、青冈、小叶青冈、利川润楠、小花木荷等亚热带常绿阔叶林代表性群落，在高海拔区连续分布锐齿槲栎、锥栗、雷公鹅耳枥、水青冈、大叶杨等亚热带落叶阔叶林代表性群落。

后河保护区内已知有地衣 16 科 30 属 57 种，高等植物有 263 科 1231 属 3574 种，其中，维管束植物有 202 科 1099 属 3302 种（包含种下分类群、栽培植物），苔藓植物 61 科 132 属 272 种。维管束植物中，石松类有 2 科 4 属 19 种、蕨类植物有 24 科 76 属 297 种、裸子植物有 7 科 22 属 36 种、被子植物有 169 科 997 属 2950 种。国家重点保护植物共有 76 种，其中，国家一级保护植物 5 种，即红豆杉（*Taxus chinensis*）、南方红豆杉（*Taxus wallichiana* var. *mairei*）、大黄花虾脊兰（*Calanthe sieboldii*）、珙桐（*Davidia involucrata*）、曲茎石斛（*Dendrobium flexicaule*）；国家二级保护植物 71 种，包括篦子三尖杉（*Cephalotaxus oliveri*）、小勾儿茶（*Berchemiella wilsonii*）连香树（*Cercidiphyllum japonicum*）、闽楠（*Phoebe bournei*）、惠兰（*Cymbidium faberi*）等。

后河保护区地理成分复杂多样，保护区内已知的 2917 种野生维管束植物共包含 14 个分布型，其中，热带性质的有 471 种，温带性质的有 1028 种，中国特有分布的有 1352 种。后河地区植物区系具有明显的温带性质，但仍有一定的热带性质残留。此外，后河保护区内还含有不少孑遗种，如南方红豆杉、三尖杉（*Cephalotaxus fortunei*）、杉木（*Cunninghamia lanceolata*）和领春木（*Euptelea pleiosperma*）。

1.2.2 野生动物资源

后河保护区地处武陵山脉东北部，云贵高原向江汉平原的过渡地段，境内植被丰茂，植物种类繁多，加上气候温和，雨量丰沛，自然条件优越，形成复杂多样的森林生态系统，为野生动物提供了一个理想的繁衍生息环境，成为一个野生动物王国。

经过调查统计，保护区内已知的陆生脊椎动物 417 种，水生脊椎动物 8 种，昆虫 2476 种。国家重点保护动物共有 66 种，其中，国家一级重点保护野生动物的有 8 种，国家二级重点保护野生动物的有 58 种；列入《濒危野生动植物国际贸易公约》附录（Ⅰ、Ⅱ）名单的有 19 种；被《世界自然保护联盟濒危动物红色名录》列为受威胁（CR、EN 和 VU）的物种有 16 种；被《中国濒危动物红皮书》列为受威胁（CR、EN 和 VU）物种收录的动物有 44 种。

（1）陆生脊椎动物

后河保护区内已知的陆生脊椎动物 417 种，分属 4 纲 28 目 98 科，其中，包含两栖动物有 2 目 9 科 41 种、爬行动物有 2 目 10 科 53 种、鸟类动物 16 目 55 科 255 种和哺乳动物 8 目 24 科 68 种。

后河保护区位于云贵高原武陵山脉东北支脉地带，介于东洋界华中区西部山地高原亚区与东部丘陵平原亚区的过渡地带，由于两亚区的地理景观不同，生境迥异，相关的动物群体各具特色。因此，本区的动物反映了华中区一般区系结构，具有华中区固有的典型区系特征，又呈现明显的过渡性特点。

从区内陆生脊椎动物的地理区系组成来看，以东洋界华中区动物成分为主体，其中，东洋界成分279种，占66.9%；古北界成分63种，占15.0%；广布种75种，占18.0%。

在后河保护区内陆生脊椎动物417种中，属国家一级重点保护野生动物的有8种，其中，哺乳动物6种，即穿山甲（*Manis pentadactyla*）、大灵猫（*Viverra zibetha*）、金猫（*Pardofelis temminckii*）、云豹（*Neofelis nebulosa*）、金钱豹（*Panthera pardus*）和林麝（*Moschus berezovskii*）；鸟类2种，即中华秋沙鸭（*Mergus squamatus*）和金雕（*Aquila chrysaetos*）；属国家二级重点保护野生动物的有58种，哺乳动物有8种，包括猕猴（*Macaca mulatta*）、黑熊（*Ursus thibetanus*）、黄喉貂（*Martes flavigula*）、水獭（*Lutra lutra*）、豹猫（*Prionailurus bengalensis*）、毛冠鹿（*Elaphodus cephalophus*）、中华斑羚（*Naemorhedus griseus*）和中华鬣羚（*Capricornis milneedwardsii*），鸟类有鸳鸯（*Aix galericulata*）、红腹角雉（*Tragopan temminckii*）、红腹锦鸡（*Chrysolophus pictus*）、棉凫（*Nettapus coromandelianus*）、赤腹鹰（*Accipiter soloensis*）、松雀鹰（*Accipiter virgatus*）、灰林鸮（*Strix aluco*）、领鸺鹠（*Glaucidium brodiei*）、红脚隼（*Falco amurensis*）、红嘴相思鸟（*Leiothrix lutea*）和蓝鹀（*Emberiza siemsseni*）等46种；两栖类3种，包括大鲵（*Andrias davidianus*）、虎纹蛙（*Hoplobatrachus rugulosus*）和细痣瑶螈（*Yaotriton asperrimus*）；爬行类1种，即脆蛇蜥（*Ophisaurus harti*）。

(2) 鱼类

野外考察共获取鱼类8种，隶属于3目4科，其中，后河吻虾虎鱼鉴定为新种，属于鲈形目吻虾虎鱼科。根据淡水鱼类区系划分，湖北后河国家级自然保护区的鱼类共包括4个区系，南方山地区系复合体共4种，中国平原区系复合体共2种，晚第三纪早期区系复合体1种，中亚山地区系复合体1种。

(3) 昆虫

野外考察共采集到昆虫标本12000余只，隶属于19目218科1964属2476种。其中，鳞翅目、鞘翅目、半翅目和膜翅目物种数较多，共占后河保护区内昆虫种数的88.8%。后河保护区昆虫东洋成分占26.2%，古北成分占11.4%，广布成分占5.2%，东亚成分占57.2%。

1.2.3 野生大型真菌资源

后河保护区在地理上属于中国中亚热带，植被丰茂，气候温和，雨量充沛，有利于真菌的发生，位于中国35个生物多样性优先保护区域之一的武陵山区的东段，地形地貌复杂、植被类型多样、立体气候明显，形成了复杂多样的森林生态系统，蕴含着丰富的大型真菌资源。

大型真菌是能够形成大型子实体、子座和菌核等的真菌，它们生长在基质上或地下的子实体的大小足以通过肉眼发现。在2019年的野外调查中，获得大型真菌标本703份，结合形态分类学和分子系统学研究，共鉴定出子囊菌43种，隶属于4纲6目16科27属；担子菌294种，隶属于3纲13目54科145属；共计7纲19目70科172属337种，为保护区新增了251种大型真菌记录。至此，后河国家级自然保护区共知大型真菌413种。

第 2 章 自然环境

2.1 地质概况

2.1.1 地层

湖北五峰后河国家级自然保护区地层分布较全，出露较好。主要出露下古生界寒武-志留系的地层，全为沉积岩，岩性主要为滨海—浅海相的碳酸盐类岩石夹碎屑岩。第四系主要沿河床和两岸山麓零星分布，厚度较薄，除少数崩积体外，一般厚 0~8m。现将保护区出露的地层自上而下顺序简述如下。

(1) 第四系

全新统包括冲积层、洪积层及河漫滩阶地。砂砾堆积，分布于河流两岸。残坡积层，分布于河流两岸山坡。岩石特性主要为砂卵石、砂或块石、碎石砂土及黏土，厚度为 0~8m。

(2) 志留系

由上至下是中统纱帽组、下统罗惹坪组和龙马溪组。

①中统纱帽组：灰黄、灰绿色石英细砂岩夹页岩，顶部夹生物屑亮晶灰岩，厚度为 159~168.6m。

②下统罗惹坪组：上段是灰绿色页岩夹粉砂岩，含粉砂质黏土岩，厚度为 488~565；下段是灰绿色粉砂质页岩、页岩，顶底部为生物屑灰岩，厚度为 167.3~223m。

③下统龙马溪组：灰绿色页岩夹泥质粉砂岩，底部为黑色粉砂质炭质页岩，厚度为 412.9~731m。

(3) 奥陶系

由上至下是上统五峰组、临湘组，中统宝塔组、庙坡组，下统牯牛潭组、大湾组、红花园组、分乡组和南津关组。

①上统：五峰组是灰黑色炭质页岩与薄层硅质层互层，厚度为 0~4.4m。临湘组是青灰色含生物屑泥质瘤状灰岩，厚度为 3.9~20m。

②中统：宝塔组是灰色中厚层含生物屑微晶灰岩，具"龟裂纹构造"，厚度为 11~16m。庙坡组是灰黑色页岩与薄层含炭质灰岩互层，厚度为 6~9.5m。

③下统：牯牛潭组是青灰色中厚层瘤状微晶灰岩，厚度约为 35m。大湾组是灰绿、紫红色泥质瘤状微晶灰岩夹秒绿色页岩，厚度约为 54m。红花园组是灰色厚层状亮晶生物屑灰岩，厚度为 13~46m。分乡组是灰色中厚层含砂屑亮晶灰岩与灰绿色页岩互层，厚度为 22~54m。南津关组是灰色中厚层状微晶灰岩夹细晶灰质白云岩，底部为灰绿色页岩夹生物屑微晶灰岩，厚度为 92~234m。

(4) 寒武系

主要特征是底部为碎屑岩、中下部为薄层灰岩及白云岩，上部为厚层白云岩及灰岩。由上至下是上统毛田组、新屋组和大水井组，中统光竹岭组、茅坪组和高台组，下统石龙洞组、天河板组、石牌组、水井沱组和岩家河组。

①上统：毛田组是灰色厚层细晶白云岩、微晶白云岩，厚度约为 358m。新屋组是深灰色厚层细晶条带状白云质灰岩夹亮晶鲕粒灰岩、砂屑灰岩，厚度约为 166m。大水井组是浅灰色亮晶鲕粒砂屑灰岩与微晶白云岩互层，厚度约为 77m。

②中统：光竹岭组是灰色厚层微至细晶灰岩夹微晶白云岩，厚度为 341.9~502.9m。茅坪组是浅灰色中厚层状微晶白云岩，中上部夹一层白云质长石砂岩，厚度约为 386.2m。高台组黄色页状泥灰岩，

厚度约为15.1m。

③下统：石龙洞组是灰色厚层微至细晶白云岩夹一层溶崩角砾岩，厚度为86~189m。天河板组是灰绿色含白云质粉砂质泥质灰岩及条带状钙质粉砂岩，厚度为377.1~456m。石牌组是深灰色厚层状泥灰，厚度约为295m。水井沱组是灰黑色炭质微晶灰岩，下部夹黑色炭质页岩，厚度约为201m。岩家河组是黑色炭质页岩与磷微晶白云岩互层，厚度为6~11.6m。

2.1.2 地质构造

后河保护区位于长江中下游东西向构造带两段延伸部分，为云贵地洼所属的湘西-黔东地穹的北缘。后河保护区其基底埋藏较深，缺失岩浆活动，盖层发育，褶皱变形强烈。震旦纪至中三叠世以来，区内一直处于沉降过程，沉积一套以碳酸岩为主的沉积岩地层，总厚度达万余米，其沉积岩性、岩相和厚度，明显地受到基底构造的控制。晚三叠世以来，以陆相沉积为主。自中三叠世晚期印支运动开始，区域构造变动趋于频繁而强烈，形成了东西向、北东向、北北东向等一系列不同性质，不同特点的构造形迹。东西向构造是长江中下游东西构造带的西延部分，以东西向褶皱为主，以及压性或扭性断裂组成，其主要特点是：背斜主要由古生代地层组成，多呈宽展型的箱状或短轴状；向斜常呈复式形态，大多由晚古生代和中生代地层组成，中生代地层多出露于向斜核部，形态开阔、长条状伸展；断裂发育较少，以压性纵断裂为主，二次纵张断裂多出现于背斜核部或向斜核部；由于新华夏系联合弧形构造和新华夏系复合式构造的改造，由东向西逐步减弱，并在长潭河以西基本绝迹。

2.2 地貌特征与类型

地貌是内力地质作用和外力地质作用对地壳长期相互作用的结果。后河保护区属于云贵高原武陵山脉东北支脉地带，山高谷深，地势南北高、东西低，北部马棚岭-关门山是清江水系和澧水水系的分水岭，南部群峰并立，壶瓶山主峰2098.7m，为湖北、湖南两省分界山脉。区内最高峰独岭海拔2252.2m，为武陵山脉东北支脉的最高峰；最低点在百溪河谷海拔398.5m。后河保护区内地层为层积岩，其中碳酸盐岩分布广泛。地质构造表现褶皱、断裂明显。地貌发育上表现为岩性和地质构造影响显著，新构造运动抬升强烈，水流地貌以深切峡谷最为普遍。大地貌为山地和谷地；小地貌主要为各种岩溶地貌形态，断崖、溶洞、漏斗、孤峰是常见景观。

后河保护区内新构造运动较为强烈，其中主要表现为地壳的大幅度抬升，同时因抬升幅度的差异，还产生了一些由地块之间的断裂、错位所反映出来的活动断层。因山体抬升至今尚未止息，故以幼年期地貌最为普遍，主要表现为或由多级夷平形成高山陡岭，或由河流下切形成幽深峡谷，或由差异性抬升而派生出断层。

2.2.1 由多级夷平形成高山陡岭

后河保护区内多数山顶和山原具有三至四级不同高度的山顶剥夷面。多级剥夷面的存在，反映了本区在燕山运动时期地壳发生褶皱后，新生代以来地壳运动一直以抬升为主，而在抬升过程中上升强度曾发生过多次间歇性的变化。

第一级剥夷面海拔1700~1900m。主要分布于壶瓶山顶部。该级剥夷面与湖南石门境内相连，为一片起伏平缓的灰岩山原面，山顶浑圆，坡度一般小于15°，相对高差不到200m，山间宽谷盆地中覆盖着深厚的风化残积黄土，时常可见由古岩溶作用形成的漏斗、溶蚀洼地等遗留地形。

第二级剥夷面海拔1200~1500m。该级剥夷面实际上又可分为两级：一级海拔1400~1500m，一级海拔1200~1300m，它们与1700~1900m剥夷面一起，在保护区境内组成高的山顶或宽平的山原面，由此形成的长峦大岭，成为保护区境内山脉的主体。该级剥夷面为一片裸露的灰岩山原面，地面上出现由一系列低矮的灰岩残丘所包围的溶蚀洼地，地面留下大量的溶洼、漏斗、落水洞及干谷、育谷等古岩溶地形，灰岩残丘相对高度较大，可达300m以上，坡度20°以上，但平均海拔高度在1200~1300m。

第三级剥夷面海拔900~1100m。该级夷平面在区内的清水湾、李儿坪、永家湾一带分布最广，为宽台缓丘的灰岩溶蚀高平原景观，地表河流发育，风化土层和河流冲积土层深厚，植被也较茂密。平原上保留着由灰岩单面山组成的残丘，高差300m左右，山坡坡度15°以下，陡坡可达30°。

2.2.2 由河流下切形成幽深峡谷

上深溪河、后河、百溪河等，均为下切很深的峡谷深涧。谷底几乎全部为河床所占据，宽度不足100m，有时仅10~20m宽，两岸崇山夹峙，森然可怖。本区河流下切深度达500m以上，在一般情况下，河流的下切是随流域地壳抬升而加强的，故河流垂直深度反映了地壳抬升的幅度，保护区大部分地区在第四系时期内地壳抬升的总高度估计达600~800m。另外，由于境内多数河流的峡谷段，在现代河面以上400m内均为陡立的谷坡，故地壳最近期的抬升幅度即达400m。当然，由于区内各处的汇水条件与岩性、构造等自然因素不同，河流下切的强度并不完全一致。有的因古岩溶作用形成的地下水通道较为发育，故现代流水侵蚀作用表现微弱，所以保存了许多尚未受河流切割的原始剥夷面；有的山地分水岭高地已遭河流的强烈切割，分离为众多的山峰及狭窄的分水山脊。

河流下切作用的发展不平衡，还表现在主支流切割深度的差异上。深溪河、百溪河等干流，因水量大，河流下切能力强，河流近期下切达400m以上，但它们的许多小支流溪沟，则因水量太小，下切能力大为减弱，因此不能保持同样的速度下切，形成主河谷深而支流河谷高悬的不配套情况。许多支流的上游尚保持着早期塑造的宽谷，宽谷以下以瀑布或跌水转入为现代河流下切形成的峡谷，形成支流河床纵剖面上的"裂点"。有些支流或因水量稍多，或因岩性较为软弱，已由溯源侵蚀作用将"裂点"推进到支流的上游。现代河流下切形成的峡谷已切入其上游，形成"谷中谷"地形；而另一些支流，则因水量较小或因岩性坚硬，赶不上主流下切速度，使河流"裂点"仍保留在干支汇合口附近，从而形成悬挂在主河谷陡坡上的一系列"瀑布"和"悬谷口"，这种"瀑布"和"悬谷口"在深溪河、后河、百溪河沿岸到处可见。

保护区境内岩层的整体性、连续性较好，地史时期似未发生巨大断裂。据地质部门的调查，境内仅发现几条延伸不太远的高角度断层，因为这一断层，使夷平面明显错位，故其形成时代仍属夷平形成之后，为由新构造运动使地块抬高幅度表现出差异性时所产生的，因而这些断层在地貌上的反映至今仍然很明显。

2.3 气候

后河保护区属中亚热带与北亚热带的过渡带，属亚热带季风气候，四季分明，冬寒秋凉，夏季较为炎热，光照充足，雨量丰沛。由于地形变化特征，垂直气候带谱十分明显。其气候特点是四季分明、冬冷夏热，雨热同季、暴雨甚多。垂直气候带谱十分明显，"一山有四季，十里不同天"。气温随高度变化，2月份最小为0.45℃/100m，7月份最大，为0.59℃/100m，年平均为0.55℃/100m。由此可见，五峰镇（鞍山岭，海拔619.9m），年平均气温为14.8℃（而区内独岭（海拔2252.2m)，年平均气温为5.1℃。气候差异大，历史最高39.2℃，最低-6.7℃。

2.3.1 日照

由于山峦屏障，云雾及阴雨日数多，日照时数及年总辐射量比鄂西北、鄂东北及江汉平原偏少。"高山见日头，低山摸枕头"，日照时数及辐射量高山多于低山。五峰土家族自治县年平均日照时数为1264.4h，日照百分率为29%。年平均总辐射量95.87kcal/(cm^2·a)（注 1cal=4.1868J），年总辐射量：夏季占36.2%，春季占26.6%，秋季占22.1%，冬季占15.1%。

2.3.2 气温

(1) 平均气温

由北向南递增,年平均气温由南向北递减。就五峰土家族自治县地势高度由东向西递增,年平均气温总的趋势由东向西递减。年平均气温 14℃ 以上、中山 13~14℃、高中山 13℃ 以下。后河保护区内 7 月平均气温最高,1 月最低。从 1 月至 7 月,各月的平均气温逐步上升;从 7 月至次年 1 月,各月的平均气温逐步降低。

(2) 极端气温

由于海拔高差大,因而极端气温差异也较大。历年最大气温日较差 26.0℃。极端最高气温五峰镇出现 39.2℃(1995 年 9 月 6 日),最热月平均最高气温为 31.4℃,而独岭极端最高气温为 27℃,年平均极端最高气温约为 20℃。五峰镇极端最低气温 -15℃(1977 年 1 月 30 日),最冷月平均最低气温 5℃,而独岭极端最低气温为 -22.6℃,年平均极端最低气温 2℃ 以下。

(3) 积温

积温又称累积温度,就是温度的总和。某地一定时间内的积温,通常被用来描述该地的热量条件。大多数农作物要在日平均气温 ≥10℃ 才能正常生长。日平均气温 ≥10℃ 的初终间日数,是一般农作物的活跃生长期,也是划分气候带的主要指标,218d 是暖温带和北亚热带的分界线。区内气温稳定通过 10℃、15℃、2℃ 的初日,随海拔增高推迟,平均海拔升 100m,初日推迟 3~4d;终日随海拔升高而提前,平均海拔升高 100m,终日提前 4d 左右。

2.3.3 降雨

区内年降水量由南向北递减,因山脉多为东西走向,南方来的暖湿气流沿迎风面山坡上爬,造成大量降水多在南坡。南部清水湾年平均降水达 1919mm,最多的 1983 年达 2607mm;而五峰镇年平均降水量 1343.9mm,最多的 1935 年达 2577.9mm。保护区年平均降水量为 1814.0mm,最多的 1964 年达 2638.9mm,年降水量变率南小北大,清水湾 11.1%,湾潭 13.8%,五峰镇 15.0%。南部降水多,年变率小;北部降水较少,年变率大。

2.3.4 相对湿度

相对湿度是大气中实际水汽压和当时温度条件下饱和水汽压的百分比。它表示空气的潮湿程度,一般随海拔高度的增高而增大。

区内地处气温较高的长江三峡河谷低湿区边缘,受其影响,因而年平均相对湿度并不高,年平均值 76%,月平均相对湿度变化不大。7~9 月最大,为 79%,1 月最小,为 71%。相对湿度的日变化和气温的日变化正好相反,一般是日出前达最大值,日出后迅速降低,最低值出现在 13:00~15:00,日落后又迅速回升。

2.3.5 蒸发量

蒸发量的大小与日照、气温、风速、湿度等条件有关。日照多、气温高、风速小,蒸发量就大,反之蒸发量则小。五峰镇气象站观测年平均蒸发量 1084.2mm,年蒸发量最大值出现在 1966 年,为 1438.8mm,最小值出现在 1964 年,为 1029.5mm。7 月最大,为 171.5mm,1 月最小,为 42.3mm。后河比五峰镇的蒸发量较小,高山要比后河小些。

五峰镇年降水量为 1343.9mm,而年蒸发量为 1084.2mm,降水量比蒸发量多 259.7mm,蒸发量和降水量之比小于 1,说明气候潮湿多雨。12 月至次年 3 月蒸发量和降水量之比均大于 1,冬天相对来说是为旱季。

2.4 水文

2.4.1 地表水

后河保护区地处湘鄂边缘，河流属于长江流域澧水水系。区内主要河流仅有 1 条，由西向东横贯保护区全境。百溪河发源于五峰镇后河村天生桥，由西向东汇新奔河、灰沙溪、杨家河，流经后河、水滩头等村，至雷打石出省境流入澧水。百溪河水滩头以上称为后河，湖北五峰后河国家级自然保护区因此得名。百溪河在保护区境内长 16km，宽 1030m，流域面积 171km^2，总落差 1220m。区内石岩分布面积较大，天坑溶洞较为发达，许多地表径流明流一段后，进入天坑、溶洞形成伏流，再成泉水出露，补给地表径流。

2.4.2 地下水

根据地下水的赋存条件、水理特征和岩性、岩石组合及其水文地质特征，后河保护区地下水可分为三种类型，即松散岩类孔隙潜水、基岩裂隙水和碳酸岩类岩溶水。

（1）松散岩类孔隙潜水

存在于第四系的冲、残、坡、崩积层中。零星分布于河流两侧的阶地和剥夷面上的槽谷、洼地底部。地下水的补给来源于大气降水和基岩水，以渗流的形式排泄。其动态变化从属补给形式。大气降水补给者，动态变化大，有雨即有水，无雨则干涸；接受基岩水补给者，动态从属基岩水，一般变化不大，为长流水。松散岩类孔隙潜水在后河保护区主要为大气降水补给。

（2）基岩裂隙水

主要是构造裂隙、风化裂隙水。存在于志留系和中上统的砂、页岩地层中，多呈条带状分布与背斜的核部及翼部，其补给来源气降水，径流较通畅，以裂隙下降泉的形式出露，地下水埋藏深度小于 100m。水化学类型为重碳酸硫酸或重碳酸型水，矿化度小于 0.2g/l。

（3）碳酸岩类岩溶水

为后河保护区主要的地下水类型。主要赋存于寒武系下统石龙洞组、寒武系中、上统、奥陶系中。岩性主要为灰岩、白云质灰岩、白云岩，局部夹砂、页岩。主要补给来源为大气降水，由于暗河、溶洞与星罗棋布的溶隙、漏斗和落水洞相连通，故丰富的大气降水通过后者大量的补给地下水，所以水量很丰富。以泉和暗河的形式泄流。地下水埋藏深度一般大于 100m。其地下水化学类型为重碳酸钙与重碳酸钙镁型水，矿化度小于 0.2g/l。

2.5 土壤

根据我国土壤地理分区，后河自然保护区内的土壤划分为江南红壤、黄壤、水稻土大区，贵州高原地区，湘西-黔东间山盆地红壤、黄壤和水稻土区和四川盆地及其边缘山地地区，鄂西山区石灰（岩）土、黄壤、水稻土区的分界线地带。

后河保护区成土母质大部分为泥质岩、碳酸盐岩、石英岩坡积物。土类以黄壤和棕壤为主，土壤偏酸性，地土壤疏松，保水保肥（表 2-1）。土壤随海拔变化出现垂直结构，由低至高呈现为红壤带、山地红壤带、山地黄棕壤带、山地草甸带的垂直带谱。

表 2-1 后河保护区主要土种

土种名称	土类名称	亚类名称	母质
棕硅泥土	暗棕壤	暗棕壤	石英砂岩、硅质页岩风化物
细渣土	黄壤	黄壤	泥质岩风化物

(续)

土种名称	土类名称	亚类名称	母质
细骨土	黄壤	黄壤	泥质岩风化物
硅泥土	黄壤	黄壤	石英岩坡积物
硅砂泥土	黄壤	黄壤	石英岩风化物
砾质硅砂泥土	黄壤	黄壤	石英质岩风化物
硅渣土	黄壤	黄壤	石英质岩风化物
岩泥土	黄壤	黄壤	碳酸盐岩类风化物
岩砂泥土	黄壤	黄壤	碳酸盐岩类风化物
岩渣土	黄壤	黄壤	碳酸盐岩类风化物
薄细砂土	黄壤	黄壤性土	泥质岩风化物
细碎屑土	黄壤	黄壤性土	泥质岩风化物
火镰渣土	黄壤	黄壤性土	石英质岩风化物
薄岩石骨土	黄壤	黄壤性土	碳酸盐岩风化物
暗硅渣土	黄棕壤	暗黄棕壤	石英质岩类风化的坡、残积物
暗硅骨土	黄棕壤	暗黄棕壤	石英质岩类的坡、残积物
棕细泥土	棕壤	酸性棕壤	页岩、板岩风化的坡积物
棕细砂泥土	棕壤	酸性棕壤	页岩、板岩风化的坡积物
棕细渣土	棕壤	酸性棕壤	砂质页岩、碳质页岩和板岩
砾质棕硅砂泥土	棕壤	酸性棕壤	石英质岩风化物
薄棕细渣土	棕壤	棕壤性土	泥质岩类风化物
红石灰泥土	石灰土	红色石灰土	
红石灰渣土	石灰土	红色石灰土	
山地草甸土	沼泽土	山地草甸土	石英砂岩、页岩和花岗岩风化物
浅细漏砂田	水稻土	淹育型水稻土	泥质岩坡积或洪积风化物
次灰硅砂泥土	水稻土	潴育型水稻土	石英岩、石英砂岩、石英砾岩等石英质风化物

2.5.1 暗棕壤

暗棕壤在温带湿润地区针阔叶混交林下发育，具有明显有机质富集和弱酸性淋浴的土壤，具 O-A-B-C 剖面构型。A 层有机质含量可达 200g/kg。弱酸性淋溶，铁铝轻微下移。B 层呈棕色，结构面见铁锰胶膜，呈弱酸性反应，盐基饱和度 70%~80%。土壤冻结期长。暗棕壤所处的地形多为中山、低山和丘陵。海拔高度一般在 500~1000m。暗棕壤的母质为各种岩石的残积物、坡积物、洪积物及黄土。

2.5.2 红壤

红壤在中亚热带常绿阔叶林植被条件下，发生脱硅富铝过程和生物富集作用发育而成的红色、铁铝聚集、酸性、盐基高度不饱和的铁铝土。黏粒中游离铁占全铁 50%~60%，深厚红色土层，具 A-Bs-Bv 或 A-Bs-C 剖面构型。底层可见深厚红、黄、白相间网纹红色粘土。粘土矿物以高岭石、赤铁矿为主，黏粒硅铝率 1.8~2.4，风化淋溶系数<0.2，盐基饱和度<35%，pH 为 4.5~5.5，生长柑橘、油桐、油茶、茶等。

2.5.3 黄壤

黄壤在亚热带暖热阴湿常绿阔叶林和常绿落叶阔叶林下，氧化铁高度水化的土壤，黄化过程明显，富铝化过程相对较弱，具有枯枝落叶层、暗色腐殖质层和鲜黄色富铁铝B层的湿暖铁铝土。多见于700~1200m的山区，具O-A-AB-B-C剖面构型。富含水合氧化物（针铁矿），呈黄色，中度富铝风化，有时多含三水铝石。土壤有机质累积较高，可达100g/kg，pH为4.5~5.5。多为林地，间亦耕种。

2.5.4 黄棕壤

黄棕壤在北亚热带湿润气候、常绿阔叶林与落叶阔叶林下的淋溶土壤，具有暗色但有机质含量不高的腐殖质表层和亮棕色黏化B层，通体无石灰反应。弱度富铝风化，黏化特征明显，呈黄棕色黏土，具A-B-C或A-(B)-C剖面构型。B层黏聚现象明显，硅铝率2.5左右，铁的游离度较红壤低，交换性酸B层大于A层，pH为5.5~6.0。多由砂页岩及花岗岩风化物发育而成。

2.5.5 棕壤

棕壤在暖温带湿润和半湿润大陆季风气候、落叶阔叶林下，发生较强的淋溶作用和黏化作用，土壤剖面通体无石灰反应。大部分已经垦殖，旱作为主。处于硅铝风化阶段，具有黏化特征的棕色土壤，土体见黏粒淀积，盐基充分淋失，pH为6~7，见少量游离铁。多有干鲜果类生长，山地多森林覆盖。

2.5.6 石灰土

石灰土形成于亚热带温暖湿润环境，但因成土母质富含碳酸钙，使土壤中盐基的淋失过程大为减缓，所以很少发生脱硅富铝化作用，其主要的成土过程表现为碳酸钙的淋溶沉积，较强烈的腐殖质积累作用以及矿物质（除碳酸盐类矿物外）的化学风化。土壤剖面形态特点：腐殖层比较明显，厚度不一，呈暗灰棕色至灰黑色，核粒状结构，在有机质含量多的情况下（如黑色石灰土含量7%以上），也有较好的团粒状结构，质地较黏重；腐殖质层以下为块状或棱块状的沉积层，紧密而质量黏重，颜色呈棕色、红色或黄棕色，在结构面上有光亮的胶膜。全剖面都有石灰反应，并随深度而加强。

2.5.7 沼泽土

沼泽土所处地势低洼，长期地表积水，喜湿植被生长。有机质累积明显及还原作用强烈，形成潜育层，为H-G构型。地表有机质累积明显，甚至见泥炭或腐泥层。

2.5.8 水稻土

水稻土是在长期季节性淹灌，水下耕翻，季节性脱水，氧化还原交替，使原来成土母质或母土的特性有重大的改变，而形成的新土壤类型。由于干湿交替，形成糊状淹育层（Aa）、较坚实板结的犁底层（Ap）、渗育层（P）、潴育层（W）与潜育层（G）多种发生层分异。这些不同发生层段是在人为耕作、水浆管理而形成的。

第3章 植被资源

后河保护区在《中国植被》的区划上属于亚热带常绿阔叶林区域(Ⅳ)，东部(湿润)常绿阔叶林亚区域(ⅣA)，中亚热带常绿阔叶林地带(ⅣAii)，鄂西南山地丘陵栲、楠、松、杉、柏林区，植被资源丰富，类型多样。

3.1 植被调查方法与数据分析

3.1.1 调查研究概况

以样线法调查为主，原则上每一个 $2\times 2km^2$ 网格设计一条样线(共26个网格)，每条样线设置调查3~5个样方，乔木样方 $400m^2$、灌丛灌草丛样方 $25m^2$。根据已掌握和积累的资料以及由保护区专业人员提供的信息确定调查线路，进行穿越式踏查，在调查线路沿线辨认森林植物群落类型，进行初步的记录，经比较分析后确定标准地调查测定对象，设立标准地，进行测定，调查群落的单位为群丛。野外调查采用分层样方法，在每块 $20m\times 20m$ 样地四角及中间设置5个 $5m\times 5m$ 灌木样方，由于林下草本较稀疏，在调查灌木的样方内同时调查草本。调查乔木样方中胸径$\geqslant 5cm$ 个体的种类、株数、胸径、树高、冠幅及枝下高，灌木样方中所有灌木(包括木质藤本及乔木更新幼苗、幼树)、草本样方中所有草本(包括草质藤本)植物的种类、株数和平均高等指标。同时，记载群落生境：样地面积、地形、坡位、坡度、母岩及地质构造、土壤剖面、群落特征(外貌、结构、总盖度动态等)。

3.1.2 数据分析

乔木层、灌木层重要值采用生物量法：湖南会同森林生态系统国家野外科学观测研究站(HTF). 2015. 国家生态系统观测研究网络定位观测与研究数据集森林植物群落乔木层灌木层生物量模型(http：//htf.cern.ac.cn/meta/metaData)。

草本层重要值采用相对多度。

数量分类采用Cornell生态学软件包中的TWINSPAN程序对植物群落(竹林、灌丛、灌草丛、草丛除外)进行TWINSPAN数量分类(图3-1)。

3.2 森林群落介绍

TWINSPAN将135个样地分为了24组，各组包含的样地及群落描述如下。

3.2.1 a组：日本柳杉群落

本群落仅有1个样方，即20171106006号样地：样地面积为 $400m^2$，依据样方调查资料，该群落特征描述如下。

该群落属于栽培植被，位于六里溪，海拔1345m，坡向东，坡度20°，土壤为黄棕壤，土层深厚肥沃。群落外貌浅绿色，总盖度0.95。乔木层郁闭度0.90，平均高度13.5m，林相整齐，日本柳杉(Cryptomeria japonica)平均高达20m，胸径达38cm，每亩在40株左右，重要值达95.0，间有香椿(Toona sinensis)、杉木(Cunninghamia lanceolata)、水红木(Viburnum cylindricum)等(表3-1)；由于日本柳杉的枯枝落叶腐烂极为不易，并且群落郁闭度95%，林下几乎无光可见，导致林下灌木和草本种类

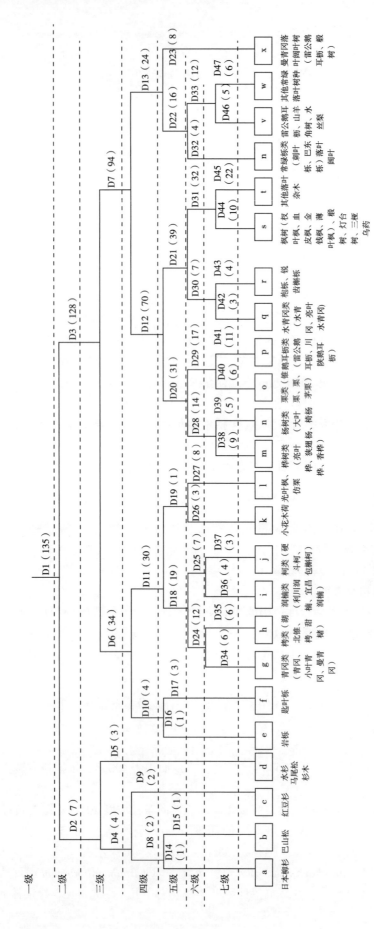

图3-1 后河保护区森林群落TWINSPAN分类结果图

极为稀少，灌木层以银果牛奶子(*Elaeagnus magna*)为优势种，间有细齿叶柃(*Eurya nitida*)及日本柳杉幼苗；草本层以求米草(*Oplismenus undulatifolius*)为优势种，间有有齿金星蕨(*Parathelypteris serrutula*)、贵州蹄盖蕨(*thyrium pubicostatum*)、东洋对囊蕨(*Deparia japonica*)、蕨(*Pteridium aquilinum var. latiusculum*)、三叶委陵菜(*Potentilla freyniana*)、七星莲(*Viola diffusa*)、深圆齿堇菜(*Viola davidii*)、十字薹草(*Carex cruciata*)以及鸡矢藤(*Paederia foetida*)幼苗。详见表3-1。

表3-1 日本柳杉林乔木层物种组成表

种名	平均胸径(cm)	平均高(m)	平均冠幅(m²)	数量(株)	总生物量(kg)	重要值
日本柳杉	38.0	20.0	16.0	22	19694.4	95.1
香椿	7.0	10.0	1.0	7	423.6	2.0
杉木	20.0	18.0	4.0	4	527.1	2.5
水红木	6.0	7.0	4.0	2	62.9	0.3

3.2.2 b组：巴山松群落

本群落仅有1个样方(20180415002号样地：样地面积为400m²)，依据样方调查资料，该群落特征描述如下。

本群落分布在阳口，海拔1771m，全坡向，坡顶。群落外貌翠绿色。乔木层郁闭度0.9，平均高度10.6m，分2个亚层，第一亚层平均树高在10m以上，由巴山松(*Pinus tabuliformis* var. *henryi*)和华山松(*Pinus armandii*)组成；第二亚层平均树高5.5m以上，由巴东栎(*Quercus engleriana*)、曼青冈(*Cyclobalanopsis oxyodon*)、光枝杜鹃(*Rhododendron haofui*)、稀果杜鹃(*Rhododendron oligocarpum*)等常绿阔叶树和石灰花楸、雷公鹅耳枥(*Carpinus viminea*)等落叶树种组成。在400m²的样地中，有巴山松38株，平均树高11.4m，最高12.0m，平均胸径14.6cm，最大胸径15.5cm，重要值79.7，为群落建群种。详见表3-2。

表3-2 巴山松林乔木层物种组成表

种名	平均胸径(cm)	平均高(m)	平均冠幅(m²)	数量(株)	总生物量(kg)	重要值
巴山松	14.6	11.4	8.5	38	4765.3	79.7
巴东栎	7.0	5.7	4.1	24	721.0	12.1
曼青冈	5.4	5.4	3.9	16	301.7	5.0
石灰花楸	5.9	6.0	1.8	4	62.6	1.0
华山松	13.2	11.0	16.0	1	74.0	1.2
雷公鹅耳枥	7.0	5.0	2.0	2	20.4	0.3
弯尖杜鹃	5.0	5.0	4.0	1	17.1	0.3
麻花杜鹃	5.0	6.0	1.0	1	16.5	0.3

灌木(包括幼树)盖度0.8，高度在1.2~4.8m。主要种类有箭竹(*Fargesia spathacea*)、宜昌荚蒾(*Viburnum erosum*)、木姜子(*Litsea pungens*)、光枝杜鹃、髭脉桤叶树(*Clethra faberi*)、二翅糯米条(*Abelia macrotera*)、石灰花楸(*Sorbus folgneri*)、无梗越橘(*Vaccinium henryi*)、珍珠花(*Lyonia ovalifolia*)、曼青冈、豪猪刺(*Berberis julianae*)、灰栒子(*Cotoneaster acutifolius*)等12种，箭竹重要值为91.6，为优势种。

草本层欠发达，总盖度0.01，主要为丝叶薹草(*Carex capilliformis*)、麦冬(*Ophiopogon japonicus*)等。

层外植物不发达，仅有鸡爪茶(*Rubus henryi*)，长度为1.2~1.5m，攀附在树上。

3.2.3 c组：红豆杉针阔混交林群落

本组有2个样方（样方20171107006、20180415003），依据样方20171107006调查资料：该群落分布在野猫岔，红豆杉（*Taxus wallichiana*）与曼青冈、水丝梨（*Sycopsis sinensis*）、红柄木犀（*Osmanthus armatus*）、滑叶润楠（*Machilus ichangensis* var. *leiophylla*）、水青树（*Tetracentron sinense*）、红麸杨（*Rhus punjabensis* var. *sinica*）等树种形成针阔混交林，红豆杉共16株，重要值达41.8，为群落建群种。详见表3-3。

表3-3 红豆杉针阔混交林乔木层物种组成表

种名	平均胸径(cm)	平均高(m)	平均冠幅(m²)	数量(株)	总生物量(kg)	重要值
红豆杉	7.0	5.0	4.0	16	163.1	41.8
水丝梨	8.0	6.0	4.0	3	47.9	12.3
红柄木犀	18.0	6.0	36.0	1	52.1	13.4
滑叶润楠	6.0	6.0	4.0	2	32.8	8.4
红麸杨	9.0	7.0	9.0	1	49.5	12.7
四照花	7.0	5.0	9.0	1	10.2	2.6
水青树	5.0	5.0	9.0	1	17.1	4.4
曼青冈	5.0	5.0	1.0	1	17.1	4.4

灌木层以蜡莲绣球（*Hydrangea strigosa*）为优势种，伴生其他种类有阔叶十大功劳（*Mahonia bealei*）、紫珠（*Callicarpa bodinieri*）、黄丹木姜子（*Litsea elongata*）、苦糖果（*Lonicera fragrantissima* var. *lancifolia*）、水丝梨（*Sycopsis sinensis*）、红茴香、鄂西玉山竹（*Yushania confusa*）、桃叶珊瑚（*Aucuba chinensis*）、箭竹、羽脉新木姜子、豪猪刺、猫儿刺（*Ilex pernyi*）、巴东小檗（*Berberis veitchii*）、二翅糯米条、芒齿小檗（*Berberis triacanthophora*）、狭叶花椒（*Zanthoxylum stenophyllum*）等。

草本层优势种为十字薹草，其他种类有日本蛇根草（*Ophiorrhiza japonica*）、假黑鳞耳蕨（*Polystichum pseudomakinoi*）、托叶楼梯草（*Elatostema nasutum*）、粉红动蕊花（*Kinostemon alburubrum*）、保靖淫羊藿（*Epimedium baojingense*）、华中前胡（*Peucedanum medicum*）、藏薹草（*Carex thibetica*）、草叶耳蕨（*Polystichum herbaceum*）等。

3.2.4 d组：水杉、马尾松、杉木群落

本组有3个样方，包括水杉、马尾松、杉木等3个群落。

d1 水杉、胡桃群落

本群落依据样方20190503005调查资料：乔木层以水杉（*Metasequoia glyptostroboides*）为优势种，胡桃（*Juglans regia*）为次优势种，伴生有枳椇（*Hovenia acerba*）、朴树、野柿（*Diospyros kaki* var. *silvestris*）、木姜子、梾木（*Cornus macrophylla*）、三叶枫（*Acer henryi*）、山胡椒（*Lindera glauca*）、灯台树（*Cornus controversa*）等。详见表3-4。

表3-4 水杉、胡桃林乔木层物种组成表

中文名	平均胸径(cm)	平均高度(m)	平均冠幅(m²)	数量(株)	总生物量(kg)	重要值
水杉	10.9	9.1	6.8	28	1870.0	38.4
胡桃	10.7	8.4	28.6	9	1231.9	25.3
枳椇	8.2	7.6	6.7	6	663.1	13.6

续表

中文名	平均胸径(cm)	平均高度(m)	平均冠幅(m²)	数量(株)	总生物量(kg)	重要值
朴树	7.3	7.2	3.8	6	220.4	4.5
木姜子	5.7	6.5	4.3	3	83.2	1.7
野柿	4.8	6.0	1.8	1	15.3	0.3
鸡仔木	10.1	9.5	7.9	1	125.6	2.6
灯台树	6.9	7.0	7.9	1	41.4	0.9
香椿	27.0	15.0	9.2	1	374.0	7.7
芬芳安息香	5.4	7.0	2.3	1	37.0	0.8
三叶枫	4.1	6.0	1.7	1	25.6	0.5
椋木	12.8	10.0	11.3	1	86.3	1.9
山胡椒	4.3	5.0	1.4	1	12.2	0.3
华桑	5.0	7.0	7.2	1	35.4	0.7
野柿	5.0	7.0	3.1	1	35.4	0.7

灌木层以绿叶甘橿(*Lindera neesiana*)为优势种,伴生有苦树(*Quassia amara*)、粉团(*Viburnum plicatum*)、木姜子、宜昌胡颓子(*Elaeagnus henryi*)、髭脉桤叶树、青冈(*Cyclobalanopsis glauca*)、三叶枫等。

草本层以蝴蝶花(*Iris japonica*)为优势种,伴生有藏薹草、贵州蹄盖蕨(*Athyrium pubicostatum*)、一把伞南星(*Arisaema erubescens*)、黄鹌菜(*Youngia japonica*)、节根黄精(*Polygonatum nodosum*)、地梗鼠尾草(*Salvia scapiformis*)、宽叶金粟兰(*Chloranthus henryi*)、山麦冬、堇菜(*Viola arcuata*)、蒲儿根(*Sinosenecio oldhamianus*)、吉祥草(*Reineckea carnea*)、贯众(*Cyrtomium fortunei*)、假黑鳞耳蕨、湖北双蝴蝶(*Tripterospermum discoideum*)、异叶茴芹(*Pimpinella diversifolia*)、柔毛堇菜(*Viola fargesii*)、光苞紫菊(*Notoseris macilenta*)、扇脉杓兰(*Cypripedium japonicum*)、三脉紫菀(*Aster trinervius* subsp. *ageratoides*)、野艾蒿(*Artemisia lavandulaefolia*)、柄状薹草、荞麦叶大百合(*Cardiocrinum cathayanum*)、心叶堇菜(*Viola yunnanfuensis*)、麦冬、川东薹草(*Carex fargesii*)、齿叶橐吾(*Ligularia dentata*)、灯台莲(*Arisaema bockii*)等;层外植物有野蔷薇(*Rosa multiflora*)、白叶莓(*Rubus innominatus*)、菝葜(*Smilax china*)、棠叶悬钩子(*Rubus malifolius*)、革叶猕猴桃(*Actinidia rubricaulis* var. *coriacea*)、锈毛莓(*Rubus reflexus*)、鹰爪枫(*Holboellia coriacea*)、粗齿铁线莲(*Clematis grandidentata*)、南蛇藤(*Celastrus orbiculatus*)等。

d2 马尾松群落

在马尾松群落,依据马尾松-山胡椒-麦冬群丛样方(20190413004号样地:样地面积为400m²)调查资料,该群落特征描述如下:

本群落分布在天堰,海拔1241m,坡向西南,坡位中坡,坡度15°,土壤为黄棕壤,林下枯落物层厚2~3cm,腐殖质厚1cm。群落外貌翠绿色,群落沿山坡分布,总盖度0.85。

乔木层郁闭度0.7,平均高度10.6m,分2个亚层,第一亚层平均树高在15m以上,由马尾松(*Pinus massoniana*)和香椿组成;第二亚层平均树高7.0m以上,由麻栎(*Quercus acutissima*)、灯台树(*Cornus controversa*)、五裂枫(*Acer oliverianum*)、野漆(*Toxicodendron succedaneum*)组成。在400m²的样地中,有马尾松15株,平均树高15.3m,最高16.0m,平均胸径31.5cm,最大胸径34.8cm,重要值61.5,为群落建群种。

灌木(包括幼树)盖度0.5,高度在1.2~4.8m。主要种类有山胡椒(*Lindera glauca*)、鄂西玉山竹、毛萼红果树(*Stranvaesia amphidoxa*)、华中樱桃、灯台树、火棘(*Pyracantha fortuneana*)、朴树(*Celtis sinensis*)、红茴香、山槐(*Albizia kalkora*)、桦叶荚蒾(*Viburnum betulifolium*)等10种,山胡椒重要值为

25.5，为优势种。

草本层欠发达，总盖度0.02，主要为麦冬、太平鳞毛蕨（*Dryopteris pacifica*）、蕨（*Pteridium aquilinum* var. *latiusculum*）、长梗黄精（*Polygonatum filipes*）等。

d3 杉木林

依据样方（20190503003号样地：样地面积为400m²），乔木层以杉木（*Cunninghamia lanceolata*）为优势种，伴生有合欢（*Albizia julibrissin*）；灌木层以蜡莲绣球（*Hydrangea strigosa*）为优势种，伴生有核子木（*Perrottetia racemosa*）、灯台树、山莓（*Rubus corchorifolius*）、高粱泡（*Rubus lambertianus*）、异叶榕（*Ficus heteromorpha*）、黄丹木姜子、棕榈（*Trachycarpus fortunei*）等；草本层以江南卷柏（*Selaginella moellendorffii*）为优势种，伴生有求米草、苔水花（*Pilea peploides*）、多色苦荬（*Ixeris chinensis* subsp. *versicolor*）、三脉紫菀、蒲儿根、叶头过路黄（*Lysimachia phyllocephala*）、七星莲、川东獐牙菜（*Swertia davidii*）等。

3.2.5 e组：岩栎群落

实地调查了岩栎-铁仔-羊茅群丛，依据样方（20171112002号样地：样地面积为400m²）调查资料，该群落特征描述如下：本群落分布在小垭，海拔775m，坡向西北，岩壁，群落总盖度0.70。

该群落乔木层郁闭度0.70，平均高度6.1m，由岩栎（*Quercus acrodonta*）、匙叶栎（*Quercus dolicholepis*）、贵州石楠（*Photinia bodinieri*）、青冈（*Cyclobalanopsis glauca*）、豹皮樟（*Litsea coreana* var. *sinensis*）等常绿树及青榨枫（*Acer davidii*）落叶树组成。在400m²的样地中，有岩栎18株，平均树高5.0m，最高8m，平均胸径12cm，最大胸径17.5，重要值为55.6，岩栎为群落建群种。详见表3-5。

表3-5 岩栎林乔木层物种组成表

种名	平均胸径（cm）	平均高（m）	平均冠幅（m²）	数量（株）	总生物量（kg）	重要值
岩栎	12.0	5.0	9.0	18	383.8	55.6
匙叶栎	9.0	5.0	4.0	3	50.6	7.3
贵州石楠	5.0	5.0	9.0	2	34.2	5.0
青榨枫	6.0	5.0	9.0	2	43.7	6.3
青冈	15.0	10.0	9.0	1	128.8	18.7
豹皮樟	9.0	7.0	4.0	1	49.5	7.2

灌木（包括幼树）盖度0.30，高度在0.6~2.5m。主要种类有铁仔（*Myrsine africana*）、刺异叶花椒（*Zanthoxylum dimorphophyllum* var. *spinifolium*）、岩栎、匙叶栎、青冈、球核荚蒾（*Viburnum propinquum*）、红柄木犀、丽叶女贞（*Ligustrum henryi*）、中华绣线菊（*Spiraea chinensis*）、枇杷（*Eriobotrya japonica*）、棣棠花（*Kerria japonica*）、粗糠柴（*Mallotus philippensis*）等12种，铁仔重要值为32.2，为优势种。

草本层总盖度0.70，仅有羊茅（*Festuca ovina*）、柄果薹草（*Carex stipitinux*）、江南卷柏、柄状薹草、三枝九叶草（*Epimedium sagittatum*）、野青茅（*Deyeuxia pyramidalis*）等6种，羊茅为优势种。

层外植物有珍珠莲（*Ficus sarmentosa* var. *henryi*）、藤黄檀（*Dalbergia hancei*）、杠柳（*Periploca sepium*）、蓬莱葛（*Gardneria multiflora*）。

3.2.6 f组：匙叶栎群落

本组包括3个样方（20171109002、20171203001、20181001001），以匙叶栎-中华绣线菊-柄状薹草群丛为例，依据样方（20171203001号样地：样地面积为400m²）调查资料，该群落特征描述如下。

本群落分布在长坡筲箕洼，海拔974m，全坡向，土壤为黄棕壤，林下枯落物层厚0.5cm，腐殖质厚1.0cm，群落总盖度0.90。

该群落乔木层郁闭度0.70，平均高度5.7m，由匙叶栎、山矾(*Symplocos sumuntia*)、柯(*Lithocarpus glaber*)、川桂(*Cinnamomum wilsonii*)等常绿树及白蜡树(*Fraxinus chinensis*)、华中樱桃(*Cerasus conradinae*)、紫果枫(*Acer cordatum*)、黄檀(*Dalbergia hupeana*)、朴树(*Celtis sinensis*)等落叶树组成。在400m^2的样地中，有匙叶栎73株，平均树高5m，最高7m，平均胸径6cm，最大胸径9.5，重要值为82.3，匙叶栎为群落建群种。详见表3-6。

表3-6 匙叶栎群落乔木层物种组成表

种名	平均胸径(cm)	平均高(m)	平均冠幅(m^2)	数量(株)	总生物量(kg)	重要值
匙叶栎	6.0	5.0	2.3	73	1595.1	82.3
白蜡树	5.0	6.0	4.0	5	82.3	4.2
华中樱桃	6.0	6.0	4.0	5	82.0	4.2
紫果枫	5.0	6.0	1.0	3	49.4	2.5
黄檀	5.0	5.0	1.0	2	34.2	1.8
山矾	8.0	7.0	4.0	1	31.2	1.6
柯	7.0	6.0	4.0	1	31.3	1.6
朴树	5.0	6.0	4.0	1	16.5	0.8
川桂	5.0	5.0	1.0	1	17.1	0.9

灌木(包括幼树)盖度0.30，高度在0.5~3.5m。主要种类有中华绣线菊、匙叶栎、球核荚蒾、长柱金丝桃(*Hypericum longistylum*)、火棘、倒卵叶旌节花(*Stachyurus obovatus*)、羽脉新木姜子(*Neolitsea pinninervis*)、拟密花树(*Myrsine affinis*)、红茴香(*Illicium henryi*)、皱叶柳叶枸子(*Cotoneaster salicifolius var. rugosus*)、枇杷、竹叶楠(*Phoebe faberi*)、龙陵冬青(*Ilex cheniana*)、山鼠李(*Rhamnus wilsonii*)、雷公鹅耳枥、六月雪(*Serissa japonica*)、海金子(*Pittosporum illicioides*)、香叶树(*Lindera communis*)等18种，中华绣线菊重要值为14.4，为优势种。

草本层总盖度0.30，仅有柄状薹草、毛轴蕨(*Pteridium revolutum*)、山麦冬(*Liriope spicata*)、黔岭淫羊藿(*Epimedium leptorrhizum*)、藏薹草、芒(*Miscanthus sinensis*)等6种，柄状薹草为优势种。

层外植物有皱叶雀梅藤(*Sagereia rugosa*)、珍珠莲、野木瓜(*Stauntonia chinensis*)、南蛇藤、青城菝葜(*Smilax tsinchengshanensis*)、鸡爪茶、梗花雀梅藤(*Sagereia henryi*)、肖菝葜(*Heterosmilax japonica*)。

3.2.7 g组：青冈类群落

本组包含6个样方，分属青冈、曼青冈群落、小叶青冈。

g1 青冈群落

有2个样方(20171112001、20180311004)，分别为青冈-铁仔-柄状薹草、青冈-香叶树-贯众两群丛，以青冈-铁仔-柄状薹草群丛为例，对青冈群落进行介绍如下。

依据样方(20171112001号样地：样地面积为400m^2)调查资料：本群落分布在百溪河小垭，海拔773m，坡向西南，土壤为黄壤，林下枯落物层厚0.5cm，腐殖质厚1.0cm，群落总盖度0.90。

该群落乔木层郁闭度0.80，平均高度6.9m，由青冈、岩栎、贵州石楠、棕榈等常绿树种和少量青钱柳、化香树、朴树落叶数种组成。在400m^2的样地中，有青冈19株，平均树高10m，平均胸径14cm，重要值为93.7；青冈为群落建群种。详见表3-7。

表 3-7 青冈群落乔木层物种组成表

种名	平均胸径(cm)	平均高(m)	平均冠幅(m²)	数量(株)	总生物量(kg)	重要值
青冈	15.0	10.0	9.0	19	2447.6	93.7
青钱柳	13.0	10.0	16.0	1	39.3	1.5
岩栎	9.0	5.0	4.0	2	33.7	1.3
化香树	14.0	8.0	4.0	1	44.1	1.7
棕榈	5.0	5.0	4.0	1	17.1	0.7
朴树	5.0	6.0	1.0	1	16.5	0.6
贵州石楠	8.0	5.0	1.0	1	13.3	0.5

灌木(包括幼树)盖度0.15，高度在0.3~3.0m。主要种类铁仔、青冈、马银花(Rhododendron ovatum)、球核荚蒾、异叶梁王茶(Metapanax davidii)、朴树、香叶树、枇杷、紫果枫、马比木(Nothapodytes pittosporoides)、湖北杜茎山(Maesa hupehensis)、胡颓子(Elaeagnus pungens)、三尖杉(Cephalotaxus fortunei)、贵州鹅耳枥(Carpinus kweichowensis)、白蜡树、飞蛾树(Acer oblongum)、丽叶女贞、黄檀、柄果海桐(Pittosporum podocarpum)等19种，铁仔重要值为15.4，为优势种。

草本层总盖度0.20，有柄状薹草、凹叶景天(Sedum emarginatum)、对马耳蕨(Polystichum tsus-simense)、草叶耳蕨、春兰(Cymbidium goeringii)、野青茅、边缘鳞盖蕨、黑足鳞毛蕨(Dryopteris fuscipes)、长尾复叶耳蕨(Arachniodes simplicior)、野雉尾金粉蕨(Onychium japonicum)、麦冬、缩羽复叶耳蕨(Arachniodes japonica)、洪雅耳蕨(Polystichum pseudoxiphophyllum)等13种，柄状薹草为优势种。

层外植物有三叶木通(Akebia trifoliata)、飞龙掌血(Toddalia asiatica)、络石(Trachelospermum jasminoides)、珍珠莲、异形南五味子(Kadsura heteroclita)、爬藤榕(Ficus sarmentosa var. impressa)、网脉葡萄(Vitis wilsoniae)、肖菝葜、杠柳、风龙(Sinomenium acutum)等。

g2 曼青冈群落：

仅有1个样方(20180501004)，为曼青冈-箭竹-柄状薹草群丛，本群落分布在独岭，海拔1740m，坡向东南，土壤为山地黄棕壤，林下枯落物层厚1.5cm，腐殖质厚1.5cm，群落总盖度0.95。

该群落乔木层郁闭度0.95，平均高度7.5m，由曼青冈、光叶柯、巴东栎等常绿树种和少量三桠乌药、白蜡树、雷公鹅耳枥、青榨枫、五裂枫、青麸杨(Rhus potaninii)、四照花(Cornus kousa subsp. chinensis)、亮叶水青冈(Fagus lucida)等落叶数种组成。在400m²的样地中，有曼青冈80株，平均树高7.4m，最高8.0m，平均胸径9.9cm，最大胸径37.5cm，重要值为78.7，为群落建群种。详见表3-8。

表 3-8 曼青冈群落乔木层物种组成表

种名	平均胸径(cm)	平均高(m)	平均冠幅(m²)	数量(株)	总生物量(kg)	重要值
曼青冈	9.9	7.4	5.5	80	4761.6	78.7
绵柯	10.9	7.3	5.8	12	367.3	6.1
三桠乌药	5.0	8.0	1.0	6	322.4	5.3
白蜡树	7.5	8.7	3.0	3	145.7	2.4
雷公鹅耳枥	9.1	7.0	3.0	3	151.8	2.5
青榨枫	6.5	8.0	2.0	3	129.1	2.1
五裂枫	13.4	8.0	9.0	1	34.6	0.6
青麸杨	11.2	8.0	6.0	1	29.7	0.5

(续)

种名	平均胸径(cm)	平均高(m)	平均冠幅(m²)	数量(株)	总生物量(kg)	重要值
四照花	7.5	7.0	6.0	1	34.8	0.6
巴东栎	7.5	8.0	4.0	1	48.6	0.8
亮叶水青冈	13.5	6.0	4.0	1	26.3	0.4

灌木(包括幼树)盖度0.60,高度在0.6~3.5m。主要种类箭竹、雷公鹅耳枥、猫儿刺、茶荚蒾(*Viburnum setigerum*)、髭脉桤叶树(*Clethra barbinervis*)、细齿叶柃、杜鹃(*Rhododendron simsii*)、异叶梁王茶、曼青冈、山矾、宜昌胡颓子等11种,箭竹重要值为64.2,为优势种。

草本层总盖度0.05,种类少,仅有柄状薹草、革叶耳蕨(*Polystichum neolobatum*)、鹿蹄草(*Pyrola calliantha*)等3种,柄状薹草为优势种。

层外植物有中华猕猴桃、南蛇藤。

g3 小叶青冈群落

本群落有3个样方(20180311002、20180414001、20171106004),分别为小叶青冈-红茴香-灰化薹草、小叶青冈-香叶树-藏薹草、小叶青冈+曼青冈-鄂西玉山竹-柄果薹草群丛,以小叶青冈-红茴香-灰化薹草群丛为例,对小叶青冈群落介绍如下。

依据样方(20180311002号样地:样地面积为400m²)调查资料:本群落分布在倒退岩,海拔848m,坡向东北,土壤为黄棕壤,林下枯落物层厚0.5cm,腐殖质厚1.0cm,群落总盖度0.95。

该群落乔木层郁闭度0.95,平均高度6.7m,由小叶青冈、滑叶润楠、虎皮楠(*Daphniphyllum oldhamii*)、海南冬青(*Ilex hainanensis*)等常绿树种和李叶榆(*Ulmus prunifolia*)、青榨枫、钟花樱桃(*Cerasus campanulata*)、野漆、响叶杨(*Populus adenopoda*)、海通(*Clerodendrum mandarinorum*)等落叶数种组成。在400m²的样地中,有小叶青冈49株,平均树高6.5m,最高10.0m,平均胸径6.8cm,最大胸径14cm,重要值为63.4,为群落建群种。详见表3-9。

表3-9 小叶青冈群落乔木层物种组成表

种名	平均胸径(cm)	平均高(m)	平均冠幅(m²)	数量(株)	总生物量(kg)	重要值
小叶青冈	6.8	6.5	2.0	49	1472.2	63.4
滑叶润楠	6.8	7.6	2.8	5	223.2	9.6
虎皮楠	5.0	6.0	1.0	6	98.8	4.3
李叶榆	8.0	8.0	4.0	3	121.2	5.2
青榨枫	5.0	5.0	1.0	5	85.5	3.7
钟花樱桃	8.0	9.0	4.0	2	89.8	3.9
野漆	5.0	7.0	1.0	3	106.2	4.6
响叶杨	7.0	8.0	1.0	2	91.8	4.0
龙里冬青	5.0	5.0	1.0	1	17.1	0.7
海通	5.0	5.0	1.0	1	17.1	0.7

灌木(包括幼树)盖度0.40,高度在0.3~3.0m。主要种类红茴香、小叶青冈、檵木、异叶梁王茶、华女贞(*Ligustrum lianum*)、球核荚蒾、香叶树、匙叶栎、刺异叶花椒、满山红(*Rhododendron mariesii*)、贵州石楠、红柄木犀、铁仔、羽脉新木姜子、裂果卫矛(*Euonymus dielsianus*)、紫果槭、拟密花树、海金子、榕叶冬青(*Ilex ficoidea*)、粗糠柴、马比木、百两金(*Ardisia crispa*)等22种,红茴香重要值为8.5,为优势种。

草本层总盖度 0.01，有灰化薹草（*Carex cinerascens*）、春兰、中华对马耳蕨（*Polystichum sinotsus-simense*）、麦冬、丝叶薹草、地埂鼠尾草（*Salvia scapiformis* var. *scapiformis*）等 6 种，灰化薹草为优势种。

层外植物有肖菝葜、忍冬（*Lonicera japonica*）、革叶猕猴桃、刺藤子（*Sageretia melliana*）、野木瓜、藤黄檀、香花鸡血藤（*Callerya dielsiana*）、土伏苓（*Smilax glabra*）、象鼻藤（*Dalbergia mimosoides*）、皱叶雀梅藤。

3.2.8 h组：栲类群落

本组包含 6 个样方，分属于湖北锥、栲、甜槠群落。

h1 湖北锥群落

调查了湖北锥-青冈-藏薹草群丛，依据样方（20171111001 号样地：样地面积为 400m^2）调查资料，该群落特征描述如下。

本群落分布在百溪河黄家茅屋，海拔 477m，坡向东，土壤为黄壤，林下枯落物层厚 0.5cm，腐殖质厚 1.5cm，群落总盖度 0.90。

该群落乔木层郁闭度 0.80，平均高度 14.1m，分为 3 个亚层，第一亚层高 18~22m，由湖北锥（*Castanopsis hupehensis*）、利川润楠（*Machilus lichuanensis*）、小花木荷（*Schima parviflora*）组成；第二亚层高 10~15m，由野桐（*Mallotus tenuifolius*）、南酸枣（*Choerospondias axillaris*）、香椿、小花木荷、湖北锥组成；第三亚层高 5~8m，由青冈、湖北锥、灰岩润楠、川钓樟（*Lindera pulcherrima* var. *hemsleyana*）组成。在 400m^2 的样地中，有湖北锥 8 株，平均树高 15.5m，最高 22m，平均胸径 21.3cm，最大胸径 39.0cm，重要值为 49.5，为群落优势种，利川润楠重要值为 21.3，为次优势种。详见表 3-10。

表 3-10 湖北锥群落乔木层物种组成表

种名	平均胸径(cm)	平均高(m)	平均冠幅(m^2)	数量(株)	总生物量(kg)	重要值
湖北锥	21.3	15.5	22.8	8	2031.6	49.5
小花木荷	17.0	16.3	18.3	4	356.6	8.7
杉木	11.0	15.0	9.0	5	285.4	6.9
利川润楠	29.0	20.0	19.0	3	875.0	21.3
灰岩润楠	5.0	6.0	1.0	3	49.4	1.2
南酸枣	26.0	15.0	35.0	1	390.1	9.5
青冈	5.5	6.5	2.5	2	73.7	1.8
野桐	8.0	15.0	4.0	1	28.3	0.7
川钓樟	5.0	6.0	2.3	1	16.5	0.4

灌木（包括幼树）盖度 0.20，高度在 0.3~2.5m。主要种类青冈、湖北杜茎山、粗糠柴、倒卵叶旌节花、油茶、檵木、杜茎山、竹叶楠、裂果卫矛、贵州石楠、小花木荷、篦子三尖杉（*Cephalotaxus oliveri*）、红茴香、棕榈、湖北锥、黄棉木（*Metadina trichotoma*）、细齿叶柃、朴树、红果黄肉楠（*Actinodaphne cupularis*）等 19 种，青冈重要值为 24.8，为优势种。

草本层总盖度 0.05，有藏薹草、薄叶卷柏、顶芽狗脊（*Woodwardia unigemmata*）、柄状薹草、亮鳞肋毛蕨（*Ctenitis subglandulosa*）、缩羽复叶耳蕨、套鞘薹草、中华对马耳蕨、有齿金星蕨、柳叶耳蕨（*Polystichum fraxinellum*）、对马耳蕨、日本蛇根草、小羽贯众（*Cyrtomium lonchitoides*）、边缘鳞盖蕨、华东安蕨、华中冷水花（*Pilea angulata* subsp. *latiuscula*）、尖叶长柄山蚂蝗（*Hylodesmum podocarpum* subsp. *oxyphyllum*）、十字薹草、求米草（*Oplismenus undulatifolius*）、长尾复叶耳蕨、光萼斑叶兰（*Goodyera henryi*）、春兰等 22 种，藏薹草为优势种。

层外植物有藤黄檀、革叶猕猴桃、棠叶悬钩子、崖爬藤（*Tetrastigma obtectum*）、老虎刺（*Pterolobium punctatum*）、光枝勾儿茶（*Berchemia polyphylla* var. *leioclada*）。

h2　栲群落

本群落有4个样方（20171111003、20171223004、20171224003、20180310001），分别为栲-杜茎山-顶芽狗脊、栲-檵木-柄状薹草、栲+小花木荷-青冈-顶芽狗脊、栲-檵木-披针新月蕨群丛，以栲-杜茎山-顶芽狗脊群丛为例介绍栲群落，依据样方（20171111003号样地：样地面积为400m²）调查资料，该群落特征描述如下。

本群落分布在百溪河黄家茅屋，海拔580m，坡向东北，土壤为黄壤，林下枯落物层厚1.0cm，腐殖质厚1.5cm，群落总盖度0.95。

该群落乔木层郁闭度0.85，平均高度10.3m，分为2个亚层，第一亚层高14~15m，由栲组成；第二亚层高6~10m，由栲、滑叶润楠、小花木荷、羽脉新木姜子、青冈、川钓樟、油茶、冬青、利川润楠等常绿阔叶树和山桐子（*Idesia polycarpa*）、合欢、赤杨叶、青钱柳、朴树、白蜡树、紫果枫等落叶树组成。在400m²的样地中，有栲20株，平均树高14.3m，最高15m，平均胸径24.6cm，最大胸径34cm，重要值为78.5，为群落建群种。详见表3-11。

表3-11　栲群落乔木层物种组成表

种名	平均胸径（cm）	平均高（m）	平均冠幅（m²）	数量（株）	总生物量（kg）	重要值
栲	22.1	14.4	21.0	20	4678.9	78.5
羽脉新木姜子	7.0	9.0	4.0	7	334.1	5.6
青冈	5.0	7.0	1.0	4	141.6	2.4
赤杨叶	6.0	9.0	1.0	3	169.7	2.8
冬青	5.0	6.0	2.0	3	35.2	0.6
川钓樟	6.0	6.3	1.0	3	49.2	0.8
合欢	9.0	10.0	4.0	2	40.5	0.7
滑叶润楠	8.0	10.0	4.0	2	130.9	2.2
青钱柳	8.0	8.0	4.0	1	40.4	0.7
小花木荷	7.0	10.0	1.0	1	60.5	1.0
山桐子	6.0	10.0	0.3	1	56.9	1.0
朴树	7.0	8.0	1.0	1	45.9	0.8
白蜡树	6.0	7.0	1.0	1	31.5	0.5
利川润楠	5.0	6.0	1.0	1	16.5	0.3
油茶	5.0	6.0	1.0	1	124.8	2.1

灌木（包括幼树）盖度0.15，高度在0.3~2.5m。主要种类杜茎山、香叶树、油茶、细齿叶柃、青冈、球核荚蒾、湖北杜茎山、小花木荷、红皮木姜子（*Litsea pedunculata*）、刺异叶花椒、粗糠柴、冬青、铁仔、密花树（*Myrsine seguinii*）、滑叶润楠、朴树、川钓樟、红柄木犀等18种，杜茎山重要值为34.5，为优势种。

草本层总盖度0.30，有顶芽狗脊、藏薹草、柄状薹草、薄叶卷柏、边缘鳞盖蕨、对马耳蕨、亮鳞肋毛蕨、缩羽复叶耳蕨、贯众、长尾复叶耳蕨、柳叶耳蕨、杏香兔儿风（*Ainsliaea fragrans*）、有齿金星蕨、中华对马耳蕨等21种，顶芽狗脊为优势种。

层外植物有革叶猕猴桃、象鼻藤、光枝勾儿茶、老虎刺、飞龙掌血。

h3 甜槠群落

本群落仅有1个甜槠-杜茎山-亮鳞肋毛蕨群丛,群丛依据样方(20180310002号样地:样地面积为400m²)调查资料,该群落特征描述如下。

本群落分布在百溪河卢年义屋后,海拔579m,坡向西北,土壤为黄壤,林下枯落物层厚0.5cm,腐殖质厚1.0cm,群落总盖度0.90。

该群落乔木层郁闭度0.85,平均高度11.5m,分为3个亚层,第一亚层高17~20m,由甜槠(*Castanopsis eyrei*)组成;第二亚层高10~15m,由甜槠、黄心夜合(*Michelia martini*)、野桐、南酸枣、海通等组成;第三亚层高5~8m,由栲、青冈、利川润楠、小叶青冈、灯台树组成。在400m²的样地中,有甜槠10株,平均树高14m,最高20m,平均胸径22cm,最大胸径42cm,重要值为80.7,甜槠为群落建群种。详见表3-12。

表3-12 甜槠群落乔木层物种组成表

种名	平均胸径(cm)	平均高(m)	平均冠幅(m²)	数量(株)	总生物量(kg)	重要值
甜槠	22.0	14.0	28.2	10	2736.9	80.7
利川润楠	8.0	8.0	4.0	3	121.2	3.6
南酸枣	10.0	10.0	4.0	2	155.8	4.6
青冈	6.3	7.5	2.5	2	50.2	1.5
海通	18.0	15.0	4.0	1	96.4	2.8
野桐	8.0	10.0	9.0	1	65.5	1.9
黄心夜合	8.0	10.0	2.3	1	65.5	1.9
栲	6.0	8.0	1.0	1	31.5	0.9
小叶青冈	5.0	7.0	2.0	1	35.4	1.0
灯台树	8.0	7.0	1.0	1	31.2	0.9

灌木(包括幼树)盖度0.20,高度在0.3~3.0m。主要种类杜茎山、香叶树、青冈、小叶青冈、红茴香、粗糠柴、甜槠、密花树、紫珠、朴树、胡颓子、紫金牛(*Ardisia japonica*)、刺叶珊瑚冬青(*Ilex corallina* var. *aberrans*)、湖北杜茎山、檵木、灰岩润楠、野扇花(*Sarcococca ruscifolia*)、尼泊尔鼠李(*Rhamnus napalensis*)等18种,杜茎山重要值为33.3,为优势种。

草本层总盖度0.02,有亮鳞肋毛蕨、顶芽狗脊、边缘鳞盖蕨、套鞘薹草、对马耳蕨、日本蛇根草、江南卷柏、缩羽复叶耳蕨、长尾复叶耳蕨、麦冬、柄状薹草、山姜(*Alpinia japonica*)、三枝九叶草、短梗天门冬(*Asparagus lycopodineus*)、灰化薹草、春兰等17种,亮鳞肋毛蕨为优势种。

层外植物有紫花络石(*Trachelospermum axillare*)、宜昌悬钩子(*Rubus ichangensis*)、杠柳、银叶菝葜(*Smilax cocculoides*)、珍珠莲、蚬壳花椒(*Zanthoxylum dissitum*)、常春油麻藤(*Mucuna sempervirens*)、刺藤子、棠叶悬钩子、青江藤(*Celastrus hindsii*)、老虎刺、青牛胆(*Tinospora sagittata*)。

3.2.9 i组:润楠类群落

本组包含4个样方,分属利川润楠群落、宜昌润楠群落。

i1 利川润楠群落

本群落包含3个样方(20171112004、20171224001、20171110001),分属于利川润楠+青冈-红果黄肉楠-中华对马耳蕨、利川润楠-长尾毛蕊茶-日本蛇根草、杜英+利川润楠-巴东荚蒾-柄状薹草群丛,以利川润楠-长尾毛蕊茶-日本蛇根草群丛为例(20171224001号样地:样地面积为400m²),该群落特征描述如下。

本群落分布在百溪河林溪沟，海拔526m，坡向东北，土壤为黄壤，林下枯落物层厚0.5cm，腐殖质厚1.0cm，群落总盖度0.90。

该群落乔木层郁闭度0.85，平均高度10.5m，分为3个亚层，第一亚层高18~23m，由利川润楠、甜槠组成；第二亚层高10~15m，由利川润楠、小花木荷、亮叶桦、香椿组成；第三亚层高5~9m，由棱枝杜英（*Elaeocarpus glabripetalus* var. *alatus*）、虎皮楠、檵木、栲、青冈组成。在400m²的样地中，有利川润楠12株，平均树高15.7m，最高23.0m，平均胸径21.6cm，最大胸径41.5cm，重要值为43.6，为群落优势种。详见表3-13。

表3-13 利川润楠群落乔木层物种组成表

种名	平均胸径(cm)	平均高(m)	平均冠幅(m²)	数量(株)	总生物量(kg)	重要值
利川润楠	21.6	15.7	20.8	12	1603.0	43.6
檵木	6.4	6.1	7.1	8	201.8	5.5
杉木	13.0	15.0	4.0	5	263.5	7.2
棱枝杜英	10.0	9.0	4.0	5	230.9	6.3
甜槠	36.5	18.0	25.0	1	661.0	18.0
小花木荷	31.5	15.0	25.0	1	462.8	12.6
亮叶桦	12.5	10.0	4.0	2	154.8	4.2
虎皮楠	8.5	7.0	4.0	1	38.4	1.0
青冈	8.5	6.0	4.0	1	47.9	1.3
栲	5.0	6.0	1.0	1	16.5	0.4

灌木（包括幼树）盖度0.20，高度在0.3~2.5m。主要种类长尾毛蕊茶（*Camellia caudata*）、红果黄肉楠、裂果卫矛、月月红（*Ardisia faberi*）、香叶树、篦子三尖杉、小叶青冈、紫麻、湖北杜茎山、黄心夜合、异叶梁王茶、大叶桂樱（*Laurocerasus zippeliana*）、青冈、小花木荷、裂果卫矛、粗糠柴、尖叶四照花（*Cornus elliptica*）、丽叶女贞、红柄木犀等19种，长尾毛蕊茶重要值为26.1，为优势种。

草本层总盖度0.30，有日本蛇根草、江南卷柏、披针新月蕨（*Pronephrium penangianum*）、顶芽狗脊、边缘鳞盖蕨、赤车（*Pellionia radicans*）、缩羽复叶耳蕨、对马耳蕨、贯众、黑足鳞毛蕨、麦冬、春兰、降龙草（*Hemiboea subcapitata*）、薄叶卷柏、尖叶长柄山蚂蝗、四川长柄山蚂蝗（*Hylodesmum podocarpum* subsp. *szechuenense*）、套鞘薹草、鄂报春（*Primula obconica*）、金剑草（*Rubia alata*）、山姜、金粟兰（*Chloranthus spicatus*）等21种，日本蛇根草为优势种。

层外植物有革叶猕猴桃、宜昌悬钩子、崖爬藤、周毛悬钩子（*Rubus amphidasys*）、杠柳、青江藤。

i2 宜昌润楠群落

本群落仅有1个宜昌润楠-湖北杜茎山-顶芽狗脊群丛（20171203004号样地：样地面积为400m²），该群落特征描述如下。

本群落分布在李家台，海拔604m，坡向西北，土壤为黄壤，林下枯落物层厚0.5cm，腐殖质厚1.0cm，群落总盖度0.90。

该群落乔木层郁闭度0.85，平均高度10.1m，分为3个亚层，第一亚层高15~18m，由宜昌润楠、甜槠、小花木荷组成；第二亚层高10~14m，由宜昌润楠、小花木荷、糙皮桦（*Betula utilis*）组成；第三亚层高6~8m，由宜昌润楠、椴树（*Tilia tuan*）、青冈、虎皮楠、檵木、野漆组成。在400m²的样地中，有宜昌润楠14株，平均树高11.6m，最高18.0m，平均胸径13.1cm，最大胸径28.0cm，重要值为42.9，为群落优势种。详见表3-14。

表 3-14 宜昌润楠群落乔木层物种组成表

种名	平均胸径(cm)	平均高(m)	平均冠幅(m²)	数量(株)	总生物量(kg)	重要值
宜昌润楠	13.1	11.6	8.1	14	1150.9	42.9
檵木	6.0	6.0	4.0	20	328.0	12.2
甜槠	17.6	15.6	24.2	5	458.6	17.1
小花木荷	12.5	16.8	9.0	4	217.6	8.1
青冈	5.8	7.2	4.0	5	270.8	10.1
野漆	7.0	8.0	4.0	2	91.8	3.4
椴树	14.0	8.0	15.0	1	44.1	1.6
糙皮桦	10.0	10.0	4.0	1	77.9	2.9
虎皮楠	8.0	8.0	4.0	1	40.4	1.5

灌木(包括幼树)盖度 0.20,高度在 0.5~2.0m。主要种类湖北杜茎山、川鄂连蕊茶(*Camellia rosthorniana*)、青冈、裂果卫矛、异叶梁王茶、灰岩润楠、香叶树、小花木荷、红果黄肉楠、紫珠、甜槠、光叶枫(*Acer laevigatum*)、异叶榕、宽苞十大功劳(*Mahonia eurybracteata*)、朱砂根(*Ardisia crenata*)等 15 种,湖北杜茎山重要值为 18.5,为优势种。

草本层总盖度 0.05,有顶芽狗脊、披针新月蕨、华东安蕨、腹水草(*Veronicastrum stenostachyum* subsp. *plukenetii*)、薄叶卷柏、边缘鳞盖蕨、江南星蕨(*Lepisorus fortunei*)、中华对马耳蕨、贵州鳞毛蕨(*Dryopteris wallichiana* var. *kweichowicola*)、麦冬、藏薹草、黔岭淫羊藿、对马耳蕨、缩羽复叶耳蕨、山姜、春兰、十字薹草、疏花虾脊兰(*Calanthe henryi*)、短梗天门冬、贯众等 20 种,顶芽狗脊为优势种。

层外植物有革叶猕猴桃、皱叶雀梅藤、光枝勾儿茶、清香藤(*Jasminum lanceolaria*)、小果蔷薇(*Rosa cymosa*)、杠柳、象鼻藤。

3.2.10 j组:柯类群落

本组包含 3 个样方,分属硬斗柯、包槲柯群落。

j1 硬斗柯群落

本群落仅有硬斗柯-宜昌荚蒾-十字薹草群丛(20171105008 号样地:样地面积为 400m²),该群落特征描述如下:

本群落分布在羊子溪,海拔 1496m,坡向东南,土壤为山地黄棕壤,林下枯落物层厚 1.5cm,腐殖质厚 1.0cm,群落总盖度 0.85。

该群落乔木层郁闭度 0.80,平均高度 9.6m,分为 2 个亚层,第一亚层高 10~16m,由硬斗柯(*Lithocarpus hancei*)、亮叶桦(*Betula luminifera*)、锥栗(*Castanea henryi*)、少脉椴(*Tilia paucicostata*)、翅荚香槐(*Cladrastis platycarpa*)、中华枫(*Acer sinense*)组成;第二亚层高 5~8m,由青冈、曼青冈、枹栎(*Quercus serrata*)、雷公鹅耳枥、红柴枝(*Meliosma oldhamii*)、髭脉桤叶树、四照花组成。在 400m² 的样地中,有硬斗柯 11 株,平均树高 15.0m,最高 16.0m,平均胸径 48.0cm,最大胸径 52.0cm,重要值为 77.1,为群落建群种。详见表 3-15。

表 3-15 硬斗柯群落乔木层物种组成表

种名	平均胸径(cm)	平均高(m)	平均冠幅(m²)	数量(株)	总生物量(kg)	重要值
硬斗柯	48.0	15.0	36.0	11	8886.2	77.7
青冈	8.0	7.0	16.0	5	206.9	1.8

(续)

种名	平均胸径(cm)	平均高(m)	平均冠幅(m²)	数量(株)	总生物量(kg)	重要值
锥栗	32.0	15.0	25.0	3	1400.2	12.2
雷公鹅耳枥	6.0	7.0	2.0	2	62.9	0.6
亮叶桦	25.0	16.0	16.0	1	355.5	3.1
翅荚香槐	25.0	10.0	25.0	1	230.8	2.0
少脉椴	12.0	12.0	16.0	1	68.1	0.6
中华枫	12.0	10.0	9.0	1	72.3	0.6
枹栎	9.0	8.0	9.0	1	52.8	0.5
红柴枝	6.0	7.0	6.0	1	31.5	0.3
曼青冈	5.0	5.0	9.0	1	17.1	0.1
髭脉桤叶树	7.0	7.0	3.0	1	39.5	0.3
四照花	5.0	6.0	4.0	1	16.5	0.1

灌木(包括幼树)盖度0.50，高度在0.3~3.0m。主要种类宜昌荚蒾、细齿叶柃、曼青冈、华中樱桃、野鸦椿、硬斗柯、交让木(*Daphniphyllum macropodum*)、喇叭杜鹃(*Rhododendron discolor*)、假豪猪刺(*Berberis soulieana*)、细齿稠李(*Padus obtusata*)、卫矛、紫果枫、四照花、水青冈、线叶柄果海桐(*Pittosporum podocarpum* var. *angustatum*)、枹栎、光叶柯、髭脉桤叶树、宜昌胡颓子等19种，宜昌荚蒾重要值为29.6，为优势种。

草本层总盖度0.01，有十字薹草、鄂西鼠尾草(*Salvia maximowicziana* var. *maximowicziana*)、春兰、贵州蹄盖蕨、深圆齿堇菜、黑足鳞毛蕨、假黑鳞耳蕨、柄状薹草、蹄叶橐吾(*Ligularia fischeri*)、鹿蹄草、沿阶草(*Ophiopogon bodinieri*)等11种，十字薹草为优势种。

层外植物有小叶菝葜、象鼻藤、五月瓜藤、野木瓜。

j2 包槲柯群落

本群落有2个样方(20171109001、20181002003)，分属包槲柯-香叶树-柄状薹草、包槲柯+曼青冈-灰绿玉山竹-柄状薹草群丛。以包槲柯-香叶树-柄状薹草群丛(20171109001号样地：样地面积为400m²)为例，该群落特征描述如下。

本群落分布在天子坟，海拔1062m，坡向东北，土壤为黄棕壤，林下枯落物层厚0.5cm，腐殖质厚1.0cm，群落总盖度0.95。

该群落乔木层郁闭度0.85，平均高度6.9m，由包槲柯(*Lithocarpus cleistocarpus*)、多脉青冈、灰岩润楠、利川润楠、匙叶栎、红柄木犀、交让木、冬青、青冈、异叶梁王茶等常绿树及少量山玉兰、髭脉桤叶树、赤杨叶、云贵鹅耳枥、珍珠花等落叶树组成。在400m²的样地中，有包槲柯25株，平均树高8.0m，平均胸径14.0cm，最重要值为50.4，为群落优势种。详见表3-16。

表3-16 包槲柯群落乔木层物种组成表

种名	平均胸径(cm)	平均高(m)	平均冠幅(m²)	数量(株)	总生物量(kg)	重要值
包槲柯	14.0	8.0	16.0	25	1101.6	50.4
异叶梁王茶	7.0	5.0	25.0	9	91.8	4.2
多脉青冈	5.0	7.0	1.0	8	283.3	13.0
灰岩润楠	7.0	7.0	2.0	5	197.4	9.0
利川润楠	12.0	7.0	6.0	2	59.7	2.7

(续)

种名	平均胸径(cm)	平均高(m)	平均冠幅(m²)	数量(株)	总生物量(kg)	重要值
匙叶栎	6.0	6.0	1.0	2	32.8	1.5
红柄木犀	6.0	6.0	1.0	2	32.8	1.5
交让木	16.0	13.0	9.0	1	131.9	6.0
冬青	14.0	8.0	16.0	1	88.8	4.1
山玉兰	9.0	7.0	9.0	1	49.5	2.3
髭脉桤叶树	5.0	5.0	9.0	1	17.1	0.8
赤杨叶	7.0	6.0	4.0	1	31.3	1.4
云贵鹅耳枥	6.0	6.0	4.0	1	16.4	0.7
青冈	5.0	7.0	1.0	1	35.4	1.6
珍珠花	5.0	5.0	1.0	1	17.1	0.8

灌木(包括幼树)盖度0.30，高度在0.7~2.5m。主要种类有香叶树、包槲柯、曼青冈、尼泊尔十大功劳(*Mahonia napaulensis*)、异叶梁王茶、红柄木犀、海南冬青、多脉青冈、滑叶润楠、菱叶钓樟(*Lindera supracostata*)、野八角(*Illicium simonsii*)、苦糖果、球核荚蒾、红茴香、火棘、毛萼红果树、蕊被忍冬(*Lonicera gynochlamydea*)、鄂西十大功劳(*Mahonia decipiens*)等18种，香叶树重要值为21.6，为优势种。

草本层总盖度0.40，有柄状薹草、顶芽狗脊、三枝九叶草、日本蛇根草、剑叶耳蕨(*Polystichum xiphophyllum*)、缩羽复叶耳蕨、红盖鳞毛蕨(*Dryopteris erythrosora*)等7种，柄状薹草为优势种。

层外植物有藤黄檀、小叶菝葜、刺壳花椒、蓬莱葛、华清香藤、刺藤子。

3.2.11 k组：木荷类群落

本组包含3个样方(20171110003、20171202001、20171203003)，隶属于小花木荷群落，有小花木荷+草珊瑚-薄叶卷柏、小花木荷-月月红-边缘鳞盖蕨、小花木荷-檵木-顶芽狗脊等三群丛。以小花木荷-草珊瑚-薄叶卷柏群丛(20171110003号样地：样地面积为400m²)，该群落特征描述如下。

本群落分布在百溪河，海拔462m，坡向西北，土壤为黄壤，林下枯落物层厚0.5cm，腐殖质厚1.0cm，群落总盖度0.95。

该群落乔木层郁闭度0.85，平均高度10.1m，分为三个亚层，第一亚层高17~19m，由小花木荷组成；第二亚层高12~15m，由枳椇、香椿组成；第三亚层高6~7m，有光叶枫、滑叶润楠、香叶树、苦木组成。在400m²的样地中，有小花木荷13株，平均树高18m，最高19.0m，平均胸径21.0cm，最大胸径28.0cm，重要值为76.1，为群落建群种。详见表3-17。

表3-17 小花木荷群落乔木层物种组成表

种名	平均胸径(cm)	平均高(m)	平均冠幅(m²)	数量(株)	总生物量(kg)	重要值
小花木荷	21.0	18.0	16.0	13	1888.8	76.1
杉木	11.0	15.0	4.0	6	342.5	13.8
滑叶润楠	9.0	7.0	9.0	2	99.1	4.0
苦木	9.0	6.0	1.0	3	60.7	2.4
光叶枫	7.0	7.0	16.0	1	39.5	1.6
枳椇	10.0	12.0	4.0	1	35.4	1.4
香叶树	6.0	6.0	4.0	1	16.4	0.7

灌木(包括幼树)盖度0.20，高度在0.3~4.0m。主要种类草珊瑚(*Sarcandra glabra*)、杜茎山、蜡莲绣球、湖北杜茎山、紫麻、香叶树、巴东荚蒾、裂果卫矛、篦子三尖杉、樟(*Cinnamomum camphora*)、紫珠、马比木、大八角(*Illicium majus*)、球核荚蒾、川钓樟、川桂、红果黄肉楠、檵木、小叶青冈、尼泊尔鼠李、细枝柃(*Eurya loquaiana*)、尾叶远志(*Polygala caudata*)、核子木(*Perrottetia racemosa*)、异叶梁王茶、紫果藤等25种，草珊瑚重要值为44.4，为优势种。

草本层总盖度0.30，有薄叶卷柏、溪边凤尾蕨、披针新月蕨、广州蛇根草、华南赤车、狭基钩毛蕨(*Cyclogramma leveillei*)、金粟兰、亮鳞肋毛蕨、薄片变豆菜、尖叶长柄山蚂蝗、三脉紫菀、刺齿贯众、边缘鳞盖蕨、华中冷水花、粗齿楼梯草、黄精、宽叶兔儿风、华中娥眉蕨、顶芽狗脊、野雉尾金粉蕨、尖齿耳蕨、腹水草、江南星蕨、对马耳蕨、粉红动蕊花、求米草、小叶钩毛蕨(*Cyclogramma flexilis*)、中华对马耳蕨、蜂斗菜(*Petasites japonicus*)、透骨草(*Phryma leptostachya* subsp. *Asiatica*)、十字薹草、泽泻虾脊兰(*Calanthe alismatifolia*)等32种，薄叶卷柏为优势种。

层外植物有冠盖藤(*Pileostegia viburnoides*)、棠叶悬钩子、红毛悬钩子(*Rubus wallichianus*)、清香藤、银叶菝葜。

3.2.12 l组：其他常绿阔叶林群落

本组有8个样方，分属光叶枫群落、其他常绿阔叶杂木群落。

l1 光叶枫群落

本群落有3个样方(20171110002、20171202004、20181005003)，以光叶枫-常山-披针新月蕨群丛(20171202004号样地；样地面积为400m²)为例，该群落特征描述如下。

本群落分布在百溪河泉河，海拔491m，坡向东北，土壤为黄壤，林下枯落物层厚0.5cm，腐殖质厚1.5cm，群落总盖度0.95。

该群落乔木层郁闭度0.70，平均高度9.6m，分为2个亚层，第一亚层高10~15m，由光叶枫、仿栗、长果秤锤树组成；第二亚层高5~8m，由光叶枫、短序荚蒾、仿栗、宜昌润楠、大果冬青组成。在400m²的样地中，有光叶枫14株，平均树高10.4m，最高15.0m，平均胸径15.1cm，最大胸径28.0cm，重要值为53.4，为群落乔木层优势种。详见表3-18。

表3-18 光叶枫群落乔木层物种组成表

种名	平均胸径(cm)	平均高(m)	平均冠幅(m²)	数量(株)	总生物量(kg)	重要值
光叶枫	15.1	10.4	9.8	14	1873.1	59.5
仿栗	23.0	12.8	19.0	4	1002.2	31.8
短序荚蒾	5.0	5.0	1.0	4	68.4	2.2
宜昌润楠	8.0	6.0	4.0	3	47.9	1.5
大果冬青	8.0	8.0	4.0	2	80.8	2.6
长果秤锤树	10.0	10.0	16.0	1	77.9	2.5

灌木(包括幼树)盖度0.10，高度在0.3~4.0m。主要种类常山、草珊瑚、红荚蒾、短梗大参、宜昌润楠、紫麻、大叶新木姜子(*Neolitsea levinei*)、光叶枫、柞木等9种，常山重要值为41.1，为优势种。

草本层总盖度0.80，有披针新月蕨、赤车、江南星蕨、贵州鳞毛蕨、尖头耳蕨(*Polystichum acutipinnulum*)、半边铁角蕨、中华对马耳蕨、黔蒲儿根、翅茎冷水花、尾头凤尾蕨(*Pteris oshimensis* var. *paraemeiensis*)、光头山碎米荠、溪边凤尾蕨、矩圆线蕨、日本蛇根草、刺齿贯众、剑叶耳蕨、万寿竹、对马耳蕨等18种，披针新月蕨为优势种。

层外植物有石南藤、花椒簕(*Zanthoxylum scandens*)、菝葜、马甲菝葜、蚬壳花椒、青江藤。

l2 其他常绿阔叶杂木群落

共 5 个样方（20171111004、20171111005、20171202003、20171223001、20171223002），香叶树、虎皮楠群落在此不作介绍。

3.2.13 m 组：桦树群落

本组包含 9 个样方，分属亮叶桦、狭翅桦、香桦群落。

m1 亮叶桦群落

本群落有 3 个样方（20170610002、20171105005、20171105007），以亮叶桦-光箨篌竹-求米草群丛（20171105007 号样地：样地面积为 400m²）调查资料，该群落特征描述如下。

本群落分布在源头，海拔 1558m，坡向北，土壤为山地黄棕壤，林下枯落物层厚 1.5cm，腐殖质厚 1.0cm，群落总盖度 0.90。

该群落乔木层郁闭度 0.80，平均高度 9.3m，分为两个亚层，第一亚层高 10~15m 由亮叶桦组成；第二亚层高 5~9m，由半边月、盐麸木、雷公鹅耳枥、红麸杨、石灰花楸、枹栎、髭脉桤叶树、木姜子、中华石楠、化香树、硬斗柯组成。在 400m² 的样地中，有亮叶桦 28 株，平均树高 12m，最高 15m，平均胸径 13cm，最大胸径 21cm，重要值为 62.2，为群落建群种。详见表 3-19。

表 3-19 亮叶桦群落乔木层物种组成表

种名	平均胸径(cm)	平均高(m)	平均冠幅(m²)	数量(株)	总生物量(kg)	重要值
亮叶桦	13.0	12.0	16.0	28	2584.8	62.2
半边月	5.0	5.0	16.0	23	393.3	9.5
盐麸木	8.0	8.0	9.0	9	363.7	8.8
雷公鹅耳枥	7.0	7.0	4.0	10	394.7	9.5
红麸杨	11.0	8.0	12.0	2	61.2	1.5
石灰花楸	6.0	7.0	4.0	2	62.9	1.5
中华猕猴桃	6.0	15.0	1.0	1	56.7	1.4
枹栎	13.0	9.0	9.0	1	61.4	1.5
髭脉桤叶树	7.0	7.0	9.0	1	39.5	1.0
木姜子	13.0	8.0	4.0	1	45.8	1.1
中华石楠	8.0	8.0	4.0	1	40.4	1.0
化香树	6.0	7.0	4.0	1	31.5	0.8
硬斗柯	5.0	5.0	4.0	1	17.1	0.4

灌木（包括幼树）盖度 0.20，高度在 0.2~2.5m。主要种类光箨篌竹（*Phyllostachys nidularia* f. *glabrovagina*）、雷公鹅耳枥、红皮木姜子、蜡莲绣球、白檀、硬斗柯、半边月、猫儿刺、银果牛奶子、大血藤、细齿叶柃、曼青冈、山矾等 13 种，鄂西玉山竹重要值为 48.2，为优势种。

草本层总盖度 0.05，有求米草、三脉紫菀、中日金星蕨、深圆齿堇菜、六叶律、丝叶薹草、宜昌薹草、芒、假黑鳞耳蕨、吉祥草、沿阶草、羽毛地杨梅、剪刀股、竹根七、蹄叶橐吾等 15 种，求米草为优势种。

层外植物有中华猕猴桃、小叶菝葜、大花五味子、葛、鸡矢藤、大血藤。

m2 狭翅桦群落

本群落包括 5 个样方（20171022005、20180816002、20181003003、20181004001、20181004002），以狭翅桦-箬叶竹-日本蛇根草群丛（20181004002 号样地：样地面积为 400m²）为例，该群落特征描述如下。

本群落分布在王家湾，海拔1247m，坡向西北，土壤为山地黄棕壤，林下枯落物层厚1.5cm，腐殖质厚2.0cm，群落总盖度0.95。

该群落乔木层郁闭度0.80，平均高度12.4m，分为3个亚层，第一亚层高18~25m，由狭翅桦、水青树、山拐枣（Poliothyrsis sinensis）、湖北鹅耳枥、组成；第二亚层高10~17m，由南京椴、君迁子、翅荚香槐、曼青冈、黑壳楠组成；第三亚层高5~9m，由曼青冈、领春木、中华卫矛、建始槭、水丝梨、伞房荚蒾（Viburnum corymbiflorum）、羽脉新木姜子组成。在400m²的样地中，有狭翅桦5株，平均树高22m，最高25m，平均胸径37.1cm，最大胸径44.5cm，重要值为59.2，为群落建群种。详见表3-20。

表3-20 狭翅桦群落乔木层物种组成表

种名	平均胸径(cm)	平均高(m)	平均冠幅(m²)	数量(株)	总生物量(kg)	重要值
狭翅桦	37.1	20.6	32.0	5	4211.0	59.2
水青树	18.6	10.7	9.5	6	436.1	6.1
曼青冈	12.2	7.8	12.7	6	204.4	2.9
鄂椴	16.5	15.5	8.0	2	175.5	2.5
山拐枣	33.5	20.0	40.0	1	735.9	10.3
湖北鹅耳枥	28.8	20.0	25.0	1	287.8	4.0
君迁子	27.8	15.0	25.0	1	388.2	5.5
黑壳楠	28.5	10.0	30.0	1	278.6	3.9
翅荚香槐	20.5	15.0	20.0	1	238.7	3.4
中华卫矛	14.5	7.0	25.0	1	35.4	0.5
羽脉新木姜子	5.0	5.0	16.0	1	17.1	0.2
领春木	7.5	8.0	4.0	1	48.6	0.7
三叶枫	7.0	7.0	3.0	1	39.5	0.6
伞房荚蒾	6.0	6.0	2.0	1	16.4	0.2

灌木（包括幼树）盖度0.20，高度在0.5~2.5m。主要种类箬叶竹、曼青冈、台湾十大功劳（Mahonia japonica）、羽脉新木姜子、鄂西箬竹、宜昌胡颓子、蜡莲绣球、红皮木姜子、七叶树等9种，箭竹重要值为47.4，为优势种。

草本层总盖度0.50，有日本蛇根草、华南赤车、大叶贯众、薄片变豆菜、山酢浆草、龙头草、假黑鳞耳蕨、峨眉介蕨（Dryoathyrium unifurcatum）、边生鳞毛蕨（Dryopteris handeliana）、路南鳞毛蕨、三枝九叶草、金粟兰、冷水花、十字薹草、深圆齿堇菜、华中峨眉蕨、灰背铁线蕨、楼梯草、膜蕨囊瓣芹（Pternopetalum trichomanifolium）、大叶金腰、鄂西介蕨、卵叶报春、黔蒲儿根、黄水枝、日本蹄盖蕨、鳞果星蕨、麦冬、碎米荠、吉祥草、七叶一枝花等30种，日本蛇根草为优势种。

层外植物有南蛇藤、锈毛莓、地锦（Parthenocissus tricuspidata）、野木瓜、山木通、木防己（Cocculus orbiculatus）。

m3 香桦群落

本群落仅有1个样方（20181007001号样地：样地面积为400m²），该群落特征描述如下。

本群落分布在王家湾，海拔1583m，坡向南，土壤为山地黄棕壤，林下枯落物层厚1.5cm，腐殖质厚2.0cm，群落总盖度0.95。

该群落乔木层郁闭度0.85，平均高度10.8m，分为3个亚层，第一亚层高18~25m，由香桦、水榆花楸、大果冬青组成；第二亚层高10~15m，由湖北鹅耳枥、芬芳安息香、香桦、灯台树、曼青冈、领春木、巴东栎组成；第三亚层高5~9m，由青冈、巴东栎、湖北鹅耳枥、喇叭杜鹃、三桠乌药、曼青冈、水丝梨、四照花、香桦、光叶柯组成。在400m²的样地中，有香桦10株，平均树高14.6m，最高25m，平均胸径20.9cm，最大胸径42.5cm，重要值为46.3，为群落优势种。详见表3-21。

表3-21 香桦群落乔木层物种组成表

种名	平均胸径(cm)	平均高(m)	平均冠幅(m²)	数量(株)	总生物量(kg)	重要值
香桦	20.9	14.6	25.2	10	2480.3	46.3
曼青冈	11.8	8.4	7.4	9	256.3	4.8
湖北鹅耳枥	15.7	9.6	8.4	8	505.4	9.4
青冈	7.1	6.6	4.0	5	160.8	3.0
巴东栎	10.1	8.0	4.7	3	98.6	1.8
四照花	6.0	6.5	6.5	2	32.8	0.6
水榆花楸	28.8	18.0	15.0	1	481.9	9.0
芬芳安息香	22.5	15.0	16.0	1	286.5	5.4
大果冬青	27.5	18.0	9.0	1	466.5	8.7
喇叭杜鹃	23.5	8.0	16.0	1	169.0	3.2
灯台树	26.8	10.0	9.0	1	256.3	4.8
领春木	17.2	10.0	9.0	1	58.5	1.1
水丝梨	12.5	8.0	4.0	1	34.1	0.6
三桠乌药	7.5	8.0	4.0	1	48.6	0.9
光叶柯	5.0	6.0	1.0	1	16.5	0.3

灌木(包括幼树)盖度0.10，高度在0.2~2.5m。主要种类曼青冈、红皮木姜子、灰绿玉山竹、蜡莲绣球、羽脉新木姜子、巴东栎、绿叶甘橿、豪猪刺、四照花、瓜木、宜昌胡颓子、金佛山荚蒾、猫儿刺、中华石楠等14种，曼青冈重要值为23.7，为优势种。

草本层总盖度0.20，有日本蛇根草、大叶贯众、金粟兰、十字薹草、贵州蹄盖蕨、革叶耳蕨、灯台莲、卵叶报春、山酢浆草、深圆齿堇菜、粉红动蕊花、紫距淫羊藿、假黑鳞耳蕨、灰背铁线蕨、粗齿楼梯草、吉祥草、油点草、路南鳞毛蕨、薄片变豆菜、黄水枝、小叶茯蕨(*Leptogramma tottoides*)、华东安蕨(*Anisocampium sheareri*)等22种，日本蛇根草为优势种。

层外植物有中华猕猴桃、钻地风、马兜铃(*Aristolochia debilis*)。

3.2.14 n组：杨树群落

本组包括5个样方，分属大叶杨、椅杨群落。

n1 大叶杨群落

本群落包含3个样方(20171108003、20180429003、20181003001)，以大叶杨-鄂西玉山竹-十字薹草群丛(20171108003号样地：样地面积为400m²)为例，该群落特征描述如下。

本群落分布在中天平界，海拔1379m，坡向西北，土壤为山地黄棕壤，林下枯落物层厚1.5cm，腐殖质厚1.0cm，群落总盖度0.90。

该群落乔木层郁闭度0.70，平均高度9.3m，分为两个亚层，第一亚层高10~17m由大叶杨、枹栎、中华石楠、多脉铁木(*Ostrya multinervis*)、灯台树、三桠乌药组成；第二亚层高5~8m，由盐肤木、雷公鹅耳枥、山玉兰、滑叶润楠、白檀组成。在400m²的样地中，有大叶杨16株，平均树高15m，最高17m，平均胸径22cm，最大胸径28cm，重要值为76.0，为群落建群种。详见表3-22。

表 3-22 大叶杨群落乔木层物种组成表

种名	平均胸径(cm)	平均高(m)	平均冠幅(m²)	数量(株)	总生物量(kg)	重要值
大叶杨	22.0	15.0	9.0	16	3881.9	76.0
灯台树	17.0	10.0	25.0	3	171.4	3.4
盐肤木	13.0	8.0	25.0	3	137.5	2.7
雷公鹅耳枥	15.0	8.0	9.0	4	202.3	4.0
硬斗柯	6.0	6.0	4.0	4	65.6	1.3
枹栎	14.0	12.0	16.0	2	122.2	2.4
中华石楠	9.0	12.0	1.0	3	235.5	4.6
白檀	7.0	5.0	1.0	4	40.8	0.8
滑叶润楠	6.0	7.0	4.0	2	62.9	1.2
武当玉兰	16.0	8.0	9.0	1	54.9	1.1
多脉铁木	12.0	12.0	4.0	1	68.1	1.3
三桠乌药	8.0	10.0	1.0	1	65.5	1.3

灌木(包括幼树)盖度 0.10,高度在 0.2~2.5m。主要种类鄂西玉山竹、黄杞、苦糖果、雷公鹅耳枥、岗栎、白檀、卫矛、巴东荚蒾、长阳十大功劳(*Mahonia sheridaniana*)、直穗小檗(*Berberis dasystachya*)、泡花树、苦木、青荚叶、山胡椒、宜昌荚蒾、毛萼红果树、薄叶鼠李、建始槭、紫弹树(*Celtis biondii*)、线叶柄果海桐、烟管荚蒾、四川杜鹃(*Rhododendron sutchuenense*)、山莓等 23 种,鄂西玉山竹重要值为 21.1,为优势种。

草本层总盖度 0.40,有十字薹草、蝴蝶花、假黑鳞耳蕨、三脉紫菀、山酢浆草、直刺变豆菜、茜草、黄水枝、地梗鼠尾草、大果鳞毛蕨(*Dryopteris panda*)、贯众、日本蛇根草、林荫千里光、紫萁、小升麻、升麻、金粟兰等 17 种,十字薹草为优势种。

层外植物有南蛇藤、蔓胡颓子。

n2　椅杨群落

本群落包括 2 个样方(20170708001、20190502003)以椅杨-白檀-藏薹草群丛(20190502003 号样地:样地面积为 400m²)为例,该群落特征描述如下。

本群落分布在新场,海拔 1729m,全坡向,土壤为山地黄棕壤,林下枯落物层厚 2.0cm,腐殖质厚 1.5cm,群落总盖度 0.95。

该群落乔木层郁闭度 0.85,平均高度 11.3m,分为 3 个亚层,第一亚层高 15~18m,由椅杨、灯台树、漆组成;第二亚层高 10~14m,由椅杨、椴树、漆、灯台树、山玉兰、华中樱桃组成;第三亚层高 5~9m,由椅杨、鸡桑(*Morus australis*)、椴树、水榆花楸、灯台树、粗梗稠李、中华石楠、白檀、华中樱桃组成。在 400m² 的样地中,有椅杨 9 株,平均树高 15.2m,最高 18m,平均胸径 26.3cm,最大胸径 38.5cm,重要值为 63.5,为群落建群种。详见表 3-23。

表 3-23 椅杨群落乔木层物种组成表

种名	平均胸径(cm)	平均高(m)	平均冠幅(m²)	数量(株)	总生物量(kg)	重要值
椅杨	26.3	15.2	7.7	9	3524.9	63.5
灯台树	13.6	10.7	13.0	6	509.3	9.2
漆	20.8	12.3	10.8	4	786.9	14.2
椴树	10.7	8.0	20.7	3	203.7	3.7

（续）

种名	平均胸径(cm)	平均高(m)	平均冠幅(m²)	数量(株)	总生物量(kg)	重要值
华中樱桃	10.5	9.3	5.7	3	197.1	3.6
中华石楠	6.0	7.0	49.0	1	31.5	0.6
粗梗稠李	8.5	8.0	9.0	2	102.0	1.8
水榆花楸	7.5	7.0	36.0	1	34.8	0.6
白檀	5.0	5.0	36.0	1	17.1	0.3
山玉兰	14.5	10.0	15.0	1	125.2	2.3
鸡桑	5.0	5.0	9.0	1	17.1	0.3

灌木（包括幼树）盖度0.20，高度在0.2~3.9m。主要种类白檀、苦糖果、蝴蝶戏珠花、皱叶荚蒾、金佛山荚蒾、桦叶荚蒾、长江溲疏、鸡桑、麻核枸子、华女贞、中华石楠、青荚叶、江南花楸（$Sorbus\ hemsleyi$）、宜昌木姜子、雷公鹅耳枥、中华械、椴树等19种，白檀重要值为27.4，为优势种。

草本层总盖度0.70，有藏薹草、大叶碎米荠、假繁缕（$Theligonum\ macranthum$）、臂形草（$Brachiaria\ eruciformis$）、毛茛、圆锥南芥（$Arabis\ paniculata$）、天名精（$Carpesium\ abrotanoides$）、当归、茜草、峨眉繁缕（$Stellaria\ omeiensis$）、瓜叶乌头、藜芦、和尚菜、华中峨眉蕨、东亚唐松草、多花黄精（$Polygonatum\ cyrtonema$）、草芍药、黄精、管花鹿药、华北耧斗菜（$Aquilegia\ yabeana$）、黄花油点草、灰堇菜、獐牙菜、野艾蒿等24种，大叶碎米荠为优势种。

层外植物有托柄菝葜、黄蜡果（$Stauntonia\ brachyanthera$）、香莓。

3.2.15 o组：栗类群落

本组包含6个样方，有4个样方属锥栗群落，另外两个优势种不明显。以锥栗+雷公鹅耳枥-箭竹-宝兴淫羊藿群丛（20180430003号样地：样地面积为400m²）为例，锥栗群落特征描述如下。

本群落分布在大阴坡，海拔1719m，坡向东南，土壤为黄棕壤，林下枯落物层厚2.5cm，腐殖质厚1.5cm。

群落外貌浅绿色，总盖度0.95。乔木层郁闭度0.9，平均高度9.0m，分为2个亚层，第一亚层高10~15m，由锥栗、雷公鹅耳枥、亮叶桦、石灰花楸、山玉兰、锐齿槲栎组成；第二亚层高5~9m，由雷公鹅耳枥、灯台树、石灰花楸、四照花、化香树、马鞍树（$Maackia\ hupehensis$）、三桠乌药、髭脉桤叶树、盐肤木（$Rhus\ chinensis$）、猫儿刺、半边月、青榨枫等落叶树种组成。在400m²的样地中，有锥栗12株，平均树高13.7m，最高15m，平均胸径21.0cm，最大胸径32.5cm，重要值为48.8；有雷公鹅耳枥24株，平均树高8.6m，最高12m，平均胸径10.5cm，最大胸径14.2cm，重要值为25.7，锥栗为群落优势种，雷公鹅耳枥为次优势种。详见表3-24。

表3-24 锥栗群落乔木层物种组成表

种名	平均胸径(cm)	平均高(m)	平均冠幅(m²)	数量(株)	总生物量(kg)	重要值
锥栗	21.0	13.7	16.5	12	3000.0	48.8
雷公鹅耳枥	10.5	8.6	6.6	24	1576.5	25.7
四照花	8.2	7.0	2.6	9	270.3	4.4
亮叶桦	12.4	11.0	8.2	5	336.4	5.5
三桠乌药	17.9	7.2	1.8	5	228.0	3.7
马鞍树	7.5	7.3	2.3	4	194.3	3.2

(续)

种名	平均胸径(cm)	平均高(m)	平均冠幅(m²)	数量(株)	总生物量(kg)	重要值
灯台树	13.6	8.0	12.5	2	71.3	1.2
石灰花楸	10.3	12.0	6.5	2	74.4	1.2
半边月	7.5	5.0	1.0	3	35.1	0.6
猫儿刺	5.0	5.0	1.5	2	34.2	0.6
山玉兰	18.5	10.0	9.0	1	67.7	1.1
青榨枫	5.0	5.0	1.0	2	34.2	0.6
盐麸木	5.5	7.0	9.0	1	37.6	0.6
锐齿槲栎	13.4	10.0	4.0	1	96.2	1.6
化香树	7.5	8.0	4.0	1	48.6	0.6
髭脉桤叶树	8.5	7.0	4.0	1	38.4	0.6

灌木(包括幼树)盖度0.4,高度在0.3~3.5m。主要种类有箭竹、雷公鹅耳枥、细齿叶柃、宜昌荚蒾、猫儿刺、四照花、疏毛绣线菊、杜鹃、宜昌木姜子、毛萼红果树、皱叶荚蒾、绢毛山梅花等12种,箭竹重要值为65.9,为优势种。

草本层总盖度0.01,有宝兴淫羊藿、柄状薹草、丝叶薹草、三脉紫菀、同形鳞毛蕨(*Dryopteris uniformis*)、八宝(*Hylotelephium erythrostictum*)、湖北双蝴蝶、香茶菜(*Isodon amethystoides*)、隐果薹草(*Carex cryptocarpa*)、落新妇、猪殃殃(*Galium spurium*)、贵州蹄盖蕨、深圆齿堇菜、灰堇菜等14种,宝兴淫羊藿为优势种。

层外植物主要有中华猕猴桃、小叶菝葜、光枝勾儿茶、鸡爪茶、象鼻藤、南蛇藤等。

3.2.16 p组:鹅耳枥类群落

本组包含11个样方,其中,10个样方属于雷公鹅耳枥群落,另外1个样方属于川陕鹅耳枥群落。

p1 雷公鹅耳枥群落

以雷公鹅耳枥-鄂西玉山竹-柄果薹草群丛(20171107004号样地:样地面积为400m²)为例,该群落特征描述如下。

本群落分布在野猫岔,海拔1459m,全坡向,土壤为黄棕壤,林下枯落物层厚1.0cm,腐殖质厚1.0cm,群落总盖度0.98。

乔木层郁闭度0.70,平均高度7.9m,分为2个亚层,第一亚层高10~18m,由雷公鹅耳枥、石灰花楸组成;第二亚层高5~9m,由曼青冈、灯笼树(*Enkianthus chinensis*)、巴东栎、珍珠花、锥栗、冬青(*Ilex chinensis*)、枹栎、三桠乌药组成。在400m²的样地中,有雷公鹅耳枥17株,平均树高15m,最高17.5m,平均胸径32cm,最大胸径38.4cm,重要值为87.7,为群落建群种。详见表3-25。

表3-25 雷公鹅耳枥群落乔木层物种组成表

种名	平均胸径(cm)	平均高(m)	平均冠幅(m²)	数量(株)	总生物量(kg)	重要值
雷公鹅耳枥	32.0	15.0	25.0	17	7934.5	87.7
曼青冈	6.0	5.0	9.0	7	153.0	1.7
灯笼树	5.0	6.0	4.0	7	115.2	1.3
石灰花楸	22.0	12.0	25.0	2	444.2	4.9
巴东栎	11.0	8.0	9.0	3	91.8	1.0

(续)

种名	平均胸径(cm)	平均高(m)	平均冠幅(m²)	数量(株)	总生物量(kg)	重要值
珍珠花	7.0	5.0	4.0	3	30.6	0.3
锥栗	24.0	8.0	16.0	1	174.9	1.9
冬青	11.0	6.0	9.0	1	55.8	0.6
枹栎	6.0	6.0	9.0	1	16.4	0.2
三桠乌药	6.0	8.0	4.0	1	31.5	0.3

灌木(包括幼树)盖度0.90,高度在0.3~3.5m。主要种类有鄂西玉山竹、灯笼树、细齿叶柃、杜鹃、狭叶山胡椒、巴东栎、满山红、红果树(*Stranvaesia davidiana*)、猫儿刺、巴山榧树(*Torreya fargesii*)、冬青、山矾、假豪猪刺等13种,鄂西玉山竹重要值为75.9,为优势种。

草本层总盖度0.01,有柄果薹草、灰堇菜、麦冬、开口箭等4种,柄果薹草为优势种。

p2 川陕鹅耳枥群落

以川陕鹅耳枥-灰绿玉山竹-黄金凤群丛(20181003002号样地:样地面积为400m²)为例,该群落特征描述如下。

本群落分布在茅草淌,海拔1684m,坡向东北,土壤为黄棕壤,林下枯落物层厚2.5cm,腐殖质厚1.5cm,群落总盖度0.90。

乔木层郁闭度0.85,平均高度10.7m,由川陕鹅耳枥(*Carpinus fargesiana*)、石灰花楸、光叶柯、三桠乌药、锐齿槲栎、白檀、坚桦、小叶杨(*Populus simonii*)、金缕梅(*Hamamelis mollis*)、宜昌木姜子、华南桤叶树等树种组成。在400m²的样地中,有川陕鹅耳枥35株,平均树高11.6m,最高15m,平均胸径11.4cm,最大胸径28.5cm,重要值为54.5,为群落建群种。详见表3-26。

表3-26 川陕鹅耳枥群落乔木层物种组成表

种名	平均胸径(cm)	平均高(m)	平均冠幅(m²)	数量(株)	总生物量(kg)	重要值
川陕鹅耳枥	11.4	11.6	6.9	35	3302.6	54.5
石灰花楸	13.5	14.8	8.4	14	784.3	12.9
光叶柯	12.4	10.0	14.5	6	359.3	5.9
三桠乌药	8.9	9.0	3.0	8	480.1	7.9
锐齿槲栎	19.0	13.7	18.0	3	614.0	10.1
白檀	6.4	5.8	6.3	4	100.9	1.7
狭翅桦	13.7	15.0	5.7	3	176.4	2.9
小叶杨	16.5	13.0	9.0	1	158.7	2.6
金缕梅	5.0	7.0	9.0	1	35.4	0.6
宜昌木姜子	5.0	5.0	9.0	1	17.1	0.3
毴脉桤叶树	6.0	8.0	1.0	1	31.5	0.5

灌木(包括幼树)盖度0.5,高度在0.2~2.8m。主要种类有灰绿玉山竹、杜鹃花、细齿叶柃、细叶青冈、宜昌胡颓子、华南桤叶树、四川山矾、宜昌荚蒾、岗柃(*Eurya groffii*)、猫儿刺、豪猪刺等11种,灰绿玉山竹重要值为91.5,为优势种。

草本层总盖度0.01,有黄金凤(*Impatiens siculifer*)、黑足鳞毛蕨、柄状薹草、麦冬等4种,黄金凤为优势种。

层外植物仅有小叶菝葜。

3.2.17 q组：水青冈群落

本组包含3个样方，其中2个为水青冈群落，另外1个为亮叶水青冈群落。

q1 水青冈群落

以水青冈-鄂西玉山竹-粉被薹草群丛(20170709003号样地：样地面积为400m²)为例，该群落特征描述如下。

本群落分布在下晒金坪，海拔1864m，坡向北，土壤为山地黄棕壤，林下枯落物层厚2.5cm，腐殖质厚1.5cm，群落总盖度0.90。

乔木层郁闭度0.80，平均高度11.2m，分为3个亚层，第一亚层高15~18m，由水青冈组成；第二亚层高10~14m，由水青冈、水榆花楸、糙皮桦、山茱萸、血皮枫、山矾、黄毛青冈(*Cyclobalanopsis delavayi*)、白檀、三桠乌药组成；第三亚层高5~7m，由水青冈、白檀、猫儿刺、多脉青冈、血皮枫、藏刺榛(*Corylus ferox* var. *thibetica*)、山矾、枸骨、白杜(*Euonymus maackii*)、雷公鹅耳枥、水榆花楸组成。在400m²的样地中，有水青冈29株，平均树高11.7m，最高18m，平均胸径16.2cm，最大胸径38.0cm，重要值为65.6，为群落建群种。详见表3-27。

表3-27 水青冈群落乔木层物种组成表

种名	平均胸径(cm)	平均高(m)	平均冠幅(m²)	数量(株)	总生物量(kg)	重要值
水青冈	16.2	11.7	25.8	29	3557.2	65.6
山矾	9.4	6.3	7.8	19	442.4	8.2
白檀	9.6	7.4	6.5	8	371.8	6.9
血皮枫	14.2	9.2	9.2	5	285.1	5.3
藏刺榛	6.3	6.0	2.8	5	126.1	2.3
水榆花楸	10.5	8.5	21.0	2	131.4	2.4
三桠乌药	15.4	8.5	17.0	2	108.0	2.0
四照花	12.4	9.5	12.5	2	119.8	2.2
石枣子	6.3	7.0	4.0	2	51.2	0.9
多脉青冈	9.5	6.0	25.0	1	22.5	0.4
黄毛青冈	15.5	10.0	16.0	1	64.4	1.2
糙皮桦	9.5	12.0	4.0	1	80.2	1.5
枸骨	12.0	6.0	12.0	1	25.6	0.4
白杜	5.5	6.0	4.0	1	20.1	0.4
雷公鹅耳枥	5.0	5.0	3.0	1	17.1	0.3

灌木(包括幼树)盖度0.70，高度在0.3~2.2m。主要种类鄂西玉山竹、多脉青冈、水青冈、狭叶山胡椒、山矾、麻核栒子(*Cotoneaster foveolatus*)、枸骨、芒齿小檗、冬青等9种，鄂西玉山竹重要值为96.9，为优势种。

草本层总盖度0.01，有粉被薹草、猪殃殃、麦冬、袋果草等4种，粉被薹草为优势种。

层外植物有灰叶南蛇藤(*Celastrus glaucophyllus*)、托柄菝葜、小叶菝葜、短柄忍冬。

q2 亮叶水青冈群落

以光叶水青冈-箬叶竹-套鞘薹草群丛(20180512002号样地：样地面积为400m²)为例，该群落特征描述如下。

本群落分布在独岭，海拔1841m，坡向东南，土壤为山地黄棕壤，林下枯落物层厚1.5cm，腐殖质厚1.5cm，群落总盖度0.95。

乔木层郁闭度0.95，平均高度11.2m，分为3个亚层，第一亚层高15~18m，由光叶水青冈、水榆花楸、灯台树、雷公鹅耳枥、葛萝槭（*Acer davidii* subsp. *grosseri*）组成；第二亚层高9~12m，由光叶水青冈、水榆花楸、白蜡树、三桠乌药组成；第三亚层高5~8m，由光叶水青冈、四照花、猫儿刺、青冈组成。在400m²的样地中，有光叶水青冈27株，平均树高10.2m，最高18m，平均胸径17.9cm，最大胸径73.0cm，重要值为48.9，为群落建群种。详见表3-28。

表3-28 亮叶水青冈群落乔木层物种组成表

种名	平均胸径（cm）	平均高（m）	平均冠幅（m²）	数量（株）	总生物量（kg）	重要值
亮叶水青冈	17.9	10.2	22.4	27	1751.6	48.9
水榆花楸	15.2	11.4	9.6	5	574.9	16.0
猫儿刺	9.5	5.0	4.0	5	93.9	2.6
葛罗枫	14.5	15.0	9.0	2	131.1	3.7
雷公鹅耳枥	28.5	17.0	45.0	1	470.0	13.1
三桠乌药	14.7	9.0	4.0	2	104.2	2.9
灯台树	24.5	17.0	25.0	1	340.5	9.5
青冈	5.0	5.0	1.0	2	34.2	1.0
白蜡树	8.7	10.0	1.0	1	57.8	1.6
四照花	9.5	7.0	4.0	1	27.3	0.8

灌木（包括幼树）盖度0.10，高度在0.3~1.3m。主要种类箬叶竹、茶荚蒾、青冈、猫儿刺、山矾、光叶水青冈、细齿叶柃、巴东栎、四照花、冬青、南方荚蒾（*Viburnum fordiae*）、石门杜鹃（*hododendron shimenense*）、山玉兰、豪猪刺、光叶柯等15种，箬叶竹重要值为40.0，为优势种。

草本层总盖度0.01，有套鞘薹草、藏薹草、铁灯兔儿风（*Ainsliaea macroclinidiodes*）、野青茅、三脉紫菀、麦冬、湖北双蝴蝶、贵州蹄盖蕨、灰堇菜、羊茅、佩兰（*Eupatorium fortunei*）、宽叶兔儿风、十字薹草、羽毛地杨梅等14种，套鞘薹草为优势种。

层外植物有宜昌悬钩子、托柄菝葜、小叶菝葜。

3.2.18 r组：落叶栎类

本组包含4个样方，分属枹栎群落、锐齿槲栎群落。

r1 枹栎群落

本群落有2个样方（20171106002、20180501001），以枹栎-火棘-顶芽狗脊群丛（20171106002号样地：样地面积为400m²）为例，该群落特征描述如下。

本群落分布在樟树坡，海拔1257m，坡向西北，坡度30°，土壤为黄棕壤，林下枯落物层厚1.5cm，腐殖质厚1cm。

群落沿山坡分布，总盖度0.85。乔木层郁闭度0.75，平均高度7.1m，由枹栎、小叶鹅耳枥（*Carpinus stipulata*）、化香树（*Platycarya strobilacea*）、石灰花楸、水红木、曼青冈组成。在400m²的样地中，有枹栎42株，平均树高8m，最高9.5m，平均胸径9cm，最大胸径12.2cm，重要值为68.2，为群落建群种。详见表3-29。

表 3-29 枹栎群落乔木层物种组成表

种名	平均胸径(cm)	平均高(m)	平均冠幅(m²)	数量(株)	总生物量(kg)	重要值
枹栎	9.5	8.0	9.0	42	2217.7	68.2
小叶鹅耳枥	8.0	8.0	9.0	11	444.5	13.7
化香树	7.0	7.0	6.0	9	355.3	10.9
石灰花楸	6.0	8.0	4.0	5	157.3	4.8
水红木	7.0	6.0	4.0	2	62.6	1.9
曼青冈	5.0	6.0	1.0	1	16.5	0.5

灌木(包括幼树)盖度 0.15,高度在 0.3~2.8m。主要种类火棘、香叶子(*Lindera fragrans*)、岩生鹅耳枥、包果柯、金佛山荚蒾(*Viburnum chinshanense*)、狭叶山胡椒(*Lindera angustifolia*)、假豪猪刺、粗榧(*Cephalotaxus sinensis*)、球核荚蒾、花椒、四川溲疏(*Deutzia setchuenensis*)、山胡椒、疏毛绣线菊(*Spiraea hirsuta*)、皱叶柳叶梅子、女贞(*Ligustrum lucidum*)、狭叶花椒(*Zanthoxylum stenophyllum*)、红柄木犀 等 17 种,火棘重要值为 16.4,为优势种。

草本层总盖度 0.02,有顶芽狗脊(*Woodwardia unigemmata*)、十字薹草、野青茅、黔岭淫羊藿、荚囊蕨(*Struthiopteris eburnea*)、三脉紫菀、春兰、灰堇菜、芒、蒲儿根、中华对马耳蕨(*Polystichum sinotsussimense*)、火绒草(*Leontopodium leontopodioides*)、丝叶薹草、柄果薹草、中日金星蕨(*Parathelypteris nipponica*)、贯众、深圆齿堇菜、返顾马先蒿(*Pedicularis resupinata*)、湖北双蝴蝶、羊茅、麦冬等 21 种,顶芽狗脊为优势种。

层外植物主要有鸡爪茶、小叶菝葜、宽柄铁线莲(*Clematis otophora*)等。

r2 锐齿槲栎群落

本群落有 2 个样方(20180429001、20181006005)以锐齿槲栎-箬竹-黑足鳞毛蕨群丛(20181006005 号样地:样地面积为 400m²)为例,该群落特征描述如下。

本群落主要分布在天星桥,海拔 1570m,坡向东北,坡度 25°,土壤为黄棕壤,林下枯落物层厚 2.5cm,腐殖质厚 1cm。群落外貌浅绿色,群落沿山坡分布,总盖度 0.9。

乔木层郁闭度 0.85,平均高度 12.3m,分 3 个亚层,第一亚层平均树高在 18.6m 以上,由锐齿槲栎、香桦(*Betula insignis*)、血皮枫(*Acer griseum*)组成;第二亚层平均树高 12.3m,由锐齿槲栎、香桦、榆树(*Ulmus pumila*)、三峡枫(*Acer wilsonii*)、湖北鹅耳枥(*Carpinus hupeana*)、曼青冈组成;第三亚层平均树高 7.1m,由香桦、曼青冈、耳叶杜鹃(*Rhododendron auriculatum*)、四照花、四川山矾(*Symplocos setchuensis*)、细齿叶柃 组成。在 400m² 的样地中,有锐齿槲栎 8 株,平均树高 18m,最高 20.0m,平均胸径 32.1cm,最大胸径 38.5cm,重要值为 55.3,为群落建群种。详见表 3-30。

表 3-30 锐齿槲栎群落乔木层物种组成表

种名	平均胸径(cm)	平均高(m)	平均冠幅(m²)	数量(株)	总生物量(kg)	重要值
锐齿槲栎	32.1	18.0	28.5	8	4545.6	55.3
香桦	32.2	19.0	22.5	2	1231.8	15.0
血皮枫	25.8	18.0	13.7	3	919.6	11.2
耳叶杜鹃	32.2	8.0	36.0	2	533.1	6.5
曼青冈	9.4	7.6	5.9	8	371.8	4.5
榆树	16.5	12.0	9.0	1	158.7	1.9
三峡枫	13.5	12.0	4.0	2	142.8	1.7

(续)

种名	平均胸径(cm)	平均高(m)	平均冠幅(m²)	数量(株)	总生物量(kg)	重要值
四照花	17.5	8.0	17.5	2	96.3	1.2
三桠乌药	21.2	10.0	9.0	1	88.8	1.1
湖北鹅耳枥	16.8	10.0	9.0	1	55.8	0.7
细齿叶柃	5.0	5.0	4.0	3	51.3	0.6
四川山矾	6.5	5.0	9.0	1	21.7	0.3

灌木(包括幼树)盖度0.75,高度在1~2.2m。主要种类有箬竹(*Indocalamus tessellatus*)、灰绿玉山竹(*Yushania canoviridis*)、大花黄杨(*Buxus henryi*)、光叶柯(*Lithocarpus mairei*)、灯台树、细齿叶柃、线叶柄果海桐等7种,箬竹重要值为89.8,为优势种。

草本层总盖度0.01,种类少,有黑足鳞毛蕨、十字薹草、贵州蹄盖蕨、麦冬、披针薹草(*Carex lancifolia*)、小八角莲(*Dysosma difformis*)等6种,黑足鳞毛蕨为优势种。

层外植物主要有中华猕猴桃(*Actinidia chinensis*)、鹰爪枫等。

3.2.19 s组:枫树(杈叶枫、血皮枫、金钱枫、薄叶枫)、椴树、三桠乌药类

本组包含10个样方(20170708002、20170708003、20170709002、20171022004、20171108006、20171109003、20180429003、20180501002、20180816001、20181004003),其中2个样方优势种不明显,余下8个分属椴树群落、三桠乌药群落、杈叶枫群落、金钱枫群落。

s1　椴树群落

本群落包含3个样方(20170708003、20171108006、20181004003),以椴树+血皮枫+苦木-鄂西玉山竹-十字薹草群丛(20171108006号样地:样地面积为400m²)为例,该群落特征描述如下。

本群落主要分布在天平界,海拔1563m,坡向东北,坡度25°,土壤为黄棕壤,林下枯落物层厚1.5cm,腐殖质厚1cm。群落沿山坡分布,总盖度0.9。

乔木层郁闭度0.75,平均高度6.4m,由椴树、血皮枫、苦木、光叶柯、五裂枫、蜡瓣花、雷公鹅耳枥、椋木、白蜡树、多脉青冈、香椿、黄杨、曼青冈、硬斗柯、三桠乌药、枹栎、川梨、灯笼树、泡花树、四照花、中华枫组成。在400m²的样地中,有椴树18株,平均树高7.0m,最高9.5m,平均胸径7.0cm,最大胸径15.4cm,重要值为27.2,为群落优势种,血皮枫、苦木为次优势种。详见表3-31。

表3-31　椴树群落乔木层物种组成表

种名	平均胸径(cm)	平均高(m)	平均冠幅(m²)	数量(株)	总生物量(kg)	重要值
椴树	7.0	7.0	4.0	18	710.5	27.2
血皮枫	15.0	10.0	9.0	5	301.5	11.6
苦木	9.0	7.0	9.0	6	297.2	11.4
光叶柯	9.0	6.0	9.0	11	222.5	8.5
五裂枫	6.0	7.0	4.0	5	157.3	6.0
蜡瓣花	5.0	6.0	1.0	8	131.7	5.0
雷公鹅耳枥	6.0	7.0	4.0	4	125.9	4.8
椋木	7.0	7.0	9.0	3	118.4	4.5
白蜡树	5.0	7.0	1.0	3	106.2	4.1
多脉青冈	8.0	6.0	4.0	5	79.9	3.1

(续)

种名	平均胸径(cm)	平均高(m)	平均冠幅(m²)	数量(株)	总生物量(kg)	重要值
香椿	6.0	7.0	1.0	2	62.9	2.4
黄杨	5.0	5.0	4.0	3	51.3	2.0
曼青冈	9.0	7.0	9.0	1	49.5	1.9
硬斗柯	7.0	5.0	4.0	4	40.8	1.6
三桠乌药	6.0	6.0	2.0	2	32.8	1.3
枹栎	12.0	8.0	9.0	1	27.7	1.1
川梨	12.0	6.0	16.0	1	25.6	1.0
灯笼树	5.0	5.0	4.0	1	17.1	0.7
泡花树	5.0	5.0	1.0	1	17.1	0.7
四照花	5.0	5.0	1.0	1	17.1	0.7
中华枫	5.0	6.0	1.0	1	16.5	0.6

灌木(包括幼树)盖度0.5，高度在1~2.2m。主要种类有鄂西玉山竹、狭叶山胡椒、毛萼红果树、粗榧、蜡瓣花、苦糖果、泡花树、中华枫等8种，鄂西玉山竹重要值为65.7，为灌木层优势种。

草本层总盖度0.01，种类少，有十字薹草、贵州蹄盖蕨、麦冬等3种，十字薹草为草本层优势种。

层外植物主要有南蛇藤、鸡爪茶、软条七蔷薇、中华猕猴桃、华中五味子、细圆藤等。

s2 三桠乌药群落

本群落包含2个样方(20170708002、20180501002)，以三桠乌药-箭竹-中日金星蕨群丛(20180501002号样地：样地面积为400m²)为例，该群落特征描述如下。

本群落分布在杉树屋场，海拔1699m，坡向东北，土壤为黄棕壤，林下枯落物层厚1.0cm，腐殖质厚1.0cm，群落总盖度0.95。

该群落乔木层郁闭度0.85，平均高度6.4m，由三桠乌药、枹栎、石灰花楸、雷公鹅耳枥、四照花、包槲柯、锐齿槲栎、绵柯、青榨枫、髭脉桤叶树、灯台树、华中樱桃、中华柳、野鸦椿、亮叶桦、马鞍树组成。在400m²的样地中，有三桠乌药39株，平均树高6.5m，最高9.5m，平均胸径7.3cm，最大胸径9.8cm，重要值为44.5，为群落建群种。详见表3-32。

表3-32 三桠乌药群落乔木层物种组成表

种名	平均胸径(cm)	平均高(m)	平均冠幅(m²)	数量(株)	总生物量(kg)	重要值
三桠乌药	7.3	6.5	2.0	39	1300.1	44.5
石灰花楸	6.9	6.4	2.1	14	432.4	14.8
枹栎	9.5	6.5	5.1	10	244.3	8.4
四照花	9.4	6.8	2.5	6	163.6	5.6
雷公鹅耳枥	8.0	6.0	1.7	7	111.9	3.8
锐齿槲栎	17.1	9.0	10.5	2	104.0	3.6
青榨枫	9.4	6.3	1.3	4	91.4	3.1
包槲柯	8.5	6.0	4.0	4	73.4	2.5
髭脉桤叶树	5.3	5.0	1.0	4	71.9	2.5
绵柯	9.2	6.0	4.0	3	63.4	2.2
中华柳	8.5	6.5	1.0	2	61.7	2.1

(续)

种名	平均胸径(cm)	平均高(m)	平均冠幅(m²)	数量(株)	总生物量(kg)	重要值
灯台树	5.8	5.7	2.0	3	47.0	1.6
亮叶桦	8.7	7.0	4.0	1	46.7	1.6
华中樱桃	8.8	6.5	5.0	2	41.4	1.4
马鞍树	7.5	6.0	2.0	1	34.8	1.2
野鸦椿	6.0	6.0	1.0	2	32.8	1.1

灌木(包括幼树)盖度0.65,高度在0.5~1.5m。主要种类箭竹、红叶木姜子、髭脉桤叶树、宜昌木姜子、四照花、黄杞(*Engelhardia roxburghiana*)、沙梨、石灰花楸、泡花树、三桠乌药、卫矛等11种,箭竹重要值为81.2,为优势种。

草本层总盖度0.01,有中日金星蕨、湖北双蝴蝶、黄花油点草、藏薹草、贵州蹄盖蕨、落新妇、万寿竹、紫萁等8种,中日金星蕨为优势种。

层外植物有鸡爪茶、短柄忍冬、南蛇藤。

s3 枹叶枫群落

本群落包含2个样方,以枹叶枫-黄杨-大苞景天群丛(20171022004号样地:样地面积为400m²)为例,该群落特征描述如下。

本群落分布在杨家坡,海拔1316m,坡向西北,土壤为黄棕壤,林下枯落物层厚2.5cm,腐殖质厚1.5cm,群落总盖度0.95。

乔木层郁闭度0.70,平均高度8.8m,分为2个亚层,第一亚层高10~15m,由枹叶枫、稠李(*Padus avium*)、苦枥木(*Fraxinus insularis*)、金钱枫组成;第二亚层高5~9m,由枹叶枫、臭椿(*Ailanthus altissima*)、金钱枫、白辛树、天师栗、黄杨组成。在400m²的样地中,有枹叶枫15株,平均树高9.5m,最高12m,平均胸径14.7cm,最大胸径28.0cm,重要值为42.3,为群落优势种,苦枥木、稠李为次优势种。详见表3-33。

表3-33 枹叶枫群落乔木层物种组成表

种名	平均胸径(cm)	平均高(m)	平均冠幅(m²)	数量(株)	总生物量(kg)	重要值
枹叶枫	14.7	9.5	21.1	15	826.1	42.3
苦枥木	22.0	11.0	16.0	2	409.2	20.9
金钱枫	13.0	9.0	15.5	2	122.8	6.3
臭椿	5.0	8.0	4.0	2	107.5	5.5
黄杨	6.0	5.0	9.0	2	43.7	2.2
稠李	28.0	15.0	25.0	1	391.8	20.1
七叶树	11.0	6.0	4.0	1	21.5	1.1
白辛树	8.0	7.0	2.0	1	31.2	1.6

灌木(包括幼树)盖度0.20,高度在0.5~4.0m。主要种类黄杨、金钱枫、鄂西茶藨子(*Ribes franchetii*)、稠李、棣棠花、房县枫(*Acer sterculiaceum* subsp. *franchetii*)、曼青冈、黄丹木姜子、金佛山荚蒾、粉团(*Viburnum plicatum*)、宜昌胡颓子、薄叶鼠李、直角荚蒾(*Viburnum foetidum* var. *rectangulatum*)、泡花树、枹叶枫等15种,黄杨重要值为26.8,为优势种。

草本层总盖度0.50,有大苞景天(*Sedum oligospermum*)、大叶金腰(*Chrysosplenium macrophyllum*)、边果鳞毛蕨(*Dryopteris marginata*)、竹根七(*Disporopsis fuscopicta*)、戟叶耳蕨(*Polystichum tripteron*)、半

蒟苣苔(*Hemiboea henryi*)、华中冷水花、山酢浆草(*Oxalis griffithii*)、大叶贯众(*Cyrtomium macrophyllum*)、黔蒲儿根、麦冬、吉祥草、日本蛇根草、黄水枝、金线草、苔水花(*Pilea peploides*)、鳞果星蕨(*Lepidomicrosorium buergerianum*)、透骨草(*Phryma leptostachya*)、六叶律、柔垂缬草、宽叶金粟兰、光萼斑叶兰、铁角蕨(*Asplenium trichomanes*)、九头狮子草(*Peristrophe japonica*)、深圆齿堇菜、汉城细辛等26种，大苞景天为优势种。

层外植物有锈毛莓、清风藤、棠叶悬钩子。

s4 金钱枫群落

本群落仅有1个样方(20180429003号样地：样地面积为100m²)，即金钱枫-箬叶竹-大叶碎米荠群丛，该群落特征描述如下。

本群落分布在十根树下沟，海拔1854m，坡向东北，土壤为黄棕壤，林下枯落物层厚0.5cm，腐殖质厚1.5cm，群落总盖度0.95。

该群落乔木层郁闭度0.70，平均高度12.9m，由金钱枫、漆、稠李组成。在100m²的样地中，有金钱枫10株，平均树高12.8m，最高16m，平均胸径15.5cm，最大胸径27cm，重要值为70.4，为群落建群种。详见表3-34。

表3-34 金钱枫群落乔木层物种组成表

种名	平均胸径(cm)	平均高(m)	平均冠幅(m²)	数量(株)	总生物量(kg)	重要值
金钱枫	15.5	12.8	9.2	10	1198.0	70.4
漆树	28.0	15.0	15.0	1	426.4	25.1
稠李	12.1	11.0	12.0	1	76.8	4.5

灌木(包括幼树)盖度0.65，高度在0.5~1.2m。主要种类箬叶竹、金钱枫、鸦椿卫矛等3种，箬叶竹重要值为57.5，为优势种。

草本层总盖度0.40，有大叶碎米荠(*Cardamine macrophylla*)、乌头(*Aconitum carmichaelii*)、龙头草、中华金腰、茜草、大叶金腰、管花鹿药、桫椤鳞毛蕨(*Dryopteris cycadina*)、黔蒲儿根(*Sinosenecio guizhouensis*)、鸡血七(*Corydalis temulifolia* subsp. *aegopodioides*)、九头狮子草、楼梯草(*Elatostema involucratum*)、黄连、鹅掌草、酢浆草、血水草(*Eomecon chionantha*)、小升麻、萱、赤车等19种，大叶碎米荠为优势种。

3.2.20 t组：其他落叶杂木类

本组包含22个样方，分属珙桐、水青树、领春木、青钱柳、长果秤锤树、白辛树、枫香、鹅掌楸、天师栗等群落，每个群落仅有1~3个样方，在此仅介绍如下几种。

t1 珙桐群落

本群落依据样方(20171022002号样地：样地面积为400m²)珙桐-湖北木姜子-假黑鳞耳蕨群丛，该群落特征描述如下。

本群落分布在杨家河，海拔1245m，坡向西北，土壤为黄棕壤，林下枯落物层厚1.5cm，腐殖质厚1.5cm，群落总盖度0.95。

该群落乔木层郁闭度0.70，平均高度11.8m，分为3个亚层，第一亚层高15~20m，由珙桐(*Davidia involucrata*)、君迁子(*Diospyros lotus*)组成；第二亚层高10~14m，由珙桐组成；第三亚层高5~9m，由湖北木姜子(*Litsea hupehana*)、珙桐、华千金榆(*Carpinus cordata* var. *chinensis*)、川钓樟、西施花组成。在400m²的样地中，有珙桐8株，平均树高18m，最高20m，平均胸径28.0cm，最大胸径39.4cm，重要值为83.9，为群落建群种。详见表3-35。

表 3-35 珙桐群落乔木层物种组成表

种名	平均胸径(cm)	平均高(m)	平均冠幅(m²)	数量(株)	总生物量(kg)	重要值
珙桐	28.0	18.0	64.0	8	3264.0	83.9
湖北木姜子	11.0	9.0	9.0	5	304.0	7.8
君迁子	16.0	15.0	25.0	2	159.7	4.1
华千金榆	20.0	16.0	16.0	1	118.0	3.0
川钓樟	9.0	6.0	9.0	1	20.2	0.5
西施花	10.0	7.0	4.0	1	25.6	0.7

灌木(包括幼树)盖度 0.20，高度在 0.5~4.8m。主要种类湖北木姜子、曼青冈、绿叶甘橿(*Lindera neesiana*)、灰绿玉山竹、珙桐、毛萼红果树、直角荚蒾、宜昌胡颓子、泡花树、四川溲疏、蜀五加(*Eleutherococcus setchuenensis*)、灯台树、红果树、猫儿刺、川鄂连蕊茶、桃叶珊瑚、绵柯、草绣球(*Cardiandra moellendorffii*)、苦树、粗梗稠李、黑壳楠(*Lindera megaphylla*)、鸦椿卫矛、中华枫、巴东荚蒾(*Viburnum henryi*)等 24 种，湖北木姜子重要值为 31.0，为优势种。

草本层总盖度 0.80，有假黑鳞耳蕨、野鹅脚板、中华金腰、竹根七、日本蛇根草、黔蒲儿根、十字薹草、宽叶金粟兰、麦冬、大叶贯众、华中冷水花、福王草(*Prenanthes tatarinowii*)、山酢浆草、三枝九叶草、柔毛龙眼独活(*Aralia henryi*)、蜜蜂花、吉祥草、大久保对囊蕨(*Deparia okuboana*)、地梗鼠尾草、边缘鳞盖蕨、虎耳草(*Saxifraga stolonifera*)、黄水枝、溪边凤尾蕨(*Pteris terminalis*)、翼萼凤仙花、鄂西对囊蕨(*Deparia henryi*)、单叶细辛(*Asarum himalaicum*)、绞股蓝、川黔肠蕨(*Diplaziopsis cavaleriana*)、黄连(*Coptis chinensis*)、柔垂缬草、铁角蕨、黄花油点草、黄金凤、落新妇、瓜叶乌头、变豆菜(*Sanicula chinensis*)、水蛇麻(*Fatoua villosa*)、透骨草、鳞柄短肠蕨(*Allantodia squamigera*)、大叶金腰、长瓣马铃苣苔(*Oreocharis auricula*)、绵毛金腰(*Chrysosplenium lanuginosum*)、光柄筒冠花(*Siphocranion nudipes*)、碎米荠、钩距虾脊兰、黑鳞鳞毛蕨(*Dryopteris lepidopoda*)、半边旗(*Pteris semipinnata*)、鳞果星蕨、委陵菜(*Potentilla chinensis*)、三脉紫菀、华西龙头草(*Meehania fargesii*)、光萼斑叶兰等 52 种，褐果薹草为优势种。

层外植物有锈毛莓、灰毛泡、五月瓜藤、棠叶悬钩子、扶芳藤(*Euonymus fortunei*)、小叶菝葜、钻地风、异形南五味子。

t2 水青树群落

本群落依据水青树-山胡椒-十字薹草群丛(20171107005 号样地：样地面积为 400m²)调查资料，该群落特征描述如下。

本群落分布在野猫岔大岭下，海拔 1402m，坡向东北，土壤为黄棕壤，林下枯落物层厚 1.0cm，腐殖质厚 1.5cm，群落总盖度 0.95。

该群落乔木层郁闭度 0.80，平均高度 7.4m，分为两个亚层，第一亚层高 10~15m 由水青树、红麸杨、大叶杨、香桦、化香树组成；第二亚层高 5~9m，由水青树、灯台树、狭翅桦、臭檀吴萸、四照花、珍珠花、半边月、木姜子、葛罗枫、三桠乌药、硬斗柯、雷公鹅耳枥、黄丹木姜子、曼青冈组成。在 400m² 的样地中，有水青树 9 株，平均树高 10.0m，最高 14m，平均胸径 14.0cm，最大胸径 21.5cm，重要值为 33.8，为群落优势种，大叶杨、臭檀吴萸为次优势种。详见表 3-36。

表 3-36 水青树群落乔木层物种组成表

种名	平均胸径(cm)	平均高(m)	平均冠幅(m²)	数量(株)	总生物量(kg)	重要值
水青树	14.0	10.0	16.0	9	700.7	33.8
大叶杨	28.0	12.0	25.0	1	321.8	15.5

(续)

种名	平均胸径(cm)	平均高(m)	平均冠幅(m²)	数量(株)	总生物量(kg)	重要值
臭檀吴萸	28.0	9.0	30.0	1	248.1	12.0
红麸杨	12.0	10.0	9.0	2	144.5	7.0
灯台树	6.0	7.0	4.0	3	94.4	4.6
狭翅桦	11.0	8.0	9.0	2	61.2	3.0
香桦	15.0	10.0	25.0	1	60.3	2.9
化香树	15.0	10.0	16.0	1	60.3	2.9
葛萝槭	9.0	7.0	4.0	1	49.5	2.4
华中樱桃	9.0	7.0	4.0	1	49.5	2.4
珍珠花	6.0	5.0	2.0	2	43.7	2.1
半边月	6.0	5.0	1.0	2	43.7	2.1
木姜子	8.0	8.0	9.0	1	40.4	2.0
四照花	5.0	5.0	4.0	2	34.2	1.7
硬斗柯	7.0	6.0	4.0	1	31.3	1.5
三桠乌药	8.0	7.0	4.0	1	31.2	1.5
雷公鹅耳枥	6.0	5.0	1.0	1	21.9	1.1
黄丹木姜子	5.0	5.0	1.0	1	17.1	0.8
曼青冈	5.0	5.0	1.0	1	17.1	0.8

灌木(包括幼树)盖度0.20,高度在0.2~2.5m。主要种类山胡椒、蜡莲绣球、黄丹木姜子、水丝梨、异叶榕、四照花、桦叶荚蒾、巴东小檗、巴东荚蒾、曼青冈、香叶树、羽脉新木姜子等12种,山胡椒重要值为31.5,为优势种。

草本层总盖度0.10,有十字薹草、日本蛇根草、野鹅脚板、大叶贯众、粉红动蕊花、柄状薹草、香茶菜、湖北双蝴蝶、蝴蝶花、瓜叶乌头、黄水枝、顶芽狗脊、求米草、蜘蛛香、地梗鼠尾草、花葶乌头、灰背铁线蕨(*Adiantum myriosorum*)、万寿竹、华蟹甲、山酢浆草、中华对马耳蕨、斑叶兰(*Goodyera schlechtendaliana*)、对马耳蕨、东洋对囊蕨(*Deparia japonica*)等24种,十字薹草为优势种。

层外植物有南蛇藤、野木瓜、象鼻藤、青牛胆、香花鸡血藤。

t3 领春木群落

本群落以领春木-灰绿玉山竹-华中冷水花群丛(20181006001号样地:样地面积为400m²)为例,该群落特征描述如下:

本群落分布在天星桥,海拔1806m,坡向东,土壤为黄棕壤,林下枯落物层厚1.5cm,腐殖质厚1.0cm,群落总盖度0.85。

该群落乔木层郁闭度0.80,平均高度6.8m,由领春木、白蜡树、灯台树、曼青冈、湖北鹅耳枥、四照花、化香树、红麸杨组成。在400m²的样地中,有领春木45株,平均树高6.4m,最高8.2m,平均胸径10.0cm,最大胸径13.5cm,重要值为58.0,为群落建群种。详见表3-37。

表3-37 领春木群落乔木层物种组成表

种名	平均胸径(cm)	平均高(m)	平均冠幅(m²)	数量(株)	总生物量(kg)	重要值
领春木	10.0	6.4	2.6	45	1212.5	58.0
白蜡树	6.5	7.0	1.0	8	344.1	16.5

(续)

种名	平均胸径(cm)	平均高(m)	平均冠幅(m²)	数量(株)	总生物量(kg)	重要值
灯台树	13.0	6.0	10.0	4	97.7	4.7
曼青冈	7.9	6.4	3.2	5	200.4	9.6
湖北鹅耳枥	18.5	7.0	16.0	2	94.7	4.5
四照花	22.5	8.0	25.0	1	80.1	3.8
化香树	12.5	7.0	4.0	1	26.3	1.3
红麸杨	7.5	7.0	4.0	1	34.8	1.7

灌木（包括幼树）盖度0.05，高度在0.2~2.5m。主要种类灰绿玉山竹、长江溲疏、蜡莲绣球、翠蓝绣线菊、曼青冈、猫儿刺、苦糖果、宜昌胡颓子等8种，灰绿玉山竹重要值为62.7，为优势种。

草本层总盖度0.05，有华中冷水花、心叶堇菜、柄状薹草、耳翼蟹甲草（araseneciootopteryx）、蹄叶橐吾、总序香茶菜（Isodon racemosus）、三脉紫菀、庐山楼梯草、六叶律、牯岭藜芦（Veratrum schindleri）、单叉对囊蕨（Deparia unifurcata）、边缘鳞盖蕨、地梗鼠尾草、藏薹草、十字薹草、单花单花红丝线（Lycianthes lysimachioides）、蹄叶橐吾等17种，华中冷水花为优势种。

层外植物有钻地风。

t4 青钱柳群落

本群落以青钱柳-湘楠-贯众群丛（20181005004号样地：样地面积为400m²）为例，该群落特征描述如下。

本群落分布在南山，海拔855m，坡向东北，土壤为黄棕壤，林下枯落物层厚1.5cm，腐殖质厚1.0cm，群落总盖度0.95。

乔木层郁闭度0.90，平均高度12.2m，分为4个亚层，第一亚层高25~28m，由青钱柳（Cyclocarya paliurus）、川黔紫薇（Lagerstroemia excelsa）组成；第二亚层高18~20m，由青钱柳、滑叶润楠组成；第三亚层高10~15m，由青钱柳、湘楠（Phoebe hunanensis）、乌柿（Diospyros cathayensis）组成；第四亚层高5~8m，由中华卫矛（Euonymus nitidus）、香叶树、湘楠、乌柿、构树（Broussonetia papyrifera）组成。在400m²的样地中，有青钱柳7株，平均树高20.9m，最高28m，平均胸径36.0cm，最大胸径50.2cm，重要值为62.6，为群落建群种。详见表3-38。

表3-38 青钱柳群落乔木层物种组成表

种名	平均胸径(cm)	平均高(m)	平均冠幅(m²)	数量(株)	总生物量(kg)	重要值
青钱柳	36.0	20.9	34.1	7	5539.0	62.6
川黔紫薇	47.8	25.0	49.0	1	1535.0	17.4
湘楠	9.1	7.4	8.1	16	809.6	9.2
滑叶润楠	36.7	18.0	36.0	1	663.1	7.5
乌柿	11.4	7.3	8.2	6	167.9	1.9
香叶树	6.5	6.0	2.5	2	54.9	0.6
构树	6.5	7.0	15.0	1	43.0	0.5
中华卫矛	12.5	8.0	16.0	1	34.1	0.4

灌木（包括幼树）盖度0.30，高度在0.5~4.8m。主要种类湘楠、香叶树、红果黄肉楠、毛豹皮樟（Litsea coreana var. lanuginosa）、常山（Dichroa febrifuga）、小叶女贞、紫麻（Oreocnide frutescens）等7种，湘楠重要值为71.9，为优势种。

草本层总盖度 0.02，有贯众、对马耳蕨、青绿薹草、骤尖楼梯草（*Elatostema cuspidatum*）、中华对马耳蕨、灯台莲、宽叶金粟兰等 7 种，贯众为优势种。

层外植物有大血藤、五月瓜藤。

t5 长果秤锤树、南酸枣群落

本群落以长果秤锤树+南酸枣-短序荚蒾-披针新月蕨群丛（20181005002 号样地：样地面积为 400m²）为例，该群落特征描述如下。

本群落分布在泉河，海拔 625m，全坡向，土壤为黄壤，林下枯落物层厚 1.0cm，腐殖质厚 1.5cm，群落总盖度 0.95。

乔木层郁闭度 0.70，平均高度 9.2m，由长果秤锤树（*inojackia dolichocarpa*）、南酸枣、大果冬青、小花木荷、瘿椒树（*Tapiscia sinensis*）组成。在 400m² 的样地中，有长果秤锤树 22 株，平均树高 10m，最高 16m，平均胸径 11.2cm，最大胸径 22.5cm，重要值为 49.6，南酸枣重要值为 41.4，长果秤锤树、南酸枣为群落共建种。详见表 3-39。

表 3-39 长果秤锤树、南酸枣群落乔木层物种组成表

种名	平均胸径(cm)	平均高(m)	平均冠幅(m²)	数量(株)	总生物量(kg)	重要值
长果秤锤树	11.2	10.0	9.8	22	1592.8	49.6
南酸枣	18.2	15.1	15.5	14	1328.8	41.4
大果冬青	13.5	9.0	20.0	4	184.4	5.7
小花木荷	5.0	6.0	1.0	4	65.8	2.1
银鹊树	8.5	6.0	1.0	2	36.7	1.1

灌木（包括幼树）盖度 0.05，高度在 0.5~2m。主要种类短序荚蒾（*Viburnum brachybotryum*）、短梗大参、核子木、贵州石楠、长果秤锤树等 5 种，短序荚蒾重要值为 42.0，为优势种。

草本层总盖度 0.70，有披针新月蕨、卵叶盾蕨（*Neolepisorus ovatus*）、心叶堇菜、蝴蝶花、黔蒲儿根（*Sinosenecio guizhouensis*）、铁角蕨（*Asplenium trichomanes*）、庐山楼梯草（*Elatostema stewardii*）、华南赤车（*Pellionia grijsii*）、江南卷柏等 9 种，披针新月蕨为优势种。

t6 白辛树群落

本群落以白辛树-鄂西玉山竹-大苞景天群丛（20180513001 号样地：样地面积为 400m²）为例，该群落特征描述如下。

本群落分布在腰路，海拔 1634m，坡向西南，土壤为黄棕壤，林下枯落物层厚 2.5cm，腐殖质厚 1.5cm，群落总盖度 0.95。

乔木层郁闭度 0.80，平均高度 7.0m，由白辛树（*Pterostyrax psilophyllus*）、金钱枫（*Dipteronia sinensis*）、椴木、绢毛稠李（*Padus wilsonii*）、四川枫（*Acer sutchuenense*）、泡花树、垂珠花、香椿、灯台树、天师栗（*Aesculus chinensis*）、粗梗稠李（*Padus napaulensis*）、权叶枫组成。在 400m² 的样地中，有白辛树 23 株，平均树高 9.3m，最高 10m，平均胸径 13.2cm，最大胸径 23.4cm，重要值为 60.7，为群落建群种。详见表 3-40。

表 3-40 白辛树群落乔木层物种组成表

种名	平均胸径(cm)	平均高(m)	平均冠幅(m²)	数量(株)	总生物量(kg)	重要值
白辛树	13.2	9.3	6.7	23	2416.4	60.7
金钱枫	7.9	7.1	4.4	21	607.7	15.3
绢毛稠李	6.7	6.1	2.1	7	201.6	5.1

(续)

种名	平均胸径(cm)	平均高(m)	平均冠幅(m²)	数量(株)	总生物量(kg)	重要值
垂珠花	8.7	7.0	2.7	3	142.3	3.6
泡花树	7.5	7.0	1.0	4	139.2	3.5
椴木	8.8	6.7	7.3	6	129.4	3.2
香椿	13.5	9.0	4.0	2	92.2	2.3
七叶树	6.5	7.0	4.0	2	86.0	2.2
四川枫	6.1	6.3	1.8	4	68.6	1.7
灯台树	9.5	7.0	5.0	2	54.5	1.4
粗梗稠李	12.5	7.0	16.0	1	26.3	0.7
杈叶枫	8.5	5.0	1.0	1	18.4	0.5

灌木(包括幼树)盖度0.05,高度在0.3~3m。主要种类有鄂西玉山竹、金钱枫、华中樱桃、川鄂连蕊茶、棣棠花、白辛树、四川枫、三裂瓜木(*AAlangium platanifolium* var. *trilobum*)等8种,鄂西玉山竹重要值为74.7,为优势种。

草本层总盖度0.6,有大苞景天(*Sedum oligospermum*)、匍枝蒲儿根(*Sinosenecio globigerus*)、白苞蒿(*Artemisia lactiflora*)、鹿蹄橐吾(*Ligularia hodgsonii*)、三脉紫菀、光头山碎米荠(*Cardamine engleriana*)、千金子、心叶堇菜、野菊、碎米荠(*Cardamine hirsuta*)、珠芽蟹甲草(*Parasenecio bulbiferoides*)、柔垂缬草(*Valeriana flaccidissima*)、绞股蓝(*Gynostemma pentaphyllum*)、六叶律、华中冷水花、艾麻(*Laportea cuspidata*)、中华金腰(*Chrysosplenium sinicum*)、走茎华西龙头草、长萼堇菜、袋果草(*Peracarpa carnosa*)、粉红动蕊花、佛甲草、金线草(*Antenoron filiforme*)、湖北大戟、假黑鳞耳蕨、蒲儿根、竹叶子(*Streptolirion volubile*)、露珠草(*Circaea canadensis*)、革叶耳蕨、山牛蒡(*Synurus deltoides*)、蔓孩儿参(*Pseudostellaria davidii*)等31种,大苞景天为优势种。

层外植物有三叶木通、野木瓜、中华猕猴桃等。

t7 鹅掌楸群落

本群落包含3个样方(20171108004、20180513004、20180526003),以鹅掌楸-鄂西玉山竹-三枝九叶草群丛(20180513004号样地:样地面积为400m²)为例,该群落特征描述如下。

本群落分布在冷草湾,海拔1567m,坡向东南,土壤为黄棕壤,林下枯落物层厚1.0cm,腐殖质厚1.5cm,群落总盖度0.80。

乔木层郁闭度0.75,平均高度7.5m,分为2个亚层,第一亚层高10~17m,由鹅掌楸(*Liriodendron chinense*)、红柴枝、赛山梅(*Styrax confusus*)组成;第二亚层高5~9m,由化香树、曼青冈、膀胱果(*Staphylea holocarpa*)、赛山梅、三桠乌药、臭檀吴萸(*Tetradium danielii*)、青榨枫、灯台树、梾木(*Cornus macrophylla*)、中华石楠、猫儿刺等树种组成。在400m²的样地中,有鹅掌楸9株,平均树高14m,最高17m,平均胸径19.4cm,最大胸径36.3cm,重要值为65.8,为群落建群种。详见表3-41。

表3-41 鹅掌楸群落乔木层物种组成表

种名	平均胸径(cm)	平均高(m)	平均冠幅(m²)	数量(株)	总生物量(kg)	重要值
鹅掌楸	19.4	14.0	14.4	9	1763.4	65.8
化香树	11.5	7.0	6.8	8	219.7	8.2
曼青冈	16.4	7.0	15.5	4	200.6	7.5
膀胱果	6.5	6.0	4.0	4	109.9	4.1
芬芳安息香	16.5	8.5	12.0	2	124.0	4.6

(续)

种名	平均胸径(cm)	平均高(m)	平均冠幅(m²)	数量(株)	总生物量(kg)	重要值
三桠乌药	12.5	6.0	4.0	2	55.5	2.1
红柴枝	11.6	10.0	9.0	1	35.8	1.3
臭檀吴萸	11.8	8.0	9.0	1	33.0	1.2
青榨枫	12.5	7.0	9.0	1	26.3	1.0
灯台树	9.5	7.0	4.0	1	27.3	1.0
梾木	6.8	7.0	2.0	1	42.9	1.6
中华石楠	5.5	5.0	4.0	1	20.1	0.7
猫儿刺	6.5	5.0	1.0	1	21.7	0.8

灌木(包括幼树)盖度0.35,高度在0.2~3.9m。主要种类有鄂西玉山竹、苦树、棣棠花、四照花、二翅糯米条、水丝梨、绢毛山梅花、曼青冈、青荚叶、毛萼红果树、香莓(*Rubus pungens* var. *oldhamii*)、水榆花楸、膀胱果、中国旌节花(*Stachyurus chinensis*)、菱叶钓樟、灯台树、猫儿刺、权叶枫、黄杨、篦子三尖杉、桃叶珊瑚、宜昌荚蒾、光叶粉花绣线菊(*Spiraea japonica* var. *fortunei*)、鹅掌楸等24种,鄂西玉山竹重要值为35.6,为优势种。(见表11-1-2)

草本层总盖度0.05,有三枝九叶草、珠芽拳参、三脉紫菀、羽毛地杨梅、麦冬、华中前胡、羊齿天门冬(*Asparagus filicinus*)、野菊、瓜叶乌头、地梗鼠尾草、走茎华西龙头草(*Meehania fargesii* var. *radicans*)、湖北大戟(*Euphorbia hylonoma*)、佛甲草、多头风毛菊、茜草、万寿竹、短蕊车前紫草(*Sinojohnstonia moupinensis*)、长萼堇菜(*Viola inconspicua*)、汉城细辛(*Asarum sieboldii*)、百合(*Lilium brownii*)等20种,三枝九叶草为优势种。(见表11-1-3)

层外植物有中华猕猴桃、南蛇藤、清风藤(*Sabia japonica*)、粗齿铁线莲(*Clematis grandidentata*)。

t8 枫香树群落

本群落包含2个样方(20170611002、20171224004),以枫香树-细齿叶柃-赤车群丛(20170611002号样地:样地面积为400m²)为例,该群落特征描述如下。

本群落分布在付家大尖,海拔968m,坡向东北,坡度15°,土壤为黄棕壤,林下枯落物层厚1.5cm,腐殖质厚1.5cm。

群落外貌浅绿色,群落沿山坡分布,总盖度0.90。乔木层郁闭度0.90,平均高度6.7m,由枫香树(*Liquidambar formosana*)、香椿、雷公鹅耳枥、白栎、野漆、山槐、红柴枝、细齿稠李、尖叶四照花、光亮山矾、青皮木(*Schoepfia jasminodora*)、石灰花楸、华中樱桃、柯、龙里冬青等组成。在400m²的样地中,有枫香树32株,平均树高8.8m,最高12m,平均胸径13.2cm,最大胸径24cm,重要值为84.7,为群落建群种。详见表3-42。

表3-42 枫香树群落乔木层物种组成表

种名	平均胸径(cm)	平均高(m)	平均冠幅(m²)	数量(株)	总生物量(kg)	重要值
枫香	13.2	8.8	12.3	32	6599.2	84.7
杉木	13.8	8.1	6.6	9	299.7	3.8
雷公鹅耳枥	7.6	6.8	5.8	6	230.9	3.0
白栎	6.3	5.7	2.5	6	151.3	1.9
山槐	9.5	7.3	4.5	3	139.4	1.8
野漆	8.0	8.0	4.0	3	121.2	1.6
红枝柴	14.3	9.0	25.0	1	57.0	0.7

(续)

种名	平均胸径(cm)	平均高(m)	平均冠幅(m²)	数量(株)	总生物量(kg)	重要值
尖叶四照花	12.2	8.0	9.0	1	34.1	0.4
细齿稠李	6.0	6.0	4.0	2	32.8	0.4
四川山矾	7.0	5.5	6.0	1	25.4	0.3
华中樱桃	9.6	6.0	2.0	1	23.0	0.3
海南冬青	5.8	5.0	2.0	1	21.1	0.3
柯	5.5	6.0	1.0	1	20.1	0.3
石灰花楸	5.0	5.0	4.0	1	17.1	0.2
青皮木	5.1	6.0	3.0	1	16.8	0.2

3.2.21 u组：常绿栎、落叶阔叶混交林群落

本组包含4个样方(20170709004、20171021004、20171109005、20180527002)分属刺叶栎、巴东栎常绿落叶混交林群落。

u1 刺叶栎常绿落叶混交群落

本群落以刺叶栎+茅栗-鄂西玉山竹-紫萁群丛(20180527002号样地：样地面积为400m²)为例，该群落特征描述如下。

本群落分布在雀儿尖，海拔1724m，坡向东北，土壤为黄棕壤，林下枯落物层厚1.0cm，腐殖质厚1.5cm，群落总盖度0.95。

该群落乔木层郁闭度0.85，平均高度7.0m，由刺叶栎、硬斗柯、山矾、细齿叶柃等常绿树及茅栗、三桠乌药、四照花、石灰花楸、马鞍树、宜昌木姜子、髭脉桤叶树、糙皮桦、白蜡树、锐齿槲栎、云贵鹅耳枥、水榆花楸、白檀等落叶树组成。在400m²的样地中，有刺叶栎31株，平均树高7.1m，最高9m，平均胸径16.6cm，最大胸径25.5，重要值为46.6，刺叶栎为乔木层常绿层片优势种，茅栗为乔木层落叶层片优势种。详见表3-43。

表3-43 刺叶栎常绿落叶混交群落

种名	平均胸径(cm)	平均高(m)	平均冠幅(m²)	数量(株)	总生物量(kg)	重要值
刺叶栎	16.6	7.1	15.1	31	1610.4	46.6
茅栗	12.1	8.0	6.8	22	616.4	17.8
三桠乌药	6.7	6.9	6.6	8	281.1	8.1
四照花	15.1	7.8	13.0	4	198.0	5.7
马鞍树	16.5	10.0	35.0	1	134.7	3.9
石灰花楸	10.0	7.0	4.8	5	128.9	3.7
硬斗柯	8.8	6.0	5.3	4	76.5	2.2
糙皮桦	19.2	10.0	9.0	1	72.9	2.1
锐齿槲栎	9.5	8.0	4.0	1	53.3	1.5
白蜡树	15.5	8.0	9.0	1	51.5	1.5
山矾	5.0	5.0	3.0	3	51.3	1.5
水榆花楸	6.5	7.0	1.0	1	43.0	1.2
髭脉桤叶树	5.8	5.0	4.0	2	42.3	1.2

(续)

种名	平均胸径(cm)	平均高(m)	平均冠幅(m²)	数量(株)	总生物量(kg)	重要值
宜昌木姜子	5.0	6.0	6.0	2	32.9	1.0
云贵鹅耳枥	9.5	7.0	3.0	1	27.3	0.8
细齿叶柃	5.0	5.0	9.0	1	17.1	0.5
白檀	5.0	5.0	1.0	1	17.1	0.5

灌木(包括幼树)盖度0.80，高度在0.5~3.0m。主要种类有鄂西玉山竹、红叶木姜子、髭脉桤叶树、山矾、桦叶荚蒾、水榆花楸、石灰花楸等7种，鄂西玉山竹重要值为94.0，为优势种。

草本层总盖度0.01，仅有紫萁、鹿蹄草等2种，紫萁为优势种。

层外植物有南蛇藤、牯岭勾儿茶。

u2 巴东栎常绿落叶混交群落

本群落以巴东栎+雷公鹅耳枥-菱叶钓樟-柄状薹草群丛(20171109005号样地：样地面积为400m²)为例，该群落特征描述如下。

本群落分布在棋梁尖，海拔1349m，坡向西北，土壤为黄棕壤，林下枯落物层厚1.0cm，腐殖质厚1.5cm，群落总盖度0.95。

该群落乔木层郁闭度0.90，平均高度6.6m，由巴东栎、多脉青冈、红柄木犀、包槲柯、弯尖杜鹃、匙叶栎、细齿叶柃等常绿树及少量雷公鹅耳枥、多脉猫乳、薄叶枫等落叶树组成。在400m²的样地中，有巴东栎29株，平均树高8m，最高9m；平均胸径13.0cm，最大胸径21.5，重要值为40.1，巴东栎为乔木层常绿层片优势种，多脉青冈为乔木层常绿层片次优势种。雷公鹅耳枥、多脉猫乳为落叶层片共优种。详见表3-44。

表3-44 巴东栎常绿落叶混交群落乔木层物种组成表

种名	平均胸径(cm)	平均高(m)	平均冠幅(m²)	数量(株)	总生物量(kg)	重要值
巴东栎	13.0	8.0	9.0	29	1329.1	37.8
多脉青冈	8.0	8.0	4.0	20	808.2	23.0
雷公鹅耳枥	22.0	8.0	25.0	8	612.3	17.4
多脉猫乳	24.0	8.0	36.0	2	349.9	10.0
包槲柯	22.0	7.0	9.0	2	133.9	3.8
红柄木犀	7.0	6.0	4.0	4	125.3	3.6
薄叶枫	5.0	5.0	4.0	4	68.4	1.9
弯尖杜鹃	5.0	5.0	4.0	2	34.2	1.0
匙叶栎	7.0	6.0	4.0	1	31.3	0.9
细齿叶柃	6.0	5.0	4.0	1	21.9	0.6

灌木(包括幼树)盖度0.20，高度在0.5~3.0m。主要种类有菱叶钓樟、灰绿玉山竹、多脉青冈、曼青冈、猫儿刺、蕊被忍冬、五裂枫、球核荚蒾、狭叶花椒、粗榧、包槲柯、烟管荚蒾、野八角、蜡莲绣球等14种，菱叶钓樟重要值为33.7，为优势种。

草本层总盖度0.10，有柄状薹草、鄂报春、顶芽狗脊、日本蛇根草、羊茅、剑叶耳蕨、毛柄蒲儿根、地梗鼠尾草、中华对马耳蕨、少花风毛菊等10种，柄状薹草为优势种。

层外植物有鸡爪茶、菝葜。

3.2.22　v组：雷公鹅耳枥、山羊角树、水丝梨混交林群落

本组包含 6 个样方（20171021002、20171021005、20171021006、20171021007、20171022001、20180845001），属水丝梨、雷公鹅耳枥、山羊角树、多脉青冈常绿落叶混交群落。以水丝梨、雷公鹅耳枥、山羊角树-灰绿玉山竹-柄果薹草群丛（20171021006 号样地：样地面积为 400m²）为例，该群落特征描述如下。

本群落分布在万家田，海拔 1464m，坡向西，土壤为黄棕壤，林下枯落物层厚 0.5cm，腐殖质厚 1.5cm，群落总盖度 0.85。

该群落乔木层郁闭度 0.70，平均高度 7.9m，由水丝梨、多脉青冈、红茴香、巴东栎等常绿树及少量雷公鹅耳枥、苦树、南酸枣、山羊角树、山桐子、山柿等落叶树组成。在 400m² 的样地中，有水丝梨 33 株，平均树高 8m，平均胸径 17cm，重要值为 62.0，水丝梨为群落建群种。详见表 3-45。

表 3-45　水丝梨、雷公鹅耳枥、山羊角树常绿落叶混交群落乔木物种组成表

种名	平均胸径（cm）	平均高（m）	平均冠幅（m²）	数量（株）	总生物量（kg）	重要值
水丝梨	17.0	8.0	9.0	33	2044.7	62.0
雷公鹅耳枥	21.0	8.0	25.0	5	348.7	10.6
苦树	17.0	8.0	9.0	4	247.8	7.5
山羊角树	25.0	8.0	25.0	1	185.7	5.6
多脉青冈	6.0	7.0	4.0	5	157.3	4.8
红茴香	9.0	7.0	9.0	2	99.1	3.0
南酸枣	21.0	10.0	25.0	1	87.2	2.6
山柿	5.0	8.0	4.0	1	53.7	1.6
巴东栎	15.0	7.0	9.0	1	44.3	1.3
山桐子	6.0	8.0	9.0	1	31.5	1.0

灌木（包括幼树）盖度 0.30，高度在 0.2~2.5m。主要种类有灰绿玉山竹、多脉青冈、红茴香、紫珠、山胡椒、皱叶荚蒾、山茱萸、水丝梨、广东黄肉楠、金佛山荚蒾、巴东小檗、黑壳楠、毛豹皮樟、巴东栎、山柿、绵柯、宜昌胡颓子、狭叶花椒等 18 种，灰绿玉山竹重要值为 46.6，为优势种。

草本层总盖度 0.01，有柄果薹草、宽叶金粟兰、对马耳蕨、丫蕊花（$Ypsilandra\ thibetica$）等 4 种，柄果薹草为优势种。

层外植物仅见络石。

3.2.23　w组：其他杂木混交林群落

本组包含 6 个样方（20170611004、20171111002、20171202002、20180311003、20181002002、20181005001），分属于低海拔常绿落叶混交群落、中海拔山地常绿落叶混交群落。

w1　低海拔常绿落叶混交群落

本群落以光叶枫+南酸枣-短序荚蒾-披针新月蕨群丛（20171202002 号样地：样地面积为 400m²）为例，该群落特征描述如下。

本群落分布在百溪河泉河，海拔 495m，坡向东北，土壤为黄壤，林下枯落物层厚 0.5cm，腐殖质厚 1.5cm，群落总盖度 0.95。

该群落乔木层郁闭度 0.85，平均高度 11.0m，分为 2 个亚层，第一亚层高 10~15m，由光叶枫、仿栗、南酸枣组成；第二亚层高 5~8m，由光叶枫、短序荚蒾、粗糠柴组成。在 400m² 的样地中，有

光叶枫 12 株，平均树高 12.9m，最高 15.0m，平均胸径 21.7cm，最大胸径 35.0cm，重要值为 60.6，为常绿层片优势种。详见表 3-46。

表 3-46 光叶枫、南酸枣常绿落叶混交群落乔木层物种组成表

种名	平均胸径(cm)	平均高(m)	平均冠幅(m²)	数量(株)	总生物量(kg)	重要值
光叶枫	21.7	12.9	17.9	12	2782.7	60.6
南酸枣	65.0	15.0	64.0	1	1198.6	26.1
猴欢喜	17.2	11.0	22.6	5	321.6	7.0
短序荚蒾	8.0	6.0	4.0	17	271.7	5.9
粗糠柴	6.0	6.0	4.0	1	16.4	0.4

灌木（包括幼树）盖度 0.05，高度在 0.3~4.0m。主要种类短序荚蒾、紫麻（Oreocnide frutescens）、月月红、常山、光叶枫、湖北杜茎山、枇杷叶柯、短梗大参、栲、宜昌润楠、粗糠柴、青冈、山柿（Diospyros japonica）、红果黄肉楠、百两金等 15 种，短序荚蒾重要值为 33.7，为优势种。

草本层总盖度 0.50，有披针新月蕨、切边膜叶铁角蕨、薄叶卷柏、刺齿贯众、矩圆线蕨、溪边凤尾蕨、薄盖短肠蕨（Allantodia hachijoensis）、亮鳞肋毛蕨、尾尖凤了蕨、卵叶盾蕨、短梗天门冬、中华对马耳蕨、十字薹草、日本蛇根草、麦冬、假粗毛鳞盖蕨、华东安蕨、中华复叶耳蕨、华中凤尾蕨（Pteris kiuschinensis var. centrochinensis）、东洋对囊蕨、傅氏凤尾蕨（Pteris fauriei）、线羽贯众、庐山楼梯草、对马耳蕨、深裂耳蕨、骤尖楼梯草、骤尖楼梯草、吉祥草、凤尾蕨、贯众、普通凤了蕨、黔岭淫羊藿等 32 种，披针新月蕨为优势种。

层外植物有宜昌悬钩子、紫花络石、菝葜、鸡爪茶、梗花雀梅藤、南五味子、崖爬藤。

w2 中海拔山地常绿落叶混交群落

本群落以包槲柯+三桠乌药-灰绿玉山竹-柄状薹草群丛（20181002002 号样地：样地面积为 400m²）为例，该群落特征描述如下。

本群落分布在中湾山顶，海拔 1694m，坡向西北，土壤为黄棕壤，林下枯落物层厚 1.5cm，腐殖质厚 1.5cm，群落总盖度 0.95。

该群落乔木层郁闭度 0.85，平均高度 7.3m，由包槲柯、曼青冈、巴东栎等常绿树及三桠乌药、石灰花楸、湖北鹅耳枥、青榨枫、纤柳等落叶树组成。在 400m² 的样地中，有包槲柯 39 株，平均树高 7.6m，平均胸径 13.5cm，重要值为 41.6；有三桠乌药 31 株，平均树高 7.3m，平均胸径 8.3m，重要值 31.6，包槲柯、三桠乌药为群落共优种。详见表 3-47。

表 3-47 包槲柯、三桠乌药常绿落叶阔叶混交群落乔木层物种组成表

种名	平均胸径(cm)	平均高(m)	平均冠幅(m²)	数量(株)	总生物量(kg)	重要值
包槲柯	13.5	7.6	6.5	39	1313.1	36.8
三桠乌药	8.3	7.3	2.3	31	1126.9	31.6
曼青冈	10.1	7.4	4.3	19	515.5	14.5
巴东栎	11.7	6.6	6.8	9	240.5	6.7
石灰花楸	8.3	7.5	2.5	4	185.1	5.2
湖北鹅耳枥	9.5	7.5	5.5	2	93.0	2.6
青榨槭	10.5	7.5	4.0	2	49.0	1.4
纤柳	6.5	7.0	1.0	1	43.0	1.2

灌木(包括幼树)盖度 0.50，高度在 0.3~2.0m。主要种类有灰绿玉山竹、菱叶钓樟、宜昌荚蒾、红叶木姜子、巴东栎、宜昌胡颓子、曼青冈、红柄木犀、中国旌节花等 9 种，灰绿玉山竹重要值为 87.1，为优势种。

草本层总盖度 0.10，有柄状薹草、深圆齿堇菜、地梗鼠尾草、湖北双蝴蝶、宜昌薹草、野百合、春兰等 7 种，柄状薹草为优势种。

层外植物有南蛇藤、山葡萄、鸡爪茶。

3.2.24　x组：曼青冈常绿落叶阔叶混交林群落

本组包含 8 个样方（20171105003、20171106007、20171107003、20171108001、20171108005、20180501004、20180512004、20181006004），乔木层常绿层片主要由曼青冈、绵柯、硬斗柯、巴东栎等组成，乔木层落叶层片主要由雷公鹅耳枥、湖北鹅耳枥、枹栎、四照花、椴树等组成。着重介绍两个群落。

x1　曼青冈、雷公鹅耳枥、尖叶四照花常绿落叶阔叶混交群落

以曼青冈+雷公鹅耳枥+尖叶四照花-鄂西玉山竹-柄状薹草群丛（20171106007 号样地：样地面积为 400m^2）为例，本群落特征描述如下。

本群落分布在六里溪，海拔 1271m，坡向东南，土壤为黄棕壤，林下枯落物层厚 1.5cm，腐殖质厚 1.0cm，群落总盖度 0.90。

乔木层郁闭度 0.80，平均高度 7.5m，分为 2 个亚层，第一亚层高 10~13m，由椴树、香椿、尖叶四照花、白蜡树、狭翅桦、绵柯组成；第二亚层高 5~8m，由曼青冈、五裂枫、毛梾（*Cornus walteri*）、化香树、锥栗、野鸦椿、芬芳安息香、红柴枝、黄丹木姜子、尖叶桂樱（*Laurocerasus undulata*）、雷公鹅耳枥、枹栎、野漆、格药柃等组成。在 400m^2 的样地中，有曼青冈 19 株，平均树高 8m，平均胸径 10cm，重要值为 28.1，尖叶四照花、雷公鹅耳枥等落叶树重要值达 50 以上。综合分析，曼青冈为乔木层常绿层片优势种，尖叶四照花、雷公鹅耳枥为乔木层落叶层片共优种。详见表 3-48。

表 3-48　曼青冈常绿落叶杂木群落乔木层物种组成表

种名	平均胸径(cm)	平均高(m)	平均冠幅(m^2)	数量(株)	总生物量(kg)	重要值
曼青冈	10.0	8.0	9.0	19	725.5	28.1
尖叶四照花	12.3	8.5	4.6	7	278.7	10.8
雷公鹅耳枥	6.5	6.0	4.0	7	192.2	7.4
绵柯	15.0	10.0	25.0	3	180.9	7.0
白蜡树	9.0	10.0	4.0	3	158.4	6.1
黄丹木姜子	7.0	6.0	4.0	4	125.3	4.9
五裂枫	11.0	8.0	4.0	4	122.4	4.7
椴树	15.0	10.0	25.0	2	120.6	4.7
化香树	6.0	7.0	1.0	3	94.4	3.7
中华石楠	8.0	8.0	4.0	2	80.8	3.1
野鸦椿	7.0	7.0	9.0	2	78.9	3.1
香椿	14.0	10.0	9.0	1	77.9	3.0
芬芳安息香	8.5	7.0	9.0	2	76.7	3.0
狭翅桦	8.0	10.0	4.0	1	65.5	2.5
毛梾	12.0	8.0	16.0	2	55.5	2.2

(续)

种名	平均胸径(cm)	平均高(m)	平均冠幅(m²)	数量(株)	总生物量(kg)	重要值
格药柃	5.0	5.0	4.0	2	34.2	1.3
尖叶桂樱	8.0	6.0	9.0	2	32.0	1.2
锥栗	6.0	7.0	1.0	1	31.5	1.2
红柴枝	5.0	6.0	4.0	1	16.5	0.6
野漆	6.0	6.0	9.0	1	16.4	0.6
枹栎	6.0	6.0	4.0	1	16.4	0.6

灌木（包括幼树）盖度0.50，高度在0.1~3.0m。主要种类有鄂西玉山竹、黄丹木姜子、曼青冈、川鄂连蕊茶、细齿叶柃、猫儿刺、绵柯、紫果枫、三尖杉、紫珠等10种，鄂西玉山竹重要值为48.4，为灌木层优势种。

草本层总盖度0.02，有柄状薹草、黔岭淫羊藿、十字薹草、春兰、假黑鳞耳蕨、长尾复叶耳蕨、中华对马耳蕨等7种，柄状薹草为草本层优势种。

层外植物有棠叶悬钩子。

x2 硬斗柯、曼青冈、椴树常绿落叶阔叶混交群落

以硬斗柯+曼青冈+椴树-鄂西玉山竹-十字薹草群丛（20171108005号样地：样地面积为400m²）为例，该群落特征描述如下。

本群落分布在天平界，海拔1536m，坡向东北，土壤为黄棕壤，林下枯落物层厚1.5cm，腐殖质厚1.5cm，群落总盖度0.90。

乔木层郁闭度0.80，平均高度7.6m，分为2个亚层，第一亚层高10~12m，由椴木、山桐子、香椿、椴树、盐麸木组成；第二亚层高5~8m，由硬斗柯、曼青冈、绵柯、黄杨等常绿阔叶树和香果树（*Emmenopterys henryi*）、木姜子、灯台树、华中樱桃、香桦、泡花树、多脉铁木、雷公鹅耳枥、白蜡树、朴树等落叶阔叶树组成。在400m²的样地中，有硬斗柯32株，平均树高7m，最高8m，平均胸径8cm，最大胸径10cm，重要值为28.3；有曼青冈15株，平均胸径7.0cm，平均树高6.0m，重要值13.3；有椴树8株，平均树高10m，最高12m，平均胸径8.0cm，最大胸径14cm，重要值为14.8；有椴木10株，平均胸径11.0cm，平均树高10.0m，重要值9.4。综合分析，硬斗柯为乔木层常绿层片优势种，曼青冈为常绿层片次优势种，椴树、椴木为乔木层落叶层片共优种。详见表3-49。

表3-49 硬斗柯、曼青冈、椴树常绿落叶阔叶混交群落乔木层物种组成表

种名	平均胸径(cm)	平均高(m)	平均冠幅(m²)	数量(株)	总生物量(kg)	重要值
硬斗柯	8.0	7.0	4.0	32	997.5	28.3
椴树	8.0	10.0	1.0	8	523.7	14.8
曼青冈	7.0	6.0	4.0	15	469.8	13.3
椴木	11.0	10.0	9.0	10	330.3	9.4
盐麸木	10.0	10.0	6.0	3	233.8	6.6
香椿	11.0	10.0	16.0	6	198.2	5.6
泡花树	6.0	7.0	6.0	6	188.8	5.3
香桦	6.0	7.0	4.0	4	125.9	3.6
香果树	7.0	8.0	1.0	2	91.8	2.6
灯台树	8.0	7.0	4.0	2	62.3	1.8

(续)

种名	平均胸径(cm)	平均高(m)	平均冠幅(m²)	数量(株)	总生物量(kg)	重要值
多脉铁木	13.0	7.0	10.0	2	57.0	1.6
黄杨	5.0	5.0	9.0	3	51.3	1.5
华中樱桃	9.0	7.0	6.0	1	49.5	1.4
山桐子	10.0	12.0	9.0	1	35.4	1.0
雷公鹅耳枥	14.0	7.0	3.0	1	33.0	0.9
木姜子	11.0	8.0	16.0	1	30.6	0.9
绵柯	5.0	5.0	4.0	1	17.1	0.5
朴树	5.0	5.0	4.0	1	17.1	0.5
白蜡树	6.0	6.0	8.0	1	16.4	0.5

灌木(包括幼树)盖度0.40，高度在0.4~4.0m。有鄂西玉山竹、山胡椒、西北栒子、猫儿刺、宜昌胡颓子、四照花、华千金榆、五裂枫、棶木、鄂西箬竹、巴东荚蒾、桃叶珊瑚等12种，鄂西玉山竹重要值为68.1，为灌木层优势种。

草本层总盖度0.01，种类少，有十字薹草、竹根七、蕺梗橐吾、鄂西鼠尾草(Salvia maximowicziana)、大叶贯众、黄水枝等6种，十字薹草为草本层优势种。

层外植物有南蛇藤、鄂西清风藤、京梨猕猴桃、软条七蔷薇、葛、细圆藤(Pericampylus glaucus)。

3.3 竹林

本区域竹林面积不大，竹种类较少，形成群落的更少，调查的样方不多，仅有毛金竹、篌竹、箬竹、箬叶竹、鄂西玉山竹等5个群落。

3.3.1 毛金竹林

毛金竹林(20170610004号样方，样方面积：100m²)属于栽培植被，总盖度达0.95。乔木层仅毛金竹一种。灌木层以光叶粉花绣线菊(Spiraea japonica var. fortunei)为优势种，伴生有湖北海棠、山胡椒、紫珠、山橿。草本层不发达，盖度小于1%，吉祥草为优势种，零星分布有蕨、见血清、疏羽凸轴蕨(Metathelypteris laxa)、阴地蕨、细毛碗蕨、中日金星蕨、芒、龙芽草、三脉紫菀等。

3.3.2 篌竹林

篌竹林(20171105004号样方，样方面积：100m²)总盖度达0.90。乔木层仅有篌竹。草本层不发达，总盖度不足0.01，主要为求米草、尖叶长柄山蚂蝗、龙芽草、蕺菜、三脉紫菀、竹根七、蕨、过路黄、贵州蹄盖蕨、丝叶薹草、杏叶沙参(Adenophora petiolata subsp. hunanensis)等。

3.3.3 箬竹林

箬竹林(20190503008号样方，样方面积：25m²)分布在陈家湾沟边，沿山坡面分布，完全郁闭。平均高度3.1m，组成箬竹纯林。

3.3.4 箬叶竹林

箬叶竹林(20181006006号样方，样方面积：25m²)分布在王家湾沟边，沿山坡面分布，总盖度达0.98。在25m²的样地中，有箬叶竹315株，平均高2.8m，最高3.5m，平均地径0.5cm，最大地径

0.7，组成箬叶竹纯林。灌木层盖度0.01，主要种类有线叶柄果海桐、灯笼吊钟花。草本层不发达，总盖度0.001，主要为十字薹草、黑足鳞毛蕨、麦冬等，十字薹草为优势种。

3.3.5 鄂西玉山竹林

鄂西玉山竹林(20181006002号样方，样方面积：25m²)分布在天星桥，由鄂西玉山竹组成纯林，群落外貌淡绿色，群落沿山顶分布，总盖度0.95。鄂西玉山竹盖度0.95，平均高度1.3m，为群落建群种。灌木(包括幼树)盖度0.001，高度在0.6~1.2m。仅有红叶木姜子、小叶平枝栒子(*Cotoneaster horizontalis* var. *perpusillus*)等2种，红叶木姜子为优势种。草本层总盖度0.01，仅有中日金星蕨、毛轴蕨、泽珍珠菜、獐牙菜、薄雪火绒草、芒等6种，中日金星蕨为优势种。

3.4 灌丛和灌草丛

3.4.1 卵果蔷薇灌丛

在卵果蔷薇灌丛(20170708005号样方，样方面积：25m²)分布在香党坪，群落高度在3.5m上下，盖度0.85。主要种类有卵果蔷薇(*Rosa helenae*)、白檀、白叶莓、插田泡(*Rubus coreanus*)等。在25m²的样地内，有卵果蔷薇12丛58株，平均高3.0m，平均地径1.5cm，重要值为88.6，为群落建群种。

草本层盖度0.3，主要种类有窄叶水芹、三脉紫菀、打破碗花花、疏花婆婆纳、短毛独活(*Heracleum moellendorffii*)、紫柄蕨、箭叶蓼(*Polygonum sieboldii*)、牛膝、毛茛、龙芽草、四裂花黄芩(*Scutellaria quadrilobulata*)等11种，窄叶水芹为草本层优势种。

3.4.2 半边月灌丛

半边月灌丛(20170708004号样方，样方面积：25m²)分布在香党坪，群落高度在4.5m上下，盖度0.90。主要种类有半边月(*Weigela japonica* var. *sinica*)、卵果蔷薇、木姜子、白檀、木半夏、密疣菝葜(*Smilax chapaensis*)、光叶粉花绣线菊等。在25m²的样地内，有半边月7丛25株，平均高4.4m，平均地径4.5cm，重要值为44.2，为群落建群种。草本层盖度0.2，主要种类有落新妇、瓜叶乌头、三脉紫菀、丝叶薹草、羽毛地杨梅、六叶葎、湖北双蝴蝶、水繁缕叶龙胆(*Gentiana rubicunda* var. *samolifolia*)、三角叶须弥菊、中日金星蕨、心叶堇菜、多头风毛菊、袋果草、堇菜、臭味新耳草(*Neanotis ingrata*)、扬子小连翘(*Hypericum faberi*)等16种，落新妇为草本层优势种。

3.4.3 马桑灌丛

马桑灌丛(20171106001号样方，样方面积：25m²)分布在樟树坡，群落高度在2.5m上下，盖度0.90。主要种类有马桑、木姜子、菝葜、光叶粉花绣线菊等。在25m²的样地内，有马桑5丛30株，平均高2.2m，平均地径2.5cm，重要值为65.5，为群落建群种。草本层盖度0.7，主要种类有芒、华蟹甲、柄状薹草、截叶铁扫帚(*Lespedeza cuneata*)、千里光、秋拟鼠麴草(*Pseudognaphalium hypoleucu*)、日本续断(*Dipsacus japonicus*)、三脉紫菀、打破碗花花等9种，芒为草本层优势种。

3.4.4 石门小檗灌丛

石门小檗灌丛(20170610003号样方，样方面积：25m²)，分布在山脊，群落高度在1.0m上下，盖度0.90。主要种类有石门小檗、平枝栒子(*Cotoneaster horizontalis*)、多脉鹅耳枥、火棘、金丝桃、薄皮木(*Leptodermis oblonga*)、川鄂柳、豪猪刺、木帚栒子、象鼻藤等。在25m²的样地内，有石门小檗8丛50株，平均高0.5m，平均地径0.3cm，重要值为46.5，为群落建群种。草本层盖度0.25，主要种类有丝叶薹草、亨氏马先蒿(*Pedicularis henryi*)、粉条儿菜(*Aletris spicata*)、薄雪火绒草、芒、大叶火烧兰（*Epipactis mairei*）、多头风毛菊、绿花杓兰（*Cypripedium henryi*）、大丁草（*Leibnitzia anandria*）、深红龙胆（*Gentiana rubicunda*）、华中前胡、深圆齿堇菜、湖北百合（*Lilium henryi*）、紫距淫羊藿等 14 种，丝叶薹草为草本层优势种。

3.4.5 平枝栒子灌丛

平枝栒子灌丛（20180526002 号样方，样方面积：25m²），分布在山顶，群落高度在 0.5m 上下，盖度 0.80。主要种类有平枝栒子、鄂西玉山竹、巴东小檗、珍珠花、菝葜等。在 25m² 的样地内，有平枝栒子 15 丛 120 株，平均高 0.5m，平均地径 0.5cm，重要值为 54.8，为群落建群种。草本层盖度 0.1，主要种类有宽叶薹草、三脉紫菀、秋拟鼠麴草、芒、湖北双蝴蝶、扬子小连翘、杏叶沙参等 7 种，宽叶薹草为草本层优势种。

3.4.6 弯尖杜鹃灌丛

弯尖杜鹃灌丛（20171109006 号样方，样方面积：25m²）分布在高海拔山梁、悬崖，群落高度在 2.0m 上下，盖度 0.90。主要种类有弯尖杜鹃、匍匐栒子（*Cotoneaster adpressus*）、芒齿小檗、西北栒子、石门小檗等。在 25m² 的样地内，有弯尖杜鹃 4 丛 17 株，平均高 2.0m，平均地径 2.1cm，重要值为 51.8，为群落建群种。

草本层盖度 0.4，主要种类有羊茅、三枝九叶草等 2 种，羊茅为草本层优势种。

3.4.7 芒灌草丛

在芒灌草丛（20171110007 号样方，样方面积：25m²），芒高 1.4m，在 25m² 样地中有 15 丛 315 株，盖度在 0.8 以上。伴生的灌木和草本植物主要有山胡椒、山莓、野蔷薇、异叶榕和十字薹草、粟草（*Mollugo stricta*）等。

3.4.8 毛轴蕨灌草丛

毛轴蕨灌草丛（20181007002 号样方，样方面积：25m²），属于火烧更新植被类型，毛轴蕨高 1.5m，在 25m² 样地中有 127 株，盖度在 0.8 以上。伴生的灌木和草本植物主要有红叶木姜子、鄂西玉山竹、三花悬钩子、珍珠花、薄雪火绒草、中日金星蕨、泽珍珠菜、獐牙菜、芒、石松（*Lycopodium japonicum*）等。

3.5 小结

后河植被的分类系统（中国植被编辑委员会，1980），采用植被型组（vegetationtype group）—植被型（vegetation type）—植物群系组（plantformation group）—植物群系（plantformation）—植物群丛（plant assoeiation）为分类等级。

植被型组：植被分类系统中的最高级单位，它是由生物生态学特性相似，植物群落外貌相似的一些植物群落联合而成。后河保护区有 3 个植被型组。

植被型：在植被型组内，把建群种生活型相同或近似，同时对水热条件生态关系一致的植物群落联合成植被型。后河保护区有 10 个植被型。

植被亚型：为植被型的辅助或补充单位。后河保护区有 17 个植被亚型。

植物群系组：在植被型或亚型范围内，根据建群种亲缘关系近似（同属或相近属）、生活型近似或生境相近划分群系组。后河保护区有 46 个植物群系组。

植物群系：植被分类系统中的中级单位，由优势（建群）层片的优势（建群）种相同的植物群落联合为群系。后河保护区有 79 个植物群系。

第4章 苔藓和药用地衣植物

4.1 苔藓植物

4.1.1 研究方法

本次调查共进行了4次，时间分别为2021年5月1~7日、5月30日至6月4日、7月4~8日、7月25~29日、8月28至9月1日、10月1~5日、11月10~11日，调查地点分别为水滩头村、后河保护区栈道、任家湾、炭湾、北风垭、土坪、瓜蒌湾、宜家湾、新崩河、卧虎滩、百溪河、灰沙溪、独岭、夹虎湾、猴子湾、竹笕潭、黄粮坪、长坡村等区域及沿线区域。

(1) 资料收集法

整理分析该地区已经发表的文献资料，对保护区内苔藓植物的种类组成、种群分布等情况进行一个大致的判断。

(2) 系统随机抽样法

根据资料保护区内最高峰独岭海拔2252.20m，为武陵山脉东北支脉的最高峰；最低点在百溪河谷海拔398.50m，海拔落差为1850m左右，可依据海拔高度每200m设置一条沿等高线平行长100m宽20m的样带，同时考虑到山体的阳坡和阴坡环境的差异，每个海拔梯度上在阴坡和阳坡各设置一条样带，共设置18条样带。

(3) 样方设定

在样带内设置2个20m×20m的大样方作为调查对象，根据附生基质将苔藓植物分为树附生苔藓植物、土生苔藓植物、石生苔藓植物以及叶附生苔藓植物等不同类型，根据苔藓植物的类型不同进行分别调查。土生苔藓植物样方将20m×20m样地间隔4m拉平行线，每条样线上每隔4m设置一个样方50cm×50cm进行调查，石生苔藓植物在20m×20m样地随机抽取10个以上附生有苔藓植物的岩石，每个岩石作为一个样方，对岩石上附生的苔藓植物进行调查，树附生苔藓植物在样地内选择胸径大于15cm的每一棵树作为观测对象，分别以距离地面30cm、110cm、150cm、180cm为中心线，按东、西、南、北四个方向设立10cm×10cm的样方，每棵树共设16个样方。

(4) 特殊地貌的调查

后河保护区小地貌主要为各种岩溶地貌形态，断崖、溶洞、漏斗、孤峰是常见景观，考虑到区域小地貌的复杂多样性，苔藓植物对小气候的敏感，需要在有小地貌分布区域补充调查(主要为溶洞)。

(5) 标本采集和保存

由于苔藓植物鉴定工作需要在实验室内进行，根据鉴定要求，进行适度采样，每种苔藓植物采集数量最多不超过样方中原有种群的10%。同时使用数码相机和微距镜头拍摄清晰的苔藓植物植株图片，照片和凭证标本一一对应。

利用铲子等采集工具，采集样方内发现的苔藓植物，放入标本袋并做好标记，回到驻地后自然晾干保存。本次调查共采集到苔藓植物标本800余份，标本存于华中师范大学生命科学学院标本室。

(6) 室内鉴定工作

标本鉴定：实验室内利用光学显微镜、解剖镜、镊子等解剖器材以及《中国苔藓志》(1-10卷)、《中国苔类和角苔类植物属志》、《贵州苔藓植物志》(1-3卷)等工具书进行形态学分类鉴定。鉴定结束后写好标签放入标本柜进行保存，待以后查验。在标本鉴定过程中，由主要参与人员首先对苔藓标本进行初步鉴定，然后交由相关专家进行校准，其中，木灵藓科、青藓科和灰藓科由上海师范大学曹同教授、郭水良教授校准，苔类由华东师范大学朱瑞良教授进行校准，苔类和角苔类由杭州师范大学吴玉环教授进行校准，丛藓科由内蒙古大学赵东平副教授进行校准，金发藓科由中国农业大学邵小明教授进行校准，提灯藓科由湖北工程学院田春元教授进行校准，真藓科由河南焦作师范高等专科学校刘永英教授进行校准，珠藓科由齐齐哈尔大学沙伟教授和张梅娟博士进行校准，凤尾藓科由广西植物研究所韦玉梅副研究员进行校准，中国科学院深圳仙湖植物园张力研究员进行疑难标本鉴定，湖北第二师范学院戴月副教授、黄冈师范学院方元平教授安排本科生参加了外业调查与标本显微拍摄。

4.1.2 物种组成及优势科、属

依据现阶段调查及鉴定结果并参考该区域内的研究成果，后河保护区现阶段共有苔藓植物61科131属270种，其中，藓类植物41科100属198种，苔类植物19科30属71种，角苔纲植物1科1属1种。

后河保护区苔藓植物优势科以科内所含种数(≥7)的多少为排列依据，其顺序见表4-1。

表4-1 后河保护区苔藓植物优势科排列顺序

顺序	科名	属数(属的百分比%)	种数(种的百分比%)
1.	丛藓科 Pottiaceae	8(6.06)	21(7.72)
2.	蔓藓科 Meteoriaceae	11(8.33)	20(7.35)
3.	提灯藓科 Mniaceae	5(3.79)	18(6.62)
4.	青藓科 Brachytheciaceae	7(5.30)	13(4.78)
5.	绢藓科 Entodontaceae	2(1.56)	13(4.78)
6.	凤尾藓科 Fissidentaceae	1(0.76)	12(4.41)
7.	细鳞苔科 Lejeuneaceae	8(6.06)	12(4.41)
8.	真藓科 Bryaceae	3(2.27)	10(3.68)
9.	灰藓科 Hypnaceae	5(3.79)	10(3.68)
10.	平藓科 Neckeraceae	4(3.03)	7(2.57)
11.	羽藓科 Thuidiaceae	4(3.03)	7(2.57)
12.	羽苔科 Plagiochilaceae	1(0.76)	7(2.57)
13.	光萼苔科 Porellaceae	1(0.76)	7(2.57)
14.	扁萼苔科 Radulaceae	1(0.76)	7(2.57)
15.	耳叶苔科 Frullaniaceae	1(0.76)	7(2.57)
	合计(Total)	62(46.97)	171(62.87)

从表4-1可以看出，15个优势科共62属171种，分别占后河保护区苔藓植物科的24.59%，属的46.97%，种的62.87%，构成了后河保护区苔藓植物区系的主体。在这些优势科中，大多数是代表温带分布的大科，如丛藓科(Pottiaceae)、提灯藓科(Mniaceae)、羽藓科(Thuidiaceae)、凤尾藓科(Fissidentaceae)、绢藓科(Entodontaceae)；代表热带、亚热带分布的有平藓科(Neckeraceae)、蔓藓科(Meteoriaceae)；世界广布科有灰藓科(Hypnaceae)、真藓科(Bryaceae)。由此可见，后河保护区中苔藓植物的主体成分以温带成分为主，也有一定数量的热带成分。

4.1.3 区系地理成分分析

大量的研究资料表明，苔藓植物与种子植物具有相同的分布区类型，而且，洲际间断分布的情况，苔藓植物甚至比种子植物更为典型。作者参考吴征镒先生"中国种子植物属的分布区类型"一文，并结合后河保护区苔藓植物的实际地理分布而将其区系地理成分划分成如下13种类型，见表4-2。

表 4-2 后河保护区苔藓植物种的分布区类型统计

序号	分布区类型	种数	百分比(%)
1	世界分布(Cosmopolitan)	30	—
2	泛热带成分(Pantropic)	3	1.24
3	热带亚洲和热带美洲间断分布(Tropic. Asia & Trop. Amer. disjuncted)	1	0.41
4	旧世界热带分布(Paleotropics)	14	5.79
5	热带亚洲至热带大洋洲分布(Tropical. Asia & Trop. Australasia)	3	1.24
6	热带亚洲至热带非洲分布(Trop. Asia to Trop. Africa)	4	1.65
7	热带亚洲成分(Trop. Asia to Indo-Malesia)	36	14.88
8	北温带成分(North Temperate)	64	26.47
9	东亚-北美成分(East Asian-North American)	12	4.96
10	旧世界温带分布(Old World Temperate)	12	4.96
11	温带亚洲分布(Temperate Asia)	2	0.83
12	东亚成分(East Asia)	76	31.40
13	中国特有(Endemic to China)	15	6.20

(1) 世界分布(Cosmopolitan)

世界广布成分指几乎普遍分布于世界各大洲的类群。该种分布型在后河保护区共有30种，占总数的11.03%，种类有葫芦藓(*Funaria hygrometrica*)、卷叶凤尾藓(*Fissidens dubius*)、鳞叶凤尾藓(*Fissidens taxifolius*)、虎尾藓(*Hedwigia ciliata*)、亮叶珠藓(*Bartramia halleriana*)、蕊形真藓(*Bryum coronatum*)、细叶真藓(*Bryum capillare*)、扁萼苔(*Radula complanata*)、毛地钱(*Dumortiera hirsuta*)、泥炭藓(*Sphagnum palustre*)、长叶纽藓(*Tortella tortuosa*)、刺叶真藓(*Bryum cirrhatum*)、钝叶匐灯藓(*Plagiomnium rostratum*)、大羽藓(*Thuidium cymbifolium*)、牛角藓(*Cratoneuron filicinum*)、粗肋镰刀藓(*Drepanocladus sendtneri*)、棉藓(*Plagiothecium denticulatum*)、石地钱(*Reboulia hemisphaerica*)等。

从广布种中，很难看出本区系的地理特点，故在各区系地理成分的统计中扣除计算。

(2) 泛热带成分(Pantropic)

泛热带成分包括遍及东、西半球热带地区的种类。该种分布型在后河保护区共有3种，占总数(不包括世界广布种)的1.24%，分别为拟三列真藓(*Bryum pseudotriquetum*)、尖叶油藓(*Hookeria acutifolia*)、艳绿光苔(*Cyathodium smaragdium*)等。

(3) 热带亚洲和热带美洲间断分布(Tropic. Asia & Trop. Amer. disjuncted)

这一分布区类型包括简短分布于美洲和亚洲温暖地区的热带属，在旧世界从亚洲可能延伸到澳大利亚东北部或西南太平洋岛屿。该种分布型在后河保护区共有1种，占总数(不包括世界广布种)的0.41%，常见的物种有羊角藓(*Herpetineuron toccoae*)等。

(4) 旧世界热带分布(Paleotropics)

也叫旧世界热带分布成分，是指亚洲、非洲和大洋洲热带地区分布的类群。该种分布型在后河保护区共有 14 种，占总数（不包括世界广布种）的 5.79%，种类有异叶提灯藓（*Mnium heterophyllum*）、大灰气藓（*Aerobryopsis subdivergens*）、尖瓣扁萼苔（*Radula apiculata*）、四齿异萼苔（*Heteroscyphus argutus*）、疣灯藓（*Trachycystis microphylla*）、钝叶蓑藓（*Macromitrium japonicum*）、缺齿小石藓（*Weissia edentula*）、黄叶凤尾藓（*Fissidesn zippelianus*）、粗柄凤尾藓（*Fissidesn crassipes*）、拟扭叶藓（*Trachypodopsisserrulata*）、丝带藓（*Floribundaria floribunda*）、截叶拟平藓（*Neckeropsis lepineana*）等。

（5）热带亚洲至热带大洋洲分布（Tropical. Asia & Trop. Australasia）

热带亚洲—大洋洲分布区是旧世界热带分布区的东翼，其西端有时可达马达加斯加，但一般不到非洲大陆。该种分布型在后河保护区共有 3 种，占总数（不包括世界广布种）的 1.24%，常见种类有扭叶藓（*Trachypus bicolor*）、日本细鳞苔（*Lejeunea japonica*）、斜齿合叶苔（*Scapania umbrosa*）等。

（6）热带亚洲至热带非洲分布（Trop. Asia to Trop. Africa）

热带亚洲至热带非洲分布类型是旧世界分布区类型的西翼，即从热带非洲至印度—马来西亚，特别是其西部（西马来西亚），有的属也分布到斐济等南太平洋岛屿，但不见于澳大利亚大陆。该种分布型在后河保护区共有 4 种，占总数（不包括世界广布种）的 1.65%，常见种类有暖地大叶藓（*Rhodobryum giganteum*）、小扭叶藓（*Trachypus humilis*）、密叶光萼苔（*Porella densifolia*）等。

（7）热带亚洲成分（Trop. Asia to Indo-Malesia）

也叫印度-马来西亚分布成分。热带亚洲是旧世界的中心部分。属于这一地理成分的分布范围包括印度、斯里兰卡、中南半岛、印度尼西亚、加里曼丹、菲律宾及新几内亚等。该种分布型在后河保护区共有 36 种，占总数（不包括世界广布种）的 14.88%，种类有黄边孔雀藓（*Hypopterygium flavolimbatum*）、多疣藓（*Sinskea phaea*）、小金发藓（*Pogonatum aloides*）、柔叶立灯藓（*Orthomnium dilatatum*）、灰羽藓（*Thuidium pristocalyx*）、反叶粗蔓藓（*Meteoriopsis reclinata*）、气藓（*Aerobryum speciosum*）、毛边光萼苔（*Porella perrottetiana*）、钝鳞紫背苔（*Plagiochasma appendiculatum*）、厚壁薄齿藓（*Leptodontium warnstorfii*）、薄齿藓细齿变种（*Leptodontium viticulosoides* var. *subdenticulatum*）、狭叶拟合睫藓（*Pseudosymblepharia angustata*）、疏网曲柄藓（*Campylopus laxitextus*）、南亚白发藓（*Leucobryum neilgherrense*）、二形凤尾藓（*Fissidens geminiflorus*）、异形凤尾藓（*Fissidens anomalus*）、大叶匐灯藓（*Plagiomnium succulentum*）、具喙匐灯藓（*Plagiomnium rhynchophorum*）、软枝绿锯藓（*Duthiella flaccida*）、垂藓（*Chrysocladium retrorsum*）、毛扭藓（*Aerobryidium filamentosum*）、刀叶树平藓（*Homaliodendron scalpellifolium*）、舌叶树平藓（*Homaliodendron ligulaefolium*）、树雉尾藓（*Dendrocyathophorum paradoxum*）、长叶绢藓（*Entodon longifolius*）、四川拟绢藓（*Entodontopsis setschwanica*）、淡色同叶藓（*Isopterygium albescens*）、南亚瓦鳞苔（*Acrolejeunea sandvicensis*）、毛边光萼苔（*Porella perrottetiana*）等。

可以看出，白发藓科（Leucobryaceae）、凤尾藓科（Fissidentaceae）、蔓藓科（Meteoriaceae）、平藓科（Neckeraceae）等在后河保护区分布的种类多是热带亚洲成分。

（8）北温带成分（North Temperate）

北温带成分一般指广泛分布于欧洲、亚洲和北美洲温带地区的类群。该种分布型在后河国家级自然保护区共有 64 种，占总数（不包括世界广布种）的 26.47%，主要代表有绿片苔（*Aueura pinguis*）、反叶对齿藓（*Didymodon ferrugineus*）、长尖对齿藓（*Didymodon ditrichoides*）、反纽藓（*Timmiella anomala*）、梨蒴珠藓（*Bartramia pomiformis*）、绿羽藓（*Thuidium assimile*）、弯叶青藓（*Brachythecium reflexum*）、鼠尾藓（*Myuroclada maximowiczii*）、厚角绢藓（*Entodon concinnus*）、暗绿多枝藓（*Haplohymenium triste*）、蛇苔（*Conocephalum conicum*）、花叶溪苔（*Pellia endiviifolia*）、短月藓（*Brachymenium nepalense*）、绢藓（*Entodon cladorrhizans*）、短颈小曲尾藓（*Dicranella cerriculata*）、沼生真藓（*Bryum knowltonii*）、极地真藓（*Bryum arcticum*）、平珠藓（*Plagiopus oederi*）、木灵藓（*Orthotrichum anomalum*）、白齿藓（*Leucodon sciuroides*）、密枝细羽藓（*Cyrtohypnum tamariscellum*）、牛舌藓（*Anomodon viticulosus*）、暗绿多枝藓（*Haplohymenium triste*）、钝叶水灰藓（*Hygrohypnum smithii*）、圆叶平灰藓（*Platyhypnicium riparioides*）、细湿藓（*Campylium hispidulum*）、羽枝青藓（*Brachythecium plumosum*）、斜蒴藓（*Camptothecium lutescens*）、密叶

绢藓(*Entodon compressus*)、绢藓(*Entodon cladorrhizans*)、光泽棉藓(*Plagiothecium laetum*)、多蒴灰藓(*Hypnum fertile*)、尖叶灰藓(*Hypnum callichroum*)、金灰藓(*Pylaisiella polyantha*)、梳藓(*Ctenidium molluscum*)、小金发藓(*Pogonatum aloedes*)、毛叉苔(*Apometzgeria pubescens*)、异叶裂萼苔(*Chiloscyphus profundus*)、刺叶护蒴苔(*Calypogeia arguta*)、绿片苔(*Aneura pinguis*)、齿萼羽苔(*Plagiochila hakkodensis*)等。

(9)东亚-北美成分(East Asian-North American)

是指间断分布于东亚和北美洲温带及亚热带地区的类群。该种分布型在后河国家级自然保护区共有12种，占总数(不包括世界广布种)的4.96%，种类有小牛舌藓(*Anomodon minor*)、长柄绢藓(*Entodon macropodus*)、白发藓(*Leucobryum glaucum*)、多枝小叶凤尾藓(*Fissidens bryoides* var. *ramosissimus*)、鞭枝疣灯藓(*Trachycystis flagellaris*)、小牛舌藓全缘亚种(*Anomodon minor* subsp. *integerrimus*)、异枝皱蒴藓(*Aulacomnium heterostichium*)、多疣悬藓(*Barbella pendula*)、匙叶木藓(*Thamnobryum sandei*)、拟东亚孔雀藓(*Hypopterygium fauriei*)等。

东亚与北美植物区系的相似性早在十八世纪就为许多学者所关注，后由美国植物学家Asa Gray(1889)得到较完全的解释，即第四级以前，欧亚大陆和北美洲是通过白令古陆连成一片的，东亚-北美成分的存在，进一步证实了这一观点，同时也说明了东亚和北美植物区系的广泛联系。

(10)旧世界温带分布(Old World Temperate)

指广泛分布于欧亚两洲中高纬度温带和寒温带，或有个别类群也延伸带北非、亚洲热带山地或澳大利亚的类群，又叫旧世界温带分布。该种分布型在后河保护区共有12种，占总数(不包括世界广布种)的4.96%，主要物种有全缘匐灯藓(*Plagiomnium integrum*)、尖叶牛舌藓(*Anomodon giraldii*)、钟瓣耳叶苔(*Frullania parvistipula*)、黄角苔(*Phaeoceros laevis*)、仙鹤藓(*Atrichum undulatum*)、平叉苔(*Metzgeria conjugata*)等。这一成分具有北温带区系的一般特色，在后河自然保护区所占比例极小，对其苔藓植物区系的影响几乎可以忽略，这种情况正好与后河所处的纬度相符合。

(11)温带亚洲分布(Temperate Asia)

该分布区类型是指主要局限于亚洲温带地区的属。它们的分布区的范围一半包括苏联中亚至东西伯利亚和亚洲东北部，南部界限至喜马拉雅山区，我国西南，华北至东北，朝鲜和日本北部，也有一些属分布到亚热带，个别属种到达亚洲热带，甚至分布到新几内亚。

该种分布型在后河保护区共有2种，占总数(不包括世界广布种)的0.83%，常见的种类主要有偏叶提灯藓(*Mnium thomsonii*)、褶叶青藓(*Brachythecium salebrosum*)等。

(12)东亚成分(East Asia)

是指从喜马拉雅一直分布到日本的一些类群。其分布区一般向东北不超过俄罗斯境内的阿穆尔州，并从日本北部至萨哈林，向西南不超过越南北部和喜马拉雅东部，向南最远达菲律宾、苏门答腊和爪哇，向西北一般以我国各类森林边界为界。中国组成了东亚的主要成分。此成分是后河保护区的主要成分。该种分布型在后河保护区共有76种，占总数(不包括世界广布种)的31.40%，常见种有南京凤尾藓(*Fissidens adelphinus*)、裸萼凤尾藓(*Fissidens gymnogynus*)、尖叶匐灯藓(*Plagiomnium acutum*)、日本匐灯藓(*Plagiomnium japonicum*)、大灰藓(*Hypnum plumaeforme*)、鳞叶藓(*Taxiphyllum taxirameum*)、螺叶藓(*Sakuraia conchophylla*)、东亚小金发藓(*Pogonatum inflexum*)、东亚金灰藓(*Pylaisiella brotheri*)、粗裂地钱(*Marchantia paleacea*)、列胞耳叶苔(*Frullania moniliata*)、缺齿蓑藓(*Macromitrium gymnostomum*)、阔叶毛口藓(*Trichostomum platyphyllum*)、心叶长萼叶苔(*Jungermannia exsertifolia* subsp. *cordifolia*)、福氏羽苔(*Plagiochila fordiana*)、小蛇苔(*Conocephalum japonicum*)、卷叶曲背藓(*Oncophorus crispifolius*)、垂叶凤尾藓(*Fissidens obscurus*)、延叶凤尾藓(*Fissidens perdecurrens*)、青藓(*Brachythecium pulchellum*)、尖叶美喙藓(*Eurhynchium eustegium*)、东亚丝带藓(*Floribundaria nipponica*)、东亚羽枝藓(*Pinnatella makino*)、东亚万年藓(*Climacium japonicum*)、东亚金灰藓(*Pylaisia brotheri*)、卷叶鞭苔(*Bazzania yoshinagana*)、达乌里耳叶苔(*Frullania davurica*)等。

（13）中国特有（Endemic to China）

该种分布型在后河国家级自然保护区共有 15 种，占总数（不包括世界广布种）的 6.20%，种类有中华蓑藓（*Macromitrium cavaleriei*）、粗肋薄罗藓（*Leskea scabrinervis*）、长叶扭叶藓（*Trachypus longifolius*）、尾尖光萼苔（*Porella handelii*）、粗肋喙叶藓（*Rhamphidium crassicostatum*）、尖叶对齿藓（*Didymodon constricta*）、拟牛毛藓（*Ditrichopsis gymnostoma*）、长肋扭口藓（*Barbula longicostata*）、剑叶扭口藓（*Barbula rufidula*）、长尖扭口藓（*Barbula ditrichoides*）、短叶小石藓（*Weisia semipallida*）、齿尖新悬藓（*Neobarbella serratiacuta*）、兜叶黄藓（*Distichophyllum meizhii*）、细肋细喙藓（*Rhynchostegiella leptoneura*）、高氏合叶苔（*Scapania gaochii*）等。

这些特有种大部分分布于温带，但也不乏热带、亚热带分布的种类，如细肋细喙藓、兜叶黄藓仅分布于云南，这从另一侧面反映了后河保护区苔藓植物区系的古老性。

综上所述，后河自然保护区苔藓植物区系地理成分具有以下特点。

①以东亚成分为主。后河保护区苔藓植物的各类地理成分中，以东亚成分为主，占 31.40%，构成了后河保护区苔藓区系的主体，使其具有浓厚的东亚色彩。从以上地理成分可以看出，后河保护区与世界其他地区苔藓植物区系联系广泛。

②温带成分所占比例较高，热带成分也有相当的比例，反映了后河保护区苔藓植物区系具有南北过渡的特性。

北温带成分有 64 种，占总种数的 26.47%，仅次于东亚成分，是后河自然保护区苔藓植物区系的重要组成部分。如丛藓科，提灯藓科，羽藓科，凤尾藓科，真藓科，青藓科等代表我国温带苔藓植物的大科都是后河苔藓植物的优势科。

后河保护区热带成分（包括泛热带成分、古热带成分和热带亚洲）有 61 种，占总种数的 25.21%，典型热带、亚热带成分如大灰气藓、兜叶黄藓、刀叶树平藓、丝带藓、拟扭叶藓等在后河保护区有大量分布，说明热带、亚热带成分对后河自然保护区苔藓植物区系有重要影响，是构成其苔藓植物区系的重要成分。

由以上分析可知，后河保护区苔藓植物既有北温带成分，又有热带、亚热带成分，两者都占相当的比重，前者略胜于后者，表明了后河自然保护区是热带、亚热带成分向北扩展和北温带成分向南渗透的过渡地带，这种情况与其所处的地理位置相符合。

4.1.4 生态群落状况

在野外采集标本的过程中，同时对后河不同海拔，不同生境（水生、石生、土生、木生）的苔藓植物群落作了初步的调查研究，按陈邦杰先生在《中国苔藓植物的生态群落和地理分布的初步报告》一文中对苔藓植物群落的分类方法，归纳如下。

4.1.4.1 水生群落（Hydrophytia）

指生于各种不同的淡水水域中或沼泽中的苔藓植物群落，包括漂浮群落（Natantia）、固着群落（Nareidia）、沼泽群落（Helodia）。后河保护区的水生群落主要是固着群落和沼泽群落，固着群落即为固着生长于水底或水域岸边石上或泥土上。该群落主要分布于杨家河、新崩河溪流中岩石上，海拔 1100~1600m。尽管河水水流湍急，但浅水处河底其仍形成小片的群落，主要有大凤尾藓群落（*Fissidens grandifrons* com.）、水灰藓群落（*Hygrohypnum smithii* com.）、牛角藓群落（*Cratoneurom filicinum* com.）、兜叶黄藓群落（*Distichophyllum meizhii* com.）等。沼泽群落是指生长于沼泽地中的苔藓群落，该群落主要分布于黄粮坪北方常绿阔叶林边缘山间洼地，保护区内主要为泥炭藓群落（*Sphagnum palustre*.com），其详细分布地点，海拔及生境见表 4-3。

表4-3　后河保护区水生苔藓植物群落（样方面积=10×10cm²）

类型	群落名称	盖度(%)	海拔(m)	地点	生境
固着群落	大凤尾藓群落 (*Fissidens grandifrons* com.)	90	1050	杨家河、新崩河	溪流水底石壁上，常绿阔叶林边缘
	水灰藓群落 (*Hygrohypnum smithii* com.)	100	1400	杨家河	溪流水底石壁上，常绿落阔叶混交林缘
	牛角藓群落 (*Cratoneurom filicinum* com.)	80	1120	杨家河	溪流水底石壁上，常绿阔叶林边缘
	兜叶黄藓群落 (*Distichophyllum meizhii* com.)	100	1140	新崩河	浅水石上，灌丛边缘
沼泽群落	泥炭藓群落 (*Sphagnum palustre* com.)	100	1590	黄粮坪	山间洼地，常绿阔叶林边缘

4.1.4.2　石生群落（Pterophytia）

指生于岩石或石质基质上的苔藓植物群落。由于岩石的水湿条件及受光情况的不同，生长的苔藓植物种类及形成的群落也有很大的差异，可分为湿润石生群落（Hygro-pterophytia）、干燥石生群落（Xero-pterophytia）和高山石生群落（Alpino-pterophytia）。后河保护区石生群落占有较高的比例，其中以湿润石生群落为主，主要分布在海拔1100～1600m之间。而干燥石生群落主要分布在海拔1100m以下的地方。后河保护区石生苔藓植物群落其详细分布地点，海拔及生境见表4-4。

表4-4　后河保护区石生苔藓植物群落（样方面积=20×20cm²）

类型	群落名称	盖度(%)	海拔(m)	地点	生境
干燥石生群落	小石藓群落 (*Weisia semipallida* com.)	80	960	百溪河	公路边石壁上
	虎尾藓群落 (*Hedwigia ciliata* com.)	60	950	百溪河	公路边石壁上
湿润石生群落	日本匐灯藓群落 (*Plagiomnium japonicum* com.)	90	1250	新崩河	溪边湿润岩面，常绿落叶混交林缘
	湿地匐灯藓群落 (*Plagiomnium acutum* com.)	95	1120	杨家河	路边石壁上
	侧枝匐灯藓群落 (*Plagiomnium maximoviczii* com.)	80	1140	杨家河	林缘溪边石壁上
	珠藓群落 (*Bartramia pomiformi* com.)	70	1350	杨家河	常绿落叶阔叶混交林下，山路边石上
	卷叶凤尾藓群落 (*Fissidens cristatus* com.)	80	1120	杨家河	溪沟边湿润岩面，常绿阔叶林缘
	弯叶青藓群落 (*Brachythecium reflexum* com.)	90	1240	新崩河	常绿阔叶落叶混交林缘

(续)

类型	群落名称	盖度(%)	海拔(m)	地点	生境
湿润石生群落	长叶纽藓群落 (*Tortella tortuosa* com.)	70	1100	杨家河	溪沟边湿润岩面，常绿阔叶林缘
	扭口藓群落 (*Barbula fallax* com.)	90	980	管理处	公路边
	真藓群落 (*Bryum* spp. com.)	90	1200	杨家河	溪沟边湿润岩面，常绿阔叶林缘
	异枝皱蒴藓群落 (*Aulacomnium heterostichium* com.)	80	1500	杨家河	溪沟边湿润岩面
	白齿藓群落 (*Leucodon sciuroides* com.)	80	1310	新崩河	林缘湿润岩面
	扭叶藓群落 (*Trachypus bicolor* com.)	70	1190	杨家河	林缘湿润岩面
	木藓群落 (*Thamnobryum sandei* com.)	85	1390	杨家河	林缘湿润岩面
	树平藓群落 (*Homaliodendron* spp. com.)	80	1130	杨家河	林缘湿润岩面
	孔雀藓群落 (*Hypopterygium fauriei* com.)	65	1150	杨家河	溪沟边湿润岩面，常绿阔叶林缘
	牛舌藓群落 (*Anomodon viticulosus* com.)	80	490	百溪河	路边石壁上
	大灰气藓 (*Aerobryopsis subdivergens* com.)	90	1120	灰沙溪	溪沟边湿润岩面，常绿阔叶林缘
	毛扭藓群落 (*Aerobryidium filamentosum* com.)	80	1110	灰沙溪	溪沟边湿润岩面，常绿阔叶林缘
	羽藓群落 (*Thuidium* spp. com.)	90	1050	灰沙溪	林缘石上
	绢藓群落 (*Entodon* spp. com.)	70	1350	杨家河	林中路边石上

4.1.4.3 土生群落(Geophytia)

生于泥土上或土壁上的群落。按习性、海拔、土壤水湿条件不同，又可划分为夭命土生群落(Ephemero-geophytia)，土壁湿生群落(Hygro-geophytia)，高山草原群落(Alpino-geophytia)和林地群落(Hylo-geophytia)。除高山草原群落外，其他土生群落在后河保护区 490~1600m 之间广泛分布。后河保护区土生苔藓植物群落其详细分布地点、海拔及生境见表 4-5。

表 4-5 后河保护区土生苔藓植物群落(样方面积=20×20cm²)

类型	群落名称	盖度(%)	海拔(m)	地点	生境
夭命土生群落	苞叶小金发藓群落 (*Pogonatum spinulosum* com.)	50	1560	杨家河	落叶阔叶林下，干燥土壤上
	葫芦藓群落 (*Funaria hygrometrica* com.)	90	1260	灰沙溪	河边

(续)

类型	群落名称	盖度(%)	海拔(m)	地点	生境
土壁湿生群落	东亚小金发藓群落（*Pogonatum inflexum* com.）	80	1250	灰沙溪	林缘路边
	小仙鹤藓群落（*Atrichum henryri* com.）	80	1130	灰沙溪	林缘路边
	凤尾藓群落（*Fissidens* sp. com.）	90	1100	杨家河	常绿阔叶林缘
	地钱群落（*Marchantia polymorpha* com.）	95	1100	杨家河	常绿阔叶林下、林缘湿润区域
	蛇苔群落（*Conocephalum conicum* com.）	90	814、1100	水滩头村杨家河	常绿阔叶林下、林缘湿润区域
	黄角苔群落（*Phaeoceros laevis* com.）	90	814	水滩头村	常绿阔叶林下湿润区域
林地群落	东亚万年藓群落（*Climacium japonicum* com.）	70	1540	杨家河	落叶阔叶林中
	提灯藓群落（*Mnium* sp. com.）	90	1000	新崩河	常绿阔叶林缘
	尖叶油藓群落（*Hookeria cutifolia* com.）	80	1150	杨家河	常绿阔叶林中
	暖地大叶藓群落（*Rhodobryum giganteum* com.）	70	1250	杨家河	常绿阔叶林中
	灰藓-羽藓群落（*Hypnum-Thuidium* com.）	100	1100	杨家河	常绿阔叶林缘

4.1.4.4 木生群落（Epixylophytia）

指附生于树上或腐木上的苔藓植物群落。按苔藓植物习性及在树上着生的方式不同，木生群落可分为紧贴树生群落（Compactae），浮蔽树生群落（Laxae），悬垂树生群落（Demigrate），基干树生群落（Base Epixylophytia）和腐木群落（Putridae Epixylophytia）。木生群落在后河保护区占很大的比例，特别在杨家河，植被保护较好，林下荫蔽度大，山谷空气湿度大，树干和自然倒木上常常布满了苔藓植物。该群落主要集中分布在1050~1400m的常绿阔叶林中和河谷两侧。后河保护区木生苔藓植物群落其详细分布地点，海拔及生境见表4-6。

表4-6 后河保护区木生苔藓植物群落（样方面积=20×20cm²）

类型	群落名称	盖度(%)	海拔(m)	地点	生境
紧贴树生群落	木灵藓群落（*Orthotrichum anomalu* com.）	70	1240	灰沙溪	常绿阔叶林中
	中华蓑藓群落（*Macromitrium sinense* com.）	85	1150	新崩河	常绿阔叶林中
	大萼苔群落（*Cephalozia bicuspidata* com.）	70	1220	杨家河	常绿阔叶落叶混交林中
	合叶苔群落（*Scapania undulata* com.）	80	1340	杨家河	常绿阔叶落叶混交林中

（续）

类型	群落名称	盖度(%)	海拔(m)	地点	生境
浮荫树生群落	刀叶树平藓群落（Homaliodendron scalpellifolium com.）	90	1250	灰沙溪	常绿阔叶林中
	平藓群落（Nerckera sp. com.）	80	1350	灰沙溪	常绿阔叶落叶混交林中
	白齿藓群落（Leucodon sciuroides com.）	80	1340	杨家河	常绿阔叶落叶混交林中
	扭叶藓群落（Trachypus longifolium com.）	90	1220	杨家河	常绿阔叶落叶混交林中
悬垂树生群落	反叶粗蔓藓群落（Meteoriopsis reclinata com.）	90	1130	杨家河	常绿阔叶林中
	多疣悬藓群落（Barbella pendul com.）	90	1270	杨家河	常绿阔叶林中
	气藓群落（Aerobryum speciosum com.）	90	1160	杨家河	常绿阔叶林中
	新悬藓群落（Neobarbella serratiacuta com.）	80	1230	杨家河	常绿阔叶林中
	丝带藓群落（Floribundaria nipponica com.）	85	1120	杨家河	常绿阔叶林中
	大灰气藓群落（Aerobryopsis subdivergens com.）	90	1120	杨家河	常绿阔叶林中
	拟平藓群落（Neckeropsis obtusata com.）	90	1200	杨家河	常绿阔叶林中
基干树生群落	白发藓群落（Leucobryum neilgherrense com.）	75	1150	杨家河	常绿阔叶林中
	孔雀藓群落（Hypopterygium fauriei com.）	70	1100	杨家河	常绿阔叶林中
	灰藓群落（Hypnum sp. com.）	100	1300	灰沙溪	常绿阔叶落叶混交林中
	羽藓群落（Thuidium sp. com.）	100	1200	灰沙溪	常绿阔叶落叶混交林中
腐木群落	真藓群落（Bryum sp. com.）	90	1570	杨家河	常绿阔叶落叶混交林中
	鞭枝疣灯藓群落（Trachycystis flagellaris com.）	80	1320	杨家河	常绿阔叶落叶混交林中
	毛灯藓群落（Rhizomnium tuomikoskii com.）	70	1180	新崩河	常绿阔叶林中，河边
	大叶匐灯藓群落（Plagiomnium succulentum com.）	80	1180	灰纱溪	常绿阔叶林中
	疏叶假悬藓群落（Pseudobarbella laxifolia com.）	90	1290	杨家河	常绿阔叶落叶混交林中

(续)

类型	群落名称	盖度(%)	海拔(m)	地点	生境
腐木群落	粗垂藓群落 (Chrysocladium phaeum com.)	90	1140	新崩河	常绿阔叶林缘，河边
	东亚丝带藓群落 (Floribundaria nipponica com.)	90	1220	杨家河	常绿阔叶落叶混交林缘，河边
	气藓群落 (Aerobryum speciosum com.)	90	1160	新崩河	常绿阔叶林缘，河边
	东亚羽枝藓群落 (Pinnatella makinoi com.)	90	1320	杨家河	常绿阔叶落叶混交林缘，河边
	大羽藓群落 (Thuidium cymbifolium com.)	90	1360	新崩河	常绿阔叶落叶混交林缘，河边
	亮叶绢藓群落 (Entodon aeruginosus com.)	80	1290	灰沙溪	常绿阔叶落叶混交林中
	尖叶牛舌藓群落 (Anomodon giraldii com.)	80%	1150	杨家河	常绿阔叶落叶混交林中
	拟弯叶小锦藓群落 (Brotherella falcatula com.)	90%	1200	杨家河	常绿阔叶落叶混交林中
	弯叶灰藓群落 (Hypnum revolutum com.)	80%	1580	朱家河	常绿阔叶落叶混交林中

4.1.4.5 叶附生群落(Epiphyllitia)

叶附生群落是一类附生在维管束植物叶片表面的、一般只出现在热带雨林和常绿阔叶林中的苔类植物，在我国的分布区域为北纬30°以南的区域，但在后河保护区发现的叶附生苔类，改变了"叶附生苔类分布在赤道南、北纬30°之间"这一结论。在后河保护区内常见的叶附生群落主要为细鳞苔科(Lejeuneaceae)、叉苔科(Metzgeriaceae)、扁萼苔科(Radulaceae)，种类为叶生针鳞苔(*Drepanolejeunea foliicola*)、尖叶薄鳞苔(*Leptolejeunea elliptica*)、鳞叶疣鳞苔(*Cololejeunea oblonga*)、阔瓣疣鳞苔(*Cololejeunea latilobula*)、斑叶纤鳞苔(*Microlejeunea punctiformis*)、平叉苔(*Metzgeria conjugata*)、尖舌扁萼苔(*Radula acuminata*)等共7种(表4-7)。

表4-7 后河自然保护区叶附生苔藓植物群落(样方面积为叶片面积)

类型	群落名称	盖度(%)	海拔(m)	地点	生境
叶附生群落	叶生针鳞苔群落 (*Drepanolejeunea foliicola* com.)	40	1150	新崩河	常绿阔叶林中，寄主植物水丝梨
	尖叶薄鳞苔群落 (*Leptolejeunea elliptica* com.)	20	1150	新崩河	常绿阔叶林中，寄主植物水丝梨

由此可见，后河保护区苔藓植物生态群落丰富多样，其中以石生和木生群落为主。群落垂直分布和水平分布都极不平衡，大部分群落集中分布于新崩河、杨家河溪流两岸的山谷之中，而垂直分布主要集中为1050~1400m。

4.1.5 新记录及新分布种类

(1) 新增藓类

2000年彭丹、刘胜祥等对后河保护区内的藓类植物进行调查和研究，由于仅为对藓类进行研究，本次对比仅对藓类植物进行描述。根据上次的研究数据和本次结果进行对比，同时排除由于物种分类系统带来的影响，本次共新增藓类植物3科10属14种，新增科分别为泥炭藓科（Sphagnales）、硬叶藓科（Stereophyllaceae）、细叶藓科（Seligeriaceae），新增属为泥炭藓属（Sphagnum）、短月藓属（Brachymenium）、薄罗藓属（Leskea）、细枝藓属（Lindbergia）、羊角藓属（Herpetineuron）、鼠尾藓属（Myuroclada）、螺叶藓属（Sakuraia）、拟绢藓属（Entodontopsis）、毛灰藓属（Homomallium）、细叶藓属（Seligeria），新增种分别为泥炭藓（Sphagnum palustre）、多枝小叶凤尾藓（Fissidens bryoides var. ramosissimus）、短月藓（Brachymenium nepalense）、粗肋薄罗藓（Leskea scabrinervis）、中华细枝藓（Lindbergia sinensis）、鞭枝多枝藓（Haplohymenium flagelliforme）、羊角藓（Herpetineuron toccoae）、尖叶美喙藓（Eurhynchium eustegium）、鼠尾藓（Myuroclada maximowiczii）、长叶绢藓（Entodon longifolius）、螺叶藓（Sakuraia conchophylla）、四川拟绢藓（Entodontopsis setschwanica）、东亚毛灰藓（Homomallium connexum）、弯柄细叶藓（Seligeria recurvata）等。详情见表4-8。

表4-8 湖北后河国家级自然保护区藓类植物新增物种表

编号	物种名	拉丁名	科名	科拉丁名
1.	泥炭藓*	Sphagnum palustre	泥炭藓科*	Sphagnales
2.	多枝小叶凤尾藓	Fissidens bryoides var. ramosissimus	凤尾藓科	Fissidentaceae
3.	短月藓*	Brachymenium nepalense	真藓科	Bryaceae
4.	粗肋薄罗藓*	Leskea scabrinervis	薄罗藓科	Leskeaceae
5.	中华细枝藓*	Lindbergia sinensis	薄罗藓科	Leskeaceae
6.	鞭枝多枝藓	Haplohymenium flagelliforme	牛舌藓科	Anomodonaceae
7.	羊角藓*	Herpetineuron toccoae	牛舌藓科	Anomodonaceae
8.	尖叶美喙藓	Eurhynchium eustegium	青藓科	Brachytheciaceae
9.	鼠尾藓*	Myuroclada maximowiczii	青藓科	Brachytheciaceae
10.	长叶绢藓	Entodon longifolius	绢藓科	Entodontaceae
11.	螺叶藓*	Sakuraia conchophylla	绢藓科	Entodontaceae
12.	四川拟绢藓*	Entodontopsis setschwanica	硬叶藓科*	Stereophyllaceae
13.	东亚毛灰藓*	Homomallium connexum	金灰藓科	Pylaisiaceae
14.	弯柄细叶藓*	Seligeria recurvata	细叶藓科*	Seligeriaceae

注：表中物种名标"*"为新增种，科名标"*"为新增科。

(2) 湖北省新记录

对比余夏君、吴林等的《A New Checklist of Bryophytes in Hubei Province, China》的研究结果，本次调查中新增湖北省内新记录物种2科4属16种，新增科为细叶藓科（Seligeriaceae）和硬叶藓科（Stereophyllaceae），新增属为细叶藓属（Seligeria）、鹤嘴藓属（Pelekium）和拟绢藓属（Entodontopsis）、鞭鳞苔属（Mastigolejeunea），新增种为黄叶凤尾藓原变种（Fissidesn zippelianus var. crispulus）、弯柄细叶藓（Seligeria recurvata）、红毛鹤嘴藓（Pelekium versicolor）、贡山绢藓（Entodon kungshanensis）、四川

拟绢藓（*Entodontopsis setschwanica*）、钝鳞紫背苔（*Plagiochasma appendiculatum*）、斜齿合叶苔（*Scapania umbrosa*）、尖头羽苔（*Plagiochila cuspidata*）、短齿羽苔（*Plagiochila vexans*）、绢丝光萼苔（*Porella nitidula*）、断叶扁萼苔（*Radula caduca*）、钝瓣扁萼苔（*Radula obtusiloba*）、喙尖耳叶苔（*Frullania acutiloba*）、卵圆耳叶苔（*Frullania obovata*）、微凹耳叶苔（*Frullania retusa*）、鞭鳞苔（*Mastigolejeunea auriculata*）。详情见表4-9。

表4-9 后河保护区湖北省新记录苔藓植物

编号	物种名	拉丁名	科名	科拉丁名
1.	黄叶凤尾藓原变种	*Fissidesn zippelianus* var. *crispulus*	凤尾藓科	Fissidentaceae
2.	弯柄细叶藓*	*Seligeria recurvata*	细叶藓科*	Seligeriaceae
3.	红毛鹤嘴藓*	*Pelekium versicolor*	羽藓科	Thuidiaceae
4.	贡山绢藓	*Entodon kungshanensis*	绢藓科	Entodontaceae
5.	四川拟绢藓*	*Entodontopsis setschwanica*	硬叶藓科*	Stereophyllaceae
6.	钝鳞紫背苔	*Plagiochasma appendiculatum*	疣冠苔科	Aytoniaceae
7.	斜齿合叶苔	*Scapania umbrosa*	合叶苔科	Scapaniaceae
8.	尖头羽苔	*Plagiochila cuspidata*	羽苔科	Plagiochilaceae
9.	短齿羽苔	*Plagiochila vexans*	羽苔科	Plagiochilaceae
10.	绢丝光萼苔	*Porella nitidula*	光萼苔科	Porellaceae
11.	断叶扁萼苔	*Radula caduca*	扁萼苔科	Radulaceae
12.	钝瓣扁萼苔	*Radula obtusiloba*	扁萼苔科	Radulaceae
13.	喙尖耳叶苔	*Frullania acutiloba*	耳叶苔科	Frullaniaceae
14.	卵圆耳叶苔	*Frullania obovata*	耳叶苔科	Frullaniaceae
15.	微凹耳叶苔	*Frullania retusa*	耳叶苔科	Frullaniaceae
16.	鞭鳞苔*	*Mastigolejeunea auriculata*	细鳞苔科	Lejeuneaceae

注：表中物种名标"*"为新增种，科名标"*"为新增科。

（3）中国新分布种类研究

根据初步鉴定，参考《中国苔藓志（第一卷）》（科学出版社，1994）、《中国生物物种名录.第一卷，苔藓植物》（科学出版社，2021.）、《A New Checklist of Bryophytes in Hubei Province, China*》（CHENIA，2020年）等关于中国及湖北省关于苔藓植物的研究，发现中国新分布种弯柄细叶藓（新拟）*Seligeria recurvata*（采集地点位于新崩河，海拔1140m，石生，采集编号为5343，采集时间：2001年4月3日，鉴定专家为内蒙古大学赵东平教授）。根据细叶藓属的相关文献资料对此种主要形态特征进行描述。

物种特征：配子体小，长1.0~2.0mm，黄绿色、丛生。茎直立，不分枝，横切面为圆形，中心束发育良好。叶片排列不规则，下部叶短，阔披针形，上部叶长约0.9mm，长三角形或有狭叶尖，叶先端锐尖，叶边全缘，中肋粗壮，达叶尖终止或略突出，叶细胞平滑，长方形，上部短或方形。蒴柄长2~3mm，弯曲，孢蒴筒形，蒴齿褐色，长110~130μm，孢子平滑（图4-1）。

世界分布区：日本、俄罗斯、新西兰以及北美洲、欧洲等。

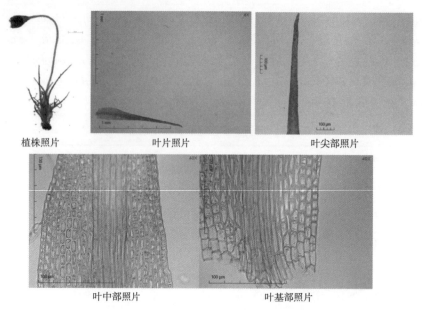

植株照片　　叶片照片　　叶尖部照片

叶中部照片　　叶基部照片

图4-1　弯柄细叶藓(新拟)的形态学特征图片

4.1.6　结语

湖北后河国家级自然保护区位于湖北省西南部，为武陵山脉东段的余脉的一部分，保护区内地势由西向东逐渐倾斜，群山起伏，层峦叠嶂，坡陡谷深，海拔最高点为2252.2m，区域地处中亚热带与北亚热带过渡带，属亚热带季风气候，保护区内气候潮湿多雨，在雨季会形成许多的山涧溪流，区域为北亚热带落叶阔叶林和中亚热带常绿阔叶林的过渡带，分布有常绿针阔叶混交林带、常绿落叶阔叶混交林或落叶阔叶林带、中山落叶阔叶林带和高中山矮林、竹林、草甸群落，区域内丰富多样的生态条件为苔藓植物的生长提供了多种多样的生境条件和群落组成。

根据本次对湖北后河国家级自然保护区内苔藓植物调查，共调查到苔藓植物种类61科132属272种，其中藓类植物41科100属198种，苔类植物19科30属71种，角苔纲植物1科1属1种。以科内所含种数(≥7)的多少为排列依据，有15个优势科共62属171种，分别占后河自然保护区苔藓植物科的24.59%，属的46.97%，种的62.87%，构成了后河保护区苔藓植物区系的主体。

后河自然保护区藓类植物的各类地理成分中，以东亚成分为主。后河自然保护区苔藓植物的各类地理成分中，以东亚成分为主，占31.40%，构成了后河自然保护区苔藓区系的主体，使其具有浓厚的东亚色彩，后河保护区热带成分(包括泛热带成分、古热带成分和热带亚洲)有61种，占总种数的25.21%，说明热带、亚热带成分对后河自然保护区苔藓植物区系有重要影响，是构成其苔藓植物区系的重要成分。后河自然保护区苔藓植物既有北温带成分，又有热带、亚热带成分，两者都占相当的比重，表明了后河自然保护区是热带、亚热带成分向北扩展和北温带成分向南渗透的过渡地带，这种情况与其所处的地理位置相符合。

与前人的研究结果相比，后河保护区内新增藓类植物3科10属14种，湖北省内新增物种2科4属16种，中国新分布种1种。湖北后河国家级自然保护区苔藓植物种类丰富，由于部分苔藓植物受生长季节的限制未采集到具有鉴别特征的标本，后期将对该区域的物种进行跟踪研究。本次对保护区内苔藓植物的研究填补了苔类和角苔类研究的空白，也为湖北苔藓植物资源的深入研究提供了重要的基础资料。

4.2　药用地衣植物

4.2.1　野外研究方法

根据《生物多样性观测技术导则 地衣和苔藓》，地衣附生基质将地衣分为土生、石生、木生(树附生、叶附生)和水生(该类群种类少)等不同类型,不同类型的地衣,样方设置不同。地衣植物调查样方大小原则上为50cm×50cm。对于一些特殊种类,样方大小和形状需根据植物实际生长情况进行调整。如:调查叶附生的地衣植物,应对树叶进行取样;调查石生的地衣植物,若岩石个体小(小于50cm×50cm),应以整个岩石作为一个样方;调查树附生的地衣植物,可根据树干粗细设置大小适宜的矩形样方。同时,用GPS对每个样方精确定位。样方调查内容包括:样地的地理位置(包括地理名称、经纬度、海拔和部位等);土壤类型、生境特征、附生基质、地衣植物的名称等。在2021年5月、6月、7月、8月、10月和11月,对后河保护区地衣资源进行了7次调查,调查尽量选择不同的地点(调查点包括水滩头、任家湾、炭湾、雷达站、北风垭林场、土坪、瓜蒌湾、宜家湾、新崩河、卧虎滩、百溪河、夹虎湾、猴子湾、竹笕潭等地),各种不同的生境(溪水中、石壁上、树干上、腐木上、土上)及不同的海拔高度(420~2230m),尽可能采集到地衣标本并拍照。

4.2.2 室内鉴定方法

(1)显微观察法

2021年,对后河保护区地衣资源调查时采集246份标本,每份标本取少量样品于显微镜下观察其外部形态特征、表面颜色、粉芽、形态、子囊盘等。对于子囊果的观察,一般采用压片方法在高倍镜下进行观察。

(2)显色反应法

通过对86份标本进行K、C、P、KC染色,观察有无显色反应。显色结果记录为:①地衣体显色部位K(或C、P)+色型(即地衣体显色部位遇K(或C、P)试液变为该颜色);②地衣体显色部位KC+色型(即先将K剂涂于地衣体显色部位,马上再涂抹C剂,地衣体显色部位即变为该色型);③地衣体显色部位K(或C、P)+色型→另一色型(即地衣体显色部位遇K(或C、P)试液变为该颜色,随后又变为另一个颜色)。如果上述几种染色方法涂抹后都不变颜色,则记录为K-、C-、P-、KC-。

(3)薄层色谱法

实验中主要使用薄层色谱法(TLC)对地衣次生代谢产物进行测定,检测方法及流程如下。

采用Culberson和Kristinsson在1970年提出的标准方法,标准样品为含有黑茶渍素(atranorin)和降斑点酸(norstictic acid)的中国特有种类的地衣金丝刷(*Lethariella cladonioides*)。本报告主要采用C溶剂系统(甲苯:乙酸= 200:30mL)作为展层剂。实验步骤依次为:准备实验样品、实验溶剂及硅胶板、样品制备、点样、展层显色、分区和成分分析。参考1970年Culberson & Kristinsson和1972年Culberson所提出的地衣次生代谢产物层析资料,以及1998年魏江春的常见地衣化学成分检索表进行检索。

(4)专家鉴定

本团队人员在对标本进行初步鉴定后,对于部分不确定种属分类地位的地衣,我们向国内相关专家进行了请教。中国科学院微生物研究所魏鑫丽研究员团队对部分未能确定分类地位的叶状、枝状、鳞叶状地衣进行鉴定,共鉴定出猫耳衣属、星点梅属、癞屑衣属、鳞叶衣属、双歧根属等属地衣共计31种(属),山东师范大学张璐璐副教授对壳状地衣进行鉴定,共鉴定出肉疣衣属、蜈蚣衣属、假网衣属等属8种(属)。其他种类由作者鉴定。

4.2.3 种类组成

根据后河地衣资源初步调查情况,后河保护区具有地衣16科30属57种,其中,石蕊科石蕊属地衣10种,占地衣总种数的17.54%,为区域内优势种,其次为梅衣科大叶梅属和胶衣科猫耳衣属地衣,各有4种,占区域内地衣总种数的7.02%。保护区内地衣种类组成及各属所占已发现地衣总种数的比例见表4-10。

表 4-10 后河保护区地衣种类组成

科名	属名	种数	百分比(%)
庞衣菌科 Verrucariaceae	皮果衣属 Dermatocarpon	1	1.75
石蕊科 Cladoniaceae	石蕊属 Cladonia	10	17.54
梅衣科 Parmeliaceae	条衣属 Everniastrum	1	1.75
	皱衣属 Flavoparmelia	1	1.75
	袋衣属 Hypogymnia	1	1.75
	双歧根属 Hypotrachyna	1	1.75
	狭叶衣属 Parmelinopsis	1	1.75
	大叶梅属 Parmotrema	4	7.02
	星点梅属 Punctelia	2	3.51
	槽枝属 Sulcaria	1	1.75
	松萝属 Usnea	1	1.75
	黄髓叶属 Myelochroa	1	1.75
树花衣科 Ramalinaceae	树花属 Ramalina	3	5.26
珊瑚枝科 Stereocaulaceae	珊瑚枝属 Stereocaulon	1	1.75
	癞屑衣属 Lepraria	3	5.26
网衣科 Lecideaceae	假网衣属 Porpidia	1	1.75
石墨菌科 Graphidaceae	文字衣属 Graphis	1	1.75
胶衣科 Collemataceae	猫耳衣属 Leptogium	4	7.02
肺衣科 Lobariaceae	肺衣属 Lobaria	2	3.51
	假杯点衣属 Pseudocyphellaria	1	1.75
鳞叶衣科 Pannariaceae	鳞叶衣属 Pannaria	1	1.75
地卷科 Peltigeraceae	地卷属 Peltigera	3	5.26
霜降衣科 Icmadophilaceae	地茶属 Thamnolia	1	1.75
肉疣衣科 Ochrolechiaceae	肉疣衣属 Ochrolechia	2	3.51
鸡皮衣科 Pertusariaceae	鸡皮衣属 Pertusaria	1	1.75
蜈蚣衣科 Physciaceae	哑铃孢属 Heterodermia	2	3.51
	蜈蚣衣属 Physcia	3	5.26
	大孢衣属 Physconia	1	1.75
黄枝衣科 Teloschistaceae	石黄衣属 Xanthoria	1	1.75
未定科	串屑衣属 Botryolepraria	1	1.75

注：分类系统参考 YAO Yijian, et al., 2021. China Checklist of Fungi. In：The Biodiversity Committee of Chinese Academy of Sciences. Catalogue of Life China：2021 Annual Checklist, Beijing, China。

4.2.4 不同海拔的分布

根据现场调查情况，后河保护区内调查到的各科地衣分布海拔区间如表 4-11 和图 4-2 所示。

表 4-11　后河保护区各科地衣分布海拔

目名	科名	分布海拔(m)
瓶口衣目 Verrucariales	庞衣菌科 Verrucariaceae	750~1110
茶渍目	石蕊科 Cladoniaceae	700~2230
	梅衣科 Parmeliaceae	420~2230
	树花衣科 Ramalinaceae	1300~1970
	珊瑚枝科 Stereocaulaceae	420~1755
网衣目 Lecideales	网衣科 Lecideaceae	880~1980
厚顶盘菌目 Ostropales	石墨菌科 Graphidaceae	460~770
地卷目 Peltigerales	胶衣科 Collemataceae	770~1970
	肺衣科 Lobariaceae	1110~1755
	鳞叶衣科 Pannariaceae	1200
	地卷科 Peltigeraceae	790~1920
鸡皮衣目 Pertusariales	霜降衣科 Icmadophilaceae	2230
	肉疣衣科 Ochrolechiaceae	1567~1760
	鸡皮衣科 Pertusariaceae	1567~1760
黄枝衣目 Teloschistales	蜈蚣衣科 Physciaceae	460~2230
	黄枝衣科 Teloschistaceae	1567
未定目	未定科	—

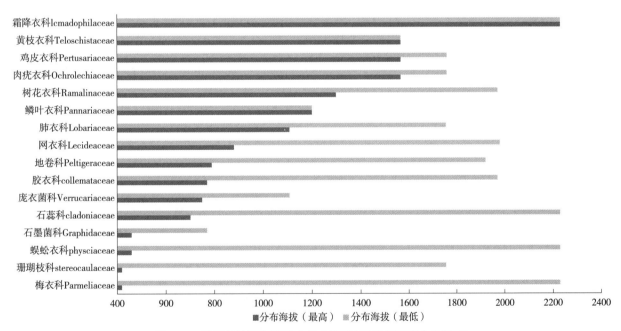

图 4-2　后河保护区各科地衣分布海拔(最低与最高分布海拔)

由图 4-2 及表 4-11 可知,梅衣科(*Parmeliaceae*)、珊瑚枝科(*Stereocaulaceae*)、石蕊科(*Cladoniaceae*)3 科地衣在后河保护区内分布海拔落差相对较大,其中,梅衣科地衣在后河保护区海拔 420~2230m 区间内均有分布,是后河保护区内最为常见科。在后河保护区内分布的地衣中,鸡皮衣科(*Pertusariaceae*)、黄枝衣科(*Teloschistaceae*)、霜降衣科(*Icmadophilaceae*)、鳞叶衣科(*Pannariaceae*)地衣在后河保护区内相对少见,仅发现和采集 1 份标本。

4.2.5 不同基物上的分布

根据后河保护区内地衣附生基质，可将后河保护区内分布的地衣分为树生、石生、土生3种主要基物类型，不同基物上，分布的地衣类群不尽相同。

（1）树生地衣

根据现场调查情况，保护区内大多数地衣附生基质为树皮、树干等，主要为一些枝状、叶状地衣如大叶梅属（*Parmotrema*）、猫耳衣属（*Leptogium*）、蜈蚣衣属（*Physcia*）、树花属（*Ramalina*）、哑铃孢属（*Heterodermia*）、肉疣衣属（*Ochrolechia*）、星点梅属（*Punctelia*）、肺衣属（*Lobaria*）、大孢衣属（*Physconia*）、假网衣属（*Porpidia*）、文字衣属（*Graphis*）、珊瑚枝属（*Stereocaulon*）、皮果衣属（*Dermatocarpon*）、条衣属（*Everniastrum*）、皱衣属（*Flavoparmelia*）、袋衣属（*Hypogymnia*）、双歧根属（*Hypotrachyna*）、狭叶衣属（*Parmelinopsis*）、槽枝属（*Sulcaria*）、松萝属（*Usnea*）、鳞叶衣属（*Pannaria*）等属地衣。

（2）石生地衣

根据现场调查情况，保护区内绝大多数壳状地衣与部分叶状地衣附着在岩石上，如网衣科白兰假网衣（*Porpidia albocaerulescens*）、蜈蚣衣科暗哑铃孢（*Heterodermia obscurata*）、梅衣科亚黄髓叶（*Myelochroa subaurulenta*）等。

（3）土生地衣

根据现场调查情况，保护区内地卷科、石蕊科地衣附生基质为土层或藓土层，如地卷科犬地卷（*Peltigera canina*）、石蕊科拟小杯石蕊（*Cladonia subconistea*）等属于此类。

此外，部分地衣如癞屑衣属灰白癞屑衣（*Lepraria incana*）等，附生基质为树皮、藓土层、裸岩等，附生基质多样。

4.2.6 讨论

后河国家级自然保护区地处云贵高原武陵山脉东北支脉尾部地带，地势由西向东逐渐倾斜，山体呈东西走向。平均海拔高度1300m，最高海拔约2300m，最低海拔仅400m，相对高差1852m。后河保护区内地衣资源丰富，目前暂未发现有相关地衣资源的报道，项目组成员对后河国家级自然保护区地衣资源的调查，填补了保护区地衣物种多样性空白，丰富了区域内生物资源多样性，根据初步鉴定，后河国家级自然保护区内分布地衣16科30属57种（未定科1种），从其种类组成可知，石蕊科、梅衣科地衣为区域内优势类群，其附生基质主要为岩石、土层、树干、腐木等，附生基质多样。根据调查情况，新增湖北省分布记录15种，分布22种药用地衣。本次地衣资源的调查为后河国家级自然保护区地衣资源的保护、生物多样性评价以及后期开展科学研究提供基本参考。

4.2.7 湖北省新分布种类

（1）关于新分布记录

后河保护区分布的地衣类群多样，根据标本采集及鉴定情况，后河保护区具有地衣16科30属57种（其中未定科1种），根据初步鉴定，参考《Checklist of Fungi in China，2021》（中国科学院，2021年）、《中国地衣植物图鉴》（吴金陵，1987年）、《神农架地衣》（陈建斌、吴继农、魏江春，1989年）、《中国地卷属和肺衣属地衣分类学研究》、《中国西部茶渍属地衣的研究》、《中国鸡皮衣科地衣研究》、《中国树花属地衣的初步研究》等，发现后河地区有湖北省新记录地衣15种，为暗哑铃孢（*Heterodermia obscurata*）、北方石蕊（*Cladonia borealis*）、针芽条衣（*Everniastrum vexans*）、骨白双歧根（*Hypotrachyna osseoalba*）、疱体粉芽狭叶衣（*Parmelinopsis subfatiscens*）、鸡冠大叶梅（*Parmotrema cristiferum*）、卷梢哑铃孢（*Parmelinopsis spumosa*）、芽树花（*Ramalina peruviana*）、薄刃猫耳衣（*Leptogium moluccanum*）、拟鳞粉猫耳衣（*Leptogium pseudofurfuraceum*）、膜癞屑衣（*Lepraria membranacea*）、灰白癞屑衣（*Lepraria incana*）、淡蓝癞屑衣（*Lepraria caesioalba*）、轮生肉疣衣（*Ochrolechia trochophore*）、白兰假网衣（*Cladonia* floerkeana)。其中，癞屑衣属地衣为湖北新记录属，国内研究相对较少，《神农架地衣》暂未记录癞屑衣属种类；《中国地衣植物图鉴》记录的癞屑衣属地衣分布于江西、四川、陕西、甘肃等地，湖北未见报道；湖北省内暂未发现有相关癞屑衣属地衣植物相关报道，因此认为本次调查到的癞屑衣属3种均为湖北省新记录，由于部分癞屑衣属未鉴定到种，这里不作为新分布种描述。此外，根据标本鉴定情况，部分未鉴定到种的地衣亦有可能是湖北省新分布种。

（2）部分新记录种类描述

①膜癞屑衣 *Lepraria membranacea* (Dicks.) Vain

地衣体皮屑状、粉状，灰绿色，具有边缘裂片，具大量不规则球状颗粒粉芽，共生藻为绿藻，直径约为10μm，TLC检测地衣体含stictic acid和norstictic acid（图4-3）。

基物：土生、石生、树生。

分布海拔：420~1755m。

标本采集点：毛家沟、北风垭、土坪、纸厂河、百溪河、黄粮坪等地。

国内分布：暂不明确。

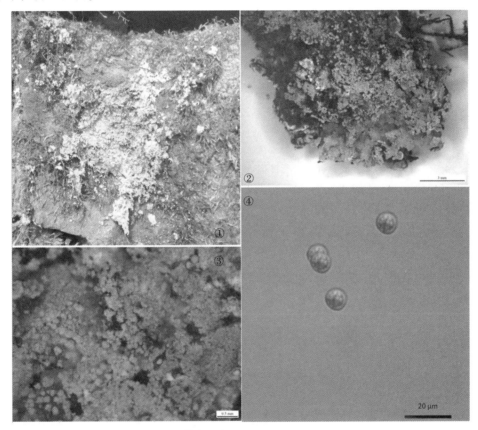

图4-3 膜癞屑衣 *Lepraria membranacea*

注：①地衣体生境；②、③地衣体上表面；④地衣共生藻细胞。

②暗哑铃孢 *Heterodermia obscurata* (Nyl.) Trevis.

地衣体叶状，裂片二叉式分裂，0.3~1.5mm宽，上表面灰白色至淡绿灰色，中间较暗色，下表面深黄色，无皮层，具有假根，暗黑色至黑色，不分支，未见子囊盘，地衣体中含有atranorin和zeorin（图4-4）。

基物：石生、树生。

分布海拔：420~1686m。

标本采集点：土坪、邓家等地。

国内分布：陕西，贵州，黑龙江。

图 4-4 暗哑铃孢 *Heterodermia obscurata*

注：①地衣体生境；②地衣体上表面；③地衣体下表面；④纵切图显示由地衣真菌与藻细胞共生而成。

③北方石蕊 *Cladonia borealis* Stenroos

初生地衣体鳞叶状，分类成略圆形小裂片，上表面灰绿色，下表面白色，无下皮层，果柄树枝状且分枝，高 1~3cm，具杯体，子囊盘位于果柄顶端，紫红色，孢子无色，8~13μm×3~4μm，地衣体中含地衣酸和巴尔巴酸（图 4-5）。

基物：石生。

海拔：1257m。

标本采集点：北风垭。

国内分布：新疆。

④台湾双歧根 *Hypotrachyna osseoalba*(Vain.)Park & Hale

地衣体叶状，3~8cm 宽，裂片二叉分类，上表面灰白色，光滑平坦，髓层无色，下表面黑色，边缘处褐色，假根较为稠密，具有分支，未见子囊盘，地衣体中含有地衣黄、乙酰丙酸以及 colensoic 酸复合物（图 4-6）。

基物：树生。

海拔：1175m。

标本采集点：仙缘桥。

国内分布：广西，福建，浙江，海南，贵州，重庆，江西，湖南，云南，安徽。

⑤针芽条衣 *Everniastrum vexans* (Zahlbr.) W. L. Culb. & C. F. Culib.

地衣体叶状，3~5cm 宽，裂片二叉分裂，顶端渐尖，上表面灰色，白斑不明显，具众多柱状裂芽，裂芽高 1.2mm，具黑色毛，似缘毛，髓层白色，下表面黑色，近顶端处褐色，假根稀疏，不分支或末端分枝，未见子囊盘，地衣体中含有黑茶渍素、厚地衣硬酸以及水杨嗪酸（图 4-7）。

化学反应：上皮层 K+黄色；髓层 K+黄色，C-，P-。
基物：树生。
海拔：1082m。
标本采集点：新崩河。
国内分布：福建，浙江，海南，贵州，重庆，湖南，云南，安徽。

图 4-5　北方石蕊 *Cladonia borealis*
注：①生境；②果柄、杯体及子囊盘；③子囊盘；④子囊孢子。

图 4-6　台湾双歧根 *Hypotrachyna osseoalba*
注：①生境；②地衣体上表面；③地衣体下表面；④纵切图显示由地衣真菌与藻细胞共生而成。

图 4-7 针芽条衣 *Everniastrum vexans*

注：①生境；②地衣体上表面；③地衣体下表面；④纵切图显示由地衣真菌与藻细胞共生而成。

⑥鸡冠大叶梅 *Parmotrema cristiferum* (Taylor) Hale

地衣体略圆形，裂片不规则分裂，边缘浅裂，裂片间紧密相连或部分重叠，无缘毛，上表面矿淡灰色，无白斑，无裂芽，髓层白色，下表面黑色，周边呈现褐色，假根短而稀疏，单一不分枝，子囊盘未见，经检测具有黑茶渍素、氯转氨酰胺、水杨嗪酸(图 4-8)。

基物：树生。

海拔：1115m。

标本采集点：新崩河。

国内分布：广西，海南，贵州，云南。

⑦薄刃猫耳衣 *Leptogium moluccanum* (Pers.) Vain.

地衣体叶状，上表面蓝灰色，无皱纹，半透明色，裂片宽圆，平铺，边缘全缘，边缘具有颗粒状裂芽，少有裂片状裂芽，无皱纹；下表面与上表面相似，无绒毛，地衣体上下皮层由单层不规则的近等径细胞构成，菌丝相互交织，网格状，走向不规则，未见子囊盘(图 4-9)。

基物：石生。

海拔：1257m。

标本采集点：北风垭。

国内分布：浙江，上海，台湾，安徽，河北。

图 4-8 鸡冠大叶梅 *Parmotrema cristiferum*.
注：①地衣体生境照；②地衣体上表面；③地衣体下表面；④纵切图显示由地衣真菌与藻细胞共生而成。

图 4-9 薄刃猫耳衣 *Leptogium moluccanum*
注：①地衣体生境照；②地衣体上表面；③地衣体下表面；④纵切图显示由地衣真菌与藻细胞共生而成。

⑧拟鳞粉猫耳衣 *Leptogium pseudopapillosum* P. M. Jørg.

地衣体叶状，蓝灰色，具有明显的皱纹，裂片宽圆，平铺，裂片边缘向下卷，上表面具有圆柱状裂芽，下表面密被白色绒毛，上下皮层由单列不规则的细胞构成，皮层细胞直径为5μm，菌丝相互交错，走向不规则，绒毛由柱形细胞构成，未见子囊盘（图 4-10）。

基物：树生。

海拔：1340m。

标本采集点：栈道。

国内分布：云南，四川。

图 4-10　拟鳞粉猫耳衣 *Leptogium pseudopapillosum*.
注：①地衣体生境照；②地衣体上表面；③地衣体下表面；④纵切图显示由地衣真菌与藻细胞共生而成。

⑨轮生肉疣衣 Ochrolechia trochophora（Vain.）Oshio

地衣体壳状，微黄灰色，微薄至较厚，连续，渐有皱褶状，无粉芽和裂芽、子囊盘无柄铁生，盘圆形，直径 0.7~1.5mm，盘面微黄色，具有轻微粉霜，盘缘光滑至平坦，较厚，具有少量疣，囊层被暗红褐色，厚 10~20μm，子实层无色透明，厚 230~320μm，囊层基厚度为 35~40μm，子囊孢子无色透明，椭圆形，38~70μm×20~34μm，光合共生物为绿藻，地衣体含有回转地衣酸和瓦拉酸（图 4-11）。

基物：树生。

海拔：1750m~1760m。

标本采集点：北风垭、土坪、新崩河。

国内分布：广西，甘肃，陕西，贵州，云南，台湾，吉林。

⑩白兰假网衣 Porpidia albocaerulescens（Wulfen）Hertel & Knoph

地衣体略薄，壳状，灰色或灰黄色，子囊盘密集，盘缘黑色，微凸，子实层 85~125μm，侧丝粘连，子囊棒状，地衣体含静态酸（图 4-12）。

基物：石生。

海拔：880m~1980m。

标本采集点：人家湾、灰沙溪、新崩河。

国内分布：暂未明确。

图 4-11 轮生肉疣衣 *Ochrolechia trochophora*.
注：①地衣体生境照；②子囊盘；③子囊盘纵切图显示孢子无色透明，椭圆形。

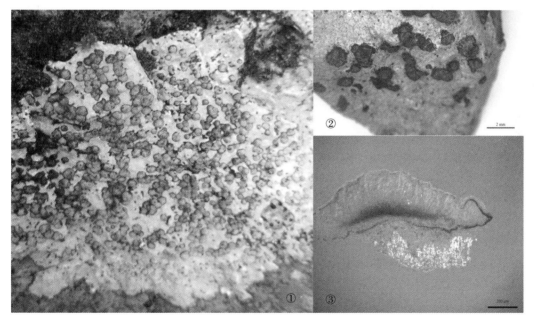

图 4-12 白兰假网衣 *Porpidia albocaerulescens*
注：①地衣体生境照；②地衣体上表面；③子囊盘纵切图。

4.2.8 药用地衣

中国民间药用和食用地衣历史悠久，如《毛诗注疏》中记载的"女萝"便是民间最常用的药用地衣长松萝（*Usnea longissima*）。20世纪70年代前后，部分药用、食用地衣相继被记录、介绍。1987年10月，吴金陵编著《中国地衣植物图鉴》，分述我国常见地衣251种，2012年12月，王立松、钱子刚编著《中国药用地衣图鉴》，介绍了中国药用、食用地衣16科43属126种，其中，湖北省分布35种。根据现场调查情况，后河保护区分布22种药用地衣，为皮果衣（*Dermatocarpon miniatum*）、红头石蕊（*Cladonia floerkeana*）、果石蕊（*Cladonia fruticulose*）、麸石蕊（*Cladonia pityrea*）、裂杯石蕊（*Cladonia subconistea*）、枪石蕊（*Cladonia coniocraea*）、针芽条衣（*Everniastrum vexans*）、拟袋衣（*Hypogymnia pseudophysodes*）、粉网大叶梅（*Parmotrema reticulatum*）、粗星点梅（*Punctelia rudecta*）、粉斑星点梅（*Punctelia borreri*）、槽枝（*Sulcaria sulcate*）、尖刺松萝（*Usnea aciculifera*）、肉刺树花（*Ramalina roesleri*）、茸珊瑚枝（*Stereocaulon tomentosum*）、土星猫耳衣（*Leptogium saturninum*）、针芽肺衣（*Lobaria isidiophora*）、铁色鳞叶衣（*Pannaria lurida*）、犬地卷（*Peltigera canina*）、多指地卷（*Peltigera polydactyla*）、地茶（*Thamnolia vermicularis*）、拟石黄衣（*Physconia hokkaidensis*）等。后河保护区药用地衣资源量以及种类数量有待进一步详细调查。

4.2.9 结论

湖北五峰后河国家级自然保护区位于湖北省西南部的五峰土家族自治县中南部，地处湖北与湖南两省交界的武陵山东段，地理坐标为东经110°30′5.313″~110°43′16.125″，北纬30°02′55.675″~30°08′55.250″，总面积10339.24hm²。区域内地衣资源丰富，但未有前期调查工作记录。本次在2021年5月、6月、7月初、7月末、8月、10月和11月，对后河自然保护区地衣资源进行了7次调查，调查尽量选择不同的地点（调查点包括水滩头、任家湾、炭湾、雷达站、北风垭林场、土坪、瓜蒌湾、宜家湾、新崩河、卧虎滩、百溪河、夹虎湾、猴子湾、竹笕潭等地），各种不同的生境（溪水中、石壁上、树干上、腐木上、土上）及不同的海拔高度（420~2230m），尽可能采集到地衣标本并拍照。根据初步调查情况，后河保护区具有地衣16科30属57种（其中1种暂未定科），保护区内分布的地衣分为树生、石生、土生3种主要基物类型。后河保护区内石蕊科石蕊属地衣10种，为区域内优势种，其次为梅衣科大叶梅属和胶衣科猫耳衣属地衣。根据标本采集及鉴定情况，发现后河地区有湖北省新记录地衣15种，为暗哑铃孢、卷梢哑铃孢、北方石蕊、针芽条衣、骨白双歧根、疱体粉芽狭叶衣、鸡冠大叶梅、芽树花、薄刃猫耳衣、拟鳞粉猫耳衣、膜癞屑衣、灰白癞屑衣、淡蓝癞屑衣、轮生肉疣衣、白兰假网衣，其中癞屑衣属为湖北新分布属，根据标本鉴定情况，部分暂未鉴定到种的地衣亦有可能是湖北省新分布种。区域内发现22种药用地衣，其资源量以及种类数量有待进一步详细调查。

本次调查填补了保护区地衣资源研究的区域的空白，为后续的深入地衣调查奠定了基础。同时，对湖北省长江以南区域地衣资源的研究、开发和利用具有重要意义。

第5章 维管束植物多样性

5.1 研究方法

采取野外实地调查和采集标本鉴定的方法，在2017—2019两年间分季节对后河进行了分网格的植物多样性调查，深入网格，采集植物标本，记录种类、分布、生境等信息。对调查中采集到的标本和实地拍摄的照片，参考《中国植物志》《湖北植物志》《Flora of China》等，编写形成《湖北五峰后河国家级自然保护区种子植物名录》。本报告石松及蕨类植物采用PPG系统（Eric Schuettpelz, Harald Schneider 等），裸子植物参考Christenhusz(2011)的分类系统，被子植物采用的是APG IV(2018)系统，科内属和种的排列以拉丁名首字母为序，在此基础上进一步分析后河保护区植物区系组成以及地理分布。

5.2 科的统计分析

在植物区系地理学的研究中，科的统计分析是其中的重要组成部分，通过科的统计分析，我们可以了解区系的性质。其主要内容包括科的大小统计分析，优势科和表征科的分析。

5.2.1 科的大小统计分析

通过统计名录得到该区共有维管束植物202科1112属3307种，其中，栽培植物388种，野生植物2919种。按照科内种数的组成数量，按照科内包含的种数大小依次排列，当所含种数和属数相等时，则按照APG的科号顺序进行排列，将后河保护区维管束植物的202个科排列得表5-1。

表5-1 后河保护区维管束植物科的组成排列表

科名	属数	种数	科名	属数	种数
石松类			安息香科 Styracaceae	4	12
卷柏科 Selaginellaceae	1	14	紫草科 Boraginaceae	8	12
石松科 Lycopodiaceae	3	5	大麻科 Cannabaceae	6	11
总计：2科4属19种			山茶科 Theaceae	2	11
蕨类			鸭跖草科 Commelinaceae	5	11
鳞毛蕨科 Dryopteridaceae	5	80	防己科 Menispermaceae	6	10
水龙骨科 Polypodiaceae	12	43	水鳖科 Hydrocharitaceae	6	10
凤尾蕨科 Pteridaceae	9	40	灯心草科 Juncaceae	2	10
蹄盖蕨科 Athyriaceae	5	34	胡颓子科 Elaeagnaceae	1	10
金星蕨科 Thelypteridaceae	12	24	千屈菜科 Lythraceae	6	10
铁角蕨科 Aspleniaceae	2	17	金丝桃科 Hypericaceae	1	10
碗蕨科 Dennstaedtiaceae	4	2	黄杨科 Buxaceae	3	10
木贼科 Equisetaceae	1	4	凤仙花科 Balsaminaceae	1	10
瓶尔小草科 Ophioglossaceae	2	6	金缕梅科 Hamamelidaceae	5	9
膜蕨科 Hymenophyllaceae	2	4	榆科 Ulmaceae	2	9

(续)

科名	属数	种数	科名	属数	种数
瘤足蕨科 Plagiogyriaceae	1	4	眼子菜科 Potamogetonaceae	3	9
紫萁科 Osmundaceae	2	3	瑞香科 Thymelaeaceae	3	9
里白科 Gleicheniaceae	2	3	胡桃科 Juglandaceae	5	8
球子蕨科 Onocleaceae	1	2	母草科 Linderniaceae	2	8
乌毛蕨科 Blechnaceae	2	3	五列木科 Pentaphylacaceae	3	8
槐叶苹科 Salviniaceae	2	2	山矾科 Symplocaceae	1	8
鳞始蕨科 Lindsaeaceae	2	2	海桐科 Pittosporaceae	1	8
冷蕨科 Cystopteridaceae	2	2	柿科 Ebenaceae	1	7
岩蕨科 Woodsiaceae	2	2	鸢尾科 Iridaceae	3	7
海金沙科 Lygodiaceae	1	1	牻牛儿苗科 Geraniaceae	2	7
苹科 Marsileaceae	1	1	金粟兰科 Chloranthaceae	2	6
肠蕨科 Diplaziopsidaceae	1	1	远志科 Polygalaceae	1	6
轴果蕨科 Rhachidosoraceae	1	1	通泉草科 Mazaceae	2	5
肿足蕨科 Hypodematiaceae	1	1	芍药科 Paeoniaceae	1	5
总计：24科75属297种			姜科 Zingiberaceae	2	5
裸子植物			酢浆草科 Oxalidaceae	1	5
松科 Pinaceae	6	13	秋水仙科 Colchicaceae	1	5
柏科 Cupressaceae	7	11	杜英科 Elaeocarpaceae	2	5
红豆杉科 Taxaceae	4	7	省沽油科 Staphyleaceae	3	5
罗汉松科 Podocarpaceae	2	2	桑寄生科 Loranthaceae	2	5
苏铁科 Cycadaceae	1	1	丝缨花科 Garryaceae	1	5
银杏科 Ginkgoaceae	1	1	玄参科 Scrophulariaceae	2	5
南洋杉科 Araucariaceae	1	1	阿福花科 Asphodelaceae	2	4
总计：7科22属35种			茶藨子科 Grossulariaceae	1	4
被子植物			楝科 Meliaceae	3	4
菊科 Asteraceae	31	204	泡桐科 Paulowniaceae	1	4
蔷薇科 Rosaceae	86	206	青荚叶科 Helwingiaceae	1	4
禾本科 Poaceae	76	139	檀香科 Santalaceae	2	4
豆科 Fabaceae	59	115	泽泻科 Alismataceae	2	4
唇形科 Lamiaceae	39	112	商陆科 Phytolaccaceae	1	4
兰科 Orchidaceae	39	90	蛇菰科 Balanophoraceae	1	4
毛茛科 Ranunculaceae	16	67	紫葳科 Bignoniaceae	3	4
莎草科 Cyperaceae	13	58	旌节花科 Stachyuraceae	1	3
荨麻科 Urticaceae	14	52	沼金花科 Nartheciaceae	1	3
伞形科 Apiaceae	22	50	马钱科 Loganiaceae	2	3
天门冬科 Asparagaceae	16	46	雨久花科 Pontederiaceae	2	3
樟科 Lauraceae	8	45	美人蕉科 Cannaceae	1	3

(续)

科名	属数	种数	科名	属数	种数
蓼科 Polygonaceae	9	45	香蒲科 Typhaceae	2	3
茜草科 Rubiaceae	22	44	秋海棠科 Begoniaceae	1	3
报春花科 Primulaceae	7	42	透骨草科 Phrymaceae	2	3
葡萄科 Vitaceae	8	40	桃金娘科 Myrtaceae	1	3
忍冬科 Caprifoliaceae	10	39	三白草科 Saururaceae	2	2
壳斗科 Fagaceae	6	37	胡椒科 Piperaceae	1	2
无患子科 Sapindaceae	6	35	菖蒲科 Acoraceae	1	2
十字花科 Brassicaceae	14	35	仙茅科 Hypoxidaceae	2	2
卫矛科 Celastraceae	4	34	棕榈科 Arecaceae	2	2
杜鹃花科 Ericaceae	9	32	谷精草科 Eriocaulaceae	1	2
小檗科 Berberidaceae	6	32	蕈树科 Altingiaceae	1	2
芸香科 Rutaceae	10	30	虎皮楠科 Daphniphyllaceae	1	2
葫芦科 Cucurbitaceae	14	30	鼠刺科 Iteaceae	1	2
大戟科 Euphorbiaceae	10	30	小二仙草科 Haloragaceae	2	2
鼠李科 Rhamnaceae	8	30	野牡丹科 Melastomataceae	2	2
石竹科 Caryophyllaceae	10	29	苦木科 Simaroubaceae	2	2
锦葵科 Malvaceae	13	28	紫茉莉科 Nyctaginaceae	2	2
木犀科 Oleaceae	6	28	落葵科 Basellaceae	2	2
五加科 Araliaceae	12	28	马齿苋科 Portulacaceae	1	2
五福花科 Adoxaceae	2	27	仙人掌科 Cactaceae	2	2
茄科 Solanaceae	14	27	桤叶树科 Clethraceae	1	2
罂粟科 Papaveraceae	9	27	茶茱萸科 Icacinaceae	2	2
杨柳科 Salicaceae	6	26	厚壳树科 Ehretiaceae	1	2
石蒜科 Amaryllidaceae	7	26	马鞭草科 Verbenaceae	1	2
苋科 Amaranthaceae	13	26	蜡梅科 Calycanthaceae	1	1
天南星科 Araceae	14	26	岩菖蒲科 Tofieldiaceae	1	1
夹竹桃科 Apocynaceae	15	24	百部科 Stemonaceae	1	1
绣球科 Hydrangeaceae	8	24	芭蕉科 Musaceae	1	1
冬青科 Aquifoliaceae	1	24	领春木科 Eupteleaceae	1	1
桑科 Moraceae	5	23	莲科 Nelumbonaceae	1	1
桦木科 Betulaceae	5	22	悬铃木科 Platanaceae	1	1
菝葜科 Smilacaceae	2	21	山龙眼科 Proteaceae	1	1
百合科 Liliaceae	8	21	昆栏树科 Trochodendraceae	1	1
车前科 Plantaginaceae	6	21	连香树科 Cercidiphyllaceae	1	1
堇菜科 Violaceae	1	21	扯根菜科 Penthoraceae	1	1

(续)

科名	属数	种数	科名	属数	种数
景天科 Crassulaceae	6	20	杨梅科 Myricaceae	1	1
列当科 Orobanchaceae	11	20	马桑科 Coriariaceae	1	1
苦苣苔科 Gesneriaceae	10	19	亚麻科 Linaceae	1	1
山茱萸科 Cornaceae	5	19	瘿椒树科 Tapisciaceae	1	1
虎耳草科 Saxifragaceae	5	18	十齿花科 Dipentodontaceae	1	1
桔梗科 Campanulaceae	8	18	叠珠树科 Akaniaceae	1	1
薯蓣科 Dioscoreaceae	1	16	白花菜科 Cleomaceae	1	1
藜芦科 Melanthiaceae	4	16	青皮木科 Schoepfiaceae	1	1
龙胆科 Gentianaceae	5	16	白花丹科 Plumbaginaceae	1	1
猕猴桃科 Actinidiaceae	2	16	粟米草科 Molluginaceae	1	1
马兜铃科 Aristolochiaceae	3	15	土人参科 Talinaceae	1	1
木兰科 Magnoliaceae	8	14	杜仲科 Eucommiaceae	1	1
柳叶菜科 Onagraceae	4	14	芝麻科 Pedaliaceae	1	1
爵床科 Acanthaceae	5	13	狸藻科 Lentibulariaceae	1	1
木通科 Lardizabalaceae	6	13	鞘柄木科 Torricelliaceae	1	1
旋花科 Convolvulaceae	6	13			
五味子科 Schisandraceae	3	12			
叶下珠科 Phyllanthaceae	7	12			
清风藤科 Sabiaceae	2	12			
漆树科 Anacardiaceae	5	12			
合计：202科 1112属 3307种					

为了便于植物科、属的多样性分析，根据每个科包含种的数量分为5个等级（表5-2），超过80种的为大科、31~80种的为较大科、11~30种的为中等科、2~10种的为少种科、只含1种的为单种科。

表5-2 后河保护区维管束植物科的大小组成

科大小	科数	占比（%）	属数	占比（%）	种数	占比（%）
含1种的科	34	16.83	34	3.06	34	1.03
含2~10种的科	86	42.57	170	15.29	388	11.73
含11~30种的科	55	27.23	358	32.19	1086	32.84
含31~80种的科	21	10.40	220	19.78	932	28.18
含81种以上的科	6	2.97	330	29.68	867	26.22
总计	202	100	1112	100	3307	100

由后河保护区野生种子植物科组成的排列顺序（表5-1）和后河保护区种子植物科的大小组成（表5-2）可知，数量在81种以上的科有6个，其中，最多的是菊科，含86属206种，其次是蔷薇科，含31属204种，然后是禾本科，含76属139种，豆科，含59属115种，唇形科，含39属112种，兰科，含39属90种。六科共计330属867种，占该地区总属数的29.68%，占总种数的26.22%。蔷薇

科广布于全世界,全世界约有 3300 种,我国有 51 属 1069 种,后河保护区分别约占我国总数的 60.78%、19.09%,在后河保护区分布广泛且个体繁茂。菊科是广布于全世界的大科,也是种子植物中属种最多的一个科,在我国约有 240 属,约 3000 种,菊科植物在形态结构上先进且对环境适应能力强,在该区得到了很好的发展。禾本科广布于全世界,是单子叶植物中的第二大科,我国约有 1200 种,遍及全国,后河保护区约占全国总数的 11.58%。豆科是种子植物第三大科,广布于全世界,世界约有 18000 种,我国有 1667 种(含变种、亚种和变型),后河保护区占我国总数的 6.90%。唇形科是世界性分布的大科,约有 220 属、3500 种,我国约有 755 种,后河保护区约占全国总数的 14.97%。兰科是仅次于菊科的一个大科,是单子叶植物中的第一大科,全科约有 700 属 20000 种,我国约有 1247 种,后河保护区约占全国总数的 7.22%。

含有 31~80 种的科有 21 科,分别为鳞毛蕨科(5 属/80 种,下同)、毛茛科(16/67)、莎草科(13/58)、荨麻科(14/52)、伞形科(22/50)、天门冬科(16/46)、蓼科(9/45)、樟科(8/45)、茜草科(22/44)、水龙骨科(12/43)、报春花科(7/42)、葡萄科(8/40)、凤尾蕨科(8/40)、忍冬科(10/39)、壳斗科(6/37)、十字花科(14/35)、无患子科(6/35)、卫矛科(4/34)、杜鹃花科(9/34)、蹄盖蕨科(5/34)、小檗科(6/32),21 科共计 220 属 932 种,分别占该区总数的 19.78%、28.18%。

含 11~30 种的有 55 科,分别为鼠李科(8/30)、大戟科(10/30)、葫芦科(14/30)、芸香科(10/30)、石竹科(10/29)、锦葵科(13/28)、五加科(12/28)、木犀科(6/28)、罂粟科(9/27)、茄科(14/27)、五福花科(2/27)、杨柳科(6/26)、天南星科(14/26)、石蒜科(7/26)、苋科(13/26)、冬青科(1/24)、绣球科(8/24)、夹竹桃科(15/24)、金星蕨科(12/24)、桑科(5/23)、桦木科(5/22)、堇菜科(1/21)、百合科(8/21)、车前科(6/21)、菝葜科(2/21)、列当科(11/20)、景天科(6/20),20 种以下的有山茱萸科等 27 科,55 科共有 358 属、1086 种,分别占该地区总数的 32.19%、32.84%。

含 2~10 种的科有 86 科、169 属、388 种,分别占该区总数的 15.29%、11.73%、12.43%,如水鳖科(6/10)、灯芯草科(2/10)、胡颓子科(1/10)、凤仙花科(1/10)、黄杨科(3/10)、金丝桃科(1/10)、母草科(2/8)、五列木科(3/8)、红豆杉科(4/7)、柿科(1/7)等。

该区中含 1 种的有 34 科,占该区总数的 16.92%。有海金沙科、苹科、肠蕨科、轴果蕨科、肿足蕨科、苏铁科、银杏科、南洋杉科、蜡梅科、岩菖蒲科、百部科、芭蕉科、领春木科、莲科、悬铃木科、山龙眼科、昆栏树科、连香树科、扯根菜科、杨梅科、马桑科、亚麻科、瘿椒树科、十齿花科、叠珠树科、白花菜科、青皮木科、白花丹科、粟米草科、土人参科、杜仲科、芝麻科、狸藻科、鞘柄木科。其中,叠珠树科、昆栏树科、鞘柄木科、领春木科、杜仲科等为世界单型科,而银杏科、杜仲科还是我国的特有科,其模式标本就采自于五峰(长乐县),现在后河保护区纸厂河、楸木坑还有野生的杜仲。

从表 5-2 我们可以看出,后河保护区植物区系的组成主要是以含 11 种以上的科为主,该区含 1 种的科只有 34 科,占该区总数的 16.92%,比例较低。这也说明了,在后河保护区维管束植物区系中,含有 11 种以上的科的种系大都得到了一定程度的分化,科内种的多样化程度较丰富。

5.2.2 优势科和表征科的统计分析

优势科和表征科的统计分析可以为研究和判定该区的植物区系性质提供依据,优势科是指其所含种类具有一定数量优势且起群落建群作用的科,即对该区科含属和种数量进行递进累加排序,当种数和属数均超过总数的 50% 时,则定为位该区的优势科。通过这种观点确定后河保护区野生植物优势科有 27 科,含 550 属 1799 种(表 5-3),分别占该区维管束植物总数 202 科 1112 属 3307 种的 13.37%、49.46%、54.40%。其中,蔷薇科、樟科、壳斗科、无患子科、卫矛科、鼠李科、小檗科植物等是该区乔木层的优势种,菊科、禾本科、唇形科、兰科、豆科、鳞毛蕨科、毛茛科、莎草科、荨麻科、伞形科、天门冬科、报春花科、蓼科、茜草科、水龙骨科、忍冬科植物等则是该区灌草层的优势种。

表 5-3 后河保护区野生种子植物数量优势科

序号	科名	后河属数	后河种数	占中国总种数比例(%)	占世界总种数比例(%)	科的分布区类型
1	菊科 Asteraceae	66	176	5.80	0.70	1
2	蔷薇科 Rosaceae	34	187	17.50	5.67	1
3	禾本科 Poaceae	69	132	11.00	1.32	1
4	唇形科 Lamiaceae	35	102	13.51	2.92	1
5	兰科 Orchidaceae	40	88	7.06	0.44	1
6	豆科 Fabaceae	42	87	5.22	0.48	1
7	鳞毛蕨科 Dryopteridaceae	5	70	14.83	5.83	1
8	毛茛科 Ranunculaceae	15	66	9.17	3.30	1
9	莎草科 Cyperaceae	13	57	11.40	1.32	1
10	荨麻科 Urticaceae	14	52	14.77	4.01	2
11	樟科 Lauraceae	8	46	9.77	1.84	2
12	伞形科 Apiaceae	19	44	8.38	1.76	1
13	天门冬科 Asparagaceae	14	42	5.79	1.20	4
14	报春花科 Primulaceae	7	42	8.40	4.20	1
15	蓼科 Polygonaceae	7	39	16.60	3.40	1
16	茜草科 Rubiaceae	21	38	5.62	0.36	1
17	水龙骨科 Polypodiaceae	10	37	13.60	3.18	1
18	忍冬科 Caprifoliaceae	10	37	18.50	7.40	8
19	凤尾蕨科 Pteridaceae	9	35	15.02	3.68	2
20	葡萄科 Vitaceae	6	35	24.47	5.00	2
21	壳斗科 Fagaceae	6	35	10.80	3.89	8-4
22	无患子科 Sapindaceae	6	34	58.62	1.70	2
23	卫矛科 Celastraceae	4	33	16.42	3.88	2
24	鼠李科 Rhamnaceae	7	31	18.68	3.45	1
25	小檗科 Berberidaceae	6	30	9.38	4.62	8-5
26	杜鹃花科 Ericaceae	7	29	3.83	0.87	1
27	蹄盖蕨科 Athyriaceae	5	28	7.00	5.60	2

表征科就是表征一个植物区系组成的代表性的科，首先需要该科所含种的数量占区系总种数的比例较高；其次该科在区系中分布的种数占世界分布的种数比例也要较高。为了确定后河保护区的表征科，我们把后河保护区野生植物 186 科中后河所含种数占世界总种数比例大小进行排序，将比例在 10% 以上的列出，如表 5-4。此外，进一步列举后河保护区科含种数在 8 以上、占世界比例在 5% 以上的科，如表 5-5。

表 5-4 后河保护区种子植物科含种数占世界比例较高的科

序号	科名	后河种数	中国种数	世界种数	后河占世界(%)	科的分布区类型
1	青荚叶科 Helwingiaceae	4	4	4	100.00	7
2	菖蒲科 Acoraceae	2	2	2	100.00	8(9)
3	昆栏树科 Trochodendraceae	1	1	1	100.00	14SJ

(续)

序号	科名	后河种数	中国种数	世界种数	后河占世界(%)	科的分布区类型
4	叠珠树科 Akaniaceae	1	1	1	100.00	(5a)
5	杜仲科 Eucommiaceae	1	1	1	100.00	15
6	球子蕨科 Onocleaceae	3	4	5	60.00	8
7	领春木科 Eupteleaceae	1	1	2	50.00	14
8	连香树科 Cercidiphyllaceae	1	1	2	50.00	14SJ
9	扯根菜科 Penthoraceae	1	1	2	50.00	9
10	鞘柄木科 Torricelliaceae	1	2	2	50.00	14
11	旌节花科 Stachyuraceae	3	7	8	37.50	14
12	泡桐科 Paulowniaceae	3	9	9	33.33	1(14SJ)
13	三白草科 Saururaceae	2	4	6	33.33	9
14	木贼科 Equisetaceae	4	10	15	26.67	1
15	丝缨花科 Garryaceae	5	10	20	25.00	(9)
16	十齿花科 Dipentodontaceae	1	3	4	25.00	7-2
17	木通科 Lardizabalaceae	12	37	50	24.00	3
18	红豆杉科 Taxaceae	7	22	32	21.88	14
19	肠蕨科 Diplaziopsidaceae	1	3	5	20.00	3
20	瘿椒树科 Tapisciaceae	1	3	6	16.67	3
21	山茱萸科 Cornaceae	19	48	115	16.52	8-4
22	五味子科 Schisandraceae	12	54	79	15.19	9
23	榆科 Ulmaceae	9	55	60	15.00	1
24	紫萁科 Osmundaceae	3	8	20	15.00	1
25	轴果蕨科 Rhachidosoraceae	1	5	7	14.29	8
26	列当科 Orobanchaceae	20	40	150	13.33	8
27	胡桃科 Juglandaceae	8	20	60	13.33	8-4
28	大麻科 Cannabaceae	11	25	91	12.09	8(9)
29	槐叶苹科 Salviniaceae	2	4	17	11.77	2
30	五福花科 Adoxaceae	25	81	220	11.36	8
31	胡颓子科 Elaeagnaceae	10	74	90	11.11	8-4
32	蜡梅科 Calycanthaceae	1	6	9	11.11	9
33	清风藤科 Sabiaceae	13	70	120	10.83	7d
34	通泉草科 Mazaceae	4	38	38	10.53	5
35	蕈树科 Altingiaceae	2	13	19	10.53	8-4

从表5-4我们可知，在后河保护区种子植物的科含种数占世界种数比例较高的科有35科，包括世界广布科有4科、热带分布科9科，温带分布科21科，中国特有科1科，在这其中温带分布科占了60%，可知在后河保护区温带分布科具有极大的优势。

从表5-5我们可知，在后河保护区科含种数在8种以上且占世界比例在5%以上的科有23科，如山茱萸科、木通科、五味子科等，这些都是十分具有代表性的。

表 5-5 后河保护区种子植物科含 8 种以上占世界比例较高的科（5%以上）

序号	科名	后河种数	中国种数	世界种数	后河占世界（%）	科的分布区类型
1	蔷薇科 Rosaceae	187	900	3400	5.5	1
2	木犀科 Oleaceae	26	160	400	6.5	1
3	五福花科 Adoxaceae	25	81	220	11.36	8
4	菝葜科 Smilacaceae	23	88	312	7.37	2
5	冬青科 Aquifoliaceae	23	240	400	5.75	1
6	绣球科 Hydrangeaceae	22	144	242	9.09	8
7	桦木科 Betulaceae	21	89	150	14	8
8	列当科 Orobanchaceae	20	40	150	13.33	8
9	山茱萸科 Cornaceae	19	48	115	16.52	8-4
10	藜芦科 Melanthiaceae	16	45	168	9.52	8
11	清风藤科 Sabiaceae	13	70	120	10.83	7d
12	五味子科 Schisandraceae	12	54	79	15.19	9
13	木通科 Lardizabalaceae	12	37	50	24	3
14	大麻科 Cannabaceae	11	25	91	12.09	8(9)
15	安息香科 Styracaceae	11	54	180	6.11	3
16	水鳖科 Hydrocharitaceae	10	34	120	8.33	1
17	胡颓子科 Elaeagnaceae	10	74	90	11.11	8-4
18	碗蕨科 Dennstaedtiaceae	9	52	170	5.29	2
19	眼子菜科 Potamogetonaceae	9	45	170	5.29	1
20	榆科 Ulmaceae	9	55	60	15	1
21	金缕梅科 Hamamelidaceae	8	61	124	6.45	8-4
22	胡桃科 Juglandaceae	8	20	60	13.33	8-4
23	母草科 Linderniaceae	8	41	122	6.56	1

通过对后河保护区植物数量优势科统计分析、科含种数占世界比例较高科统计分析以及在植被组成中在世界上占优势科的统计分析，结果表明，木通科、山茱萸科、五味子科、榆科、列当科、胡桃科、大麻科、五福花科、胡颓子科、清风藤科等，在后河保护区具有重要植物地理学指示意义，它们是后河保护区的表征科。

5.2.3 小结

①后河保护区植物较为丰富，共有维管束植物 202 科 1112 属 3307 种，其中，栽培植物 388 种，野生植物 2919 种。蔷薇科、菊科、禾本科、豆科、唇形科、兰科是该区的所含种数较多的科。后河地区科的组成含 11 种以上的科为主，说明在后河自然保护区维管种子植物区系中，含 11 种以上的科的种系大都得到了一定程度的分化，科内种的多样化程度较丰富。该区含 1 种的科只有 34 科，占该区总数的 16.83%。

②通过数量优势科和科含种数占世界比例较高科分析，木通科、山茱萸科、五味子科、榆科、列当科、胡桃科、大麻科、五福花科、胡颓子科、清风藤科等，在后河保护区具有重要植物地理学指示意义，它们是武陵山地区的表征科，主要是以温带分布的科为主，说明该区系具有温带性质。

5.3 种子植物属的统计分析

在植物区系研究中"属"的研究是非常重要的,一方面属的大小在植物分类学和地理学上都是适当的,另一方面属在进化过程中分类学特征相对稳定。属是由种构成的,一个属中一般具有共同祖先和相似的进化趋势,因此属的研究能更好反映该区植物演化过程和区域差异以及该区的植物区系特征。笔者将对分布在后河保护区种子植物的属进行统计和分析,包括属的大小组成和数量优势属。

后河保护区共有维管束植物1112属,按照属的大小将后河保护区的属划分为5个级别,分别是含1种的属(1级)、含2~5种的属(2级)、含6~10种的属(3级)、含11~20种的属(4级)、含21种以上的属(5级),见表5-6。

表5-6 后河保护区维管束植物属大小组成统计

属大小	属数	占比(%)	种数	占比(%)
含1种的属	568	51.08	568	17.18
含2~5种的属	393	35.34	1107	33.47
含6~10种的属	99	8.90	750	22.68
含11~20种的属	39	3.51	544	16.45
含21种以上的属	13	1.17	338	10.22
总计	1112	100.00	3307	100.00

该区分布有12个含21种以上的属,一共338种,分别占总属数的1.17%、总种数的10.22%(下同)。以悬钩子属 *Rubus* 最为丰富,有46种;其次是鳞毛蕨属 *Dryopteris*,含34种;然后是李属 *Prunus*(33种),耳蕨属 *Polystichum*(含29种),薹草属 *Carex*(含29种),槭属 *Acer*(含29种),萹蓄属(蓼属)*Polygonum*(含29种),荚蒾属 *Viburnum*(含25种),铁线莲属 *Clematis*(含24种),冬青属 *Ilex*(含24种),堇菜属 *Viola*(含21种),卫矛属 *Euonymus*(含21种)。其中,槭属、冬青属是常绿阔叶林中常见种,悬钩子属、薹草属、鳞毛蕨属、铁线莲属和萹蓄属等是灌草丛常见种。

在本地区分布有11~20种的属,有39属544种,分别占该区总数的3.51%、16.45%。其中,常见草本植物包括忍冬属 *Lonicera*(20种)、珍珠菜属 *Lysimachia*(20种)、菝葜属 *Smilax*(19种)、杜鹃花属 *Rhododendron*(19种)、栒子属 *Cotoneaster*(17种)、蔷薇属 *Rosa*(17种)、葱属 *Allium*(16种)、柳属 *Salix*(16种)等,珍珠菜属、葱属是草本层中的常见种类,也是该区种类比较多的类群。木本植物主要以灌木为主,其中,卫矛属、栒子属、蔷薇属、山胡椒属在该区分布较广泛,是灌木丛中主要群体。

在本地区分布有6~10种的属,有99属,含750种,分别占该区总数的8.9%、22.68%。其中,常见草本植物有风毛菊属 *Saussurea*(10种)、凤仙花属 *Impatiens*(10种)、贯众属(10种)、老鹳草属 *Geranium*(6种)、酸模属 *Rumex*(6种)、通泉草属 *Mazus*(5种)等。木本的花楸属 *Sorbus*(10种)、葡萄属 *Vitis*(10种)、松属 *Pinus*(7种)、柿属 *Diospyros*(7种)、山矾属 *Symplocos*(8种)、青冈属 *Cyclobalanopsis*(8种)等是植被的优势成分的乔灌木。

在本地区分布有2~5种的属,有393属,含1107种,分别占该区总数的35.34%、33.47%,常见维管束植物有樟属 *Cinnamomum*(5种)、万寿竹属 *Disporum*(5种)、玉兰属 *Yulania*(4种)、风轮菜属 *Clinopodium*(4种)、芒属 *Miscanthus*(3种)、虎耳草属 *Saxifraga*(3种)、秋海棠属 *Begonia*(3种)、旌节花属 *Stachyurus*(3种)、吴茱萸属 *Tetradium*(3种)等,以草本为主,乔木型仅樟属、玉兰属。

在本区仅分布有1种的属,有568属,含568种,分别占总数的51.08%、17.18%,维管束植物如穗花杉属 *Amentotaxus*、独花兰属 *Changnienia*、杜鹃兰属 *Cremastra*、朱兰属 *Pogonia*、杜仲属 *Eucommia*、

绵枣儿属 Barnardia、鸭儿芹属 Cryptotaenia、伯乐树属 Bretschneidera 等。这其中有些起源于中国，有些主要分布在中国，甚至有些是中国特有属，如穗花杉属、杜仲属、伯乐树属等。

在后河保护区野生维管束植物 964 属中，种数在 6 种以上的属有 135 属，含 1418 种，占后河保护区野生维管束植物种总数的 46.58%（见表 5-7）。其中，世界广布属(1)有 26 个；第 2~7 类分布的属有 37 个，其中，泛热带分布(2)的有 17 个；第 8~14 类分布的属有 72 个，其中，北温带分布(8)的属有 43 个。它们是组成后河保护区植物区系的主体。

表 5-7 表明，重楼属 Paris（种数占世界总种数的 50%，下同）、地锦属 Parthenocissus（46.15%）、天名精属 Carpesium（45%）、蛇葡萄属 Ampelopsis（40%）、五味子属 Schisandra（36.36%）、稠李属 Padus（35%）、南蛇藤属 Celastrus（28.13%）、凤了蕨属 Coniogramme（26.67%）、赤爮属 Thladiantha（26.09%）、贯众属 Cyrtomium（25.71%）、囊瓣芹属 Pternopetalum（24%）、鹅耳枥属 Carpinus（22%）、山茱萸属 Cornus（20%）、猕猴桃属 Actinidia（20%）、女贞属 Ligustrum（20%）、清风藤属 Sabia（20%）、黄鹌菜属 Youngia（20%）、栒子属 Cotoneaster（18.89%）、胡枝子属 Lespedeza（18.33%）、长柄山蚂蝗属 Hylodesmum（17.5%）、榆属 Ulmus（17.5%）、椴属 Tilia（17.5%）、苋属 Amaranthus（17.5%）、楤木属 Aralia（17.5%）、舞鹤草属 Maianthemum（17.14%）、雀梅藤属 Sageretia（17.14%）、蒲儿根属 Sinosenecio（17.07%）、对囊蕨属 Deparia（15.71%）、卫矛属 Euonymus（15.39%）、绣线菊属 Spiraea（15%）、石楠属 Photinia（15%）、五加属 Eleutherococcus（15%）等在后河区系中占有较高的比例。

表 5-7 后河保护区种数 6 种(含)以上的属

序号	属名	后河种数	中国种数	世界种数	占世界比例(%)	属分布区类型
1	悬钩子属 Rubus	46	208	700	6.57	1(8-4)
2	樱属 Cerasus	32	115	400	8.00	8
3	薹草属 Carex	29	527	2000	1.45	1
4	槭属 Acer	29	140	200	14.50	8
5	鳞毛蕨属 Dryopteris	28	127	230	12.17	1
6	蓼属 Polygonum	22	139	230	11.30	8
7	耳蕨属 Polystichum	23	170	300	7.67	8
8	铁线莲属 Clematis	23	147	300	7.67	1(8-4)
9	冬青属 Ilex	23	248	400	5.75	2
10	荚蒾属 Viburnum	23	73	200	11.50	8(9)
11	菝葜属 Smilax	21	79	300	7.00	2
12	卫矛属 Euonymus	20	90	130	15.39	1(8-4)
13	堇菜属 Viola	20	96	550	3.64	1(8-5)
14	珍珠菜属 Lysimachia	20	138	180	11.11	1(←14)
15	忍冬属 Lonicera	18	57	180	10.00	8(9)
16	栒子属 Cotoneaster	17	59	90	18.89	10(9-1)
17	薯蓣属 Dioscorea	16	52	600	2.67	2
18	柳属 Salix	16	275	520	3.08	8
19	杜鹃花属 Rhododendron	16	571	1000	1.60	8
20	蔷薇属 Rosa	15	95	200	7.50	8
21	绣线菊属 Spiraea	15	50	100	15.00	8
22	楼梯草属 Elatostema	15	146	300	5.00	4

（续）

序号	属名	后河种数	中国种数	世界种数	占世界比例(%)	属分布区类型
23	卷柏属 Selaginella	14	70	700	2.00	1
24	冷水花属 Pilea	14	80	400	3.50	2
25	铁角蕨属 Asplenium	13	110	660	1.97	1
26	山胡椒属 Lindera	13	38	100	13.00	9
27	紫堇属 Corydalis	13	357	465	2.80	8(14→9)
28	景天属 Sedum	13	121	470	2.77	8
29	鼠李属 Rhamnus	13	57	150	8.67	1(9)
30	紫菀属 Aster	13	123	152	8.55	8
31	重楼属 Paris	12	22	24	50.00	10(14)
32	虾脊兰属 Calanthe	12	51	150	8.00	2(3)
33	小檗属 Berberis	12	215	500	2.40	8
34	蛇葡萄属 Ampelopsis	19	17	30	40.00	9
35	蒿属 Artemisia	12	186	380	3.16	1(8-4, 14)
36	对囊蕨属 Deparia	11	53	70	15.71	6
37	唐松草属 Thalictrum	11	76	150	7.33	8
38	胡枝子属 Lespedeza	11	25	60	18.33	9
39	委陵菜属 Potentilla	11	86	500	2.20	8
40	栎属 Quercus	11	35	300	3.67	8
41	鹅耳枥属 Carpinus	11	33	50	22.00	8
42	碎米荠属 Cardamine	11	48	200	5.50	1
43	山茱萸属 Cornus	11	25	55	20.00	8(9)
44	猕猴桃属 Actinidia	11	52	55	20.00	14
45	紫珠属 Callicarpa	11	48	140	7.86	2(3)
46	凤尾蕨属 Pteris	10	78	250	4.00	2
47	蹄盖蕨属 Athyrium	10	123	220	4.55	1
48	瓦韦属 Lepisorus	10	49	80	12.50	6
49	木姜子属 Litsea	10	74	200	5.00	3
50	花楸属 Sorbus	10	67	100	10.00	8
51	胡颓子属 Elaeagnus	10	67	90	11.11	8
52	榕属 Ficus	10	99	1000	1.00	2
53	大戟属 Euphorbia	10	77	2000	0.50	1(2)
54	花椒属 Zanthoxylum	10	41	200	5.00	2
55	鹅绒藤属 Cynanchum	10	57	200	5.00	10
56	马先蒿属 Pedicularis	10	352	600	1.67	8
57	风毛菊属 Saussurea	10	289	415	2.41	10(14SJ)
58	贯众属 Cyrtomium	9	31	35	25.71	6
59	天南星属 Arisaema	9	78	180	5.00	8(9)

(续)

序号	属名	后河种数	中国种数	世界种数	占世界比例(%)	属分布区类型
60	百合属 Lilium	9	55	115	7.83	8(9)
61	沿阶草属 Ophiopogon	9	47	65	13.85	14(7a)
62	金腰属 Chrysosplenium	9	35	65	13.85	8
63	石楠属 Photinia	9	43	60	15.00	9
64	南蛇藤属 Celastrus	9	26	32	28.13	2(14)
65	女贞属 Ligustrum	9	27	45	20.00	10
66	婆婆纳属 Veronica	9	53	250	3.60	8
67	鼠尾草属 Salvia	9	84	900	1.00	1(12-2)
68	天名精属 Carpesium	9	16	20	45.00	10
69	橐吾属 Ligularia	9	123	140	6.43	10(14)
70	凤了蕨属 Coniogramme	8	22	30	26.67	6
71	复叶耳蕨属 Arachniodes	8	40	60	13.33	2
72	石韦属 Pyrrosia	8	32	60	13.33	6
73	五味子属 Schisandra	8	19	22	36.36	9
74	细辛属 Asarum	8	39	90	8.89	8(9)
75	葱属 Allium	8	138	660	1.21	8
76	莎草属 Cyperus	8	62	600	1.33	1
77	乌头属 Aconitum	8	211	400	2.00	8(14)
78	葡萄属 Vitis	8	37	60	13.33	8(9)
79	金丝桃属 Hypericum	8	64	460	1.74	1(8-4)
80	繁缕属 Stellaria	9	64	190	4.21	1
81	绣球属 Hydrangea	8	33	73	10.96	9
82	凤仙花属 Impatiens	8	227	900	0.89	2
83	拉拉藤属 Galium	8	63	600	1.33	1(12)
84	黄芩属 Scutellaria	8	98	350	2.29	1
85	马蓝属 Strobilanthes	8	128	400	2.00	6
86	眼子菜属 Potamogeton	7	20	75	9.33	1
87	黄精属 Polygonatum	7	39	60	11.67	8(14)
88	灯芯草属 Juncus	7	76	240	2.92	1(8-4)
89	刚竹属 Phyllostachys	7	51	51	13.73	14(15)
90	淫羊藿属 Epimedium	7	41	50	14.00	10
91	泡花树属 Meliosma	7	29	50	14.00	3
92	长柄山蚂蝗属 Hylodesmum	7	10	40	17.50	9
93	稠李属 Padus	7	15	20	35.00	8
94	榆属 Ulmus	7	21	40	17.50	8(9)
95	苎麻属 Boehmeria	7	25	65	10.77	2
96	青冈属 Cyclobalanopsis	7	69	150	4.67	7
97	野桐属 Mallotus	7	28	150	4.67	4

(续)

序号	属名	后河种数	中国种数	世界种数	占世界比例(%)	属分布区类型
98	柳叶菜属 Epilobium	7	33	165	4.24	8
99	椴属 Tilia	7	19	40	17.50	8
100	苋属 Amaranthus	7	14	40	17.50	1
101	柿属 Diospyros	7	60	485	1.44	2
102	山矾属 Symplocos	7	77	300	2.33	2
103	安息香属 Styrax	7	31	130	5.39	3(2)
104	香茶菜属 Isodon	7	77	100	7.00	6
105	蒲儿根属 Sinosenecio	7	41	41	17.07	14SJ(9)
106	楤木属 Aralia	7	29	40	17.50	9
107	铁线蕨属 Adiantum	6	34	200	3.00	1
108	新木姜子属 Neolitsea	6	45	85	7.06	5
109	楠属 Phoebe	6	35	100	6.00	7a
110	杓兰属 Cypripedium	6	36	50	12.00	8(9)
111	石斛属 Dendrobium	6	78	1100	0.55	5(7e)
112	舞鹤草属 Maianthemum	6	19	35	17.14	8
113	野青茅属 Deyeuxia	6	34	200	3.00	8
114	狗尾草属 Setaria	6	14	130	4.62	2(8-4)
115	十大功劳属 Mahonia	6	31	60	10.00	9
116	清风藤属 Sabia	6	17	30	20.00	7a/d(14)
117	地锦属 Parthenocissus	6	9	13	46.15	9
118	野豌豆属 Vicia	6	40	160	3.75	8
119	雀梅藤属 Sageretia	6	19	35	17.14	3
120	朴属 Celtis	6	11	60	10.00	2
121	柯属 Lithocarpus	6	123	300	2.00	9
122	桦木属 Betula	6	32	60	10.00	8
123	赤瓟属 Thladiantha	6	23	23	26.09	7a
124	瑞香属 Daphne	6	52	95	6.32	8
125	溲疏属 Deutzia	6	50	60	10.00	9
126	报春花属 Primula	6	300	500	1.20	8
127	龙胆属 Gentiana	6	248	361	1.66	1(14SH)
128	兔儿风属 Ainsliaea	6	40	50	12.00	14
129	鬼针草属 Bidens	6	10	240	2.50	1(3)
130	泽兰属 Eupatorium	6	14	45	13.33	8(9)
131	蟹甲草属 Parasenecio	6	52	60	10.00	10(14)
132	黄鹌菜属 Youngia	6	28	30	20.00	11(10-1)
133	海桐属 Pittosporum	6	46	150	4.00	4(5, 6)
134	五加属 Eleutherococcus	6	18	40	15.00	14
135	囊瓣芹属 Pternopetalum	6	23	25	24.00	14

5.4 种子植物种的地理成分分析

种是植物分类的基本单位,也是物种存在的客观形式,是植物区系中基本的组成成分,因此,对于种的区系分析能更加准确、具体的反映植物区系的特点。笔者对后河保护区种子植物种的地理成分进行统计分析,主要是参考吴征镒对属的分布类型的定义和范围以及尹国平等整理的华中植物区的特有种子植物名录和《Flora of China》中的产地,将后河保护区2919种野生植物分为15个分布区类型(表5-8),各类型基本特征如下。

①世界分布:后河保护区共有该分布类型66种,如石松科 Lycopodiaceae 的长柄石杉 *Huperzia serrata*、灯芯草科 Juncaceae 的灯心草 *Juncus effusus*、天南星科的浮萍 *Lemna minor*、莎草科的香附子 *Cyperus rotundus*、十字花科的碎米荠 *Cardamine hirsuta*、蓼科的酸模 *Rumex acetosa*、菊科的一年蓬 *Erigeron annuus*、伞形科的积雪草 *Centella asiatica* 等,主要为水生、湿生植物以及"四旁杂草"。

②泛热带分布:含172种,占后河保护区非世界种的6.03%,是热带分布(2~7)中所占比例最大的分布型。大多数为草本植物,如石松科的垂穗石松 *Palhinhaea cernua*、菝葜科的菝葜 *Smilax china*、兰科的斑叶兰 *Goodyera schlechtendaliana*、禾本科的金色狗尾草 *Setaria pumila*、荨麻科的苎麻 *Boehmeria nivea*、苔水花 *Pilea peploides* 等。木本有樟科的山鸡椒 *Litsea cubeba*、大麻科 Cannabaceae 的紫弹树 *Celtis biondii*、豆科的山槐 *Albizia kalkora*、安息香科的赤杨叶 *Alniphyllum fortunei*、山矾科 Symplocaceae 的山矾 *Symplocos sumuntia* 等。

表 5-8 后河保护区种子植物种的分布类型

种的分布区类型	后河地区种数	占非世界比例(%)
1. 世界分布	66	—
2. 泛热带分布	172	6.03
3. 热带亚洲与热带美洲间断分布	35	1.23
4. 旧世界热带分布	48	1.68
5. 热带亚洲至热带大洋洲分布	34	1.19
6. 热带亚洲至热带非洲分布	28	0.98
7. 热带亚洲分布	154	5.40
8. 北温带分布	342	11.99
9. 东亚和北美洲间断分布	54	1.89
10. 旧世界温带分布	38	1.33
11. 温带亚洲分布	8	0.28
12. 地中海、西亚至中亚分布	4	0.14
13. 中亚分布	0.00	0.00
14. 东亚分布	582	20.40
15. 中国特有分布	1352	47.46
总计	2917	100.00

③热带亚洲与热带美洲间断分布:35种,占后河保护区非世界种的1.23%,主要以木本为主,如樟科的黄丹木姜子 *Litsea elongata*、无患子科的无患子 *Sapindus saponaria*、豆科的花榈木 *Ormosia henryi*、合萌 *Aeschynomene indica* 等。草本植物有瓶尔小草科 Ophioglossaceae 的心叶瓶尔小草 *Ophioglossum reticulatum*、荨麻科的山冷水花 *Pilea japonica*、蔷薇科的地榆 *Sanguisorba officinalis* 等。

④旧世界热带分布:48种,占后河保护区非世界种的1.68%,主要以草本为主,如天门冬科的天门冬 *Asparagus cochinchinensis*、柳叶菜科 Onagraceae 的柳叶菜 *Epilobium hirsutum*、禾本科的画眉草 *Eragrostis pilosa*、防己科的青牛胆 *Capillipedium assimile*、葡萄科的乌蔹莓 *Cayratia japonica* 等，木本植物有茜草科的栀子 *Gardenia jasminoides*、海桐科 Pittosporaceae 的柄果海桐 *Pittosporum podocarpum* var. *podocarpum* 爵床科的爵床 *Justicia procumbens* 等。

⑤热带亚洲至热带大洋洲分布：34 种，占后河保护区非世界种的 1.19%。草本植物有卷柏科的缘毛卷柏 *Selaginella ciliaris*、海金沙科 Lygodiaceae 的海金沙 *Lygodium japonicum*、金星蕨科 Thelypteridaceae 的普通针毛蕨 *Macrothelypteris torresiana*、兰科的蕙兰 *Cymbidium faberi*、通泉草科的通泉草 *Mazus pumilus* 等。木本植物有鼠李科的猫乳 *Rhamnella franguloides*、楝科 Meliaceae 的紫椿 *Toona sureni* 等。

⑥热带亚洲至热带非洲分布：28 种，占后河保护区非世界种的 0.98%。木本植物有山茱萸科的八角枫 *Rhamnus ussuriensis*、报春花科的密花树 *Myrsine seguinii*、茜草科的毛狗骨柴 *Diplospora fruticosa* 等，都分布在林中或林下。草本植物有蹄盖蕨科 Athyriaceae 的对囊蕨 *Deparia boryana*、肿足蕨科 Hypodematiaceae 的肿足蕨 *Hypodematium crenatum*、爵床科的球花马蓝 *Strobilanthes dimorphotricha*、菊科的野茼蒿 *Crassocephalum crepidioides* 等。

⑦热带亚洲分布：154 种，占后河保护区非世界种的 5.40%。草本植物有石松科的石松 *Lycopodium japonicum*、卷柏科 Selaginellaceae 的薄叶卷柏 *Selaginella delicatula*、里白科 Gleicheniaceae 的光里白 *Diplopterygium laevissimum*、瘤足蕨科 Plagiogyriaceae 的华东瘤足蕨 *Plagiogyria japonica*、金粟兰科 Chloranthaceae 的草珊瑚 *Sarcandra glabra*、百部科的大百部 *Stemona tuberosa*、禾本科 Poaceae 的千金子 *Leptochloa chinensis* 等。木本植物有五味子科的异形南五味子 *Kadsura heteroclita*、樟科的绒毛钓樟 *Lindera floribunda*、虎皮楠科 Daphniphyllaceae 的虎皮楠 *Daphniphyllum oldhamii*、无患子科的罗浮枫 *Acer fabri*、芸香科的竹叶花椒 *Zanthoxylum armatum* 等。主要分布在林中，大多是常绿阔叶林的主要成分。

⑧北温带分布：342 种，占该区非世界种的 12.00%。草本植物有如卷柏科的卷柏 *Selaginella tamariscina*、瓶尔小草科的绒毛阴地蕨 *Botrychium lanuginosum*、紫萁科 Osmundaceae 的桂皮紫萁 *Osmunda cinnamomea*、槐叶苹科 Salviniaceae 的槐叶萍 *Salvinia natans*、球子蕨科 Onocleaceae 的东方荚果蕨 *Pentarhizidium orientalis*、蹄盖蕨科 Athyriaceae 的大叶假冷蕨 *Athyrium atkinsonii*、马兜铃科 Aristolochiaceae 的汉城细辛 *Asarum sieboldii*、天南星科的一把伞南星 *Arisaema erubescens*、百合科的野百合 *Lilium brownii*、兰科的羊耳蒜 *Liparis campylostalix*、天门冬科的玉竹 *Polygonatum odoratum*、禾本科的求米草 *Oplismenus undulatifolius* var. *undulatifolius* 等。木本植物有松科的华山松 *Pinus armandii*、柏科的圆柏 *Juniperus chinensis*、桑科的桑 *Morus alba*、卫矛科的卫矛 *Euonymus alatus*、无患子科的青榨枫 *Acer davidii*、桦木科的糙皮桦 *Betula utilis* 等。多为全国广布种。

⑨东亚和北美洲间断分布：54 种，占后河保护区非世界种的 1.89%。木本植物有樟科的山胡椒 *Lindera glauca*、蔷薇科的石楠 *Photinia serratifolia*、葡萄科的斑地锦 *Euphorbia maculata*、壳斗科的水青冈 *Fagus longipetiolata*、豆科的胡枝子 *Lespedeza bicolor* 等。草本植物有木贼科 Equisetaceae 的木贼 *Equisetum hyemale*、蓼科的金线草 *Antenoron filiforme* var. *filiforme*、菊科的小蓬草 *Erigeron canadensis*、伞形科的窃衣 *Torilis scabra* 等。

⑩旧世界温带分布：38 种，占后河保护区非世界种的 1.33%。如黄脂木科 Xanthorrhoeaceae 的萱草 *Hemerocallis fulva*、天门冬科的绵枣儿 *Barnardia japonica*、禾本科的狗尾草 *Setaria viridis*、景天科的费菜 *Phedimus aizoon*、蓼科的羊蹄 *Rumex japonicus*、石竹科的瞿麦 *Dianthus superbus* 等。此分布型在后河多为草本。

⑪温带亚洲分布：该分布类型有禾本科的大油芒 *Spodiopogon sibiricus*、车前科的车前 *Plantago asiatica* 等 8 种草本植物，占后河地区非世界种的 0.28%，比例较低，不足以代表该区区系性质。

⑫地中海、西亚至中亚分布：豆科的草木犀 *Melilotus officinalis*、茜草科的小叶猪殃殃 *Galium trifidum*、牻牛儿苗科 Geraniaceae 的汉荭鱼腥草 *Geranium robertianum*、菊科的毛连菜 *Picris hieracioides* 等 4 种，全为草本植物，占后河地区非世界种的 0.14%

⑬中亚分布：由于该分布类型处于亚洲干旱内陆中心，后河保护区没有类似的生境，所以没有该

分布类型植物类群。

⑭东亚分布：582种，占后河保护区非世界种的20.40%。此分布型是温带性质分布型(8-14)中占比最大的。该区草本植物和木本植物种类数量相当，如石松科的笔直石松 *Dendrolycopodium verticale*、卷柏科的伏地卷柏 *Selaginella nipponica*、里白科 Gleicheniaceae 的里白 *Diplopterygium glaucum*、槐叶苹科的满江红 *Azolla pinnata* subsp. *asiatica*、凤尾蕨科 Pteridaceae 的凤了蕨 *Coniogramme japonica*、乌毛蕨科 Blechnaceae 的狗脊 *Woodwardia japonica*、蹄盖蕨科 Athyriaceae 的日本安蕨 *Anisocampium niponicum*、马兜铃科的双叶细辛 *Asarum caulescens*、天南星科的灯台莲 *Arisaema bockii*、沼金花科的粉条儿菜 *Aletris spicata*、兰科的泽泻虾脊兰 *Calanthe alismatifolia*、菊科的风毛菊 *Saussurea japonica* 等。木本植物有柏科的杉木 *Cunninghamia lanceolata*、刺柏 *Juniperus formosana*、高山柏 *Juniperus squamata*、红豆杉科的篦子三尖杉 *Cephalotaxus oliveri*、木兰科的鹅掌楸 *Liriodendron chinense*、昆栏树科的水青树 *Tetracentron sinense*、蔷薇科的大叶桂樱 *Prunus zippeliana*、领春木科 Eupteleaceae 的领春木 *Euptelea pleiosperma*、大麻科的朴树 *Celtis sinensis* 等，其中，鹅掌楸和水青树是国家二级重点保护野生植物，领春木是第三纪孑遗植物和稀有珍贵的古老树种，都是一些大科中的植物，大都分布在常绿阔叶林中或林下，是组成阔叶林的主要部分。

⑮中国特有分布：1354种，是分布型中种类最多的，占后河保护区非世界种的47.46%。隶属于140科500属。将含有5个特有种的科按照种数的大小从大到小排列，如表5-9。通过表5-9我们可知，含特有种20种及以上的科有19个，分别是蔷薇科(116种，下同)、菊科(65种)、唇形科(56种)、毛茛科(41种)、樟科(32种)、兰科(32种)、禾本科(28种)、小檗科(27种)、卫矛科(26种)、报春花科(26种)、伞形科(26种)、鳞毛蕨科(25种)、葡萄科(23种)、豆科(23种)、壳斗科(23种)、天门冬科(22种)、无患子科(21种)、水龙骨科(20种)、杜鹃花科(20种)。含有10~19种的科有23科，如杨柳科(19种)、忍冬科(19种)、鼠李科(18种)、苦苣苔科(18种)、茜草科(17种)、凤尾蕨科(16种)、桦木科(16种)、五福花科(14种)、芸香科(13种)、五加科(13种)、夹竹桃科(12种)、莎草科(11种)、天南星科(10种)、百合科(10种)等；含5~9种的科有36科，如蹄盖蕨科(9种)、五味子科(9种)、葫芦科(9种)、猕猴桃科(9种)、卷柏科(7种)、金缕梅科(7种)、松科(6种)、五列木科(6种)、车前科(6种)、红豆杉科(5种)、木兰科(5种)、茄科(5种)等。其中，有不少比较原始的科存在，如木兰科，樟科，金缕梅科，毛茛科、叠珠树科等，包含不少古特有种，这体现后河植物区系的古老性和残遗性。

表5-9 后河保护区特有种组成

科名	属/特有种	分布型	科名	属/特有种	分布型
蔷薇科 Rosaceae	24/116	1	车前科 Plantaginaceae	3/6	1
菊科 Asteraceae	25/67	1	红豆杉科 Taxaceae	3/5	14
唇形科 Lamiaceae	24/56	1	木兰科 Magnoliaceae	3/5	3
毛茛科 Ranunculaceae	10/41	1	榆科 Ulmaceae	2/5	1
樟科 Lauraceae	8/32	2	大麻科 Cannabaceae	3/5	8(9)
兰科 Orchidaceae	19/32	1	桑科 Moraceae	2/5	
禾本科 Poaceae	17/28	1	山茶科 Theaceae	2/5	2
小檗科 Berberidaceae	4/27	8-5	茄科 Solanaceae	3/5	1
卫矛科 Celastraceae	3/26	2	金星蕨科 Thelypteridaceae	4/4	2
报春花科 Primulaceae	5/26	1	金粟兰科 Chloranthaceae	1/4	2
伞形科 Apiaceae	10/26	1	胡桃科 Juglandaceae	2/4	8-4
鳞毛蕨科 Dryopteridaceae	5/25	1	大戟科 Euphorbiaceae	4/4	2

(续)

科名	属/特有种	分布型	科名	属/特有种	分布型
葡萄科 Vitaceae	5/23	2	叶下珠科 Phyllanthaceae	3/4	2
豆科 Fabaceae	15/23	1	省沽油科 Staphyleaceae	2/4	3
壳斗科 Fagaceae	6/23	8-4	柿科 Ebenaceae	1/4	2
天门冬科 Asparagaceae	10/22	4	紫草科 Boraginaceae	3/4	1
无患子科 Sapindaceae	5/21	2	爵床科 Acanthaceae	1/4	2
水龙骨科 Polypodiaceae	8/20	1	海桐科 Pittosporaceae	1/4	4
杜鹃花科 Ericaceae	4/20	1	秋水仙科 Colchicaceae	1/3	4
杨柳科 Salicaceae	4/19	8-4	金丝桃科 Hypericaceae	1/3	8
忍冬科 Caprifoliaceae	7/19	8	桑寄生科 Loranthaceae	1/3	2S
鼠李科 Rhamnaceae	5/18	1	丝缨花科 Garryaceae	1/3	(9)
苦苣苔科 Gesneriaceae	10/18	3	玄参科 Scrophulariaceae	2/3	1
茜草科 Rubiaceae	13/17	1	乌毛蕨科 Blechnaceae	2/2	2
木犀科 Oleaceae	5/17	1	柏科 Cupressaceae	2/2	8-4
凤尾蕨科 Pteridaceae	5/16	2	沼金花科 Nartheciaceae	1/2	8-4
桦木科 Betulaceae	4/16	8	鸢尾科 Iridaceae	1/2	2-2
绣球科 Hydrangeaceae	5/16	8	姜科 Zingiberaceae	1/2	5
五福花科 Adoxaceae	1/14	8	灯芯草科 Juncaceae	1/2	8-4
芸香科 Rutaceae	7/13	2	鼠刺科 Iteaceae	1/2	9
山茱萸科 Cornaceae	5/13	8-4	茶藨子科 Grossulariaceae	1/2	1
龙胆科 Gentianaceae	4/13	1	秋海棠科 Begoniaceae	1/2	2
冬青科 Aquifoliaceae	1/13	1	杜英科 Elaeocarpaceae	1/2	3
五加科 Araliaceae	6/13	3	千屈菜科 Lythraceae	1/2	1
菝葜科 Smilacaceae	1/12	2	柳叶菜科 Onagraceae	1/2	1
荨麻科 Urticaceae	5/12	2	漆树科 Anacardiaceae	2/2	2
夹竹桃科 Apocynaceae	8/12	2	蛇菰科 Balanophoraceae	1/2	2
藜芦科 Melanthiaceae	3/11	8	苋科 Amaranthaceae	1/2	1
莎草科 Cyperaceae	2/11	1	茶茱萸科 Icacinaceae	2/2	2
天南星科 Araceae	4/10	2	通泉草科 Mazaceae	1/2	5
百合科 Liliaceae	4/10	8	石松科 Lycopodiaceae	1/1	1
列当科 Orobanchaceae	4/10	8	碗蕨科 Dennstaedtiaceae	1/1	2
蹄盖蕨科 Athyriaceae	3/9	2	铁角蕨科 Aspleniaceae	1/1	1
五味子科 Schisandraceae	3/9	9	胡椒科 Piperaceae	1/1	2
罂粟科 Papaveraceae	4/9	8-4	蜡梅科 Calycanthaceae	1/1	9
清风藤科 Sabiaceae	2/9	7d	菖蒲科 Acoraceae	1/1	8(9)
葫芦科 Cucurbitaceae	5/9	2	水鳖科 Hydrocharitaceae	1/1	1
锦葵科 Malvaceae	3/9	2	棕榈科 Arecaceae	1/1	2
十字花科 Brassicaceae	5/9	1	芍药科 Paeoniaceae	1/1	8

科名	属/特有种	分布型	科名	属/特有种	分布型
蓼科 Polygonaceae	4/9	1	蕈树科 Altingiaceae	1/1	8-4
石竹科 Caryophyllaceae	3/9	1	远志科 Polygalaceae	1/1	1
猕猴桃科 Actinidiaceae	2/9	14	酢浆草科 Oxalidaceae	1/1	1
石蒜科 Amaryllidaceae	2/8	2S	牻牛儿苗科 Geraniaceae	1/1	8-4
木通科 Lardizabalaceae	4/8	3	旌节花科 Stachyuraceae	1/1	14
虎耳草科 Saxifragaceae	4/8	1	苦木科 Simaroubaceae	1/1	2
景天科 Crassulaceae	4/8	1	瘿椒树科 Tapisciaceae	1/1	3
安息香科 Styracaceae	3/8	3	十齿花科 Dipentodontaceae	1/1	7-2
桔梗科 Campanulaceae	3/8	1	叠珠树科 Akaniaceae	1/1	(5a)
卷柏科 Selaginellaceae	1/7	1	檀香科 Santalaceae	1/1	10
马兜铃科 Aristolochiaceae	3/7	1	商陆科 Phytolaccaceae	1/1	2S
薯蓣科 Dioscoreaceae	1/7	2	山矾科 Symplocaceae	1/1	2-1
金缕梅科 Hamamelidaceae	4/7	8-4	桤叶树科 Clethraceae	1/1	3
堇菜科 Violaceae	1/7	1	杜仲科 Eucommiaceae	1/1	15
瑞香科 Thymelaeaceae	2/7	1	马钱科 Loganiaceae	1/1	2
凤仙花科 Balsaminaceae	1/7	2	旋花科 Convolvulaceae	1/1	1
松科 Pinaceae	4/6	8	母草科 Linderniaceae	1/1	1
防己科 Menispermaceae	3/6	2	泡桐科 Paulowniaceae	1/1	1(14SJ)
黄杨科 Buxaceae	3/6	8-4	紫葳科 Bignoniaceae	1/1	2
胡颓子科 Elaeagnaceae	1/6	8-4	青荚叶科 Helwingiaceae	1/1	7
五列木科 Pentaphylacaceae	2/6	7a	鞘柄木科 Torricelliaceae	1/1	14
总计：140科500属1352种				

5.5 结论与讨论

后河保护区种子植物种类丰富，共有202科1112属3307种，其中，栽培植物385种，野生植物2919种。菊科、蔷薇科、禾本科、豆科、唇形科、兰科是该区的所含种数较多的科。从属的大小来看，薹草属、槭属、鳞毛蕨属、萹蓄属(蓼属)、冬青属、荚蒾属、耳蕨属、铁线莲属、拔葜属等是该区含种较多的属。

后河保护区地理成分复杂多样，保护区数量优势属中世界广布属(1)有26个；第2~7类分布的属有37个，其中，泛热带分布(2)的有17个；第8~14类分布的属有72个，其中，北温带分布(8)的属有43个。它们是组成后河自然保护区植物区系的主体。保护区2917种野生维管束植物包含15个分布型种的14个，只缺乏"中亚分布"这一分布型，其中，热带性质的种有471种，占非世界比例为16.51%，温带性质的种1028种，占非世界比例为36.05%，中国特有分布的种1352种，占非世界比例为47.42%，可以反映出后河地区植物区系具有明显的温带性质，但仍有一定的热带性质残留，这与优势科和优势属以温带性质为主的分析是一致的。

保护区内特有成分丰富，保护区内有中国特有属穗花杉属 *Amentotaxus*、铁破锣属 *Beesia*、鬼臼属 *Dysosma*、马蹄香属 *Saruma*、血水草属 *Eomecon* 等共37属，占后河野生维管束植物属数的3.84%；有中国特有植物1352种，隶属于140科500属，占保护区野生维管束植物的46.35%，从特有属和特有种的比例来看，分析特有种更能体现后河植物区系特有化程度高的特点，种的区系分析能更加准确、具体的反映植物区系的特点。保护区含有不少孑遗种，如南方红豆杉 *Taxus wallichiana* var. *mairei*、三尖杉 *Cephalotaxus fortunei*、杉木 *Cunninghamia lanceolata*、领春木 *Euptelea pleiosperma* 为典型的孑遗种或第三、四纪残遗植物，保护区还包含不少国家重点保护野生植物，如红豆杉 *Taxus wallichiana* var. *chinensis*、南方红豆杉、鹅掌楸 *Liriodendron chinense*、水青树 *Tetracentron sinense*、泽泻虾脊兰 *Calanthe alismatifolia*、流苏虾脊兰 *Calanthe alpina* 等，具有很高的保护价值。

5.6 珍稀濒危植物与新记录种

5.6.1 国家保护植物

（1）国家重点保护野生植物

根据国家林业和草原局、农业农村部2021年9月7日公布的《国家重点保护野生植物名录》，后河共有国家重点保护的野生植物76种，其中Ⅰ级保护植物中有5种，Ⅱ级保护植物中有71种。76种保护保护植物中，极危(CR)4种，濒危(EN)13种，易危(VU)20种，近危(NT)13种，无危(LC)21种，数据缺乏(DD)5种(表5-10)。

表5-10 后河保护区国家重点保护野生植物名录(2021年第15号)

序号	中文名	拉丁名	等级	保护级别
1	红豆杉	*Taxus chinensis*	VU	国家一级
2	南方红豆杉	*Taxus wallichiana* var. *mairei*	VU	国家一级
3	大黄花虾脊兰	*Calanthe sieboldii*	CR	国家一级
4	曲茎石斛	*Dendrobium flexicaule*	CR	国家一级
5	珙桐	*Davidia involucrata*	LC	国家一级
6	峨眉石杉	*Huperzia emeiensis*	DD	国家二级
7	长柄石杉	*Huperzia serrata*	EN	国家二级
8	篦子三尖杉	*Cephalotaxus oliveri*	VU	国家二级
9	巴山榧树	*Torreya fargesii*	VU	国家二级
10	黄杉	*Pseudotsuga sinensis*	LC	国家二级
11	马蹄香	*Saruma henryi*	EN	国家二级
12	鹅掌楸	*Liriodendron chinense*	LC	国家二级
13	厚朴	*Houpoea officinalis*	LC	国家二级
14	闽楠	*Phoebe bournei*	VU	国家二级
15	巴山重楼	*Paris bashanensis*	NT	国家二级
16	凌云重楼	*Paris cronquistii*	VU	国家二级
17	金线重楼	*Paris delavayi*	VU	国家二级
18	卷瓣重楼	*Paris undulata*	CR	国家二级
19	具柄重楼	*Paris fargesii* var. *petiolata*	EN	国家二级
20	球药隔重楼	*Paris fargesii* var. *fargesii*	NT	国家二级
21	狭叶重楼	*Paris polyphylla* var. *stenophylla*	NT	国家二级
22	宽瓣重楼	*Paris polyphylla* var. *yunnanensis*	NT	国家二级

(续)

序号	中文名	拉丁名	等级	保护级别
23	华重楼	*Paris polyphylla* var. *chinensis*	VU	国家二级
24	七叶一枝花	*Paris polyphylla* var. *polyphylla*	NT	国家二级
25	长药隔重楼	*Paris polyphylla* var. *pseudothibetica*	NT	国家二级
26	荞麦叶大百合	*Cardiocrinum cathayanum*	LC	国家二级
27	太白贝母	*Fritillaria taipaiensis*	EN	国家二级
28	绿花百合	*Lilium fargesii*	NT	国家二级
29	老鸦瓣	*Tulipa edulis*	LC	国家二级
30	金线兰	*Anoectochilus roxburghii*	EN	国家二级
31	白及	*Bletilla striata*	EN	国家二级
32	独花兰	*Changnienia amoena*	EN	国家二级
33	杜鹃兰	*Cremastra appendiculata*	NT	国家二级
34	蕙兰	*Cymbidium faberi*	LC	国家二级
35	多花兰	*Cymbidium floribundum*	VU	国家二级
36	春兰	*Cymbidium goeringii*	VU	国家二级
37	寒兰	*Cymbidium kanran*	VU	国家二级
38	大根兰	*Cymbidium macrorhizon*	NT	国家二级
39	毛瓣杓兰	*Cypripedium fargesii*	EN	国家二级
40	大叶杓兰	*Cypripedium fasciolatum*	EN	国家二级
41	毛杓兰	*Cypripedium franchetii*	VU	国家二级
42	绿花杓兰	*Cypripedium henryi*	NT	国家二级
43	扇脉杓兰	*Cypripedium japonicum*	LC	国家二级
44	细叶石斛	*Dendrobium hancockii*	EN	国家二级
45	罗河石斛	*Dendrobium lohohense*	EN	国家二级
46	细茎石斛	*Dendrobium moniliforme*	DD	国家二级
47	石斛	*Dendrobium nobile*	VU	国家二级
48	黄石斛	*Dendrobium catenatum*	CR	国家二级
49	天麻	*Gastrodia elata*	DD	国家二级
50	独蒜兰	*Pleione bulbocodioides*	LC	国家二级
51	毛唇独蒜兰	*Pleione hookeriana*	VU	国家二级
52	八角莲	*Dysosma versipellis*	VU	国家二级
53	小八角莲	*Dysosma difformis*	VU	国家二级
54	六角莲	*Dysosma pleiantha*	NT	国家二级
55	黄连	*Coptis chinensis*	VU	国家二级
56	水青树	*Tetracentron sinense*	LC	国家二级
57	连香树	*Cercidiphyllum japonicum*	LC	国家二级
58	野大豆	*Glycine soja*	LC	国家二级
59	花榈木	*Ormosia henryi*	VU	国家二级

(续)

序号	中文名	拉丁名	等级	保护级别
60	小勾儿茶	*Berchemiella wilsonii*	LC	国家二级
61	大叶榉树	*Zelkova schneideriana*	LC	国家二级
62	台湾水青冈	*Fagus hayatae*	LC	国家二级
63	伞花木	*Eurycorymbus cavaleriei*	LC	国家二级
64	宜昌橙	*Citrus cavaleriei*	DD	国家二级
65	川黄檗	*Phellodendron chinense*	LC	国家二级
66	红椿	*Toona ciliata*	VU	国家二级
67	伯乐树	*Bretschneidera sinensis*	NT	国家二级
68	茶	*Camellia sinensis*	DD	国家二级
69	金荞麦	*Fagopyrum dibotrys*	LC	国家二级
70	长果秤锤树	*Sinojackia dolichocarpa*	EN	国家二级
71	软枣猕猴桃	*Actinidia arguta* var. *arguta*	LC	国家二级
72	中华猕猴桃	*Actinidia chinensis* var. *chinensis*	LC	国家二级
73	香果树	*Emmenopterys henryi*	NT	国家二级
74	呆白菜	*Triaenophora rupestris*	EN	国家二级
75	竹节参	*Panax japonicus*	VU	国家二级
76	扣树	*Ilex kaushue*	LC	国家二级

(2)《IUCN 红色名录》植物

《世界自然保护联盟濒危物种红色名录》(IUCN Red List of Threatened Species 或称《IUCN 红色名录》)于 1963 年开始编制，是全球动植物物种保护现状最全面的名录，也被认为是生物多样性状况最具权威的指标。我国参照此标准对我国 3 万余种植物进行濒危等级评估，旨在向公众及决策者反映保育工作的迫切性，并为国家有关部门提供立法依据，避免那些暂不价值但濒危的物种走向灭绝。

后河保护区共有濒危植物 191 种，占全部野生维管束植物 2917 种的 6.55%。其中，极危(CR)7 种，濒危(EN)34 种，易危(VU)59 种，近危(NT)91 种。这些物种，有 49 种属于国家一、二级及重点保护植物(表 5-11)。

表 5-11 后河保护区《IUCN 红色名录》植物

中文名	学名	濒危等级	备注
曲茎石斛	*Dendrobium flexicaule*	CR	国家一级
卷瓣重楼	*Paris undulata*	CR	国家二级
柔毛薯蓣	*Dioscorea martini*	CR	
黄石斛	*Dendrobium*	CR	国家二级
赤竹	*Sasa longiligulata*	CR	
五柱绞股蓝	*Gynostemma pentagynum*	CR	
巫山堇菜	*Viola henryi*	CR	国家二级
毛瓣杓兰	*Cypripedium fargesii*	EN	国家二级
大叶杓兰	*Cypripedium fasciolatum*	EN	国家二级
细叶石斛	*Dendrobium hancockii*	EN	国家二级

(续)

中文名	学名	濒危等级	备注
罗河石斛	Dendrobium lohohense	EN	国家二级
长柄石杉	Huperzia serrata	EN	
马蹄香	Saruma henryi	EN	国家二级
黄花白及	Bletilla ochracea	EN	
白及	Bletilla striata	EN	国家二级
独花兰	Changnienia amoena	EN	国家二级
风兰	Neofinetia falcata	EN	
短茎萼脊兰	Sedirea subparishii	EN	
长果秤锤树	Sinojackia dolichocarpa	EN	国家二级
呆白菜	Triaenophora rupestris	EN	国家二级
边生鳞毛蕨	Dryopteris handeliana	EN	
东京鳞毛蕨	Dryopteris tokyoensis	EN	
巢形鳞毛蕨	Dryopteris transmorrisonense	EN	
黄山药	Dioscorea panthaica	EN	
具柄重楼	Paris fargesii var. petiolata	EN	国家二级
天目贝母	Fritillaria monantha	EN	
太白贝母	Fritillaria taipaiensis	EN	国家二级
金线兰	Anoectochilus roxburghii	EN	国家二级
青牛胆	Tinospora sagittata	EN	
中华蚊母树	Distylium chinense	EN	
舌叶金腰	Chrysosplenium glossophyllum	EN	
李叶榆	Ulmus prunifolia	EN	
四川枫	Acer sutchuenense	EN	
薄叶枫	Acer tenellum	EN	
裸芸香	Psilopeganum sinense	EN	
藏报春	Primula sinensis	EN	
城口桤叶树	Clethra fargesii	EN	
天蓬子	Atropanthe sinensis	EN	
湖北梣	Fraxinus hupehensis	EN	
竹节参	Panax japonicus	EN	国家二级
多花兰	Cymbidium floribundum	VU	国家二级
寒兰	Cymbidium kanran	VU	国家二级
毛杓兰	Cypripedium franchetii	VU	国家二级
石斛	Dendrobium nobile	VU	国家二级
黄心夜合	Michelia martinii	VU	
乐东拟单性木兰	Parakmeria lotungensis	VU	
凌云重楼	Paris cronquistii	VU	国家二级

（续）

中文名	学名	濒危等级	备注
金线重楼	*Paris delavayi*	VU	国家二级
疏花虾脊兰	*Calanthe henryi*	VU	
川滇叠鞘兰	*Chamaegastrodia inverta*	VU	
羊耳蒜	*Liparis campylostalix*	VU	
毛唇独蒜兰	*Pleione hookeriana*	VU	国家二级
小叶白点兰	*Thrixspermum japonicum*	VU	
八角莲	*Dysosma versipellis*	VU	国家二级
黄连	*Coptis chinensis*	VU	国家二级
胡桃	*Juglans regia*	VU	—
红豆杉	*Taxus chinensis*	VU	国家二级
南方红豆杉	*Taxus wallichiana* var. *mairei*	VU	国家二级
篦子三尖杉	*Cephalotaxus oliveri*	VU	国家二级
巴山榧树	*Torreya fargesi*	VU	国家二级
花榈木	*Ormosia henryi*	VU	国家二级
闽楠	*Phoebe bournei*	VU	国家二级
全缘贯众	*Cyrtomium falcatum*	VU	
巴山松	*Pinus tabuliformis* var. *henryi*	VU	
花叶细辛	*Asarum cardiophyllum*	VU	
苕叶细辛	*Asarum himalaicum*	VU	
大叶细辛	*Asarum maximum*	VU	
汉城细辛	*Asarum sieboldii*	VU	
棒头南星	*Arisaema clavatum*	VU	
龙舌草	*Ottelia alismoides*	VU	
华重楼	*Paris polyphylla* var. *chinensis*	VU	国家二级
弧距虾脊兰	*Calanthe arcuata*	VU	
春兰	*Cymbidium goeringii*	VU	国家二级
玉簪叶山葱	*Allium funckiifolium*	VU	
稻草石蒜	*Lycoris straminea*	VU	
金佛山异黄精	*Heteropolygonatum ginfushanicum*	VU	
小八角莲	*Dysosma difformis*	VU	国家二级
鄂西十大功劳	*Mahonia decipiens*	VU	
川鄂獐耳细辛	*Hepatica henryi*	VU	
尾囊草	*Urophysa henryi*	VU	
齿叶费菜	*Phedimus odontophyllus*	VU	
乳瓣景天	*Sedum dielsii*	VU	
绿花石莲	*Sinocrassula indica* var. *viridiflora*	VU	
槭叶蛇葡萄	*Ampelopsis acerifolia*	VU	

(续)

中文名	学名	濒危等级	备注
亮叶雀梅藤	*Sageretia lucida*	VU	
马铜铃	*Hemsleya graciliflora*	VU	
云南旌节花	*Stachyurus yunnanensis*	VU	
毛脉南酸枣	*Choerospondias axillaris*	VU	
血皮槭	*Acer griseum*	VU	
鸡爪枫	*Acer palmatum*	VU	
秦岭枫	*Acer tsinglingense*	VU	
叉毛阴山荠	*Yinshania furcatopilosa*	VU	
湖北凤仙花	*Impatiens pritzelii*	VU	
弯尖杜鹃	*Rhododendron adenopodum*	VU	
杜仲	*Eucommia ulmoides*	VU	
宝兴吊灯花	*Ceropegia paohsingensis*	VU	
广西地海椒	*Physaliastrum chamaesarachoides*	VU	
结球马先蒿	*Pedicularis conifera*	VU	
巴山松	*Pinus tabuliformis* var. *henryi*	VU	
大根兰	*Cymbidium macrorhizon*	NT	国家二级
绿花杓兰	*Cypripedium henryi*	NT	国家二级
离萼杓兰	*Cypripedium plectrochilum*	NT	
巴山重楼	*Paris bashanensis*	NT	国家二级
绿花百合	*Lilium fargesii*	NT	国家二级
毛药卷瓣兰	*Bulbophyllum omerandrum*	NT	
钩距虾脊兰	*Calanthe graciliflora*	NT	
杜鹃兰	*Cremastra appendiculata*	NT	国家二级
大叶火烧兰	*Epipactis mairei*	NT	
台湾盆距兰	*Gastrochilus formosanus*	NT	
大花斑叶兰	*Goodyera biflora*	NT	
斑叶兰	*Goodyera schlechtendaliana*	NT	
长距玉凤花	*Habenaria davidii*	NT	
扇唇舌喙兰	*Hemipilia flabellata*	NT	
小羊耳蒜	*Liparis fargesii*	NT	
长叶山兰	*Oreorchis fargesii*	NT	
云南石仙桃	*Pholidota yunnanensis*	NT	
朱兰	*Pogonia japonica*	NT	
四萼猕猴桃	*Actinidia tetramera*	NT	
对萼猕猴桃	*Actinidia valvata* Dunn	NT	
伯乐树	*Bretschneidera sinensis*	NT	国家二级
香果树	*Emmenopterys henryi*	NT	国家二级

(续)

中文名	学名	濒危等级	备注
大叶榉树	*Zelkova schneideriana*	NT	国家二级
绒毛阴地蕨	*Botrychium lanuginosum*	NT	
心叶瓶尔小草	*Ophioglossum reticulatum*	NT	
狭叶瓶尔小草	*Ophioglossum thermale*	NT	
穴子蕨	*Monachosorum maximowiczii*	NT	
粤铁线蕨	*Adiantum lianxianense*	NT	
灰背铁线蕨	*Adiantum myriosorum*	NT	
平羽碎米蕨	*Cheilosoria patula*	NT	
贯众叶溪边蕨	*Stegnogramma cyrtomioides*	NT	
荚囊蕨	*Struthiopteris eburnean*	NT	
玉兰	*Magnolia denudata*	NT	
湘桂新木姜子	*Neolitsea hsiangkweiensis*	NT	
大野芋	*Colocasia gigantea*	NT	
浮叶眼子菜	*Potamogeton natans*	NT	
纤细薯蓣	*Dioscoreagracillima*	NT	
球药隔重楼	*Paris fargesii* var. *fargesii*	NT	国家二级
七叶一枝花	*Paris polyphylla* var. *polyphylla*	NT	国家二级
长药隔重楼	*Paris polyphylla* var. *pseudothibetica*	NT	国家二级
狭叶重楼	*Paris polyphylla* var. *stenophylla*	NT	国家二级
宽瓣重楼	*Paris polyphylla* var. *yunnanensis*	NT	国家二级
湖北百合	*Lilium henryi*	NT	
短叶虾脊兰	*Calanthe arcuata* var. *brevifolia*	NT	
裂唇舌喙兰	*Hemipilia henryi*	NT	
大花对叶兰	*Neottia wardii*	NT	
蜻蜓舌唇兰	*Platanthera souliei*	NT	
东亚舌唇兰	*Platanthera ussuriensis*	NT	
卵叶山葱	*Allium ovalifolium*	NT	
少叶鹿药	*Maianthemum stenolobum*	NT	
林生沿阶草	*Ophiopogon sylvicola*	NT	
多花黄精	*Polygonatum cyrtonema*	NT	
人血草	*Stylophorum lasiocarpum*	NT	
野木瓜	*Stauntonia chinensis*	NT	
六角莲	*Dysosma pleiantha*	NT	国家二级
紫距淫羊藿	*Epimedium epsteinii*	NT	
黔岭淫羊藿	*Epimedium leptorrhizum*	NT	
三枝九叶草	*Epimedium sagittatum*	NT	—
宽柄绣球藤	*Clematis otophora*	NT	

(续)

中文名	学名	濒危等级	备注
黄檀	*Dalbergia hupeana*	NT	—
无毛长蕊绣线菊	*Spiraea miyabei* var. *glabrata*	NT	
毛背猫乳	*Rhamnella julianae*	NT	
湖北鼠李	*Rhamnus hupehensis*	NT	
小果朴	*Celtis cerasifera*	NT	
棱枝杜英	*Elaeocarpus glabripetalus*	NT	
尾叶紫薇	*Lagerstroemia caudata*	NT	
阔叶枫	*Acer amplum*	NT	
杈叶枫	*Acer ceriferum*	NT	
葛萝枫	*Acer davidii* subsp. *grosseri*	NT	
毛果枫	*Acer nikoense*	NT	
浪叶花椒	*Zanthoxylum undulatifolium*	NT	—
壶瓶山碎米荠	*Cardamine hupingshanensis*	NT	
柔毛阴山荠	*Yinshania henryi*	NT	
湖北繁缕	*Stellaria henryi*	NT	
山茱萸	*Cornus officinalis*	NT	
峨眉点地梅	*Androsace paxiana*	NT	
展枝过路黄	*Lysimachia brittenii*	NT	
梵净报春	*Primula fangingensis*	NT	
齿萼报春	*Primula odontocalyx*	NT	
卵叶报春	*Primula ovalifolia*	NT	
白辛树	*Pterostyrax psilophyllus*	NT	
红茎猕猴桃	*Actinidia rubricaulis*	NT	
水晶兰	*Monotropa uniflora*	NT	
四川杜鹃	*Rhododendron sutchuenense*	NT	
湖北双蝴蝶	*Tripterospermum discoideum*	NT	
钝齿唇柱苣苔	*Chirita obtusidentata*	NT	
小叶吊石苣苔	*Lysionotus microphyllus*	NT	
假野菰	*Christisonia hookeri*	NT	
黑果荚蒾	*Viburnum melanocarpum*	NT	
鄂西天胡荽	*Hydrocotyle wilsonii*	NT	
鄂西前胡	*Peucedanum henryi*	NT	

(3) CITES 附录兰科植物

《濒危野生动植物国际贸易公约》（又称华盛顿公约或 CITES）附录，是一份受到国际贸易威胁并有可能灭绝的野生动植物清单。《濒危野生动植物种国际贸易公约》将其管辖的物种分为三类，分别列入 3 个附录中，并采取不同的管理办法，其中附录 I 包括所有受到和可能受到贸易影响而有灭绝危险的物种，附录Ⅱ包括所有虽未濒临灭绝，但如对其贸易不严加管理，就可能变成有灭绝危险的物种，附录Ⅲ包括成员国认为属其管辖范围内，应该进行管理以防止或限制开发利用，而需要其他成员国合作控制的物种。

经国务院批准，中国于1980年12月25日加入了这个公约，并于1981年4月8日对中国正式生效。根据中华人民共和国国务院令第204号发布的《中华人民共和国野生植物保护条例》规定，该公约附录Ⅰ、附录Ⅱ中所列的原产地在中国的物种，按《国家重点保护野生植物名录》所规定的保护级别执行，非原产于中国的，根据其在附录中隶属的情况，分别按照国家一级或二级重点保护野生植物进行管理。

后河保护区列入CITES附录Ⅰ的兰科植物有90种（表5-12）。

表5-12 后河保护区列入CITES附录Ⅰ的兰科植物名录

中文名	学名	濒危等级	保护级别
无柱兰	*Amitostigma gracile*	LC	
一花无柱兰	*Amitostigma monanthum*	LC	
金线兰	*Anoectochilus roxburghii*	EN	国家二级
黄花白及	*Bletilla ochracea*	EN	
白及	*Bletilla striata*	EN	国家二级
广东石豆兰	*Bulbophyllum kwangtungense*	LC	
毛药卷瓣兰	*Bulbophyllum omerandrum*	NT	
斑唇卷瓣兰	*Bulbophyllum pecten-veneris*	LC	
猫齿卷瓣兰	*Bulbophyllum hamatum*	DD	
泽泻虾脊兰	*Calanthe alismatifolia*	LC	
流苏虾脊兰	*Calanthe alpina*	LC	
弧距虾脊兰	*Calanthe arcuata* var. *arcuata*	VU	
短叶虾脊兰	*Calanthe arcuata* var. *brevifolia*	NT	
肾唇虾脊兰	*Calanthe brevicornu*	LC	
剑叶虾脊兰	*Calanthe davidii*	LC	
虾脊兰	*Calanthe discolor*	LC	
钩距虾脊兰	*Calanthe graciliflora*	NT	
叉唇虾脊兰	*Calanthe hancockii*	LC	
疏花虾脊兰	*Calanthe henryi*	VU	
细花虾脊兰	*Calanthe mannii*	LC	
大黄花虾脊兰	*Calanthe sieboldii*	CR	国家一级
三棱虾脊兰	*Calanthe tricarinata*	LC	
银兰	*Cephalanthera erecta*	LC	
金兰	*Cephalanthera falcata*	LC	
头蕊兰	*Cephalanthera longifolia*	LC	
川滇叠鞘兰	*Chamaegastrodia inverta*	VU	
独花兰	*Changnienia amoena*	EN	国家二级
杜鹃兰	*Cremastra appendiculata*	NT	国家二级

(续)

中文名	学名	濒危等级	保护级别
无叶杜鹃兰	*Cremastra aphylla*	DD	
蕙兰	*Cymbidium faberi*	LC	国家二级
多花兰	*Cymbidium floribundum*	VU	国家二级
春兰	*Cymbidium goeringii*	VU	国家二级
寒兰	*Cymbidium kanran*	VU	国家二级
大根兰	*Cymbidium macrorhizon*	NT	国家二级
毛瓣杓兰	*Cypripedium fargesii*	EN	国家二级
大叶杓兰	*Cypripedium fasciolatum*	EN	国家二级
毛杓兰	*Cypripedium franchetii*	VU	国家二级
绿花杓兰	*Cypripedium henryi*	NT	国家二级
扇脉杓兰	*Cypripedium japonicum*	LC	国家二级
离萼杓兰	*Cypripedium plectrochilum*	NT	
黄石斛	*Dendrobium*	CR	国家二级
曲茎石斛	*Dendrobium flexicaule*	CR	国家一级
细叶石斛	*Dendrobium hancockii*	EN	国家二级
罗河石斛	*Dendrobium lohohense*	EN	国家二级
细茎石斛	*Dendrobium moniliforme*	DD	国家二级
石斛	*Dendrobium nobile*	VU	国家二级
单叶厚唇兰	*Epigeneium fargesii*	LC	
火烧兰	*Epipactis helleborine*	LC	
大叶火烧兰	*Epipactis mairei*	NT	
毛萼山珊瑚	*Galeola lindleyana*	LC	
台湾盆距兰	*Gastrochilus formosanus*	NT	
天麻	*Gastrodia elata*	DD	国家二级
大花斑叶兰	*Goodyera biflora*	NT	
斑叶兰	*Goodyera schlechtendaliana*	NT	
光萼斑叶兰	*Goodyera henryi*	VU	
毛葶玉凤花	*Habenaria ciliolaris*	LC	
长距玉凤花	*Habenaria davidii*	NT	
鹅毛玉凤花	*Habenaria dentata*	LC	
裂瓣玉凤花	*Habenaria petelotii*	DD	
扇唇舌喙兰	*Hemipilia flabellata*	NT	
叉唇角盘兰	*Herminium lanceum*	LC	
瘦房兰	*Ischnogyne mandarinorum*	LC	
羊耳蒜	*Liparis japonica*	VU	
小羊耳蒜	*Liparis fargesii*	NT	

(续)

中文名	学名	濒危等级	保护级别
尾唇羊耳蒜	*Liparis krameri*	VU	
黄花羊耳蒜	*Liparis luteola*	VU	
见血清	*Liparis nervosa*	LC	
香花羊耳蒜	*Liparis odorata*	LC	
长唇羊耳蒜	*Liparis pauliana*	LC	
原沼兰	*Malaxis monophyllos*	LC	
风兰	*Neofinetia falcata*	EN	
大花对叶兰	*Neottia wardii*	NT	
西南齿唇兰	*Odontochilus elwesii*	LC	
长叶山兰	*Oreorchis fargesii*	NT	
小花阔蕊兰	*Peristylus affinis*	LC	
黄花鹤顶兰	*Phaius flavus*	LC	
云南石仙桃	*Pholidota yunnanensis*	NT	
马齿苹兰	*Pinalia szetschuanica*	LC	
舌唇兰	*Platanthera japonica*	LC	
尾瓣舌唇兰	*Platanthera mandarinorum*	LC	
小舌唇兰	*Platanthera minor*	LC	
蜻蜓舌唇兰	*Platanthera souliei*	NT	
东亚舌唇兰	*Platanthera ussuriensis*	NT	
独蒜兰	*Pleione bulbocodioides*	LC	国家二级
毛唇独蒜兰	*Pleione hookeriana*	VU	国家二级
朱兰	*Pogonia japonica*	NT	
艳丽菱兰	*Rhomboda moulmeinensis*	LC	
短茎萼脊兰	*Sedirea subparishii*	EN	
绶草	*Spiranthes sinensis*	LC	
小叶白点兰	*Thrixspermum japonicum*	VU	

(4) 极小种群物种

极小种群植物(PSESP)是指分布地域狭窄,长期受到外界因素胁迫干扰,呈现出种群退化和个体数量持续减少,种群和个体数量都极少,已经低于稳定存活界限的最小生存种群,而随时濒临灭绝的野生植物,它们具有4个最显著的特点:①种群数量少;②生境狭窄;③受人类干扰严重;④随时面临灭绝危险。

稳定存活界限是保证种群在一个特定的时间内能稳定健康地生存所需的最小有效数量,这是一个种群数量的阈值,低于这个阈值,种群会逐渐走向灭绝。一般认为,对于木本植物来说,野外种群稳定存活界限应为5000株。而有些极小种群植物,它们的野外株数暂有数据表明它们都低于5000株,低的甚至还不到10株。

原国家林业局2011年确定了首批120种极小种群植物,后河保护区列入极小种群植物(PSESP)有4种(表5-13)。

表 5-13 后河保护区列入国家首批极小种群植物名录

中文名	学名	濒危等级	保护级别
喜树	Camptotheca acuminata	LC	
长果安息香	Changiostyrax dolichocarpa	EN	国家二级
小勾儿茶	Berchemiella wilsonii	LC	国家二级
扣树	Ilex kaushue	LC	国家二级

扣树 Ilex kaushu 是胡秀英博士 1949 年发表的新种，五棱苦丁茶 Ilex pentagona 是俸宇星等 1998 年发表的新种。曾沧江于 1981 年发表了苦丁茶 Ilex kudingcha，后被俸宇星等归并于扣树，但发表五棱苦丁茶时似乎又出现了上述的错误，又将扣树作五棱苦丁茶再发表。俸宇星等认为，五棱苦丁茶分枝较低，树枝与主干夹角约 60°，侧脉在叶背不明显，分核长不超过 5mm，而扣树分枝较高，分枝与主干夹角小（约<45°），侧脉在两面突出，分核长 7mm。不难看出，二者的区别仅是量上的，一种植物的性状的变异是有一定的范围的，酉水河谷的扣树分枝高矮，与林分的疏密相关，林分密分枝高，反之则低，分枝与主干夹角小亦同理，侧脉在两面突出或不明显也只是一个模糊的表述，且扣树的叶面常有真菌和苔藓附着，有时会影响对叶脉特征的判断，我们通过实际测量，五棱苦丁茶果实分核长在 5~7mm 之间。扣树的关键特征是小枝具棱，这是它与大叶冬青的显著区别，胡秀英发表扣树时表明它的小枝是有棱的，但并没说是 5 条棱，五棱苦丁茶显然就是根据扣树小枝有棱这一性状命名的，它的枝条上棱也不是稳定的，常为 3~5 棱。它们的分布区也是高度重合的，有意思的是扣树和五棱苦丁茶的分布都引证了采于保靖的标本（图 5-1），我们有充分的理由表明二者为同物异名。

值得欣慰的是，扣树等同于五棱苦丁茶后，扣树的分布区没有改变，但分布数量却在湖北、湖南交界的武陵山区呈几何级增加，对于挽救这一极小种群极有意义。

 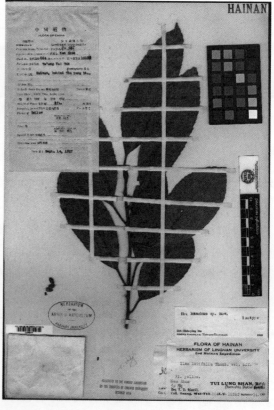

图 5-1 五棱苦丁茶（左图）及扣树（右图）的标本照片

5.6.2 湖北新记录种

通过对采集的标本和拍摄图片的鉴定，本次本底及延伸调查发现了湖北新记录属 1 个，新记录种 33 个（表 5-14）。

表 5-14 后河保护区的湖北省新记录植物及其分布地点

种	五峰颁布地点	发表刊物
乐东拟单性木兰 *Parakmeria lotungensis*	采花乡	西北植物学报
峨眉鹅耳枥 *Carpinus omeiensis*	核心区	西北植物学报
尾叶紫薇 *Lagerstroemia caudata*	长乐坪镇	西北植物学报
菱兰属 *Rhomboda* Lindley	渔洋关，百溪河	
艳丽菱兰 *Rhomboda moulmeinensis*	渔洋关，百溪河	
西南齿唇兰 *Odontochilus elwesii*	湾潭镇	
大根兰 *Cymbidium macrorhizon*	仁和平	
湘西长柄山蚂蝗 *Hylodesmum laxum* subsp. *falfolium*	五峰镇茅坪村	
灰绿玉山竹 *Yushania canoviridis*	五峰镇茅坪村	
石门小檗 *Berberis oblanceifolia*	湾潭镇顶坪	
天门山杜鹃 *Rhododendron tianmenshanense*	采花乡白溢寨	
石门杜鹃 *Rhododendron shimenense*	渔洋关，柴埠溪	
垂茎三脉紫菀 *Aster ageratoides* var. *pendulus*	渔洋关，百溪河	
湘桂新木姜子 *Neolitsea hsiangkweiensis*	渔洋关，百溪河	
齿叶石灰树 *Sorbus folgneri* var. *duplicatodentata*	五峰镇，栗子坪	
厚叶红淡比 *Cleyera pachyphylla*	后河，朱家河	
山卷耳 *Cerastium pusillum*	后河，香党坪	
东川凤仙花 *Impatiens blinii*	五峰镇茅坪村	
峨眉点地梅 *Androsace paxiana*	渔洋关，百溪河	
紫斑歧伞獐牙菜 *Swertia dichotoma* var. *punctata*	采花乡黑风尖	
贵州蛇根草 *Ophiorrhiza guizhouensis*	渔洋关，百溪河	
陇蜀鳞毛蕨 *Dryopteris thibetica*	五峰镇，栗子坪	
滇西旱蕨 *Cheilanthes brausei*	后河，沙田湾	
大盖铁角蕨 *Asplenium bullatum*	后河，朱家河	
浪穹耳蕨 *Polystichum langchungense*	五峰镇，栗子坪	
紫距淫羊藿 *Epimedium epsteinii*	五峰镇千丈崖	
弯花马蓝 *Strobilanthes cyphantha*	湾潭镇顶坪	
浆果薹草 *Carex baccans*	渔洋关，百溪河	
翅荚香槐 *Cladrastis platycarpa*	后河，关门峡	
秦岭槭 *Acer tsinglingense*	五峰镇茅坪村	
苗山柿 *Diospyros miaoshanica*	湾潭，锁金山	
祛风藤 *Biondia microcentra*	湾潭，锁金山	
黑鳗藤 *Jasminanthes mucronata*	湾潭，锁金山	

5.6.3 新种及疑似新种

新种 1. 鄂西商陆 *Phytolacca exiensis*

2008 年，后河保护区植物考察队的湾潭北风垭林场发现一种商陆的果期植株，其果实为 5 心皮，离生，与国产商陆属均不同，但因为错过花期，一直没有研究结果。2012 年，笔者在神农架官门山也采到了这种商陆的果期标本，根据神农架中美联合考察报告的名录，我们将这种商陆暂定为多雄蕊商陆。2017 年，考察队在后河沙湾采到了这种商陆的花期标本，发现它为雌、雄异株的商陆，这个性状在国内均没记载。经查找商陆属的国外资料，发现非洲有一种雌雄异株的商陆，但为灌木，显然神农架、后河的商陆不是非洲商陆的入侵种，而是一个未被记录的新种。考虑到目前仅湖北的神农架和后河有分布，遂命名为鄂西商陆(图 5-2)。

图 5-2 鄂西商陆活体植物照片

注：A. 生境；B. 果序；C. 雄花花序；D. 雌花花序；E. 根；F. 雄花；G. 雌花；H. 花蕾。

新种 2. 鄂西蝇子草 *Silene sunhangii*

鄂西蝇子草的发现过程与鄂西商陆极其相似。但最早追溯到 2006 年，湖南壶瓶山保护区植物考察队的去顶坪的途中-香党坪发现一种开红花的花期蝇子草属植物，其叶为卵状椭圆形，由于资料缺乏，暂定为宽叶蝇子草。宽叶蝇子草为典型的青藏高原种，一般不会分布至华中山地。2011 年在神农架官门山药用植物又一次采到了这种蝇子草的标本(栽培植株)，2012 且在小神农架采到了原生的植株。2016 年，研究团队成员在滇西北采到了真正的宽叶蝇子草，比较发现，香党坪和神农架的宽叶蝇子草是错误的鉴定，二者花的结构差别较大，花瓣喉部具遂毛而不同于滇西北的宽叶蝇子草，更不同于属内其他种。2017 年，考察队在香党坪采到了这种蝇子草的花期标本的 DNA 样本，经研究，神农架和后河的宽叶蝇子草为一新种，命名为鄂西蝇子草(图 5-3)。

新种 3. 五峰黄鹤菜 *Youngia hangii*

2017 年，考察队在仁和坪乡梅坪采到一种性状奇特的黄鹤菜属植物，外观上植株矮小，全株被白色柔毛，不同于湖北的所有黄鹤菜属植物。标本经中国科学院昆明植物所张先文研究员鉴定为川黔黄鹤菜。研究团队核对了本种川黔黄鹤菜的模式标本形态，发现二者有区别，最大的不同之处在于川黔黄鹤菜有茎生叶而梅坪的黄鹤菜没有，梅坪的黄鹤菜叶片两面具长 0.1~0.3mm 的白色短柔毛(脉上柔毛更明显)，二回羽状半裂，顶裂片戟形，侧裂片 5~10 对，不规则戟形，通常在侧裂片之间有 1~3 对三角形或斜卵形小裂片，这些特征川黔黄鹤菜不具有。DNA 特征表明，黄鹤菜组的 8 个国产种聚为一类呈梳子状，但目前还没有一种好的方法证明这些种在遗传上的差异。考虑到形态、地理和生境上的显著区别，将梅坪的黄鹤菜作五峰黄鹤菜新种发表(图 5-4)。

图 5-3 鄂西蝇子草照片

注：A. 生境；B. 植株；C. 叶；D. 花；E. 花萼；F. 蒴果。

图 5-4 五峰黄鹌菜的照片

注：A. 生境；B. 种群；C. 植株；D. 根；E. 茎；F, G. 叶；H~J. 头状花序；K, L. 小花。

待研究的疑似新种(表 5-15)

表 5-15 后河保护区待研究的疑似新种

科名	种名	与近缘种的重要区别特征	五峰颁布地点
樟科	后河桂 Cinnamomum sp.	叶近圆形，枝叶被毛	湾潭镇锁金山
蔷薇科	后河悬钩子 Rubus houheensis	叶先端3中裂，叶背面绿色	后河，核心区
毛茛科	后河人字果 Dichocarpum sp.	萼片反折	长乐镇，壶瓶山
鳞毛蕨科	后河贯众 Cyrtomium sp.	叶斜方形，基部不内凹	后河，核桃垭
唇形科	常绿紫珠 Callicarpa sp.	叶常绿，疏被星状毛	五峰，百溪河

5.7 本次调查与2006年科学考察对比

本次调查共记载维管束植物3302种(含种下等级,下同)。2006年科学考察记载维管束植物2305种,相比增加了997种。本次调查和2006年科学考察记载的维管束植物共有种为1893种,所以实际上,本次调查比2006年科学考察记载的维管束植物多了1409种,因为2006年科学考察记载的维管束植物有412种,在2017—2020年科学考察中没有找到。

笔者重点分析了本次调查中没有找到的2006年科学考察中记载的412植物,分为下述7种情况。

5.7.1 变型等级忽略不计

此类型有4种,分别是五峰贯众 C. tukusicola f. wufengense、蜀铁线裂 A. edentulum f. refractum、黄天麻 G. elata f. flavida、长毛香科科 T. bidentatum f. pilosum。由于本名录采用《Flora of China》系统,这个系统是不收集变型等级的物种,故暂且将五峰贯众当为齿盖贯众。

5.7.2 文献无从查找

此类型多为在《Flora of China》或《中国植物志》中正名和异名均无记载的物种,有湖北毛枝蕨 L. miqueliana var. hupehensis、湖北贯众 C. hupehense、伞花石楠 P. sabumbellata、小果榕 F. gaspartniana var. descens、楔叶蓼 P. trigonocarpum、神农架贝母 F. shennongjiaensis 共6种。

5.7.3 与原变种区分不开,没有必要成立的变种

此类型虽在《Flora of China》或《中国植物志》中为正式承认的物种,但在后河保护区,它与原变种无法区分,应该并入到原种的变种,共有37种。如异叶花椒 Zanthoxylum dimorphyllum var. spinifolium、无刺枣 Ziziphus jujuba var. inermis 都是幼年的植株有刺,成年植株刺消失或变稀少,展毛川鄂乌头 Aconitum henryi var. villosum 未开放的花,花萼上的毛是紧贴的,花后期,花萼上的毛是展开的,变种不能成立,毛泡桐全株有毛是它的本来特征,无毛的泡桐就是其他的种,所以在毛泡桐种下划分出光泡桐 Paulownia tomentosa var. tsinlingensis 是不成立的。

5.7.4 名称重复

科学考察报告编制的名录主要采用《中国植物志》,但同时又部分参考了《Flora of China》系统,造成同一物种在某一个科中以不同的名称出现了两次。如景天科中,景天这个种,《中国植物志》的名称为景天,《Flora of China》的名称为八宝,科学考察报告的名录有景天 S. erythrosticium,也有八宝 H. erythrostictum。同样的道理,天门冬科有合瓣舞鹤草 Maianthemum tubiferum 和合瓣鹿药 Smilacina tubifera,其实二者就是1个种。这类型共有15种。

5.7.5 物种鉴定或资料出处有误

部分物种可能是鉴定上的问题或者是作者对物种的理解有差异,致使有223种植物大概率不会在后河出现。如四方蒿 E. blanda 和苎麻 C. juncea 为南岭山地种,湖南淫羊藿 E. hunanense 只分布于湖南雪峰山区,从不逾越武陵山区,湖南淫羊藿应是木鱼坪淫羊藿,金花小檗 B. wilsonae 为青藏高原干热河谷种,后河的金花小檗应为石门小檗。

5.7.6 分类地位变动

科学考察报告的名录有52种植物为《Flora of China》废弃的异名。如毛汉防现为风龙的异名,毛叶

崖爬藤为崖爬藤的异名，华中木兰为武当玉兰的异名，阔叶腊莲绣球为腊莲绣球的异名，尖果荚蒾为短序荚蒾的异名。

5.7.7 后河保护区可能有分布，但没采到标本

根据《Flora of China》《中国植物志》《湖北植物大全》记载湖北省有分布，且出现在后河保护区周边长阳、鹤峰县和广义的宜昌，这些物种大概率会在后河保护区出现，而科学考察没有采到标本的物种有89种，如丽江铁杉、芡实、川鄂淫羊藿、蝙蝠葛、紫萼女娄菜、波叶大黄、盒子草、假贝母、革叶茶藨、鞍叶羊蹄甲、贵州葛、柳兰、白头翁、东风菜等。

5.8 新发现植物物种DNA条形码分析与鉴定

5.8.1 研究方案及技术路线

针对湖北五峰后河国家级自然保护区资源科考调查中发现的重要植物物种以及新物种，采集植物样品，建立基于ITS2、psbA-trnH等分子指纹技术为基础的DNA条形码（DNA barcode）分析方法，提取总DNA，测定植物DNA条形码，结合生物信息分析与数据库比对、形态学等鉴定方法，确定和分子鉴定物种。

（1）植物样品的采集

针对项目组科学考察新发现的重要植物物种，尤其是具有重要社会和经济保护价值的关键物种；保护区内植物，尤其是具有药用价值的植物，野外采集或购买待鉴定物种和近缘、易混淆物种，记录物种、生境、生态等信息，留样保存。

（2）DNA条形码方法的建立

结合已有的参考文献资料，建立，尤其是确定未知物种的DNA条形码分析技术与方法。

DNA条形码种类的确定。每个物种在专家形态学初步鉴定的基础上，确定1~2种DNA条形码标记（ITS2序列或者psbA-trnH序列）。

DNA条形码测定方法的确定。分别取各样品干燥的叶片50.0mg，加入液氮研磨成粉。使用天根生化科技有限公司的植物基因组DNA提取试剂盒提取总DNA，确定样品DNA纯度后扩增ITS2和psbA-trnH序列。ITS2引物碱基序列（5'-3'）为，F：ATGCGATACTTGGTGTGAAT，R：GACGCTTCTCCAGACTACAAT。psbA-trnH引物碱基序列（5'-3'）为，F：GTTATGCATGAACGTAATGCTC，R：CGCGCATGGTGGATTCACAATCC。扩增体系为：正反引物各1.0μL，Taq PCR MasterMix 12.5μL，模板DNA 3.0μL，灭菌二次纯水7.5μL。扩增程序为：94℃预变性5.0min；再进行35个循环（94℃变性1.0min，60℃退火30.0s，72℃延伸1.0min）；最后72℃延伸10.0min。PCR产物使用1.0%琼脂糖凝胶电泳法检测，然后将合格样品交由擎科生物科技有限公司进行双向测序，并参照《中药材DNA条形码分子鉴定指导原则》判断测序峰图质量。

（3）DNA条形码的分析与测定

采用步骤2中确定的DNA条形码方法，对所采集的植物样品进行总DNA提取和制备、定量、PCR扩增、测序。使用CodonCode Aligner 2.06（CodonCode Co.，USA）进行序列拼接，对于ITS2序列，根据Hidden Markov Model（HMM）模型，去除序列测序两端5.8S和28S基因区低质量序列，获得完整的ITS2基因间隔区序列；用ClustalX 2.1和MEGA 7.0进行序列比对和基于K2P（Kimura 2-parameter）双参数模型的遗传距离分析，用邻接法（neighbor joining，NJ）构建ITS2序列系统聚类树；对于psbA-trnH序列，根据中药材DNA条形码鉴定系统（http：//www.tcmbarcode.cn/china/）确定psbA和trnH序列位置，使用软件将两段序列剪接，得到psbA-trnH间隔区序列，并在数据库种进行序列比对。

（4）物种鉴定结果分析

通过数据库比对与生物信息分析、进化树构建、DNA条形码技术、并结合形态学等分析，最后综合确定和鉴定物种。对成功鉴定的物种使用草料二维码工具，生成各自的二维码信息。

5.8.2 研究成果

共采集 58 个植物样本(表 5-16),分别编号和保存照片。其中,后河保护区核心区 17 种,土坡 8 种,沙田湾 5 种,百溪河 3 种,茅坪 10 种,隧道口 5 种,无地点 10 种。此外,还采集了黄连,峨眉黄连以及三角叶黄连样本共 3 份一同进行分析。

61 个植物样本中成功提取植物基因组 DNA 52 种,提取成功率 85%;52 个样本中,36 个样本的 DNA 条形码序列鉴定和形态学鉴定结果一致,鉴定成功率 69%;16 个物种 DNA 条形码序列鉴定和形态学鉴定结果不一致(分子鉴定只能鉴定为同属),有待进一步的鉴定和分析。

根据试剂盒进行植物总 DNA 提取,获得 ITS2 序列 41 条,峰图 41 张,ITS2 序列构建分子进化树 41 张;psbA-trnH 序列 41 条,峰图 41 张,psbA-trnH 序列构建进化树 2 张;总计获得 DNA 条形码序列 82 条,序列峰图 82 张,分子进化树 43 张。

表 5-16　61 个植物样本 DNA 条形码鉴定结果

编号	形态学初步鉴定	ITS2 鉴定结果	psbA-trnH 鉴定结果	结论
S1	三枝九叶草	三枝九叶草	三枝九叶草	三枝九叶草
S2	石菖蒲	石菖蒲	石菖蒲	石菖蒲
S3	绣线菊	绣球绣线菊	无	有待进一步鉴定
S4	红豆杉	西藏红豆杉	无	有待进一步鉴定
S5	宽叶金粟兰	宽叶金粟兰	台湾金粟兰	宽叶金粟兰
S6	宽叶金粟兰	宽叶金粟兰	台湾金粟兰	宽叶金粟兰
S7	乌药	无	乌药	乌药
S8	唐松草	盾叶唐松草	盾叶唐松草	盾叶唐松草
S9	接骨草	楼梯草	无	有待进一步鉴定
S10	油点草	无	无	有待进一步鉴定
S11	滇藏五味子	无	南五味子	有待进一步鉴定
S12	贯众	无	无	有待进一步鉴定
S13	天蓬子	天蓬子	天蓬子	天蓬子
S14	淫羊藿	箭叶淫羊藿	粗毛淫羊藿	有待进一步鉴定
S15	短萼黄连	短萼黄连	三角叶黄连	短萼黄连
S16	蘘荷	无	蘘荷	蘘荷
S17	木通	八月瓜	野木瓜	有待进一步鉴定
S18	野菊	野菊	野菊	野菊
S19	吊石苣苔	无	革叶粗筒苣苔	有待进一步鉴定
S20	山胡椒	无	无	有待进一步鉴定
S21	何首乌	无	无	有待进一步鉴定
S22	豨莶草	无	腺梗豨莶	有待进一步鉴定
S23	葛	葛麻姆	葛	葛
S24	商陆	商陆	商陆	商陆
S25	吊石苣苔	无	无	有待进一步鉴定
S26	金线草	金线草	短毛金线草	金线草

(续)

编号	形态学初步鉴定	ITS2 鉴定结果	psbA-trnH 鉴定结果	结论
S27	庐山石韦	无	无	有待进一步鉴定
S28	竹叶花椒	竹叶花椒	竹叶花椒	竹叶花椒
S29	常绿紫珠	长叶紫珠	枇杷叶紫珠	有待进一步鉴定
S30	紫珠	长叶紫珠	枇杷叶紫珠	有待进一步鉴定
S31	半蒴苣苔	贵州半蒴苣苔	贵州半蒴苣苔	贵州半蒴苣苔
S32	一年蓬	粗毛一年蓬	一年蓬	一年蓬
S33	天蓬子	无	天蓬子	天蓬子
S34	七叶树	七叶树	七叶树	七叶树
S35	鸭跖草	无	无	有待进一步鉴定
S36	车前草	大车前	平车前	有待进一步鉴定
S37	石斛	无	无	有待进一步鉴定
S38	珙桐	珙桐	珙桐	珙桐
S39	忍冬	无	红白忍冬	有待进一步鉴定
S40	插田泡	插田泡	茅莓	插田泡
S41	膀胱果	膀胱果	山香圆属	膀胱果
S42	中华栝楼	中华栝楼	双边栝楼	中华栝楼
S43	博落回	无	小果博落回	有待进一步鉴定
S44	铁线莲	粗齿铁线莲	铁线莲	铁线莲
S45	卷丹	无	云南豹子花	有待进一步鉴定
S46	山槐	山槐	合欢	山槐
S47	杜仲	杜仲	无	杜仲
S48	紫苏	回回苏	紫苏	紫苏
S49	高山酢浆草	高山酢浆草	无	高山酢浆草
S50	常山	常山	常山	常山
S51	川桂	无	川桂	川桂
S52	七叶树	小果七叶树	无	有待进一步鉴定
S53	金边山羊血	樟叶荚蒾	樟叶荚蒾	樟叶荚蒾
S54	结香	结香	无	结香
S55	花椒	花椒	无	花椒
S56	华重楼	华重楼	无	华重楼
S57	短药沿阶草	无	无	有待进一步鉴定
S58	牛膝	怀牛膝	无	有待进一步鉴定
S59	黄连	黄连	黄连	黄连
S60	峨眉黄连	峨眉黄连	峨眉黄连	峨眉黄连
S61	三角叶黄连	三角叶黄连	三角叶黄连	三角叶黄连

经过形态学初步鉴定，ITS2以及psbA-trnH DNA条形码鉴定，我们对36个鉴定成功的植物样本整理了野生植物名录，其中宽叶金粟兰和天蓬子各有2个样本。具体结果见表5-17(不含黄连，三角叶黄连和峨眉黄连)。成功鉴定的34个植物物种中，珙桐属于国家一级重点保护野生植物；杜仲和七叶树属于国家二级重点保护野生植物；短萼黄连属于国家三级重点保护野生植物。对成功鉴定的34种植物，制作了二维码序列信息，见附录二。

表 5-17 后河保护区野生植物名录

序号	科名	属名	中文名	拉丁学名	分布地点	最新发现时间	数据来源
1	小檗科	淫羊藿属	三枝九叶草	Epimedium sagittatum	核心区	2018.7	活体
2	天南星科	菖蒲属	金钱蒲	Acorus tatarinowii	核心区	2018.7	活体
3	金粟兰科	金粟兰属	宽叶金粟兰	Chloranthus henryi	核心区	2018.7	活体
4	毛茛科	唐松草属	盾叶唐松草	Thalictrum ichangense	核心区	2018.7	活体
5	茄科	天蓬子属	天蓬子	Atropanthe sinensis	核心区/茅坪	2018.7	活体
6	毛茛科	黄连属	黄连	Coptis chinensis	核心区	2018.7	活体
7	菊科	菊属	野菊	Chrysanthemum indicum	土坡	2018.7	活体
8	豆科	葛属	葛	Pueraria montana	土坡	2018.7	活体
9	商陆科	商陆属	商陆	Phytolacca acinosa	沙田湾	2018.7	活体
10	蓼科	金线草属	金线草	Antenoron filiforme	沙田湾	2018.7	活体
11	芸香科	花椒属	竹叶花椒	Zanthoxylum armatum	沙田湾	2018.7	活体
12	苦苣苔科	半蒴苣苔属	半蒴苣苔	Hemiboeacavaleriei	百溪河	2018.7	活体
13	菊科	飞蓬属	一年蓬	Erigeron annuus	茅坪	2018.7	活体
14	无患子科	七叶树属	七叶树	Aesculus chinensis	茅坪	2018.7	活体
15	山茱萸科	珙桐属	珙桐	Davidia involucrata	茅坪	2018.7	活体
16	蔷薇科	悬钩子属	插田泡	Rubus coreanus	茅坪	2018.7	活体
17	省沽油科	省沽油属	膀胱果	Staphylea holocarpa	隧道口	2018.7	活体
18	葫芦科	栝楼属	中华栝楼	Trichosanthes rosthornii	隧道口	2018.7	活体
19	毛茛科	铁线莲属	铁线莲	Clematis floridaThunb.	隧道口	2018.7	活体
20	豆科	合欢属	山槐	Albizia kalkora	无地点	2018.7	活体
21	唇形科	紫苏属	紫苏	Perilla frutescens	无地点	2018.7	活体
22	绣球花科	常山属	常山	Dichroa febrifuga	无地点	2018.7	活体
23	五福花科	荚蒾属	球核荚蒾	Viburnum propinquum	无地点	2018.7	活体
24	杜仲科	杜仲属	杜仲	Eucommia ulmoides	无地点	2018.7	活体
25	酢浆草科	酢浆草属	山酢浆草	Oxalis griffithii	无地点	2018.7	活体
26	瑞香科	结香属	结香	Edgeworthia chrysantha	无地点	2018.7	活体
27	芸香科	花椒属	花椒	Zanthoxylum bungeanum	无地点	2018.7	活体
28	藜芦科	重楼属	华重楼	Paris polyphyllavar. chinensis	无地点	2018.7	活体
29	樟科	山胡椒属	乌药	Lindera aggregata(Sims)Kosterm.	核心区	2018.7	活体
30	菝葜科	菝葜属	菝葜	Smilax china	土坡	2018.7	活体
31	樟科	樟属	川桂	Cinnamomum wilsonii	无地点	2018.7	活体

注：数据来源指该物种数据是否来源于活体、文献资料、标本、照片摄影等。

论文发表及专利申请情况

相关研究工作发表中文核心期刊论文2篇，申请了国家发明专利4项。

1）敖智广等．湖北后河国家级自然保护区短萼黄连的分子鉴定与分析，生物学杂志，2021，38（1）：51-55。

2）韦乐华等，紫芸解毒止痛酊中红花的质量控制及其促骨髓间充质干细胞的增殖作用，华西药学杂志，2019，34(5)：453-457。

3）茆灿泉等，一种抗菌中药组合物及其制备方法和用途，授权发明专利号：CN201810945428。

4）茆灿泉等，一种抗金黄色葡萄球菌及其耐药株中药组合物及其制备方法和应用，201910811869.7

5）茆灿泉等，具有抑制肿瘤细胞活性和耐药性的中药组合物及其制备方法和应用，201910811719.6

第6章 大型真菌

6.1 研究方法

真菌界是不同于植物界和动物界的另一生物界，真菌是一类真核生物，细胞中没有叶绿素，不进行光合作用，主要进行吸收式营养，大多不能主动运动，细胞壁含有几丁质。大型真菌是能够形成大型子实体、子座和菌核等的真菌，它们生长在基质上或地下的子实体的大小足以通过肉眼发现和辨识，具有比较复杂的组织结构。大多数属于真菌界担子菌门，少数属于真菌界子囊菌门。大型真菌是生态系统中不可或缺的分解者，在地球生物圈的物质循环和能量流动中发挥着不可替代的作用；很多种类具有较高的营养价值和药用价值，与人类生产生活密切相关，食用菌、药用菌是重要的生物资源。

我国是真菌多样性最丰富的国家之一，国际菌物数据库（http：//www.speciesfungorum.org）记录了全球14万多种已被发现和描述的菌物，而根据"中国菌物名录数据库"（http：//www.fungalinfo.net）的记录，目前中国分布的菌物约有27900种（含种下分类单元），其中大型真菌在10000种以上。

大型真菌考察通过野外实地调查并采集标本和实验室物种鉴定完成。2019年6~10月，在后河保护区境内6种代表性植被类型的7个地点全面、系统地开展大型真菌资源调查研究，贯穿了后河保护区整个大型真菌子实体生长季节，共采集703份大型真菌标本。在保护区野外调查结束后，对调查获得的数据进行归纳整理，挖掘数据，开展真菌多样性组成统计、营养特征分析、生态类型分析和物种受威胁与保护状况评估等工作。

调查地点是位于保护区的羊子溪（30°04′8″N，110°34′10″E，YZX）、杨家河（30°04′40″N，110°32′40″E，YJH）、黄家河（30°04′24″N，110°36′36″E，HJH）、黄家坪（30°05′30″N，110°33′05″E，HJP）、大阴坡（30°07′07″N，110°35′24″E，DYP）、纸厂河（30°07′5″N，110°35′04″E，ZCH）和邓家台（30°05′05″N，110°33′15″E，DJT）。在这7个采样点中，大阴坡和纸厂河的植被类型主要是针叶林，代表性树种有杉木 *Cunninghamia lanceolata* A. Dietr. 和马尾松 *Pinus massoniana* Lamb.；杨家河、杨家坪和黄家河的主要植被类型为落叶阔叶林和常绿落叶阔叶混交林，代表性树种有珙桐 *Davidia involucrata* Baill.、华山松 *Pinus armandii* Franch. 和朴树 *Celtis sinensis* Pers.；邓家台的主要植被类型为落叶阔叶林，代表性植物有杜鹃 *Rhododendron simsii* Planch. 和麻栎 *Quercus acutissima* Carruth.；羊子溪的主要植被类型为落叶阔叶林、常绿落叶阔叶混交林、针阔混交林和竹林，主要的植株有湖北枫杨 *Pterocarya hupehensis* Skan、盐肤木 *Rhus chinensis* Mill.、水竹 *Phyllostachys heteroclada* Oliv. 和宜昌木姜子 *Litsea ichangensis* Gamble。7个采样地点的海拔在750~1700m之间。

野外采集完整的大型真菌子实体，在采集时记录标本新鲜状态的宏观特征，主要包括：菌盖颜色、直径、形状、菌柄直径和长度等特征。对于调查中出现的所有大型真菌物种，拍照并记录生境、子实体的宏观特征。详细记录坐标位置（经度、纬度、海拔）、植被类型、位置、生态条件、基物、习性、营养类型等。每份标本分为两部分，一部分在38~40℃干果机中烘干，对于肉质较厚的标本，沿菌柄中间对称切开，便于快速干燥，这一部分作为永久保留的标本材料；另一部分或为较小型的完整子实体、或为大型子实体的产孢组织切块，以硅胶干燥后，装入密封袋中，用于后续的分子系统学研究。

分类学研究主要是根据宏观特征、显微特征以及标本与化学试剂的反应特征等进行形态学鉴定。

形态观察时，用镊子和解剖刀片选取标本不同部位的组织进行切片或直接制片。新鲜标本以蒸馏水作为介质，干标本则使用2%的KOH溶液制片，必要时用Melzer试剂染色；在显微镜（BX53-OLYMPUS，Olympus Corporation）下观察和记录显微结构特征，随机选取20个以上的成熟孢子进行测量并记录。

分子系统学研究是利用分子生物学技术进行鉴定和系统发育分析。采用CTAB法提取标本全基因组DNA，扩增并测序nrDNA-ITS、nrDNA-LSU基因片段，引物分别为ITS1/ITS4和LR0R/LR5。扩增体系为25μL，引物各1μL，DNA模板1μL，2×Taq Master Mix 12.5μL，ddH$_2$O 10.5μL。ITS-PCR反应程序为：94℃反应4min，94℃反应30s，50℃反应30s，72℃反应2min，循环35次，最后72℃反应10min。LSU-PCR反应程序为：94℃反应4min，94℃反应30s，56℃反应45s，72℃反应75s，循环35次；最后72℃反应10min。PCR产物经1%琼脂糖凝胶电泳检验质量合格后，送交上海生工生物工程股份有限公司测序。测序后分别对所得ITS和LSU序列进行BLAST比对，然后用MEGA7软件基于最大似然法等方法建立系统发育树并结合形态特征进行物种鉴定。

建立系统发育时，采用的序列分别为本研究中自测的序列和从NCBI下载的序列。以Mafft-7.149软件进行序列比对，用Gblocks v0.91b软件选择保守区域，以Jmodeltest v2.1.7软件选择进化模型为GTR+G，分别使用RaxmlGUI v1.3.1软件构建最大似然树，MrBayes v3.2.6软件构建贝叶斯树，以Figtree v1.4.3软件和Adobe Illustrator CS5 v15.0.0软件查看和编辑所构建的系统发育树。

真菌命名采用http://www.indexfungorum.org/Names/Names.asp中的名称，分类归属主要参照《Ainworth & Bisby's Dictionary of the Fungi》第10版（2008）。

6.2 种类组成

本次调查中，经野外采集，获得真菌标本703份，结合形态学和分子生物学方法，共鉴定出子囊菌43种，隶属于4纲6目16科27属；担子菌289种，隶属于3纲13目54科145属，共计7纲19目70科172属332种（表6-1，表6-2）。

表6-1 后河保护区大型真菌在分类等级中的分布

真菌门	纲数	目数	科数	属数	种数
子囊菌门 Ascomycota	4	6	16	27	43
担子菌门 Basidiomycota	3	13	54	145	289
合计	7	19	70	172	332

在科一级分类等级上，后河自然保护区的大型真菌归于70科（表6-2）。仅含有1个物种的科有24个，占总科数的34.29%；含有2~9个物种的科有35个，占总科数的50%；物种数在9个以上科有11个，占总科数的15.71%。物种数大于9的科包括了71属175种，占总种数的52.71%。物种数最多的科为多孔菌科Polyporaceae（20属32种），占总种数的9.64%，其次为小脆柄菇科Psathyrellaceae（5属18种），占总种数的5.42%、丝盖伞科Inocybaceae（2属17种），占总种数的5.12%、小菇科Mycenaceae（5属17种），占总种数的5.12%、红菇科Russulaceae（2属16种），占总种数的4.82%，然后依次为类脐菇科Omphalotaceae（2属14种），占总种数的4.22%、小皮伞科Marasmiaceae（6属14种），占总种数的4.22%、蘑菇科Agaricaceae（9属13种），占总种数的3.92%、球盖菇科Strophariaceae（6属13种），占总种数的3.92%、口蘑科Tricholomataceae（8属11种），占总种数的3.31%以及锈革菌科Hymenochaetaceae（6属10种），占总种数的3.01%。

在属一级分类等级上，后河自然保护区的大型真菌归于172属（表6-2）。仅有一个物种的属有112个，占总属数的65.12%；含有2~4个物种的属有48个，占总属数的27.91%；物种数在4个以上属有12个，占总属数的6.98%。

表 6-2 后河保护区大型真菌科的属和物种数量

科	属数	种数	科	属数	种数
柔膜菌科 Helotiaceae	3	5	须瑚菌科 Pterulaceae	1	1
绿杯盘菌科 Chlorociboriaceae	1	3	裂褶菌科 Schizophyllaceae	1	1
贫盘菌科 Hemiphacidiaceae	1	2	球盖菇科 Strophariaceae	6	13
粒毛盘菌科 Lachnaceae	1	1	口蘑科 Tricholomataceae	8	11
核盘菌科 Sclerotiniaceae	1	1	牛肝菌科 Boletaceae	5	5
地锤菌科 Cudoniaceae	1	1	双囊菌科 Diplocystidiaceae	1	1
圆盘菌科 Orbiliaceae	1	1	铆钉菇科 Gomphidiaceae	1	2
马鞍菌科 Helvellaceae	1	2	桩菇科 Paxillaceae	1	1
盘菌科 Pezizaceae	1	3	硬皮马勃科 Sclerodermataceae	1	2
火丝菌科 Pyronemataceae	5	5	乳牛肝菌科 Suillaceae	2	3
根盘菌科 Rhizinaceae	1	1	地星科 Geastraceae	1	1
肉杯菌科 Sarcoscyphaceae	5	8	钉菇科 Gomphaceae	2	2
虫草菌科 Cordycipitaceae	1	1	鬼笔科 Phallaceae	1	1
线孢虫草科 Ophiocordycipitaceae	1	1	木耳科 Auriculariaceae	2	4
炭角菌科 Xylariaceae	2	5	明木耳科 Hyaloriaceae	1	1
炭团菌科 Hypoxylaceae	1	3	淀粉伏革科 Amylocorticiaceae	2	2
蘑菇科 Agaricaceae	9	13	锁瑚菌科 Clavulinaceae	1	1
鹅膏科 Amanitaceae	2	6	锈革菌科 Hymenochaetaceae	6	10
粪伞科 Bolbitiaceae	3	4	重担菌科 Repetobasidiaceae	1	1
珊瑚菌科 Clavariaceae	1	2	拟层孔菌科 Fomitopsidaceae	4	6
丝膜菌科 Cortinariaceae	1	2	灵芝科 Ganodermataceae	1	1
粉褶蕈科 Entolomataceae	1	2	薄孔菌科 Meripilaceae	2	2
牛舌菌科 Fistulinaceae	1	1	皱孔菌科 Meruliaceae	3	5
轴腹菌科 Hydnangiaceae	1	2	原毛平革菌科 Phanerochaetaceae	3	3
蜡伞科 Hygrophoraceae	2	6	多孔菌科 Polyporaceae	20	32
层腹菌科 Hymenogastraceae	2	3	刺孢齿耳菌科 Steccherinaceae	1	1
丝盖伞科 Inocybaceae	2	17	地花菌科 Albatrellaceae	1	1
离褶伞科 Lyophyllaceae	1	1	耳匙菌科 Auriscalpiaceae	1	2
小皮伞科 Marasmiaceae	6	14	刺孢多孔菌科 Bondarzewiaceae	1	1
小菇科 Mycenaceae	5	17	隔孢伏革菌科 Peniophoraceae	1	1
类脐菇科 Omphalotaceae	2	14	红菇科 Russulaceae	2	16
泡头菌科 Physalacriaceae	5	7	韧革菌科 Stereaceae	2	6
侧耳科 Pleurotaceae	2	2	花耳科 Dacrymycetaceae	3	5
光柄菇科 Pluteaceae	2	9	胶珊瑚科 Holtermanniaceae	1	1
小脆柄菇科 Psathyrellaceae	5	18	银耳科 Tremellaceae	2	3

6.3 生态分布

根据标本在野外采集时记录的信息，6个植物群落中大型真菌的物种组成如下(表6-3)。

群落Ⅰ：常绿落叶阔叶混交林，主要由光叶珙桐 Davidia involucrata var. vilmoriniana、化香树 Platycarya strobilacea、青冈树 Cyclobalanopsis glauca、麻栎 Quercus acutissima、领春木 Euptelea pleiospermum、宜昌木姜子 Litsea ichangensis 和盐肤木 Rhus chinensis 等植被组成。在该植物群落中共采集大型真菌标本245份，隶属于49科99属156种，占总种数的46.99%，常见的大型真菌有变色膜盘菌 Hymenoscyphus varicosporoides、绿杯盘菌 Chlorociboria aeruginosa、橙红二头孢盘菌 Dicephalospora rufocornea、隆纹黑蛋巢菌 Cyathus striatus、伯特路小皮伞 Marasmius berteroi、血红小菇 Mycena haematopus、毛木耳 Auricularia cornea 和褐小孔菌 Microporus affinis 等。

群落Ⅱ：落叶阔叶林，主要由朴树 Celtis sinensis、华山松 Pinus armandii、油松 Pinus tabuliformis、全苞石栎 Lithocarpus cleistocarpus、化香树 Platycarya strobilacea、短柄枹栎 Quercus glandulifera、红豆杉 Taxus chinensis 和湖北枫杨 Pterocarya hupehensis 等植被组成。在该林型中共采集大型真菌标本141份，隶属于37科68属106种，占总种数的31.93%，常见的大型真菌有绯红肉杯菌 Sarcoscypha coccinea、变黑马勃 Lycoperdon nigrescens、亚拉巴马靴耳 Crepidotus alabamensis、粘盖菇 Mucidula mucida 和云芝栓孔菌 Trametes versicolor 等。

群落Ⅲ：针阔混交林，主要由马尾松 Pinus massoniana、桑树 Morus alba、三蕊柳 Salix triandra、金钱槭 Dipteronia sinensis、稠李 Padus racemosa、麻栎 Quercus acutissima 和鸡爪槭 Acer palmatum 等植被组成。在该林型中共采集大型真菌标本122份，隶属于43科75属98种，占总种数的29.52%，常见的大型真菌有白蛋巢菌 Crucibulum laeve、矮光柄菇 Pluteus nanus、裸香蘑 Lepista nuda 和杯密瑚菌 Artomyces pyxidatus 等。

群落Ⅳ：常绿阔叶林，主要由水丝梨 Sycopsis sinensis、红豆杉 Taxus chinensis、山楠 Phoebe chinensis、香樟 Cinnamomum camphora、杜鹃 Rhododendron simsii 和三桠乌药 Lauraceae obtusiloba 等植被组成。在该林型中共采集大型真菌标本105份，隶属于40科65属87种，占总种数的26.20%，常见的大型真菌有下垂线虫草 Ophiocordyceps nutans、盾盘菌 Scutellinia scutellata、皱盖疣柄牛肝菌 Leccinum rugosiceps 和毛栓孔菌 Trametes hirsuta 等。

群落Ⅴ：针叶林，主要由杉木 Cunninghamia lanceolata、马尾松 Pinus massoniana、油松 Pinus tabuliformis、华山松 Pinus armandii 和榧树 Torreya grandis 等植被组成。在该林型中共采集大型真菌标本36份，隶属于23科30属34种，占总种数的10.24%，常见的大型真菌有黑轮层炭壳 Daldinia concentrica、松乳菇 Lactarius deliciosus 和裂褶菌 Schizophyllum commune 等。

群落Ⅵ：竹林，主要由箬竹 Indocalamus tessellatus、箬叶竹 Indocalamus longiauritus、毛竹 Phyllostachys heterocycla 等植被组成。在该林型中共采集大型真菌标本25份，隶属于13科18属23种，占总种数的6.93%，常见的大型真菌有白鬼笔 Phallus impudicus、韧柄小脆柄菇 Psathyrella pertinax 和大孢硬皮马勃 Scleroderma bovista 等。

表6-3 后河保护区不同植物群落中大型真菌物种数量

真菌科	群落Ⅰ	群落Ⅱ	群落Ⅲ	群落Ⅳ	群落Ⅴ	群落Ⅵ
柔膜菌科 Helotiaceae	4	3	4			
绿杯盘菌科 Chlorociboriaceae	3		1		1	
贫盘菌科 Hemiphacidiaceae	1		1			
粒毛盘菌科 Lachnaceae	1					

（续）

真菌科	群落Ⅰ	群落Ⅱ	群落Ⅲ	群落Ⅳ	群落Ⅴ	群落Ⅵ
核盘菌科 Sclerotiniaceae	1		1			
地锤菌科 Cudoniaceae						
圆盘菌科 Orbiliaceae	1					
马鞍菌科 Helvellaceae	2	1				
盘菌科 Pezizaceae	1	1		1		
火丝菌科 Pyronemataceae	4	4	2	2	1	
根盘菌科 Rhizinaceae				1		
肉杯菌科 Sarcoscyphaceae	5	5		2	2	
虫草菌科 Cordycipitaceae				1	1	
线孢虫草科 Ophiocordycipitaceae	1	1	1	1		
炭角菌科 Xylariaceae	4	2		2	1	
炭团菌科 Hypoxylaceae	1	2	1	1		
蘑菇科 Agaricaceae	6	4	5		2	2
鹅膏科 Amanitaceae	2		5			
粪伞科 Bolbitiaceae	2	2	1			
珊瑚菌科 Clavariaceae	1			1		
丝膜菌科 Cortinariaceae			2			
粉褶蕈科 Entolomataceae	2	1				
牛舌菌科 Fistulinaceae			1			
轴腹菌科 Hydnangiaceae	2			1		1
蜡伞科 Hygrophoraceae	3	2	1	1		
层腹菌科 Hymenogastraceae		1		2		
丝盖伞科 Inocybaceae	7	9	3	2	1	
离褶伞科 Lyophyllaceae		1				
小皮伞科 Marasmiaceae	13	5	6	8	1	1
小菇科 Mycenaceae	7	10	6	5	3	3
类脐菇科 Omphalotaceae	3	1	1	2		
泡头菌科 Physalacriaceae	4	4	1	1	1	2
侧耳科 Pleurotaceae	1	1	1	1		
光柄菇科 Pluteaceae	4	2	3	2		
小脆柄菇科 Psathyrellaceae	7	5	10	3	1	3
须瑚菌科 Pterulaceae		1				
裂褶菌科 Schizophyllaceae	1	1	1		1	
球盖菇科 Strophariaceae	7	2	4	1	4	

（续）

真菌科	群落Ⅰ	群落Ⅱ	群落Ⅲ	群落Ⅳ	群落Ⅴ	群落Ⅵ
口蘑科 Tricholomataceae	2	6	5	1	1	
牛肝菌科 Boletaceae	1		3	1		
双囊菌科 Diplocystidiaceae		1				
铆钉菇科 Gomphidiaceae	1				1	
桩菇科 Paxillaceae	1					
硬皮马勃科 Sclerodermataceae				1		1
乳牛肝菌科 Suillaceae			1	1	1	
地星科 Geastraceae			1			
钉菇科 Gomphaceae			2			
鬼笔科 Phallaceae	1					1
木耳科 Auriculariaceae	2	1	2	1	1	
明木耳科 Hyaloriaceae			1			
淀粉伏革科 Amylocorticiaceae	1	1				
锁瑚菌科 Clavulinaceae			1			
锈革菌科 Hymenochaetaceae	1	4	5	3		
重担菌科 Repetobasidiaceae				1		
拟层孔菌科 Fomitopsidaceae	3	2	1	2		2
灵芝科 Ganodermataceae			1			
薄孔菌科 Meripilaceae			1	1		
皱孔菌科 Meruliaceae	3	1	1	3		
原毛平革菌科 Phanerochaetaceae	1		1	3		
多孔菌科 Polyporaceae	22	9	1	16	4	2
刺孢齿耳菌科 Steccherinaceae	1				1	
地花菌科 Albatrellaceae	1					
耳匙菌科 Auriscalpiaceae		1	1	1		
刺孢多孔菌科 Bondarzewiaceae			1			
隔孢伏革菌科 Peniophoraceae	1					
红菇科 Russulaceae	6	3	4	4	1	3
韧革菌科 Stereaceae	3	3	2	2	2	1
花耳科 Dacrymycetaceae	2	3		3	1	
胶珊瑚科 Holtermanniaceae			1	1		1
银耳科 Tremellaceae	2			1		
合计 Total	156	106	98	87	34	23

本次考察还注意了后河保护区大型真菌在几个海拔梯度中的分布(表6-4)。在相对较低海拔(700~950m)区域内，采集到的大型真菌标本最少，共计12份，隶属于12科12属12种，占总种数的3.61%。主要的物种有灰拟鬼伞 *Coprinopsis cinerea*、酒色圆盘菌 *Orbilia vinosa* 等。在海拔950~1200m范围内，采集到大型真菌标本207份，隶属于43科87属131种，占总种数的39.46%。主要的物种有毛木耳 *Auricularia cornea*、变色膜盘菌 *Hymenoscyphus varicosporoides* 和盾盘菌 *Scutellinia scutellata* 等。在海拔1200~1450m范围内，采集到大型真菌标本最多，共计343份，隶属于59科129属216种，占总种数的65.06%。主要的物种有白蛋巢菌 *Crucibulum leave*、杯密瑚菌 *Artomyces pyxidatus*、黑轮层炭壳 *Daldinia concentrica*、伯特路小皮伞 *Marasmius berteroi* 和血红小菇 *Mycena haematopus* 等。在相对较高海拔(1450~1700m)区域内，采集到大型真菌标本112份，隶属于37科66属88种，占总种数的26.51%。主要的物种有红蜡蘑 *Laccaria laccata*、白鬼笔 *Phallus impudicus* 和褐小孔菌 *Microporus affinis* 等。

表6-4 后河保护区不同海拔高度的大型真菌物种数量

真菌科	700~950m	950~1200m	1200~1450m	1450~1700m
柔膜菌科 Helotiaceae			3	
绿杯盘菌科 Chlorociboriaceae		3	3	1
贫盘菌科 Hemiphacidiaceae		2	2	
粒毛盘菌科 Lachnaceae		3	1	
核盘菌科 Sclerotiniaceae		1	1	
地锤菌科 Cudoniaceae			1	
圆盘菌科 Orbiliaceae	1			
马鞍菌科 Helvellaceae			2	1
盘菌科 Pezizaceae		2	1	
火丝菌科 Pyronemataceae		3	4	3
根盘菌科 Rhizinaceae			1	
肉杯菌科 Sarcoscyphaceae	1	4	5	3
虫草菌科 Cordycipitaceae		1	1	
线孢虫草科 Ophiocordycipitaceae		1	1	
炭角菌科 Xylariaceae		4	3	1
炭团菌科 Hypoxylaceae	1	2	2	
蘑菇科 Agaricaceae		6	10	4
鹅膏科 Amanitaceae		1	3	3
粪伞科 Bolbitiaceae			3	1
珊瑚菌科 Clavariaceae		2		
丝膜菌科 Cortinariaceae			1	1
粉褶蕈科 Entolomataceae			2	
牛舌菌科 Fistulinaceae		1		
轴腹菌科 Hydnangiaceae		1	1	1
蜡伞科 Hygrophoraceae		1	4	2
层腹菌科 Hymenogastraceae			3	

（续）

真菌科	700~950m	950~1200m	1200~1450m	1450~1700m
丝盖伞科 Inocybaceae		7	11	3
离褶伞科 Lyophyllaceae		1		
小皮伞科 Marasmiaceae	1	9	13	4
小菇科 Mycenaceae		7	13	6
类脐菇科 Omphalotaceae		3	4	
泡头菌科 Physalacriaceae		2	6	3
侧耳科 Pleurotaceae			2	1
光柄菇科 Pluteaceae	1	3	6	
小脆柄菇科 Psathyrellaceae	1	7	12	4
须瑚菌科 Pterulaceae			1	
裂褶菌科 Schizophyllaceae		1	1	
球盖菇科 Strophariaceae		5	8	3
口蘑科 Tricholomataceae		6	6	2
牛肝菌科 Boletaceae			3	2
双囊菌科 Diplocystidiaceae				1
铆钉菇科 Gomphidiaceae				2
桩菇科 Paxillaceae			1	
硬皮马勃科 Sclerodermataceae			1	1
乳牛肝菌科 Suillaceae		1	1	1
地星科 Geastraceae		1		
钉菇科 Gomphaceae			1	1
鬼笔科 Phallaceae				1
木耳科 Auriculariaceae	1	3	3	
明木耳科 Hyaloriaceae			1	
淀粉伏革科 Amylocorticiaceae			1	1
锁瑚菌科 Clavulinaceae		1		
锈革菌科 Hymenochaetaceae	1	2	7	3
重担菌科 Repetobasidiaceae			1	
拟层孔菌科 Fomitopsidaceae			5	3
灵芝科 Ganodermataceae			1	
薄孔菌科 Meripilaceae			2	1
皱孔菌科 Meruliaceae		2	3	2
原毛平革菌科 Phanerochaetaceae		3	1	
多孔菌科 Polyporaceae	1	18	22	7
刺孢齿耳菌科 Steccherinaceae		1	2	
地花菌科 Albatrellaceae				1
耳匙菌科 Auriscalpiaceae		1	2	

(续)

真菌科	700~950m	950~1200m	1200~1450m	1450~1700m
刺孢多孔菌科 Bondarzewiaceae				
隔孢伏革菌科 Peniophoraceae		1		
红菇科 Russulaceae	1	1	7	11
韧革菌科 Stereaceae	1	3	4	
花耳科 Dacrymycetaceae		4	3	1
胶珊瑚科 Holtermanniaceae			1	1
银耳科 Tremellaceae	1		2	1
合计 Total	12	131	216	88

6.4 营养类型

根据营养类型的不同，后河保护区的大型真菌主要可区分为腐生菌、共生菌和寄生菌。腐生菌主要有木生、土生和树木凋落物栖生，共生菌主要指与植物根系共生的外生菌根菌，寄生菌主要是寄生于虫体上的大型真菌(表6-5)。

木生型的大型真菌物种数量最多，共有208种，隶属于48科119属，占总种数的62.65%。主要的木生大型真菌的科是：多孔菌科 Polyporaceae，有32种；丝盖伞科 Inocybaceae，有15种。常见的木生大型真菌物种有橘色小双孢盘菌 *Bisporella citrina*、中华歪盘菌 *Phillipsia chinensis*、血红小菇 *Mycena haematopus*、粘盖菇 *Mucidula mucida*、毛木耳 *Auricularia cornea* 和云芝栓孔菌 *Trametes versicolor* 等。

土生型的大型真菌数量次于木生型的大型真菌，共有109种，隶属于34科61属，占总种数的32.83%。主要的土生大型真菌的科是：红菇科 Russulaceae，有15种；小脆柄菇科 Psathyrellaceae，有13种。常见的土生大型真菌物种有弹性马鞍菌 *Helvella elastica*、巴塔鹅膏菌 *Amanita battarrae*、花盖红菇 *Russula cyanoxantha*、松乳菇 *Lactarius deliciosus* 和皱盖疣柄牛肝菌 *Leccinum rugosiceps* 等。

树木凋落物栖生的大型真菌共有21种，隶属于10科8属，占总种数的6.33%。以小皮伞科 Marasmiaceae 的物种数量最多，有10种。常见的树木凋落物栖生的大型真菌物种有黄地勺菌 *Helvella elastica* 和轮小皮伞 *Marasmius rotalis* 等。

外生菌根真菌共有37种，隶属于20科13属，占总种数的11.14%。主要的外生菌根真菌的科是：红菇科 Russulaceae，有15种；牛肝菌科 Boletaceae，有4种。常见的外生菌根菌有花盖红菇 *Russula cyanoxantha*、栗褐乳菇 *Lactarius castaneus* 和茶褐牛肝菌 *Sutorius brunneissimus* 等。

虫生的大型真菌较少，仅发现2种，蛾蛹虫草 *Cordyceps polyarthra* 和下垂线虫草 *Ophiocordyceps nutans*。

表6-5 后河保护区不同营养类型的大型真菌物种数量

真菌科	木生真菌	土生真菌	树木凋落物栖生真菌	外生菌根真菌	虫生真菌
柔膜菌科 Helotiaceae	5				
绿杯盘菌科 Chlorociboriaceae	3				
贫盘菌科 Hemiphacidiaceae	2				
粒毛盘菌科 Lachnaceae	1				
核盘菌科 Sclerotiniaceae	1				
地锤菌科 Cudoniaceae			1	1	

(续)

真菌科	木生真菌	土生真菌	树木凋落物栖生真菌	外生菌根真菌	虫生真菌
圆盘菌科 Orbiliaceae	1				
马鞍菌科 Helvellaceae		2			
盘菌科 Pezizaceae	1	2			
火丝菌科 Pyronemataceae	2	3			
根盘菌科 Rhizinaceae	1				
肉杯菌科 Sarcoscyphaceae	7	2			
虫草菌科 Cordycipitaceae					1
线孢虫草科 Ophiocordycipitaceae					1
炭角菌科 Xylariaceae	4	1			
炭团菌科 Hypoxylaceae	3				
蘑菇科 Agaricaceae	6	9		2	
鹅膏科 Amanitaceae		6		3	
粪伞科 Bolbitiaceae	1	3			
珊瑚菌科 Clavariaceae		2			
丝膜菌科 Cortinariaceae		2			
粉褶蕈科 Entolomataceae		2			
牛舌菌科 Fistulinaceae	1				
轴腹菌科 Hydnangiaceae		2		1	
蜡伞科 Hygrophoraceae		6			
层腹菌科 Hymenogastraceae	3				
丝盖伞科 Inocybaceae	15	2		2	
离褶伞科 Lyophyllaceae	1				
小皮伞科 Marasmiaceae	4	1	10		
小菇科 Mycenaceae	11	4	3		
类脐菇科 Omphalotaceae	10	1	3		
泡头菌科 Physalacriaceae	6	1			
侧耳科 Pleurotaceae	2				
光柄菇科 Pluteaceae	8	1			
小脆柄菇科 Psathyrellaceae	5	13	1		
须瑚菌科 Pterulaceae			1		
裂褶菌科 Schizophyllaceae	1				
球盖菇科 Strophariaceae	9	4	1		
口蘑科 Tricholomataceae	6	6			
牛肝菌科 Boletaceae		5		4	
双囊菌科 Diplocystidiaceae		1			
铆钉菇科 Gomphidiaceae		2		1	
桩菇科 Paxillaceae		1		1	

（续）

真菌科	木生真菌	土生真菌	树木凋落物栖生真菌	外生菌根真菌	虫生真菌
硬皮马勃科 Sclerodermataceae		2		2	
乳牛肝菌科 Suillaceae		3		3	
地星科 Geastraceae		1		1	
钉菇科 Gomphaceae		1	1		
鬼笔科 Phallaceae		1			
木耳科 Auriculariaceae	4				
明木耳科 Hyaloriaceae	1				
淀粉伏革科 Amylocorticiaceae	2				
锁瑚菌科 Clavulinaceae			1		
锈革菌科 Hymenochaetaceae	10				
重担菌科 Repetobasidiaceae	1				
拟层孔菌科 Fomitopsidaceae	6				
灵芝科 Ganodermataceae	1				
薄孔菌科 Meripilaceae	2				
皱孔菌科 Meruliaceae	5				
原毛平革菌科 Phanerochaetaceae	3				
多孔菌科 Polyporaceae	32				
刺孢齿耳菌科 Steccherinaceae	2				
地花菌科 Albatrellaceae			1		
耳匙菌科 Auriscalpiaceae	2			1	
刺孢多孔菌科 Bondarzewiaceae					
隔孢伏革菌科 Peniophoraceae	1				
红菇科 Russulaceae	1	15		15	
韧革菌科 Stereaceae	6				
花耳科 Dacrymycetaceae	5				
胶珊瑚科 Holtermanniaceae	1				
银耳科 Tremellaceae	3				
合计	208	109	21	37	2

6.5 经济价值

大型真菌的经济价值备受关注，一些物种可被人类食用和药用，但有些物种具有毒性。误食毒菌会造成严重的健康问题，甚至死亡。而对野生的食用菌和药用菌而言，不科学的采集将会给其多样性保护和可持续利用带来威胁。在本次调查获知的后河国家级自然保护区发生的332种大型真菌中，根据文献记载和当地居民采食与售卖习惯，确定有153种具有经济价值（表6-6），占总种数的48.1%，其中，食用菌30种，药用菌43种，食、药兼用菌37种，毒菌18种，有毒但可药用的13种，有毒但也有文献记载可食用的5种，据文献记载可药用但具有毒性且有人认为可食用的大型真菌7种。

较为常见的食用菌物种有长根拟干蘑 *Paraxerula hongoi*、杯冠瑚菌 *Artomyces pyxidatus*、暗黄鳞伞

Pholiota pseudosiparia、皱盖疣柄牛肝菌 *Leccinum rugosiceps*、毛柄库恩菌 *Kuehneromyces mutabilis*、舟湿伞 *Hygrocybe cantharellus*、碗状疣杯菌 *Tarzetta catinus* 和栗粒皮秃马勃 *Calvatia boninensis* 等30种。

43种药用大型真菌主要来自栓孔菌属 *Trametes*（3种）、耙齿菌属 *Irpex*（3种）、韧革菌属 *Stereum*（2种）、迷孔菌属 *Daedalea*（2种）、拟迷孔菌属 *Daedaleopsis*（2种）和炭角菌属 *Xylaria*（2种）等。较为常见的药用菌物种有云芝栓孔菌 *Trametes versicolor*、粗糙拟迷孔菌 *Daedaleopsis confragosa*、漏斗韧伞 *Lentinus arcularius*、褐小菇 *Mycena alcalina*、淡黄木层孔菌 *Phellinus gilvus*、迪氏迷孔菌 *Daedalea dickinsii*、毛栓孔菌 *Trametes hirsuta* 和毛韧革菌 *Stereum hirsutum* 等。

食、药兼用的大型真菌共有37种，主要见于红菇属 *Russula*（3种）、木耳属 *Auricularia*（3种）、马勃属 *Lycoperdon*（3种）、蜜环菌属（3种）等。较为常见的食、药兼用菌物种有毛木耳 *Auricularia cornea*、血红小菇 *Mycena haematopus*、下垂线虫草 *Ophiocordyceps nutans*、红色红菇 *Russula rosea*、深色环伞 *Cyclocybe erebia* 和红蜡蘑 *Laccaria laccata* 等。

已知有毒的大型真菌为18种，包括白杯伞 *Clitocybe phyllophila* 和绯红肉杯菌 *Sarcoscypha coccinea* 等。

文献记载有毒但也具有药用价值的大型真菌有黑轮层炭壳 *Daldinia concentrica*、黄盖小脆柄菇 *Psathyrella candolleana*、洁小菇 *Mycena pura* 和鳞皮扇菇 *Panellus stipticus* 等13种，铜绿球盖菇 *Stropharia aeruginosa*、弹性马鞍菌 *Helvella elastica* 和尖鳞伞 *Pholiota squarrosoides* 等5种大型真菌具有毒性，但也有人认为可食用，粉柄黄红菇 *Russula farinipes*、金盖褐环柄菇 *Phaeolepiota aurea*、密褶红菇 *Russula densifolia*、粘皮鳞伞 *Pholiota lubrica*、橙黄网孢盘菌 *Aleuria aurantia*、血红小菇 *Mycena haematopus* 等7种，据文献记载可药用但又具有毒性，有人认为可食用。对这些真菌都要避免食用，慎重药用，以免毒害发生。

表6-6 后河保护区大型真菌经济价值

真菌物种		经济价值
绒柄暗锁瑚菌	*Phaeoclavulina murrillii*	食用
黄地勺菌	*Spathularia flavida*	食用
青灰鹅膏菌	*Amanita lividopallescens*	食用
杯冠瑚菌	*Artomyces pyxidatus*	食用
灰光柄菇	*Pluteus cervinus*	食用
嫩光柄菇	*Pluteus ephebeus*	食用
长条纹光柄菇	*Pluteus longistriatus*	食用
网顶光柄菇	*Pluteus umbrosus*	食用
桂花耳	*Dacryopinax spathularia*	食用
沼泽红菇	*Russulapaludosa*	食用
黄毛拟侧耳	*Phyllotopsis nidulans*	食用
毛柄库恩菌	*Kuehneromyces mutabilis*	食用
酒红蜡蘑	*Laccaria vinaceoavellanea*	食用
美丽蜡伞	*Hygrophorus speciosus*	食用
暗黄鳞伞	*Pholiota pseudosiparia*	食用
灰褐马鞍菌	*Helvella ephippium*	食用
长根拟干蘑	*Paraxerula hongoi*	食用
肉桂色乳菇	*Lactarius cinnamomeus*	食用

(续)

真菌物种		经济价值
暗黄乳牛肝菌	*Suillus plorans*	食用
拟绒盖色钉菇	*Chroogomphus pseudotomentosus*	食用
紫珊瑚菌	*Clavaria purpurea*	食用
小红湿伞	*Hygrocybe miniata*	食用
紫红丝膜菌	*Cortinarius rufo-olivaceus*	食用
珊瑚状锁瑚菌	*Clavulina coralloides*	食用
白黄铦囊蘑	*Melanoleuca arcuata*	食用
栗粒皮秃马勃	*Calvatia boninensis*	食用
哀牢山绚孔菌	*Laetiporus ailaoshanensis*	食用
肾形亚侧耳	*Hohenbuehelia reniformis*	食用
碗状疣杯菌	*Tarzetta catinus*	食用
皱盖疣柄牛肝菌	*Leccinum rugosiceps*	食用
黑柄柄粪壳	*Podosordaria nigripes*	药用
木蹄层孔菌	*Fomes fomentarius*	药用
单色齿毛菌	*Cerrena unicolor*	药用
布袋地星	*Geastrum saccatum*	药用
黄干脐菇	*Xeromphalina campanella*	药用
柽柳核纤孔菌	*Inocutis tamaricis*	药用
黑壳褐孔菌	*Fuscoporia rhabarbarina*	药用
黑柄黑斑根孔菌	*Picipes melanopus*	药用
隆纹黑蛋巢菌	*Cyathus striatus*	药用
鲜红密孔菌	*Pycnoporus cinnabarinus*	药用
宽鳞角孔菌	*Cerioporus squamosus*	药用
变形角孔菌	*Cerioporus varius*	药用
薄肉近地伞	*Parasola plicatilis*	药用
灵芝	*Ganoderma lingzhi*	药用
安络裸脚伞	*Gymnopus androsaceus*	药用
迪氏迷孔菌	*Daedalea dickinsii*	药用
栎迷孔菌	*Daedalea quercina*	药用
淡黄木层孔菌	*Phellinus gilvus*	药用
灰拟鬼伞	*Coprinopsis cinerea*	药用
白绒拟鬼伞	*Coprinopsis lagopus*	药用
粗糙拟迷孔菌	*Daedaleopsis confragosa*	药用
三色拟迷孔菌	*Daedaleopsis tricolor*	药用
鲑贝耙齿菌	*Irpex consors*	药用
齿囊耙齿菌	*Irpex hydnoides*	药用
白囊耙齿菌	*Irpex lacteus*	药用

（续）

（续）

真菌物种		经济价值
大趋木菌	*Xylobolus princeps*	药用
烟血色韧革菌	*Stereum gausapatum*	药用
毛韧革菌	*Stereum hirsutum*	药用
漏斗韧伞	*Lentinus arcularius*	药用
桑黄	*Sanghuangporus sanghuang*	药用
迷宫栓孔菌	*Trametes gibbosa*	药用
毛栓孔菌	*Trametes hirsuta*	药用
云芝栓孔菌	*Trametes versicolor*	药用
炭角菌	*Xylaria hypoxylon*	药用
多型炭棒	*Xylaria polymorpha*	药用
枝生微皮伞	*Marasmiellus ramealis*	药用
下垂线虫草	*Ophiocordyceps nutans*	药用
褐小菇	*Mycena alcalina*	药用
辐毛小鬼伞	*Coprinellus radians*	药用
新棱孔菌	*Neofavolus alveolaris*	药用
烟管菌	*Bjerkandera adusta*	药用
硬皮地星	*Astraeus hygrometricus*	药用
蛾蛹虫草	*Cordyceps polyarthra*	药用
白杯伞	*Clitocybe phyllophila*	有毒
砖红垂暮菇	*Hypholoma lateritium*	有毒
环盖鹅膏菌	*Amanita pachycolea*	有毒
角鳞灰鹅膏菌	*Amanita spissacea*	有毒
粉粘粪伞	*Bolbitius demangei*	有毒
褐鳞环柄菇	*Lepiota helveola*	有毒
苔藓盔孢伞	*Galerina hypnorum*	有毒
橘黄裸伞	*Gymnopilus junonius*	有毒
灰鳞蘑菇	*Agaricus moelleri*	有毒
赫红拟口蘑	*Tricholomopsis rutilans*	有毒
绯红肉杯菌	*Sarcoscypha coccinea*	有毒
浅黄褐湿伞	*Hygrocybe flavescens*	有毒
土味丝盖伞	*Inocybe geophylla*	有毒
暗花纹小菇	*Mycena pelianthina*	有毒
白小鬼伞	*Coprinellus disseminatus*	有毒
家园小鬼伞	*Coprinellus domesticus*	有毒
点柄小牛肝菌	*Boletinus punctatipes*	有毒
泪褶毡毛脆柄菇	*Lacrymaria lacrymabunda*	有毒
糙皮侧耳	*Pleurotus ostreatus*	食用、药用

(续)

真菌物种		经济价值
胶质刺银耳	*Pseudohydnum gelatinosum*	食用、药用
地花菌	*Albatrellus confluens*	食用、药用
白鬼笔	*Phallus impudicus*	食用、药用
茶色褐银耳	*Phaeotremella foliacea*	食用、药用
花盖红菇	*Russula cyanoxantha*	食用、药用
淡紫红菇	*Russula lilacea*	食用、药用
红色红菇	*Russula rosea*	食用、药用
菱红菇	*Russula vesca*	食用、药用
深色环伞	*Cyclocybe erebia*	食用、药用
小灰球菌	*Bovista pusilla*	食用、药用
假杯伞	*Pseudoclitocybe cyathiformis*	食用、药用
红蜡蘑	*Laccaria laccata*	食用、药用
裂褶菌	*Schizophyllum commune*	食用、药用
网纹马勃	*Lycoperdon perlatum*	食用、药用
梨形马勃	*Lycoperdon pyriforme*	食用、药用
暗褐马勃	*Lycoperdon umbrinum*	食用、药用
黄蜜环菌	*Armillaria cepistipes*	食用、药用
高卢蜜环菌	*Armillaria gallica*	食用、药用
蜜环菌	*Armillaria mellea*	食用、药用
毛木耳	*Auricularia cornea*	食用、药用
皱木耳	*Auricularia delicata*	食用、药用
黑木耳	*Auricularia heimuer*	食用、药用
酒红球盖菇	*Stropharia rugosoannulata*	食用、药用
松乳菇	*Lactarius deliciosus*	食用、药用
粘盖乳牛肝菌	*Suillus bovinus*	食用、药用
血红色钉菇	*Chroogomphus rutilus*	食用、药用
舟湿伞	*Hygrocybe cantharellus*	食用、药用
头状秃马勃	*Calvatia craniiformis*	食用、药用
裸香蘑	*Lepista nuda*	食用、药用
盔盖小菇	*Mycena galericulata*	食用、药用
硫色绚孔菌	*Laetiporus sulphureus*	食用、药用
茶褐牛肝菌	*Sutorius brunneissimus*	食用、药用
银耳	*Tremella fuciformis*	食用、药用
大孢硬皮马勃	*Scleroderma bovista*	食用、药用
斑玉蕈	*Hypsizygus marmoreus*	食用、药用
粘盖菇	*Mucidula mucida*	食用、药用
簇生垂暮菇	*Hypholoma fasciculare*	药用、有毒

(续)

真菌物种		经济价值
杯伞状大金钱菌	*Megacollybia clitocyboidea*	药用、有毒
臭红菇	*Russula foetens*	药用、有毒
点柄臭红菇	*Russula senecis*	药用、有毒
硫色口蘑	*Tricholoma sulphureum*	药用、有毒
黑轮层炭壳	*Daldinia concentrica*	药用、有毒
红褐乳菇	*Lactarius rufus*	药用、有毒
鳞皮扇菇	*Panellus stipticus*	药用、有毒
裂丝盖伞	*Inocybe rimosa*	药用、有毒
黄盖小脆柄菇	*Psathyrella candolleana*	药用、有毒
洁小菇	*Mycena pura*	药用、有毒
晶粒小鬼伞	*Coprinellus micaceus*	药用、有毒
卷边桩菇	*Paxillus involutus*	药用、有毒
大丛耳菌	*Wynnea gigantea*	食用、有毒
黑耳	*Exidia glandulosa*	食用、有毒
尖鳞伞	*Pholiota squarrosoides*	食用、有毒
弹性马鞍菌	*Helvella elastica*	食用、有毒
铜绿球盖菇	*Stropharia aeruginosa*	食用、有毒
金盖褐环柄菇	*Phaeolepiota aurea*	食用、药用、有毒
密褶红菇	*Russula densifolia*	食用、药用、有毒
粉柄黄红菇	*Russula farinipes*	食用、药用、有毒
粘皮鳞伞	*Pholiota lubrica*	食用、药用、有毒
橙黄网胞盘菌	*Aleuria aurantia*	食用、药用、有毒
血红小菇	*Mycena haematopus*	食用、药用、有毒
马勃状硬皮马勃	*Scleroderma areolatum*	食用、药用、有毒

6.6 本次调查与之前调查报道对比

后河保护区位于中国35个生物多样性优先保护区域之一的武陵山区的东段，属于中亚热带森林生态系统，是华中地区生态环境保护最好、生物多样性最丰富的自然保护区之一。保护区对于植物、鸟类、昆虫、大型动物等物种多样性均已进行过数次调查研究，但是对于大型真菌却了解较少。

本次调查确定了后河保护区大型真菌332种，其中，子囊菌43种，担子菌289种。没有采集到袁海生和戴玉成（2005）在后河发现并报道的两种中国新记录多孔菌——集刺齿耳菌 *Steccherinum aggregatum* 和圆孢齿耳菌 *Steccherinum hydneum*。李娟等（2007）报道了调查和采集的后河多孔菌31科62种，其中的烟管菌 *Bjerkandera adusta*、三色拟迷孔菌 *Daedaleopsis tricolor*、白囊耙齿菌 *Irpex lacteus*、硫色绚孔菌 *Laetiporus sulphureus*、淡黄木层孔菌 *Phellinus gilvus*、网柄多孔菌 *Polyporus dictyopus*、鲜红密孔菌 *Pycnoporus cinnabarius*、雪白干皮孔菌 *Skeletocutis nivea*、迷宫栓孔菌 *Trametes gibbosa*、毛栓孔菌 *Trametes hirsute* 和薄皮干酪菌 *Tyromyces chioneus* 等11种大型真菌在本次调查中被再次发现和采集，其余51种则未见。王义勋等（2010）报道了调查和采集的后河大型真菌22科46种，其中的松乳菇

Lactarius deliciosus、隆纹黑蛋巢菌 *Cyathus striatus*、白蛋巢菌 *Crucibulum laeve*、珊瑚状锁瑚菌 *Clavulina coralloides*（冠锁瑚菌 *Clavulina cristata* 为其异名）、白微皮伞 *Marasmiellus candidus*、无柄小皮伞 *Marasmius neosessilis*、干小皮伞 *Marasmius siccus*、洁小菇 *Mycena pura*、角质胶角耳 *Calocera cornea*（中文又称胶角）、点柄小牛肝菌 *Boletinus punctatipes*（松林小牛肝菌 *Boletinus pinetorum* 为其异名）、绯红肉杯菌 *Sarcoscypha coccinea*（中文又称红白毛杯菌）、盾盘菌 *Scutellinia scutellata*（中文又称红毛盘菌）、黄褐集毛菌 *Coltricia cinnamomea*（中文又称丝光钹孔菌）、褐小孔菌 *Microporus affinis*（中文又称相邻小孔菌）、云芝栓孔菌 *Trametes versicolor*（云芝 *Coriolus versicolor* 为其异名）、裂褶菌 *Schizophyllum commune*、黑轮层炭壳 *Daldinia concentrica*（中文又称炭球菌）和变绿杯盘菌 *Chlorociboria aeruginascens*（中文又称小孢绿杯菌）等18种大型真菌在本次调查中被再次发现和采集，其余28种则未见。

综合前人报道和本次调查，到目前为止，后河保护区共知大型真菌413种，本次调查为保护区增补了251种。

6.7 新记录物种

在本次调查中，发现了一个中国新记录物种——栎圆头伞 *Descolea quercina* J. Khan & Naseer（图6-1），描述如下。

图6-1 栎圆头伞 *Descolea quercina* 的子实体（标尺=3cm）

菌盖直径50~70mm，表面呈水浸状，亮棕黄色至深棕黄色，微带橄榄色调，钟形至平展，中央明显突起，具有明显松散的鳞状丛毛至鳞状颗粒，鳞片略呈同心排列；菌肉与菌盖同色或稍浅，中央较厚；菌褶直生至附生，浅灰棕色至棕黄色，不等长，较均匀；菌柄50~90mm×8~15mm，上端较细，向基部变粗，淡棕黄色至深黄褐色，菌环上部光滑，浅黄褐色，菌环下部色稍深，纵向为纤维状；菌环上位，膜质，与菌柄同色或稍浅，表面具明显的纵条纹，背面稍有鳞片，边缘具附属物。担孢子（10~）10.3~14(~14.6)×(6.6~)7.2~8.9(~9.6)μm，Q=1.4~2，梭形至柠檬形，两端较尖，粗疣状，疣状部分相连，具突出的光滑细尖，在5%的KOH溶液中呈锈褐色；担子25~40×8~12μm，棍棒状；侧生囊状体40~45×10~15μm，宽棍棒状至棍棒状，褶缘囊状体与侧生囊状体相似；菌丝壁薄，圆柱形，具有锁状联合。

标本采集时间：2019年6月26日，采集地点：羊子溪，110°34′5.1″N，30°4′24.5″E，海拔高度1334m。单生、群生或散生于林中地上。国外分布目前仅见于巴基斯坦的模式产地，国内尚无其他分布地点报道。

6.8 真菌多样性保护建议

真菌在生态系统中，不同于作为生产者的植物和作为消费者的动物，是重要的分解者，具有不可替代的生态价值和经济价值。在生物多样性研究中，生态环境中的植物和动物已经越来越受到重视，相比之下，真菌却没有获得足够的关注，而全球存在的真菌物种数量实际上要高于植物和昆虫之外的其他动物类群。尽管后河保护区一直坚持落实行之有效的措施，取得了良好的保护效果，但是不可避免的自然灾害以及一些人为活动仍会对保护区的生态环境产生负面影响，从而对于其中的真菌多样性构成威胁。

生态环境部和中国科学院2018年发布了《中国生物多样性红色名录——大型真菌卷》评估报告，按照其中的评估方法，本次调查时对后河保护区的大型真菌受威胁等级进行了评估，结果表明，在这次调查获知的332种大型真菌中，216种处于无危等级（LC），占比达65.1%，这表明保护区的生物多样性总体保护状态良好；有82种大型真菌因为国内外相关数据的不足未能给出评估等级；有4种大型真菌为国内近危（NT）的物种，包括杯冠瑚菌 Artomyces pyxidatus、灵芝 Ganoderma lingzhi、肾形亚侧耳 Hohenbuehelia reniformis 和酒红球盖菇 Stropharia rugosoannulata，有1种大型真菌斑玉蕈 Hypsizygus marmoreus 是国内易危（VU）的物种。这5种近危（NT）或易危（VU）物种，在我国或是食用菌，或是药用菌，或是食、药兼用菌，有的是已经被驯化而在国内人工栽培的物种，其蕴含遗传多样性的野生资源保护更应受到关注。在评定为无危（LC）等级的物种中，有许多在野外调查采集过程中仅出现一次，这些物种实际上在后河自然保护区也处于相对比较稀少的状态。因此，需要采取有力措施对后河保护区的真菌多样性进一步加强保护。主要建议如下。

①在保护区管理局设置研究、管理和保护大型真菌的机构，并与国内相关教学和科研单位合作，对保护区内大型真菌的生存状态和环境进行持续研究和监控。

②对保护区的大型真菌进行全面的物种受威胁等级评估，制定针对性的保护方案，实施分级保护。

③在保护区内一些重要大型真菌物种分布的区域和大型真菌多样性丰富的区域设置专门的保护点，禁止人为活动。

④持续开展大型真菌资源的调查，科学地研究并揭示重要和常见物种的经济价值，积极开展物种资源和遗传资源的保育工作，将就地保护与实验室保护相结合，积极争取条件支持以建立标本室和菌种库，合理开发和利用经济真菌。

⑤加强大型真菌的科普宣传，普及大型真菌的科学知识，定期或经常性地组织开展"大型真菌多样性保护""毒蘑菇中毒与预防"等专题宣传教育，提高人们对大型真菌的保护意识，自觉履行保护真菌多样性的义务。

⑥加强对开发活动的监督以及生态环境的恢复，尤其需要合理开发旅游资源，控制农作物种植面积，在最大程度上减少对大型真菌生境的人为干扰。

第7章 脊椎动物多样性

7.1 研究方法

鸟类及哺乳动物调查以实地调查为主，访问、查阅资料为辅，重点采集鸟兽活动实体或痕迹照片、声音。每一个网格设置调查样带3~4条，调查样带至少覆盖80%的2×2km^{2}网格，记录样带上动物活体、痕迹及生境；在每个1×1km^{2}网格内放置1台红外相机，每台相机每个位点上放置6个月，6个月以后转移相机至网格内的其他地方，网格内每两个相机位点之间至少相距300m或以上；每一个网格点内至少保持1年。

鱼类资源调查主要采用实地考察，辅以访谈调查和农贸市场调查的方式。①实地调查根据保护区溪流情况，主河道以间隔2km设置2km样线，样线内选取适宜生境进行采样，保障样点生境在样线内具有代表性。因保护区内溪流底质以乱石滩为主，水流湍急，伴有季节性断流，故采取地笼网为主，脉冲式捕鱼器和流刺网为辅的采集方式。渔获物测量体长和体重，然后用8%的福尔马林溶液保存，以便于后期对鱼类标本进行物种鉴定。②访谈调查作为实地调查的前续工作，为制定调查方案提供重要信息。在参考溪流下游湖南省壶瓶山国家级自然保护区鱼类名录和前期调查资料的基础上，2018年8~9月，笔者设计了鱼类调查问卷和鉴别图谱，由后河保护区工作人员进行了入户访谈调查，访谈对象主要是当地河流附近经常捕鱼的人员。访谈调查对象共计19人，回收到19份有效调查问卷。③农贸市场调查旨在弥补野外实地调查人力物力有限的缺点，充分利用当地已有的资源补充调查的数据。农贸市场调查以鱼类为主，若有其他种类，同时了解记录，补充没有取得样本的当地物种。除了农贸市场，鱼类多样性的调查还可以去当地出售野生鱼类的餐馆进行补充。

对两栖动物主要采用实地考察，辅以访谈调查的方式。实地调查以样线法为主，辅以多个适宜生境地点的补充调查。根据保护区地形、海拔、植被、气候特征以及两栖动物的生境特点选择调查路线，从保护区众多溪流和农田生境中选取10~12个典型的调查区域进行样带调查，每个样带每年至少详细调查1次。调查时间于每年夏季两栖类繁殖时间段同时进行白天踏勘和夜间调查，夜间调查以晚间20至24时两栖类活动高峰期为主。此外，根据对当地农户和保护区工作人员的访谈调查和旧版科考资料等，对保护区内多个零星分布的水域、农田、林下生境进行补充调查。调查过程中适当采集部分标本，并编号、拍照，记录采集时间、地点、海拔、地理坐标和生活环境。

对爬行动物主要采用实地调查，辅以访谈调查的方式。实地调查以样线法为主，辅以多个适宜生境地点的补充调查。对爬行动物的调查范围与两栖动物相比，覆盖更多类型生境，以满足爬行类多样化生存环境的调查需求。根据保护区自然资源现状、不同海拔和不同生境，确定了10~12条有代表性的两栖爬行动物调查样线，每条样线长2km，每条样线每年至少详细调查1次，调查时间包括白天和夜间。调查过程中适当采集部分标本，并编号、拍照，记录采集时间、地点、海拔、地理坐标和生活环境。

小型哺乳动物主要采用鼠笼法和夹日法，在12条固定样线均匀放置鼠笼和鼠夹，隔日检查，采集部分标本，并编号、拍照，记录采集时间、地点、海拔、地理坐标和生活环境。

7.2 鱼类动物

7.2.1 种类组成

本次调查中，后河保护区内河流共获取鱼类3目4科8种（表7-1），其中，后河吻虾虎鱼种鉴定为新种,属于鲈形目吻虾虎鱼科,文章已在《Zootaxa》杂志正式刊出。区域优势种为拉氏鱥、后河吻虾虎鱼。南方山地区系复合体区系的4种鱼类在保护区的各主要水系中均有分布,其余4种鱼类仅分布于保护区下游百溪河。

对后河保护区内所有水系开展了的鱼类调查,3年的调查结果显示,本地区鱼类种类仅8种,与毗邻的湖南壶瓶山国家级自然保护区2010年的调查结果相比,鱼类种数少了31种,其主要原因有两个:一是壶瓶山自然保护区属于长江流域澧水水系和清江水系的下游,后河保护区处于该水系的上游,上游水系相对水量少,河床浅,且坡度大水流急,可供鱼类选择的食物和生境较少;二是后河保护区水系以乱石滩为底质,缺少泥质水底,且近年来河流主干道因各种原因呈现间歇性消失,成为地下河,阻断了鱼类的洄游,因此该区域鱼类种类相对较少。

表7-1 后河保护区两栖动物各科种数比较

科别	鳅科	平鳍鳅科	鲤科	虾虎鱼科	合计
种数	1	1	4	2	8
百分比(%)	12.5	12.5	50.0	25.0	100.0

7.2.2 区系分析

后河保护区已查明的鱼类共计8种,属于4科2目,其中1种鉴定为新种。

根据淡水鱼类区系划分,湖北后河国家级自然保护区的鱼类共包括4个区系(表7-2)。

①南方山地区系复合体共4种,占总种类数的50.00%,包括平舟原缨口鳅(*Vanmanenia pingchowensis*)、拉氏鱥(*Phoxinus lagowskii*)、青石爬鮡(*Euchiloglanis davidii*)和后河吻虾虎鱼(*Rhinogobius hooheensis*),此类鱼有特化的吸附构造,如吸盘、下颌锐利角质等,适应于南方湍急的河流中生活。

②中国平原区系复合体共2种,占总物种数的25.00%,包括细鳞鲴(*Xenocypris microlepis*)和鲤(*Cyprinus carpio*),该区系鱼类很大部分产漂流性鱼卵,一部分鱼虽产黏性卵但黏性不大,卵产出后附着在物体上,不久即脱离,顺水漂流并发育。

③晚第三纪早期区系复合体,1种,占物种数的比例为12.50%,泥鳅(*Misgurnus anguillicaudatus*),视觉差,嗅觉发达,好吃杂食性,主要以底栖生物为食。

④中亚山地区系复合体1种,齐口裂腹鱼(*Schizothorax prenanti*),占物种数的12.50%,以耐寒、耐盐碱、性成熟晚、生长慢、杂食性为特点,其生殖腺对哺乳突有毒,是中亚高寒地区的特有鱼类。

表7-2 湖北后河国家级自然保护区鱼类物种区系划分

物种名	拉丁名	区系
泥鳅	*Misgurnus anguillicaudatus*	晚第三纪早期区系复合体
平舟原缨口鳅	*Vanmanenia pingchowensis*	南方山地区系复合体
齐口裂腹鱼	*Schizothorax prenanti*	中亚山地区系复合体
拉氏鱥	*Phoxinus lagowskii*	南方山地区系复合体
细鳞鲴	*Xenocypris microlepis*	中国平原区系复合体
鲤	*Cyprinus carpio*	中国平原区系复合体
青石爬鮡	*Euchiloglanis davidi*	南方山地区系复合体
后河吻虾虎鱼	*Rhinogobius hooheensis*	南方山地区系复合体

7.2.3 保护鱼类

在获取的8种鱼类中,除细鳞鲴在《中国物种红色名录》中未评估外,齐口裂腹鱼为易危物种,刘氏吻虾虎鱼为数据缺乏，其他物种无危。后河吻虾虎鱼是特有物种，其他物种不是特有物种。平鳍鳅科和虾虎鱼科基本只在后河保护区低海拔的下游，即百溪河段有大量个体存在，其余河段基本为拉氏鱥，此外，其他鱼类也仅在下游段偶见。

后河保护区的鱼类动物中，中国濒危鱼类的易危1种(表7-3)。

表7-3 后河保护区珍稀濒危鱼类

物种名	国家级	中国濒危	CITES	保护区内数量等级
齐口裂腹鱼 Schizothorax prenanti		易危		+

注："+"表示少见种。

7.3 两栖类动物

7.3.1 种类组成

经过实地调查，结合观察采集到的种类和后河的历史记录以及有关文献资料，后河保护区现已记录的两栖动物有2目9科41种，占后河保护区内已知陆生脊椎动物总种数的11.1%，其种类组成见表7-4。

表7-4 后河保护区两栖动物各科种数比较

科别	小鲵科	隐鳃鲵科	蝾螈科	角蟾科	蟾蜍科	雨蛙科	蛙科	树蛙科	姬蛙科	合计
种数	1	1	2	8	1	4	20	2	2	41
百分比(%)	2.44	2.44	4.88	19.51	2.44	9.76	48.78	4.88	4.88	100.00

从表7-4看出，湖北后河国家级自然保护区的两栖动物蛙科的种类最多，占48.78%；列第2的是角蟾科，占19.51%；列第3的是雨蛙科，占9.76%；蝾螈科、树蛙科、姬蛙科各2种，分别占4.88%；小鲵科、隐鳃鲵科、蟾蜍科各1种，各占2.44%。由此可见，蛙科的种类最多，是后河保护区两栖动物组成的突出特点。

本次调查，后河保护区内获取两栖类5科16种，其中，桑植角蟾和大绿臭蛙为保护区新记录种，峨眉髭蟾和尾突角蟾为《中国物种红色名录》评估为濒危物种，棘胸蛙和棘腹蛙为易危物种，其他无危。区域优势种是崇安湍蛙，海拔1000m以下优势种是花臭蛙，海拔1000m以上优势种是绿臭蛙。后河保护区两栖类物种丰富，主要是因为后河保护区地处云贵高原武陵山脉北支脉尾部地带，南与湖南壶瓶山国家级自然保护区相毗邻，西与鹤峰县木林子自然保护区相接近，使该区的物种多样性非常丰富。

7.3.2 区系分析

根据调查研究，后河保护区现已记录的两栖动物有2目9科41种。由于该保护区具有从北到南、从西到东的过渡特点，从而导致了两栖类的复杂性和过渡性。在后河保护区两栖动物中，其区系特征为东洋界种35种，占85.37%、古北界种2种，占4.88%、广布种4种，占9.76%，以东洋界种占明显优势，广布种次之，古北界种较少。这说明保护区爬行动物倾向于南方的东洋界，种类最多，因两栖动物对环境温差更敏感，地理位置越向南，则种类越多，东洋界区系成分所占的比例就越高。此外，保护区内广布种种类较多，两栖动物广布种全省有4种，而该区就有4种，占全省广布种的100%，古北界种全省有4种，该区有2种，占50%，这与该区在湖北省所处复杂的地理位置有关。

7.3.3 生态分布

两栖类的主要生态类型有急流分布型、流水分布型、静水分布型、陆地树丛、草丛分布型、洞穴分布型及树栖分布型。急流分布型有崇安湍蛙、华南湍蛙等；流水分布型有大鲵、绿臭蛙、花臭蛙、龙胜臭蛙、棘胸蛙、棘腹蛙、隆肛蛙等；静水分布型有黑斑侧褶蛙、湖北侧褶蛙等；陆地树丛、草丛分布型有中国林蛙、峨眉髭蟾、中华蟾蜍、泽蛙、饰纹姬蛙等；陆地洞穴分布型有中华大蟾蜍、崇安髭蟾等；树栖分布型有斑腿树蛙、大树蛙及雨蛙等。

根据生态类型的划分，后河保护区的两栖动物中，流水分布型有17种，占保护区两栖动物总数的41.46%；陆地树丛、草丛分布型有9种，占21.95%；静水分布型有6种，占14.63%；树栖分布型有4种，占9.76%；陆地洞穴分布型和急流型各2种，各占4.88%。由于保护区地形复杂，海拔落差较大等自然情况，体现出了生态类型的多样性。

根据不同种类的生态习性、数量多寡及分布的范围，从调查的情况来看，水生两栖动物巫山北鲵、大鲵已非常少见。成体四肢末端具有吸盘并善攀爬的雨蛙科和树蛙科的种类在生态适宜的范围内有一定数量，但不如蛙科种类那样分布广泛。

中华蟾蜍、花臭蛙、崇安湍蛙是后河保护区广布种，在后河保护区的不同地域、不同海拔高度均有发现，数量也比较多。

后河保护区两栖动物的特点是蛙科的种类最多，数量也最多，所含种类棘胸蛙、棘腹蛙、隆肛蛙、绿臭蛙、泽陆蛙、桑植角蟾在不同地域都有发现，并采到标本，为当地的优势种。

棘蛙类的个体大，肉味鲜美，易被捕捉，再加上随着旅游业的不断开发，对两栖动物的破坏逐渐加重，使得棘蛙类虽然分布广，但是本次调查发现的数量却较少。因此，对现有的两栖动物资源应加大宣传和保护力度，要认识到它们既具有重要的科学研究价值，又具有开发利用的价值。

7.3.4 保护两栖类

后河保护区的两栖动物中，包括国家二级重点保护野生动物大鲵、虎纹蛙、峨眉髭蟾和细痣瑶螈4种和湖北省重点保护野生动物13种；中国濒危两栖类极危1种、濒危4种、易危7种、近危6种；CITES附录Ⅰ 1种，附录Ⅱ 1种(表7-5)。

表7-5 后河保护区珍稀濒危两栖动物

名称	中国重点保护野生动物级别	中国脊椎动物红色名录	CITES	数量等级
大鲵 *Andrias davidianus*	二	极危	Ⅰ	+
虎纹蛙 *Hoplobatrachus rugulosus*	二		Ⅱ	+
细痣瑶螈 *Yaotriton asperrimus*	二	濒危		++
峨眉髭蟾 *Vibrissaphora boringii*	二	易危		+
棘腹蛙 *Paa boulengeri*		易危		++
棘胸蛙 *Paa spinosa*		易危		++
东方蝾螈 *Cynops orientalis*		近危		+
桑植角蟾 *Megophrys sangzhiensis*		濒危		++
尾突角蟾 *Megophrys caudoprocta*		濒危		+
短肢角蟾 *Megophrys brachykolos*		易危		+
巫山角蟾 *Megophrys wushanensis*		易危		+
崇安髭蟾 *Ibrissaphora liui*		近危		+
隆肛蛙 *Feirana quadranus*		近危		+
龙胜臭蛙 *Odorrana lungshengensis*		近危		+

(续)

名称	中国重点保护野生动物级别	中国脊椎动物红色名录	CITES	数量等级
小棘蛙 *Quasipaa exilispinosa*		易危		+
九龙棘蛙 *Quasipaa jiulongensis*		易危		+
双团棘胸蛙 *Gynandropaa yunnanensis*		濒危		+
黑斑侧褶蛙 *Pelophylax nigromaculatus*		近危		+
威宁趾沟蛙 *Pseudorana weiningensis*		近危		+

注："+"表示少见种；"++"表示常见种；"+++"表示优势种。"CITES"栏中"Ⅰ"表示列入 CITES 附录Ⅰ的种类，"Ⅱ"表示列入 CITES 附录Ⅱ的种类。

后河保护区内的环境优良，水系发达，很适合两栖动物的生长发育，两栖动物有 41 种，物种多样性十分丰富，无疑是湖北省两栖动物物种多样性最丰富的地区之一。众多两栖类中，部分种类野生数量稀少，主要有如下几种。

(1) 细痣瑶螈 *Yaotriton asperrimus* Unterstein，蝾螈科，濒危，国家二级重点保护野生动物

别名：疣螈、黑痣疣螈、山腊狗。

濒危等级：濒危，二级

形态特征：体长 11~15cm，雌螈一般大于雄螈。头部扁平，吻端平切，外鼻孔位于近吻端。除唇缘、指、趾及尾外，全身布满瘰粒与疣粒。头侧棱脊显著，背中线棱脊明显。体侧自肩部向后至尾基部各有一列整齐的瘰粒。前后肢几乎等长，指扁平，末端钝圆。体色除尾部腹缘及四指为橘红色外，其余部分均为黑色。

生态习性：细痣瑶螈栖息于海拔 500~1500m 的山间密林地带，栖息于静水塘及其附近潮湿的腐叶中或树根下的土洞内，繁殖季节过后，离开水塘，常栖于山坡植物根部或上穴内。以林间昆虫、蛞蝓、蚯蚓及其他小动物为食。

地理分布：广东、广西、四川、贵州、甘肃、湖南、安徽、湖北等省份。

资源现状及保护：细痣瑶螈仅产于中国和越南，在保护区内茶元坡（海拔 1210m）和壶坪山林场（海拔 1320m）首次发现，为湖北新记录。

(2) 大鲵 *Andrias davidianus*（Blanchard），隐鳃鲵科，极危，国家二级重点保护野生动物

别名：娃娃鱼、脚鱼、孩儿鱼、啼鱼、腊狗、狗鱼。

濒危等级：极危，二级

形态特征：体大，全长 336~605mm，大者达 1m 左右，体重 5~25kg。头部扁平而宽阔，无眼睑，口裂大，上唇唇褶在口后缘清晰。躯干粗扁，沿体侧各有一长条皮肤褶。趾基有蹼，蹼不发达。尾侧扁，尾背鳍褶高而厚，尾腹鳍褶在近尾梢处较为显著。皮肤光滑。头部背腹面疣粒成对，在眼眶下方、口角后、咽喉部以及颈侧有成行之疣粒，体侧皮肤褶下方之疣粒较大，成对小疣在这些部位则不明显，其他部位之皮肤均较光滑。全身深棕褐色，背面有不规则之黑斑，腹面色较浅。

生态习性：生活在海拔 100~1200m 的山涧急流而清凉的小溪或泉水中。常栖息在深潭内的岩洞、石穴之中。夜出捕食，常守候在滩口乱石间，发现猎物经过，突然张嘴捕食。主食为蟹、蛙、鱼、虾以及水生昆虫等，喜食蟹类。耐饥力很强。5~9 月是大鲵的繁殖季节。雌鲵在洞穴内或在浅水滩上产卵。产卵一般在夜间进行。卵径 5~8mm，为乳黄色。受精卵在水温 14~21℃ 的条件下，经 38~40d 孵化。1 月龄幼鲵能游泳和摄食。大鲵的寿命在两栖动物中是较长的种类之一。

地理分布：河北、河南、山西、陕西、甘肃、青海、四川、贵州、云南、湖北、安徽、江苏、浙江、江西、湖南、福建、广东、广西等省份。

资源现状及保护：大鲵是中国的特产动物，仅见于我国南方各省份，它是现存两栖动物中较为原

始的种类,在研究动物进化方面以及其他科研、教学等都有一定的价值。由于人们过度捕捞以及江河污染,栖息环境遭到破坏,致使大鲵数量剧降。我国已将大鲵列入国家二级重点保护野生动物。CITES将它列入附录Ⅰ,禁止贸易。在保护区内杨家河曾经多达40尾,现已急剧下降。

(3)虎纹蛙 Hoplobatrachus rugulosa(Weigmann),蛙科,国家二级重点保护野生动物

别名:田鸡,水鸡。

形态特征:大型蛙类,全长6.6~12.1cm。背面皮肤粗糙,具有肤棱及小疣粒。身体背面黄绿色或灰棕色,散布有不规则的深色斑纹,四肢横纹明显,腹面白色,或在咽喉部有灰棕色斑。下颌前部有两个齿状骨突。趾间具全蹼。

生态习性:生活在水田、池塘或沟渠中,很少离开水域。白天多隐藏在洞穴,洞穴较深。腿发达,跳跃能力强。非常机警,稍有动静即跳入深水中。主食多种昆虫,也捕食蜘蛛等节肢动物、蚯蚓及小型蛙类或蝌蚪。在田中或静水坑内产卵,产卵期集中在5月前后,卵径约1.8mm,卵单粒或数十粒连成片,漂浮在水面。

地理分布:国外分布于印度、尼泊尔、锡金、孟加拉国、斯里兰卡、泰国、印度尼西亚、菲律宾等。国内分布于河南、陕西、四川、云南、贵州、湖北、安徽、江苏、浙江、福建、湖南、台湾、广东、广西、海南和香港等省份。

资源现状及保护:虎纹蛙捕食大量农田害虫,在农业生产上具有重要生态价值。近年来虎纹蛙遭受大量滥捕,再加上农业上农药和杀虫剂的使用,导致种群数量剧降。CITES将它列入附录Ⅱ,限制贸易。在中国,虎纹蛙已被列为国家二级重点保护野生动物。在保护区内百溪河村(海拔440m)和长坡村(海拔1134m)均有发现。

7.4 爬行类动物

7.4.1 种类组成

通过历年的实地调查和此次科学考察,查阅了有关文献资料,得知后河保护区的爬行动物有2目10科53种,占后河保护区内已知陆生脊椎动物总种数的14.36%,其种类组成见表7-6。

表7-6 湖北后河国家级自然保护区爬行动物各科种数比较

科别	龟科	鳖科	壁虎科	蛇蜥科	蜥蜴科	石龙子科	鬣蜥科	游蛇科	眼镜蛇科	蝰科	合计
种数	1	1	1	1	3	4	1	31	3	7	53
百分比(%)	1.9	1.9	1.9	1.9	5.66	7.55	1.9	58.49	5.66	13.21	100.00

从上述比较结果看出,在湖北后河国家级自然保护区的爬行动物中,游蛇科的种类最多,有31种,占总种数的58.49%;其次是蝰科,有7种,占13.21%;列第3的是石龙子科,有4种,占7.55%;并列第4的是眼镜蛇科和蜥蜴科,有3种,占5.66%;列第6的是龟科、鳖科、壁虎科、蛇蜥科、鬣蜥科各1种,各占2.1%。由此可见,游蛇科的种类最多,也是后河保护区爬行动物组成的突出特点。

本次调查共获取爬行类6科25种,其中,丽纹攀蜥、绞花林蛇、桑植腹链蛇和刘氏链蛇为该地区新记录物种,黑眉晨蛇和王锦蛇在《中国物种红色名录》中为濒危物种,乌梢蛇为易危物种,玉斑丽蛇未评估,其余无危。调查中,收集到原矛头蝮新鲜残骸,亦为该地区新记录物种。优势种是铜蜓蜥、福建绿蝰、大眼斜鳞蛇。

7.4.2 区系分析

根据调查研究,湖北后河国家级自然保护区的爬行动物有2目10科53种。其区系特征是东洋界

种 43 种，占 81.13%；古北界种 2 种，占 3.77%；广布种 8 种，占 15.09%，仍以东洋界种占绝对优势，广布种次之，古北界种最少。这说明保护区爬行动物倾向于南方的东洋界，种类最多，因爬行动物与两栖动物一样对环境温差敏感，地理位置越往南，种类则越多，东洋界区系成分所占的比例就越高。保护区内广布种种类非常丰富，爬行动物的广布种湖北省有 8 种，而该区都有分布，占全省广布种的 100%；古北界种湖北省有 9 种，该区只占 2 种，占全省古北界种的 22.2%，就其所处的地理位置和复杂的区系特点也与两栖动物相似。

7.4.3 生态分布

湖北后河国家级自然保护区属武陵山脉，地形复杂，垂直分布明显，优越的自然地理环境为爬行动物生存和繁殖提供了良好的栖息环境，其数量、分布特点如下。

①中低山区（海拔 440~1000m）：在中低山区分布的有龟、鳖，但数量不多，南草蜥、北草蜥、铜蜓蜥、中国石龙子、蓝尾石龙子、多疣壁虎、王锦蛇、黑眉锦蛇、赤链蛇、翠青蛇、玉斑锦蛇、山溪后棱蛇、虎斑颈槽蛇、乌梢蛇、银环蛇、舟山眼镜蛇、竹叶青等为常见种和优势种，多栖息于居民区、农田、水塘及附近森林灌丛中，尤其是王锦蛇、黑眉锦蛇、乌梢蛇的数量最多，资源非常丰富。

②中山区（海拔 1000~2252.2m）：中山区爬行动物的分布相对较少，以铜蜓蜥、北草蜥、黑脊蛇、王锦蛇、乌梢蛇、黑背白环蛇、福建颈斑蛇、中华斜鳞蛇、黑头剑蛇、竹叶青、菜花原矛头蝮、原矛头蝮、白头蝰等常见种和优势种，尤以乌梢蛇、竹叶青、菜花原矛头蝮、原矛头蝮的资源非常丰富，这也是保护区内爬行动物数量及生态分布的突出特点。

7.4.4 保护爬行类

后河保护区的爬行动物现已记录的有 48 种，其中，国家二级重点保护野生动物 1 种，即脆蛇蜥。湖北省重点保护野生动物 9 种；中国濒危爬行类濒危 6 种、易危 8 种、近危 1 种；CITES 附录 Ⅱ 2 种（表 7-7）。

表 7-7 后河保护区珍稀濒危爬行动物

物种名称	中国重点保护野生动物级别	中国脊椎动物红色名录	CITES	种群大小
乌龟 *Chinemys reevesii*		濒危		+
中华鳖 *Pelodiscus sinensis*		濒危		+
脆蛇蜥 *Ophisaurus harti*	二	濒危		+
王锦蛇 *Elaphe carinata*		濒危		+++
玉斑锦蛇 *Elaphe mandarina*		易危		+
紫灰蛇 *Oreocryptophis*		易危		+
黑眉锦蛇 *Elaphe taeniura*		易危		+++
灰鼠蛇 *Ptyas korros*		易危		+
滑鼠蛇 *Ptyas mucosus*		濒危	Ⅱ	+
乌梢蛇 *Zaocys dhumnades*		易危		+++
银环蛇 *Bungarus multicinctus*		易危		+
舟山眼镜蛇 *Naja atra*		易危	Ⅱ	+
白头蝰 *Azemiops feae*		易危		+
尖吻蝮 *Deinagkistrodon acutus*		濒危		++
短尾蝮 *Gloydius brevicaudus*		近危		++

后河保护区内的爬行动物物种很多，均具有食用、药用和科学研究价值。从此次科学考察的结果看，无毒蛇的种类比较丰富，而无毒蛇中个体大，数量最多的是王锦蛇、黑眉锦蛇、乌梢蛇这3种蛇，是主要的食用性蛇类。

后河保护区内已知的毒蛇有10种，湖北省毒蛇种类的100%在该区都有分布，特别是尖吻蝮、菜花原矛头蝮、原矛头蝮的数量比较多。银环蛇、舟山眼镜蛇、尖吻蝮是我国传统珍贵的中药材，是保护区重要的药用动物资源。

7.5 鸟类动物

7.5.1 种类组成

科学考察研究结果显示，后河保护区共有鸟类动物255种，隶属于16目55科（见附录四），占湖北省鸟类动物总种数（521种）的48.94%。

在鸟类动物种类组成结构中，雀形目动物种类最多，共有170种，占66.67%；其次是鹰形目动物有18种，占7.06%；鹈形目和啄木鸟目动物各有9种，分别占3.53%；鹃形目、鸮形目和鸽形目动物各有7种，分别占2.75%；鸡形目和隼形目动物各有5种，分别占1.96%；雁形目、鸽形目、和佛法僧目动物各有4种，分别占1.57%；夜鹰目和鹤形目动物各有2种，分别占0.78%；鹃鹈目和犀鸟目动物各有1种，分别占0.39%（表7-8）。可见，后河保护区鸟类动物类群中，雀形目动物种类最多，是优势类群。

表7-8 后河保护区鸟类动物种类组成

目	科	物种数	占鸟类总种数(%)	目	科	物种数	占鸟类总种数(%)
鸡形目	雉科	5	1.96		莺莺科	2	0.78
雁形目	鸭科	4	1.57		鳞胸鹪鹛科	1	0.39
鹃鹈目	鹃鹈科	1	0.39		蝗莺科	3	1.18
鸽形目	鸠鸽科	4	1.57		燕科	4	1.57
夜鹰目	雨燕科	2	0.78		鹎科	6	2.35
鹃形目	杜鹃科	7	2.75		柳莺科	15	5.88
鹤形目	秧鸡科	2	0.78		树莺科	5	1.96
	鸻科	2	0.78		长尾山雀科	2	0.78
鸻形目	鹬科	4	1.57		莺鹛科	7	2.75
	鸥科	1	0.39	雀形目	绣眼鸟科	5	1.96
鹈形目	鹭科	9	3.53		林鹛科	4	1.57
鹰形目	鹰科	18	7.06		幽鹛科	2	0.77
鸮形目	鸱鸮科	7	2.75		噪鹛科	12	4.71
犀鸟目	戴胜科	1	0.39		鸦科	1	0.39
佛法僧目	翠鸟科	4	1.57		鹪鹩科	1	0.39
啄木鸟目	拟啄木鸟科	1	0.39		河乌科	1	0.39
	啄木鸟科	8	3.14		椋鸟科	3	1.18
隼形目	隼科	5	1.96		鸫科	8	3.14
雀形目	黄鹂科	1	0.39		鹟科	28	10.98
	莺雀科	1	0.39		戴菊科	1	0.39

(续)

目	科	物种数	占鸟类总种数(%)	目	科	物种数	占鸟类总种数(%)
雀形目	山椒鸟科	5	1.96	雀形目	啄花鸟科	1	0.39
	卷尾科	3	1.18		花蜜鸟科	2	0.78
	王鹟科	1	0.39		梅花雀科	1	0.39
	伯劳科	4	1.57		雀科	2	0.78
	鸦科	7	2.75		鹡鸰科	8	3.14
	玉鹟科	1	0.39		燕雀科	9	3.53
	山雀科	3	1.18		鹀科	9	3.53
	扇尾莺科	1	0.39				

7.5.2 区系分析

依据张荣祖的划分方法(2011)对中国动物地理区划的划分，后河保护区应属于东洋界的中印亚界的华中区。后河保护区分布有255种鸟类，按其地理分布型可分为3种类型：①古北种：即完全或主要分布于古北界的鸟类；②东洋种：即完全或主要分布于东洋界的鸟类；③广布种：即繁殖范围跨古北与东洋两界，甚至超出两界，或者现知分布为非常有限，很难从其分布范围分析出区系从属关系的鸟类。各分布型鸟类的种数见表7-9。对于具有很强扩散能力、可以跨越很多地形障碍的鸟类来说，一些地理屏障可能不具有阻碍其扩散的作用。因此，鸟类的两大区系相互混杂的范围要比两栖、爬行和哺乳动物更广。后河保护区鸟类区系以东洋界种类为主，占到了保护区鸟类物种的59.22%，但也有一定数量的古北型。如黑鸢(*Milvus migrans*)、普通鵟(*Buteo japonicus*)、金雕、北红尾鸲(*Phoenicurus auroreus*)和灰喜鹊(*Cyanopica cyanus*)等古北界种类在保护区内有分布；而白鹭(*Egretta garzetta*)、松雀鹰、红腹锦鸡、大拟啄木鸟(*Psilopogon virens*)、红嘴蓝鹊(*Urocissa erythroryncha*)和黄臀鹎(*Pycnonotus xanthorrhous*)等东洋界种在后河保护区内也很常见。

表7-9 后河保护区鸟类的地理分布型

地理分布型	鸟类种数	占鸟类总种数(%)
广布型	55	21.57
古北界型	49	19.22
东洋界型	151	59.22
总计	255	100.00

后河保护区处于亚热带季风性气候区，气候温暖，常年留于保护区的留鸟有134种，占保护区鸟类种数的52.55%，如红腹锦鸡、珠颈斑鸠(*Streptopelia chinensis*)、牛背鹭(*Bubulcus ibis*)、金雕、游隼(*Falco peregrinus*)和绿背山雀(*Parus monticolus*)等(表7-10)。

春末夏初迁至后河保护区，夏末秋初离开的夏候鸟共有59种，占保护区鸟类种数的23.14%。如棉凫、燕隼(*Falco subbuteo*)、大鹰鹃(*Hierococcyx sparverioides*)、池鹭(*Ardeola bacchus*)、长尾山椒鸟(*Pericrocotus ethologus*)等(表7-10)。

秋末冬初迁至后河保护区越冬的冬候鸟共有33种，占保护区鸟类种数的12.94%。如中华秋沙鸭、普通鵟(*Buteo japonicus*)、雀鹰(*Accipiter nisus*)、黄腰柳莺(*Phylloscopus proregulus*)和燕雀(*Fringilla montifringilla*)等(表7-10)。

迁徙中途经过后河保护区的鸟类共有29种，占保护区鸟类种数的11.37%，如大白鹭(*Ardea*

alba)、凤头蜂鹰(*Pernis ptilorhynchus*)、牛头伯劳(*Lanius bucephalus*)、黄眉柳莺(*Phylloscopus inornatus*)和黑尾蜡嘴雀(*Eophona migratoria*)等(表7-10)。

表7-10 后河保护区鸟类的居留类型

居留类型	鸟类种数	占鸟类总种数(%)
留鸟	134	52.55
夏候鸟	59	23.14
冬候鸟	33	12.94
旅鸟	29	11.37
总计	255	100.00

7.5.3 生态分布

根据我国鸟类的生活方式和结构特征,将其划分为6大生态类群,即游禽、涉禽、猛禽、攀禽、陆禽、鸣禽,这6大生态类群在后河保护区内都有分布。

(1)游禽

游禽一般包括雁形目和䴙䴘目的鸟类,它们具有扁平宽阔或尖的嘴,适于在水中滤食或啄鱼;羽毛大多厚而致密,羽绒发达,构成有效的保暖层;尾脂腺发达,能分泌大量油脂并用嘴涂抹于全身羽毛,以保护羽毛不被水浸湿;脚趾间有蹼。后河保护区共有5种,包括雁形目4种,即鸳鸯、棉凫、绿翅鸭(*Anas crecca*)和中华秋沙鸭以及䴙䴘目的小䴙䴘(*Tachybaptus ruficollis*)。

(2)涉禽

涉禽一般包括鸻形目、鹤形目、鹳形目。涉禽具有喙长、颈长、后肢长等特点,适于涉水捕食生活,不善于游泳,善于飞行,且姿态优美。因为喙、颈长且灵活,因此可将长嘴探入水下或在地面取食,而腿长则可以在较深水域中捕食、活动,脚的长度与能够涉水的深度有密切关系。后河保护区共有18种,包括鹳形目9种、鸻形目7种和鹤形目2种,代表物种有红脚田鸡(*Zapornia akool*)、灰头麦鸡(*Vanellus cinereus*)、池鹭、牛背鹭(*Bubulcus ibis*)和白鹭。

(3)猛禽

猛禽一般包括鹰形目、隼形目和鸮形目所有种。猛禽类视觉器官发达,翅膀和足强而有力,能够在天空翱翔或滑翔,捕食空中、水面或地下活动的猎物。猛禽类通常具有向下弯曲如钩的锐利的喙和爪,有利于撕裂捕获物;羽色多暗淡,以灰色、褐色、黑色和棕色为主,飞行无声,不易被捕食对象发现。后河自然保护区共有30种,包括鹰形目18种、鸮形目7种和隼形目5种。代表物种有金雕、蛇雕(*Spilornis cheela*)、凤头鹰(*Accipiter trivirgatus*)、普通鵟、游隼和雕鸮(*Bubo bubo*)。

(4)陆禽

陆禽一般包括鸡形目、鸽形目和沙鸡目的鸟类。陆禽大多数是在地面活动、觅食,一般雌雄羽色有明显的差别,雄鸟羽色更为华丽。它们体格结实,喙坚硬且多为弓形,适于啄食;翅短圆退化,不能长距离飞行;后肢强而有力,适于地面行走和刨土。后河自然保护区共有9种,包括鸡形目5种和鸽形目4种,包括灰胸竹鸡(*Bambusicola thoracicus*)、勺鸡(*Pucrasia macrolopha*)、红腹锦鸡、红腹角雉、环颈雉(*Phasianus colchicus*)、山斑鸠(*Streptopelia orientalis*)、火斑鸠(*Streptopelia tranquebarica*)、珠颈斑鸠和红翅绿鸠(*Treron sieboldii*)。

(5)攀禽

攀禽一般包括鹃形目、佛法僧目、啄木鸟目、夜鹰目和鹦形目的鸟类。攀禽善于在岩壁、石壁、土壁、树上等处攀缘。攀禽的喙、脚和尾的构造较特殊,喙尖利如凿,善于啄凿;脚强健有力,脚趾形态多样;尾羽轴坚韧,尾羽起支撑体重的作用。后河自然保护区共有23种,包括啄木鸟目9种、鹃形目7种、佛法僧目4种、夜鹰目2种和犀鸟目1种。代表物种有噪鹃(*Eudynamys scolopaceus*)、大杜鹃(*Cuculus canorus*)、蓝翡翠(*Halcyon pileata*)、普通翠鸟(*Alcedo atthis*)、蚁䴕(*Jynx torquilla*)、星头啄木鸟(*Dendrocopos canicapillus*)和戴胜(*Upupa epops*)。

(6)鸣禽

鸣禽一般指雀形目的鸟类。鸣禽一般体形较小，体态轻捷，活泼灵巧，善于鸣叫和歌唱，且巧于筑巢。鸣禽的喉部下方有鸣管，由鸣腔和鸣膜组成，鸣叫器官(鸣管和鸣肌)非常发达。鸣禽是六大类群中数量最多的一类，约占世界鸟类数的3/5。后河保护区共有170种鸣禽，它们是后河保护区鸟类的主体，代表物种有乌鸫(*Turdus mandarinus*)、黄腰柳莺、黑枕黄鹂(*Oriolus chinensis*)、大山雀(*Parus cinereus*)、喜鹊(*Pica pica*)等。

7.5.4 珍稀及特有鸟类

根据本次调查，后河保护区分布有国家一级重点保护野生鸟类2种，分别是金雕和中华秋沙鸭；国家二级重点保护野生鸟类46种，包括红腹角雉、棉凫、赤腹鹰、松雀鹰、灰林鸮、领鸺鹠、红脚隼、红嘴相思鸟和蓝鹀等。依据《世界自然保护联盟濒危动物红色名录》(IUCN，2019)，后河保护区分布有受威胁鸟类物种4种，其中，中华秋沙鸭被列为濒危(EN)，白颈鸦、白喉林鹟和田鹀被列为易危(VU)。根据《濒危野生动植物种国际贸易公约》(CITES，2019)，后河保护区分布的鸟类列入CITES附录Ⅰ的鸟类包括游隼1种，它是"受到和可能受到贸易的影响而有灭绝危险的物种"；列入附录Ⅱ的鸟类包括31种，这些鸟类是"目前虽未濒临灭绝，但如对其贸易不严加管理，就可能变成有灭绝危险的物种"；列入附录Ⅲ的鸟类包括1种，这些鸟类是"任一成员国(此处指我国)认为属其管辖范围内应进行管理以防止或限制开发利用，而需要其他成员国合作控制贸易的物种"。后河自然保护区的鸟类有5种被《中国脊椎动物红色名录(2016)》列为受威胁物种，其中，中华秋沙鸭和棉凫被列为濒危(EN)，金雕、白腹隼雕(*Aquila fasciata*)和白喉林鹟被列为易危(VU)(表7-11)。

总之，后河保护区分布的鸟类被列入CITES、中国重点保护野生动物、《IUCN红色名录》和《中国脊椎动物红色名录》的共有50种，占后河保护区鸟类物种数的19.61%。后河保护区为这些濒危鸟类提供了避难所(表7-11)。

表7-11 后河保护区珍稀濒危鸟类

物种	CITES			《IUCN红色名录》	中国重点保护野生动物级别	《中国脊椎动物红色名录》
	附录Ⅰ	附录Ⅱ	附录Ⅲ			
红腹角雉 *Tragopan temminckii*					二	
勺鸡 *Pucrasia macrolopha*			√		二	
红腹锦鸡 *Chrysolophus pictus*					二	
鸳鸯 *Aix galericulata*					二	
棉凫 *Nettapus coromandelianus*					二	EN
中华秋沙鸭 *Mergus squamatus*				EN	—	EN
红翅绿鸠 *Treron sieboldii*					二	
凤头蜂鹰 *Pernis ptilorhynchus*		√			二	
褐冠鹃隼 *Aviceda jerdoni*		√			二	
黑冠鹃隼 *Aviceda leuphotes*		√			二	
蛇雕 *Spilornis cheela*		√			二	
金雕 *Aquila chrysaetos*		√			—	VU
白腹隼雕 *Aquila fasciata*		√			二	VU

（续）

物种	CITES			《IUCN红色名录》	中国重点保护野生动物级别	《中国脊椎动物红色名录》
	附录Ⅰ	附录Ⅱ	附录Ⅲ			
凤头鹰 Accipiter trivirgatus		√			二	
赤腹鹰 Accipiter soloensis		√			二	
日本松雀鹰 Accipiter gularis		√			二	
松雀鹰 Accipiter virgatus		√			二	
雀鹰 Accipiter nisus		√			二	
苍鹰 Accipiter gentilis		√			二	
白腹鹞 Circus spilonotus		√			二	
白尾鹞 Circus cyaneus		√			二	
鹊鹞 Circus melanoleucos		√			二	
黑鸢 Milvus migrans		√			二	
灰脸鵟鹰 Butastur indicus		√			二	
普通鵟 Buteo japonicus		√			二	
领角鸮 Otus lettia		√			二	
红角鸮 Otus sunia		√			二	
雕鸮 Bubo bubo		√			二	
灰林鸮 Strix aluco		√			二	
领鸺鹠 Glaucidium brodiei		√			二	
斑头鸺鹠 Glaucidium cuculoides		√			二	
鹰鸮 Ninox scutulata		√			二	
红隼 Falco tinnunculus		√			二	
红脚隼 Falco amurensis		√			二	
灰背隼 Falco columbarius		√			二	
燕隼 Falco subbuteo		√			二	
游隼 Falco peregrinus	√				二	
白颈鸦 Corvus pectoralis				VU		
金胸雀鹛 Lioparus chrysotis					二	
白眶鸦雀 Sinosuthora conspicillata					二	
红胁绣眼鸟 Zosterops erythropleurus					二	
画眉 Garrulax canorus		√			二	
眼纹噪鹛 Garrulax ocellatus					二	
棕噪鹛 Garrulax berthemyi					二	
橙翅噪鹛 Trochalopteron elliotii					二	
红嘴相思鸟 Leiothrix lutea		√			二	
白喉林鹟 Cyornis brunneatus				VU	二	VU
棕腹大仙鹟 Niltava davidi					二	
蓝鹀 Emberiza siemsseni					二	

后河保护区共有12种中国特有鸟类(表7-12)，占保护区鸟类物种数的4.71%。后河保护区内有分布的中国特有鸟类以雀形目物种为主，有少量鸡形目物种。

表7-12 后河保护区内的中国特有鸟类

目	科	种
鸡形目	雉科	灰胸竹鸡 Bambusicola thoracicus
		红腹锦鸡 Chrysolophus pictus
雀形目	山雀科	黄腹山雀 Pardaliparus venustulus
	蝗莺科	四川短翅蝗莺 Locustella chengi
	长尾山雀科	银喉长尾山雀 Aegithalos glaucogularis
		银脸长尾山雀 Aegithalos fuliginosus
	莺鹛科	白眶鸦雀 Sinosuthora conspicillata
	噪鹛科	棕噪鹛 Garrulax berthemyi
		橙翅噪鹛 Trochalopteron elliotii
	鸫科	乌鸫 Turdus mandarinus
		宝兴歌鸫 Turdus mupinensis
	鹀科	蓝鹀 Emberiza siemsseni

主要珍稀及特有鸟类描述如下。

(1) 游隼 *Fao peregrinus*

中型猛禽。虹膜黑色，喙灰色，蜡膜黄色。眼周黄色，颊有黑色髭纹，头至后颈黑灰色，上体蓝灰色，喉白色，具白色半领环，上胸散步黑色斑点，下胸至尾下覆羽密具黑色横斑纹，尾具黑色横斑。腿及脚黄色。见于草原、湿地等多种开阔生境。世界各地分布。不常见留鸟及季候鸟。飞行甚快，并从高空呈螺旋形而下猛扑猎物。为世界上飞行最快的鸟种之一。

(2) 金雕 *Aquila chrysaetos*

大型猛禽。虹膜褐色，喙灰色。体羽深褐色，头顶黑褐色，枕后颈羽柳叶状呈金黄色。飞行时两翼呈"V"形。栖息于平原、岩崖山及开阔原野，捕食雉类、土拨鼠及其他哺乳动物。分布范围较广，留鸟，罕见。

(3) 中华秋沙鸭 *Mergus squamatus*

形态清秀，雄鸟头、颈黑色而泛绿色光泽，具长羽冠，背黑色，下体和前胸白色，两胁具明显的黑色鳞状斑。雌鸟头、颈栗褐色，羽冠较短，眼先和过眼纹深褐色，上体灰褐色，颏、喉、前胸和下体白色，两胁具鳞状斑。虹膜褐色，喙狭长而尖端带钩，鲜红色，尖端明黄色，脚橘红色。喜在多溪流的林间树洞中繁殖，越冬于河流、湖泊和水库中。多只个体之间常有协作捕鱼的行为。

(4) 红腹锦鸡 *Chrysolophus pictus*

雄鸟头部至枕部具有金色丝状羽冠，披肩为橙棕色，上背浓绿色，余部金黄色，下体通红。雌鸟全身羽色以棕色为基调。尾长而弯曲，脚黄色。单独或成小群活动，喜有矮树的山坡及次生亚热带阔叶林及落叶阔叶林。分布在中国中南部地区，留鸟，地区性常见。中国特有鸟类。

(5) 四川短翅蝗莺 *Locustella chengi*

2015年在中国发表的鸟类新种，中国特有鸟类。雌雄相似虹膜黄色，喙全黑。极似高山短翅蝗莺(*Locustella mandelli*)，可通过鸣声区分。见于海拔1000~2300m的山区，行动非常隐秘，活动于山地灌丛中。分布于四川、陕西、贵州、湖北、湖南及其临近省份，留鸟，罕见。中国特有鸟类。

7.5.5 本次调查与 1999 年科学考察对比

通过对比本次调查与 1999 年后河保护区科学考察得到的鸟类名录，发现 1999 年科学考察记录后河保护区内共有 158 种鸟类，本次调查共记录到 225 种，新记录 111 种。

(1) 后河保护区新记录物种

与 1999 年的后河保护区科学考察相比，本次调查新记录到 111 种鸟类，其中有国家一级重点保护野生鸟类中华秋沙鸭；国家二级重点保护野生鸟类棉凫、凤头蜂鹰、黑冠鹃隼（*Aviceda leuphotes*）、蛇雕、白腹隼雕、日本松雀鹰（*Accipiter gularis*）、灰脸鵟鹰（*Butastur indicus*）、领角鸮（*Otus lettia*）、雕鸮、红脚隼、游隼、金胸雀鹛（*Lioparus chrysotis*）和红胁绣眼鸟（*Zosterops erythropleurus*）；还有红脚田鸡、扇尾沙锥（*Gallinago gallinago*）、斑鱼狗（*Ceryle rudis*）、黄嘴栗啄木鸟（*Blythipicus pyrrhotis*）、虎纹伯劳（*Lanius tigrinus*）、高山短翅蝗莺、乌嘴柳莺（*Phylloscopus magnirostris*）、银喉长尾山雀（*Aegithalos glaucogularis*）和蓝鹀等物种。

(2) 在后河保护区可能有分布，但未被调查到的物种

根据 IUCN 物种分布图、1999 年的后河保护区科学考察、《中国鸟类分类与分布名录》和中国观鸟记录中心记载湖北省有分布，且出现在后河保护区周边大概率会在后河保护区出现而本底调查没有记录到的物种有 25 种。其中包括褐冠鹃隼（*Aviceda jerdoni*）、苍鹰（*Accipiter gentilis*）、白腹鹞（*Circus spilonotus*）、白尾鹞（*Circus cyaneus*）、鹊鹞（*Circus melanoleucos*）、鹰鸮（*Ninox scutulata*）、灰背隼（*Falco columbarius*）和燕隼（*Falco subbuteo*）8 种猛禽。因为猛禽栖息地特殊，大多是远离人迹的高山峻岭和百丈悬崖，调查人员难以接近栖息地，观测难度高；其次猛禽位于食物链的顶端，数量稀少，难以寻找，可遇而不可求。而极北柳莺和冕柳莺是只在迁徙中途经过后河保护区的旅鸟，它们在保护区出现的时间短，加之身形小，行动灵活，较难被观测到。短脚金丝燕、金眶鸻、黑苇鸦、白喉林鹟等鸟类则是春末夏初迁至后河保护区，夏末秋初离开的夏候鸟，平时较难遇见。

1999 年的后河自然保护区科学考察记录有白冠长尾雉和海南鸦，但本次调查未记录到它们。白冠长尾雉（*Syrmaticus reevesii*）为我国特有珍稀物种，隶属鸟纲（Aves）鸡形目雉科长尾雉属，是我国现有长尾雉属鸟类中，尾羽最长、体形最大的一种。20 世纪，白冠长尾雉广泛分布于我国中部地区及西南山地，其分布区包括甘肃、四川、贵州、湖北和安徽等 10 个省份。但由于栖息地破碎化和非法狩猎等原因，白冠长尾雉的分布范围急剧萎缩。1999 年后河保护区科学考察中，在新厂、门坎岩发现白冠长尾雉。周春发等人于 2011 年对白冠长尾雉原有的分布地区进行了重新调查，在湖北省的调查发现，9% 的地区在近 30 年内已经灭绝，其中包括后河保护区所在区域。白冠长尾雉现主要分布于大别山区、神农架和秦岭山区一带，种群数量也急剧下降。后河保护区在后续的调查中未再见到白冠长尾雉。海南鸦（*Gorsachius magnificus*）是全球最受威胁的鹭科物种，是我国特有鸟类，数量十分稀少，分布极为狭窄。海南鸦在全球的确切发现与采集地点仅 35 处，除了广西南部、广东车八岭、江西九连山和浙江千岛湖有较为稳定的繁殖小种群外，其他只是零星分散于上述地区，互相不成片。1902 年曾有人在湖北省崇阳县目睹海南鸦。20 世纪 90 年代初，科研工作者在湖北神农架自然保护区有观察到海南鸦的活动，而 2001 年再次考察时，海南鸦及其栖息生境都已因水库建设而消失了。1999 年后河保护区科学考察中，在干沟河发现海南鸦。后河保护区在后续的调查未再见到海南鸦。由于这两个物种种群数量稀少，监测到的可能性较低，笔者还需要进一步调查两者在后河保护区内的分布情况。

(3) 过去科学考察报告可能出现了判断失误的物种

1999 年的后河保护区科学考察记载的部分物种，现在根据 IUCN 物种分布图、《中国鸟类分类与分布名录》和中国观鸟记录中心记载的发现在后河保护区没有分布，而这些物种都是未受威胁的物种，因此它们在保护区内灭绝的可能性较低，因此应该是 1999 年的后河保护区科学考察将物种判读错误。

栗斑杜鹃（*Cacomantis sonneratii*）隶属于鹃形目杜鹃科，喜林缘、林窗和耕地边缘等开阔有树生境，

在中国罕见于川西南部及云南南部的低山地带，上至海拔1200m。

褐渔鸮(*Ketupa zeylonensis*)隶属于鸮形目鸱鸮科，栖息于热带森林有浓荫遮蔽的河流中，在中国见于西藏东南部、云南、广西、海南岛、广东、香港。

大鹃鵙(*Coracina macei*)隶属于雀形目鹃鵙科，多单独或成小群栖息于中低海拔的丘陵和低山林地，多活动于林地的树冠层，在中国分布于云南、贵州、广西、广东、香港、福建以及海南岛和台湾岛。

粉红山椒鸟(*Pericrocotus roseus*)隶属于雀形目鹃鵙科，栖息于中低海拔森林中，尤其喜好林缘、开阔林地和田边疏林，在中国分布于重庆西南部、四川南部、云南、贵州、广西、广东以及海南岛。

纵纹绿鹎(*Pycnonotus striatus*)隶属于雀形目鹎科，栖息于1000~2500m的山地森林中，在中国见于西藏、云南及广西南部。

白眶雀鹛(*Alcippe nipalensis*)隶属于雀形目幽鹛科，集小群栖息于中低海拔的山地阔叶林下的灌木及竹林中，在中国见于西藏东南部。

河乌(*Cinclus cinclus*)隶属于雀形目河乌科，栖息于山地林区清澈而湍急的溪流中，甚常见于海拔2400~4250m的适宜生境，在中国见于新疆阿尔泰山、天山、喀什及西昆仑山，西藏南部至云南西北部以及青藏高原东部至甘肃、四川北部。

黑背燕尾(*Enicurus immaculatus*)隶属于雀形目鸫科，栖息于中海拔山地的溪流、河畔及沟渠间，在中国仅见于云南西部和西南部。

7.6 哺乳类动物

7.6.1 种类组成

调查研究结果显示，后河保护区共有哺乳动物68种，隶属于8目24科(见附录六)。

在哺乳动物种类组成结构中，啮齿目动物种类最多，共有29种，占42.65%；其次是食肉目动物有14种，占20.59%；劳亚食虫目动物有9种，占13.24%；翼手目动物有7种，占10.29%；偶蹄目动物有6种，占8.82%；灵长目、鳞甲目和兔形目动物各有1种，分别占1.47%(表7-13)。可见，后河自然保护区哺乳动物类群中，啮齿目动物种类最多，是优势类群。

表7-13 后河保护区哺乳动物种类组成

目	科	物种数	百分比(%)
劳亚食虫目	猬科	1	1.47
	鼹科	2	2.94
	鼩鼱科	6	8.83
翼手目	菊头蝠科	3	4.41
	蹄蝠科	2	2.94
	蝙蝠科	2	2.94
灵长目	猴科	1	1.47
鳞甲目	鲮鲤科	1	1.47
食肉目	熊科	1	1.47
	鼬科	6	8.83
	灵猫科	2	2.94
	獴科	1	1.47
	猫科	4	5.88

(续)

目	科	物种数	百分比(%)
鲸偶蹄目	猪科	1	1.47
	麝科	1	1.47
	鹿科	2	2.94
	牛科	2	2.94
啮齿目	松鼠科	8	11.77
	仓鼠科	5	7.35
	鼠科	12	17.65
	刺山鼠科	1	1.47
	鼹型鼠科	2	2.94
	豪猪科	1	1.47
兔形目	兔科	1	1.47

7.6.2 区系分析

后河保护区已知的哺乳动物中，隶属于东洋界的动物种类最多，占保护区总种数的73.53%；古北界种数次之，占保护区总种数的14.71%；广布种种数，占保护区总种数的11.76%（表7-14）。后河保护区在动物地理区划上属东洋界华中区西部山地高原亚区与东部丘陵平原亚区的过渡地段，哺乳动物以东洋界种类为主，这反映了华中区的区系特征。区内的毛冠鹿、中华鬣羚、中国豪猪(*Hystrix hodgsoni*)、中华竹鼠(*Rhizomys sinensis*)均是华中区的代表种，毛冠鹿作为华中区西部山地高原亚区的代表，在本区数量较多，是区内的优势种。此外，保护区内还分布有东北刺猬(*Erinaceus amurensis*)和苛岚绒鼠(*Caryomys inez*)等古北界种类，以及金钱豹和小家鼠(*Mus musculus*)等广布分布物种，这些说明后河保护区地理位置具有较强过渡性。

表7-14 后河保护区哺乳动物各区系种数

所属区系	种数	占总种数百分比(%)
东洋界	50	73.53
古北界	10	14.71
广布种	8	11.76
合计	68	100.00

7.6.3 生态分布

保护区的哺乳动物群落属于亚热带森林、林灌动物群，这与保护区所处的地理环境密切相关。后河自然保护区植被较为丰富，垂直带谱明显，从海拔398m上升到2252.2m，依次出现常绿阔叶林带，常绿、落叶阔叶混交林带，落叶阔叶林带；不规则镶嵌分布有暖性针叶林、温性针叶林带、山地灌丛、竹林、硬叶阔叶林。该区域次生灌丛、草坡和耕地相互交错和混杂。受人类活动影响，动物于各栖息地间有频繁的昼夜往返和季节性迁移。海拔400~1500m地带为常绿阔叶林，常绿、落叶阔叶混交林带，主要植被类型有落叶常绿栎类林、青冈落叶阔叶混交林、水丝梨落叶阔叶混交林、柯落叶阔叶混交林等，林内主要栖息有毛冠鹿、小麂(*Muntiacus reevesi*)、黑熊、珀氏长吻松鼠(*Dremomys pernyi*)、巢鼠(*Micromys minutus*)和黑线姬鼠(*Apodemus agrarius*)等物种。海拔1500~2000m地带为落叶阔叶林带，镶嵌分布有温性针叶林带，林内主要栖息有林麝、中华鬣羚、中华斑羚、白腹巨鼠（*Leopoldamys edwardsi*）和黄胸鼠（*Rattus tanezumi*）等物种。

7.6.4 珍稀及特有哺乳动物

根据本次调查，后河保护区分布有国家一级重点保护野生哺乳动物6种，分别是穿山甲、大灵猫、金猫、云豹、金钱豹和林麝；国家二级重点保护野生哺乳动物8种，分别是猕猴、黑熊、黄喉貂、水獭、豹猫、毛冠鹿、中华斑羚和中华鬣羚。依据《世界自然保护联盟濒危动物红色名录》（IUCN，2020），后河保护区分布有受威胁哺乳动物物种7种，其中，穿山甲被列为极危（CR），林麝被列为濒危（EN），黑熊、云豹、金钱豹、中华斑羚和中华鬣羚被列为易危（VU）。根据《濒危野生动植物种国际贸易公约》（CITES，2019），后河保护区分布的哺乳动物列入CITES附录Ⅰ的哺乳动物有7种，即穿山甲、黑熊、水獭、云豹、金钱豹、中华斑羚和中华鬣羚；列入附录Ⅱ的哺乳动物包括3种，即猕猴、豹猫和林麝；列入附录Ⅲ的哺乳动物包括6种。后河保护区的哺乳动物有14种被《中国脊椎动物红色名录（2016）》列为受威胁物种，其中，穿山甲、云豹、金猫和林麝被列为极危（CR），金钱豹和水獭被列为濒危（EN），喜马拉雅水麝鼩、黑熊、大灵猫和豹猫等8个物种被列为易危（VU）。

总之，后河保护区分布的哺乳动物列入CITES、《IUCN红色名录》（CR/EN/VU）、中国重点保护野生动物、《中国脊椎动物红色名录》（CR/EN/VU）的共有21种，后河保护区为这些濒危哺乳动物提供了避难所（表7-15）。

表7-15 后河保护区珍稀濒危哺乳动物

物种	CITES 附录Ⅰ	CITES 附录Ⅱ	CITES 附录Ⅲ	《IUCN红色名录》	中国重点保护野生动物级别	《中国脊椎动物红色名录》
喜马拉雅水麝鼩 *Chimarrogale himalayica*						VU
穿山甲 *Manis pentadactyla*	√			CR	Ⅰ	CR
猕猴 *Macaca mulatta*		√			Ⅱ	
黑熊 *Ursus thibetanus*	√			VU	Ⅱ	VU
黄喉貂 *Martes flavigula*			√		Ⅱ	
黄腹鼬 *Mustela kathiah*			√			
黄鼬 *Mustela sibirica*			√			
水獭 *Lutra lutra*	√				Ⅱ	EN
大灵猫 *Viverra zibetha*			√		Ⅰ	
果子狸 *Paguma larvata*			√			
食蟹獴 *Herpestes urva*			√			
豹猫 *Prionailurus bengalensis*		√			Ⅱ	VU
金猫 *Pardofelis temminckii*					Ⅰ	CR
云豹 *Neofelis nebulosa*	√			VU	Ⅰ	CR
金钱豹 *Panthera pardus*	√			VU	Ⅰ	EN
林麝 *Moschus berezovskii*		√		EN	Ⅰ	CR
毛冠鹿 *Elaphodus cephalophus*					Ⅱ	VU
小麂 *Muntiacus reevesi*						VU
中华斑羚 *Naemorhedus griseus*	√				Ⅱ	VU
中华鬣羚 *Capricornis milneedwardsii*	√				Ⅱ	VU
复齿鼯鼠 *Trogopterus xanthipes*						VU

特有种，指分布在某一特定区域而不见于其他地区的物种。特有化现象是动物地理学上的概念，地区的特有种分布于特定范围，主要是因为它们携带着应某一地区特殊环境的基因，对生存环境有着特殊要求。因此，特有种研究不仅对整个区域生物多样性的研究与保护具有重要意义，还在研究物种的进化、新种的产生和物种灭绝时发挥着重要作用，后河保护区共有中国特有种9种，占中国特有种的6.8%（表7-16）。

表7-16 后河保护区内的中国特有哺乳动物

目	科	种
劳亚食虫目	鼹科	甘肃鼹 Scapanulus oweni
	鼩鼱科	川鼩 Blarinella quadraticauda
鲸偶蹄目	鹿科	小鹿 Muntiacus reevesi
啮齿目	松鼠科	复齿鼯鼠 Trogopterus xanthipes
		红白鼯鼠 Petaurista alborufus
	仓鼠科	大绒鼠 Eothenomys miletus
		洮州绒鼠 Caryomys eva
		苛岚绒鼠 Caryomys inez
	鼹型鼠科	罗氏鼢鼠 Eospalax rothschildi

主要珍稀及特有哺乳动物描述如下。

(1) 金钱豹 *Panthera pardus*

金钱豹为大中型食肉哺乳动物，四肢强健有力；头圆，耳短，爪锐利伸缩性强；全身颜色鲜亮，毛色棕黄，遍布黑色斑点和环纹，形成古钱状斑纹，故称之为"金钱豹"；其背部颜色较深，腹部为乳白色；腿相对较短；是亚洲最大的带斑点猫类，也是分布最广的旧大陆猫科动物。

金钱豹分布于中国东部、中部和南部。适应性强，见于多种生境类型，从有岩石和灌丛的开阔地到茂密的热带雨林。夜行性，晨昏时活动频繁。善于爬树，白天潜伏在树上、密集的植被中或岩石间休息，少在地面活动。善于隐蔽，潜近各种猎物。食性广泛，随栖息地和分布而发生较大变化。能够捕食大、中、小型各类食物。行动敏捷，跳跃能力强。视觉和听觉灵敏。主要捕食中小型鹿科动物。也捕食树栖鸟类、野兔、猴类、啮齿类、野猪、豪猪等。

(2) 云豹 *Neofelis nebulosa*

背部和体侧有独特的云朵状花斑；两条间断的黑色条纹从脊柱延伸到尾基部；颈上有6条纵纹，始于耳后；四肢和腹侧有大的黑色椭圆形斑块；尾粗且多毛，最初是斑点，接近尾端时变成黑色的环，尾长接近头体长；在身体外形和构造上像大型豹，但大小上像小型豹。

云豹主要分布于中国南部，延伸到印支、东南亚和印度次大陆。云豹主要栖息于原始常绿热带雨林，但也见于次生林和采伐林中。夜行，独居，主要在地面捕食。

(3) 林麝 *Moschus berezovskii*

林麝为小型鹿类动物，雄雌都无角；雄麝上犬齿发达，呈獠牙状；毛被橄榄褐色，臀部褐黑，喉和胸间有一棕褐条纹，纹侧为橘黄；下颌、喉部、颈下以至前胸间，为界限分明的白色或桔黄色区；臀部毛色近黑色，成体不具斑点；雄麝具麝香囊。

林麝多生活在有针叶林、针阔混交林分布的地区，随气候和植被的变化，有垂直迁徙的习性。广布于中国中部和南部。栖息于2000~3800m的针叶林、阔叶林或针阔混交林中。大多于黄昏到黎明之间活动，交替地进食和休息。

(4) 黑熊 *Ursus thibetanus*

体形中等，全身黑色；成年个体胸部有规则的人字形白斑；眼睛相对于躯体较小因而有"黑瞎子"

之称；颈侧毛特别长，形成毛丛。

分布于中国中部、南部、西南部和东北部。多栖息于阔叶林或混交林中，为林栖动物，从低丘至海拔 3000m 的高山都有它们的活动。独居，白天活动，夜间休息。夏季中午，常在岩石旁阴凉处或密林中将树枝折断，铺垫后休息。冬季有冬眠的习性。杂食性，主食嫩的树叶、青草、果实及种子、蘑菇等，尤其喜欢吃壳斗科植物的果实；也吃昆虫及小型脊椎动物；喜食野蜂蜂蜜。嗅觉及听觉灵敏，视觉较差。能直立行走，奔跑速度快，会游泳、善爬树。

（5）水獭 *Lutra lutra*

水獭身体细长，腿短，体被浓密而厚实的浅褐色毛；颈部和腹部的毛色较亮；尾呈锥形，厚实，有肌肉；足有蹼，爪发达；面部前方有大的鼻垫，鼻垫上缘有明显凹度。

水獭遍布欧亚大陆，生活在从海平面到海拔高达 4120m 的淡水区域。主要以鱼类为食，偶尔还吃蛙类、鸟类、水禽、兔类和啮齿类。独居，夜行性，晨昏活动，仅在交配时雌雄相伴。具领域性，以肛门腺体分泌物作为家域范围的标志，雄性的家域大于雌性的。

（6）大灵猫 *Viverra zibetha*

大灵猫是亚洲最大的地栖性灵猫；基色为灰色至灰褐色，在身体和腿上有许多黑点；面颊区除了有眼上斑和大的白色鼻斑外再无其他斑纹；该种的斑纹是灵猫中最突出的；2 条纯白色宽带贯穿耳间和喉部附近，这些白色宽带周围则是黑色宽带。

广泛分布于中国中部和南部，延伸到缅甸、柬埔寨、印度、印度尼西亚等国家。大灵猫见于森林、灌丛和农业地。主要为肉食性，吃鸟类、蛙类、蛇类、小型哺乳动物等。独居，夜行性。尽管多数时间在地面，但也可爬树觅食。具有领地性，用肛门腺喷射出的液体标记领地。以前在中国很丰富，但自 20 世纪 50 年代末以来在大多数地区种群下降。

（5）小麂 *Muntiacus reevesi*

在麂类当中为体形最小，中国特有哺乳动物；额腺及眶下腺明显；雄麂上犬齿成獠牙状，但不如麝和獐发达；雄麂有角，角小，斜向后伸，但角尖稍向后向内弯曲，仅有一个小分叉。全身栗色，角柄内侧至额部有两条黑纹，雌性的黑纹在额间会合；尾背面与背毛同色，腹面白色。

分布于中国中部、南部和东南部以及台湾。栖息于亚热带丘陵、低山的林缘灌丛中。单独或以二三头的家族群活动。晨昏外出觅食。取食各种青草、树木的嫩叶及幼芽。

7.6.5 本次调查与 1999 年科学考察对比

通过对比本次调查与 1999 年后河保护区科学考察得到的兽类名录（除去劳亚食虫目、翼手目以及松鼠科以外的啮齿目），发现 1999 年科考记录后河保护区内共有 43 种兽类，本次红外相机调查共记录到其中的 24 种，还有 19 种动物没有拍摄到（表 7-17）。

表 7-17　本次调查与 1999 年科学考察哺乳动物名录对比

物种	1999 年科学考察	本次调查
猕猴 *Macaca mulatta*	目击	红外相机调查
短尾猴 *Macaca arctoides*	目击；文献记载	
狼 *Canis lupus*	访问；收购记录	
豺 *Cuon alpinus*	访问；收购记录	
貉 *Nyctereutes procyonoides*	访问；收购记录；文献记载	
赤狐 *Vulpes vulpes*	访问；收购记录；文献记载	
黑熊 *Ursus thibetanus*	采到标本；拍到照片；收购记录	红外相机调查
猪獾 *Arctonyx collaris*	采到标本；拍到照片；收购记录	红外相机调查

(续)

物种	1999年科学考察	本次调查
水獭 Lutra lutra	目击；收购记录；文献记载	
黄喉貂 Martes flavigula	采到标本；拍到照片；收购记录；文献记载	红外相机调查
狗獾 Meles leucurus	访问；收购记录	
鼬獾 Melogale moschata	采到标本；拍到照片；收购记录；文献记载	红外相机调查
黄鼬 Mustela sibirica	采到标本；拍到照片；收购记录；文献记载	红外相机调查
黄腹鼬 Mustela kathiah	采到标本；拍到照片；收购记录	红外相机调查
果子狸 Paguma larvata	采到标本；拍到照片；访问；收购记录；文献记载	红外相机调查
大灵猫 Viverra zibetha	采到标本；拍到照片；访问；收购记录；文献记载	红外相机调查
小灵猫 Viverricula indica	访问；收购记录；文献记载	
食蟹獴 Herpestes urva	目击；访问；文献记载	
豹猫 Prionailurus bengalensis	采到标本；拍到照片；收购记录；文献记载	红外相机调查
云豹 Neofelis nebulosa	目击；收购记录；文献记载	
金钱豹 Panthera pardus	采到标本；拍到照片；收购记录；文献记载	
虎 Panthera tigris	目击；访问	
金猫 Pardofelis temminckii	采到标本；目击；收购记录	
野猪 Sus scrofa	采到标本；拍到照片；文献记载	红外相机调查
林麝 Moschus berezovskii	采到标本；拍到照片；访问；收购记录	红外相机调查
狍 Capreolus pygargus	访问；收购记录	
毛冠鹿 Elaphodus cephalophus	采到标本；拍到照片；收购记录	红外相机调查
黑麂 Muntiacus crinifrons	目击；收购记录	
小麂 Muntiacus reevesi	采到标本；收购记录；文献记载	红外相机调查
中华鬣羚 Capricornis milneedwardsii	采到标本；拍到照片；访问；收购记录	红外相机调查
中华斑羚 Naemorhedus griseus	采到标本；拍到照片；访问；收购记录	红外相机调查
穿山甲 Manis pentadactyla	采到标本；拍到照片	
赤腹松鼠 Callosciurus erythraeus	目击；访问；收购记录；文献记载	
珀氏长吻松鼠 Dremomys pernyi	采到标本；拍到照片；收购记录	红外相机调查
红腿长吻松鼠 Dremomys pyrrhomerus	目击；收购记录	红外相机调查；活体
岩松鼠 Sciurotamias davidianus	目击；收购记录	红外相机调查
隐纹花松鼠 Tamiops swinhoei	采到标本；拍到照片；收购记录	红外相机调查
红白鼯鼠 Petaurista alborufus	采到标本；拍到照片；收购记录；文献记载	红外相机调查；活体
灰头小鼯鼠 Petaurista caniceps	收购记录；文献记载	红外相机调查
复齿鼯鼠 Trogopterus xanthipes	采到标本；拍到照片	
中国豪猪 Hystrix hodgsoni	采到标本	红外相机调查
蒙古兔 Lepus tolai	采到标本；拍到照片；文献记载	红外相机调查
华南兔 Lepus sinensis	目击；文献记载	

(1)在后河保护区可能有分布，但未被调查到

1999年保护区科学考察记录有小灵猫和食蟹獴（*Herpestes urva*），但本次红外相机调查没有拍摄到

这两种物种。这可能是因为两者都是夜行性动物，活动隐秘，并且种群数量较少，不容易被监测到。因此它们的存在与否难以判定，仍需开展进一步的调查进行验证。

1999年保护区科学考察中记录有到豹、金猫和穿山甲标本，但本次调查没有记录到这3种物种，可能的原因是它们的种群数量少，较难被监测到，本次调查取样没有覆盖到这些物种的栖息地。因此，后河保护区后续还需扩大调查范围、加大调查力度，并结合专项调查评估这些物种在保护区内的种群状况。

本次红外相机调查没有记录到后河保护区1999年科学考察有记录的水獭和复齿鼯鼠（*Trogopterus xanthipes*），这是因为红外相机调查技术适用于体形相对较大的地栖型兽类（如食肉目和偶蹄目动物），而对体形较小或非地栖的兽类则难以有效探测。水獭主要生活在海平面到海拔高达4120m的淡水区域，如江河、湖泊、溪流、沼泽等。本次调查红外相机主要被布设在林下、灌丛、裸岩等小生境下，较少涉及水獭的栖息地。因此，为了确定区内是否有水獭分布，后河保护区应在河岸周边布设红外相机结合样线调查对水獭进行专项调查。复齿鼯鼠主要在栎、橡、松树树冠上觅食，主要吃栎、橡树树叶。它们在岩洞中筑巢，在崖壁和附近的树之间滑翔，并且主要在夜间活动，它们较难被林下的红外相机拍摄到。因此，后河保护区今后还需开展有针对性的专项调查，以完成对区内整个兽类群落的调查。

（2）在后河保护区可能已经没有分布

狼（*Canis lupus*）、豺（*Cuon alpinus*）、貉（*Nyctereutes procyonoides*）和赤狐（*Vulpes vulpes*）都曾广布全国，但由于生境退化、破碎以及偷猎等原因，它们可能已经在局部地区灭绝了。1999年后河保护区科学考察根据访问、收购记录和文献记载判断在后河保护区内有狼、豺、貉和赤狐分布。这些都不是它们在保护区内有分布的确凿证据，可能当时它们在后河保护区内已经数量极少。后河保护区经过后续的几十年野生动物调查，也未见到这4种物种的痕迹。因此，我们认为狼、豺、貉和赤狐在后河保护区内已经灭绝了。

根据以前对五峰土家族自治县供销社、外贸局的调查资料，在1975年和1976年，各收购虎皮一张。后河与壶瓶山接壤境界限10km多，接壤部分均为崇山峻岭、密林丛生之地，人为活动极少，天然林和草地的保护较好，郁闭度较佳，几乎未受到人为破坏，是华南虎的一个较为理想的栖息地。1981年，在后河自然保护区南面的壶瓶山自然保护区，有村民看到华南虎捕食林麝。1989年，在后河自然保护区与湖南壶瓶山自然保护区交界的十根树地区一棵曼青冈树上发现一处可能是华南虎留在树上的挂爪。挂爪位于距地面160cm的树干上，爪距2~2.3cm。1994年，在1989年发现挂爪的同一棵树上又发现另一处挂爪。

1994年农历3月底4月初，在阴坡垭苞谷田中发现5处华南虎足迹，长20cm、宽18cm。1996年在杨家包（海拔1200m左右）发现华南虎足迹，1只狗被虎吃掉。1997年5月，在覃家岭（海拔1400cm左右）的人工厚朴林中发现华南虎足迹，宽18~20cm。1997年，村民薛维寿在王家湾和香党坪地区也发现过老虎足迹。2004年冬季，长坡村2组的文元新在雪后的山坡上发现一串碗口大的"梅花瓣"形脚印；2006年4月，文元新目击到华南虎。2006年，保护区组建的调查团队前往发现华南虎足迹的壶瓶山林场实地考察了留下的脚印。足迹的形状、大小、步幅和深浅都表现为基本一致。从形状来看，为"梅花瓣"形，可与黑熊的足迹明显区分开；从测量的大小来看，平均为15cm×11cm，最大的豹的足迹不足10cm，所以也不可能是豹的足迹；从步幅来看，平均为70~75cm，与文献记载的数据相符。之后，后河保护区再未见过华南虎的痕迹。保护区于2010年开始利用红外相机调查保护区内野生动物，一直也未拍摄到华南虎的影像资料。因此，笔者认为华南虎在后河保护区内已经灭绝了。

狍广布于中国中部、西南部、西北部和东北部，后河保护区可能位于狍分布范围的最南缘。1999年科学考察根据访问和收购记录认为后河保护区内有狍，访问和收购记录的准确性较低，并且后河保护区后续调查都未发现有狍，因此笔者判断保护区内有狍的可能性较低。

（3）过去科学考察出现了物种判断失误

黑麂（*Muntiacus crinifrons*）为中国特有种，栖息于海拔约1000m的丘陵山区的各类林中。黑麂的分布范围狭小，仅在安徽南部、浙江西部、江西东部的怀远和福建北部的武夷山等小范围。除 1999 年科学考察报告中提到在后河保护区目击和收购过黑麂之外，未见到其他资料显示在后河保护区内有黑麂。笔者认为目击具有较高的不准确性，而收购记录则有可能是其他地区的毛皮流通至该区域，此外后河保护区在之后的野生动物调查中也未监测到黑麂。因此，后河保护区内应该没有黑麂。

短尾猴（*Macaca arctoides*）栖息于山地地区的高山森林中，在我国分布于西南部和南部，一般在北纬 30°以南。后河保护区 1999 年科学考察通过目击和文献记录认为其范围内有短尾猴，目击和文献记录都有较低的准确性，并且后河保护区在之后近 20 年的调查中也未监测到短尾猴。因此，后河保护区内应该没有短尾猴。

狗獾（*Meles leucurus*）在其整个分布区占据了辽阔的栖息地，栖息于落叶林、混交林和针叶林地、灌丛、草地等地区。它们集 2~23 只个体的社会群，因此较大区域的狗獾种群数量一般不会太少。若保护区内有狗獾分布，应该可以较容易地被发现。而 1999 年科学考察仅有访问和收购记录的证据判断保护区有狗獾，因此笔者怀疑当时保护区内没有狗獾分布，访问的结果很有可能是当地民众将狗獾与猪獾混淆，收购记录则可能是毛皮流通导致。

第8章 昆虫资源

8.1 种类组成及分布

后河保护区地处中纬度，属副热带东、西季风环流控制范围，具有湿润亚热带季风气候的一般特征。全年的气压、温度、湿度、降水、日照和天气特点都有明显的季节变化，夏季由太平洋来的东南季风和印度洋来的西南季风携带大量暖湿空气与南下冷空气接触，形成后河保护区初夏的雨季和梅雨天气，而7~8月当太平洋高压控制川东一带时，则形成连晴高温的伏旱天气；冬季受西风环流控制，低温、干旱少雨。后河保护区内多为海拔1200m~2000m的高山，植被丰富，常绿阔叶林成分和喜热性种类较丰富。

自20世纪50年代以来，在中央和湖北、四川省政府中有关部门领导下，曾多次进行过有关害虫普查，先后整理出版过地区害虫名录，但涉及五峰后河保护区的昆虫调查属首次。2017—2018年在保护区范围内的百溪河（440~460m）、茅坪（1300~1400m）、香党坪（1780m）、小隧道（750m）、南山（636m）、界头（1163m）、风凉冲（1100m）、水库湾（1193m）、窑湾（1180m）、康家坪（1180m）、彭家沟（1160m）、核桃垭（1260m）、老屋场（980m）、核心区（1170m）、长坡（780m）、王家湾（435m）、刘家湾（1110m）、后河林业队（1136m）等进行了灯诱、扫网等捕虫方法进行调查。共采集昆虫标本12000余只，共鉴定出2500种，分别隶属于19目217科1963属（表8-1）。

表8-1 后河保护区昆虫统计表

目	科	属	种	百分率(%)
蜉蝣目	1	4	5	0.2
蜻蜓目	8	24	34	1.36
等翅目	1	1	2	0.08
蜚蠊目	4	7	11	0.44
襀翅目	1	5	1	0.04
螳螂目	2	10	8	0.32
脩目	2	2	2	0.08
直翅目	17	72	92	3.68
革翅目	5	16	23	0.92
半翅目	33	254	313	12.52
啮目	1	1	1	0.04
鞘翅目	57	424	550	22
广翅目	3	5	11	0.4
长翅目	1	3	9	0.36
脉翅目	4	6	5	0.2
毛翅目	5	5	3	0.12
鳞翅目	42	932	1170	46.8
双翅目	18	71	73	2.92
膜翅目	12	121	187	7.48

后河保护区地处亚热带自然条件下,许多昆虫为全区分布,并为后河优势种。

例如,日本蚱 *Tetrix japonica*(Bolivar)、钻形蚱 *Tetrix subulata*(Linnaeus)、重庆蚱 *Tetrix chongqingensis* Zheng et Shi、湖南拟台蚱 *Formosatettixoides hunanensis* Zheng et Fu、湖北澳汉蚱 *Austrohancockia hubeiensis* Zheng、异色瓢虫 *Harmonia axyridis*(Pallas)、茄二十八星瓢虫 *Henosepilachna vigintiopunctata*(Fabricius)、湖北红点唇瓢虫 *Chilocorus hubehanus* Miyatake、中华食植瓢虫 *Epilachna chinensis*(Weise)、中国癞象 *Episomus chinensis* Faust、斜纹筒喙象 *Lixus obliquivittis* Voss、黑带食蚜蝇 *Episyrphus balteatus*(De Geer)、灰带管蚜蝇 *Eristalis cerealis*(Fabricius)、长尾管蚜蝇 *Eristalis tenax*(Linnaeus)、黄色细腹蚜蝇 *Sphaerophoria flavescentis* Huo et Zheng、刺槐掌舟蛾 *Phalera birmicola*(Bryk)、核桃美舟蛾 *Uropyia meticulodina*(Oberthür)、苹掌舟蛾 *Phalera flavescens*(Bremer et Grey)、黑蕊尾舟蛾 *Dudusa sphingformis* Moore、掌尺蛾 *Amraica supersns*(Butlae)、丝绵木金星尺蛾 *Abraxas suspecta* Warren、黄玫隐尺蛾 *Heterolocha subroseata* Warren、同尾尺蛾 *Ourapteryx similaria* Leech、盛尾尺蛾 *Ourapteryx virescens* Matsumura、中国巨青尺蛾 *Limbatochlamys rothorni* Rothschild、灰点尺蛾 *Percnia grisearia* Leech、款冬玉米螟 *Ostrinia scapulalis*(Walker)、宁波卷叶野螟 *Sylepta ningpoalis* Leech、缀叶丛螟 *Locastra muscosalis*(Walker)、宽太波纹蛾 *Tethea ampliata* Butler、浩波纹蛾 *Habrosyne derasa* Linnaeus、纵带球须刺蛾 *Scopelodes contracta* Walker、三线钩蛾 *Pseudalbara parvula*(Leech)、洋麻圆钩蛾 *Cyclidia substigmaria*(Hübner)、油茶枯叶蛾 *Lebeda nobilis* Walker、李枯叶蛾 *Gastropacha quercifolia* Linnaeus、栎毛虫 *Paralebeda plagifera* Walker、条背天蛾 *Cechenena lineosa*(Walker)、葡萄天蛾 *Ampelophaga rubiginosa rubiginosa* Bremer et Grey、绿尾大蚕蛾 *Actias selene ningpoana* Felder、樗蚕(小柏蚕)*Philosamia cynthia* Walker et Felder、乌闪苔蛾 *Paraona staudingeri* Alpheraky、白黑华苔蛾 *Agylla ramelana*(Moore)、首丽灯蛾 *Callimorpha principalis* Kollar、白雪灯蛾 *Spilosoma niveus*(Ménétriès)、角镰须夜蛾 *Zanclognatha angulina* Leech、胖夜蛾 *Orthogonia sera* Felder、掌夜蛾 *Tiracola plagiata* Walker、壶夜蛾 *Calyptra capucina* Esper、碧凤蝶(黑凤蝶)*Papilio bianor* Cramer、蓝凤蝶 *Papilio protenor* Cramer、巴黎翠凤蝶 *Papilio paris* Linnaeus、玉斑凤蝶 *Papilio helenus* Linnaeus、云豹蛱蝶 *Argynnis anadyomene* Felder、大二尾蛱蝶 *Polyura eudamippus*(Doubleday)、云豹蛱蝶 *Argynnis anadyomene* Felder、秀蛱蝶 *Pseudergolis wedah*(Kollar)、圆翅钩粉蝶 *Gonepteryx amintha* Blanchard、宽边黄粉蝶 *Eurema hecabe*(Linnaeus)、大苹粉蝶 *Aporia largeteaui* Oberthür、黄色凹缘跳甲(漆树大黄叶甲)*Podontia lutea*(Olivier)、枫香凹翅萤叶甲 *Paleosepharia liquidambar* Gressitt et Kimoto、蓝胸圆肩叶甲 *Humba cyamicollis*(Hope)等。

8.2 区系分析

区系成分体现区系组成,反映区系性质,揭示区系渊源。每个物种都占有一定的空间和地理区域,是生物进化的必然。生态位和分布区是物种的重要特征之一,每一特定的地理区域,其生物区系由存在于本区的所有物种组成,它既反映了地理分布范围,地域不同生态条件,海拔高度等对物种之间以及地理环境之间的联系和相互关系。

①东洋成分:既典型的东洋区分布种,指在我国南部省份,特别是以西南、华中区南部以及华南区分布为主,国外向南向西分布于印度半岛、中南半岛、马来半岛、斯里兰卡、菲律宾群岛以及印度尼西亚周围群岛等亚热带、热带地区(表8-2)。

②古北成分:在我国秦岭以北特别是东北、华北、西北地区分布,并向国外分布于中亚、西亚、北亚、西伯利亚、欧洲大陆、非洲北部及北美洲等地区(表8-2)。

③广布成分:指横跨古北、东洋两大区,甚至多区或全球分布的种(表8-2)。

④东亚成分:东亚指亚洲东部地区,包括中国东南部,朝鲜和日本。其中,根据分布范围的大小,又分为3个等级,即①保护区分布,②中国分布,③中国—日本分布(表8-2)。

表 8-2 后河保护区昆虫各目区系组成

目别	总种数	广布成分 种数	广布成分 百分比(%)	东洋成分 种数	东洋成分 百分比(%)	古北成分 种数	古北成分 百分比(%)	东亚成分 中国—日本 种数	东亚成分 中国—日本 百分比(%)	东亚成分 中国分部 种数	东亚成分 中国分部 百分比(%)	保护区分布 种数	保护区分布 百分比(%)
蜻蜓目	34	1	2.2	5	15.2			5	15.2	23	67.4		
等翅目	2									1	62.5		12.5
螳螂目	8			2	27.3					4	54.5	2	18.2
脩目	2										20.0	2	70.0
直翅目	92	6	6.2	22	23.5	6	4.9	2	2.5	53	58.0	5	4.9
革翅目	23	2	8	7	32.0	2	8.0	2	8.0	10	44.0		
半翅目	313	50	15.7	128	41.0	67	21.3		41.2	129	56.6	77	24.6
啮目	1										15.0	1	85.0
鞘翅目	550	20	3.7	138	25.8	55	10.0	84	15.3	210	38.3	38	6.9
广翅目	10			5	50.0					1	50.0		
脉翅目	16	1	3.1	1	4.6	4	21.5	1	7.7	5	30.8	5	32.3
毛翅目	3				4.3		4.3			2	56.5	1	34.8
鳞翅目	1170	50	4.2	380	32.5	146	12.5	273	23.3	311	26.6	12	1.0
双翅目	73	15	20.0	17	23.2	13	17.4		4.7	14	18.9	12	15.8
膜翅目	187		2.2		24.8	25	13.5	20	10.9	71	37.8	20	10.9

保护区昆虫东洋成分占 26.2%，古北成分占 11.4%，广布成分占 5.2%，东亚成分占 57.2%。就目科而言，不同目科其区系组成有较大差异，反映不同区系组成特点。

中国种的西—东分布型如下。

膜翅目叶蜂科元叶蜂属 *Taxonus*，蓬莱元叶蜂 *Taxonus formosacolus*（Rohwer），它的分布涉及四川峨嵋、福建建阳、浙江天目山、莫干山，显示沿长江流域北纬 30°线东西昆虫区系的密切联系。

半翅目异蝽科壮异蝽属 *Urochela* 为中国—喜马拉雅分布属，沿喜马拉雅向西分布于印度，我国产 21 种，后河保护区分布 7 种；其中，亮壮异蝽 *Urochela distincta* Distant、花壮异蝽 *Urochela luteovaria* Distant 为包括后河保护区在内的东西向分布。

叶甲科萤叶甲亚科中隶萤叶甲属 *Liroetis* 我国已知 20 种，东起浙江天目山，西至西藏吉隆、聂拉木，沿北纬 30°附近呈典型的西—东分布型，西藏 3 种，横断山区 13 种，三峡库区 3 种，加上周边地区有 5 种，后河保护区 1 种。由此可看出本属分布中心在横断山。

8.3 资源昆虫

生物资源是人类维持生存的基本需求，它决定了人们对其持续的收获与消耗。现代不断增长的人口，对生物资源的需求量猛增，因此需要野生物种资源繁荣昌盛，继续为人类作出重大贡献。这就需要我们必须充分认识到它们的价值和重要性作用，采取有效的措施，确保生物资源的再生和永续利用。

昆虫资源是自然界最丰富的生物资源，对其价值的认识，已发展到一个新阶段，人们对自然资源的利用已逐渐转移到昆虫上来了。

8.3.1 传粉昆虫

喜花昆虫由于其特殊的行为和生物学特性，有很多类群成为重要的传粉昆虫，促进了植物的繁衍与发展，同时，由于植物的生长发展，又为昆虫创造了良好的生存环境，表现出明显的协同进化关系。后河保护区内传粉昆虫主要类群是蜜蜂总科，由于种类性质不同，表现出对不同的植物具有相异的传粉效果。中华蜜蜂 *Apis cerana* Fabricius 是油茶、柑橘的主要传粉昆虫，水稻上有稻棒腹蜂 *Rhopalomelissa esakii* Hirashima，玉米上有玉米棒腹蜂 *Rhopalomelissa aeae* Wu，油菜上除了中华蜜蜂、意大利蜂，还有黑条蜂、无垫蜂、木蜂等。豆科植物上传粉昆虫更丰富，特别是切叶蜂和雄蜂类表现出明显的优势。

食蚜蝇科的昆虫都是喜花昆虫，它是仅次于蜜蜂的传粉昆虫，本区食蚜蝇已鉴定出26种。鞘翅目昆虫中也有大量的喜花昆虫，但同时也存在着危害花的类群，如花金龟、叩甲等。

8.3.2 药用昆虫

本区昆虫在医药上常见的种类主要有蜚蠊目、螳螂目、直翅目、半翅目、鞘翅目、鳞翅目、膜翅目中。薄翅螳、蝠蛾、芫菁、蚕蛾、大蚕蛾类等为药典中常用的种类。

8.3.3 天敌昆虫

天敌昆虫是制约害虫种群的重要因子，它是自然界长期选择发展的结果。保护区内常见天敌昆虫种类有蜻蜓目、螳螂目、直翅目、半翅目、广翅目、脉翅目、鞘翅目、长翅目、双翅目、膜翅目中的56科446种天敌昆虫，占昆虫总数的17.84%，为害虫的生物防治奠定了良好的物种基础。

螳螂目是一类凶悍的捕食性昆虫，它可以广泛地捕食农、林、果树等植物上的害虫，对于消灭鳞翅目的幼虫效果更显著。

瓢虫是人们熟知的在生物防治中应用最为成功的类群，保护区内有瓢虫43种，它们的捕食对象是蚜虫、蚧壳虫、红蜘蛛等。

广翅目、脉翅目昆虫等均为有效的捕食性天敌，在生产上应用成功的例子不少。保护区中采集到草蛉有2种，齿蛉7种，鱼蛉3种，蝶角蛉1种，蝎蛉10种，蚁蛉2种。

鞘翅目中的虎甲6种，芫菁3种，步甲32种，种类丰富。

寄生性天敌如双翅目中的食蚜蝇26种，寄蝇18种。膜翅目中的姬蜂43种、茧蜂科11种。

膜翅目中还有蚁科28种、胡蜂总科、泥蜂总科30种。

天敌的有效利用，可带来直接的经济效益和社会效益。它可有效地减少农药污染，保障人们的身体健康。

8.3.4 指示性昆虫

毛翅目昆虫在后河保护区中采集到5科7属种，襀翅目1科6属种。毛翅目、襀翅目昆虫喜在清洁的水中生活，它们对水中的溶解氧较为敏感，并且对有毒物质忍受力较差，因而在研究流水带生物学，评估水质和人类活动对水生态系的影响，以及流水生态系的生物测定中，有着重要的作用，现被应用作为检测水质的指示种类之一。

8.4 本次调查与2006年昆虫科学考察对比

2017—2019年通过对后河保护区的老屋场、茅坪、百溪河、长坡、香党坪、小隧道、南山、界头、风凉冲、水库湾、康家坪、彭家沟、核桃垭、老屋场、核心区、纸场河、王家湾、刘家湾、后河林业队等地的昆虫采集调查与2006年昆虫科学考察报告进行昆虫种类对比如下。

2017—2019本底调查采集并鉴定昆虫共19目217科1963属2500种（表8-3）。

2006年昆虫科学考察共采集并鉴定昆虫共20目189科687属903种（表8-3）。（蜱螨目采集于壶瓶山，不在统计之列。）

表 8-3 本次调查与 2006 年科学考察后河保护区昆虫名录对比

目	2017—2019 年 科	2006 年 科	2017—2019 年 属	2006 年 属	2017—2019 年 种	2006 年 种
缨尾目	0	1	0	1	0	1
蜉蝣目	1	1	4	1	5	1
蜻蜓目	8	5	24	2	34	19
等翅目	1	2	1	2	2	1
蜚蠊目	4	2	7	7	11	4
襀翅目	1	2	5	2	1	1
螳螂目	2	2	10	4	8	5
虫脩目	2	2	2	2	2	0
直翅目	17	24	72	58	92	83
革翅目	5	2	16	3	23	0
半翅目	33	31	254	112	313	120
啮目	1	0	1	0	1	0
鞘翅目	57	26	424	110	550	135
广翅目	3	1	5	2	11	0
长翅目	1	0	3	0	9	0
脉翅目	4	3	6	6	5	5
蚤目	0	3	0	5	0	6
毛翅目	5	2	5	2	3	0
鳞翅目	42	33	932	286	1170	434
双翅目	18	33	71	50	73	44
膜翅目	12	14	121	34	187	44

通过新的昆虫采集鉴定记录与 2006 年科学考察比较结论如下(表 8-4)。

①由于气候变化、生产建设等对生物的影响，昆虫生存环境的变化，昆虫种类会有所变化。

②2017—2019 年昆虫采集的地点要比 2006 年科学考察时多十几个，地点的海拔、植被的分布、采集方法、采集时间长短、采集次数多少、采集人员素质等均会对昆虫种类采集采集的多少造成影响。

③2017—2019 年昆虫采集中未涉及缨尾目 THYSANURA 和蜱螨目 ACARIFORMES，但增加了啮目 PSOCOPTERA 和脉翅目 MEGALOPTERA。

④2017—2019 年昆虫本底调查比 2006 年昆虫科学考察在种类采集上占绝对优势，新记录 2 目 86 科 1886 种。

表 8-4 2017—2019 年后河保护区昆虫新记录

	目数	科数	种数
蜉蝣目 EPHEMEROPTERA		1	6
蜻蜓目 ODONATA		4	28
等翅目 ISOPTERA			2
蜚蠊目 BLATTARIA		2	8
襀翅目 PLECOPTERA			1

(续)

	目数	科数	种数
螳螂目 MANTODEA		1	5
虫脩目 PHASMIDA			2
革翅目 DERMAPTERA		3	22
半翅目 HEMIPTERA		12	260
啮目 PSOCOPTERA	1	1	1
鞘翅目 COLEOPTERA		30	380
广翅目 MEGALOPTERA		2	12
长翅目 MECOPTERA		1	9
脉翅目 MEGALOPTERA	1	4	5
毛翅目 TRICHOPTERA		4	3
鳞翅目 LEPIDOPTERA		10	921
双翅目 DIPTERA		9	64
膜翅目 HYMENOPTERA		2	157

注：2017—2019 后河保护区昆虫新记录：共计 2 目 86 科 1886 种。

第 9 章　旅游资源

9.1　自然旅游资源

后河保护区丰富多彩的生物资源，天然神秘的原始氛围，秀丽迷人的山水风光，古朴绚丽的土家风情，是在建中的三峡—张家界黄金旅游通道上的一颗绿色明珠。后河山上云雾缭绕，山下溪水淙淙，山中古木参天，林间古藤缠绕，地下溶洞众多，民风民俗独特，有飞瀑流泉之胜，有古木遮天之景，有峰峦耸峙之雄，有地下宫殿之幽，有怪石奇松之壮，有云海雾河之灵，有山花红叶之美，有哭嫁跳丧之俗。后河四季如画，春天玉兰绽放，带来万紫千红，山花烂漫；夏日绿荫蔽日，引来鸟语花香，凉风习习；入秋天高气爽，撒下满山红叶，累累硕果；隆冬银装素裹，铸就冰凌树挂，洁白天地。

后河保护区地处武陵山脉，以中山地貌为主，群峰起伏，层峦叠嶂，地势由西向东逐渐倾斜，形成众多独具特色的地貌景观。海拔1500m以上山峰多达38座，后河保护区主峰独岭海拔2252m，其山势险峻，雄壮伟岸。后河保护区内奇峰怪石嶙峋，峭壁悬崖峥嵘，深向峡谷纵横间有翠谷清溪，银滩碧流，玄幽溶洞。地处杨家河门户的关门峡，峡谷幽深，两岸峭崖对峙，仰望天空而生"一线天"之感；长滩河石柱，犹如河心中流砥柱，不畏急流，安然自若；独岭最高峰，超拔众山之上，奇幻独特，云雾茫茫，时风时雨，变幻无穷。独岭观日出，更是一大胜景：黎明山岚弥漫，晨曦微露，万山宁静，晨雾缥缈，群山在云海中若隐若现，忽而云雾散去，一时晨光尽染，霞光熠熠，光芒四射，一轮朝日喷薄而出，华光四射，蔚为壮观。境内后河有奇险幽深的峡谷、雄伟壮观的瀑布、神奇的喷泉、香草坪、鬼窝子等高山峡谷风光十分优美。独岭主峰登高观景"一览众山小"，特定环境之下，独岭偶有佛光呈现，更是游览观光者的一大幸事；还有如象鼻山、拜仙台、天子坟、棋梁尖、笔宝峰、一线天等30多处自然景观栩栩如生，恍若仙境。

后河保护区及其周边社区旅游资源丰富，集山水、森林、民俗等旅游要素于一体，是观光旅游、休养避暑、科研考察、回归大自然的理想之地。旅游区一望无际的林海，纯林片片，杂林斑斑，郁郁葱葱，翠连天际。林内古树参天，藤蔓缠绕，苔草铺地。境内森林植被类型绚丽多彩，竞相辉映。针叶林中，有层次分明的马尾松林，有繁茂整齐的杉木林、日本柳杉林，有林相结构简洁、苍郁的巴山松原始林。其中，两株同根并生的姊妹杉是十分罕见的巨型古杉树，树龄虽已有300多年，整个外貌似正值青春年华，没有丝毫的苍老感。阔叶林中，以水丝梨林为代表的常绿阔叶林古藤缠绕，青苔附枝；以光叶珙桐、青冈林为代表的常绿落叶混交林，林相复杂多变，色彩斑斓；以连香树林为代表的落叶阔叶林，树干通直伟岸，林冠天际线整齐划一。

后河贯穿整个保护区，百溪河、新奔河等大小7条支流，从南北两个方向汇入后河转百溪河流入湖南澧水。涓涓山泉，汩汩流淌，曲折悠长，时而舒缓，时而飞流，时而宁静，时而咆哮；时而潜流无声无影，时而暴突作响，或飞泻千仞，悬瀑雷鸣，呈现出"曲曲山回转，峰峰水抱泉"之美景。

9.2　人文旅游资源

后河保护区及周边社区居住着以土家族为主体的居民，当地居民世代在此耕耘劳作，世代传承，和睦相处，民风纯朴，热情好客，在长期的生息繁衍中形成了独具特色的生活方式和乡土风情。这里的神话传说、故事笑话、日白讲经、唢呐声中的薅草锣鼓、土家传统的木板吊脚楼和风味醇厚的农家乐特色菜肴，富有土家特色和巴人遗风的"跳丧舞"、节奏明快的"摆手舞"、古朴优雅的"五峰南曲"等别具神韵，"哭嫁""陪十弟兄""陪十姐妹""过赶年""狩猎赶仗""喊山歌对山歌""月半节""打溜子""九子鞭""赶场"等生活场面饶有情趣，无不展示后河土家人清新朴素的民风民俗。

9.3 特色景点概况

后河保护区及其周边社区旅游资源丰富，集山水、森林、田园、村居、民俗等为一体的特色景观聚集区，极富生态旅游潜力，是观光旅游、休闲避暑、疗养宜性、科学考察、教学实验、文艺创作的理想场所。其景观景点择其要者介绍如下。

棋梁尖 区内景点之一，位于海拔1700m的湘鄂两省交界处，典型的峰林景观，山多奇峰怪石。而且方异则景移——由于湘鄂两省，一南一北，所处位置不同、角度迥异，所得景观便大不一样。因有民间传说流传至今——因山顶有颇似棋盘和棋子的石头，湖北民间传说仙人曾在此对弈，故得名"棋梁尖"。而湖南民间传说认为七座子峰恰似七个姑娘，故得名为"七娘尖"。并有清代名人、清朝咸丰年间长乐县知县李焕春留诗为证："仙女何年下九霄，七娘分列逗容娇；随时折履深惆怅，雨洗烟鬟黛未消。"传说和诗句相结合的意蕴，很值得探讨和玩味。

关门峡 此景为后河保护区的门户——如果把后河比作一个瓶，关门峡就是瓶颈。由于它像关上了后河的门，故得名"关门峡"。2013年更名为"天门峡"。关门峡千百年的阻隔使后河形成独特自然环境，使得人类活动的影响大为减少。与外界相对隔绝的独特生境，使珍稀动植物得以遗存至今。峡谷全长8km、深600m，两岸悬崖对峙，奇峰怪石林立，犹如刀劈斧削，峡底河谷最窄处不足30m，仰望天空真有"峡谷深如渊，万古一线天。人在山里走，快活似神仙"的感叹。为了修通后河林区公路，于1976年下半年动工开凿关门峡隧道，人工作业18个月，历经千辛万苦，直到1978年11月隧道完工并通过检查验收。关门峡大小隧道合计全长404.33m（其中，小隧道长32m），由此成为20世纪80年代五峰境内最长的隧道。由关门峡隧道进入后河保护区原始森林，最能体会晋代大文人陶渊明笔下《桃花源记》中的韵味。

独岭 后河保护区最高峰，更是武陵山脉东部的最高峰，海拔2252.2m，气候独特，常年云雾茫茫，晴雨无常，变幻无穷。在独岭观日升月起，或是落日满月，被古今文人视之为人生一大雅事。独岭观日出是一大胜景，独岭云海更是久负盛名，黎明山岚弥漫，万山宁静，晨雾低垂，群山在云海中若隐若现，忽见云雾尽染，光芒四射，一轮旭日喷薄而出，蔚为壮观。独岭佛光更是被蒙上了一层神秘的色彩，民间传说只有有福之人才能幸遇，其实它是一种罕见的气象景观，夏秋雨季的清晨或傍晚，太阳斜射云雾，雾粒折射出的光形成七彩光环即为佛光，人影投射其中，影随人变，妙不可言。登独岭之巅，尽可领略"会当凌绝顶，一览众山小"的气概胸襟。

兴文塔 五峰山城古今八景之一，距后河保护区珍稀树种苗圃仅200m，位于县城南门坡海拔900米处。古塔建于清朝同治八年（1869年），塔身七层六面，高22m，占地42m^2，底层塔内12.50m^2，全以青砖砌筑而成，每层楼檐翘起，顶塑金褐色铜质塔尖，并环饰以风铃（"文化大革命"期间被盗），门北迎向城郭，镌有塔联曰：云梯直上欣题雁，天阙遥开稳步鳌。额刻"兴文塔"。系时值长乐知县邓师韩在塔建成之时所题。相传五峰旧时土轻地空，不养士人，为镇地望，兴文脉，故建此塔。1994年1月，被宜昌市人民政府公布为市级重点保护文物单位。因年久失修，2002年9月，自治县政府拨款和社会捐资65万余元，进行全面修复。

溶洞群 五峰是典型的喀斯特地貌区域，境内溶洞暗河遍布。1989—1992年，中国科学院分别与法国、比利时等国组成国际洞穴联合考察队，三进五峰，探明全县洞穴近千个，仅后河保护区及周边社区就分布四大溶洞群，中外专家概括五峰溶洞的特点是"多、大、长、险、趣"，称之为罕见的高山洞穴群落，并建议把五峰列为国际洞穴探险考察基地。

长生洞 长生洞纵深300m，横跨2500m，上下5层分别高50～100m，共分为9大景区102个景点，其中，千佛壁、文相武官、断臂维纳斯、擎天玉柱等堪为洞中绝景。长生洞风景区位于五峰土家族自治县城4.5km处，素有"地下龙宫"之称。长生洞是一个天然形成的溶洞，距今有1亿4000多万年的历史，全长1500m，上下3层，高50~100m，洞中有洞，楼中有楼，景中有景，层次分明。

河心石　位于保护区内的长滩河，于河中突兀而立，巨石如柱。石柱高约20m，周径约3m，周长约10m，石顶生长一两米见方的灌木丛。当地村民视为神石，常年有人给其披红挂绿，焚香叩拜，许愿还愿。雨季河水暴涨，河心石犹如中流砥柱，任它洪水滔滔，河石岿然不动。1984年"河心石"作为五峰一景，其照片刊上了五峰风光挂历。

原始森林群落　溯杨家河而上，在海拔1100~1600m，有大面积的原始森林群落，森林群落保持了自然状态。群落中组成树种有多种活化石植物，不仅有珙桐，还有水青树、连香树、金钱枫等种类，群落中的生物多样性自由生长，千百年来少有人类干扰。

象鼻山　后河保护区内有两座象鼻山，其中小象鼻山形象逼真，更为吸引人。

姊妹杉　保护区内后河村灰沙溪下游处的山坡有两株同根并生的姊妹杉，两树高约32m，树围四人合抱，为杉木中罕见巨树。树龄在300年以上。

百溪河河谷风光　源于后河保护区的天生桥处，由西向东折南向北，汇新奔河、灰沙溪、杨家河流经后河、水滩头等村，至百溪河村雷打石流入湖南澧水。源头至水滩头为后河，以下为百溪河，统称百溪河。境内长16km，宽10~30m，流域面积171km^2，总落差1220m，坡度40°。

香草坪　后河有一个两河口，一旦进入一则河口，即闻得到一股苹果香味，50步至80步左右都有香味，广及一亩地范围。从三月到十月之间，这香味时间最为久长。

红岩河滩石　后河河道里的岩石60%是红色的，十分古老，得多历尽沧桑，大小不一、形状各异，大家观赏红石，处处可以看到岁月磨砺的痕迹。但山上的石头却是其他颜色，没有红色的，后河本身处于河流上游，石头也不是从其他地方冲来，至今弄不清它的来历。

神泉　山灵水秀的后河，有大小河流12条，大小潭池200多个，瀑布60余条，清泉无以计数。后河河水从原始森林的山根处汩汩流淌出来，永不干涸，四季清亮碧透，其水质超过国家一级标准，富含人体所需要的微量元素，饮之清凉甘甜，浴之美容养颜。在后河支流杨家河谷有一处清泉，从石缝中流出，四季不干枯。有一次，一位后河村民患一怪病，四处求医无效。一次偶然机会，饮用此处泉水后，怪病治愈。一传十、十传百，远近闻名，别人都视为神泉。

9.4　旅游资源评价

按照《旅游资源分类、调查与评价》（国家标准GB/T 8972—2003）对后河保护区旅游资源进行梳理分类，后河保护区的旅游资源主类共有6类，亚类10类，基本类型14个，50个代表资源（表9-1）。

表9-1　后河保护区旅游资源表

主类	亚类	基本类型	单体名称	数量
A	AC 地质地貌过程形迹	ACE 奇特与象形山石	七姊妹山、关门峡、独岭、骆驼峰、河心石、鬼窝子、香漕坪、雷末石	8
		ACG 峡谷段落	关门峡峡谷	1
		ACL 岩石洞与岩穴	长生洞、天生桥、象鼻洞	3
B	BA 河段	BAA 观光游憩河段	关门峡谷河段、百溪河	2
	BB 天然湖泊与池沼	BBC 潭池	无底神洞、玉龙潭、金银灌葫芦、七英潭	4
	BC 瀑布	BCA 悬瀑	白虎三跳、碧潭生花瀑布	2
	BD 泉	BDA 冷泉	甘露池、灰沙溪间歇喷泉	2

(续)

主类	亚类	基本类型	单体名称	数量
C	CA 树木	CAA 林地	后河原始森林	1
		CAC 独树	银杏、檀、樟、松、柳、桂、水杉、厚朴、杜仲、红豆杉、香果树、篦子三尖杉、辛夷、珙桐花	14
	CD 野生动物栖息地	CDB 野生动物栖息地	华南虎、金钱豹、云豹、金雕、黑麂、黑熊	6
F	FC 景观建筑与附属性建筑	FCA 佛塔	兴文塔	1
G	GA 地方旅游商品	GAB 农林畜产品与制品	茶、野菌、蜂蜜、天葱	4
		GAD 中草药及制品	天麻	1
H	HC 民间习俗	HCA 地方风俗与民间礼仪	土家民俗	1

根据《旅游资源分类、调查与评价》(国家标准 GB/T 18972—2003)，按照资源要素价值(包括观赏游憩使用价值、历史文化科学艺术价值、珍稀奇特程度、规模丰度与概率、完整性五个方面)、资源影响力(包括知名度和影响力、适游期或适用范围两个方面)、附加值(环境保护与环境安全)等要素给予评价，评价结果如图 9-1 和表 9-2。

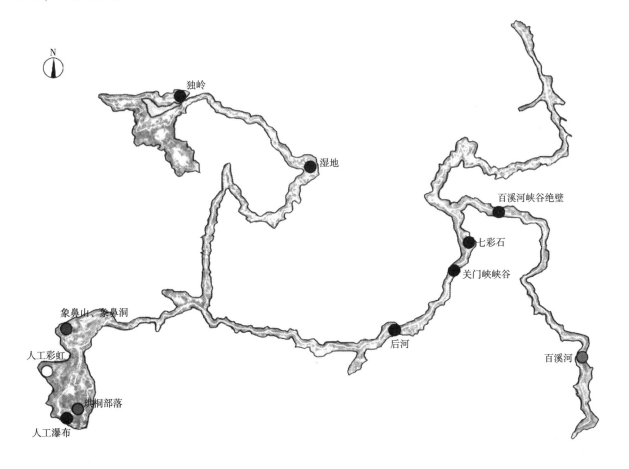

图 9-1　资源评价

表 9-2 后河旅游资源分类评价表

等级	资源单体	数量	比例(%)
五级	独岭	1	2
四级	关门峡峡谷、后河原始森林、百溪河、骆驼峰、无底神洞、白虎三跳、碧潭生花瀑布、甘露池、灰沙溪间歇喷泉	9	18
三级	土家民俗、七姊妹山、关门峡、河心石、香漕坪、雷末石、长生洞、天生桥、象鼻洞、玉龙潭、金银灌葫芦、七英潭、华南虎、黑熊	14	28
二级	关门峡谷河段、鬼窝子、红豆杉、香果树、篦子三尖杉、辛夷、珙桐花、金钱豹、云豹、金雕、黑麂、兴文塔、天麻	13	26
一级	银杏、檀、樟、松、柳、桂、水杉、厚朴、杜仲、茶、野菌、蜂蜜、天葱	13	26

按旅游资源等级划分，五级旅游资源单体 1 个，占旅游资源单体总量的 2%；四级旅游资源单体 9 个，占总量的 18%；三级旅游资源单体 14 个，占总量的 28%；二级旅游资源单体 13 个，占总量的 26%；一级旅游资源单体 13 个，占总量的 26%。优良级旅游资源(五级、四级、三级)占资源总量的 48%，普通资源(二级、一级)占资源总量的 52%。

旅游资源定性评价结果如下。
①茂密的原始次森林大景观，多样性植物群特色景观；
②丰富的水资源，溪流交错，形成多样化的水景观和亲水平台；
③地形变化多，形成特色的石林、险峰、峻岭、幽谷等独特景观；
④湿地景观，自然风光优美，生物多样丰富；
⑤独岭山峰险峻，景色优美，开发户外活动的优势明显；
⑥流传许多土家族历史故事及土家民俗文化，人文资源丰富多彩。

第10章 社区经济发展

10.1 社区经济概况

后河保护区地处五峰县境内,位于湘鄂两省交界处,南靠湖南石门壶瓶山国家级自然保护区(简称"壶瓶山保护区"),西同五峰湾潭镇和国有北风垭林场接壤,东与五峰镇水滩头村、界头村、百溪河村以及国有后河林场交界,北和五峰镇板仓坪村和采花乡栗子坪村毗邻。

五峰县隶属于湖北省宜昌市,全县面积2072km^2。距离宜昌市区150km,紧临鹤峰县、宜都市、长阳土家族自治县。五峰县共有3个乡政府、5个镇政府、96个村民委员会和13个居民委员会。截至2019年,全县户籍总人口为19.60万人,其中,城镇人口4.02万人、乡村人口15.58万人。户籍总户数7.35万户。全年出生人口1348人,死亡人口1714人(公安部门户籍统计口径)。全县常住人口19.00万人,其中,城镇人口7.80万人,城镇化率41.05%。2019年,全县地区生产总值(现价)81.76亿元。按产业划分,第一产业22.41亿元;第二产业25.87亿元;第三产业33.48亿元。三次产业结构为27.4:31.6:41.0。按常住人口计算,人均地区生产总值达到42696元。

2019年,全县农林牧渔业总产值38.72亿元。农林牧渔业增加值23.57亿元。全县农作物总播种面积79.95万亩[①]。其中,粮食作物播种面积43.05万亩;经济作物播种面积36.9万亩。全县粮食产量9.53万吨。全县2019年主要农作物播种面积及总产量分别为:马铃薯,播种面积17.31万亩、产量3.16万吨;玉米,播种面积19.85万亩、产量5.16万吨;油料,播种面积3.07万亩、产量0.37万吨;中草药材,播种面积6.25万亩、产量1.94万吨;蔬菜,播种面积16.52万亩、产量27.85万吨。全县2019年末生猪存栏14.52万头,牛存栏5632头,羊存栏8.45万只,家禽存笼31.32万只,蜜蜂7万箱。当年生猪出栏26.95万头,肉牛出栏1153头,山羊出栏7.76万只,家禽出笼38.37万只。肉类总产量2.44万吨,禽蛋产量1458吨,蜂蜜产量294吨。

后河保护区涉及2个行政村的5个自然小组(茅坪村一、二、三、四组及长坡村四组)及1个林业队(后河林业队),共有人口384户1086人。后河保护区社区内居民以农业为生计,由于山多沟深、地势险峻、信息不灵、文化落后,传统的农业生产方式形成了社区自给自足的经济格局。总体来说,社会生产力水平较低,经济建设发展缓慢。

保护区内目前没有小水电,高压输电线已到村。后河保护区内大部分地区已有中国移动通信信号,保护区核心区等偏远地方还是通讯的死角。后河保护区组织的社会经济调查活动资料表明,区内居民经济收入主要来源于种植、畜牧、烟叶、药材、经济林、土特产、旅游接待等,其中,外出打工占整个收入的10%。农民农作物以玉米、黄豆、红苕为主;属典型山区农业型经济。

10.2 保护区土地资源和利用

后河保护区总面积10339.24公顷,分核心区、缓冲区和试验区3个功能区,其中,核心区面积3843.12公顷,占总面积的37.2%;缓冲区面积1974.86公顷,占总面积的19.1%;实验区面积4521.26公顷,占总面积的43.7%。

随着生态保护持续呈现高压态势,后河保护区发展与社区居民之间的矛盾日益凸显。近年来,后

---

① 1亩=1/15hm^2。以下同。

河保护区不断平衡保护与民生的关系，积极探索社区管理办法，破解社区发展难题，促进和谐发展。一是在五峰自治县县委、县政府的支持下，后河保护区出台《湖北五峰后河国家级自然保护区农村居民（村民）住房建设管理办法》，由五峰自治县政府发文实施，切实解决保护区原著居民建房难题。二是研究出台《湖北五峰后河国家级自然保护区社区居民基本生活用材（柴）替代能源补贴办法》，彻底转变社区居民生活用材方式，用政策保生态，用资金买青山。三是探索形成《后河保护区生态移民搬迁初步方案》，以期从根本上解决生态保护与社区发展之间的矛盾，目前已进入五峰自治县政府发文流程，一旦方案发文实施，后河保护区会迅速将生态移民搬迁提上日程，利用十年左右时间，将核心保护区居民和基本农田逐步退出。四是为了更科学地实施保护与管理，按照"核心区管死、缓冲区管严、实验区管紧"的原则，委托专业机构编制了《湖北五峰后河国家级自然保护区土地利用保护专项规划》，也就是土地利用详细规划，力求解决总体规划执法依据不足的问题，指导控制保护区各类用地，解决资源保护和建设矛盾，为在保护区内保护和利用提供了刚性约束。

10.3 社区共管

后河保护区近年来积极组织开展社区共管活动，成立共管委员会并指导社区制定《社区资源管理计划》，全面扶持社区管理工作。一是吸纳社区参与保护管理工作。直接安排社区居民就业，社区现有34人作为专兼职管护员参加护林活动。另外在有科学考察活动时，聘请林农作为向导参与调查，历年通过参与调查、巡护监督等获取收益人员约170余人。二是支持改善社区生活条件，提高社区居民收入。2010年至今，后河保护区直接支持社区各项事业发展资金230.0225万元，协调各级政府投入资金2000余万元。针对部分社区没有生活来源的，每年安排20余万元基本生活费。同时，支持开展与保护没有冲突的产业发展，扶持了1个养蜂专业合作社、1个林木种苗专业合作社、1个中药材种植专业合作社、1个猕猴桃专业合作社，带动了周边900多农户发家致富。2011年至2017年，累计向集体林农户发放生态公益林补偿1135.65万元，极大改善了社区居民的生产生活条件。后河保护区还积极引导林农种植蔬菜、烟业，养蜂、养猪，发展经济林。

第11章 自然保护区管理

11.1 机构设置

后河保护区前身为1977年建立的国有后河采育场。1984年4月,湖北省政府将后河列入重点建设的保护区之一。1985年3月,五峰土家族自治县建立后河县级保护区;1988年,后河县级保护区升级为省级保护区(鄂政发〔1988〕23号);1999年,湖北省政府以鄂政文〔1999〕18号文向国务院申报新建后河国家级自然保护区;2000年4月,国务院办公厅以国办发〔2000〕30号文批准新建湖北五峰后河国家级自然保护区;2000年12月,湖北省机构编制委员会(以下简称编委)同意设立湖北五峰后河国家级自然保护区管理局,为全额拨款的副县(处)级事业单位,实行宜昌市人民政府与省林业厅共同管理、以宜昌市管理为主的管理体制(鄂编发〔2000〕136号);2008年11月,湖北省人事厅同意湖北五峰后河国家级自然保护区管理局列入参照公务员法管理范围(鄂人函〔2008〕159号);2021年1月,湖北省委编委同意将湖北五峰后河国家级自然保护区管理局机构规格由副县级调整为正县级(鄂编文〔2021〕10号)。

根据事业发展和工作需要,自后河保护区建立以来,后河管理局内设机构等机构编制事项进行了多次适当调整。目前,后河保护区核定内设机构共有9个,即办公室、计划财务科、天然林资源保护工程科(林场科)、项目管理科、社会服务与产业发展科、森林防火与安全科、信息科、人事管理科、资源保护科;核定直属机构4个,即后河管理站、茅坪管理站、后河科研所、华南虎驯繁中心。根据宜昌市编制办公室(以下简称编办)以〔2015〕93号文件、宜编〔2016〕22号和宜编〔2016〕23号文件,后河保护区管理局被设为正科级,有局长兼教导员(正科级)职数1名,副局长(副科级)职数2名,编制数50个。2016年10月,宜昌市编办以宜编办〔2016〕152号文件同意后河管理局加挂"五峰后河国有实验林场管理处"牌子,增设林场管理科,级别相当副科级。同意将纪委书记(正科级)职数调整为副局长(正科级)职数。2016年12月,市编办、市财政局以宜编办〔2016〕186号文件批复,给后河管理局核定以钱养事份额12名,主要用以后河管理局聘用林场工作人员。2021年1月,经省委编委批准,后河管理局机构规格升格为正县级。8月,市委编委核定内设机构9个,直属机构4个;核定局长(正县级)1名、副县级班子成员4名;科级领导职数26名,其中,正科级领导职数13名、副科级领导职数13名。现有干部职工44人。

①管理基础更加扎实。在上一个十年工作的基础上,进一步明确了土地权属,保护区所有土地权属清晰,涉及林权证298份,土地使用证9份。山林土地界限明确,296个拐点坐标及走向描述清楚。实施本轮总体规划以来,未发生一起权属纠纷。功能区划合理清楚,主要保护对象及相关信息明确。

②保护管理能力全面提升。与2010年相比,保护站、点、设施、设备更加齐全,保护网络更加完善,数字化、信息化等保护手段更加完备,科研监测能力明显提高,巡护及执法能力大幅提升。

③管理保障水平逐步提高。在机构编制上,进一步落实了管理局机关及二级单位设置相关编制、级别和人员;在队伍建设上,优化了干部职工队伍的年龄、学历、知识结构;在经费保障上,省市两级将管理局及基层单位的人员经费和运行经费全额保障,保障总额由2010年的230.57万元增加到2017年的1046.04万元,同时还争取国家及省级能力建设、专项投资等资金支持。

④保护合力逐步形成。社区居民的保护意识比2010前明显增强,社区共建共管内容更加丰富。五峰自治县委县政府及相关部门、相关乡镇村全力支持保护区的工作。与科研院所合作的深度和广度都有明显增加。

⑤上一轮管理评估的意见和建议全面落实。根据 2010 年 10 月管理评估意见和建议，保护区认真对待，全面落实。一是关于落界的问题，通过勘界立标，进一步确定了土地权属，签订边界界定书 12 份，确定边界拐点 296 处，埋设界碑 6 个、埋设边界桩 109 个、埋设核心区桩 33 个、埋设缓冲区桩 56 个，设置标示牌 23 个，设置警示牌 30 个，并对前期安装损坏的界碑界桩、标示牌进行了更新、对位置偏移的界碑界桩、标示牌等进行了更正，公示了保护区边界和功能区划，并上报环保和林业部门。二是关于优化人员结构问题，通过公开招考和人才引进，人才结构发生了很大的变化，平均年龄由 2010 年的 45.2 岁降低到现在的 41.2 岁；从学历上看，硕士研究生由 0 增加到 4 人，占总人数的 9%，大学本科由 4 人增加到 14 人，占总人数的 32%，本科及以上学历涵盖了植物学、动物学、自然地理、信息工程、中文、新闻等专业；高级及相当高级技术职称由 2 人上升到 3 人。同时，笔者还针对评估提出的宣传教育、规范生态旅游和社区可持续发展等建议进行了落实。

11.2 基础设施设备管理

后河保护区通过管理局、管理站、管护点三级管护网络体系对保护区内的房屋、车辆、通讯电力和消防等基础设施设备进行管理管护。具体内容如下。

11.2.1 管护设施

后河保护区有各类办公用房 10794 m^2，包括管理局、2 个管理站、3 个保护垫、科研所、护林点、宣教中心、信息中心等办公用房。保护区有大型宣传牌 9 个、宣传牌 20 个、防火宣传牌 15 个、宣传栏 2 个、界碑界桩标示牌 258 个；道路安保设施 670 处，巡护道路 57km，其中，硬化巡护道路 36.5km 等，公路 32km 等。

11.2.2 管护车辆

后河保护区现可使用车辆 8 辆，其中，应急公务车 2 辆，执法执勤车 1 辆，林政执法摩托车 5 辆。巡护执法车和巡护摩托车分布于基层站所及管护点。所有现役车辆均得到了正常维护保养。

11.2.3 通信电力设备

后河保护区现有联通移动通信塔 4 处；电力台区 4 处；固定数字短波基站 3 个（分别位于茅坪管理站、后河管理站、后河保护区"小山"），GPS 车载台 3 台，GPS 数字对讲机 30 部。现后河保护区电台基本能实现保护区电台信号全覆盖，通讯效果良好。

11.2.4 消防设施

后河保护区现设有 2 个森林防火物资仓库，分别为茅坪管理站森林防火物资仓库、后河游客中心森林防火物资仓库，消防水池 3 处。森林防火扑火器具主要有油锯、风力灭火机、高压水雾灭火机、拖把、锄头等 300 套（个）。

11.2.5 其他保护设备

后河保护区有移动巡护系统、警务通、无人机、防火摄像机电源、摄像头、红外探头防火摄像机、警用器具（匕首警棍等组合工具）、GPS、红外相机、激光测距仪、远距取证摄录仪等 270 台（套、个）。

11.3 巡护监测管理

11.3.1 日常巡护体系

根据后河保护区内森林资源分布、林分结构、生物多样性和生态地理位置等因素，同时考虑便于管理和方便生活划分管护片，全区共划分管护片2个，在管护片区内，以村及国有山大界为基本单元划分管护点，全区共确定管护点3个。后河保护区采取专业人员做专业事的原则，日常巡护主要通过3个方面巡护工作多重覆盖完成，巡护工作包括以基层站点为主体的常规巡护、结合天然林资源保护工程和生态公益林管护开展森林资源专项巡护以及以森林公安为主体的执法巡护。

(1) 以基层站点为主体的常规巡护

经过长期实践，建立完善了常规巡护制度，层层签订责任状，并确定了管护人员的职责，通过填写巡护日志或利用巡护APP上传巡护数据等办法反映了巡护工作过程。后河保护区天保科、资源保护科负责全区森林管护计划安排、组织实施及对各保护站(场)管护工作的指导检查、监督、考核工作。各保护站(场)负责本辖区内森林管护的全面工作，同时将任务、责任逐级落实到管护片、管护点和管护员，以确保将森林管护工作落实到位。管护员负责合同规定责任区内的森林资源管护任务，接受所在保护站的管理。根据保护站站长岗位目标责任制，明确站长的工作职责，将保护站的管理实绩、资源保护成效与站长的选拔任用和工资报酬挂钩。常规巡护内容主要为：林区火灾隐患排除及报告，制止、上报乱砍滥伐、滥采乱挖行为，森林病虫害的监测及预防，野生动物救治，林业法律、法规的宣传，协助森林公安、林政执法人员查处林区内的涉林案件。

(2) 结合天然林资源保护工程、生态公益林管护开展森林资源专项巡护

后河保护区结合天然林资源保护工程、生态公益林管护政策，聘用熟悉情况的社区居民为专、兼职管护员，信息员开展的专项巡护，将森林资源安全落到实处。后河保护区天然林资源保护工程管护的主要机构为后河管理站和茅坪管理站。天保科、资源保护科对管护情况进行定期或不定期的检查和抽查，确保巡护效果。国有林管护员通过上岗考核、岗前培训，保护区天保科按照森林管护人员要求进行考核；考核合格者，由资源保护科、天保科统一组织森林管护上岗的岗前培训；取得岗位合格证书后，方有资格参加森林管护工作。对后河保护区核心区的管护人员，还必须具备国家和省级保护动植物和生物多样性保护基本知识。

集体公益林专项巡护：按照集体林权制度改革的要求，已确权到户的，尊重林农意愿，因地制宜确定管护方式。后河保护区根据实际情况，按照上级有关政策规定，对集体所有的公益林管护采取集中承包管护的方式，将所有权和管护权分离，在所有权不变的情况下，把管护责任委托到基层管理站(场)，由管理站(场)将管护任务承包给管护员，对管护员实行管护成效管理，考核兑现管护报酬。

(3) 以森林公安为主体的执法巡护

在森林公安机构转隶之前，通过森林公安不定期地在保护区开展执法巡护活动和专项执法活动，达到震慑作用。

一是加大打击违法犯罪力度。充分发挥森林公安机关的职能作用，不断加大打击各种破坏森林资源和野生动植物资源的犯罪力度。二是认真开展各类专项行动。按照上级统一安排部署以及保护区实际情况，通过开展"春雷行动""长江生态大保护专项行动""禁种铲毒行动""楚天冬季攻势""冬季野生动物保护专项行动""绿盾行动"等一系列专项行动，确保林区健康和谐发展。后河森林公安在各专项行动中均成立了"专项行动小组"，制定了详细的行动方案，在辖区内定期巡查、夜巡、进行法律法规宣传，对专项行动中查出的涉林违法犯罪进行查处，专项行动结束后对专项行动进行总结，各类专项行动累计投入警力1500余人次，车辆400余辆次，对涉林违法犯罪行为人进行了打击，解救并放生野生动物100余只，有力地打击了违法犯罪分子，教育了广大群众。三是加大资源巡护力度。巡护搜山是保护自然资源最基础、最重要的手段。后河分局根据辖区的资源分布，制定了巡护办法，并根据保护区复杂的地理环境与人为活动情况，按照区域样线划分原则在区内共设计12条、总里程139km的固定巡护样线。在此基础上，多年来积极开展日常样线巡护和稽查巡护工作，有效地保护了区内动植物资源安全。四是建立边界联防。后河保护区和湖南壶瓶山交界，同五峰多处交界，后河森林公安局同湘鄂西十多地森林公安达成了联防协作机制，相互协调配合，保证了执法巡护无死角，无盲区。

11.3.2 保护区监测体系

以后河保护区科学研究所为主体，成立了专门的监测队伍，根据保护区的实际情况，制订了监测制度，完善了监测体系。后河保护区通过"多重覆盖，横向到边，纵向到底"的管理方式，结合巡护系统和科考系统等创新性信息化手段对保护区进行有效监测和管理。目前，后河保护区正用创新思维不断探索和完善生态系统保护工作，通过观念创新、手段创新、保护运行模式创新，将思想高度统一到"保护优先"的观念上来，使用无人机、信息化管理系统等高科技手段，运用传统管护网络+巡护、监测、执法三支专业保护队伍的模式，实现"天上有卫星、空中有飞机、地上有探头、管控有队伍"的多维保护体系，达到人防、物防、技防的有效统一。根据保护区实际情况，根据国家和省市的相关要求，制定了《保护区资源巡护工作方案》《资源管护员管理考核办法》《野生动植物巡护监测方案》《野生动物疫病疫源监测方案》。通过实施这些方案和办法，落实了资源管护任务。

为加强巡护工作，后河保护区管理局制定了《巡护员管理办法》，明确了各巡护员巡护职责范围。此外，后河保护区建立了对巡护工作的考核制度，主要对日常考勤、巡护工作、资源管理、巡护日志、标牌标识管理、护林宣传、病虫害防治、学习培训、稳定和发展等方面的指标进行考评，通过对管护员的月度、半年度、年度考核，将考核结果与管护绩效挂钩，促使管护工作的落实。

后河保护区主要针对森林湿地资源、环境质量、野生动植物、动物疫病疫源等方面进行监测。具体内容如下。

①森林湿地资源动态监测：主要是监测保护区内有林地面积、灌木林地面积增加，宜林地面积减少，其他林地面积无变化，河流湿地无明显变化。

②野生动植物巡护监测：后河保护区于2009年制定了《湖北后河国家级自然保护区野生动植物巡护监测工作方案》，为保障监测数据的延续性和科学性，此方案沿用至今。

③红外相机监测：后河保护区制定了详细的野生动物专项监测方案，借助红外相机监测技术对区域内野生动物资源进行长期定点定位，监测保护区内哺乳动物及鸟类的活动情况。

④生物多样性样线样点监测：根据《湖北五峰后河国家级自然保护区2008—2009年建立生物多样性监测体系工作方案》，保护区建设了生物多样性永久监测样线。

⑤环境质量监测：2013年和2014年后河保护区专门对保护区环境质量进行了监测，形成了基底数据。

⑥陆生野生动物疫源疫病监测：后河保护区于2013年被省疫源疫病监测总站纳入省级监测站，2014年正式挂牌组建后河国家级自然保护区省级野生动物疫源疫病监测站，制定了《后河国家级自然保护区省级野生动物疫源疫病监测站工作方案》，设立6个疫源疫病监测点，联合各社区单位动物防疫组织，形成了快捷联通的疫源疫病监测网络。

⑦生态系统动态监测：后河保护区科研所与中国林业科学研究院、中国科学院、华中师范大学等科研院校进行广泛合作，开展森林资源科研监测、本底调查、特有珍稀物种监测等活动。

⑧道路、水系、居民地等空间基础信息监测：通过森林湿地动态监测项目(林地一张图)的实施，保护区水系(水域面积)没有发生大的变化，相比保护区成立第一个十年水系情况比较，流量更加稳定，水面透出河床时间延长，说明生态保护效果明显，爆发山洪和泥石流情况减弱。

11.4 科学研究

后河保护区成立以来，共开展了3次综合科学考察(1999年，2006年，2017年)，其中，1999年和2006年的调查成果分别编撰了科学考察集；2017年综合科学考察由中国林业科学研究院森林生态环境与保护研究所承担，本报告正是此次综合科学考察的结果汇总。在进行综合科学考察的同时，后河保护区还开展了针对主要保护对象的专项调查，包括珙桐群落、水丝梨群落、红豆杉、小勾儿茶、黄连、青钱柳等植物专项调查；猕猴、果子狸、猪獾、细痣瑶螈、林麝等动物专项调查；全国湿地普查、湖北省林木种质资源普查、大样地选址调查、本土植物调查、古树名木调查等；扁蜡等昆虫调查；微生物调查。

11.4.1 植物调查

（1）珙桐和水丝梨群落专项调查

2010年7月，后河保护区科研所与北京林业大学合作开展珙桐叶的功能性状研究调查，历时半个月，形成了成果《湖北后河保护区珙桐的叶功能性状研究》。

2011年，后河保护区科研所先后协助华中师范大学科研团队开展了后河保护区珙桐资源调查和水丝梨群落调查工作。经过调查，结果发现，后河保护区内野生珙桐群落相对集中分布在猪尿泡眼、朱家河一带，面积约160亩，最大单株胸径41.6cm，其他为人工林，面积约2000亩；保护区内树龄百年以上的水丝梨有千株之多，胸径在25cm的植株树龄达135年，胸径为18cm的植株树龄达110年，区内25cm左右胸径的植株数量巨大，并且胸径在50~70cm的水丝梨有几十株，照此推算，其树龄可达300年左右。

（2）红豆杉群落调查

2012年9月，后河保护区科研所成立专班，对后河保护区核心区域进行了样线踏查，主要调查了红豆杉的分布位置和数量，掌握红豆杉的现状，为今后的保护管理提出合理化建议。

通过3天的踏查和1处样方调查发现，红豆杉主要集中分布在渍泥巴坑接灰沙溪一带，面积达30多亩，数量达250棵以上。该林分保持为原始森林，为常绿落叶针阔混交林（针叶树为红豆杉），为半阴半阳的上坡，海拔在1600~1700m，工作人员在其中建50m×50m样方，对其中红豆杉进行了每木检尺调查。

（3）红花玉兰专项调查

2013年9月，后河保护区科研所成立专班，对后河羊子溪和金竹园区域进行了样线踏查。主要调查目的是了解红花玉兰的分布位置和数量，掌握红花玉兰的现存现状，为今后的保护管理提出合理化建议，最后形成成果《后河国家级自然保护区珍稀植物红花玉兰资源调查报告》。

（4）楠木资源调查

2014年8月，保护区科研所与长江大学费永骏一行联合开展后河楠木资源调查工作。

（5）青钱柳资源调查

2014—2015年，按照后河保护区管理局的安排，保护区科学研究所牵头对后河保护区及周边地区的青钱柳资源展开了系统调查，调查区域为后河保护区和五峰土家族自治县全域，调查时间前后历经半年，最终形成了成果《后河保护区及周边地区青钱柳资源调查报告》。

（6）珍稀植物调查

2015年11月，保护区科研所与湖北民族大学黄升一行联合开展了后河珍稀植物调查工作。

（7）本土植物调查

2015年11月，保护区科研所协助武汉植物园李晓东一行，开展了后河本土植物调查工作。

（8）野生黄连调查

2017年2月，保护区科研所协助武汉大学杜威一行，开展了后河野生黄连调查工作。

（9）小勾儿茶专项调查

小勾儿茶是鼠李科小勾儿茶属植物，小勾儿茶属为典型的东亚分布属，对研究鼠李科植物属间分类系统演化具有重要的科学意义。但是由于生境的破坏和恶化，目前处于濒危状态，特别是小勾儿茶。小勾儿茶为我国分布微域的特有种，分布范围极为狭窄，被列为国家二级重点保护野生物种和重要保护野生植物。2001年6月，中国科学院武汉植物园专家在湖北后河国家级自然保护区进行植物考察时，发现国家二级重点保护野生植物小勾儿茶2株，这是继1907年英国植物学家威尔逊（Wilson）在湖北省兴山县首次采集到小勾儿茶，此后在湖北省再未发现该植物，被植物界专家认为已经灭绝后百年来的重新发现。目前，已知的小勾儿茶的种群数目极少，属极小种群，不足以维持其长期生存的最低种群大小，后河保护区作为小勾儿茶的重要原生地，是就地保护的重要基地。为了切实解决小勾儿茶的濒危状态，扩大种群是拯救该物种的重要措施，特别是突破其繁殖扩大种群的相关技术研究是扩大该种群的基础工作，为此后河保护区实施了小勾儿茶种群拯救项目，建立后河小勾儿茶拯救活动的技术支撑体系。

为了查明后河保护区小勾儿茶的数量及分布情况，2015年10月，后河保护区在第三方单位宜昌森溪林业科技有限公司技术人员的协助下深入后河保护区开展小勾儿茶数量及分布情况的调查。2015年10月中旬，调查组完成了调查准备工作和外业调查工作，并在月底进行了杨家河区域的补充调查，11月根据外业资料进行修正、完善，完成统计汇总、成果图制作及调查报告编写，形成成果《小勾儿茶——极小种群资源调查报告》。2016年9月，后河保护区根据调查结果制作并发放小勾儿茶保护宣传册1000余册，对其珍稀及重要性进行宣传；2016年10月，设计保护宣传牌，对小勾儿茶分布区进行立牌保护。

(10) 古树名木调查

古树名木资源调查是加强古树名木保护十分重要的基础性工作，是做好古树名木保护工作的重要环节，其目的是进一步核实后河保护区古树名木资源总量、种类、分布状况、生长状况、管理经验和存在的问题，为制订古树名木保护措施提供科学依据。

2012—2017年，保护区责成后河科研所组织专班对后河保护区范围内的古树名木进行了详细调查，从2012年开始，后河保护区科研所制定调查方案，组织调查专班对后河保护区内的古树名木进行每木调查，设计调查样线10余条，野外调查时间180余天，参与调查人员720余人次。截至2017年，后河保护区现存古树总计110株，分属于22科25属33种，无名木，基本摸清了后河保护区古树资源情况。

(11) 林木种质资源专项调查

2015—2017年，后河保护区科研所牵头对后河保护区内林木种质资源进行了调查，整理资料后撰写了调查报告。2016年11月，接受湖北省林木种质资源调查领导小组相关工作人员组织的外业调查验收，后根据验收小组意见于2017年2月初组织科研所再次进行补充调查，并重新整理数据、修改图表，完善调查报告。2017年5月，接受内业验收，并于会后上交《种质资源外业调查表》《林木种质资源调查录入表》《林木种质资源分布图》《保护区林木种质资源调查报告》及外业调查照片等。截至2017年5月底，林木种质资源外业调查及内业资料整理工作圆满完成。

经外业调查和内业数据统计可知，后河保护区此次林木种质资源调查共记录了4种类型种质资源285个，隶属于32科45属60种，其中有裸子植物5科8属10种，被子植物27科37属50种。资源类别方面除日本柳杉、厚朴、厚朴、喜树、杜仲为"栽培种质资源"外，其余全部为"野生种质资源"。此次共调查记录古树名木34种96株，资源类别全部为"古树"，无名木；共记录优良单株35种188株，其中，珍稀保护植物达170余株。

(12) 中药材调查

后河保护区是华中地区得天独厚的一块绿洲，是一座"天然药库"。在湖北省的5个药用植物分布区中，鄂西南山地药用植物分布区是药用植物最为丰富的地区，在这一区域，常见的重要药用植物有笔直石松、兖州卷柏、爬岩香、宽叶金粟兰、马蹄汉城细辛、黄连、花葶乌头、南五味子、小八角莲、血水草、顶花板凳果、雪胆、川续断、天麻等。

根据《湖北中药资源名录》，结合后河保护区综合科学考察结果和科研所工作人员的收集整理，共发现保护区内有药用维管束植物174科652种(含变种)，其中，蕨类20科37种(含变种)，裸子植物5科9种(含变种)，被子植物149科606种(含变种与亚种)。这些中草药资源的开发利用，对促进保护区社区可持续发展，振兴湖北的中医药事业，起着十分重要的作用。

(13) 长果安息香调查

长果安息香 Sinojackia dolichocarpa，《中国植物志》将其命名为长果秤锤树，因花白如雪，果实形似秤锤而得名。属于安息香科秤锤树属植物，国家二级重点保护野生植物，《中国生物多样性红色名录》濒危种(EN)，中国特有树种，极小种群物种。主要生长在山地水沟边、溪边。模式标本采自湖南石门。后河保护区于2017年3月启动第二轮资源本底调查，分植被、植物、昆虫、鸟类等7个专项调查。其中，植被课题组于2018年10月在百溪河进行常绿阔叶林调查时于沟谷边发现一粒疑似长果安息香种子；2019年4月9~10日，中国科学院武汉植物园江明喜研究员来到后河，对百溪河流域种子发现地周边进行了详细调查，发现并认定该物种为安息香科秤锤树属的极小种群物种长果安息香。调查总共发现长果安息香25丛共58株，幼苗2株，其中有13丛呈群落状分布；最小胸径5.0cm，最大胸径41.4cm。

11.4.2 动物调查

(1) 利用红外相机监测野生动物项目

野生动物专项监测一直是后河保护区科研工作的重心，自2010年开始，后河保护区便制定了详细的野生动物专项监测方案，借助红外相机监测技术对区域内野生动物资源进行长期定点定位，监测保护区内哺乳动物及鸟类的活动情况。监测方案是将整个保护区划分成2×2km的网格(共计36个)，然后将每个2×2km的网格又划分为1×1km网格(共计104个)，在每个1×1km的网格内布设1~2台红外相机，每台相机在每个地点放置6个月，6个月之后移动到下一个地点，每两个地点间至少相隔200米。

自2010年开始，后河保护区设置了12条固定样线53个监控点，共拍摄到哺乳动物4目12科25种，鸟类4目7科29种。

(2) 猴类资源调查

2011—2014年，后河保护区科研所开展了为期4年的辖区野生猴类种群调查工作，先后制定了《后河保护区猴类种群专题调查方案》《猴类专题调查工作方案》等详细具体的工作方案，2012年10月，通过对当地的村民进行了走访，了解到猴群喜欢在距离百溪河居民密集点约20m远的树上活动，每次最少不低于3只，每次活动时间可长达15分钟左右，根据村民提供的情况，科研人员开始有针对性地对猴群活动的轨迹实地展开踏查，采取蹲守跟踪、不间断投食和招引、观察拍摄等一系列科学方法进行调查。

科研人员成立3个工作专班，通过3天的追踪观察，沿着猴群活动轨迹选择了投食地点，把玉米棒、玉米粒、花生、红薯等堆放在猴群极易发现的大石头上，或者将食物插在可供猴群活动的树枝上。投放好食物后，在投放点周围布控好红外监测相机。投食线路布控好之后，科研专班分别每3天上山一次，查找猴群去向，读取红外相机数据卡，以及为猴群补充食物。

最后发现辖区内的猴类种群为猕猴，共有大小不等5个群族，偶有单个活动现象，累计40~50只。在拍摄到猴群活动影像的基础上，形成了《湖北五峰后河国家级自然保护区将投食招引应用于猴群保护的研究报告》。

(3) 细痣瑶螈调查

2010年8月，后河保护区科研所与华中师范大学张洪茂一行联合开展了两栖动物——细痣瑶螈的调查与研究，形成成果《后河保护区周边地区细痣瑶螈资源及夏季生境选择》。

(4) 果子狸专项、猪獾专项调查

2012年8月，后河保护区科研所与中国科学院植物研究所周友兵一行联合开展果子狸和猪獾野外生活习性调查，外业工作历时15天。以发现果子狸和猪獾的新鲜活动痕迹为中心布设10m×10m的样方，记录样方内坡向、坡位、植被类型、灌木盖度、草本盖度、隐蔽度、距居民点距离和距水源距离等8个栖息地因子。通过机械布点法在地图上随机设置样线，样线覆盖所有植被类型，沿样线每隔

150m 布设 10m×10m 的样方。将发现它们活动痕迹的样方记为活动样方，未发现活动痕迹的样方作为对照样方，用以研究它们对栖息地因子的选择性利用。最终形成成果《湖北后河自然保护区果子狸栖息地选择的初步研究》《果子狸的行为生态学资料》以及《后河猪獾的行为生态学资料》。

(5) 林麝专项调查

林麝属于国家二级重点保护野生动物，1999年4月出版的《湖北后河保护区科学考察集》中有对林麝的记载，记录有林麝在后河保护区内分布的部分数据，但此后再未有人拍摄过影像资料，也未补充相关详细信息。所以，自 2010 年后河保护区启用红外相机对野生动物进行监测时，就对林麝容易出没的区域进行了重点布设，期待再次拍摄到它的踪影。

2017年9月，安放在后河保护区核心区的纸厂河(海拔1200m)和邓家台(海拔1500m)2台红外相机均拍摄到了林麝的清晰图像，这是后河保护区安装红外相机进行动物监测以来的首次，是后河保护区对林麝进行科学研究的重要分水岭，也是后河自然生态现状的重要体现。

(6) 猫科动物存在现状调查

按照猫科动物的生活习性划定监测样线、确定红外相机安置点，然后定期进行样线监测、安装并回收红外相机，利用这种方法考察后河保护区猫科动物现存种类和数量。

截至目前，后河保护区利用红外相机在不同点位拍到了豹猫40余次，2017年10月19日后河科研所工作人员在香党坪进行例行监测调查时，近距离观测并拍摄到3只国家二级重点保护野生动物豹猫，1只成体，2只幼体。豹猫本是夜行动物，警惕性高，主要栖息在山地林区、郊野灌丛林等地，此次能用相机拍摄到它的身影，说明后河保护区对野生动植物资源的保护成效明显，后河保护区内野生动物的种群数量明显增加。

2017年6月17日，笔者又在香党坪大湾口处发现了大型猫科动物足迹，通过勘察记录发现，该足迹长度10cm，一处前后脚距32cm，另一处前后脚距40cm，四足脚距一处为90cm，另一处为120cm。工作人员经过仔细核对，初步判断该动物从林中下山，经过田间后留下的足迹，经动物专家们的初步认定这些足迹疑似为豹等大型猫科动物所留。

(7) 全国第二次陆生野生动物资源调查

该项目由湖北省林业厅统一部署，省野保站具体组织开展，2016年3~9月，后河保护区科研所与华中师范大学吴华一行联合开展湖北省第二次野生动物普查工作，后河保护区科研所全体成员参与协助。通过普查，不断收集整理相关的工作成果，并以此为依据调整监测工作的重点，不断加强对濒危物种数量、分布及生活环境的监测工作，为全面掌握区域内野生动物生存环境提供更多的科学依据，形成了成果《2017年湖北后河国家级自然保护区哺乳动物观测年度总结报告》。

11.4.3 其他调查

(1) 湿地调查

2011年，后河保护区科研所历时2个月，全面完成了全国第二次湿地调查后河保护区调查工作。对后河保护区达到湿地标准的百溪河、后河等河流湿地进行了全面调查，并对相关数据加以收集，为后河保护区的湿地资源保护管理提供了科学依据。

(2) 阔叶林土壤调查

2012年10月，后河保护区科研所与白云山保护区管理局联合开展了后河阔叶林土壤微生物梯度纬度分布研究，形成成果《阔叶林土壤微生物多样性的纬度梯度分布研究》。

(3) 微生物调查

2012年5月，后河保护区科研所与湖北微生物研究所陈京元一行开展后河珙桐群落微生物调查，发现鸟巢菌，填补了国内空白，发现了冬虫夏草，系低海拔首次发现。

(4) 大样地选址调查

2012年9月，后河保护区科研所与武汉植物园鲍大川一行联合在后河开展大样地建设选址调查工作，调查工作历时 8 天。

11.4.4 科研成果

后河保护区通过专项调查及与科研院所合作调查，获得了大量第一手数据资料。经统计分析，截至 2019 年底，与后河保护区相关的已发表的科研及学位论文共有 83 篇，主要包括植物、脊椎动物、昆虫和保护区整体研究四大类。植物研究方面主要涉及植物区系研究，苔类、藓类、菌类、蕨类、菊科植物、野生花卉、珍稀濒危保护植物、常绿落阔混交林等方面。研究成果最多的是珍稀濒危保护植物(15 篇)，研究内容涉及珍稀植物群落谱系结构、优先保护定量研究、主要树种动态变化、就地异地保护等；其次是水丝梨群落研究(7 篇)，主要就其种群结构、分布格局、群落生态学研究等；再是珙桐与光叶珙桐以及发现新物种记录，如小勾儿茶，楤木属后河龙眼独活，柳叶菜属新种，鄂西商陆等。脊椎动物方面研究较多的是果子狸(3 篇)，细痣瑶螈(2 篇)，此外还有獐类、鸟类、哺乳动物及新物种记录峨眉地蜥，白头蝰等。昆虫研究主要涉及蝶类，蛾类，直翅目昆虫等。

第 12 章 保护价值评价

12.1 典型性

后河保护区位于我国三大阶梯的第二向第三阶梯的过渡地带，地处湘、鄂两省交界的武陵山东段。武陵山脉是连接云贵高原与我国亚热带地区东部的重要纽带，是北亚热带与中亚热带的过渡带，是我国东亚成分迁移过程中介于秦岭与南岭之间的重要通道，具有其他地区不可替代的重要性。该区域还地处中国 17 个具有国际意义的生物多样性关键地区、全球 200 个重要生态区之一的武陵山区东段，是中国生物区系核心地带——华中区的重要组成部分。

后河保护区位于中亚热带常绿阔叶林地带鄂西南山地植被区武陵山山原植被小区，有中亚热带典型的湿润常绿落叶林与落叶混交林的特征形态，具有中亚热带明显的地带典型性。垂直分布带谱明显，海拔从低到高，依次出现常绿阔叶林、硬叶阔叶林与暖性针叶林带，常绿、落叶阔叶混交林带，落叶阔叶林带，温性针叶林带，山地灌丛带和山地草甸带。

后河保护区处于云贵高原向东南丘陵平原的过渡地带和中亚热带向北亚热带的过渡地带，生物区系具有十分明显的过渡性和代表性，古老孑遗物种相当丰富，成为生物避难所和中国特有物种的集中分布区之一。在植物地理区划中，后河保护区位于东亚植物区系的关键地区，是我国许多植物活化石的避难所，有领春木科、连香树科、水青树科、木兰科、珙桐科和水青树属等许多古老成分，是其他地区不可替代的重要区域；还是现代植物区系的重要分化场所，如珙桐属、椴树属、化香属、五加属和榛属等成分均起源于武陵山地区及其周围区域。区内植物地理成分复杂多样，保护区内已知的 2917 种野生维管束植物共包含 14 个分布型，热带性质的种占非世界比例为 16.51%，温带性质的种占 36.05%，中国特有分布的种占 47.42%。植物以北温带性分布为主，但也有一些典型的热带分布型属，这显示了与岭南热带植物的交汇。

在动物地理区划中，后河保护区介于东洋界华中区西部山地高原亚区与东部丘陵平原亚区的过渡地带，两亚区的地理景观不同，生境迥异，相关的动物群体各具特色。从区内陆生脊椎动物（除鱼类物种之外）的地理区系组成来看，以东洋界华中区动物成份为主体，其中，东洋界种占 66.2%，古北界种占 15.0%，广布种占 17.8%。后河保护区的动物既反映了华中区一般区系结构，还具有华中区固有的典型区系特征，呈现出了明显的过渡性特点。后河保护区是武陵山区南北动植物迁徙扩散的天然通道和东西生物交汇的纽带，对武陵山自然景观和生物多样性的保护起着关键性作用。

12.2 稀有性

后河保护区内植物区系特有化程度高，特有成分丰富。保护区内中国特有属共 37 属，占后河野生维管束植物属数的 3.84%；有中国特有植物 1352 种，占保护区野生维管束植物的 46.35%。多种子遗植物如南方红豆杉、三尖杉、杉木和领春木在保护区内广泛分布，反映了区内其植物区系起源的古老。境内也有部分中国特有脊椎动物动物，包括 12 种中国特有鸟类和 9 种中国特有哺乳动物。

后河保护区珍稀濒危植物物种较多，有国家重点保护野生植物 76 种，其中，国家一级重点保护野生植物有 5 种，即红豆杉、南方红豆杉、珙桐、曲茎石斛、大黄花虾脊兰；国家二级重点保护野生植物有篦子三尖杉、连香树、闽楠等 71 种；有国家重点保护野生动物 66 种，其中，国家一级重点保护野生动物有穿山甲、大灵猫、金猫、云豹、金钱豹、林麝、中华秋沙鸭和金雕等 8 种，国家二级重点保护野生动物有猕猴、黑熊、黄喉貂、水獭、豹猫、红腹角雉、松雀鹰、灰林鸮、领鸺鹠、红脚隼等58种；而被《濒危野生动植物种国际贸易公约》(CITES)附录Ⅰ收录的野生动物有9种，CITES附录Ⅱ收录的有10种；被《世界自然保护联盟濒危动物红色名录》(IUCN)列为受威胁(CR、EN和VU)的物种有16种；被《中国濒危动物红色名录》列为受威胁(CR、EN和VU)物种收录的动物有44种。

12.3 自然性

后河保护区属于云贵高原武陵山脉东北支脉地带，山高谷深，群峰起伏，层峦叠嶂，山势险峻，雄壮伟岸，地貌类型多样。区内地势南北高、东西低，后河保护区内最高峰独岭海拔2252.2m，为武陵山脉东北支脉的最高峰。大地貌为山地和谷地；小地貌主要为各种岩溶地貌形态，断崖、溶洞、漏斗、孤峰是常见景观。境内景观资源数量多、类型丰富，例如，奇峰怪石嶙峋，峭壁悬崖峥嵘形成特色的溶洞、石林、险峰、峻岭、幽谷等景观。百溪河由西向东横贯保护区全境，蜿蜒曲折，溪流交错，形成多样化的水景观。保护区内森林植被类型绚丽多彩，竞相辉映，纯林片片，郁郁葱葱，翠连天际。区内古树参天，藤蔓缠绕，苔草铺地。在区内泉河、王家湾等沟谷及悬崖峭壁等人迹罕至的区域，人为干扰少，有较大面积原始森林或者原始次生林，特别是大片珍稀植物群落保持着原始状态，群落结构层次明显。

12.4 多样性

12.4.1 植被和植物资源

由于独特的生态环境和优越的气候条件，后河保护区物种资源十分丰富。后河保护区地处中亚热带湿润季风气候区，与保护区所处气候带对应，区内地带植被分布有中亚热带典型的湿润常绿落叶林与落叶混交林的特征形态，特别是大片珍稀植物群落保持着原始状态，具有中亚热带明显的地带典型性。据调查，后河保护区3个植被型组10个植被型17个植被亚型46个植物群系组79个植物群系。后河保护区植物种类丰富多样，包括维管束植物共202科1099属3302种(包含种下分类群、栽培植物)，苔藓植物61科132属272种，地衣植物16科30属57种。维管束植物中的蔷薇科、菊科、禾本科、豆科、唇形科、兰科是该区所含种数较多的科。木通科、山茱萸科、五味子科和清风藤科等，在后河地区具有重要植物地理学指示意义，它们是武夷山地区的表征科。

12.4.2 动物资源

后河保护区良好的地理环境、优越的气候条件为野生动物提供了一个理想的繁衍生息环境，使其境内具有丰富的野生动物资源。据调查，保护区内已知的陆生脊椎动物有4纲28目98科417种，水生脊椎动物有3目4科8种，昆虫有19目218科1964属2476种。陆生脊椎动物中包括两栖动物2目9科41种、爬行动物2目10科53种、鸟类动物16目55科255种和哺乳动物8目24科68种。

12.4.3 大型真菌资源

大型真菌是能够形成大型子实体、子座和菌核等的真菌，它们生长在基质上或地下的子实体的大小足以通过肉眼发现。经过调查共获得大型真菌标本703份，结合形态分类学和分子系统学研究，共鉴定出子囊菌43种，隶属于4纲6目16科27属，担子菌294种，隶属于3纲13目54科145属，共计7纲19目70科172属332种，为后河保护区新增了251种大型真菌记录。至此，后河保护区共知大型真菌413种。

12.5 经济价值评价

12.5.1 直接经济价值

森林生态系统会给人类提供大量的林产品和林副产品，如木材、果品、药材和其他工业原材料等。

后河保护区森林覆盖率高，有大面积的森林可提供林产品。区内经济植物种类较多，有药用植物650余种，可加工成中草药、农药和保健食品，开发利用前景广阔；同时，还有许多具有观赏价值的植物，如兖州卷柏、小八角莲等，可建立观光园供游客观赏，也可加工成盆景出售，创造经济价值。

通过对后河保护区的实地调查、访问、考察，已知保护区内有陆生脊椎动物417种，水生脊椎动物8种，昆虫2476种，其中，国家一级重点保护野生动物有8种，国家二级重点保护野生动物有58种，这些都是后河保护区的宝贵财富。

12.5.2 间接经济价值

（1）理想的生态旅游场所

后河保护区地貌奇特，峰峦叠嶂，参差罗列，沟壑纵横，林海翠绿，鸟语花香，风景秀丽，气候宜人，有连绵起伏的群山、遮天蔽日的森林、丰富的动植物资源，是开展生态旅游、避暑休闲的理想去处。后河保护区旅游资源丰富，有丰富的自然景观、生物景观和人文景观，集山水、森林、民俗等为一体，是观光旅游、疗养、避暑的理想处所。

（2）调节气候、保持水土、涵养水源

后河保护区内森林植被茂密。森林是自然界最丰富、最稳定和最完善的有机碳贮库、基因库、资源库、蓄水库和能源库，具有调节气候、涵养水源、保持水土、防风固沙、改良土壤、减少污染等多种功能，对改善生态环境，维持生态平衡，保护人类生存发展的"基本环境"起着决定性和不可替代的作用。例如，森林植被可以截留降水，改善土壤结构，增加土壤孔隙度，有效减少降水对地表土壤的冲击力，不仅减少了地表径流，而且防止了水土流失，减少了对河流水质的污染。良好的植被可以平衡调节年内太阳辐射，降低干旱、风、霜、泥石流等自然灾害的发生频率，改善地方小气候。

（3）保护珍稀濒危物种

后河保护区内植物种类丰富，古老残遗、孑遗物种数量众多，珍稀濒危和国家重点保护，物种相对集中，具有很高的保护价值。随着后河保护区措施的不断完善，保护区脆弱的生态系统将得到有效保护和恢复，大量的古老孑遗植物及其群落得以保存，后河保护区珍稀的物种种群数量得以保护与壮大，由此产生的价值是巨大的和不可替代的。

参考文献

阿地里·阿不都拉,艾尼瓦尔·吐米尔,张元明,等.新疆药用地衣资源研究概况的初步探讨[C].中国菌物学会.中国第六届海峡两岸菌物学学术研讨会论文集.中国菌物学会:中国菌物学会,2004:59-61.

ANDREW TS,解焱.中国兽类野外手册[M].长沙:湖南教育出版社,2009.

边银丙,李青松.湖北食用菌[M].北京:中国农业出版社,2014.

卞新玉.中国牛皮叶属(Sticta)、假杯点衣属(Pseudocyphellaria)及叶上枝属(Dendriscocaulon)地衣的分类学研究[D].济南:山东师范大学,2018.

陈邦杰.中国苔藓植物生态群落和地理分布的初步报告[J].中国科学院大学学报,1958,7(4):271-293.

陈健斌.中国地衣志(第4卷 梅衣科Ⅰ)[M].北京:科学出版社,2015.

陈龙,吴玉环,李微,等.沈阳市苔藓植物区系初步研究[J].杭州师范大学学报(自然科学版),2009(03):203-208.

崔大方,廖文波,张宏达.新疆种子植物科的区系地理成分分析[J].干旱区地理,2000,23(4):326-330.

戴玉成.中国林木病原腐朽菌图志[M].北京:科学出版社,2005.

丁晓.中国地卷属和肺衣属地衣分类学研究[D].济南:山东师范大学,2015.

付伟.中国树花属地衣的初步研究[D].济南:山东师范大学,2008.

傅书遐.湖北植物志:第一卷[M].武汉:湖北科学技术出版社,2002.

傅书遐.湖北植物志:第二卷[M].武汉:湖北科学技术出版社,2002.

高谦,吴玉环.中国苔纲和角苔纲植物属志[M].北京:科学出版社,2010.

郭华.神农架川金丝猴主食地衣的氮敏感性及其作用机理研究[D].太原:山西师范大学,2016.

郭顺香.秦岭太白山地区石蕊属和树花属地衣的研究[D].山东师范大学,2007.

贺昌锐.湖北种子植物区系的中国特有属研究[J].山西大学学报(自然科学版),1997(04):77-82.

洪柳,吴林,牟利,等.木林子国家级自然保护区苔藓植物物种与区系研究[J].植物科学学报,2020,38(1):9.

贾泽峰,魏江春.中国地衣志(第十三卷 厚顶盘目 文字衣科(1))[M].北京:科学出版社,2016.

蒋志刚,刘少英,吴毅,等.中国哺乳动物多样性(第2版)[J].生物多样性,2017,25,886-895.

李博,闫浠薇,石瑛.中国石蕊科地衣多样性与区系研究[J].植物科学学报,2021,39(01):14-21.

李玉,李泰辉,杨祝良,等.中国大型菌物资源图鉴[M].郑州:中原农民出版社,2015.

李作洲,王力钧,黄宏文,等.湖北后河国家级自然保护区生物多样性及其保护对策Ⅰ.生物多样性现状及其研究[J].武汉植物学研究,2005(06):592-600.

廖文波,王英永,李贞,等.中国井冈山地区生物多样性综合考察[M].北京:科学出版社,2014.

刘春生,张小路,杨春澍.我国药用地衣研究概况[J].中草药,1995(05):273+280.

刘胜祥,彭丹,王克华,等.湖北省苔藓植物资源研究——Ⅲ湖北发现叶附生苔[J].华中师范大学学报:自然科学版,2001,035(003):330,337.

刘胜祥,田春元.湖北省苔藓植物资源的研究:神农架地区苔藓植物的种类和分布[J].华中师范大学学报:自然科学版,1999,3(24):56-60.

刘双喜,彭丹,秦伟,等.湖北省苔藓植物资源研究——Ⅱ武汉市苔藓植物区系[J].华中师范大学学报(自科版),2001(03):326-329.

刘艳燕,逄旭.湖北后河国家级自然保护区生态旅游资源调查及评价[J].林业调查规划,2005(06):64-68.

吕蕾.中国西部茶渍属地衣的研究[D].济南:山东师范大学,2011.

买吾拉江·衣沙克,阿衣努尔·吐松,帕丽旦·艾海提,等.新疆托木尔峰国家级自然保护区叶状地衣多样性的研究[J].干旱区资源与环境,2018,32(09):157-164.

卯晓岚.中国蕈菌[M].北京:科学出版社,2009.

牛东玲,田晓燕,马茜,等.宁夏贺兰山东麓荒漠草原区地衣的物种多样性研究[J].西北植物学报,2020,40(11):1972-1977.

彭丹,刘胜祥,田春元.湖北省的苔藓植物资源Ⅷ.后河国家级自然保护区藓类植物区系的初步研究[C]//中国植物学会七十周年年会.

彭丹，刘胜祥，吴鹏程．中国叶附生苔类植物的研究（八）——湖北后河自然保护区的叶附生苔类[J]．武汉植物学研究，2002（03）：36-38．

任强．中国鸡皮衣科地衣研究[D]．济南：山东师范大学，2009．

邵力平，项存悌．中国森林蘑菇[M]．哈尔滨：东北林业大学出版社，1997．

生态环境部，中国科学院．《中国生物多样性红色名录——大型真菌》评估名录，2018．详见以下网址：http：//www.mee.gov.cn/gkml/sthjbgw/sthjbgg/201805/t20180524_441393.htm．

宋朝枢，刘胜祥．湖北后河自然保护区科学考察集[M]．北京：中国林业出版社，1999．

谭爱华，焦海涛，刘世玲．宜昌市野生真菌资源调查初报[J]．食用菌学报，2006，13（1）：58-61．

田春元，刘胜祥，雷耘．神农架国家级自然保护区苔藓植物区系初步研究[J]．华中师范大学学报：自然科学版，1998（02）：206-209．

铁军，李燕芬，王传华．神农架川金丝猴栖息地树生地衣群落物种多样性[J]．生态学杂志，2016，35（11）：2991-2998．

王辰磊．秦岭太白山地区茶渍属地衣的研究[D]．济南：山东师范大学，2007．

王荷生．中国植物区系的基本特征[J]．Acta Geographica Sinica，1979，46（3）：224-237．

王启林，房敏峰，胡正海．太白山药用地衣的种质资源及其化学成分的研究概况[J]．中国野生植物资源，2011，30（04）：1-6+34．

王睿，张鲜，高扬，等．湖北省兴山县大型子囊菌物种多样性研究．生态与农村环境学报[J]．2020，36（3）：342-348．

王万贤，傅运生，杨毅，等．鄂西南后河自然保护区植物区系研究[J]．武汉植物学研究，1997（04）：353-362．

王义勋，陈京元，林亲雄，等．后河自然保护区野生大型真菌资源调查[J]．湖北林业科技，2010（5）：33-35，66．

吴继农．中国地衣志（第十一卷 地卷目）[M]．北京：科学出版社，2012．

吴金陵．中国地衣植物图鉴[M]．中国展望出版社，1987．

吴兴亮，戴玉成，李泰辉．中国热带真菌[M]．北京：科学出版社，2011．

吴兴亮，卯晓岚，图力古尔，等．中国药用真菌[M]．北京：科学出版社，2013．

吴征镒，周浙昆，孙航，等．种子植物分布区类型及其起源和分化[M]．昆明：昆明科技出版社，2006．

吴征镒．中国种子植物属的分布区类型[J]．植物资源与环境学报，1991（S4）．

项俊，胡章喜，方元平，等．湖北黄冈大崎山药用苔藓植物调查研究[J]．生态科学，2006，25（5）：405-407．

肖佳伟，王冰清，张代贵，等．武功山地区种子植物区系研究[J]．西北植物学报，2017，37（10）：2063-2073．

杨林，邓晶晶，郭华，等．神农架次生林原生树种与引入树种树干附生地衣多样性差异[J]．林业科学，2017，53（07）：149-158．

杨美霞，王立松，王欣宇．中国地茶属地衣的分类及地理分布研究[J]．植物科学学报，2015，33（02）：133-140．

杨美霞，王欣宇，刘栋，等．中国食药用地衣资源综述[J]．菌物学报，2018，37（07）：819-837．

尹国萍，郑重，祁承经．华中植物区的特有种子植物名录二[J]．中南林学院学报，1998（S1）：23-42．

余夏君，刘雪飞，洪柳，等．湖北苔类植物名录[J]．湖北农业科学，2018，057（023）：109-117．

余夏君．湖北七姊妹山国家级自然保护区苔藓植物区系及多样性研究[D]．武汉：湖北民族大学，2019．

喻勋林，郑重，尹国萍．华中植物区的特有种子植物名录三[J]．中南林学院学报，1998（S1）：42-60．

约翰·马敬能，卡伦·菲利普斯，何芬奇．中国鸟类野外手册[M]．长沙：湖南教育出版社，2000．

张超．中国南方地区异形菌属和星果衣属地衣分类学初步研究[D]．石家庄：河北大学，2020．

张荣祖．中国动物地理[M]．北京：科学出版社，2011．

张鲜，王睿，高扬，等．三峡库区兴山县大型担子菌的组成与生态特征[J]．应用与环境生物学报，2019，25（5）：1099-1106．

赵文浪，刘胜祥，黄娟，等．湖北省苔藓植物资源研究—V 湖北省三角山苔藓植物名录[J]．黄冈师范学院学报，2002，22（6）：39-45．

郑光美．中国鸟类分类与分布名录[M]．第三版．北京：科学出版社，2017．

郑重，尹国萍，祁承经．华中植物区的特有种子植物名录一[J]．中南林学院学报，1998（S1）：5-23．

中国科学院神农架真菌地衣考察队．神农架真菌与地衣[M]．北京：世界图书出版公司，1989．

中国科学院中国孢子植物志委员会．中国苔藓志（1~10卷）[M]．北京：科学出版社，1994-2008．

中国科学院中国植物志编辑委员会. 中国植物志[M]. 北京：科学出版社. 1959-2004.

朱双杰, 柴新义, 罗侠, 等. 琅琊山国家自然保护区地衣资源的调查[J]. 滁州学院学报, 2011, 13(05)：5-7+57.

BESSETTE AE, HARRIS DB, BESSETTE AR. Milk mushrooms of north America：a field identification guide to the genus *Lactarius*. New York：Syracuse University Press, 2009：1-316.

BESSETTE AE, ROODY WC, BESSETTE AR. North American Boletes：a color guide to the fleshy pored mushrooms. New York：Syracuse University Press, 2000：1-396.

CITES(The Convention on International Trade in Endangered Species of Wild Fauna and Flora). Checklist of CITES species, 2019. http：//checklist. cites. org/.

CORNER EJH. The agaric genera *Marasmius*, *Chaetocalathus*, *Crinipellis*, *Heimiomyces*, *Resupinatus*, *Xerula* and *Xerulina* in Malesia. Nova Hedwigia, 1996, 111(56)：1-175.

EKANAYAKA AH, HYDE KD, JONES EBG, et al. Taxonomy and phylogeny of operculate Discomycetes：Pezizomycetes. Fungal Diversity, 2018, 90：161-243.

IUCN (International Union for Conservation of Nature). IUCN Red List of Threatened Species, 2019. http：//www. iucnredlist. org/.

KIRK PM, CANON PF, MINTER DW, et al. Ainsworth & Bisby's Dictionary of the fungi. 10th. ed. Wallingford：CAB International, 2008：1-771.

LI J, WEI YL, DAI YC, 2007. Polypores from Houhe Nature Reserve in Hubei Province. Journal of Fungal Research, 5(4)：198-201.

PENG CL, ENROTH J, KOPONEN T. The bryophytes of Hubei Province, China：An annotated checklist[J]. Hikobia, 2000, 13.

SINGER R. The Agaricales in modern taxonomy. 4th ed. Koenigstein：Koeltz Scientific Books, 1986：1-981.

SUZUKI T, KIGUCHI H, TATEISHI Y. *Seligeria recurvata* and *S. calcarea* in Japan[J]. Proceedings of the Bryological Society of Japan, 1996, 6：23-25.

WU F, ZHOU LW, YANG ZL, et al. Resource diversity of Chinese macrofungi：edible, medicinal and poisonous species. Fungal Diversity, 2019, 98：1-76.

XIA-JUN YU, XUE-FEI LIU, LIU HONG, et al. A New Checklist of Bryophytes in Hubei Province, China[J]. CHENIA, 2020, 14：180-224.

YAO Yijian, et al. China Checklist of Fungi [DB/OL]. In：The Biodiversity Committee of Chinese Academy of Sciences. Catalogue of Life China：2021 Annual Checklist, Beijing, China (2006-10-20) [2021-6-30] https：//. www. sp2000. org. cn/CoLChina.

附　录

附录一　湖北五峰后河国家级自然保护区维管束植物名录

一、石松科 Lycopodiaceae

1. 石杉属 *Huperzia*

（1）峨眉石杉 *Huperzia emeiensis*（Ching ex H. S. Kung）Ching & H. S. Kung

（2）长柄石杉 *Huperzia serrata*（Thunberg）Trevisan

2. 石松属 *Palhinhaea*

（3）石松 *Lycopodium japonicum* Thunberg

（4）笔直石松 *Lycopodium verticale* Li Bing Zhang

3. 垂穗石松属 *Palhinhaea*

（5）垂穗石松 *Palhinhaea cernua*（Linnaeus）Vasconcellos & Franco

二、卷柏科 Selaginellaceae

4. 卷柏属 *Selaginella*

（6）大叶卷柏 *Selaginella bodinieri* Hieronymus

（7）布朗卷柏 *Selaginella braunii* Baker

（8）蔓生卷柏 *Selaginella davidii* Franchet

（9）薄叶卷柏 *Selaginella delicatula*（Desvaux ex Poiret）Alston

（10）异穗卷柏 *Selaginella heterostachys* Baker

（11）兖州卷柏 *Selaginella involvens*（Swartz）Spring

（12）细叶卷柏 *Selaginella labordei* Hieronymus ex Christt

（13）江南卷柏 *Selaginella moellendorffii* Hieronymus

（14）伏地卷柏 *Selaginella nipponica* Franchet Savatier

（15）地卷柏 *Selaginella prostrata* H. S. Kung

（16）卷柏 *Selaginella tamariscina*（P. Beauvois）Spring

（17）毛枝卷柏 *Selaginella trichoclada* Alston

（18）翠云草 *Selaginella uncinata*（Desvaux ex Poiret）Spring

（19）鞘舌卷柏 *Selaginella vaginata* Spring

三、木贼科 Equisetaceae

5. 木贼属 *Equisetum*

（20）披散木贼 *Equisetum diffusum* D. Don

（21）木贼 *Equisetum hyemale* Linnaeus

（22）节节草 *Equisetum ramosissimum* Desfontaines

（23）笔管草 *Equisetum ramosissimum* subsp. *debile*（Roxburgh ex Vaucher）Hauke

四、瓶尔小草科 Ophioglossaceae

6. 阴地蕨属 *Botrychium*

（24）绒毛阴地蕨 *Botrychium lanuginosum* Wallich ex Hooker & Greville

（25）扇羽地蕨 *Botrychium lunaria*（Linnaeus）Swartz

（26）劲直阴地蕨 *Botrychium strictum* Underwood

（27）蕨萁 *Botrychium virginianum* Michaux

7. 瓶尔小草属 *Ophioglossum*

（28）心叶瓶尔小草 *Ophioglossum reticulatum* Linnaeus

（29）狭叶瓶尔小草 *Ophioglossum thermale* Komarov

五、紫萁科 Osmundaceae

8. 紫萁属 *Osmunda*

（30）绒紫萁 *Osmunda claytoniana* Linnaeus

（31）紫萁 *Osmunda japonica* Thunberg

9. 桂皮紫萁属 *Osmundastrum*

（32）桂皮紫萁 *Osmunda cinnamomea*（Linnaeus）C. Presl

六、膜蕨科 Hymenophyllaceae

10. 假脉蕨属 *Crepidomanes*

（33）团扇蕨 *Crepidomanes minutum*（Blume）K. Iwatsuk

11. 膜蕨属 *Hymenophyllum*

（34）华东膜蕨 *Hymenophyllum barbatum*（Bosch）Baker

（35）蕗蕨 *Hymenophyllum badium* Hooker & Greville

（36）长柄蕗蕨 *Hymenophyllum polyanthos*（Swartz）Swartz

七、里白科 Gleicheniaceae

12. 芒萁属 *Dicranopteris*

（37）芒萁 *Dicranopteris pedata*（Houttuyn）Nakaike

13. 里白属 *Diplopterygium*

（38）光里白 *Diplopterygium laevissimum*（Christ）Nakai

（39）里白 *Diplopterygium glaucum*（Thunberg ex Houttuyn）Nakai

八、海金沙科 Lygodiaceae

14. 海金沙属 *Lygodium*

（40）海金沙 *Lygodium japonicum*（Thunberg）Swartz

九、蘋科 Marsileaceae

15. 蘋属 *Marsilea*

（41）蘋 *Marsilea quadrifolia* Linnaeus

16. 满江红属 *Azolla*

（42）满江红 *Azolla* pinnata subsp. *asiatica* R. M. K. Saunders & K. Fowler

十、槐叶苹科 Salviniaceae

17. 槐叶萍属 *Salvinia*

（43）槐叶萍 *Salvinia natans*（Linnaeus）Allioni

十一、瘤足蕨科 Plagiogyriaceae

18. 瘤足蕨属 *Plagiogyria*

（44）华中瘤足蕨 *Plagiogyria euphlebia*（Kunze）Mettenius

（45）镰羽瘤足蕨 *Plagiogyria falcata* Copeland

（46）华东瘤足蕨 *Plagiogyria japonica* Nakai

（47）耳形瘤足蕨 *Plagiogyria stenoptera*（Hance）Diels

十二、鳞始蕨科 Lindsaeaceae

19. 乌蕨属 *Sphenomeris*

（48）乌蕨 *Sphenomeris chinensis*（Linnaeus）Maxon

20. 香鳞始蕨属 *Osmolindsaea*

（49）香鳞始蕨 *Osmolindsaea odorata*（Roxburgh）Lehtonen & Christenhusz

十三、碗蕨科 Dennstaedtiaceae

21. 碗蕨属 *Dennstaedtia*

（50）细毛碗蕨 *Dennstaedtia hirsuta*（Swartz）Mettenius ex Miquel

（51）碗蕨 *Dennstaedtia scabra*（Wallich ex Hooker）T. Moore

（52）溪洞碗蕨 *Dennstaedtia wilfordii*（T. Moore）Christ

22. 姬蕨属 *Hypolepis*

（53）姬蕨 *Hypolepis punctata*（Thunberg）Mettenius

23. 鳞盖蕨属 *Microlepia*

（54）边缘鳞盖蕨 *Microlepia marginata*（Panzer）C. Christensen

（55）毛叶边缘鳞盖蕨 *Microlepia marginata* var. *villosa*（C. Presl）Y. C. Wu

（56）假粗毛鳞盖蕨 *Microlepia pseudostrigosa* Makino

（57）粗毛鳞盖蕨 *Microlepia strigosa*（Thunberg）C. Presl

24. 稀子蕨属 *Monachosorum*

（58）尾叶稀子蕨 *Monachosorum flagellare*（Maximowicz ex Makino）Hayata

（59）穴子蕨 *Monachosorum maximowiczii*（Baker）Hayata

25. 蕨属 *Pteridium*

（60）蕨 *Pteridium aquilinum* var. *latiusculum*（Desvaux）Underwood ex A. Heller

（61）毛轴蕨 *Pteridium revolutum*（Blume）Nakai

十四、凤尾蕨科 Pteridaceae

26. 铁线蕨属 *Adiantum*

（62）团羽铁线蕨 *Adiantum capillus*-junonis Ruprecht

（63）铁线蕨 *Adiantum capillus*-veneris Linnaeus

（64）月芽铁线蕨 *Adiantum edentulum* Christ

（65）肾盖铁线蕨 *Adiantum erythrochlamys* Diels

（66）白垩铁线蕨 *Adiantum gravesii* Hance

（67）假鞭叶铁线蕨 *Adiantum malesianum* J. Ghatak

（68）小铁线蕨 *Adiantum mariesii* Baker

（69）灰背铁线蕨 *Adiantum myriosorum* Baker

（70）陇南铁线蕨 *Adiantum roborowskii* Maximowicz

27. 粉背蕨属 *Aleuritopteris*

（71）粉背蕨 *Aleuritopteris anceps*（Blanford）Panigrahi

（72）银粉背蕨 *Aleuritopteris argentea*（S. G. Gmelin）Fée

（73）阔盖粉背蕨 *Aleuritopteris grisea*（Blanford）Panigrahi

28. 车前蕨属 *Antrophyum*

（74）长柄车前蕨 *Antrophyum obovatum* Baker

29. 碎米蕨属 *Cheilanthes*

(75) 中华隐囊蕨 *Cheilanthes chinensis* (Baker) Domin

(76) 毛轴碎米蕨 *Cheilanthes chusana* Hooker

(77) 平羽碎米蕨 *Cheilosoria patula* Baker

30. 凤了蕨属 *Coniogramme*

(78) 尾尖凤了蕨 *Coniogramme caudiformis* Ching & K. H. Shing

(79) 镰羽凤了蕨 *Coniogramme falcipinna* Ching & K. H. Shing

(80) 普通凤了蕨 *Coniogramme intermedia* Hieron.

(81) 凤了蕨 *Coniogramme japonica* (Thunberg) Diels

(82) 黄轴凤了蕨 *Coniogramme robusta* var. *rependula* Ching & K. H. Shing

(83) 乳头凤了蕨 *Coniogramme rosthornii* Hieronymus

(84) 紫柄凤了蕨 *Coniogramme sinensis* Ching

(85) 疏网凤了蕨 *Coniogramme wilsonii* Hieronymus

31. 书带蕨属 *Haplopteris*

(86) 书带蕨 *Haplopteris flexuosa* (Fée) E. H. Crane

(87) 平肋书带蕨 *Haplopteris fudzinoi* (Makino) E. H. Crane

32. 金粉蕨属 *Onychium*

(88) 野雉尾金粉蕨 *Onychium japonicum* (Thunberg) Kunze

(89) 栗柄金粉蕨 *Onychium japonicum* var. *lucidum* (D. Don) Christ

33. 旱蕨属 *Pellaea*

(90) 滇西旱蕨 *Pellaea mairei* Brause

34. 凤尾蕨属 *Pteris*

(91) 猪鬃凤尾蕨 *Pteris actiniopteroides* Christ

(92) 欧洲凤尾蕨 *Pteris cretica* Linnaeus

(93) 岩凤尾蕨 *Pteris deltodon* Baker

(94) 刺齿半边旗 *Pteris dispar* Kunze

(95) 傅氏凤尾蕨 *Pteris fauriei* Hieronymus

(96) 鸡爪凤尾蕨 *Pteris gallinopes* Ching ex Ching

(97) 井栏边草 *Pteris multifida* Poiret

(98) 尾头凤尾蕨 *Pteris oshimensis* var. *paraemeiensis* Ching ex Ching

(99) 溪边凤尾蕨 *Pteris terminalis* Wallich ex J. Agardh

(100) 西南凤尾蕨 *Pteris wallichiana* Agardh

(101) 蜈蚣凤尾蕨 *Pteris vittata* Linnaeus

十五、冷蕨科 Cystopteridaceae

35. 亮毛蕨属 *Acystopteris*

(102) 亮毛蕨 *Acystopteris japonica* (Luerssen) Nakai

36. 羽节蕨属 *Gymnocarpium*

(103) 东亚羽节蕨 *Gymnocarpium oyamense* (Baker) Ching

十六、肠蕨科 Diplaziopsidaceae

37. 肠蕨属 *Diplaziopsis*

(104) 川黔肠蕨 *Diplaziopsis cavaleriana* (Christ) C. Christensen

十七、铁角蕨科 Aspleniaceae

38. 铁角蕨属 *Asplenium*

（105）华南铁角蕨 *Asplenium austrochinense* Ching

（106）大盖铁角蕨 *Asplenium bullatum* Wallich ex Mettenius

（107）线裂铁角蕨 *Asplenium coenobiale* Hance

（108）虎尾铁角蕨 *Asplenium incisum* Thunberg

（109）倒挂铁角蕨 *Asplenium normale* D. Don

（110）北京铁角蕨 *Asplenium pekinense* Hance

（111）长叶铁角蕨 *Asplenium prolongatum* Hooker

（112）过山蕨 *Asplenium ruprechtii* Sa. Kurata

（113）卵叶铁角蕨 *Asplenium ruta-muraria* Linnaeus

（114）华中铁角蕨 *Asplenium sarelii* Hooker

（115）钝齿铁角蕨 *Asplenium tenuicaule* var. *subvarians* (Ching) Viane

（116）铁角蕨 *Asplenium trichomanes* Linnaeus

（117）三翅铁角蕨 *Asplenium tripteropus* Nakai

（118）变异铁角蕨 *Asplenium varians* Wallich ex Hooker & Greville

（119）狭翅铁角蕨 *Asplenium wrightii* Eaton ex Hooker

（120）棕鳞铁角蕨 *Asplenium yoshinagae* Makino

39. 膜叶铁角蕨属 *Hymenasplenium*

（121）增善膜叶铁角蕨 *Hymenasplenium wangpeishanii* Li Bing Zhang & K. W. Xu

十八、岩蕨科 Woodsiaceae

40. 膀胱蕨属 *Protowoodsia*

（122）膀胱蕨 *Protowoodsia manchuriensis* (Hooker) Ching

41. 岩蕨属 *Woodsia*

（123）耳羽岩蕨 *Woodsia polystichoides* D. C. Eaton

十九、金星蕨科 Thelypteridaceae

42. 钩毛蕨属 *Cyclogramma*

（124）小叶钩毛蕨 *Cyclogramma flexilis* (Christ) Tagawa

43. 毛蕨属 *Christella*

（125）渐尖毛蕨 *Christella acuminate* (Houttuyn) H. Léveillé

（126）干旱毛蕨 *Christella aridus* (D. Don) Holttum

（127）石门毛蕨 *Christella shimenense* (K. H Shing et C. M. Zhang) X. L Zhou et Y. H. Yan

（128）武陵毛蕨 *Christella wulingshanense* (C. M. Zhang) X. L Zhou et Y. H. Yan

44. 方秆蕨属 *Glaphyropteridopsis*

（129）粉红方秆蕨 *Glaphyropteridopsis rufostraminea* (Christ) Ching

45. 针毛蕨属 *Macrothelypteris*

（130）普通针毛蕨 *Macrothelypteris torresiana* (Gaudichaud) Ching

（131）雅致针毛蕨 *Macrothelypteris oligophlebia* var. *elegans* (Koidzumi) Ching

（132）翠绿针毛蕨 *Macrothelypteris viridifrons* (Tagawa) Ching

46. 凸轴蕨属 *Metathelypteris*

（133）林下凸轴蕨 *Metathelypteris hattorii* (H. Ito) Ching

（134）疏羽凸轴蕨 *Metathelypteris laxa* (Franchet & Savatier) Ching

47. 金星蕨属 *Parathelypteris*

(135) 金星蕨 *Parathelypteris glanduligera* (Kunze) Ching

(136) 光脚金星蕨 *Parathelypteris japonica* (Baker) Ching

(137) 中日金星蕨 *Parathelypteris nipponica* (Franchet & Savatier) Ching

48. 卵果蕨属 *Phegopteris*

(138) 卵果蕨 *Phegopteris connectilis* (Michaux) Watt

(139) 延羽卵果蕨 *Phegopteris decursive-pinnata* (van Hall) Fée

49. 新月蕨属 *Pronephrium*

(140) 披针新月蕨 *Pronephrium penangianum* (Hook.) Holttum

50. 假毛蕨属 *Pseudocyclosorus*

(141) 普通假毛蕨 *Pseudocyclosorus subochthodes* (Ching) Ching

51. 紫柄蕨属 *Pseudophegopteris*

(142) 耳状紫柄蕨 *Pseudophegopteris aurita* (Hooker) Ching

(143) 紫柄蕨 *Pseudophegopteris pyrrhorachis* (Kunze) Ching

(144) 光叶紫柄蕨 *Pseudophegopteris pyrrhorachis* var. *glabrata* (Clarke) Holttum

52. 溪边蕨属 *Stegnogramma*

(145) 华中茯蕨 *Stegnogramma centrochinensis* (Ching ex Y. X. Lin) X. L Zhon et Y. H. Yan.

(146) 贯众叶溪边蕨 *Stegnogramma cyrtomioides* (C. Christensen) Ching

(147) 峨眉茯蕨 *Stegnogramma scallanii* (Christ) K. Iwats

二十、轴果蕨科 Rhachidosoraceae

53. 轴果蕨属 *Rhachidosorus*

(148) 轴果蕨 *Rhachidosorus mesosorus* (Makino) Ching

二十一、球子蕨科 Onocleaceae

54. 东方荚果蕨属 *Pentarhizidium*

(149) 中华荚果蕨 *Pentarhizidium intermedium* (C. Christensen) Hayata

(150) 东方荚果蕨 *Pentarhizidium orientale* (Hooker) Hayata

二十二、乌毛蕨科 Blechnaceae

55. 荚囊蕨属 *Struthiopteris*

(151) 荚囊蕨 *Struthiopteris eburnea* (Christ) Ching

56. 狗脊属 *Woodwardia*

(152) 狗脊 *Woodwardia japonica* (Linnaeus f.) Smith

(153) 顶芽狗脊 *Woodwardia unigemmata* (Makino) Nakai

二十三、蹄盖蕨科 Athyriaceae

57. 安蕨属 *Anisocampium*

(154) 日本安蕨 *Anisocampium niponicum* (Beddome) Yea C. Liu W. L. Chiou & M. Kato

(155) 华东安蕨 *Anisocampium sheareri* (Baker) Ching

58. 蹄盖蕨属 *Athyrium*

(156) 大叶假冷蕨 *Athyrium atkinsonii* Beddome

(157) 短柄蹄盖蕨 *Athyrium brevistipes* Ching

(158) 长江蹄盖蕨 *Athyrium iseanum* Rosenst.

(159) 川滇蹄盖蕨 *Athyrium mackinnonii* (C. Hope) C. Christensen

（160）疏羽蹄盖蕨 *Athyrium nephrodioides*（Baker）Christ

（161）峨眉蹄盖蕨 *Athyrium omeiense* Ching

（162）光蹄盖蕨 *Athyrium otophorum*（Miquel）Koidzumi

（163）贵州蹄盖蕨 *Athyrium pubicostatum* Ching & Z. Y. Liu

（164）尖头蹄盖蕨 *Athyrium vidalii*（Franchet & Savatier）Nakai

（165）华中蹄盖蕨 *Athyrium wardii*（Hooker）Makino

59. 角蕨属 *Cornopteris*

（166）角蕨 *Cornopteris decurrenti-alata*（Hooker）Nakai

60. 对囊蕨属 *Deparia*

（167）对囊蕨 *Deparia boryana*（Willdenow）M. Kato

（168）中华对囊蕨 *Deparia chinensis*（Ching）Z. R. Wang

（169）鄂西对囊蕨 *Deparia henryi*（Baker）M. Kato

（170）东洋对囊蕨 *Deparia japonica*（Thunberg）M. Kato

（171）单叶对囊蕨 *Deparia lancea*（Thunberg）Fraser-Jenkins

（172）峨眉对囊蕨 *Deparia omeiensis*（Z. R. Wang）M. Kato

（173）大久保对囊蕨 *Deparia okuboana*（Makino）M. Kato

（174）毛叶对囊蕨 *Deparia petersenii*（Kunze）M. Kato

（175）刺毛对囊蕨 *Deparia setigera*（Ching ex Y. T. Hsieh）Z. R. Wang

（176）华中对囊蕨 *Deparia shennongensis*（Ching，Boufford & K. H. Shing）X. C. Zhang

（177）川东对囊蕨 *Deparia stenopterum*（Christ）Z. R. Wang

（178）单叉对囊蕨 *Deparia unifurcata*（Baker）M. Kato

（179）湖北对囊蕨 *Deparia vermiformis*（Ching，Boufford & K. H. Shing）Z. R. Wang

（180）绿叶对囊蕨 *Deparia viridifrons*（Makino）M. Kato

61. 双盖蕨属 *Diplazium*

（181）中华双盖蕨 *Diplazium chinense*（Baker）C. Christensen

（182）光脚双盖蕨 *Diplazium doederleinii*（Luerssen）Makino

（183）假耳羽双盖蕨 *Diplazium okudairai* Makino

（184）卵果双盖蕨 *Diplazium ovatum*（W. M. Chu ex Ching & Z. Y. Liu）Z. R. He

（185）鳞柄双盖蕨 *Diplazium squamigerum*（Mettenius）C. Hope

（186）淡绿双盖蕨 *Diplazium virescens* Kunze

（187）耳羽双盖蕨 *Diplazium wichurae*（Mettenius）Diels

二十四、肿足蕨科 Hypodematiaceae

62. 肿足蕨属 *Hypodematium*

（188）肿足蕨 *Hypodematium crenatum*（Forsskål）Kuhn & Decken

二十五、鳞毛蕨科 Dryopteridaceae

63. 复叶耳蕨属 *Arachniodes*

（189）斜方复叶耳蕨 *Arachniodes amabilis*（Blume）Tindale

（190）刺头复叶耳蕨 *Arachniodes aristata*（G. Forster）Tindale

（191）中华复叶耳蕨 *Arachniodes chinensis*（Rosenst.）Ching

（192）毛枝蕨 *Arachniodes miqueliana*（Maximowicz ex Franchet & Savatier）Ohwi

（193）贵州复叶耳蕨 *Arachniodes nipponica*（Rosenstock）Ohwi

（194）长尾复叶耳蕨 *Arachniodes simplicior*（Makino）Ohwi
（195）华西复叶耳蕨 *Arachniodes simulans*（Ching）Ching
（196）美观复叶耳蕨 *Arachniodes speciosa*（D. Don）Ching
（197）紫云山复叶耳蕨 *Arachniodes ziyunshanensis* Y. T. Hsieh

64. 肋毛蕨属 *Ctenitis*
（198）二型肋毛蕨 *Ctenitis dingnanensis* Ching
（199）直鳞肋毛蕨 *Ctenitis eatonii*（Baker）Ching
（200）亮鳞肋毛蕨 *Ctenitis subglandulosa*（Hance）Ching

65. 贯众属 *Cyrtomium*
（201）刺齿贯众 *Cyrtomium caryotideum*（Wallich ex Hooker & Greville）C. Presl
（202）新宁贯众 *Cyrtomium sinningense* Ching & K. H. Shing
（203）贯众 *Cyrtomium fortunei* J. Smith
（204）大叶贯众 *Cyrtomium macrophyllum*（Makino）Tagawa
（205）低头贯众 *Cyrtomium nephrolepioides*（Christ）Copeland
（206）峨眉贯众 *Cyrtomium omeiense* Ching & K. H. Shing
（207）秦岭贯众 *Cyrtomium tsinglingense* Ching & K. H. Shing
（208）齿盖贯众 *Cyrtomium tukusicola* Tagawa
（209）线羽贯众 *Cyrtomium urophyllum* Ching
（210）阔羽贯众 *Cyrtomium yamamotoi* Tagawa

66. 鳞毛蕨属 *Dryopteris*
（211）暗鳞鳞毛蕨 *Dryopteris atrata*（Wallich ex Kunze）Ching
（212）阔鳞鳞毛蕨 *Dryopteris championii*（Bentham）C. Christensen ex Ching
（213）深裂迷人鳞毛蕨 *Dryopteris decipiens* var. *diplazioides*（Christ）Ching
（214）远轴鳞毛蕨 *Dryopteris dickinsii*（Franchet & Savatier）C. Christensen
（215）红盖鳞毛蕨 *Dryopteris erythrosora*（A. A. Eaton）Kuntze
（216）硬果鳞毛蕨 *Dryopteris fructuosa*（Christ）C. Christensen
（217）黑足鳞毛蕨 *Dryopteris fuscipes* C. Christensen
（218）裸果鳞毛蕨 *Dryopteris gymnosora*（Makino）C. Christensen
（219）边生鳞毛蕨 *Dryopteris handeliana* C. Christensen
（220）异鳞鳞毛蕨 *Dryopteris heterolaena* C. Christensen
（221）假异鳞毛蕨 *Dryopteris immixta* Ching
（222）泡鳞鳞毛蕨 *Dryopteris kawakamii* Hayata
（223）齿头鳞毛蕨 *Dryopteris labordei*（Christ）C. Christensen
（224）狭顶鳞毛蕨 *Dryopteris lacera*（Thunberg）Kuntze
（225）黑鳞远轴鳞毛蕨 *Dryopteris namegatae*（Kurata）Kurata
（226）近川西鳞毛蕨 *Dryopteris neorosthornii* Ching
（227）太平鳞毛蕨 *Dryopteris pacifica*（Nakai）Tagawa
（228）半岛鳞毛蕨 *Dryopteris peninsulae* Kitagawa
（229）豫陕鳞毛蕨 *Dryopteris pulcherrima* Ching
（230）密鳞鳞毛蕨 *Dryopteris pycnopteroides*（Christ）C. Christensen
（231）川西鳞毛蕨 *Dryopteris rosthornii*（Diels）C. Christensen
（232）无盖鳞毛蕨 *Dryopteris scottii*（Beddome）Ching ex C. Christensen

（233）奇羽鳞毛蕨 *Dryopteris sieboldii* (Van Houtte ex Mettenius) Kuntze

（234）腺毛鳞毛蕨 *Dryopteris sericea* C. Christensen

（235）稀羽鳞毛蕨 *Dryopteris sparsa* (D. Don) Kuntze

（236）半育鳞毛蕨 *Dryopteris sublacera* Christ

（237）华南鳞毛蕨 *Dryopteris tenuicula* Matthew & Christ

（238）陇蜀鳞毛蕨 *Dryopteris thibetica* (Franchet) C. Christensen

（239）东京鳞毛蕨 *Dryopteris tokyoensis* (Matsumura ex Makino) C. Christensen

（240）巢形鳞毛蕨 *Dryopteris transmorrisonense* (Hayata) Hayata

（241）变异鳞毛蕨 *Dryopteris varia* (Linnaeus) Kuntze

（242）贵州鳞毛蕨 *Dryopteris wallichiana* var. *kweichowicola* (Ching ex P. S. Wang) S. K. Wu

（243）黄山鳞毛蕨 *Dryopteris whangshangensis* Ching

（244）细叶鳞毛蕨 *Dryopteris woodsiisora* Hayata

67. 耳蕨属 *Polystichum*

（245）尖齿耳蕨 *Polystichum acutidens* Christ

（246）尖头耳蕨 *Polystichum acutipinnulum* Ching & Shing

（247）巴郎耳蕨 *Polystichum balansae* Christ

（248）华北耳蕨 *Polystichum craspedosorum* (Maximowicz) Diels

（249）对生耳蕨 *Polystichum deltodon* (Baker) Diels

（250）圆顶耳蕨 *Polystichum dielsii* H. Christ

（251）蚀盖耳蕨 *Polystichum erosum* Ching & K. H. Shing

（252）杰出耳蕨 *Polystichum excelsius* Ching et Z. Y. Liu

（253）柳叶耳蕨 *Polystichum fraxinellum* (Christ) Diels

（254）草叶耳蕨 *Polystichum herbaceum* Ching & Z. Y. Liu

（255）深裂耳蕨 *Polystichum incisopinnulum* H. S. Kung & L. B. Zhang

（256）浪穹耳蕨 *Polystichum langchungense* Ching ex H. S. Kung

（257）亮叶耳蕨 *Polystichum lanceolatum* (Baker) Diels

（258）正字耳蕨 *Polystichum liuii* Ching

（259）长鳞耳蕨 *Polystichum longipaleatum* Christ

（260）黑鳞耳蕨 *Polystichum makinoi* (Tagawa) Tagawa

（261）斜基柳叶耳蕨 *Polystichum minimum* (Y. T. Hsieh) Li Bing Zhang

（262）前原耳蕨 *Polystichum mayebarae* Tagawa

（263）革叶耳蕨 *Polystichum neolobatum* Nakai

（264）假黑鳞耳蕨 *Polystichum pseudomakinoi* Tagawa

（265）倒鳞耳蕨 *Polystichum retrosopaleaceum* (Kodama) Tagawa

（266）半育耳蕨 *Polystichum semifertile* (C. B. Clarke) Ching

（267）中华对马耳蕨 *Polystichum sinotsus-simense* Ching & Z. Y. Liu

（268）离脉柳叶耳蕨 *Polystichum tenuius* (Ching) Li Bing Zhang

（269）戟叶耳蕨 *Polystichum tripteron* (Kunze) C. Presl

（270）对马耳蕨 *Polystichum tsus-simense* (Hooker) J. Smith

（271）武陵山耳蕨 *Polystichum wulingshanense* S. F. Wu

（272）西畴柳叶耳蕨 *Polystichum xichouense* (S. K. Wu & Mitsuta) Li Bing Zhang

（273）剑叶耳蕨 *Polystichum xiphophyllum* (Baker) Diels

二十六、水龙骨科 Polypodiaceae

68. 节肢蕨属 *Arthromeris*

(274) 龙头节肢蕨 *Arthromeris lungtauensis* Ching

69. 槲蕨属 *Arthromeris*

(275) 槲蕨 *Drynaria roosii* Nakaike

70. 水龙骨属 *Goniophlebium*

(276) 友水龙骨 *Goniophlebium amoena* (Wallich ex Mettenius) Ching

(277) 柔毛水龙骨 *Goniophlebium amoena* var. *pilosum* (C. B. Clarke & Baker) X. C. Zhang

(278) 日本水龙骨 *Goniophlebium niponicicum* (Mett) Yea C. Liu, WL Chiou & M Kato

71. 伏石蕨属 *Lemmaphyllum*

(279) 披针骨牌蕨 *Lemmaphyllum diversum* (Rosenstock) Tagawa

(280) 抱石莲 *Lemmaphyllum drymoglossoides* (Baker) Ching

(281) 梨叶骨牌蕨 *Lemmaphyllum pyriforme* (Ching) Ching

(282) 骨牌蕨 *Lemmaphyllum rostratum* (Beddome) Tagawa

72. 鳞果星蕨属 *Lepidomicrosorium*

(283) 鳞果星蕨 *Lepidomicrosorium buergerianum* (Miquel) Ching & K. H. Shing ex S. X. Xu

(284) 滇鳞果星蕨 *Lepidomicrosorium subhemionitideum* (Christ) P. S. Wang

(285) 表面星蕨 *Lepidomicrosorium superficiale* (Blume) Li Wang

73. 瓦韦属 *Lepisorus*

(286) 狭叶瓦韦 *Lepisorus angustus* Ching

(287) 黄瓦韦 *Lepisorus asterolepis* (Baker) Ching

(288) 两色瓦韦 *Lepisorus bicolor* Ching

(289) 扭瓦韦 *Lepisorus contortus* (Christ) Ching

(290) 大瓦韦 *Lepisorus macrosphaerus* (Baker) Ching

(291) 丝带蕨 *Lepisorus miyoshianus* (Makino) Fraser-Jenkins & Subh. Chandra

(292) 粤瓦韦 *Lepisorus obscurevenulosus* (Hayata) Ching

(293) 稀鳞瓦韦 *Lepisorus oligolepidus* (Baker) Ching

(294) 瓦韦 *Lepisorus thunbergianus* (Kaulfuss) Ching

(295) 远叶瓦韦 *Lepisorus ussuriensis* var. *distans* (Makino) Tagawa

74. 薄唇蕨属 *Leptochilus*

(296) 线蕨 *Leptochilus ellipticus* (Thunberg) Nooteboom

(297) 曲边线蕨 *Leptochilus ellipticus* var. flexilobus (Christ) X. C. Zhang

(298) 矩圆线蕨 *Leptochilus henryi* (Baker) X. C. Zhang

75. 剑蕨属 *Loxogramme*

(299) 褐柄剑蕨 *Loxogramme duclouxii* Christ

(300) 匙叶剑蕨 *Loxogramme grammitoides* (Baker) C. Christensen

(301) 柳叶剑蕨 *Loxogramme salicifolia* (Makino) Makino

76. 星蕨属 *Microsorum*

(302) 羽裂星蕨 *Microsorum insigne* (Blume) Copeland

77. 盾蕨属 *Neolepisorus*

(303) 江南盾蕨 *Neolepisorus fortunei* (T. Moore) Li Wang

(304) 卵叶盾蕨 *Neolepisorus ovatus* (Wallich ex Beddome) Ching

78. 石韦属 *Pyrrosia*

（305）中华水龙骨 *Polypodiodes pseudoamoena*（Ching）Ching

（306）石蕨 *Pyrrosia angustissima*（Giesenhagen ex Diels）Tagawa & K. Iwatsuki

（307）光石韦 *Pyrrosia calvata*（Baker）Ching

（308）华北石韦 *Pyrrosia davidii*（Baker）Ching

（309）石韦 *Pyrrosia lingua*（Thunberg）Farwell

（310）有柄石韦 *Pyrrosia petiolosa*（Christ）Ching

（311）庐山石韦 *Pyrrosia sheareri*（Baker）Ching

（312）相似石韦 *Pyrrosia similis* Ching

79. 修蕨属 *Selliguea*

（313）交连假瘤蕨 *Selliguea conjuncta*（Ching）S. G. Lu，Hovenkamp & M G Gilbert

（314）大果假瘤蕨 *Selliguea griffithiana*（Hooker）Fraser-Jenkins

（315）金鸡脚假瘤蕨 *Selliguea hastata*（Thunberg）Fraser-Jenkins

（316）宽底假瘤蕨 *Selliguea majoensis*（C. Christensen）Fraser-Jenkins

二十七、苏铁科 Cycadaceae

80. 苏铁 *Cycas*

（317）苏铁 *Cycas revoluta* Thunberg

二十八、银杏科 Ginkgoaceae

81. 银杏属 *Ginkgo*

（318）银杏 *Ginkgo biloba* Linnaeus

二十九、南洋杉科 Araucariaceae

82. 南洋杉属 *Araucaria*

（319）异叶南洋杉 *Araucaria heterophylla*（Salisbury）Franco

三十、松科 Pinaceae

83. 雪松属 *Cedrus*

（320）雪松 *Cedrus deodara*（Roxburgh）G. Don

84. 油杉属 *Keteleeria*

（321）铁坚油杉 *Keteleeria davidiana*（Bertrand）Beissner

85. 落叶松属 *Larix*

（322）日本落叶松 *Larix kaempferi*（Lambert）Carriere

86. 云杉属 *Picea*

（323）欧洲云杉 *Picea abies*（Linnaeus）H. Karsten

87. 松属 *Pinus*

（324）华山松 *Pinus armandii* Franchet

（325）湿地松 *Pinus elliottii* Engelmann

（326）马尾松 *Pinus massoniana* Lambert

（327）日本五针松 *Pinus parviflora* Siebold et Zuccarini

（328）油松 *Pinus tabuliformis* Carrière

（329）巴山松 *Pinus tabuliformis* var. *henryi*（Masters）C. T. Kuan

（330）黑松 *Pinus thunbergii* Parlatore

88. 黄杉属 *Pseudotsuga*

（331）黄杉 *Pseudotsuga sinensis* Dode

89. 铁杉属

（332）铁杉 *Tsuga chinensis* (Franchet) E. Pritzel

三十一、柏科 Cupressaceae

90. 柳杉属 *Cryptomeria*

（333）日本柳杉 *Cryptomeria japonica* (Thunberg ex Linnaeus f.) D. Don

91. 杉属 *Cunninghamia*

（334）杉木 *Cunninghamia lanceolata* (Lambert) Hooker

92. 柏木属 *Cupressus*

（335）柏木 *Cupressus funebris* Endlicher

93. 刺柏属 *Juniperus*

（336）圆柏 *Juniperus chinensis* Linnaeus

（337）刺柏 *Juniperus formosana* Hayata

（338）香柏 *Juniperus pingii* var. *wilsonii* (Rehder) Silba

（339）高山柏 *Juniperus squamata* Buchanan-Hamilton ex D. Don

94. 水杉属 *Metasequoia*

（340）水杉 *Metasequoia glyptostroboides* Hu et W. C. Cheng

95. 侧柏属 *Platycladus*

（341）侧柏 *Platycladus orientalis* (Linnaeus) Franco

96. 落羽杉属 *Taxodium*

（342）落羽杉 *Taxodium distichum* (Linnaeus) Richard

（343）池杉 *Taxodium distichum* var. *imbricatum* (Nuttall) Croom

三十二、罗汉松科 Podocarpaceae

97. 竹柏属 *Nageia*

（344）竹柏 *Nageia nagi* (Thunberg) Kuntze

98. 罗汉松属 *Podocarpus*

（345）罗汉松 *Podocarpus macrophyllus* (Thunberg) Sweet

三十三、红豆杉科 Taxaceae

99. 穗花杉属 *Amentotaxus*

（346）穗花杉 *Amentotaxus argotaenia* (Hance) Pilger

100. 三尖杉属 *Cephalotaxus*

（347）三尖杉 *Cephalotaxus fortunei* Hooker

（348）篦子三尖杉 *Cephalotaxus oliveri* Masters

（349）粗榧 *Cephalotaxus sinensis* (Rehder & E. H. Wilson) H. L. Li

101. 红豆杉属 *Cephalotaxus*

（350）红豆杉 *Taxus wallichiana* var. *chinensis* (Pilger) Florin

（351）南方红豆杉 *Taxus wallichiana* var. *mairei* (Lemee & H. Léveillé) L. K. Fu & Nan Li

102. 榧树属 *Torreya*

（352）巴山榧树 *Torreya fargesii* Franchet

三十四、五味子科 Schisandraceae

103. 八角属 *Illicium*

（353）红花八角 *Illicium dunnianum* Tutcher

（354）红茴香 *Illicium henryi* Diels

（355）红毒茴 *Illicium lanceolatum* A. C. Smith

104. 冷饭藤属 *Kadsura*

（356）异形南五味子 *Kadsura heteroclita* (Roxburgh) Craib

（357）南五味子 *Kadsura longipedunculata* Finet & Gagnepain

105. 五味子属 *Schisandra*

（358）五味子 *Schisandra chinensis* (Turczaninow) Baillon

（359）金山五味子 *Schisandra glaucescens* Diels

（360）翼梗五味子 *Schisandra henryi* C. B. Clarke

（361）兴山五味子 *Schisandra incarnata* Stapf

（362）铁箍散 *Schisandra propinqua* subsp. *sinensis* (Oliver) R. M. K. Saunders

（363）华中五味子 *Schisandra sphenanthera* Rehder & E. H. Wilson

（364）毛叶五味子 *Schisandra pubescens* Hemsley & E. H. Wilson

三十五、三白草科 Saururaceae

106. 蕺菜属 *Houttuynia*

（365）蕺菜 *Houttuynia cordata* Thunberg

107. 三白草属 *Saururus*

（366）三白草 *Saururus chinensis* (Loureiro) Baillon

三十六、胡椒科 Piperaceae

108. 胡椒属 *Piper*

（367）山蒟 *Piper hancei* Maximowicz

（368）石南藤 *Piper wallichii* (Miquel) Handel-Mazzetti

三十七、马兜铃科 Aristolochiaceae

109. 马兜铃属 *Aristolochia*

（369）马兜铃 *Aristolochia debilis* Siebold et Zuccarini

（370）异叶马兜铃 *Aristolochia kaempferi* Willdenow

（371）寻骨风 *Aristolochia mollissima* Hance

（372）宝兴关木通 *Aristolochia moupinensis* Franchet

（373）管花马兜铃 *Aristolochia tubiflora* Dunn

110. 细辛属 *Asarum*

（374）花叶细辛 *Asarum cardiophyllum* Franchet

（375）尾花细辛 *Asarum caudigerum* Hance

（376）双叶细辛 *Asarum caulescens* Maximowicz

（377）川北细辛 *Asarum chinense* Franchet

（378）铜钱细辛 *Asarum debile* Franchet

（379）单叶细辛 *Asarum himalaicum* J. D. Hooker et Thomson ex Klotzsch

（380）大叶细辛 *Asarum maximum* Hemsley

（381）长毛细辛 *Asarum pulchellum* Hemsley

（382）汉城细辛 *Asarum sieboldii* Miquel

111. 马蹄香属 *Saruma*

（383）马蹄香 *Saruma henryi* Oliver

三十八、木兰科 Magnoliaceae

112. 厚朴属 *Houpoëa*

（384）厚朴 *Houpoëa officinalis*（Rehder & E. H. Wilson）N. H. Xia & C. Y. Wu

113. 长喙木兰属 *Lirianthe*

（385）山玉兰 *Lirianthe delavayi*（Franchet）N. H. Xia & C. Y. Wu

114. 鹅掌楸属 *Liriodendron*

（386）鹅掌楸 *Liriodendron chinense*（Hemsley）Sargent

115. 北美木兰属 *Magnolia*

（387）荷花木兰 *Magnolia grandiflora* Linnaeus

116. 木莲属 *Manglietia*

（388）巴东木莲 *Manglietia patungensis* Hu

117. 含笑属 *Michelia*

（389）含笑花 *Michelia figo*（Loureiro）Sprengel

（390）金叶含笑 *Michelia foveolata* Merrill ex Dandy

（391）黄心含笑 *Michelia martini*（H. Léveillé）Finet & Gagnepain ex H. Léveillé

（392）深山含笑 *Michelia maudiae* Dunn

118. 拟单性木兰属 *Parakmeria*

（393）乐东拟单性木兰 *Parakmeria lotungensis*（Chun & C. H. Tsoong）Y. W. Law

119. 玉兰属 *Yulania*

（394）望春玉兰 *Yulania biondii*（Pampanini）D. L. Fu

（395）玉兰 *Yulania denudata*（Desrousseaux）D. L. Fu

（396）紫玉兰 *Yulania liliiflora*（Desrousseaux）D. L. Fu

（397）武当玉兰 *Yulania sprengeri*（Pampanini）D. L. Fu

三十九、蜡梅科 Calycanthaceae

120. 蜡梅属 *Chimonanthus*

（398）蜡梅 *Chimonanthus praecox*（Linnaeus）Link

四十、樟科 Lauraceae

121. 黄肉楠属 *Actinodaphne*

（399）红果黄肉楠 *Actinodaphne cupularis*（Hemsley）Gamble

122. 樟属 *Cinnamomum*

（400）猴樟 *Cinnamomum bodinieri* H. Léveillé

（401）樟 *Cinnamomum camphora*（Linnaeus）J. Presl

（402）野黄桂 *Cinnamomum jensenianum* Handel-Mazzetti

（403）后河桂 *Cinnamomum* sp.

（404）川桂 *Cinnamomum wilsonii* Gamble

123. 山胡椒属 *Lindera*

（405）香叶树 *Lindera communis* Hemsley

（406）红果山胡椒 *Lindera erythrocarpa* Makino

（407）绒毛钓樟 *Lindera floribunda*（C. K. Allen）H. P. Tsui

（408）山胡椒 *Lindera glauca*（Siebold & Zuccarini）Blume

（409）黑壳楠 *Lindera megaphylla* Hemsley

（410）毛黑壳楠 *Lindera megaphylla* f. *touyunensis*（H. Léveillé）Rehder

（411）绒毛山胡椒 *Lindera nacusua*（D. Don）Merrill

（412）绿叶甘橿 *Lindera neesiana*（Wallich ex Nees）Kurz

（413）三桠乌药 *Lindera obtusiloba* Blume

（414）香粉叶 *Lindera pulcherrima* var. *attenuat* C. K. Allen

（415）川钓樟 *Lindera pulcherrima* var. *hemsleyana*（Diels）H. P. Tsui

（416）山橿 *Lindera reflexa* Hemsley

（417）菱叶钓樟 *Lindera supracostata* Lecomte

124. 木姜子属 *Litsea*

（418）毛豹皮樟 *Litsea coreana* var. *lanuginosa*（Migo）Yen C. Yang & P. H. Huang

（419）山鸡椒 *Litsea cubeba*（Loureiro）Persoon

（420）黄丹木姜子 *Litsea elongata*（Nees）J. D. Hooker

（421）石木姜子 *Litsea elongata* var. *faberi*（Hemsley）Yen C. Yang & P. H. Huang

（422）宜昌木姜子 *Litsea ichangensis* Gamble

（423）毛叶木姜子 *Litsea mollis* Hemsley

（424）木姜子 *Litsea pungens* Hemsley

（425）红叶木姜子 *Litsea rubescens* Lecomte

（426）钝叶木姜子 *Litsea veitchiana* Gamble

125. 润楠属 *Machilus*

（427）灰岩润楠 *Machilus calcicola* C. J. Qi

（428）宜昌润楠 *Machilus ichangensis* Rehder et E. H. Wilson

（429）利川润楠 *Machilus lichuanensis* W. C. Cheng ex S. K. Lee et al.

（430）木姜润楠 *Machilus litseifolia* S. K. Lee

126. 新木姜子属 *Neolitsea*

（431）新木姜子 *Neolitsea aurata*（Hayata）Koidzumi

（432）簇叶新木姜子 *Neolitsea confertifolia*（Hemsley）Merrill

（433）湘桂新木姜子 *Neolitsea hsiangkweiensis* Yen C. Yang & P. H. Huang

（434）大叶新木姜子 *Neolitsea levinei* Merrill

（435）羽脉新木姜子 *Neolitsea pinninervis* Yen C. Yang & P. H. Huang

（436）巫山新木姜子 *Neolitsea wushanica*（Chun）Merrill

127. 楠属 *Phoebe*

（437）闽楠 *Phoebe bournei*（Hemsley）Yen C. Yang

（438）竹叶楠 *Phoebe faberi*（Hemsley）Chun

（439）湘楠 *Phoebe hunanensis* Handel-Mazzetti

（440）白楠 *Phoebe neurantha*（Hemsley）Gamble

（441）光枝楠 *Phoebe neuranthoides* S. K. Lee et F. N. Wei

（442）紫楠 *Phoebe sheareri*（Hemsley）Gamble

128. 檫木属 *Sassafras*

（443）檫木 *Sassafras tzumu*（Hemsley）Hemsley

四十一、金粟兰科 Chloranthaceae

129. 草珊瑚属 *Sarcandra*

（444）草珊瑚 *Sarcandra glabra*（Thunberg）Nakai

130. 金粟兰属 *Chloranthus*

（445）狭叶金粟兰 *Chloranthus angustifolius* Oliver

（446）丝穗金粟兰 *Chloranthus fortunei*（A. Gray）Solms Laubach

（447）宽叶金粟兰 *Chloranthus henryi* Hemsley

（448）湖北金粟兰 *Chloranthus henryi* var. *hupehensis*（Pampanini）K. F. Wu

（449）及已 *Chloranthus serratus*（Thunberg）Roemer & Schultes

四十二、菖蒲科 Acoraceae

131. 菖蒲属 *Acorus*

（450）菖蒲 *Acorus calamus* Linnaeus

（451）金钱蒲 *Acorus gramineus* Solander ex Aiton

四十三、天南星科 Araceae

132. 广东万年青属 *Aglaonema*

（452）广东万年青 *Aglaonema modestum* Schott ex Engler

133. 海芋属 *Alocasia*

（453）海芋 *Alocasia odora*（Roxburgh）K. Koch

134. 魔芋属 *Amorphophallus*

（454）花魔芋 *Amorphophallus konjac* K. Koch

135. 雷公连属 *Amydrium*

（455）雷公连 *Amydrium sinense*（Engler）H. Li

136. 天南星属 *Arisaema*

（456）刺柄南星 *Arisaema asperatum* N. E. Brown

（457）灯台莲 *Arisaema bockii* Engler

（458）棒头南星 *Arisaema clavatum* Buchet

（459）一把伞南星 *Arisaema erubescens*（Wallich）Schott

（460）螃蟹七 *Arisaema fargesii* Buchet

（461）象头花 *Arisaema franchetianum* Engler

（462）天南星 *Arisaema heterophyllum* Blume

（463）花南星 *Arisaema lobatum* Engler

（464）云台南星 *Arisaema silvestrii* Pampanini

137. 芋属 *Colocasia*

（465）芋 *Colocasia esculenta*（Linnaeus）Schott

（466）大野芋 *Colocasia gigantea*（Blume）J. D. Hooker

138. 浮萍属 *Lemna*

（467）浮萍 *Lemna minor* Linnaeus

（468）品藻 *Lemna trisulca* Linnaeus

139. 龟背竹属 *Monstera*

（469）龟背竹 *Monstera deliciosa* Liebmann

140. 半夏属 *Pinellia*

（470）滴水珠 *Pinellia cordata* N. E. Brown

（471）虎掌 *Pinellia pedatisecta* Schott

（472）半夏 *Pinellia ternata*（Thunberg）Tenore ex Breitenbach

141. 斑龙芋属 *Sauromatum*

(473) 独角莲 *Sauromatum giganteum* (Engler) Cusimano & Hetterscheid

142. 紫萍属 *Spirodela*

(474) 紫萍 *Spirodela polyrhiza* (Linnaeus) Schleiden

143. 犁头尖属 *Typhonium*

(475) 犁头尖 *Typhonium blumei* Nicolson et Sivadasan

144. 无根萍属 *Wolffia*

(476) 马蹄无根萍 *Wolffia globosa* (Roxburgh) Hartog et Plas

145. 马蹄莲属 *Zantedeschia*

(477) 马蹄莲 *Zantedeschia aethiopica* (Linnaeus) Sprengel

四十四、岩菖蒲科 Tofieldiaceae

146. 岩菖蒲属 *Tofieldia*

(478) 岩菖蒲 *Tofieldia thibetica* Franchet

四十五、泽泻科 Alismataceae

147. 泽泻属 *Alisma*

(479) 窄叶泽泻 *Alisma canaliculatum* A. Braun & C. D. Bouché

148. 慈姑属 *Sagittaria*

(480) 矮慈姑 *Sagittaria pygmaea* Miquel

(481) 野慈姑 *Sagittaria trifolia* Linnaeus

(482) 华夏慈姑 *Sagittaria trifolia* subsp. *leucopetala* (Miquel) Q. F. Wang

四十六、水鳖科 Hydrocharitaceae

149. 水筛属 *Blyxa*

(483) 有尾水筛 *Blyxa echinosperma* (C. B. Clarke) J. D. Hooker

(484) 水筛 *Blyxa japonica* (Miquel) Maximowicz ex Ascherson & Gürke

150. 黑藻属 *Hydrilla*

(485) 黑藻 *Hydrilla verticillata* (Linnaeus f.) Royle

151. 水鳖属 *Hydrocharis*

(486) 水鳖 *Hydrocharis dubia* (Blume) Backer

152. 茨藻属 *Najas*

(487) 东方茨藻 *Najas chinensis* N. Z. Wang

(488) 纤细茨藻 *Najas gracillima* (A. Braun ex Engelmann) Magnus

(489) 草茨藻 *Najas graminea* Delile

(490) 小茨藻 *Najas minor* Allioni

153. 海菜花属 *Ottelia*

(491) 龙舌草 *Ottelia alismoides* (Linnaeus) Persoon

154. 苦草属 *Vallisneria*

(492) 苦草 *Vallisneria natans* (Loureiro) H. Hara

四十七、眼子菜科 Potamogetonaceae

155. 眼子菜属 *Potamogeton*

(493) 菹草 *Potamogeton crispus* Linnaeus

(494) 鸡冠眼子菜 *Potamogeton cristatus* Regel et Maack

（495）眼子菜 *Potamogeton distinctus* A. Bennett

（496）微齿眼子菜 *Potamogeton maackianus* A. Bennett

（497）浮叶眼子菜 *Potamogeton natans* Linnaeus

（498）小眼子菜 *Potamogeton pusillus* Linnaeus

（499）竹叶眼子菜 *Potamogeton wrightii* Morong

156. 篦齿眼子菜属 *Stuckenia*

（500）篦齿眼子菜 *Stuckenia pectinata*（Linnaeus）Borner

157. 角果藻属 *Zannichellia*

（501）角果藻 *Zannichellia palustris* Linnaeus

四十八、沼金花科 Nartheciaceae

158. 粉条儿菜属 *Aletris*

（502）无毛粉条儿菜 *Aletris glabra* Bureau et Franchet

（503）粉条儿菜 *Aletris spicata*（Thunberg）Franchet

（504）狭瓣粉条儿菜 *Aletris stenoloba* Franchet

四十九、薯蓣科 Dioscoreaceae

159. 薯蓣属 *Dioscorea*

（505）参薯 *Dioscorea alata* Linnaeus

（506）黄独 *Dioscorea bulbifera* Linnaeus

（507）薯莨 *Dioscorea cirrhosa* Loureiro

（508）叉蕊薯蓣 *Dioscorea collettii* J. D. Hooker

（509）粉背薯蓣 *Dioscorea collettii* var. *hypoglauca*（Palibin）C. T. Ting et al.

（510）纤细薯蓣 *Dioscorea gracillima* Miquel

（511）日本薯蓣 *Dioscorea japonica* Thunberg

（512）毛芋头薯蓣 *Dioscorea kamoonensis* Kunth

（513）柔毛薯蓣 *Dioscorea martini* Prain et Burkill

（514）穿龙薯蓣 *Dioscorea nipponica* Makino

（515）柴黄姜 *Dioscorea nipponica* subsp. *rosthornii*（Prain & Burkill）C. T. Ting

（516）黄山药 *Dioscorea panthaica* Prain & Burkill

（517）薯蓣 *Dioscorea polystachya* Turczaninow

（518）绵萆薢 *Dioscorea spongiosa* J. Q. Xi et al.

（519）山萆薢 *Dioscorea tokoro* Makino

（520）盾叶薯蓣 *Dioscorea zingiberensis* C. H. Wright

五十、百部科 Stemonaceae

160. 百部属 *Stemona*

（521）大百部 *Stemona tuberosa* Loureiro

五十一、藜芦科 Melanthiaceae

161. 重楼属 *Paris*

（522）巴山重楼 *Paris bashanensis* F. T. Wang et Tang

（523）凌云重楼 *Paris cronquistii*（Takhtajan）H. Li

（524）金线重楼 *Paris delavayi* Franchet

（525）球药隔重楼 *Paris fargesii* Franchet

（526）具柄重楼 *Paris fargesii* var. *petiolata*（Baker ex C. H. Wright）F. T. Wang et Tang

（527）七叶一枝花 *Paris polyphylla* Smith

（528）华重楼 *Paris polyphylla* var. *chinensis*（Franchet）H. Hara

（529）长药隔重楼 *Paris polyphylla* var. *pseudothibetica* H. Li

（530）狭叶重楼 *Paris polyphylla* var. *stenophylla* Franchet

（531）宽瓣重楼 *Paris polyphylla* var. *yunnanensis*（Franchet）Handel-Mazzetti

（532）卷瓣重楼 *Paris undulata* H. Li & V. G. Soukup

（533）北重楼 *Paris verticillata* Marschall von Bieberstein

162. 延龄草属 *Trillium*

（534）延龄草 *Trillium tschonoskii* Maximowicz

163. 藜芦属 *Veratrum*

（535）毛叶藜芦 *Veratrum grandiflorum* Linnaeus

（536）藜芦 *Veratrum nigrum* Linnaeus

164. 丫蕊花属 *Ypsilandra*

（537）丫蕊花 *Ypsilandra thibetica* Franchet

五十二、秋水仙科 Colchicaceae

165. 万寿竹属 *Disporum*

（538）短蕊万寿竹 *Disporum bodinieri*（H. Léveillé & Vaniot）F. T. Wang & Tang

（539）万寿竹 *Disporum cantoniense*（Loureiro）Merrill

（540）长蕊万寿竹 *Disporum longistylum*（H. Léveillé & Vaniot）H. Hara

（541）大花万寿竹 *Disporum megalanthum* F. T. Wang & Tang

（542）少花万寿竹 *Disporum uniflorum* Baker ex S. Moore

五十三、菝葜科 Smilacaceae

166. 肖菝葜属 *Heterosmilax*

（543）肖菝葜 *Heterosmilax japonica* Kunth

（544）短柱肖菝葜 *Heterosmilax septemnervia* F. T. Wang & Tang

167. 菝葜属 *Smilax*

（545）密疣菝葜 *Smilax chapaensis* Gagnepain

（546）尖叶菝葜 *Smilax arisanensis* Hayata

（547）菝葜 *Smilax china* Linnaeus

（548）银叶菝葜 *Smilax cocculoides* Warburg

（549）托柄菝葜 *Smilax discotis* Warburg

（550）长托菝葜 *Smilax ferox* Wallich ex Kunth

（551）土伏苓 *Smilax glabra* Roxburgh

（552）黑果菝葜 *Smilax glaucochina* Warburg

（553）马甲菝葜 *Smilax lanceifolia* Roxburgh

（554）小叶菝葜 *Smilax microphylla* C. H. Wright

（555）黑叶菝葜 *Smilax nigrescens* F. T. Wang et Tang ex P. Y. Li

（556）白背牛尾菜 *Smilax nipponica* Miquel

（557）武当菝葜 *Smilax outanscianensis* Pampanini

（558）红果菝葜 *Smilax polycolea* Warburg

（559）牛尾菜 *Smilax riparia* A de Candolle

（560）尖叶牛尾菜 *Smilax riparia* var. *acuminata*（C. H. Wright）F. T. Wang & Tang

(561) 短梗菝葜 *Smilax scobinicaulis* C. H. Wright

(562) 鞘柄菝葜 *Smilax stans* Maximowicz

(563) 糙柄菝葜 *Smilax trachypoda* J. B. Norton

五十四、百合科 Liliaceae

168. 老鸦瓣属 *Amana*

(564) 老鸦瓣 *Amana edulis* (Miquel) Honda

169. 大百合属 *Cardiocrinum*

(565) 荞麦叶大百合 *Cardiocrinum cathayanum* (E. H. Wilson) Stearn

(566) 大百合 *Cardiocrinum giganteum* (Wallich) Makino

170. 七筋姑属 *Clintonia*

(567) 七筋菇 *Clintonia udensis* Trautvetter et C. A. Meyer

171. 贝母属 *Fritillaria*

(568) 天目贝母 *Fritillaria monantha* Migo

(569) 太白贝母 *Fritillaria taipaiensis* P. Y. Li

(570) 浙贝母 *Fritillaria thunbergii* Miquel

172. 百合属 *Lilium*

(571) 野百合 *Lilium brownii* F. E. Brown ex Miellez

(572) 百合 *Lilium brownii* var. *viridulum* Baker

(573) 川百合 *Lilium davidii* Duchartre ex Elwes

(574) 绿花百合 *Lilium fargesii* Franchet

(575) 湖北百合 *Lilium henryi* Baker

(576) 宜昌百合 *Lilium leucanthum* (Baker) Baker

(577) 南川百合 *Lilium rosthornii* Diels

(578) 大理百合 *Lilium taliense* Franchet

(579) 卷丹 *Lilium tigrinum* Ker Gawler

173. 洼瓣花属 *Lloydia*

(580) 西藏洼瓣花 *Lloydia tibetica* Baker ex Oliver

174. 油点草属 *Tricyrtis*

(581) 宽叶油点草 *Tricyrtis latifolia* Maximowicz

(582) 油点草 *Tricyrtis macropoda* Miquel

(583) 黄花油点草 *Tricyrtis pilosa* Wallich

175. 郁金香属 *Tulipa*

(584) 郁金香 *Tulipa gesneriana* Linnaeus

五十五、兰科 Orchidaceae

176. 无柱兰属 *Amitostigma*

(585) 无柱兰 *Amitostigma gracile* (Blume) Schlechter

(586) 一花无柱兰 *Amitostigma monanthum* (Finet) Schlechter

177. 开唇兰属 *Anoectochilus*

(587) 金线兰 *Anoectochilus roxburghii* (Wallich) Lindley

178. 白及属 *Bletilla*

(588) 黄花白及 *Bletilla ochracea* Schlechter

（589）白及 *Bletilla striata* (Thunberg) H. G. Reichenbach

179. 石豆兰属 *Bulbophyllum*

（590）广东石豆兰 *Bulbophyllum kwangtungense* Schlechter

（591）毛药卷瓣兰 *Bulbophyllum omerandrum* Hayata

（592）斑唇卷瓣兰 *Bulbophyllum pecten-veneris* (Gagnepain) Seidenfaden

（593）猫齿卷瓣兰 *Bulbophyllum hamatum* Q. Yan, X. W. Li & J. Q. Wu

180. 虾脊兰属 *Calanthe*

（594）泽泻虾脊兰 *Calanthe alismatifolia* Lindley

（595）流苏虾脊兰 *Calanthe alpina* J. D. Hooker ex Lindley

（596）弧距虾脊兰 *Calanthe arcuata* Rolfe

（597）短叶虾脊兰 *Calanthe arcuata* var. *brevifolia* Z. H. Ts

（598）肾唇虾脊兰 *Calanthe brevicornu* Lindley

（599）剑叶虾脊兰 *Calanthe davidii* Franchet

（600）虾脊兰 *Calanthe discolor* Lindley

（601）钩距虾脊兰 *Calanthe graciliflora* Hayata

（602）叉唇虾脊兰 *Calanthe hancockii* Rolfe

（603）疏花虾脊兰 *Calanthe henryi* Rolfe

（604）细花虾脊兰 *Calanthe mannii* J. D. Hooker

（605）大黄花虾脊兰 *Calanthe sieboldii* Decaisne ex Regel

（606）三棱虾脊兰 *Calanthe tricarinata* Lindley

181. 头蕊兰属 *Cephalanthera*

（607）银兰 *Cephalanthera erecta* (Thunberg) Blume

（608）金兰 *Cephalanthera falcata* (Thunberg) Blume

（609）头蕊兰 *Cephalanthera longifolia* (Linnaeus) Fritsch

182. 叠鞘兰属 *Chamaegastrodia*

（610）川滇叠鞘兰 *Chamaegastrodia inverta* (W. W. Smith) Seidenfaden

183. 独花兰属 *Changnienia*

（611）独花兰 *Changnienia amoena* S. S. Chien

184. 杜鹃兰属 *Cremastra*

（612）杜鹃兰 *Cremastra appendiculata* (D. Don) Makino

（613）无叶杜鹃兰 *Cremastra aphylla* T. Yukawa

185. 兰属 *Cymbidium*

（614）蕙兰 *Cymbidium faberi* Rolfe

（615）多花兰 *Cymbidium floribundum* Lindley

（616）春兰 *Cymbidium goeringii* (H. G. Reichenbach) H. G. Reichenbach

（617）寒兰 *Cymbidium kanran* Makino

（618）大根兰 *Cymbidium macrorhizon* Lindley

186. 杓兰属 *Cypripedium*

（619）毛瓣杓兰 *Cypripedium fargesii* Franchet

（620）大叶杓兰 *Cypripedium fasciolatum* Franch

（621）毛杓兰 *Cypripedium franchetii* E. H. Wilson

（622）绿花杓兰 *Cypripedium henryi* Rolfe

(623) 扇脉杓兰 *Cypripedium japonicum* Thunberg

(624) 离萼杓兰 *Cypripedium plectrochilum* Franchet

187. 石斛属 *Dendrobium*

(625) 黄石斛 *Dendrobium catenatum* Lindley

(626) 曲茎石斛 *Dendrobium flexicaule* Z. H. Tsi, S. C. Sun et L. G. Xu

(627) 细叶石斛 *Dendrobium hancockii* Rolfe

(628) 罗河石斛 *Dendrobium lohohense* Tang & F. T. Wang

(629) 细茎石斛 *Dendrobium moniliforme* (Linnaeus) Swartz

(630) 石斛 *Dendrobium nobile* Lindley

188. 厚唇兰属 *Epigeneium*

(631) 单叶厚唇兰 *Epigeneium fargesii* (Finet) Gagnepain

189. 火烧兰属 *Epipactis*

(632) 火烧兰 *Epipactis helleborine* (Linnaeus) Crantz

(633) 大叶火烧兰 *Epipactis mairei* Schlechter

190. 山珊瑚属 *Galeola*

(634) 毛萼山珊瑚 *Galeola lindleyana* (J. D. Hooker & Thomson) H. G. Reichenbach

191. 盆距兰属 *Gastrochilus*

(635) 台湾盆距兰 *Gastrochilus formosanus* (Hayata) Hayata

192. 天麻属 *Gastrodia*

(636) 天麻 *Gastrodia elata* Blume

193. 斑叶兰属 *Goodyera*

(637) 大花斑叶兰 *Goodyera biflora* (Lindley) J. D. Hooker

(638) 斑叶兰 *Goodyera schlechtendaliana* H. G. Reichenbach

(639) 光萼斑叶兰 *Goodyera henryi* Rolfe

194. 玉凤花属 *Habenaria*

(640) 毛萼玉凤花 *Habenaria ciliolaris* Kraenzl

(641) 长距玉凤花 *Habenaria davidii* Franchet

(642) 鹅毛玉凤花 *Habenaria dentata* (Swartz) Schlechter

(643) 裂瓣玉凤花 *Habenaria petelotii* Gagnepain

195. 舌喙兰属 *Hemipilia*

(644) 裂唇舌喙兰 *Hemipilia henryi* Rolfe

196. 角盘兰属 *Herminium*

(645) 叉唇角盘兰 *Herminium lanceum* (Thunberg ex Swartz) Vuijk

197. 瘦房兰属 *Ischnogyne*

(646) 瘦房兰 *Ischnogyne mandarinorum* (Kraenzlin) Schlechter

198. 羊耳蒜属 *Liparis*

(647) 羊耳蒜 *Liparis campylostalix* H. G. Reichenbach

(648) 小羊耳蒜 *Liparis fargesii* Finet

(649) 尾唇羊耳蒜 *Liparis krameri* Franchet & Savatier

(650) 黄花羊耳蒜 *Liparis luteola* Lindley

(651) 见血清 *Liparis nervosa* (Thunberg) Lindley

(652) 香花羊耳蒜 *Liparis odorata* (Willdenow) Lindley

（653）长唇羊耳蒜 *Liparis pauliana* Handel-Mazzetti

199. 原沼兰属 *Malaxis*

（654）原沼兰 *Malaxis monophyllos* (Linnaeus) Swartz

200. 风兰属 *Neofinetia*

（655）风兰 *Neofinetia falcata* (Thunberg) Hu

201. 鸟巢兰属 *Neottia*

（656）大花对叶兰 *Neottia wardii* (Rolfe) Szlachetko

202. 齿唇兰属 *Odontochilus*

（657）西南齿唇兰 *Odontochilus elwesii* C. B. Clarke ex J. D. Hooker

203. 山兰属 *Oreorchis*

（658）长叶山兰 *Oreorchis fargesii* Finet

204. 阔蕊兰属 *Peristylus*

（659）小花阔蕊兰 *Peristylus affinis* (D. Don) Seidenfaden

205. 鹤顶兰属 *Phaius*

（660）黄花鹤顶兰 *Phaius flavus* (Blume) Lindley

206. 蝴蝶兰属 *Phalaenopsis*

（661）东亚蝴蝶兰 *Phalaenopsis subparishii* (Z. H. Tsi) Kocyan & Schuit

207. 石仙桃属 *Pholidota*

（662）云南石仙桃 *Pholidota yunnanensis* Rolfe

208. 苹兰属 *Pinalia*

（663）马齿苹兰 *Pinalia szetschuanica* (Schlechter) S. C. Chen & J. J. Wood

209. 舌唇兰属 *Platanthera*

（664）舌唇兰 *Platanthera japonica* (Thunberg) Lindley

（665）尾瓣舌唇兰 *Platanthera mandarinorum* H. G. Reichenbach

（666）小舌唇兰 *Platanthera minor* (Miquel) H. G. Reichenbach

（667）蜻蜓舌唇兰 *Platanthera souliei* Kraenzlin

（668）东亚舌唇兰 *Platanthera ussuriensis* (Regel) Maximowicz

210. 独蒜兰属 *Pleione*

（669）独蒜兰 *Pleione bulbocodioides* (Franchet) Rolfe

（670）毛唇独蒜兰 *Pleione hookeriana* (Lindley) Rollisson

211. 朱兰属 *Pogonia*

（671）朱兰 *Pogonia japonica* H. G. Reichenbach

212. 菱兰属 *Rhomboda*

（672）艳丽菱兰 *Rhomboda moulmeinensis* (E. C. Parish & H. G. Reichenbach) Ormerod

213. 绶草属 *Spiranthes*

（673）绶草 *Spiranthes sinensis* (Persoon) Ames

214. 白点兰属 *Thrixspermum*

（674）小叶白点兰 *Thrixspermum japonicum* (Miquel) H. G. Reichenbach

五十六、仙茅科 Hypoxidaceae

215. 仙茅属 *Curculigo*

（675）仙茅 *Curculigo orchioides* Gaertner

216. 小金梅草属 *Hypoxis*

(676) 小金梅草 *Hypoxis aurea* Loureiro

五十七、鸢尾科 Iridaceae

217. 射干属 *Belamcanda*

(677) 射干 *Belamcanda chinensis*（Linnaeus）Redouté

218. 唐菖蒲属 *Gladiolus*

(678) 唐菖蒲 *Gladiolus gandavensis* Vaniot Houtt

219. 鸢尾属 *Iris*

(679) 单苞鸢尾 *Iris anguifuga* Y. T. Zhao ex X. J. Xue

(680) 蝴蝶花 *Iris japonica* Thunberg

(681) 马蔺 *Iris lactea* Pallas

(682) 小花鸢尾 *Iris speculatrix* Hance

(683) 鸢尾 *Iris tectorum* Maximowicz

五十八、阿福花科 Asphodelaceae

220. 芦荟属 *Aloe*

(684) 芦荟 *Aloe vera*（Linnaeus）N. L. Burman

221. 萱草属 *Hemerocallis*

(685) 黄花菜 *Hemerocallis citrina* Baroni

(686) 萱草 *Hemerocallis fulva*（Linnaeus）Linnaeus

(687) 北黄花菜 *Hemerocallis lilioasphodelus* Linnaeus

五十九、石蒜科 Amaryllidaceae

222. 葱属 *Allium*

(688) 洋葱 *Allium cepa* Linnaeus

(689) 火葱 *Allium cepa* var. *aggregatum* G. Don

(690) 藠头 *Allium chinense* G. Don

(691) 野葱 *Allium chrysanthum* Regel

(692) 天蓝韭 *Allium cyaneum* Regel

(693) 葱 *Allium fistulosum* Linnaeus

(694) 玉簪叶山葱 *Allium funckiifolium* Handel-Mazzetti

(695) 宽叶韭 *Allium hookeri* Thwaites

(696) 薤白 *Allium macrostemon* Bunge

(697) 卵叶山葱 *Allium ovalifolium* Handel-Mazzetti

(698) 天蒜 *Allium paepalanthoides* Airy Shaw

(699) 多叶韭 *Allium plurifoliatum* Rendle

(700) 太白山葱 *Allium prattii* C. H. Wright ex Hemsley

(701) 蒜 *Allium sativum* Linnaeus

(702) 北葱 *Allium schoenoprasum* Linnaeus

(703) 韭 *Allium tuberosum* Rottler ex Sprengel

223. 文殊兰属 *Crinum*

(704) 文殊兰 *Crinum asiaticum* var. *sinicum*（Roxburgh ex Herbert）Baker

224. 君子兰属 *Clivia*

(705) 君子兰 *Clivia miniata* Regel Gartenfl

225. 朱顶红属 *Hippeastrum*

(706) 朱顶红 *Hippeastrum vittatum* (L'Héritier) Herbert

226. 石蒜属 *Lycoris*

(707) 忽地笑 *Lycoris aurea* (L'Héritier) Herbert

(708) 石蒜 *Lycoris radiata* (L'Héritier) Herbert

(709) 稻草石蒜 *Lycoris straminea* Lindley

(710) 玫瑰石蒜 *Lycoris × rosea* Traub et Moldenke

227. 水仙属 *Narcissus*

(711) 水仙 *Narcissus tazetta* var. *chinensis* (M. Roem) Masamura & Yanagih

228. 葱莲属 *Zephyranthes*

(712) 葱莲 *Zephyranthes candida* (Lindley) Herbert

(713) 韭莲 *Zephyranthes carinata* Herbert

六十、天门冬科 Asparagaceae

229. 天门冬属 *Asparagus*

(714) 天门冬 *Asparagus cochinchinensis* (Loureiro) Merrill

(715) 非洲天门冬 *Asparagus densiflorus* (Kunth) Jessop

(716) 羊齿天门冬 *Asparagus filicinus* D. Don

(717) 短梗天门冬 *Asparagus lycopodineus* (Baker) F. T. Wang & T. Tang

(718) 石刁柏 *Asparagus officinalis* Linnaeus

(719) 文竹 *Asparagus setaceus* (Kunth) Jessop

230. 蜘蛛抱蛋属 *Aspidistra*

(720) 蜘蛛抱蛋 *Aspidistra elatior* Blume

(721) 四川蜘蛛抱蛋 *Aspidistra sichuanensis* K. Y. Lang & Z. Y. Zhu

231. 龙舌兰属 *Agave*

(722) 龙舌兰 *Agave americana* Linnaeus

232. 绵枣儿属 *Barnardia*

(723) 绵枣儿 *Barnardia japonica* (Thunberg) Schultes & J. H. Schultes

233. 开口箭属 *Campylandra*

(724) 开口箭 *Campylandra chinensis* (Baker) M. N. Tamura et al.

(725) 筒花开口箭 *Campylandra delavayi* (Franchet) M. N. Tamura et al.

234. 吊兰属 *Chlorophytum*

(726) 吊兰 *Chlorophytum comosum* (Thunberg) Jacques

235. 竹根七属 *Disporopsis*

(727) 散斑竹根七 *Disporopsis aspersa* (Hua) Engler

(728) 竹根七 *Disporopsis fuscopicta* Hance

236. 玉簪属 *Hosta*

(729) 玉簪 *Hosta plantaginea* (Lamarck) Ascherson

(730) 紫萼 *Hosta ventricosa* (Salisbury) Stearn

237. 山麦冬属 *Liriope*

(731) 禾叶山麦冬 *Liriope graminifolia* (Linnaeus) Baker

(732) 阔叶山麦冬 *Liriope muscari* (Decaisne) L. H. Bailey

(733) 山麦冬 *Liriope spicata* (Thunberg) Loureiro

238. 舞鹤草属 *Maianthemum*

(734) 舞鹤草 *Maianthemum bifolium* (Linnaeus) F. W. Schmidt

(735) 管花鹿药 *Maianthemum henryi* (Baker) LaFrankie

(736) 鹿药 *Maianthemum japonicum* (A. Gray) LaFrankie

(737) 丽江鹿药 *Maianthemum lichiangense* (W. W. Smith) LaFrankie

(738) 少叶鹿药 *Maianthemum stenolobum* (Franchet) S. C. Chen & Kawano

(739) 窄瓣鹿药 *Maianthemum tatsienense* (Franchet) LaFrankie

239. 沿阶草属 *Ophiopogon*

(740) 短药沿阶草 *Ophiopogon angustifoliatus* (F. T. Wang & T. Tang) S. C. Chen

(741) 连药沿阶草 *Ophiopogon bockianus* Diels

(742) 沿阶草 *Ophiopogon bodinieri* H. Léveillé

(743) 棒叶沿阶草 *Ophiopogon clavatus* C. H. Wright ex Oliver

(744) 异药沿阶草 *Ophiopogon heterandrus* F. T. Wang & L. K. Dai

(745) 间型沿阶草 *Ophiopogon intermedius* D. Don

(746) 麦冬 *Ophiopogon japonicus* (Linnaeus f.) Ker Gawler

(747) 西南沿阶草 *Ophiopogon mairei* H. Leveille

(748) 林生沿阶草 *Ophiopogon sylvicola* F. T. Wang et Tang

240. 球子草属 *Peliosanthes*

(749) 大盖球子草 *Peliosanthes macrostegia* Hance

241. 黄精属 *Polygonatum*

(750) 卷叶黄精 *Polygonatum cirrhifolium* (Wallich) Royle

(751) 多花黄精 *Polygonatum cyrtonema* Hua

(752) 长梗黄精 *Polygonatum filipes* Merrill ex C. Jeffrey & McEwan

(753) 节根黄精 *Polygonatum nodosum* Hua

(754) 玉竹 *Polygonatum odoratum* (Miller) Druce

(755) 轮叶黄精 *Polygonatum verticillatum* (Linnaeus) Allioni

(756) 湖北黄精 *Polygonatum zanlanscianense* Pampanini

242. 吉祥草属 *Reineckea*

(757) 吉祥草 *Reineckea carnea* (Andrews) Kunth

243. 万年青属 *Rohdea*

(758) 万年青 *Rohdea japonica* (Thunberg) Roth

244. 丝兰属 *Yucca*

(759) 凤尾丝兰 *Yucca gloriosa* Linnaeus

六十一、棕榈科 Arecaceae

245. 棕榈属 *Trachycarpus*

(760) 棕榈 *Trachycarpus fortunei* (Hooker) H. Wendland

246. 棕竹属 *Rhapis*

(761) 矮棕竹 *Rhapis humilis* Blume

六十二、鸭跖草科 Commelinaceae

247. 鸭跖草属 *Commelina*

(762) 饭包草 *Commelina benghalensis* Linnaeus

（763）鸭跖草 *Commelina communis* Linnaeus

248. 水竹叶属 *Murdannia*

（764）疣草 *Murdannia keisak* (Hasskarl) Handel-Mazzetti

（765）裸花水竹叶 *Murdannia nudiflora* (Linnaeus) Brenan

（766）水竹叶 *Murdannia triquetra* (Wallich ex C. B. Clarke) Bruckner

249. 杜若属 *Pollia*

（767）杜若 *Pollia japonica* Thunberg

250. 竹叶子属 *Streptolirion*

（768）竹叶子 *Streptolirion volubile* Edgeworth

251. 紫露草属 *Tradescantia*

（769）白花紫露草 *Tradescantia fluminensis* Vellozo

（770）紫露草 *Tradescantia ohiensis* Rafinesque

（771）紫竹梅 *Tradescantia pallida* (Rose) D. R. Hunt

（772）吊竹梅 *Tradescantia zebrina* Bosse

六十三、雨久花科 Pontederiaceae

252. 凤眼莲属 *Eichhornia*

（773）凤眼莲 *Eichhornia crassipes* (Martius) Solms

253. 雨久花属 *Monochoria*

（774）雨久花 *Monochoria korsakowii* Regel & Maack

（775）鸭舌草 *Monochoria vaginalis* (N. L. Burman) C. Presl ex Kunth

六十四、芭蕉科 Musaceae

254. 芭蕉属 *Musa*

（776）芭蕉 *Musa basjoo* Siebold et Zuccarini

六十五、美人蕉科 Cannaceae

255. 美人蕉属 *Canna*

（777）蕉芋 *Canna edulis* Ker

（778）美人蕉 *Canna indica* Linnaeus

（779）紫叶美人蕉 *Canna warszewiczii* A. Dietr.

六十六、姜科 Zingiberaceae

256. 山姜属 *Alpinia*

（780）山姜 *Alpinia japonica* (Thunberg) Miquel

257. 姜属 *Zingiber*

（781）川东姜 *Zingiber atrorubens* Gagnepain

（782）蘘荷 *Zingiber mioga* (Thunberg) Roscoe

（783）姜 *Zingiber officinale* Roscoe

（784）阳荷 *Zingiber striolatum* Diels

六十七、香蒲科 Typhaceae

258. 黑三棱属 *Sparganium*

（785）曲轴黑三棱 *Sparganium fallax* Graebner

259. 香蒲属 *Typha*

（786）水烛 *Typha angustifolia* Linnaeus

(787) 香蒲 *Typha orientalis* C. Presl

六十八、谷精草科 Eriocaulaceae

260. 谷精草属 *Eriocaulon*

(788) 谷精草 *Eriocaulon buergerianum* Körnicke

(789) 白药谷精草 *Eriocaulon cinereum* R. Brown

六十九、灯心草科 Juncaceae

261. 灯心草属 *Juncus*

(790) 翅茎灯心草 *Juncus alatus* Franchet & Savatier

(791) 葱状灯心草 *Juncus allioides* Franchet

(792) 星花灯心草 *Juncus diastrophanthus* Buchenau

(793) 灯心草 *Juncus effusus* Linnaeus

(794) 单枝灯心草 *Juncus potaninii* Buchenau

(795) 笄石菖 *Juncus prismatocarpus* R. Brown

(796) 野灯心草 *Juncus setchuensis* Buchenau ex Diels

262. 地杨梅属 *Luzula*

(797) 散序地杨梅 *Luzula effusa* Buchenau

(798) 多花地杨梅 *Luzula multiflora* (Ehrhart) Lejeune

(799) 羽毛地杨梅 *Luzula plumosa* E. Meyer

七十、莎草科 Cyperaceae

263. 球柱草属 *Bulbostylis*

(800) 丝叶球柱草 *Bulbostylis densa* (Wallich) Handel-Mazzetti

264. 薹草属 *Carex*

(801) 宜昌薹草 *Carex ascotreta* C. B. Clarke ex Franchet

(802) 青绿薹草 *Carex breviculmis* R. Brown

(803) 褐果薹草 *Carex brunnea* Thunberg

(804) 中华薹草 *Carex chinensis* Retzius

(805) 十字薹草 *Carex cruciata* Wahlenberg

(806) 流苏薹草 *Carex densifimbriata* Tang et F. T. Wang

(807) 秦岭薹草 *Carex diplodon* Nelmes

(808) 签草 *Carex doniana* Sprengel

(809) 无脉薹草 *Carex enervis* C. A. Meyer

(810) 川东薹草 *Carex fargesii* Franchet

(811) 蕨状薹草 *Carex filicina* Nees

(812) 线柄薹草 *Carex filipes* Franchet et Savatier

(813) 穹隆薹草 *Carex gibba* Wahlenberg

(814) 长芒薹草 *Carex gmelinii* Hooker et Arnott

(815) 亨氏薹草 *Carex henryi* (C. B. Clarke) L. K. Dai

(816) 日本薹草 *Carex japonica* Thunberg

(817) 披针薹草 *Carex lancifolia* C. B. Clarke

(818) 舌叶薹草 *Carex ligulata* Nees

(819) 套鞘薹草 *Carex maubertiana* Boott

(820) 条穗薹草 *Carex nemostachys* Steudel

（821）柄状薹草 *Carex pediformis* C. A. Meyer

（822）粉被薹草 *Carex pruinosa* Boott

（823）大理薹草 *Carex rubrobrunnea* var. *taliensis* (Franchet) Kukenthal

（824）仙台薹草 *Carex sendaica* Franchet

（825）宽叶薹草 *Carex siderosticta* Hance

（826）柄果薹草 *Carex stipitinux* C. B. Clarke ex Franchet

（827）近蕨薹草 *Carex subfilicinoides* Kükenthal

（828）长柱头薹草 *Carex teinogyna* Boott

（829）藏薹草 *Carex thibetica* Franchet

265. 莎草属 *Cyperus*

（830）阿穆尔莎草 *Cyperus amuricus* Maximowicz

（831）扁穗莎草 *Cyperus compressus* Linnaeus

（832）砖子苗 *Cyperus cyperoides* (Linnaeus) Kuntze

（833）异型莎草 *Cyperus difformis* Linnaeus

（834）畦畔莎草 *Cyperus haspan* Linnaeus

（835）风车草 *Cyperus involucratus* Rottboll

（836）碎米莎草 *Cyperus iria* Linnaeus

（837）具芒碎米莎草 *Cyperus microiria* Steudel

（838）香附子 *Cyperus rotundus* Linnaeus

266. 荸荠属 *Eleocharis*

（839）荸荠 *Eleocharis dulcis* (N. L. Burman) Trinius ex Henschel

（840）稻田荸荠 *Eleocharis pellucida* var. *japonica* (Miquel) Tang & F. T. Wang

（841）羽毛荸荠 *Eleocharis wichurae* Boeckeler

（842）牛毛毡 *Eleocharis yokoscensis* (Franchet et Savatier) Tang et F. T. Wang

267. 羊胡子草属 *Eriophorum*

（843）丛毛羊胡子草 *Eriophorum comosum* (Wallich) Nees

268. 飘拂草属 *Fimbristylis*

（844）两歧飘拂草 *Fimbristylis dichotoma* (Linnaeus) Vahl

（845）拟二叶飘拂草 *Fimbristylis diphylloides* Makino

（846）宜昌飘拂草 *Fimbristylis henryi* C. B. Clarke

（847）水虱草 *Fimbristylis littoralis* Gaudichaud

（848）烟台飘拂草 *Fimbristylis stauntonii* Debeaux & Franchet

269. 水蜈蚣属 *Kyllinga*

（849）短叶水蜈蚣 *Kyllinga brevifolia* Rottboll

270. 湖瓜草属 *Lipocarpha*

（850）湖瓜草 *Lipocarpha microcephala* (R. Brown) Kunth

271. 扁莎属 *Pycreus*

（851）球穗扁莎 *Pycreus flavidus* (Retzius) T. Koyama

（852）红鳞扁莎 *Pycreus sanguinolentus* (Vahl) Nees ex C. B. Clarke

272. 萤蔺属 *Schoenoplectiella*

（853）萤蔺 *Schoenoplectiella juncoides* (Roxburgh) Lye

273. 藨草属 *Scirpus*

(854) 庐山藨草 *Scirpus lushanensis* Ohwi

(855) 百球藨草 *Scirpus rosthornii* Diels

274. 珍珠茅属 *Scleria*

(856) 黑鳞珍珠茅 *Scleria hookeriana* Boeckeler

275. 蔺藨草属 *Trichophorum*

(857) 玉山蔺藨草 *Trichophorum subcapitatum* (Thwaites et Hooker) D. A. Simpson

七十一、禾本科 Poacea

(一) 簕竹族 Bambuseae

276. 北美箭竹属 *Arundinaria*

(858) 巴山木竹 *Arundinaria fargesii* E. G. Camus

277. 簕竹属 *Bambusa*

(859) 慈竹 *Bambusa emeiensis* L. C. Chia et H. L. Fung

278. 牡竹属 *Dendrocalamus*

(860) 大叶慈 *Dendrocalamus farinosus* (Keng et Keng. f.) Chia et Fung

279. 箭竹属 *Fargesia*

(861) 毛龙头竹 *Fargesia decurvata* J. L. Lu

(862) 华西箭竹 *Fargesia nitida* (Mitford) P. C. Keng ex T. P. Yi

(863) 拐棍竹 *Fargesia robusta* T. P. Yi

(864) 箭竹 *Fargesia spathacea* Franchet

280. 箬竹属 *Indocalamus*

(865) 阔叶箬竹 *Indocalamus latifolius* (Keng) Mcclure

(866) 箬叶竹 *Indocalamus longiauritus* Handel-Mazzetti

(867) 箬竹 *Indocalamus tessellatus* (Munro) P. C. Keng

(868) 鄂西箬竹 *Indocalamus wilsonii* (Rendle) C. S. Chao & C. D. Chu

281. 刚竹属 *Phyllostachys*

(869) 毛竹 *Phyllostachys edulis* (Carriere) J. Houzeau

(870) 水竹 *Phyllostachys heteroclada* Oliver

(871) 篌竹 *Phyllostachys nidularia* Munro

(872) 紫竹 *Phyllostachys nigra* (Loddiges ex Lindley) Munroa

(873) 毛金竹 *Phyllostachys nigra* var. *henonis* (Mitford) Stapf ex Rendle

(874) 桂竹 *Phyllostachys reticulata* (Ruprecht) K. Koch

(875) 刚竹 *Phyllostachys sulphurea* var. *viridis* R. A. Young

(876) 早竹 *Phyllostachys violascens* (Carriere) Riviere et C. Riviere

(877) 乌哺鸡竹 *Phyllostachys vivax* McClure

282. 苦竹属 *Pleioblastus*

(878) 苦竹 *Pleioblastus amarus* (Keng) P. C. Keng

(879) 斑苦竹 *Pleioblastus maculatus* (McClure) C. D. Chu et C. S. Chao

283. 赤竹属 *Sasa*

(880) 赤竹 *Sasa longiligulata* McClure

284. 山竹属 *Yushania*

(881) 灰绿玉山竹 *Yushania canoviridis* G. H. Ye et Z. P. Wang

（882）鄂西玉山竹 *Yushania confusa*（McClure）Z. P. Wang & G. H. Ye

（二）禾本科其他族

285. 剪股颖属 *Agrostis*

（883）大锥剪股颖 *Agrostis brachiata* Munro ex J. D. Hooker

（884）华北剪股颖 *Agrostis clavata* Trinius

（885）小花剪股颖 *Agrostis micrantha* Steudel

286. 看麦娘属 *Alopecurus*

（886）看麦娘 *Alopecurus aequalis* Sobolewski

（887）日本看麦娘 *Alopecurus japonicus* Steudel

287. 荩草属 *Arthraxon*

（888）荩草 *Arthraxon hispidus*（Thunberg）Makino

288. 野古草属 *Arundinella*

（889）毛秆野古草 *Arundinella hirta*（Thunberg）Tanaka

289. 芦竹属 *Arundo*

（890）芦竹 *Arundo donax* Linnaeus

290. 燕麦属 *Avena*

（891）野燕麦 *Avena fatua* Linnaeus

291. 菵草属 *Beckmannia*

（892）菵草 *Beckmannia syzigachne*（Steudel）Fernald

292. 孔颖草属 *Bothriochloa*

（893）白羊草 *Bothriochloa ischaemum*（Linnaeus）Keng

293. 臂形草属 *Brachiaria*

（894）毛臂形草 *Brachiaria villosa*（Lamarck）A. Camus

294. 短柄草属 *Brachypodium*

（895）短柄草 *Brachypodium sylvaticum*（Hudson）P. Beauvois

295. 雀麦属 *Bromus*

（896）雀麦 *Bromus japonicus* Thunberg

（897）疏花雀麦 *Bromus remotiflorus*（Steudel）Ohwi

296. 拂子茅属 *Calamagrostis*

（898）拂子茅 *Calamagrostis epigeios*（Linnaeus）Roth

（899）硬秆子草 *Capillipedium assimile*（Steudel）A. Camus

297. 细柄草属 *Capillipedium*

（900）细柄草 *Capillipedium parviflorum*（R. Brown）Stapf

298. 薏苡属 *Coix*

（901）薏苡 *Coix lacryma-jobi* Linnaeus

299. 狗牙根属 *Cynodon*

（902）狗牙根 *Cynodon dactylon*（Linnaeus）Persoon

300. 鸭茅属 *Dactylis*

（903）鸭茅 *Dactylis glomerata* Linnaeus

301. 野青茅属 *Deyeuxia*

（904）箱根野青茅 *Deyeuxia hakonensis*（Franchet & Savatier）Keng

（905）湖北野青茅 *Deyeuxia hupehensis* Rendle

（906）大叶章 *Deyeuxia purpurea* （Trinius） Kunth

（907）野青茅 *Deyeuxia pyramidalis* （Host） Veldkamp

（908）糙野青茅 *Deyeuxia scabrescens* （Grisebach） Munro ex Duthie

302. 马唐属 *Digitaria*

（909）毛马唐 *Digitaria ciliaris* var. *chrysoblephara* （Figari et De Notaris） R. R. Stewart

（910）十字马唐 *Digitaria cruciata* （Nees ex Steudel） A. Camus

（911）止血马唐 *Digitaria ischaemum* （Schreber） Muhlenberg

（912）马唐 *Digitaria sanguinalis* （Linnaeus） Scopoli

（913）紫马唐 *Digitaria violascens* Link

303. 稗属 *Echinochloa*

（914）长芒稗 *Echinochloa caudata* Roshevitz

（915）稗 *Echinochloa crusgalli* （Linnaeus） P. Beauvois

（916）无芒稗 *Echinochloa crusgalli* var. *mitis* （Pursh） Petermann

（917）西来稗 *Echinochloa crusgalli* var. *zelayensis* （Kunth） Hitchcock

304. 穇属 *Eleusine*

（918）牛筋草 *Eleusine indica* （Linnaeus） Gaertner

305. 披碱草属 *Elymus*

（919）日本纤毛草 *Elymus ciliaris* var. *hackelianus* （Honda） G. Zhu & S. L. Chen

（920）披碱草 *Elymus dahuricus* Turczaninow ex Grisebach

（921）鹅观草 *Elymus kamoji* （Ohwi） S. L. Chen

（922）秋鹅观草 *Elymus serotinus* （Keng） Á. Löve ex B. Rong Lu

306. 画眉草属 *Eragrostis*

（923）知风草 *Eragrostis ferruginea* （Thunberg） P. Beauvois

（924）乱草 *Eragrostis japonica* （Thunberg） Trinius

（925）小画眉草 *Eragrostis minor* Host

（926）画眉草 *Eragrostis pilosa* （Linnaeus） P. Beauvois

307. 蜈蚣草属 *Eremochloa*

（927）假俭草 *Eremochloa ophiuroides* （Munro） Hackel

308. 野黍属 *Eriochloa*

（928）野黍 *Eriochloa villosa* （Thunberg） Kunth

309. 羊茅属 *Festuca*

（929）素羊茅 *Festuca modesta* Nees ex Steudel

（930）羊茅 *Festuca ovina* Linnaeus

（931）紫羊茅 *Festuca rubra* Linnaeus

310. 甜茅属 *Glyceria*

（932）水甜茅 *Glyceria maxima* （Hartman） Holmberg

311. 黄茅属 *Heteropogon*

（933）黄茅 *Heteropogon contortus* （Linnaeus） P. Beauvois ex Roemer et Schultes

312. 大麦属 *Hordeum*

（934）大麦 *Hordeum vulgare* Linnaeus

313. 猬草属 *Hystrix*

(935) 猬草 *Hystrix duthiei* (Stapf ex J. D. Hooker) Bor

314. 白茅属 *Imperata*

(936) 大白茅 *Imperata cylindrica* (Linnaeus) Raeuschel

315. 柳叶箬属 *Isachne*

(937) 柳叶箬 *Isachne globosa* (Thunberg) Kuntze

(938) 日本柳叶箬 *Isachne nipponensis* Ohwi

316. 洽草属 *Koeleria*

(939) 阿尔泰洽草 *Koeleria altaica* (Domin) Krylov

317. 假稻属 *Leersia*

(940) 假稻 *Leersia japonica* (Makino ex Honda) Honda

(941) 秕壳草 *Leersia sayanuka* Ohwi

318. 千金子属 *Leptochloa*

(942) 千金子 *Leptochloa chinensis* (Linnaeus) Nees

(943) 虮子草 *Leptochloa panicea* (Retzius) Ohwi

319. 黑麦草属 *Lolium*

(944) 黑麦草 *Lolium perenne* Linnaeus

320. 淡竹叶属 *Lophatherum*

(945) 淡竹叶 *Lophatherum gracile* Brongniart

321. 臭草属 *Melica*

(946) 广序臭草 *Melica onoei* Franchet et Savatier

(947) 甘肃臭草 *Melica przewalskyi* Roshevitz

(948) 臭草 *Melica scabrosa* Trinius

322. 莠竹属 *Microstegium*

(949) 竹叶茅 *Microstegium nudum* (Trinius) A. Camus

(950) 莠竹 *Microstegium vimineum* (Trinius) A. Camus

323. 粟草属 *Milium*

(951) 粟草 *Milium effusum* Linnaeus

324. 芒属 *Miscanthus*

(952) 五节芒 *Miscanthus floridulus* (Labillardière) Warburg ex K. Schumann & Lauterbach

(953) 南荻 *Miscanthus lutarioriparius* L. Liu ex Renvoize & S. L. Chen

(954) 芒 *Miscanthus sinensis* Andersson

325. 乱子草属 *Muhlenbergia*

(955) 乱子草 *Muhlenbergia huegelii* Trinius

(956) 多枝乱子草 *Muhlenbergia ramosa* (Hackel ex Matsumura) Makino

326. 求米草属 *Oplismenus*

(957) 求米草 *Oplismenus undulatifolius* (Arduino) Roemer & Schultes

(958) 日本求米草 *Oplismenus undulatifolius* var. *japonicus* (Steudel) G. Koidzumi

327. 稻属 *Oryza*

(959) 稻 *Oryza sativa* Linnaeus

328. 雀稗属 *Paspalum*

(960) 双穗雀稗 *Paspalum distichum* Linnaeus

(961) 圆果雀稗 *Paspalum scrobiculatum* var. *orbiculare* (G. Forster) Hackel

(962) 雀稗 *Paspalum thunbergii* Kunth ex Steudel

329. 朝鲜茅属 *Patis*

(963) 钝颖长旗草 *Patis obtusa* (stapf) Romasch, P. M Peterson & Soreng

330. 狼尾草属 *Pennisetum*

(964) 狼尾草 *Pennisetum alopecuroides* (Linnaeus) Sprengel

331. 显子草属 *Phaenosperma*

(965) 显子草 *Phaenosperma globosa* Munro ex Bentham

332. 虉草属 *Phalaris*

(966) 虉草 *Phalaris arundinacea* Linnaeus

333. 芦苇属 *Phragmites*

(967) 芦苇 *Phragmites australis* (Cavanilles) Trinius ex Steudel

334. 早熟禾属 *Poa*

(968) 早熟禾 *Poa annua* Linnaeus

335. 金发草属 *Pogonatherum*

(969) 金丝草 *Pogonatherum crinitum* (Thunberg) Kunth

336. 棒头草属 *Polypogon*

(970) 棒头草 *Polypogon fugax* Nees ex Steudel

(971) 长芒棒头草 *Polypogon monspeliensis* (Linnaeus) Desfontaines

337. 伪针茅属 *Pseudoraphis*

(972) 瘦瘠伪针茅 *Pseudoraphis sordida* (Thwaites) S. M. Phillips & S. L. Chen

338. 甘蔗属 *Saccharum*

(973) 斑茅 *Saccharum arundinaceum* Retzius

(974) 甘蔗 *Saccharum officinarum* Linnaeus

(975) 蔗茅 *Saccharum rufipilum* Steudel

(976) 甜根子草 *Saccharum spontaneum* Linnaeus

339. 囊颖草属 *Sacciolepis*

(977) 囊颖草 *Sacciolepis indica* (Linnaeus) Chase

340. 裂稃草属 *Schizachyrium*

(978) 裂稃草 *Schizachyrium brevifolium* (Swartz) Nees ex Buse

341. 黑麦属 *Secale*

(979) 黑麦 *Secale cereale* Linnaeus

342. 狗尾草属 *Setaria*

(980) 大狗尾草 *Setaria faberi* R. A. W. Herrmann

(981) 西南莩草 *Setaria forbesiana* (Nees ex Steudel) J. D. Hooker

(982) 棕叶狗尾草 *Setaria palmifolia* (J. Konig) Stapf

(983) 皱叶狗尾草 *Setaria plicata* (Lamarck) T. Cooke

(984) 金色狗尾草 *Setaria pumila* (Poiret) Roemer & Schultes

(985) 狗尾草 *Setaria viridis* (Linnaeus) P. Beauvois

343. 高粱属 *Sorghum*

(986) 高粱 *Sorghum bicolor* (Linnaeus) Moench

344. 大油芒属 *Spodiopogon*

（987）油芒 *Spodiopogon cotulifer* (Thunberg) Hackel

（988）大油芒 *Spodiopogon sibiricus* Trinius

345. 鼠尾粟属 *Sporobolus*

（989）鼠尾粟 *Sporobolus fertilis* (Steudel) Clayton

346. 菅属 *Themeda*

（990）黄背草 *Themeda triandra* Forsskål

（991）菅 *Themeda villosa* (Poiret) A. Camus

347. 三毛草属 *Trisetum*

（992）湖北三毛草 *Trisetum henryi* Rendle

348. 小麦属 *Triticum*

（993）小麦 *Triticum aestivum* Linnaeus

349. 玉蜀黍属 *Zea*

（994）玉蜀黍 *Zea mays* Linnaeus

350. 菰属 *Zizania*

（995）菰 *Zizania latifolia* (Grisebach) Turczaninow ex Stapf

351. 结缕草属 *Zoysia*

（996）细叶结缕草 *Zoysia pacifica* (Goudswaard) M. Hotta et S. Kuroki

七十二、领春木科 **Eupteleaceae**

352. 领春木属 *Euptelea*

（997）领春木 *Euptelea pleiosperma* J. D. Hooker & Thomson

七十三、罂粟科 **Papaveraceae**

353. 白屈菜属 *Chelidonium*

（998）白屈菜 *Chelidonium majus* Linnaeus

354. 紫堇属 *Corydalis*

（999）川东紫堇 *Corydalis acuminata* Franchet

（1000）北越紫堇 *Corydalis balansae* Prain

（1001）地柏枝 *Corydalis cheilanthifolia* Hemsley

（1002）紫堇 *Corydalis edulis* Maximowicz

（1003）纤细黄堇 *Corydalis gracillima* C. Y. Wu

（1004）巴东紫堇 *Corydalis hemsleyana* Franchet ex Prain

（1005）刻叶紫堇 *Corydalis incisa* (Thunberg) Persoon

（1006）蛇果黄堇 *Corydalis ophiocarpa* J. D. Hooker & Thomson

（1007）小花黄堇 *Corydalis racemosa* (Thunberg) Persoon

（1008）岩黄连 *Corydalis saxicola* Bunting

（1009）地锦苗 *Corydalis sheareri* S. Moore

（1010）大叶紫堇 *Corydalis temulifolia* Franchet

（1011）鸡血七 *Corydalis temulifolia* subsp. *aegopodioides* (H. Léveillé & Vaniot) C. Y. Wu

（1012）神农架紫堇 *Corydalis ternatifolia* C. Y. Wu

（1013）毛黄堇 *Corydalis tomentella* Franchet

（1014）川鄂黄堇 *Corydalis wilsonii* N. E. Brown

355. 血水草属 *Eomecon*

(1015) 血水草 *Eomecon chionantha* Hance

356. 荷青花属 *Hylomecon*

(1016) 荷青花 *Hylomecon japonica* (Thunberg) Prantl

(1017) 多裂荷青花 *Hylomecon japonica* var. *dissecta* (Franchet & Savatier) Fedde

(1018) 锐裂荷青花 *Hylomecon japonica* var. *subincisa* Fedde

357. 黄药属 *Ichtyoselmis*

(1019) 黄药 *Ichtyoselmis macrantha* (Oliver) Lidén

358. 荷包牡丹属 *Lamprocapnos*

(1020) 荷包牡丹 *Lamprocapnos spectabilis* (Linnaeus) Fukuhara

359. 博落回属 *Macleaya*

(1021) 博落回 *Macleaya cordata* (Willdenow) R. Brown

360. 罂粟属 *Papaver*

(1022) 虞美人 *Papaver rhoeas* Linnaeus

(1023) 罂粟 *Papaver somniferum* Linnaeus

361. 金罂粟属 *Stylophorum*

(1024) 金罂粟 *Stylophorum lasiocarpum* (Oliver) Fedde

七十四、木通科 Lardizabalaceae

362. 木通属 *Akebia*

(1025) 木通 *Akebia quinata* (Houttuyn) Decaisne

(1026) 三叶木通 *Akebia trifoliata* subsp. *trifoliata* (Thunberg) Koidzumi

(1027) 白木通 *Akebia trifoliata* (Diels) T. Shimizu

363. 猫儿屎属 *Decaisnea*

(1028) 猫儿屎 *Decaisnea insignis* (Griffith) J. D. Hooker & Thomson

364. 八月瓜属 *Holboellia*

(1029) 五月瓜藤 *Holboellia angustifolia* Wallich

(1030) 鹰爪枫 *Holboellia coriacea* Diels

(1031) 牛姆瓜 *Holboellia grandiflora* Réaubourg

(1032) 小花鹰爪枫 *Holboellia parviflora* (Hemsley) Gagnepain

365. 大血藤属 *Sargentodoxa*

(1033) 大血藤 *Sargentodoxa cuneata* (Oliver) Rehder & E. H. Wilson

366. 串果藤属 *Sinofranchetia*

(1034) 串果藤 *Sinofranchetia chinensis* (Franchet) Hemsley

367. 野木瓜属 *Stauntonia*

(1035) 野木瓜 *Stauntonia chinensis* de Candolle

(1036) 羊瓜藤 *Stauntonia duclouxii* Gagnepain

(1037) 尾叶那藤 *Stauntonia obovatifoliola* subsp. *urophylla* (Handel-Mazzetti) H. N. Qin

七十五、防己科 Menispermaceae

368. 木防己属 *Cocculus*

(1038) 木防己 *Cocculus orbiculatus* (Linneaus) Candolle

369. 轮环藤属 *Cyclea*

(1039) 轮环藤 *Cyclea racemosa* Oliver

（1040）四川轮环藤 *Cyclea sutchuenensis* Gagnepain

370. 秤钩风属 *Diploclisia*

（1041）秤钩风 *Diploclisia affinis* (Oliver) Diels

371. 风龙属 *Sinomenium*

（1042）风龙 *Sinomenium acutum* (Thunberg) Rehder & E. H. Wilson

372. 千金藤属 *Stephania*

（1043）金线调乌龟 *Stephania cephalantha* Hayata

（1044）江南地不容 *Stephania excentrica* H. S. Lo

（1045）千金藤 *Stephania japonica* (Thunberg) Miers

（1046）汝兰 *Stephania sinica* Diels

七十六、小檗科 Berberidaceae

373. 青牛胆属 *Tinospora*

（1047）青牛胆 *Tinospora sagittata* (Oliver) Gagnepain

374. 小檗属 *Berberis*

（1048）短柄小檗 *Berberis brachypoda* Maximowicz

（1049）单花小檗 *Berberis candidula* (C. K. Schneider) C. K. Schneider

（1050）直穗小檗 *Berberis dasystachya* Maximowicz

（1051）湖北小檗 *Berberis gagnepainii* C. K. Schneider

（1052）川鄂小檗 *Berberis henryana* C. K. Schneider

（1053）豪猪刺 *Berberis julianae* C. K. Schneider

（1054）石门小檗 *Berberis oblanceifolia* C. M. Hu

（1055）刺黑珠 *Berberis sargentiana* C. K. Schneider

（1056）兴山小檗 *Berberis silvicola* C. K. Schneider

（1057）日本小檗 *Berberis thunbergii* Candolle

（1058）芒齿小檗 *Berberis triacanthophora* Fedde

（1059）巴东小檗 *Berberis veitchii* C. K. Schneider

（1060）庐山小檗 *Berberis virgetorum* C. K. Schneider

375. 红毛七属 *Caulophyllum*

（1061）红毛七 *Caulophyllum robustum* Maximowicz

376. 鬼白属 *Dysosma*

（1062）小八角莲 *Dysosma difformis* (Hemsley & E. H. Wilson) T. H. Wang ex T. S. Ying

（1063）六角莲 *Dysosma pleiantha* (Hance) Woodson

（1064）八角莲 *Dysosma versipellis* (Hance) M. Cheng ex T. S. Ying

377. 淫羊藿属 *Epimedium*

（1065）保靖淫羊藿 *Epimedium baojingense* Q. L. Chen et B. M. Yang

（1066）紫距淫羊藿 *Epimedium epsteinii* Stearn

（1067）木鱼坪淫羊藿 *Epimedium franchetii* Stearn

（1068）黔岭淫羊藿 *Epimedium leptorrhizum* Stearn

（1069）三枝九叶草 *Epimedium sagittatum* (Siebold et Zuccarini) Maximowicz

（1070）神农架淫羊藿 *Epimedium shennongjiaense* Yan-J. Zhang & J. Q. Li

（1071）巫山淫羊藿 *Epimedium wushanense* T. S. Ying

378. 十大功劳属 *Mahonia*

(1072) 阔叶十大功劳 *Mahonia bealei*（Fortune）Carrière

(1073) 鄂西十大功劳 *Mahonia decipiens* C. K. Schneider

(1074) 宽苞十大功劳 *Mahonia eurybracteata* Fedde

(1075) 安坪十大功劳 *Mahonia eurybracteata* subsp. *ganpinensis*（H. Léveillé）Ying et Boufford

(1076) 十大功劳 *Mahonia fortunei*（Lindley）Fedde

(1077) 长阳十大功劳 *Mahonia sheridaniana* C. K. Schneider

(1078) 武陵十大功劳 *Mahonia wulingensis* C. Zhang et D. G. Zhang

379. 南天竹属 *Nandina*

(1079) 南天竹 *Nandina domestica* Thunberg

七十七、毛茛科 Ranunculaceae

380. 乌头属 *Aconitum*

(1080) 大麻叶乌头 *Aconitum cannabifolium* Franchet ex Finet & Gagnepain

(1081) 乌头 *Aconitum carmichaelii* Debeaux

(1082) 瓜叶乌头 *Aconitum hemsleyanum* E. Pritzel

(1083) 川鄂乌头 *Aconitum henryi* E. Pritzel

(1084) 花葶乌头 *Aconitum scaposum* Franchet

(1085) 聚叶花葶乌头 *Aconitum scaposum* var. *vaginatum*（E Pritzel ex Diels）Rapaics

(1086) 高乌头 *Aconitum sinomontanum* Nakai

(1087) 狭盔高乌头 *Aconitum sinomontanum* var. *angustius* W. T. Wang

381. 类叶升麻属 *Actaea*

(1087) 类叶升麻 *Actaea asiatica* H. Hara

(1088) 小升麻 *Actaea japonica* Thunberg

382. 银莲花属 *Anemone*

(1089) 西南银莲花 *Anemone davidii* Franchet

(1090) 鹅掌草 *Anemone flaccida* F. Schmidt

(1091) 鹤峰银莲花 *Anemone flaccida* var. *hofengensis*（W. T. Wang）Ziman & B. E. Dutton

(1092) 打破碗花花 *Anemone hupehensis*（Lemoine）Lemoine

(1093) 小花草玉梅 *Anemone rivularis* var. *flore-minore* Maximowicz

383. 耧斗菜属 *Aquilegia*

(1094) 无距耧斗菜 *Aquilegia ecalcarata* Maximowicz

(1095) 甘肃耧斗菜 *Aquilegia oxysepala* var. *kansuensis* Bruhl

(1096) 华北耧斗菜 *Aquilegia yabeana* Kitagawa

384. 铁破锣属 *Beesia*

(1097) 铁破锣 *Beesia calthifolia*（Maximowicz ex Oliver）Ulbrich

385. 升麻属 *Cimicifuga*

(1098) 升麻 *Cimicifuga foetida* Linnaeus

(1099) 单穗升麻 *Cimicifuga simplex*（de Candolle）Wormskjold ex Turczaninow

386. 铁线莲属 *Clematis*

(1100) 钝齿铁线莲 *Clematis apiifolia* var. *argentilucida*（H. Léveillé & Vaniot）W. T. Wang

(1101) 小木通 *Clematis armandii* Franchet

(1102) 大花小木通 *Clematis armandii* var. *farquhariana*（Rehder & E. H. Wilson）W. T. Wang

（1103）威灵仙 *Clematis chinensis* Osbeck

（1104）山木通 *Clematis finetiana* H. Léveillé & Vaniot

（1105）小蓑衣藤 *Clematis gouriana* Roxburgh ex de Candolle

（1106）粗齿铁线莲 *Clematis grandidentata*（Rehder & E. H. Wilson）W. T. Wang

（1107）金佛铁线莲 *Clematis gratopsis* W. T. Wang

（1108）单叶铁线莲 *Clematis henryi* Oliver

（1109）毛单叶铁线莲 *Clematis henryi* var. *mollis* W. T. Wang

（1110）大叶铁线莲 *Clematis heracleifolia* de Candolle

（1111）毛蕊铁线莲 *Clematis lasiandra* Maximowicz

（1112）锈毛铁线莲 *Clematis leschenaultiana* de Candolle

（1113）绣球藤 *Clematis montana* Buchanan-Hamilton ex de Candolle

（1114）大花绣球藤 *Clematis montana* var. *longipes* W. T. Wang

（1115）宽柄绣球藤 *Clematis otophora* Franchet ex Finet & Gagnepain

（1116）钝萼铁线莲 *Clematis peterae* Handel-Mazzetti

（1117）须蕊铁线莲 *Clematis pogonandra* Maximowicz

（1118）华中铁线莲 *Clematis pseudootophora* M. Y. Fang

（1119）扬子铁线莲 *Clematis puberula* J. D. Hooker et Thomson

（1120）五叶铁线莲 *Clematis quinquefoliolata* Hutchinson

（1121）圆锥铁线莲 *Clematis terniflora* de Candolle

（1122）柱果铁线莲 *Clematis uncinata* Champion ex Bentham

（1123）尾叶铁线莲 *Clematis urophylla* Franchet

387. 黄连属 *Coptis*

（1124）黄连 *Coptis chinensis* Franchet

388. 翠雀属 *Delphinium*

（1125）卵瓣还亮草 *Delphinium anthriscifolium* var. *savatieri*（Franchet）Munz

389. 人字果属 *Dichocarpum*

（1126）纵肋人字果 *Dichocarpum fargesii*（Franchet）W. T. Wang & P. K. Hsiao

（1127）小花人字果 *Dichocarpum franchetii*（Finet et Gagnepain）W. T. Wang et P. K. Hsiao

（1128）人字果 *Dichocarpum sutchuenense*（Franchet）W. T. Wang et P. K. Hsiao

390. 獐耳细辛属 *Hepatica*

（1129）川鄂獐耳细辛 *Hepatica henryi*（Oliver）Steward

391. 毛茛属 *Ranunculus*

（1130）禺毛茛 *Ranunculus cantoniensis* de Candolle

（1131）毛茛 *Ranunculus japonicus* Thunberg

（1132）石龙芮 *Ranunculus sceleratus* Linnaeus

（1133）扬子毛茛 *Ranunculus sieboldii* Miquel

392. 天葵属 *Semiaquilegia*

（1134）天葵 *Semiaquilegia adoxoides*（de Candolle）Makino

393. 唐松草属 *Thalictrum*

（1135）大叶唐松草 *Thalictrum faberi* Ulbrich

（1136）西南唐松草 *Thalictrum fargesii* Franchet ex Finet & Gagnepain

（1137）盾叶唐松草 *Thalictrum ichangense* Lecoyer ex Oliver

（1138）爪哇唐松草 *Thalictrum javanicum* Blume

（1139）长喙唐松草 *Thalictrum macrorhynchum* Franchet

（1140）小果唐松草 *Thalictrum microgynum* Lecoyer ex Oliver

（1141）东亚唐松草 *Thalictrum minus* var. *hypoleucum*（Siebold et Zuccarini）Miquel

（1142）川鄂唐松草 *Thalictrum osmundifolium* Finet & Gagnepain

（1143）长柄唐松草 *Thalictrum przewalskii* Maximowicz

（1144）弯柱唐松草 *Thalictrum uncinulatum* Franchet ex Lecoyer

394. 尾囊草属 *Urophysa*

（1145）尾囊草 *Urophysa henryi*（Oliver）Ulbrich

七十八、清风藤科 Sabiaceae

395. 泡花树属 *Meliosma*

（1146）泡花树 *Meliosma cuneifolia* Franchet

（1147）垂枝泡花树 *Meliosma flexuosa* Pampanini

（1148）多花泡花树 *Meliosma myriantha* Siebold & Zuccarini

（1149）柔毛泡花树 *Meliosma myriantha* var. *pilosa*（Lecomte）Y. W. Law

（1150）红柴枝 *Meliosma oldhamii* Miquel ex Maximowicz

（1151）暖木 *Meliosma veitchiorum* Hemsley

396. 清风藤属 *Sabia*

（1152）鄂西清风藤 *Sabia campanulata* subsp. *ritchieae*（Rehder & E. H. Wilson）Y. F. Wu

（1153）凹萼清风藤 *Sabia emarginata* Lecomte

（1154）清风藤 *Sabia japonica* Maximowicz

（1155）多花清风藤 *Sabia schumanniana* subsp. *pluriflora*（Rehder et E. H. Wilson）Y. F. Wu

（1156）四川清风藤 *Sabia schumanniana* Diels

（1157）尖叶清风藤 *Sabia swinhoei* Hemsley

七十九、莲科 Nelumbonaceae

397. 莲属 *Nelumbo*

（1158）莲 *Nelumbo nucifera* Gaertner

八十、悬铃木科 Platanaceae

398. 悬铃木属 *Platanus*

（1159）法国梧桐 *Platanus acerifolia*（Aiton）Willdenow

八十一、山龙眼科 Proteaceae

399. 山龙眼属 *Helicia*

（1160）小果山龙眼 *Helicia cochinchinensis* Loureiro

八十二、昆栏树科 Trochodendraceae

400. 水青树属 *Tetracentron*

（1161）水青树 *Tetracentron sinense* Oliver

八十三、黄杨科 Buxaceae

401. 黄杨属 *Buxus*

（1162）雀舌黄杨 *Buxus bodinieri* H. Léveillé

（1163）大花黄杨 *Buxus henryi* Mayr

（1164）大叶黄杨 *Buxus megistophylla* H. Léveillé

（1165）黄杨 *Buxus sinica*（Rehder & E. H. Wilson）M. Cheng

（1166）尖叶黄杨 *Buxus sinica* var. *aemulans*（Rehder & E. H. Wilson）P. Bruckner & T. L. Ming

（1167）越橘叶黄杨 *Buxus sinica* var. *vacciniifolia* M. Cheng

402. 板凳果属 *Pachysandra*

（1168）多毛板凳果 *Pachysandra axillaris* var. *stylosa*（Dunn）M. Cheng

（1169）顶花板凳果 *Pachysandra terminalis* Siebold & Zuccarini

403. 野扇花属 *Sarcococca*

（1170）双蕊野扇花 *Sarcococca hookeriana* var. *digyna* Franchet

（1171）野扇花 *Sarcococca ruscifolia* Stapf

八十四、芍药科 Paeoniaceae

404. 芍药属 *Paeonia*

（1172）芍药 *Paeonia lactiflora* Pallas

（1173）草芍药 *Paeonia obovata* Maximowicz

（1174）拟草芍药 *Paeonia obovata* subsp. *willmottiae*（Stapf）D. Y. Hong et K. Y. Pan

（1175）紫斑牡丹 *Paeonia rockii*（S. G. Haw et Lauener）T. Hong et J. J. Li

（1176）牡丹 *Paeonia* × *suffruticosa* Andrews

八十五、蕈树科 Altingiaceae

405. 枫香树属 *Liquidambar*

（1177）缺萼枫香树 *Liquidambar acalycina* H. T. Chang

（1178）枫香树 *Liquidambar formosana* Hance

八十六、金缕梅科 Hamamelidaceae

406. 蜡瓣花属 *Corylopsis*

（1179）瑞木 *Corylopsis multiflora* Hance

（1180）蜡瓣花 *Corylopsis sinensis* Hemsley

（1181）秃蜡瓣花 *Corylopsis sinensis* var. *calvescens* Rehder et E. H. Wilson

407. 蚊母树属 *Distylium*

（1182）小叶蚊母树 *Distylium buxifolium*（Hance）Merrill

（1183）中华蚊母树 *Distylium chinense*（Franchet ex Hemsley）Diels

408. 金缕梅属 *Hamamelis*

（1184）金缕梅 *Hamamelis mollis* Oliver

409. 檵木属 *Loropetalum*

（1185）檵木 *Loropetalum chinense*（R. Brown）Oliver

（1186）红花檵木 *Loropetalum chinense* var. *rubrum* Yieh

410. 水丝梨属 *Sycopsis*

（1187）水丝梨 *Sycopsis sinensis* Oliver

八十七、连香树科 Cercidiphyllaceae

411. 连香树属 *Cercidiphyllum*

（1188）连香树 *Cercidiphyllum japonicum* Siebold & Zuccarini

八十八、虎皮楠科 Daphniphyllaceae

412. 虎皮楠属 *Daphniphyllum*

（1189）交让木 *Daphniphyllum macropodum* Miquel

（1190）虎皮楠 *Daphniphyllum oldhamii* (Hemsley) K. Rosenthal

八十九、鼠刺科 Iteaceae

413. 鼠刺属 *Itea*

（1191）冬青叶鼠刺 *Itea ilicifolia* Oliver

（1192）峨眉鼠刺 *Itea omeiensis* C. K. Schneider

九十、茶藨子科 Grossulariaceae

414. 茶藨子属 *Ribes*

（1193）鄂西茶藨子 *Ribes franchetii* Janczewski

（1194）冰川茶藨子 *Ribes glaciale* Wallich

（1195）宝兴茶藨子 *Ribes moupinense* Franchet

（1196）细枝茶藨子 *Ribes tenue* Janczewski

九十一、虎耳草科 Saxifragaceae

415. 落新妇属 *Astilbe*

（1197）落新妇 *Astilbe chinensis* (Maximowicz) Franchet & Savatier

（1198）大落新妇 *Astilbe grandis* Stapf ex E. H. Wilson

（1199）多花落新妇 *Astilbe rivularis* var. *myriantha* (Diels) J. T. Pan

416. 金腰属 *Chrysosplenium*

（1200）秦岭金腰 *Chrysosplenium biondianum* Engler

（1201）滇黔金腰 *Chrysosplenium cavaleriei* H. Leveille et Vaniot

（1202）肾萼金腰 *Chrysosplenium delavayi* Franchet

（1203）舌叶金腰 *Chrysosplenium glossophyllum* H. Hara

（1204）峨眉金腰 *Chrysosplenium hydrocotylifolium* var. *emeiense* J. T. Pan

（1205）绵毛金腰 *Chrysosplenium lanuginosum* J. D. Hooker & Thomson

（1206）大叶金腰 *Chrysosplenium macrophyllum* Oliver

（1207）微子金腰 *Chrysosplenium microspermum* Franchet

（1208）柔毛金腰 *Chrysosplenium pilosum* var. *valdepilosum* Ohwi

（1209）中华金腰 *Chrysosplenium sinicum* Maximowicz

417. 鬼灯檠属 *Rodgersia*

（1210）七叶鬼灯檠 *Rodgersia aesculifolia* Batalin

418. 虎耳草属 *Saxifraga*

（1211）扇叶虎耳草 *Saxifraga rufescens* var. *flabellifolia* C. Y. Wu & J. T. Pan

（1212）球茎虎耳草 *Saxifraga sibirica* Linnaeus

（1213）虎耳草 *Saxifraga stolonifera* Curtis

419. 黄水枝属 *Tiarella*

（1214）黄水枝 *Tiarella polyphylla* D. Don

九十二、景天科 Crassulaceae

420. 石莲花属 *Echeveria*

（1215）养老石莲 *Echeveria peacockii* Baker

421. 八宝属 *Hylotelephium*

（1216）八宝 *Hylotelephium erythrostictum* (Miquel) H. Ohba

（1217）轮叶八宝 *Hylotelephium verticillatum* (Linnaeus) H. Ohba

422. 费菜属 *Phedimus*

（1218）费菜 *Phedimus aizoon* (Linnaeus) 't Hart

（1219）齿叶费菜 *Phedimus odontophyllus* (Froderstrom) 't Hart

423. 红景天属 *Rhodiola*

（1220）云南红景天 *Rhodiola yunnanensis* (Frarchet) S. H. Fu

424. 景天属 *Sedum*

（1221）东南景天 *Sedum alfredii* Hance

（1222）珠芽景天 *Sedum bulbiferum* Makino

（1223）乳瓣景天 *Sedum dielsii* Raymond-Hamet

（1224）大叶火焰草 *Sedum drymarioides* Hance

（1225）细叶景天 *Sedum elatinoides* Franchet

（1226）凹叶景天 *Sedum emarginatum* Migo

（1227）小山飘风 *Sedum filipes* Hemsley

（1228）佛甲草 *Sedum lineare* Thunberg

（1229）山飘风 *Sedum majus* (Hemsley) Migo

（1230）大苞景天 *Sedum oligospermum* Maire

（1231）垂盆草 *Sedum sarmentosum* Bunge

（1232）火焰草 *Sedum stellariifolium* Franchet

（1233）日本景天 *Sedum uniflorum* var. *japonicum* (Siebdd ex Miq.) H. Dhba

425. 石莲属 *Sinocrassula*

（1234）绿花石莲 *Sinocrassula indica* var. *viridiflora* K. T. Fu

九十三、扯根菜科 Penthoraceae

426. 扯根菜属 *Penthorum*

（1235）扯根菜 *Penthorum chinense* Pursh

九十四、小二仙草科 Haloragaceae

427. 小二仙草属 *Gonocarpus*

（1236）小二仙草 *Gonocarpus micranthus* Thunberg

428. 狐尾藻属 *Myriophyllum*

（1237）穗状狐尾藻 *Myriophyllum spicatum* Linnaeus

九十五、葡萄科 Vitaceae

429. 蛇葡萄属 *Ampelopsis*

（1238）蓝果蛇葡萄 *Ampelopsis bodinieri* (H. Léveillé & Vaniot) Rehder

（1239）灰毛蛇葡萄 *Ampelopsis bodinieri* var. *Cinerea* (Gagnepain) Rehder

（1240）三裂蛇葡萄 *Ampelopsis delavayana* Planchon ex Franchet

（1241）掌裂蛇葡萄 *Ampelopsis delavayana* var. *glabra* (Diels & Gilg) C. L. Li

（1242）毛三裂蛇葡萄 *Ampelopsis delavayana* var. *setulosa* (Diels & Gilg) C. L. Li

（1243）蛇葡萄 *Ampelopsis glandulosa* (Wallich) Momiyama

（1244）异叶蛇葡萄 *Ampelopsis glandulosa* var. *heterophylla* (Thunberg) Momiyama

（1245）白蔹 *Ampelopsis japonica* (Thunberg) Makino

（1246）槭叶蛇葡萄 *Ampelopsis wangii* I. M. Turner

430. 乌蔹莓属 *Causonis*

（1247）乌蔹莓 *Causonis japonica* (Thunberg) Raf

(1248) 尖叶乌蔹莓 *Causonis japonica* var. *pseudotrifolia*（W. T. Wang）G. Parmar & J. Wen

431. 牛果藤属 *Nekemias*

(1249) 牛果藤 *Nekemias cantoniensis*（Hook. & Arn）J. Wen & Z. L. Nie

(1250) 羽叶牛果藤 *Nekemias chaffanjonii*（H. Lév. & Vaniot）J. Wen & Z. L. Nie

(1251) 大齿牛果藤 *Nekemias grossedentata*（Hand.-Mazz.）J. Wen & Z. L. Nie

(1252) 大叶牛果藤 *Nekemias megalophylla*（Diels & Gilg）J. Wen & Z. L. Nie

432. 地锦属 *Parthenocissus*

(1253) 异叶地锦 *Parthenocissus dalzielii* Gagnepain

(1254) 长柄地锦 *Parthenocissus feddei*（H. Leveille）C. L. Li

(1255) 花叶地锦 *Parthenocissus henryana*（Hemsley）Graebner ex Diels & Gilg

(1256) 绿叶地锦 *Parthenocissus laetevirens* Rehder

(1257) 五叶地锦 *Parthenocissus quinquefolia*（Linnaeus）Planchon

(1258) 三叶地锦 *Parthenocissus semicordata*（Wallich）Planchon

(1259) 地锦 *Parthenocissus tricuspidata*（Siebold & Zuccarini）Planchon

433. 拟乌蔹莓属 *Pseudocayratia*

(1260) 白毛乌蔹莓 *Pseudocayratia dichromocarpa*（H. Lév）J. Wen & Z. D. Chen

(1261) 华中拟乌蔹莓 *Pseudocayratia oligocarpa*（H. Lév. & Vaniot）J. Wen & L. M. Lu

434. 崖爬藤属 *Tetrastigma*

(1262) 三叶崖爬藤 *Tetrastigma hemsleyanum* Diels & Gilg

(1263) 崖爬藤 *Tetrastigma obtectum*（Wallich ex M. A. Lawson）Planchon ex Franchet

(1264) 无毛崖爬藤 *Tetrastigma obtectum* var. *glabrum*（H. Leveille）Gagnepain

(1265) 狭叶崖爬藤 *Tetrastigma serrulatum*（Roxburgh）Planchon

435. 葡萄属 *Vitis*

(1266) 美丽葡萄 *Vitis bellula*（Rehder）W. T. Wang

(1267) 桦叶葡萄 *Vitis betulifolia* Diels & Gilg

(1268) 刺葡萄 *Vitis davidii*（Romanet du Caillaud）Föex

(1269) 葛藟葡萄 *Vitis flexuosa* Thunberg

(1270) 毛葡萄 *Vitis heyneana* Roemer & Schultes

(1271) 桑叶葡萄 *Vitis heyneana* subsp. *ficifolia*（Bunge）C. L. Li

(1272) 变叶葡萄 *Vitis piasezkii* Maximowicz

(1273) 华东葡萄 *Vitis pseudoreticulata* W. T. Wang

(1274) 葡萄 *Vitis vinifera* Linnaeus

(1275) 网脉葡萄 *Vitis wilsoniae* H. J. Veitch

436. 俞藤属 *Yua*

(1276) 俞藤 *Yua thomsonii*（M. A. Lawson）C. L. Li

(1277) 华西俞藤 *Yua thomsonii* var. *glaucescens*（Diels & Gilg）C. L. Li

九十六、豆科 Fabaceae

437. 金合欢属 *Acacia*

(1278) 银荆 *Acacia dealbata* Link

438. 合萌属 *Aeschynomene*

(1279) 合萌 *Aeschynomene indica* Linnaeus

439. 合欢属 *Albizia*

(1280) 合欢 *Albizia julibrissin* Durazzini

(1281) 山槐 *Albizia kalkora* (Roxburgh) Prain

440. 紫穗槐属 *Amorpha*

(1282) 紫穗槐 *Amorpha fruticosa* Linnaeus

441. 两型豆属 *Amphicarpaea*

(1283) 两型豆 *Amphicarpaea edgeworthii* Bentham

442. 土圞儿属 *Apios*

(1284) 土圞儿 *Apios fortunei* Maximowicz

443. 落花生属 *Arachis*

(1285) 落花生 *Arachis hypogaea* Linnaeus

444. 黄芪属 *Astragalus*

(1286) 蒙古黄耆 *Astragalus mongholicus* Bunge

(1287) 紫云英 *Astragalus sinicus* Linnaeus

(1288) 武陵黄耆 *Astragalus wulingensis* Jia X. Li & X. L. Yu

(1289) 巫山黄耆 *Astragalus wushanicus* N. D. Simpson

445. 羊蹄甲属 *Bauhinia*

(1290) 龙须藤 *Bauhinia championii* (Bentham) Bentham

(1291) 薄叶羊蹄甲 *Bauhinia glauca* subsp. *tenuiflora* (Watt ex C. B. Clarke) K. Larsen & S. S. Larsen

446. 云实属 *Caesalpinia*

(1292) 云实 *Caesalpinia decapetala* (Roth) Alston

(1293) 鸡嘴簕 *Caesalpinia sinensis* (Hemsley) J. E. Vidal

447. 鸡血藤属 *Callerya*

(1294) 香花鸡血藤 *Callerya dielsiana* (Harms) P. K. Lôc ex Z. Wei & Pedley

448. 筅子梢属 *Campylotropis*

(1295) 杭子梢 *Campylotropis macrocarpa* (Bunge) Rehder

(1296) 太白山杭子梢 *Campylotropis macrocarpa* var. *hupehensis* (Pampanini) Iokawa & H. Ohashi

449. 刀豆属 *Canavalia*

(1297) 刀豆 *Canavalia gladiata* (Jacquin) Candolle

450. 锦鸡儿属 *Caragana*

(1298) 锦鸡儿 *Caragana sinica* (Buc'hoz) Rehder

451. 紫荆属 *Cercis*

(1299) 紫荆 *Cercis chinensis* Bunge

(1300) 湖北紫荆 *Cercis glabra* Pampanini

(1301) 垂丝紫荆 *Cercis racemosa* Oliver

452. 山扁豆属 *Chamaecrista*

(1302) 含羞草山扁豆 *Chamaecrista mimosoides* (Linnaeus) Greene

453. 香槐属 *Cladrastis*

(1303) 翅荚香槐 *Cladrastis platycarpa* (Maximowicz) Makino

(1304) 香槐 *Cladrastis wilsonii* Takeda

454. 猪屎豆属 *Crotalaria*

(1305) 响铃豆 *Crotalaria albida* Heyne ex Roth

455. 黄檀属 *Dalbergia*

(1306) 大金刚藤 *Dalbergia dyeriana* Prain

(1307) 藤黄檀 *Dalbergia hancei* Bentham

(1308) 黄檀 *Dalbergia hupeana* Hance

(1309) 象鼻藤 *Dalbergia mimosoides* Franchet

456. 鱼藤属 *Derris*

(1310) 中南鱼藤 *Derris fordii* Oliver

(1311) 厚果鱼藤 *Derris taiwaniana* (Hayata) Z. Q. Song

457. 山蚂蝗属 *Desmodium*

(1312) 饿蚂蝗 *Desmodium multiflorum* Candolle

458. 山黑豆属 *Dumasia*

(1313) 山黑豆 *Dumasia truncata* Siebold et Zuccarini

459. 野扁豆属 *Dunbaria*

(1314) 野扁豆 *Dunbaria villosa* (Thunberg) Makino

460. 山豆根属 *Euchresta*

(1315) 管萼山豆根 *Euchresta tubulosa* Dunn

461. 皂荚属 *Gleditsia*

(1316) 皂荚 *Gleditsia sinensis* Lamarck

462. 大豆属 *Glycine*

(1317) 大豆 *Glycine max* (Linnaeus) Merrill

(1318) 野大豆 *Glycine soja* Siebold & Zuccarini

463. 假地豆属 *Grona*

(1319) 假地豆 *Grona heterocarpos* (L.) H. Dhashi & K. Ohashi

464. 肥皂荚属 *Gymnocladus*

(1320) 肥皂荚 *Gymnocladus chinensis* Baillon

465. 长柄山蚂蝗属 *Hylodesmum*

(1321) 湘西长柄山蚂蝗 *Hylodesmum laxum* subsp. *falfolium* (H. Ohashi) H. Ohashi et R. R. Mill

(1322) 细长柄山蚂蝗 *Hylodesmum leptopus* (A. Gray ex Bentham) H. Ohashi et R. R. Mill

(1323) 羽叶长柄山蚂蝗 *Hylodesmum oldhamii* (Oliver) H. Ohashi et R. R. Mill

(1324) 长柄山蚂蝗 *Hylodesmum podocarpum* (Candolle) H. Ohashi & R. R. Mill

(1325) 尖叶长柄山蚂蝗 *Hylodesmum podocarpum* subsp. *oxyphyllum* (Candolle) H. Ohashi et R. R. Mill

(1326) 宽卵叶长柄山蚂蝗 *Hylodesmum podocarpum* subsp. *fallax* (Schindler) H. Ohashi & R. R. Mill

(1327) 四川长柄山蚂蝗 *Hylodesmum podocarpum* subsp. *szechuenense* (Craib) H. Ohashi & R. R. Mill

466. 木蓝属 *Indigofera*

(1328) 河北木蓝 *Indigofera bungeana* Walpers

(1329) 宜昌木蓝 *Indigofera decora* var. *ichangensis* (Craib) Y. Y. Fang et C. Z. Zheng

(1330) 多花木蓝 *Indigofera amblyantha* Craib

467. 鸡眼草属 *Kummerowia*

(1331) 长萼鸡眼草 *Kummerowia stipulacea* (Maximowicz) Makino

(1332) 鸡眼草 *Kummerowia striata* (Thunberg) Schindler

468. 扁豆属 *Lablab*

(1333) 扁豆 *Lablab purpureus* (Linnaeus) Sweet

469. 细蚂蝗属 *Leptodesmia*

（1334）小叶细蚂蝗 *Leptodesmia microphylla* var. *macrocarpa*（Baker）H. Ohashi & K. Ohashi

470. 胡枝子属 *Lespedeza*

（1335）胡枝子 *Lespedeza bicolor* Turczaninow

（1336）绿叶胡枝子 *Lespedeza buergeri* Miquel

（1337）中华胡枝子 *Lespedeza chinensis* G. Don

（1338）截叶铁扫帚 *Lespedeza cuneata*（Dumont de Courset）G. Don

（1339）大叶胡枝子 *Lespedeza davidii* Franchet

（1340）多花胡枝子 *Lespedeza floribunda* Bunge

（1341）红花截叶铁扫帚 *Lespedeza lichiyuniae* T. Nemoto，H. Ohashi et T. Itoh

（1342）铁马鞭 *Lespedeza pilosa*（Thunberg）Siebold et Zuccarini

（1343）绒毛胡枝子 *Lespedeza tomentosa*（Thunberg）Siebold ex Maximowicz

（1344）细梗胡枝子 *Lespedeza virgata*（Thunberg）Candolle

471. 百脉根属 *Lotus*

（1345）百脉根 *Lotus corniculatus* Linnaeus

472. 马鞍树属 *Maackia*

（1346）马鞍树 *Maackia hupehensis* Takeda

473. 苜蓿属 *Medicago*

（1347）天蓝苜蓿 *Medicago lupulina* Linnaeus

（1348）南苜蓿 *Medicago polymorpha* Linnaeus

（1349）紫苜蓿 *Medicago sativa* Linnaeus

474. 草木樨属 *Melilotus*

（1350）白花草木犀 *Melilotus albus* Medikus

（1351）草木犀 *Melilotus officinalis*（Linnaeus）Lamarck

475. 含羞草属 *Mimosa*

（1352）含羞草 *Mimosa pudica* Linnaeus

476. 油麻藤属 *Mucuna*

（1353）常春油麻藤 *Mucuna sempervirens* Hemsley

477. 小槐花属 *Ohwia*

（1354）小槐花 *Ohwia caudata*（Thunberg）H. Ohashi

478. 红豆属 *Ormosia*

（1355）花榈木 *Ormosia henryi* Prain

（1356）红豆树 *Ormosia hosiei* Hemsley & E. H. Wilson

479. 豆薯属 *Pachyrhizus*

（1357）豆薯 *Pachyrhizus erosus*（Linnaeus）Urban

480. 菜豆属 *Phaseolus*

（1358）棉豆 *Phaseolus lunatus* Linnaeus

（1359）菜豆 *Phaseolus vulgaris* Linnaeus

481. 豌豆属 *Pisum*

（1360）豌豆 *Pisum sativum* Linnaeus

482. 老虎刺属 *Pterolobium*

（1361）老虎刺 *Pterolobium punctatum* Hemsley

483. 葛属 *Pueraria*

(1362) 葛 *Pueraria montana* (Loureiro) Merrill

484. 瓦子草属 *Puhuaea*

(1363) 瓦子草 *Puhuaea sequax* (Wall.) H. Ohashi & K. Ohashi

485. 鹿藿属 *Rhynchosia*

(1364) 菱叶鹿藿 *Rhynchosia dielsii* Harms

(1365) 鹿藿 *Rhynchosia volubilis* Loureiro

486. 刺槐属 *Robinia*

(1366) 刺槐 *Robinia pseudoacacia* Linnaeus

487. 儿茶属 *Senegalia*

(1367) 皱荚藤儿茶 *Senegalia rugata* (Lam.) Britton & Rose

488. 番泻决明属 *Senna*

(1368) 双荚决明 *Senna bicapsularis* (Linnaeus) Roxburgh

(1369) 决明 *Senna tora* (Linnaeus) Roxburgh

489. 苦参属 *Sophora*

(1370) 苦参 *Sophora flavescens* Aiton

490. 槐属 *Styphnolobium*

(1371) 槐 *Styphnolobium japonicum* (L.) Schott

491. 车轴草属 *Trifolium*

(1372) 杂种车轴草 *Trifolium hybridum* Linnaeus

(1373) 红车轴草 *Trifolium pratense* Linnaeus

(1374) 白车轴草 *Trifolium repens* Linnaeus

492. 野豌豆属 *Vicia*

(1375) 山野豌豆 *Vicia amoena* Fischer ex Seringe

(1376) 华野豌豆 *Vicia chinensis* Franchet

(1377) 广布野豌豆 *Vicia cracca* Linnaeus

(1378) 蚕豆 *Vicia faba* Linnaeus

(1379) 小巢菜 *Vicia hirsuta* (Linnaeus) Gray

(1380) 大叶野豌豆 *Vicia pseudo-orobus* Fischer & C. A. Meyer

(1381) 救荒野豌豆 *Vicia sativa* Linnaeus

(1382) 四籽野豌豆 *Vicia tetrasperma* (Linnaeus) Schreber

493. 豇豆属 *Vigna*

(1383) 赤豆 *Vigna angularis* (Willdenow) Ohwi & H. Ohashi

(1384) 贼小豆 *Vigna minima* (Roxburgh) Ohwi et H. Ohashi

(1385) 绿豆 *Vigna radiata* (Linnaeus) R. Wilczek

(1386) 赤小豆 *Vigna umbellata* (Thunberg) Ohwi & H. Ohashi

(1387) 豇豆 *Vigna unguiculata* (Linnaeus) Walpers

(1388) 眉豆 *Vigna unguiculata* subsp. *cylindrica* (Linnaeus) Verdcourt

(1389) 长豇豆 *Vigna unguiculata* subsp. *sesquipedalis* (Linnaeus) Verdcourt

(1390) 野豇豆 *Vigna vexillata* (Linnaeus) A. Richard

494. 紫藤属 *Wisteria*

(1391) 紫藤 *Wisteria sinensis* (Sims) Sweet

495. 夏藤属 *Wisteriopsis*

（1392）网络夏藤 *Wisteriopsis reticulata* (Benth.) J. Compton & Schrire

九十七、远志科 Polygalaceae

496. 远志属 *Polygala*

（1393）荷包山桂花 *Polygala arillata* Buchanan-Hamilton ex D. Don

（1394）尾叶远志 *Polygala caudata* Rehder et E. H. Wilson

（1395）香港远志 *Polygala hongkongensis* Hemsley

（1396）瓜子金 *Polygala japonica* Houttuyn

（1397）小扁豆 *Polygala tatarinowii* Regel

（1398）长毛籽远志 *Polygala wattersii* Hance

九十八、蔷薇科 Rosaceae

497. 龙牙草属 *Agrimonia*

（1399）龙芽草 *Agrimonia pilosa* Ledebour

498. 唐棣属 *Amelanchier*

（1400）唐棣 *Amelanchier sinica* (C. K. Schneider) Chun

499. 假升麻属 *Aruncus*

（1401）假升麻 *Aruncus sylvester* Kosteletzky ex Maximowicz

500. 木瓜海棠属 *Chaenomeles*

（1402）皱皮木瓜 *Chaenomeles speciosa* (Sweet) Nakai

501. 无尾果属 *Coluria*

（1403）大头叶无尾果 *Coluria henryi* Batalin

502. 栒子属 *Cotoneaster*

（1404）灰栒子 *Cotoneaster acutifolius* Turczaninow

（1405）密毛灰栒子 *Cotoneaster acutifolius* var. *villosulus* Rehder & E. H. Wilson

（1406）匍匐栒子 *Cotoneaster adpressus* Bois

（1407）细尖栒子 *Cotoneaster apiculatus* Rehder & E. H. Wilson

（1408）泡叶栒子 *Cotoneaster bullatus* Bois

（1409）矮生栒子 *Cotoneaster dammeri* C. K. Schneider

（1410）木帚栒子 *Cotoneaster dielsianus* E. Pritzel

（1411）散生栒子 *Cotoneaster divaricatus* Rehder & E. H. Wilson

（1412）麻核栒子 *Cotoneaster foveolatus* Rehder & E. H. Wilson

（1413）光叶栒子 *Cotoneaster glabratus* Rehder & E. H. Wilson

（1414）细弱栒子 *Cotoneaster gracilis* Rehder & E. H. Wilson

（1415）平枝栒子 *Cotoneaster horizontalis* Decaisne

（1416）暗红栒子 *Cotoneaster obscurus* Rehder et E. H. Wilson

（1417）皱叶柳叶栒子 *Cotoneaster salicifolius* var. *rugosus* (E. Pritzel) Rehder et E. H. Wilson

（1418）华中栒子 *Cotoneaster silvestrii* Pampanini

（1419）细枝栒子 *Cotoneaster tenuipes* Rehder & E. H. Wilson

（1420）西北栒子 *Cotoneaster zabelii* C. K. Schneider

503. 山楂属 *Crataegus*

（1421）野山楂 *Crataegus cuneata* Siebold et Zuccarini

（1422）湖北山楂 *Crataegus hupehensis* Sargent

（1423）华中山楂 *Crataegus wilsonii* Sargent

504. 蛇莓属 *Duchesnea*

（1424）蛇莓 *Duchesnea indica* (Andrews) Focke

505. 枇杷属 *Eriobotrya*

（1425）枇杷 *Eriobotrya japonica* (Thunberg) Lindley

506. 白鹃梅属 *Exochorda*

（1426）绿柄白鹃梅 *Exochorda giraldii* var. *wilsonii* (Rehder) Rehder

507. 草莓属 *Fragaria*

（1427）纤细草莓 *Fragaria gracilis* Losinskaja

（1428）黄毛草莓 *Fragaria nilgerrensis* Schlechtendal ex J. Gay

（1429）粉叶黄毛草莓 *Fragaria nilgerrensis* var. *mairei* (H. Leveille) Handel-Mazzetti

（1430）草莓 *Fragaria × ananassa* Duch.

（1431）野草莓 *Fragaria vesca* Linnaeus

508. 路边青属 *Geum*

（1432）路边青 *Geum aleppicum* Jacquin

（1433）柔毛路边青 *Geum japonicum* var. *chinense* F. Bolle

509. 棣棠属 *Kerria*

（1434）棣棠花 *Kerria japonica* (Linnaeus) Candolle

510. 苹果属 *Malus*

（1435）花红 *Malus asiatica* Nakai

（1436）湖北海棠 *Malus hupehensis* (Pampanini) Rehder

（1437）苹果 *Malus pumila* Miller

（1438）三叶海棠 *Malus sieboldii* (Regel) Rehder

（1439）川鄂滇池海棠 *Malus yunnanensis* var. *veitchii* (Osborn) Rehder

511. 绣线梅属 *Neillia*

（1440）毛叶绣线梅 *Neillia ribesioides* Rehder

（1441）中华绣线梅 *Neillia sinensis* Oliver

512. 石楠属 *Photinia*

（1442）中华石楠 *Photinia beauverdiana* C. K. Schneider

（1443）贵州石楠 *Photinia bodinieri* H. Léveillé

（1444）红叶石楠 *Photinia fraseri* Dress

（1445）光叶石楠 *Photinia glabra* (Thunberg) Maximowicz

（1446）褐毛石楠 *Photinia hirsuta* Handel-Mazzetti

（1447）垂丝石楠 *Photinia komarovii* (H. Léveillé & Vaniot) L. T. Lu & C. L. Li

（1448）小叶石楠 *Photinia parvifolia* (E. Pritzel) C. K. Schneider

（1449）绒毛石楠 *Photinia schneideriana* Rehder & E. H. Wilson

（1450）石楠 *Photinia serratifolia* (Desfontaines) Kalkman

（1451）鸡丁子 *Photinia villosa* (Thunberg) Candolle

（1452）庐山石楠 *Photinia villosa* var. *sinica* Rehder & E. H. Wilson

513. 委陵菜属 *Potentilla*

（1453）皱叶委陵菜 *Potentilla ancistrifolia* Bunge

（1454）蛇莓委陵菜 *Potentilla centigrana* Maximowicz

（1455）委陵菜 *Potentilla chinensis* Seringe

（1456）狼牙委陵菜 *Potentilla cryptotaeniae* Maximowicz

（1457）翻白草 *Potentilla discolor* Bunge

（1458）莓叶委陵菜 *Potentilla fragarioides* Linnaeus

（1459）三叶委陵菜 *Potentilla freyniana* Bornmüller

（1460）银露梅 *Potentilla glabra* Loddiges

（1461）蛇含委陵菜 *Potentilla kleiniana* Wight & Arnott

（1462）绢毛匍匐委陵菜 *Potentilla reptans* var. *sericophylla* Franchet

（1463）朝天委陵菜 *Potentilla supina* Linnaeus

514. 李属 *Prunus*

（1464）梅 *Prunus anomala* Koehne

（1465）杏 *Prunus armeniaca* Linnaeus

（1466）细齿短梗稠李 *Prunus brachypoda* var. *microdonta* Koehne

（1467）橉木 *Prunus buergeriana* Miquel

（1468）紫叶李 *Prunus cerasifera* f. *atropurpurea* (Jacquin) Rehder

（1469）微毛樱桃 *Prunus clarofolia* C. K. Schneider

（1470）华中樱桃 *Prunus conradinae* Koehne

（1471）襄阳山樱桃 *Prunus cyclamina* Koehne

（1472）双花山樱桃 *Prunus cyclamina* var. *biflora* Koehne

（1473）尾叶樱桃 *Prunus dielsiana* C. K. Schneider

（1474）盘腺樱桃 *Prunus discadenia* Koehne

（1475）麦李 *Prunus glandulosa* Thunberg

（1476）灰叶稠李 *Prunus grayana* Maximowicz

（1477）鹤峰樱桃 *Prunus hefengensis* (X. R. Wang & C. B. Shang) Y. H. Tong & N. H. Xia

（1478）臭樱 *Prunus hypoleuca* (Koehne) J. Wen

（1479）四川臭樱 *Prunus hypoxantha* (Koehne) J. Wen

（1480）锐齿臭樱 *Prunus incisoserrata* (T. T. Yü & T. C. Ku) J. Wen

（1481）郁李 *Prunus japonica* Thunberg

（1482）沼生矮樱 *Prunus jingningensis* (Z. H. Chen, G. Y. Li et Y. K. Xu) D. G. Zhang & Y. Wu

（1483）桃 *Prunus persica* (Linnaeus) Batsch

（1484）樱桃 *Prunus pseudocerasus* (Lindley) Loudon

（1485）李 *Prunus salicina* Lindley

（1486）山樱桃 *Prunus serrulata* Lindley

（1487）日本晚樱 *Prunus serrulata* var. *lannesiana* (CarriËre) Makino

（1488）刺毛樱桃 *Prunus setulosa* Batalin

（1489）刺叶桂樱 *Prunus spinulosa* Siebold & Zuccarini

（1490）孙航樱 *Prunus sunhangii* D. G. Zhang & T. Deng

（1491）四川樱桃 *Prunus szechuanica* Batalin

（1492）毛樱桃 *Prunus tomentosa* Thunberg

（1493）大叶桂樱 *Prunus zippeliana* Miquel

（1494）粗梗稠李 *Prunus napaulensis* Seringe

（1495）细齿稠李 *Prunus obtusata* Koehne

（1496）毡毛稠李 *Prunus velutina* Batalin

（1497）绢毛稠李 *Prunus wilsonii* C. K. Schneider

515. 木瓜属 *Pseudocydonia*

（1498）木瓜 *Pseudocydonia sinensis*（Thouin）C. K. Schneid

516. 火棘属 *Pyracantha*

（1499）全缘火棘 *Pyracantha atalantioides*（Hance）Stapf

（1500）细圆齿火棘 *Pyracantha crenulata*（D. Don）M. Roemer

（1501）火棘 *Pyracantha fortuneana*（Maximowicz）H. L. Li

517. 梨属 *Pyrus*

（1502）杜梨 *Pyrus betulifolia* Bunge

（1503）豆梨 *Pyrus calleryana* Decaisne

（1504）沙梨 *Pyrus pyrifolia*（N. L. Burman）Nakai

（1505）麻梨 *Pyrus serrulata* Rehder

518. 鸡麻属 *Rhodotypos*

（1506）鸡麻 *Rhodotypos scandens*（Thunberg）Makino

519. 蔷薇属 *Rosa*

（1507）单瓣木香花 *Rosa banksiae* var. *normalis* Regel

（1508）尾萼蔷薇 *Rosa caudata* Baker

（1509）月季花 *Rosa chinensis* Jacquin

（1510）伞房蔷薇 *Rosa corymbulosa* Rolfe

（1511）小果蔷薇 *Rosa cymosa* Trattinnick

（1512）卵果蔷薇 *Rosa helenae* Rehder & E. H. Wilson

（1513）软条七蔷薇 *Rosa henryi* Boulenger

（1514）金樱子 *Rosa laevigata* Michaux

（1515）华西蔷薇 *Rosa moyesii* Hemsley et E. H. Wilson

（1516）粉团蔷薇 *Rosa multiflora* var. *cathayensis* Rehder et E. H. Wilson

（1517）野蔷薇 *Rosa multiflora* Thunberg

（1518）峨眉蔷薇 *Rosa omeiensis* Rolfe

（1519）缫丝花 *Rosa roxburghii* Trattinnick

（1520）悬钩子蔷薇 *Rosa rubus* H. Leveille et Vaniot

（1521）玫瑰 *Rosa rugosa* Thunberg

（1522）大红蔷薇 *Rosa saturata* Baker

（1523）钝叶蔷薇 *Rosa sertata* Rolfe

520. 悬钩子属 *Rubus*

（1524）腺毛莓 *Rubus adenophorus* Rolfe

（1525）秀丽莓 *Rubus amabilis* Focke

（1526）周毛悬钩子 *Rubus amphidasys* Focke ex Diels

（1527）竹叶鸡爪茶 *Rubus bambusarum* Focke

（1528）寒莓 *Rubus buergeri* Miquel

（1529）毛萼莓 *Rubus chroosepalus* Focke

（1530）山莓 *Rubus corchorifolius* Linnaeus f.

（1531）插田泡 *Rubus coreanus* Miquel

（1532）毛叶插田泡 *Rubus coreanus* var. *tomentosus* Cardot

（1533）桉叶悬钩子 *Rubus eucalyptus* Focke

（1534）大红泡 *Rubus eustephanos* Focke

（1535）攀枝莓 *Rubus flagelliflorus* Focke

（1536）弓茎悬钩子 *Rubus flosculosus* Focke

（1537）黄毛悬钩子 *Rubus fusco-rubens* Focke

（1538）鸡爪茶 *Rubus henryi* Hemsley & Kuntze

（1539）大叶鸡爪茶 *Rubus henryi* var. *sozostylus*（Focke）T. T. Yu et L. T. Lu

（1540）后河悬钩子 *Rubus houheensis* Y. Q. Wang et D. G. Zhang

（1541）湖南悬钩子 *Rubus hunanensis* Handel-Mazzetti

（1542）宜昌悬钩子 *Rubus ichangensis* Hemsley & Kuntze

（1543）白叶莓 *Rubus innominatus* S. Moore

（1544）无腺白叶莓 *Rubus innominatus* var. *kuntzeanus*（Hemsley）L. H. Bailey

（1545）红花悬钩子 *Rubus inopertus*（Focke）Focke

（1546）灰毛泡 *Rubus irenaeus* Focke

（1547）高粱泡 *Rubus lambertianus* Seringe

（1548）光滑高粱泡 *Rubus lambertianus* var. *glaber* Hemsley

（1549）绵果悬钩子 *Rubus lasiostylus* Focke

（1550）棠叶悬钩子 *Rubus malifolius* Focke

（1551）喜阴悬钩子 *Rubus mesogaeus* Focke

（1552）太平莓 *Rubus pacificus* Hance

（1553）乌泡子 *Rubus parkeri* Hance

（1554）茅莓 *Rubus parvifolius* Linnaeus

（1555）黄泡 *Rubus pectinellus* Maximowicz

（1556）盾叶莓 *Rubus peltatus* Maximowicz

（1557）多腺悬钩子 *Rubus phoenicolasius* Maximowicz

（1558）菰帽悬钩子 *Rubus pileatus* Focke

（1559）五叶鸡爪茶 *Rubus playfairianus* Hemsley ex Focke

（1560）针刺悬钩子 *Rubus pungens* Cambessedes

（1561）香莓 *Rubus pungens* var. *oldhamii*（Miquel）Maximowicz

（1562）锈毛莓 *Rubus reflexus* Ker Gawler

（1563）浅裂锈毛莓 *Rubus reflexus* var. *hui*（Diels ex Hu）F. P. Metcalf

（1564）长叶锈毛莓 *Rubus reflexus* var. *orogenes* Handel-Mazzetti

（1565）川莓 *Rubus setchuenensis* Bureau & Franchet

（1566）红腺悬钩子 *Rubus sumatranus* Miquel

（1567）木莓 *Rubus swinhoei* Hance

（1568）灰白毛莓 *Rubus tephrodes* Hance

（1569）三花悬钩子 *Rubus trianthus* Focke

（1570）红毛悬钩子 *Rubus wallichianus* Wight et Arnott

（1571）黄脉莓 *Rubus xanthoneurus* Focke

521. 地榆属 *Sanguisorba*

（1572）地榆 *Sanguisorba officinalis* Linnaeus

（1573）长叶地榆 *Sanguisorba officinalis* var. *longifolia* (Bertoloni) T. T. Yu & C. L. Li

522. 珍珠梅属 *Sorbaria*

（1574）高丛珍珠梅 *Sorbaria arborea* C. K. Schneider

523. 花楸属 *Sorbus*

（1575）水榆花楸 *Sorbus alnifolia* (Siebold et Zuccarini) K. Koch

（1576）美脉花楸 *Sorbus caloneura* (Stapf) Rehder

（1577）石灰花楸 *Sorbus folgneri* (C. K. Schneider) Rehder

（1578）齿叶石灰树 *Sorbus folgneri* var. *duplicatodentata* T. T. Yu & L. T. Lu

（1579）球穗花楸 *Sorbus glomerulata* Koehne

（1580）江南花楸 *Sorbus hemsleyi* (C. K. Schneider) Rehder

（1581）湖北花楸 *Sorbus hupehensis* C. K. Schneider

（1582）毛序花楸 *Sorbus keissleri* (C. K. Schneider) Rehder

（1583）大果花楸 *Sorbus megalocarpa* Rehder

（1584）华西花楸 *Sorbus wilsoniana* C. K. Schneider

524. 绣线菊属 *Spiraea*

（1585）绣球绣线菊 *Spiraea blumei* G. Don

（1586）麻叶绣线菊 *Spiraea cantoniensis* Loureiro

（1587）中华绣线菊 *Spiraea chinensis* Maximowicz

（1588）大叶华北绣线菊 *Spiraea fritschiana* var. *angulata* (Fritsch ex C. K. Schneider) Rehder

（1589）翠蓝绣线菊 *Spiraea henryi* Hemsley

（1590）疏毛绣线菊 *Spiraea hirsuta* (Hemsley) C. K. Schneide

（1591）绣线菊 *Spiraea japonica* Linnaeus

（1592）渐尖绣线菊 *Spiraea japonica* var. *acuminata* Franch.

（1593）光叶绣线菊 *Spiraea japonica* var. *fortunei* (Planchon) Rehd.

（1594）无毛绣线菊 *Spiraea japonica* var. *glabra* (Regel) Koidzumi

（1595）华西绣线菊 *Spiraea laeta* Rehder

（1596）无毛长蕊绣线菊 *Spiraea miyabei* var. *glabrata* Rehder

（1597）长蕊绣线菊 *Spiraea miyabei* Koidzumi

（1598）鄂西绣线菊 *Spiraea veitchii* Hemsley

525. 野珠兰属 *Stephanandra*

（1599）野珠兰 *Stephanandra chinensis* Hance

526. 红果树属 *Stranvaesia*

（1600）毛萼红果树 *Stranvaesia amphidoxa* C. K. Schneider

（1601）红果树 *Stranvaesia davidiana* Decaisne

（1602）波叶红果树 *Stranvaesia davidiana* var. *undulata* (Decaisne) Rehder et E. H. Wilson

九十九、胡颓子科 Elaeagnaceae

527. 胡颓子属 *Elaeagnus*

（1603）长叶胡颓子 *Elaeagnus bockii* Diels

（1604）巴东胡颓子 *Elaeagnus difficilis* Servettaz

（1605）蔓胡颓子 *Elaeagnus glabra* Thunberg

（1606）宜昌胡颓子 *Elaeagnus henryi* Warburg ex Diels

（1607）披针叶胡颓子 *Elaeagnus lanceolata* Warburg ex Diels

(1608) 银果牛奶子 *Elaeagnus magna* (Servettaz) Rehder
(1609) 木半夏 *Elaeagnus multiflora* Thunberg
(1610) 胡颓子 *Elaeagnus pungens* Thunberg
(1611) 星毛羊奶子 *Elaeagnus stellipila* Rehder
(1612) 牛奶子 *Elaeagnus umbellata* Thunberg

一百、鼠李科 Rhamnaceae

528. 勾儿茶属 *Berchemia*

(1613) 黄背勾儿茶 *Berchemia flavescens* (Wallich) Brongniart
(1614) 多花勾儿茶 *Berchemia floribunda* (Wallich) Brongniart
(1615) 光枝勾儿茶 *Berchemia polyphylla* var. *leioclada* (Handel-Mazzetti) Handel-Mazzetti

529. 小勾儿茶属 *Berchemiella*

(1616) 小勾儿茶 *Berchemiella wilsonii* (C. K. Schneider) Nakai

530. 裸芽鼠李属 *Frangula*

(1617) 长叶冻绿 *Frangula crenata* (Siebold et Zucc.) Miq.

531. 枳椇属 *Hovenia*

(1618) 枳椇 *Hovenia acerba* Lindley
(1619) 毛果枳椇 *Hovenia trichocarpa* Chun & Tsiang

532. 马甲子属 *Paliurus*

(1620) 铜钱树 *Paliurus hemsleyanus* Rehder ex Schirarend & Olabi
(1621) 马甲子 *Paliurus ramosissimus* (Loureiro) Poiret

533. 猫乳属 *Rhamnella*

(1622) 猫乳 *Rhamnella franguloides* (Maximowicz) Weberbauer
(1623) 毛背猫乳 *Rhamnella julianae* C. K. Schneider
(1624) 多脉猫乳 *Rhamnella martini* (H. Léveillé) C. K. Schneider

534. 鼠李属 *Rhamnus*

(1625) 圆叶鼠李 *Rhamnus globosa* Bunge
(1626) 亮叶鼠李 *Rhamnus hemsleyana* C. K. Schneider
(1627) 异叶鼠李 *Rhamnus heterophylla* Oliver
(1628) 湖北鼠李 *Rhamnus hupehensis* C. K. Schneider
(1629) 钩齿鼠李 *Rhamnus lamprophylla* C. K. Schneider
(1630) 薄叶鼠李 *Rhamnus leptophylla* C. K. Schneider
(1631) 尼泊尔鼠李 *Rhamnus napalensis* (Wallich) M. A. Lawson
(1632) 小冻绿树 *Rhamnus rosthornii* E. Pritzel
(1633) 皱叶鼠李 *Rhamnus rugulosa* Hemsley
(1634) 冻绿 *Rhamnus utilis* Decaisne
(1635) 山鼠李 *Rhamnus wilsonii* C. K. Schneider

535. 雀梅藤属 *Sageretia*

(1636) 钩枝雀梅藤 *Sageretia hamosa* (Wallich) Brongniart
(1637) 梗花雀梅藤 *Sageretia henryi* J. R. Drummond & Sprague
(1638) 亮叶雀梅藤 *Sageretia lucida* Merrill
(1639) 刺藤子 *Sageretia melliana* Handel-Mazzetti
(1640) 皱叶雀梅藤 *Sageretia rugosa* Hance

（1641）尾叶雀梅藤 *Sageretia subcaudata* C. K. Schneider

536. 枣属 *Ziziphus*

（1642）枣 *Ziziphus jujuba* Miller

一百〇一、榆科 Ulmaceae

537. 榆属 *Ulmus*

（1643）兴山榆 *Ulmus bergmanniana* C. K. Schneider

（1644）多脉榆 *Ulmus castaneifolia* Hemsley

（1645）杭州榆 *Ulmus changii* Cheng

（1646）春榆 *Ulmus davidiana* var. *japonica* (Rehder) Nakai

（1647）榔榆 *Ulmus parvifolia* Jacquin

（1648）李叶榆 *Ulmus prunifolia* W. C. Cheng et L. K. Fu

（1649）榆树 *Ulmus pumila* Linnaeus

538. 榉属 *Zelkova*

（1650）大叶榉树 *Zelkova schneideriana* Handel-Mazzetti

（1651）榉树 *Zelkova serrata* (Thunberg) Makino

一百〇二、大麻科 Cannabaceae

539. 糙叶树属 *Aphananthe*

（1652）糙叶树 *Aphananthe aspera* (Thunb.) Planch.

540. 大麻属 *Cannabis*

（1653）大麻 *Cannabis sativa* Linnaeus

541. 朴属 *Celtis*

（1654）紫弹树 *Celtis biondii* Pampanini

（1655）黑弹树 *Celtis bungeana* Blume

（1656）小果朴 *Celtis cerasifera* C. K. Schneider

（1657）珊瑚朴 *Celtis julianae* C. K. Schneider

（1658）朴树 *Celtis sinensis* Persoon

（1659）西川朴 *Celtis vandervoetiana* C. K. Schneider

542. 葎草属 *Humulus*

（1660）葎草 *Humulus scandens* (Loureiro) Merrill

543. 青檀属 *Pteroceltis*

（1661）青檀 *Pteroceltis tatarinowii* Maximowicz

544. 山黄麻属 *Trema*

（1662）山油麻 *Trema cannabina* var. *dielsiana* (Hand.-Mazz.) C. J. Chen

一百〇三、桑科 Moraceae

545. 构属 *Broussonetia*

（1663）藤构 *Broussonetia kaempferi* var. *australis* Suzuki

（1664）楮 *Broussonetia kazinoki* Siebold

（1665）构树 *Broussonetia papyrifera* (Linnaeus) L'Héritier ex Ventenat

546. 水蛇麻属 *Fatoua*

（1666）水蛇麻 *Fatoua villosa* (Thunberg) Nakai

547. 榕属 *Ficus*

（1667）无花果 *Ficus carica* Linnaeus

(1668) 印度榕 *Ficus elastica* Roxburgh

(1669) 冠毛榕 *Ficus gaspariniana* Miquel

(1670) 尖叶榕 *Ficus henryi* Warburg ex Diels

(1671) 异叶榕 *Ficus heteromorpha* Hemsley

(1672) 薜荔 *Ficus pumila* Linnaeus

(1673) 尾尖爬藤榕 *Ficus sarmentosa* var. *lacrymans* (H. Leveille) Corner

(1674) 珍珠莲 *Ficus sarmentosa* var. *henryi* (King ex Oliver) Corner

(1675) 爬藤榕 *Ficus sarmentosa* var. *impressa* (Champion ex Bentham) Corner

(1676) 长柄爬藤榕 *Ficus sarmentosa* var. *luducca* (Roxburgh) Corner

(1677) 地果 *Ficus tikoua* Bureau

(1678) 岩木瓜 *Ficus tsiangii* Merrill ex Corner

(1679) 黄葛树 *Ficus virens* Aiton

548. 橙桑属 *Maclura*

(1680) 构棘 *Maclura cochinchinensis* (Loureiro) Corner

(1681) 柘 *Maclura tricuspidata* Carriere

549. 桑属 *Morus*

(1682) 桑 *Morus alba* Linnaeus

(1683) 鸡桑 *Morus australis* Poiret

(1684) 华桑 *Morus cathayana* Hemsley

(1685) 蒙桑 *Morus mongolica* (Bureau) C. K. Schneider

一百〇四、荨麻科 Urticaceae

550. 苎麻属 *Boehmeria*

(1686) 序叶苎麻 *Boehmeria clidemioides* var. *diffusa* (Weddell) Handel-Mazzetti

(1687) 密球苎麻 *Boehmeria densiglomerata* W. T. Wang

(1688) 野线麻 *Boehmeria japonica* (Linnaeus f.) Miquel

(1689) 苎麻 *Boehmeria nivea* (Linnaeus) Gaudichaud-Beaupré

(1690) 八角麻 *Boehmeria platanifolia* Franchet & Savatier

(1691) 赤麻 *Boehmeria silvestrii* (Pampanini) W. T. Wang

(1692) 小赤麻 *Boehmeria spicata* (Thunberg) Thunberg

551. 微柱麻属 *Chamabainia*

(1693) 微柱麻 *Chamabainia cuspidata* Wight

552. 水麻属 *Debregeasia*

(1694) 水麻 *Debregeasia orientalis* C. J. Chen

553. 楼梯草属 *Elatostema*

(1695) 短齿楼梯草 *Elatostema brachyodontum* (Handel-Mazzetti) W. T. Wang

(1696) 骤尖楼梯草 *Elatostema cuspidatum* Wight

(1697) 锐齿楼梯草 *Elatostema cyrtandrifolium* (Zollinger et Moritzi) Miquel

(1698) 梨序楼梯草 *Elatostema ficoides* Weddell

(1699) 宜昌楼梯草 *Elatostema ichangense* H. Schroeter

(1700) 楼梯草 *Elatostema involucratum* Franchet et Savatier

(1701) 南川楼梯草 *Elatostema nanchuanense* W. T. Wang

(1702) 托叶楼梯草 *Elatostema nasutum* J. D. Hooker

(1703) 长圆楼梯草 *Elatostema oblongifolium* Fu ex W. T. Wang

(1704) 钝叶楼梯草 *Elatostema obtusum* Weddell

(1705) 密齿楼梯草 *Elatostema pycnodontum* W. T. Wang

(1706) 对叶楼梯草 *Elatostema sinense* H. Schroeter

(1707) 庐山楼梯草 *Elatostema stewardii* Merrill

(1708) 条叶楼梯草 *Elatostema sublineare* W. T. Wang

554. 蝎子草属 *Girardinia*

(1709) 大蝎子草 *Girardinia diversifolia* (Link) Friis

(1710) 红火麻 *Girardinia diversifolia* subsp. *triloba* (C. J. Chen) C. J. Chen & Friis

555. 糯米团属 *Gonostegia*

(1711) 糯米团 *Gonostegia hirta* (Blume ex Hasskarl) Miquel

556. 艾麻属 *Laportea*

(1712) 珠芽艾麻 *Laportea bulbifera* (Siebold & Zuccarini) Weddell

(1713) 艾麻 *Laportea cuspidata* (Weddell) Friis

557. 假楼梯草属 *Lecanthus*

(1714) 假楼梯草 *Lecanthus peduncularis* (Wallich ex Royle) Weddell

558. 花点草属 *Nanocnide*

(1715) 花点草 *Nanocnide japonica* Blume

(1716) 毛花点草 *Nanocnide lobata* Weddell

559. 紫麻属 *Oreocnide*

(1717) 紫麻 *Oreocnide frutescens* (Thunberg) Miquel

560. 赤车属 *Pellionia*

(1718) 赤车 *Pellionia radicans* (Siebold & Zuccarini) Weddell

(1719) 曲毛赤车 *Pellionia retrohispida* W. T. Wang

(1720) 蔓赤车 *Pellionia scabra* Bentham

561. 冷水花属 *Pilea*

(1721) 华中冷水花 *Pilea angulata* subsp. *latiuscula* C. J. Chen

(1722) 花叶冷水花 *Pilea cadierei* Gagnepain & Guillemin

(1723) 石油菜 *Pilea cavaleriei* H. Leveille

(1724) 疣果冷水花 *Pilea gracilis* Handel-Mazzetti

(1725) 山冷水花 *Pilea japonica* (Maximovicz) Handel-Mazzetti

(1726) 大叶冷水花 *Pilea martini* (H. Léveillé) Handel-Mazzetti

(1727) 念珠冷水花 *Pilea monilifera* Handel-Mazzetti

(1728) 冷水花 *Pilea notata* C. H. Wright

(1729) 苔水花 *Pilea peploides* (Gaudichaud-Beaupre) W. J. Hooker et Arnott

(1730) 石筋草 *Pilea plataniflora* C. H. Wright

(1731) 透茎冷水花 *Pilea pumila* (Linn.) A. Gray

(1732) 红花冷水花 *Pilea rubriflora* C. H. Wright

(1733) 粗齿冷水花 *Pilea sinofasciata* C. J. Chen

(1734) 玻璃草 *Pilea swinglei* Merrill

562. 雾水葛属 *Pouzolzia*

(1735) 雾水葛 *Pouzolzia zeylanica* (Linnaeus) Bennett

563. 荨麻属 *Urtica*

(1736) 荨麻 *Urtica fissa* E. Pritzel

(1737) 宽叶荨麻 *Urtica laetevirens* Maximowicz

一百〇五、壳斗科 Fagaceae

564. 栗属 *Castanea*

(1738) 锥栗 *Castanea henryi* (Skan) Rehder & E. H. Wilson

(1739) 栗 *Castanea mollissima* Blume

(1740) 茅栗 *Castanea seguinii* Dode

565. 锥属 *Castanopsis*

(1741) 甜槠 *Castanopsis eyrei* (Champion ex Bentham) Tutcher

(1742) 栲 *Castanopsis fargesii* Franchet

(1743) 湖北锥 *Castanopsis hupehensis* C. S. Chao

(1744) 苦槠 *Castanopsis sclerophylla* (Lindley & Paxton) Schottky

(1745) 钩锥 *Castanopsis tibetana* Hance

566. 青冈属 *Cyclobalanopsis*

(1746) 毛曼青冈 *Cyclobalanopsis gambleana* (A. Camus) Y. C. Hsu et H. W. Jen

(1747) 青冈 *Cyclobalanopsis glauca* (Thunberg) Oersted

(1748) 细叶青冈 *Cyclobalanopsis gracilis* (Rehder & E. H. Wilson) W. C. Cheng & T. Hong

(1749) 多脉青冈 *Cyclobalanopsis multinervis* W. C. Cheng & T. Hong

(1750) 小叶青冈 *Cyclobalanopsis myrsinifolia* (Blume) Oersted

(1751) 宁冈青冈 *Cyclobalanopsis ningangensis* Cheng et Y. C. Hsu

(1752) 曼青冈 *Cyclobalanopsis oxyodon* (Miquel) Oersted

(1753) 云山青冈 *Cyclobalanopsis sessilifolia* (Blume) Schottky

567. 水青冈属 *Fagus*

(1754) 米心水青冈 *Fagus engleriana* Seemen

(1755) 台湾水青冈 *Fagus hayatae* Palibin

(1756) 水青冈 *Fagus longipetiolata* Seemen

568. 柯属 *Lithocarpus*

(1757) 岭南柯 *Lithocarpus brevicaudatus* (Skan) Hayata

(1758) 包槲柯 *Lithocarpus cleistocarpus* (Seemen) Rehder et E. H. Wilson

(1759) 枇杷叶柯 *Lithocarpus eriobotryoides* C. C. Huang & Y. T. Chang

(1760) 硬壳柯 *Lithocarpus hancei* (Bentham) Rehder

(1761) 绵柯 *Lithocarpus henryi* (Seemen) Rehder et E. H. Wilson

(1762) 圆锥柯 *Lithocarpus paniculatus* Handel-Mazzetti

569. 栎属 *Quercus*

(1763) 岩栎 *Quercus acrodonta* Seemen

(1764) 麻栎 *Quercus acutissima* Carruthers

(1765) 锐齿槲栎 *Quercus aliena* var. *acutiserrata* Maximowicz ex Wenzig

(1766) 槲栎 *Quercus aliena* Blume

(1767) 匙叶栎 *Quercus dolicholepis* . Camus

(1768) 巴东栎 *Quercus engleriana* Seemen

(1769) 白栎 *Quercus fabri* Hance

（1770）乌冈栎 *Quercus phillyreoides* A. Gray

（1771）枹栎 *Quercus serrata* Murray

（1772）红栎 *Quercus* sp.

（1773）刺叶高山栎 *Quercus spinosa* David ex Franchet

（1774）栓皮栎 *Quercus variabilis* Blume

一百〇六、杨梅科 Myricaceae

570. 杨梅属 *Myrica*

（1775）杨梅 *Myrica rubra* Siebold et Zuccarini

一百〇七、胡桃科 Juglandaceae

571. 青钱柳属 *Cyclocarya*

（1776）青钱柳 *Cyclocarya paliurus*（Batalin）Iljinskaya

572. 黄杞属 *Engelhardia*

（1777）黄杞 *Engelhardia roxburghiana* Wallich

573. 胡桃属 *Juglans*

（1778）胡桃楸 *Juglans mandshurica* Maximowicz

（1779）胡桃 *Juglans regia* Linnaeus

574. 化香树属 *Platycarya*

（1780）化香树 *Platycarya strobilacea* Siebold & Zuccarini

575. 枫杨属 *Pterocarya*

（1781）湖北枫杨 *Pterocarya hupehensis* Skan

（1782）华西枫杨 *Pterocarya macroptera* var. *insignis*（Rehder & E. H. Wilson）W. E. Manning

（1783）枫杨 *Pterocarya stenoptera* C. de Candolle

一百〇八、桦木科 Betulaceae

576. 桤木属 *Alnus*

（1784）桤木 *Alnus cremastogyne* Burkill

577. 桦木属 *Betula*

（1785）红桦 *Betula albosinensis* Burkill

（1786）坚桦 *Betula chinensis* Maximowicz

（1787）狭翅桦 *Betula fargesii* Franchet

（1788）香桦 *Betula insignis* Franchet

（1789）亮叶桦 *Betula luminifera* H. Winkler

（1790）糙皮桦 *Betula utilis* D. Don

578. 鹅耳枥属 *Carpinus*

（1791）华千金榆 *Carpinus cordata* var. *chinensis* Franchet

（1792）大庸鹅耳枥 *Carpinus dayongina* K. W. Liu & Q. Z. Lin

（1793）川陕鹅耳枥 *Carpinus fargesiana* H. Winkler

（1794）川鄂鹅耳枥 *Carpinus henryana*（H. Winkler）H. Winkler

（1795）湖北鹅耳枥 *Carpinus hupeana* Hu

（1796）峨眉鹅耳枥 *Carpinus omeiensis* Hu & Fang

（1797）多脉鹅耳枥 *Carpinus polyneura* Franchet

（1798）云贵鹅耳枥 *Carpinus pubescens* Burkill

（1799）小叶鹅耳枥 *Carpinus stipulata* H. Winkler

(1800) 昌化鹅耳枥 *Carpinus tschonoskii* Maximowicz

(1801) 雷公鹅耳枥 *Carpinus viminea* Lindley

579. 榛属 *Corylus*

(1802) 华榛 *Corylus chinensis* Franchet

(1803) 藏刺榛 *Corylus ferox* var. *thibetica* (Batalin) Franchet

(1804) 川榛 *Corylus heterophylla* var. *sutchuanensis* Franchet

580. 铁木属 *Ostrya*

(1805) 多脉铁木 *Ostrya multinervis* Rehder

一百〇九、马桑科 Coriariaceae

581. 马桑属 *Coriaria*

(1806) 马桑 *Coriaria nepalensis* Wallich

一百一十、葫芦科 Cucurbitaceae

582. 冬瓜属 *Benincasa*

(1807) 冬瓜 *Benincasa hispida* (Thunberg) Cogniaux

583. 西瓜属 *Citrullus*

(1808) 西瓜 *Citrullus lanatus* (Thunberg) Matsumura et Nakai

584. 黄瓜属 *Cucumis*

(1809) 甜瓜 *Cucumis melo* Linnaeus

(1810) 黄瓜 *Cucumis sativus* Linnaeus

585. 南瓜属 *Cucurbita*

(1811) 南瓜 *Cucurbita moschata* Duchesne

(1812) 西葫芦 *Cucurbita pepo* Linnaeus

586. 绞股蓝属 *Gynostemma*

(1813) 光叶绞股蓝 *Gynostemma laxum* (Wallich) Cogniaux

(1814) 绞股蓝 *Gynostemma pentaphyllum* (Thunberg) Makino

(1815) 五柱绞股蓝 *Gynostemma pentagynum* Z. P. Wang

587. 雪胆属 *Hemsleya*

(1816) 雪胆 *Hemsleya chinensis* Cogniaux ex F. B. Forbes & Hemsley

(1817) 马铜铃 *Hemsleya graciliflora* (Harms) Cogniaux

588. 葫芦属 *Lagenaria*

(1818) 葫芦 *Lagenaria siceraria* (Molina) Standley

589. 丝瓜属 *Luffa*

(1819) 广东丝瓜 *Luffa acutangula* (Linnaeus) Roxburgh

(1820) 丝瓜 *Luffa aegyptiaca* Miller

590. 苦瓜属 *Momordica*

(1821) 苦瓜 *Momordica charantia* Linnaeus

(1822) 木鳖子 *Momordica cochinchinensis* (Loureiro) Sprengel

591. 佛手瓜属 *Sechium*

(1823) 佛手瓜 *Sechium edule* (Jacquin) Swartz

592. 裂瓜属 *Schizopepon*

(1824) 湖北裂瓜 *Schizopepon dioicus* Cogniaux ex Oliver

593. 赤瓟属 *Thladiantha*

（1825）皱果赤瓟 *Thladiantha henryi* Hemsley

（1826）异叶赤瓟 *Thladiantha hookeri* C. B. Clarke

（1827）长叶赤瓟 *Thladiantha longifolia* Cogniaux ex Oliver

（1828）南赤瓟 *Thladiantha nudiflora* Hemsley

（1829）鄂赤瓟 *Thladiantha oliveri* Cogniaux ex Mottet

（1830）长毛赤瓟 *Thladiantha villosula* Cogniaux

594. 栝楼属 *Trichosanthes*

（1831）王瓜 *Trichosanthes cucumeroides* （Seringe） Maximowicz

（1832）栝楼 *Trichosanthes kirilowii* Maximowicz

（1833）长萼栝楼 *Trichosanthes laceribractea* Hayata

（1834）中华栝楼 *Trichosanthes rosthornii* Harms

595. 马㼎儿属 *Zehneria*

（1835）钮子瓜 *Zehneria bodinieri* （H. Leveille） W. J. de Wilde et Duyfjes

（1836）马㼎儿 *Zehneria japonica* （Thunberg） H. Y. Liu

一百一十一、秋海棠科 Begoniaceae

596. 秋海棠属 *Begonia*

（1837）秋海棠 *Begonia grandis* Dryander

（1838）中华秋海棠 *Begonia grandis* subsp. *sinensis* （A. Candolle） Irmscher

（1839）掌裂秋海棠 *Begonia pedatifida* H. Léveillé

一百一十二、卫矛科 Celastraceae

597. 南蛇藤属 *Celastrus*

（1840）苦皮藤 *Celastrus angulatus* Maximowicz

（1841）大芽南蛇藤 *Celastrus gemmatus* Loesener

（1842）灰叶南蛇藤 *Celastrus glaucophyllus* Rehder & E. H. Wilson

（1843）青江藤 *Celastrus hindsii* Bentham

（1844）粉背南蛇藤 *Celastrus hypoleucus* （Oliver） Warburg ex Loesener

（1845）南蛇藤 *Celastrus orbiculatus* Thunberg

（1846）短梗南蛇藤 *Celastrus rosthornianus* Loesener

（1847）皱叶南蛇藤 *Celastrus rugosus* Rehder et E. H. Wilson

（1848）长序南蛇藤 *Celastrus vaniotii* （H. Léveillé） Rehder

598. 卫矛属 *Euonymus*

（1849）刺果卫矛 *Euonymus acanthocarpus* Franchet

（1850）小千金 *Euonymus aculeatus* Hemsley

（1851）卫矛 *Euonymus alatus* （Thunberg） Siebold

（1852）百齿卫矛 *Euonymus centidens* H. Leveille

（1853）角翅卫矛 *Euonymus cornutus* Hemsley

（1854）裂果卫矛 *Euonymus dielsianus* Loesener ex Diels

（1855）双歧卫矛 *Euonymus distichus* H. Léveillé

（1856）棘刺卫矛 *Euonymus echinatus* Wallich

（1857）鸦椿卫矛 *Euonymus euscaphis* Handel-Mazzetti

（1858）扶芳藤 *Euonymus fortunei* （Turczaninow） Handel-Mazzetti

（1859）纤齿卫矛 *Euonymus giraldii* Loesener

（1860）西南卫矛 *Euonymus hamiltonianus* Wallich

（1861）湖北卫矛 *Euonymus hupehensis* (Loesener) Loesener

（1862）冬青卫矛 *Euonymus japonicus* Thunberg

（1863）小果卫矛 *Euonymus microcarpus* (Oliver ex Loesener) Sprague

（1864）大果卫矛 *Euonymus myrianthus* Hemsley

（1865）中华卫矛 *Euonymus nitidus* Bentham

（1866）矩叶卫矛 *Euonymus oblongifolius* Loesener & Rehder

（1867）栓翅卫矛 *Euonymus phellomanus* Loesener

（1868）石枣子 *Euonymus sanguineus* Loesener

（1869）曲脉卫矛 *Euonymus venosus* Hemsley

599. 梅花草属 *Parnassia*

（1870）突隔梅花草 *Parnassia delavayi* Franchet

（1871）宽叶梅花草 *Parnassia dilatata* Handel-Mazzetti

（1872）鸡肫草 *Parnassia wightiana* Wallich ex Wight et Arnott

600. 雷公藤属 *Tripterygium*

（1873）雷公藤 *Tripterygium* wilfordii J. D. Hooker

一百一十三、酢浆草科 Oxalidaceae

601. 酢浆草属 *Oxalis*

（1874）酢浆草 *Oxalis corniculata* Linnaeus

（1875）红花酢浆草 *Oxalis corymbosa* Candolle

（1876）山酢浆草 *Oxalis griffithii* Edgeworth & J. D. Hooker

（1877）紫叶酢浆草 *Oxalis triangularis* subsp. *papilionacea* (Hoffmanns ex Zuccarini) Lourteig

（1878）武陵酢浆草 *Oxalis wulingensis* T. Deng，D. G. Zhang & Z. L. Nie

一百一十四、杜英科 Elaeocarpaceae

602. 杜英属 *Elaeocarpus*

（1879）秃瓣杜英 *Elaeocarpus glabripetalus* Merrill

（1880）棱枝杜英 *Elaeocarpus glabripetalus* var. *alatus* (Kunth) Hung T. Chang

（1881）薯豆 *Elaeocarpus japonicus* Siebold & Zuccarini

603. 猴欢喜属 *Sloanea*

（1882）仿栗 *Sloanea hemsleyana* (T. Itô) Rehder & E. H. Wilson

（1883）猴欢喜 *Sloanea sinensis* (Hance) Hemsley

一百一十五、大戟科 Euphorbiaceae

604. 铁苋菜属 *Acalypha*

（1884）铁苋菜 *Acalypha australis* Linnaeus

（1885）裂苞铁苋菜 *Acalypha supera* Forsskal

605. 山麻秆属 *Alchornea*

（1886）山麻杆 *Alchornea davidii* Franchet

（1887）红背山麻杆 *Alchornea trewioides* (Bentham) Muller Argoviensis

606. 丹麻秆属 *Discocleidion*

（1888）毛丹麻秆 *Discocleidion rufescens* (Franchet) Pax et K. Hoffmann

607. 大戟属 *Euphorbia*

(1889) 乳浆大戟 *Euphorbia esula* Linnaeus

(1890) 泽漆 *Euphorbia helioscopia* Linnaeus

(1891) 长圆叶大戟 *Euphorbia henryi* Hemsley

(1892) 地锦草 *Euphorbia humifusa* Willdenow

(1893) 壶瓶山大戟 *Euphorbia hupingshanensis* D. G. Zhang

(1894) 湖北大戟 *Euphorbia hylonoma* Handel-Mazzetti

(1895) 通奶草 *Euphorbia hypericifolia* Linnaeus

(1896) 续随子 *Euphorbia lathyris* Linnaeus

(1897) 斑地锦 *Euphorbia maculata* Linnaeus

(1898) 大戟 *Euphorbia pekinensis* Ruprecht

(1899) 钩腺大戟 *Euphorbia sieboldiana* C. Morren et Decaisne

(1900) 千根草 *Euphorbia thymifolia* Linnaeus

608. 野桐属 *Mallotus*

(1901) 白背叶 *Mallotus apelta* (Loureiro) Müller Argoviensis

(1902) 毛桐 *Mallotus barbatus* Muller Argoviensis

(1903) 野梧桐 *Mallotus japonicus* (Linnaeus f.) Müller Argoviensis

(1904) 东南野桐 *Mallotus lianus* Croizat

(1905) 粗糠柴 *Mallotus philippensis* (Lamarck) Müller Argoviensis

(1906) 杠香藤 *Mallotus repandus* var. *chrysocarpus* (Pampanini) S. M. Hwang

(1907) 野桐 *Mallotus tenuifolius* Pax

609. 山靛属 *Mercurialis*

(1908) 山靛 *Mercurialis leiocarpa* Siebold et Zuccarini

610. 蓖麻属 *Ricinus*

(1909) 蓖麻 *Ricinus communis* Linnaeus

611. 地构叶属 *Speranskia*

(1910) 广东地构叶 *Speranskia cantonensis* (Hance) Pax et K. Hoffmann

612. 乌桕属 *Triadica*

(1911) 山乌桕 *Triadica cochinchinensis* Loureiro

(1912) 乌桕 *Triadica sebifera* (Linnaeus) Small

613. 油桐属 *Vernicia*

(1913) 油桐 *Vernicia fordii* (Hemsley) Airy Shaw

一百一十六、叶下珠科 Phyllanthaceae

614. 五月茶属 *Antidesma*

(1914) 日本五月茶 *Antidesma japonicum* Siebold et Zuccarini

615. 秋枫属 *Bischofia*

(1915) 秋枫 *Bischofia javanica* Blume

(1916) 重阳木 *Bischofia polycarpa* (H. Leveille) Airy Shaw

616. 白饭树属 *Flueggea*

(1917) 一叶萩 *Flueggea suffruticosa* (Pallas) Baillon

617. 算盘子属 *Glochidion*

(1918) 革叶算盘子 *Glochidion daltonii* (Muller Argoviensis) Kurz

（1919）算盘子 *Glochidion puberum* (Linnaeus) Hutchinson

（1920）湖北算盘子 *Glochidion wilsonii* Hutchinson

618. 雀舌木属 *Leptopus*

（1921）雀儿舌头 *Leptopus chinensis* (Bunge) Pojarkova

619. 叶下珠属 *Phyllanthus*

（1922）落萼叶下珠 *Phyllanthus flexuosus* (Siebold et Zuccarini) Muller Argoviensis

（1923）叶下珠 *Phyllanthus urinaria* Linnaeus

（1924）黄珠子草 *Phyllanthus virgatus* G. Forster

620. 守宫木属 *Sauropus*

（1925）苍叶守宫木 *Sauropus garrettii* Craib

一百一十七、杨柳科 Salicaceae

621. 山羊角树属 *Carrierea*

（1926）山羊角树 *Carrierea calycina* Franchet

622. 山桐子属 *Idesia*

（1927）山桐子 *Idesia polycarpa* Maximowicz

（1928）毛叶山桐子 *Idesia polycarpa* var. *vestita* Diels

623. 山拐枣属 *Poliothyrsis*

（1929）山拐枣 *Poliothyrsis sinensis* Oliver

624. 杨属 *Populus*

（1930）加杨 *Populus × canadensis* Moench

（1931）响叶杨 *Populus adenopoda* Maximowicz

（1932）大叶杨 *Populus lasiocarpa* Olivier

（1933）小叶杨 *Populus simonii* Carrière

（1934）椅杨 *Populus wilsonii* C. K. Schneider

625. 柳属 *Salix*

（1935）垂柳 *Salix babylonica* Linnaeus

（1936）中华柳 *Salix cathayana* Diels

（1937）腺柳 *Salix chaenomeloides* Kimura

（1938）川鄂柳 *Salix fargesii* Burkill

（1939）甘肃柳 *Salix fargesii* var. *kansuensis* (Hao) N. Chao

（1940）紫枝柳 *Salix heterochroma* Seemen

（1941）旱柳 *Salix matsudana* Koidzumi

（1942）兴山柳 *Salix mictotricha* C. K. Schneider

（1943）纤柳 *Salix phaidima* C. K. Schneider

（1944）多枝柳 *Salix polyclona* C. K. Schneider

（1945）草地柳 *Salix praticola* Handel-Mazzetti ex Enander

（1946）南川柳 *Salix rosthornii* Seemen

（1947）红皮柳 *Salix sinopurpurea* C. Wang et Chang Y. Yang

（1948）皂柳 *Salix wallichiana* Andersson

（1949）绒毛皂柳 *Salix wallichiana* var. *pachyclada* (H. Leveille & Vaniot) C. Wang & C. F. Fang

(1950) 紫柳 *Salix wilsonii* Seemen ex Diels

626. 柞木属 *Xylosma*

(1951) 柞木 *Xylosma congesta* (Loureiro) Merrill

一百一十八、堇菜科 **Violaceae**

627. 堇菜属 *Viola*

(1952) 鸡腿堇菜 *Viola acuminata* Ledebour

(1953) 如意草 *Viola arcuata* Blume

(1954) 戟叶堇菜 *Viola betonicifolia* Smith

(1955) 双叶堇菜 *Viola szetschwanensis* W. Becker & H. Boissieu

(1956) 球果堇菜 *Viola collina* Besser

(1957) 深圆齿堇菜 *Viola davidii* Franchet

(1958) 七星莲 *Viola diffusa* Gingins

(1959) 柔毛堇菜 *Viola fargesii* H. Boissieu

(1960) 紫花堇菜 *Viola grypoceras* A. Gray

(1961) 巫山堇菜 *Viola henryi* H. Boissieu

(1962) 长萼堇菜 *Viola inconspicua* Blume

(1963) 犁头叶堇菜 *Viola magnifica* C. J. Wang ex X. D. Wang

(1964) 蒙古堇菜 *Viola mongolica* Franchet

(1965) 萱 *Viola moupinensis* Franchet

(1966) 紫花地丁 *Viola philippica* Cavanilles

(1967) 早开堇菜 *Viola prionantha* Bunge

(1968) 深山堇菜 *Viola selkirkii* Pursh ex Goldie

(1969) 庐山堇菜 *Viola stewardiana* W. Becker

(1970) 三色堇 *Viola tricolor* Linnaeus

(1971) 斑叶堇菜 *Viola variegata* Fischer ex Link

(1972) 心叶堇菜 *Viola yunnanfuensis* W. Becker

一百一十九、亚麻科 **Linaceae**

628. 亚麻属 *Linum*

(1973) 亚麻 *Linum usitatissimum* Linnaeus

一百二十、金丝桃科 **Hypericaceae**

629. 金丝桃属 *Hypericum*

(1974) 黄海棠 *Hypericum ascyron* Linnaeus

(1975) 挺茎遍地金 *Hypericum elodeoides* Choisy

(1976) 小连翘 *Hypericum erectum* Thunberg

(1977) 地耳草 *Hypericum japonicum* Thunberg

(1978) 长柱金丝桃 *Hypericum longistylum* Oliver

(1979) 金丝桃 *Hypericum monogynum* Linnaeus

(1980) 金丝梅 *Hypericum patulum* Thunberg

(1981) 贯叶连翘 *Hypericum perforatum* Linnaeus

(1982) 元宝草 *Hypericum sampsonii* Hance

(1983) 川鄂金丝桃 *Hypericum wilsonii* N. Robson

一百二十一、牻牛儿苗科 Geraniaceae

630. 老鹳草属 *Geranium*

(1984) 野老鹳草 *Geranium carolinianum* Linnaeus

(1985) 尼泊尔老鹳草 *Geranium nepalense* Sweet

(1986) 汉荭鱼腥草 *Geranium robertianum* Linnaeus

(1987) 湖北老鹳草 *Geranium rosthornii* R. Knuth

(1988) 鼠掌老鹳草 *Geranium sibiricum* Linnaeus

(1989) 老鹳草 *Geranium wilfordii* Maximowicz

631. 天竺葵属 *Pelargonium*

(1990) 天竺葵 *Pelargonium hortorum* Bailey

一百二十二、千屈菜科 Lythraceae

632. 水苋菜属 *Ammannia*

(1991) 水苋菜 *Ammannia baccifera* Linnaeus

633. 紫薇属 *Lagerstroemia*

(1992) 尾叶紫薇 *Lagerstroemia caudata* Chun et F. C. How ex S. K. Lee et L. F. Lau

(1993) 川黔紫薇 *Lagerstroemia excelsa* (Dode) Chun ex S. K. Lee et L. F. Lau

(1994) 紫薇 *Lagerstroemia indica* Linnaeus

(1995) 南紫薇 *Lagerstroemia subcostata* Koehne

634. 千屈菜属 *Lythrum*

(1996) 千屈菜 *Lythrum salicaria* Linnaeus

635. 石榴属 *Punica*

(1997) 石榴 *Punica granatum* Linnaeus

636. 节节菜属 *Rotala*

(1998) 节节菜 *Rotala indica* (Willdenow) Koehne

(1999) 圆叶节节菜 *Rotala rotundifolia* (Buchanan-Hamilton ex Roxburgh) Koehne

637. 菱属 *Trapa*

(2000) 欧菱 *Trapa natans* Linnaeus

一百二十三、柳叶菜科 Onagraceae

638. 露珠草属 *Circaea*

(2001) 露珠草 *Circaea cordata* Royle

(2002) 谷蓼 *Circaea erubescens* Franchet & Savatier

(2003) 南方露珠草 *Circaea mollis* Siebold & Zuccarini

639. 柳叶菜属 *Epilobium*

(2004) 毛脉柳叶菜 *Epilobium amurense* Haussknecht

(2005) 光滑柳叶菜 *Epilobium amurense* subsp. *cephalostigma* (Haussknecht) C. J. Chen et al.

(2006) 柳叶菜 *Epilobium hirsutum* Linnaeus

(2007) 小花柳叶菜 *Epilobium parviflorum* Schreber

(2008) 阔柱柳叶菜 *Epilobium platystigmatosum* C. Robinson

(2009) 长籽柳叶菜 *Epilobium pyrricholophum* Franchet & Savatier

(2010) 中华柳叶菜 *Epilobium sinense* H. Léveillé

(2011) 后河柳叶菜 *Epilobium verticillaris* W. X. Wang et Y. S. Fu

640. 倒挂金钟属 *Fuchsia*

(2012) 倒挂金钟 *Fuchsia hybrida* Hort. ex Sieb. et Voss.

641. 丁香蓼属 *Ludwigia*

(2013) 假柳叶菜 *Ludwigia epilobioides* Maximowicz

642. 月见草属 *Oenothera*

(2014) 待宵草 *Oenothera stricta* Ledebour ex Link

一百二十四、桃金娘科 Myrtaceae

643. 赤楠属 *Syzygium*

(2015) 赤楠 *Syzygium buxifolium* Hooker & Arnott

(2016) 贵州蒲桃 *Syzygium handelii* Merrill & L. M. Perry

(2017) 四川蒲桃 *Syzygium sichuanense* Hung T. Chang & R. H. Miao

一百二十五、野牡丹科 Melastomataceae

644. 肉穗草属 *Sarcopyramis*

(2018) 楮头红 *Sarcopyramis napalensis* Wallich

645. 金锦香属 *Osbeckia*

(2019) 星毛金锦香 *Osbeckia stellata* Buchanan-Hamilton ex Ker Gawler

一百二十六、省沽油科 Staphyleaceae

646. 野鸦椿属 *Euscaphis*

(2020) 野鸦椿 *Euscaphis japonica* (Thunberg) Kanitz

647. 省沽油属 *Staphylea*

(2021) 膀胱果 *Staphylea holocarpa* Hemsley

(2022) 玫红省沽油 *Staphylea holocarpa* var. *rosea* Rehder & E. H. Wilson

648. 山香圆属 *Turpinia*

(2023) 硬毛山香圆 *Turpinia affinis* Merrill et L. M. Perry

(2024) 锐尖山香圆 *Turpinia arguta* (Lindley) Seemann

一百二十七、旌节花科 Stachyuraceae

649. 旌节花属 *Stachyurus*

(2025) 中国旌节花 *Stachyurus chinensis* Franchet

(2026) 西域旌节花 *Stachyurus himalaicus* J. D. Hooker et Thomson ex Bentham

(2027) 云南旌节花 *Stachyurus yunnanensis* Franchet

一百二十八、漆树科 Anacardiaceae

650. 南酸枣属 *Choerospondias*

(2028) 南酸枣 *Choerospondias axillaris* (Roxburgh) B. L. Burtt & A. W. Hill

(2029) 毛脉南酸枣 *Choerospondias axillaris* var. *pubinervis* (Rehder et E. H. Wilson) B. L. Burtt et A. W. Hill

651. 黄栌属 *Cotinus*

(2030) 红叶 *Cotinus coggygria* var. *cinerea* Engler

(2031) 毛黄栌 *Cotinus coggygria* var. *pubescens* Engler

652. 黄连木属 *Pistacia*

(2032) 黄连木 *Pistacia chinensis* Bunge

653. 盐麸木属 *Rhus*

(2033) 盐麸木 *Rhus chinensis* Miller

（2034）红麸杨 *Rhus punjabensis* var. *sinica*（Diels）Rehder & E. H. Wilson

654. 漆树属 *Toxicodendron*

（2035）刺果毒漆藤 *Toxicodendron radicans* subsp. *hispidum*（Engler）Gillis

（2036）野漆 *Toxicodendron succedaneum*（Linnaeus）Kuntze

（2037）木蜡树 *Toxicodendron sylvestre*（Siebold & Zuccarini）Kuntze

（2038）毛漆树 *Toxicodendron trichocarpum*（Miquel）Kuntze

（2039）漆树 *Toxicodendron vernicifluum*（Stokes）F. A. Barkley

一百二十九、无患子科 Sapindaceae

655. 槭属 *Acer*

（2040）阔叶槭 *Acer amplum* Rehder

（2041）三角枫 *Acer buergerianum* Miquel

（2042）小叶青皮槭 *Acer cappadocicum* subsp. *sinicum*（Rehder）Handel-Mazzetti

（2043）杈叶枫 *Acer ceriferum* Rehder

（2044）紫果槭 *Acer cordatum* Pax

（2045）樟叶枫 *Acer coriaceifolium* H. Léveillé

（2046）青榨槭 *Acer davidii* Franchet

（2047）葛萝枫 *Acer davidii* subsp. *grosseri*（Pax）P. C. de Jong

（2048）毛花槭 *Acer erianthum* Schwerin

（2049）罗浮枫 *Acer fabri* Hance

（2050）扇叶槭 *Acer flabellatum* Rehder

（2051）血皮槭 *Acer griseum*（Franchet）Pax

（2052）建始槭 *Acer henryi* Pax

（2053）光叶枫 *Acer laevigatum* Wallich

（2054）长柄槭 *Acer longipes* Franchet ex Rehder

（2055）五尖枫 *Acer maximowiczii* Pax

（2056）毛果槭 *Acer nikoense* Maximowicz

（2057）飞蛾树 *Acer oblongum* Wallich ex Candolle

（2058）五裂槭 *Acer oliverianum* Pax

（2059）鸡爪枫 *Acer palmatum* Thunberg

（2060）色木槭 *Acer pictum* Thunberg

（2061）中华枫 *Acer sinense* Pax

（2062）四蕊槭 *Acer stachyophyllum* subsp. *betulifolium*（Maximowicz）P. C. de Jong

（2063）房县枫 *Acer sterculiaceum* subsp. *franchetii*（Pax）A. E. Murray

（2064）四川槭 *Acer sutchuenense* Franchet

（2065）苦条枫 *Acer tataricum* subsp. *theiferum*（W. P. Fang）Y. S. Chen & P. C. de Jong

（2066）薄叶槭 *Acer tenellum* Pax

（2067）秦岭枫 *Acer tsinglingense* W. P. Fang et C. C. Hsieh

（2068）三峡槭 *Acer wilsonii* Rehder

656. 七叶树属 *Aesculus*

（2069）七叶树 *Aesculus chinensis* Bunge

（2070）天师栗 *Aesculus chinensis* var. *wilsonii*（Rehder）Turland & N. H. Xia

657. 金钱槭属 *Dipteronia*

（2071）金钱枫 *Dipteronia sinensis* Oliver

658. 伞花木属 *Eurycorymbus*

（2072）伞花木 *Eurycorymbus cavaleriei*（H. Leveille）Rehder et Handel-Mazzetti

659. 栾树属 *Koelreuteria*

（2073）复羽叶栾树 *Koelreuteria bipinnata* Franchet

660. 无患子属 *Sapindus*

（2074）无患子 *Sapindus saponaria* Linnaeus

一百三十、芸香科 Rutaceae

661. 石椒草属 *Boenninghausenia*

（2075）臭节草 *Boenninghausenia albiflora*（Hooker）Reichenbach ex Meisner

662. 柑橘属 *Citrus*

（2076）酸橙 *Citrus* × *aurantium* Linnaeus

（2077）宜昌橙 *Citrus cavaleriei* H. Léveillé ex Cavalerie

（2078）金柑 *Citrus japonica* Thunberg

（2079）柚 *Citrus maxima*（Burman）Merrill

（2080）柑橘 *Citrus reticulata* Blanco

（2081）甜橙 *Citrus* × *sinensis*（Linnaeus）Osbeck

（2082）枳 *Citrus trifoliata* Linnaeus

663. 黄皮属 *Clausena*

（2083）毛齿叶黄皮 *Clausena dunniana* var. *robusta*（Tanaka）C. C. Huang

664. 臭常山属 *Orixa*

（2084）臭常山 *Orixa japonica* Thunberg

665. 黄檗属 *Phellodendron*

（2085）川黄檗 *Phellodendron chinense* C. K. Schneider

（2086）秃叶黄檗 *Phellodendron chinense* var. *glabriusculum* C. K. Schneider

666. 裸芸香属 *Psilopeganum*

（2087）裸芸香 *Psilopeganum sinense* Hemsley

667. 茵芋属 *Skimmia*

（2088）茵芋 *Skimmia reevesiana*（Fortune）Fortune

668. 四数花属 *Tetradium*

（2089）臭檀吴萸 *Tetradium daniellii*（Bennett）T. G. Hartley

（2090）楝叶吴萸 *Tetradium glabrifolium*（Champion ex Bentham）T. G. Hartley

（2091）吴茱萸 *Tetradium ruticarpum*（A. Jussieu）T. G. Hartley

669. 飞龙掌血属 *Toddalia*

（2092）飞龙掌血 *Toddalia asiatica*（Linnaeus）Lamarck

670. 花椒属 *Zanthoxylum*

（2093）竹叶花椒 *Zanthoxylum armatum* Candolle

（2094）毛竹叶花椒 *Zanthoxylum armatum* var. *ferrugineum*（Rehder et E. H. Wilson）C. C. Huang

（2095）花椒 *Zanthoxylum bungeanum* Maximowicz

（2096）异叶花椒 *Zanthoxylum dimorphophyllum* Hemsley

（2097）蚬壳花椒 *Zanthoxylum dissitum* Hemsley

（2098）刺壳花椒 *Zanthoxylum echinocarpum* Hemsley

（2099）小花花椒 *Zanthoxylum micranthum* Hemsley

（2100）朵花椒 *Zanthoxylum molle* Rehder

（2101）野花椒 *Zanthoxylum simulans* Hance

（2102）狭叶花椒 *Zanthoxylum stenophyllum* Hemsley

（2103）梗花椒 *Zanthoxylum stipitatum* C. C. Huang

（2104）浪叶花椒 *Zanthoxylum undulatifolium* Hemsley

一百三十一、苦木科 Simaroubaceae

671. 臭椿属 *Ailanthus*

（2105）臭椿 *Ailanthus altissima*（Mill.）Swingle

672. 苦木属 *Picrasma*

（2106）苦树 *Picrasma quassioides*（D. Don）Bennett

一百三十二、楝科 Meliaceae

673. 米仔兰属 *Aglaia*

（2107）米仔兰 *Aglaia odorata* Loureiro

674. 楝属 *Melia*

（2108）楝 *Melia azedarach* Linnaeus

675. 香椿属 *Toona*

（2109）香椿 *Toona sinensis*（A. Jussieu）M. Roemer

（2110）紫椿 *Toona sureni*（Blume）Merrill

一百三十三、瘿椒树科 Tapisciaceae

676. 瘿椒树属 *Tapiscia*

（2111）瘿椒树 *Tapiscia sinensis* Oliver

一百三十四、十齿花科 Dipentodontaceae

677. 核子木属 *Perrottetia*

（2112）核子木 *Perrottetia racemosa*（Oliver）Loesener

一百三十五、锦葵科 Malvaceae

678. 秋葵属 *Abelmoschus*

（2113）咖啡黄葵 *Abelmoschus esculentus*（Linnaeus）Moench

（2114）黄蜀葵 *Abelmoschus manihot*（Linnaeus）Medikus

679. 苘麻属 *Abutilon*

（2115）金铃花 *Abutilon pictum*（Gillies ex Hooker）Walpers

（2116）苘麻 *Abutilon theophrasti* Medikus

680. 蜀葵属 *Alcea*

（2117）蜀葵 *Alcea rosea* Linnaeus

681. 田麻属 *Corchoropsis*

（2118）田麻 *Corchoropsis crenata* Siebold & Zuccarini

682. 梧桐属 *Firmiana*

（2119）梧桐 *Firmiana simplex*（Linnaeus）W. Wight

683. 棉属 *Gossypium*

（2120）陆地棉 *Gossypium hirsutum* Linnaeus

684. 扁担杆属 *Grewia*

（2121）扁担杆 *Grewia biloba* G. Don

（2122）小花扁担杆 *Grewia biloba* var. *parviflora*（Bunge）Handel-Mazzetti

685. 木槿属 *Hibiscus*

（2123）木芙蓉 *Hibiscus mutabilis* Linnaeus

（2124）朱槿 *Hibiscus rosa-sinensis* Linnaeus

（2125）木槿 *Hibiscus syriacus* Linnaeus

（2126）野西瓜苗 *Hibiscus trionum* Linnaeus

686. 锦葵属 *Malva*

（2127）锦葵 *Malva cathayensis* M. G. Gilbert

（2128）野葵 *Malva verticillata* Linnaeus

687. 马松子属 *Melochia*

（2129）马松子 *Melochia corchorifolia* Linnaeus

688. 椴属 *Tilia*

（2130）华椴 *Tilia chinensis* Maximowicz

（2131）毛糯米椴 *Tilia henryana* Szyszyłowicz

（2132）毛芽椴 *Tilia tuan* var. *chinensis*（Szyszyłowicz）Rehder & E. H. Wilson

（2133）鄂椴 *Tilia oliveri* var. *oliveri*（C. B. Clarke）Ridley

（2134）灰背椴 *Tilia oliveri* var. *cinerascens* Rehder & E. H. Wilson

（2135）膜叶椴 *Tilia membranacea* Hung T. Chang

（2136）椴树 *Tilia tuan* Szyszyłowicz

689. 刺蒴麻属 *Triumfetta*

（2137）单毛刺蒴麻 *Triumfetta annua* Linnaeus

（2138）刺蒴麻 *Triumfetta rhomboidea* Jacquin

690. 梵天花属 *Urena*

（2139）地桃花 *Urena lobata* Linnaeus

（2140）湖北地桃花 *Urena lobata* var. *henryi* S. Y. Hu

一百三十六、瑞香科 Thymelaeaceae

691. 瑞香属 *Daphne*

（2141）尖瓣瑞香 *Daphne acutiloba* Rehder

（2142）芫花 *Daphne genkwa* Siebold & Zuccarini

（2143）毛瑞香 *Daphne kiusiana* var. *atrocaulis*（Rehder）F. Maekawa

（2144）瑞香 *Daphne odora* Thunberg

（2145）野梦花 *Daphne tangutica* var. *wilsonii*（Rehd.）H. F. Zhou ex C. Y. Chang

692. 结香属 *Edgeworthia*

（2146）结香 *Edgeworthia chrysantha* Lindley

693. 荛花属 *Wikstroemia*

（2147）头序荛花 *Wikstroemia capitata* Rehder

（2148）纤细荛花 *Wikstroemia gracilis* Hemsley

（2149）小黄构 *Wikstroemia micrantha* Hemsley

一百三十七、叠珠树科 Akaniaceae

694. 伯乐树属 *Bretschneidera*

（2150）伯乐树 *Bretschneidera sinensis* Hemsley

一百三十八、白花菜科 Cleomaceae

695. 醉蝶花属 Tarenaya

(2151) 醉蝶花 *Tarenaya hassleriana* (Chodat) Iltis

一百三十九、十字花科 Brassicaceae

696. 拟南芥属 *Arabidopsis*

(2152) 拟南芥 *Arabidopsis thaliana* (Linnaeus) Heynhold

697. 南芥属 *Arabis*

(2153) 圆锥南芥 *Arabis paniculata* Franchet

698. 芸薹属 *Brassica*

(2154) 芥菜 *Brassica juncea* (Linnaeus) Czernajew

(2155) 欧洲油菜 *Brassica napus* Linnaeus

(2156) 羽衣甘蓝 *Brassica oleracea* var. *acephala* de Candolle

(2157) 花椰菜 *Brassica oleracea* var. *botrytis* Linnaeus

(2158) 甘蓝 *Brassica oleracea* var. *capitata* Linnaeus

(2159) 擘蓝 *Brassica oleracea* var. *gongylodes* Linnaeus

(2160) 青菜 *Brassica rapa* var. *chinensis* (Linnaeus) Kitamura

(2161) 白菜 *Brassica rapa* var. *glabra* Regel

(2162) 芸薹 *Brassica rapa* var. *oleifera* de Candolle

699. 荠属 *Capsella*

(2163) 荠 *Capsella bursa-pastoris* (Linnaeus) Medikus

700. 碎米荠属 *Cardamine*

(2164) 安徽碎米荠 *Cardamine anhuiensis* D. C. Zhang et J. Z. Shao

(2165) 露珠碎米荠 *Cardamine circaeoides* J. D. Hooker & Thomson

(2166) 光头山碎米荠 *Cardamine engleriana* O. E. Schulz

(2167) 弯曲碎米荠 *Cardamine flexuosa* Withering

(2168) 碎米荠 *Cardamine hirsuta* Linnaeus

(2169) 壶瓶山碎米荠 *Cardamine hupingshanensis* K. M. Liu, L. B. Chen, H. F. Bai L. H. Liu

(2170) 湿生碎米荠 *Cardamine hygrophila* T. Y. Cheo et R. C. Fang

(2171) 弹裂碎米荠 *Cardamine impatiens* Linnaeus

(2172) 白花碎米荠 *Cardamine leucantha* (Tausch) O. E. Schulz

(2173) 大叶碎米荠 *Cardamine macrophylla* Willdenow

(2174) 三小叶碎米荠 *Cardamine trifoliolata* J. D. Hooker et Thomson

701. 葶苈属 *Draba*

(2175) 葶苈 *Draba nemorosa* Linnaeus

702. 桂竹香属 *Erysimum*

(2176) 桂竹香 *Erysimum* × *cheiri* (Linnaeus) Crantz

703. 山萮菜属 *Eutrema*

(2177) 南山萮菜 *Eutrema yunnanense* Franchet

704. 独行菜属 *Lepidium*

(2178) 北美独行菜 *Lepidium virginicum* Linnaeus

705. 堇叶芥属 *Neomartinella*

(2179) 堇叶芥 *Neomartinella violifolia* (H. Leveille) Pilger

706. 诸葛菜属 *Orychophragmus*

(2180) 诸葛菜 *Orychophragmus violaceus* (Linnaeus) O. E. Schulz

(2181) 湖北诸葛菜 *Orychophragmus violaceus* var. *hupehensis* (Pampanini) O. E. Schulz

707. 萝卜属 *Raphanus*

(2182) 萝卜 *Raphanus sativus* Linnaeus

708. 蔊菜属 *Rorippa*

(2183) 无瓣蔊菜 *Rorippa dubia* (Persoon) H. Hara

(2184) 蔊菜 *Rorippa indica* (Linnaeus) Hiern

709. 阴山荠属 *Yinshania*

(2185) 叉毛阴山荠 *Yinshania furcatopilosa* (K. C. Kuan) Y. H. Zhang

(2186) 柔毛阴山荠 *Yinshania henryi* (Oliver) Y. H. Zhang

一百四十、蛇菰科 Balanophoraceae

710. 蛇菰属 *Balanophora*

(2187) 葛菌 *Balanophora harlandii* J. D. Hooker

(2188) 红菌 *Balanophora involucrata* J. D. Hooker

(2189) 疏花蛇菰 *Balanophora laxiflora* Hemsley

(2190) 多蕊蛇菰 *Balanophora polyandra* Griffith

一百四十一、檀香科 Santalaceae

711. 百蕊草属 *Thesium*

(2191) 百蕊草 *Thesium chinense* Turczaninow

712. 槲寄生属 *Viscum*

(2192) 扁枝槲寄生 *Viscum articulatum* N. L. Burman

(2193) 柿寄生 *Viscum diospyrosicola* Hayata

(2194) 槭寄生 *Viscum liquidambaricola* Hayata

一百四十二、桑寄生科 Loranthaceae

713. 桑寄生属 *Loranthus*

(2195) 周树桑寄生 *Loranthus delavayi* Tieghem

714. 钝果寄生属 *Taxillus*

(2196) 锈毛钝果寄生 *Taxillus levinei* (Merrill) H. S. Kiu

(2197) 毛叶钝果寄生 *Taxillus nigrans* (Hance) Danser

(2198) 桑寄生 *Taxillus sutchuenensis* (Lecomte) Danser

(2199) 灰毛桑寄生 *Taxillus sutchuenensis* var. *duclouxii* (Lecomte) H. S. Kiu

一百四十三、青皮木科 Schoepfiaceae

715. 青皮木属 *Schoepfia*

(2200) 青皮木 *Schoepfia jasminodora* Siebold & Zuccarini

一百四十四、白花丹科 Plumbaginaceae

716. 蓝雪花属 *Plumbago*

(2201) 蓝花丹 *Plumbago auriculata* Lamarck

一百四十五、蓼科 Polygonaceae

717. 拳参属 *Bistorta*

(2202) 中华抱茎拳参 *Bistorta amplexicaulis* subsp. *sinensis* (F. B. Forbes & Hemsl. ex Steward) Soják

(2203) 圆穗拳参 *Bistorta macrophylla* (D. Don) Sojak

(2204) 支柱拳参 *Bistorta suffulta* (Maxim.) H. Gross

(2205) 细穗支柱拳参 *Bistorta suffulta* subsp. *pergracilis* (Hemsl.) Soják

(2206) 珠芽拳参 *Bistorta vivipara* (L.) Gray

718. 荞麦属 *Fagopyrum*

(2207) 金荞 *Fagopyrum dibotrys* (D. Don) H. Hara

(2208) 荞麦 *Fagopyrum esculentum* Moench

(2209) 细柄野荞麦 *Fagopyrum gracilipes* (Hemsley) Dammer ex Diels

(2210) 苦荞 *Fagopyrum tataricum* (Linnaeus) Gaertner

719. 萹蓄属 *Polygonum*

(2211) 扁蓄 *Polygonum aviculare* Linnaeus

(2212) 头花蓼 *Polygonum capitatum* Buchanan-Hamilton ex D. Don

(2213) 火炭母 *Polygonum chinense* Linnaeus

(2214) 大箭叶蓼 *Polygonum darrisii* H. Léveillé

(2215) 稀花蓼 *Polygonum dissitiflorum* Hemsley

(2216) 长箭叶蓼 *Polygonum hastatosagittatum* Makino

(2217) 辣蓼 *Polygonum hydropiper* Linnaeus

(2218) 蚕茧蓼 *Polygonum japonicum* Meisner

(2219) 愉悦蓼 *Polygonum jucundum* Meisner

(2220) 马蓼 *Polygonum lapathifolium* Linnaeus

(2221) 长鬃蓼 *Polygonum longisetum* Bruijn

(2222) 圆穗拳参 *Polygonum macrophyllum* D. Don

(2223) 小蓼花 *Polygonum muricatum* Meisner

(2224) 尼泊尔蓼 *Polygonum nepalense* Meisner

(2225) 红蓼 *Polygonum orientale* Linnaeus

(2226) 杠板归 *Polygonum perfoliatum* Linnaeus

(2227) 蓼 *Polygonum persicaria* Linnaeus

(2228) 松林神血宁 *Polygonum pinetorum* Hemsley

(2229) 习见蓼 *Polygonum plebeium* R. Brown

(2230) 丛枝蓼 *Polygonum posumbu* Buchanan-Hamilton ex D. Don

(2231) 羽叶蓼 *Polygonum runcinatum* Buchanan-Hamilton ex D. Don

(2232) 赤胫散 *Polygonum runcinatum* var. *sinense* Hemsley

(2233) 箭头蓼 *Polygonum sagittatum* Linnaeus

(2234) 支柱拳参 *Polygonum suffultum* Maxim.

(2235) 细穗支柱拳参 *Polygonum suffultum* var. *pergracile* (Hemsl.) Sam.

(2236) 戟叶蓼 *Polygonum thunbergii* Siebold & Zuccarini

(2237) 黏蓼 *Polygonum viscoferum* Makino

(2238) 珠芽拳参 *Polygonum viviparum* Linnaeus

720. 虎杖属 *Reynoutria*

(2239) 虎杖 *Reynoutria japonica* Houttuyn

721. 大黄属 *Rheum*

(2240) 药用大黄 *Rheum officinale* Baillon

722. 酸模属 *Rumex*

（2241）酸模 *Rumex acetosa* Linnaeus

（2242）齿果酸模 *Rumex dentatus* Linnaeus

（2243）羊蹄 *Rumex japonicus* Houttuyn

（2244）尼泊尔酸模 *Rumex nepalensis* Sprengel

（2245）钝叶酸模 *Rumex obtusifolius* Linnaeus

（2246）长刺酸模 *Rumex trisetifer* Stokes

一百四十六、石竹科 Caryophyllaceae

723. 无心菜属 *Arenaria*

（2247）无心菜 *Arenaria serpyllifolia* Linnaeus

724. 卷耳属 *Cerastium*

（2248）簇生泉卷耳 *Cerastium fontanum* subsp. *vulgare*（Hartman）Greuter et Burdet

（2249）山卷耳 *Cerastium pusillum* Seringe

（2250）鄂西卷耳 *Cerastium wilsonii* Takeda

725. 石竹属 *Dianthus*

（2251）须苞石竹 *Dianthus barbatus* Linnaeus

（2252）石竹 *Dianthus chinensis* Linnaeus

（2253）瞿麦 *Dianthus superbus* Linnaeus

726. 种阜草属 *Moehringia*

（2254）三脉种阜草 *Moehringia trinervia*（Linnaeus）Clairville

727. 浅裂繁缕属 *Nubelaria*

（2255）巫山浅裂繁缕 *Nubelaria wushanensis*（F. N. Williams）M. T. Sharples & E. A. Tripp

728. 孩儿参属 *Pseudostellaria*

（2256）蔓孩儿参 *Pseudostellaria davidii*（Franchet）Pax

（2257）孩儿参 *Pseudostellaria heterophylla*（Miquel）Pax

（2258）细叶孩儿参 *Pseudostellaria sylvatica*（Maximowicz）Pax

729. 漆姑草属 *Sagina*

（2259）漆姑草 *Sagina japonica*（Swartz）Ohwi

730. 蝇子草属 *Silene*

（2260）女娄菜 *Silene aprica* Turczaninow ex Fischer & C. A. Meyer

（2261）狗筋蔓 *Silene baccifera*（Linnaeus）Roth

（2262）剪春罗 *Silene banksia*（Meerb.）Mabb.

（2263）鹤草 *Silene fortunei* Visiani

（2264）湖北蝇子草 *Silene hupehensis* C. L. Tang

（2265）鄂西蝇子草 *Silene sunhangii* D. G. Zhang，T. Deng & N. Lin

（2266）石生蝇子草 *Silene tatarinowii* Regel

731. 繁缕属 *Stellaria*

（2267）雀舌草 *Stellaria alsine* Grimm

（2268）鹅肠菜 *Stellaria aquatica*（L.）Scop.

（2269）中国繁缕 *Stellaria chinensis* Regel

（2270）湖北繁缕 *Stellaria henryi* F. N. Williams

（2271）繁缕 *Stellaria media*（Linnaeus）Villars

（2272）峨眉繁缕 *Stellaria omeiensis* C. Y. Wu & Y. W. Tsui ex P. Ke

（2273）沼生繁缕 *Stellaria palustris* Retzius

（2274）箐姑草 *Stellaria vestita* Kurz

732. 麦蓝菜属 *Vaccaria*

（2275）麦蓝菜 *Vaccaria hispanica* (Miller) Rauschert

一百四十七、苋科 Amaranthaceae

733. 牛膝属 *Achyranthes*

（2276）牛膝 *Achyranthes bidentata* Blume

（2277）柳叶牛膝 *Achyranthes longifolia* (Makino) Makino

734. 千针苋属 *Acroglochin*

（2278）千针苋 *Acroglochin persicarioides* (Poiret) Moquin-Tandon

735. 莲子草属 *Alternanthera*

（2279）喜旱莲子草 *Alternanthera philoxeroides* (C. Martius) Grisebach

（2280）莲子草 *Alternanthera sessilis* (Linn.) R. Brown ex Candolle

736. 苋属 *Amaranthus*

（2281）凹头苋 *Amaranthus blitum* Linnaeus

（2282）老枪谷 *Amaranthus caudatus* Linnaeus

（2283）老鸦谷 *Amaranthus cruentus* Linnaeus

（2284）绿穗苋 *Amaranthus hybridus* Linnaeus

（2285）千穗谷 *Amaranthus hypochondriacus* Linnaeus

（2286）反枝苋 *Amaranthus retroflexus* Linnaeus

（2287）刺苋 *Amaranthus spinosus* Linnaeus

（2288）苋 *Amaranthus tricolor* Linnaeus

（2289）皱果苋 *Amaranthus viridis* Linnaeus

737. 沙冰藜属 *Bassia*

（2290）地肤 *Bassia scoparia* (L.) A. J. Scott

738. 甜菜属 *Beta*

（2291）甜菜 *Beta vulgaris* Linnaeus

（2292）莙荙菜 *Beta vulgaris* var. *cicla* Linnaeus

739. 青葙属 *Celosia*

（2293）青葙 *Celosia argentea* Linnaeus

（2294）鸡冠花 *Celosia cristata* Linnaeus

740. 麻叶藜属 *Chenopodiastrum*

（2295）细穗藜 *Chenopodiastrum gracilispicum* (H. W. Kung) Uotila

741. 藜属 *Chenopodium*

（2296）藜 *Chenopodium album* Linnaeus

（2297）小藜 *Chenopodium ficifolium* Smith

742. 杯苋属 *Cyathula*

（2298）川牛膝 *Cyathula officinalis* K. C. Kuan

743. 腺毛藜属 *Dysphania*

（2299）土荆芥 *Dysphania ambrosioides* (Linnaeus) Mosyakin et Clemants

744. 千日红属 *Gomphrena*

(2300) 千日红 *Gomphrena globosa* Linnaeus

745. 菠菜属 *Spinacia*

(2301) 菠菜 *Spinacia oleracea* Linnaeus

一百四十八、商陆科 **Phytolaccaceae**

746. 商陆属 *Phytolacca*

(2302) 商陆 *Phytolacca acinosa* Roxburgh

(2303) 垂序商陆 *Phytolacca americana* Linnaeus

(2304) 鄂西商陆 *Phytolacca exiensis* D. G. Zhang, L. Q. Huang et D. Xie

(2305) 日本商陆 *Phytolacca japonica* Makino

一百四十九、紫茉莉科 **Nyctaginaceae**

747. 叶子花属 *Bougainvillea*

(2306) 光叶子花 *Bougainvillea glabra* Choisy

748. 紫茉莉属 *Mirabilis*

(2307) 紫茉莉 *Mirabilis jalapa* Linnaeus

一百五十、粟米草科 **Molluginaceae**

749. 粟米草属 *Trigastrotheca*

(2308) 粟米草 *Trigastrotheca stricta* (L.) Thulin

一百五十一、落葵科 **Basellaceae**

750. 落葵薯属 *Anredera*

(2309) 落葵薯 *Anredera cordifolia* (Tenore) Steenis

751. 落葵属 *Basella*

(2310) 落葵 *Basella alba* Linnaeus

一百五十二、土人参科 **Talinaceae**

752. 土人参属 *Talinum*

(2311) 土人参 *Talinum paniculatum* (Jacquin) Gaertner

一百五十三、马齿苋科 **Portulacaceae**

753. 马齿苋属 *Portulaca*

(2312) 马齿苋 *Portulaca oleracea* Linnaeus

(2313) 大花马齿苋 *Portulaca grandiflora* Hooker

一百五十四、仙人掌科 **Cactaceae**

754. 仙人掌属 *Opuntia*

(2314) 单刺仙人掌 *Opuntia monacantha* Haworth

755. 昙花属 *Epiphyllum*

(2315) 昙花 *Epiphyllum oxypetalum* (Candolle) Haworth

一百五十五、山茱萸科 **Cornaceae**

756. 八角枫属 *Alangium*

(2316) 八角枫 *Alangium chinense* (Loureiro) Harms

(2317) 稀花八角枫 *Alangium chinense* subsp. *pauciflorum* W. P. Fang

(2318) 小花八角枫 *Alangium faberi* Oliver

(2319) 三裂瓜木 *Alangium platanifolium* var. *trilobum* (Miquel) Ohwi

757. 喜树属 *Camptotheca*

(2320) 喜树 *Camptotheca acuminata* Decaisne

758. 山茱萸属 *Cornus*

(2321) 川鄂山茱萸 *Cornus chinensis* Wangerin

(2322) 灯台树 *Cornus controversa* Hemsley

(2323) 尖叶四照花 *Cornus elliptica* (Pojarkova) Q. Y. Xiang & Boufford

(2324) 红椋子 *Cornus hemsleyi* C. K. Schneider et Wangerin

(2325) 四照花 *Cornus kousa* subsp. *chinensis* (Osborn) Q. Y. Xiang

(2326) 梾木 *Cornus macrophylla* Wallich

(2327) 长圆叶梾木 *Cornus oblonga* Wallich

(2328) 山茱萸 *Cornus officinalis* Siebold & Zuccarini

(2329) 小梾木 *Cornus quinquenervis* Franchet

(2330) 毛梾 *Cornus walteri* Wangerin

(2331) 光皮梾木 *Cornus wilsoniana* Wangerin

759. 珙桐属 *Davidia*

(2332) 珙桐 *Davidia involucrata* Baillon

(2333) 光叶珙桐 *Davidia involucrata* var. *vilmoriniana* (Dode) Wangerin

760. 蓝果树属 *Nyssa*

(2334) 蓝果树 *Nyssa sinensis* Oliver

一百五十六、绣球科 Hydrangeaceae

761. 草绣球属 *Cardiandra*

(2335) 草绣球 *Cardiandra moellendorffii* (Hance) Migo

762. 赤壁木属 *Decumaria*

(2336) 赤壁木 *Decumaria sinensis* Oliver

763. 溲疏属 *Deutzia*

(2337) 异色溲疏 *Deutzia discolor* Hemsley

(2338) 粉背溲疏 *Deutzia hypoglauca* Rehder

(2339) 宁波溲疏 *Deutzia ningpoensis* Rehder

(2340) 长江溲疏 *Deutzia schneideriana* Rehder

(2341) 四川溲疏 *Deutzia setchuenensis* Franchet

(2342) 多花溲疏 *Deutzia setchuenensis* var. *corymbiflora* (Lemoine ex Andre) Rehder

764. 常山属 *Dichroa*

(2343) 常山 *Dichroa febrifuga* Loureiro

765. 绣球属 *Hydrangea*

(2344) 冠盖绣球 *Hydrangea anomala* D. Don

(2345) 马桑绣球 *Hydrangea aspera* D. Don

(2346) 东陵绣球 *Hydrangea bretschneideri* Dippel

(2347) 中国绣球 *Hydrangea chinensis* Maximowicz

(2348) 白背绣球 *Hydrangea hypoglauca* Rehder

(2349) 莼兰绣球 *Hydrangea longipes* Franch.

(2350) 锈毛绣球 *Hydrangea longipes* var. *fulvescens* (Rehder) W. T. Wang ex C. F. Wei

(2351) 绣球 *Hydrangea macrophylla* (Thunberg) Seringe

（2352）粗枝绣球 *Hydrangea robusta* J. D. Hooker & Thomson

（2353）蜡莲绣球 *Hydrangea strigosa* Rehder

766. 山梅花属 *Philadelphus*

（2354）毛药山梅花 *Philadelphus reevesianus* S. Y. Hu

（2355）绢毛山梅花 *Philadelphus sericanthus* Koehne

767. 冠盖藤属 *Pileostegia*

（2356）冠盖藤 *Pileostegia viburnoides* J. D. Hooker & Thomson

768. 钻地风属 *Schizophragma*

（2357）钻地风 *Schizophragma integrifolium* Oliver

（2358）柔毛钻地风 *Schizophragma molle*（Rehder）Chun

一百五十七、凤仙花科 Balsaminaceae

769. 凤仙花属 *Impatiens*

（2359）凤仙花 *Impatiens balsamina* Linnaeus

（2360）睫毛萼凤仙花 *Impatiens blepharosepala* E. Pritzel

（2361）东川凤仙花 *Impatiens blinii* H. Léveillé

（2362）齿萼凤仙花 *Impatiens dicentra* Franchet ex J. D. Hooker

（2363）水金凤 *Impatiens noli-tangere* Linnaeus

（2364）块节凤仙花 *Impatiens piufanensis* J. D. Hooker

（2365）湖北凤仙花 *Impatiens pritzelii* J. D. Hooker

（2366）翼萼凤仙花 *Impatiens pterosepala* J. D. Hooker

（2367）黄金凤 *Impatiens siculifer* J. D. Hooker

（2368）窄萼凤仙花 *Impatiens stenosepala* E. Pritzel

一百五十八、五列木科 Pentaphylacaceae

770. 红淡比属 *Cleyera*

（2369）大花红淡比 *Cleyera japonica* var. *wallichiana*（Candolle）Sealy

（2370）厚叶红淡比 *Cleyera pachyphylla* Chun ex Hung T. Chang

771. 柃属 *Eurya*

（2371）短柱柃 *Eurya brevistyla* Kobuski

（2372）微毛柃 *Eurya hebeclados* Y. Ling

（2373）细枝柃 *Eurya loquaiana* Dunn

（2374）细齿叶柃 *Eurya nitida* Korthals

（2375）四角柃 *Eurya tetragonoclada* Merrill & Chun

772. 厚皮香属 *Ternstroemia*

（2376）厚皮香 *Ternstroemia gymnanthera*（Wight & Arnott）Beddome

一百五十九、柿科 Ebenaceae

773. 柿属 *Diospyros*

（2377）瓶兰花 *Diospyros armata* Hemsley

（2378）乌柿 *Diospyros cathayensis* Steward

（2379）柿 *Diospyros kaki* Thunberg

（2380）野柿 *Diospyros kaki* var. *silvestris* Makino

（2381）君迁子 *Diospyros lotus* Linnaeus

（2382）苗山柿 *Diospyros miaoshanica* S. Lee

（2383）油柿 *Diospyros oleifera* Cheng

一百六十、报春花科 Primulaceae

774. 点地梅属 *Androsace*

（2384）莲叶点地梅 *Androsace henryi* Oliver

（2385）峨眉点地梅 *Androsace paxiana* R. Knuth

（2386）点地梅 *Androsace umbellata*（Loureiro）Merrill

775. 紫金牛属 *Ardisia*

（2387）九管血 *Ardisia brevicaulis* Diels

（2388）朱砂根 *Ardisia crenata* Sims

（2389）百两金 *Ardisia crispa*（Thunberg）A. de Candolle

（2390）月月红 *Ardisia faberi* Hemsley

（2391）紫金牛 *Ardisia japonica*（Thunberg）Blume

776. 酸藤子属 *Embelia*

（2392）平叶酸藤子 *Embelia undulata*（Wallich）Mez

（2393）密齿酸藤子 *Embelia vestita* Roxburgh

777. 珍珠菜属 *Lysimachia*

（2394）展枝过路黄 *Lysimachia brittenii* R. Knuth

（2395）泽珍珠菜 *Lysimachia candida* Lindley

（2396）细梗香草 *Lysimachia capillipes* Hemsley

（2397）过路黄 *Lysimachia christiniae* Hance

（2398）露珠珍珠菜 *Lysimachia circaeoides* Hemsley

（2399）矮桃 *Lysimachia clethroides* Duby

（2400）临时救 *Lysimachia congestiflora* Hemsley

（2401）延叶珍珠菜 *Lysimachia decurrens* G. Forster

（2402）管茎过路黄 *Lysimachia fistulosa* Handel-Mazzetti

（2403）灵香草 *Lysimachia foenum-graecum* Hance

（2404）星宿菜 *Lysimachia fortunei* Maximowicz

（2405）点腺过路黄 *Lysimachia hemsleyana* Maximowicz ex Oliver

（2406）宜昌过路黄 *Lysimachia henryi* Hemsley

（2407）山萝过路黄 *Lysimachia melampyroides* R. Knuth

（2408）落地梅 *Lysimachia paridiformis* Franchet

（2409）巴东过路黄 *Lysimachia patungensis* Handel-Mazzetti

（2410）叶头过路黄 *Lysimachia phyllocephala* Handel-Mazzetti

（2411）疏头过路黄 *Lysimachia pseudohenryi* Pampanini

（2412）鄂西香草 *Lysimachia pseudotrichopoda* Handel-Mazzetti

（2413）显苞过路黄 *Lysimachia rubiginosa* Hemsley

778. 杜茎山属 *Maesa*

（2414）湖北杜茎山 *Maesa hupehensis* Rehder

（2415）杜茎山 *Maesa japonica*（Thunberg）Moritzi & Zollinger

779. 铁仔属 *Myrsine*

（2416）铁仔 *Myrsine africana* Linnaeus

（2417）打铁树 *Myrsine linearis*（Loureiro）Poiret

（2418）密花树 *Myrsine seguinii* H. Léveillé

（2419）针齿铁仔 *Myrsine semiserrata* Wallich

780. 报春花属 *Primula*

（2420）梵净报春 *Primula fangingensis* F. H. Chen et C. M. Hu

（2421）俯垂粉报春 *Primula nutantiflora* Hemsley

（2422）鄂报春 *Primula obconica* Hance

（2423）齿萼报春 *Primula odontocalyx* （Franchet）Pax

（2424）卵叶报春 *Primula ovalifolia* Franchet

（2425）藏报春 *Primula sinensis* Sabine ex Lindley

一百六十一、山茶科 **Theaceae**

781. 山茶属 *Camellia*

（2426）杜鹃叶山茶 *Camellia azalea* C. F. Wei

（2427）连蕊茶 *Camellia cuspidata* （Kochs）H. J. Veitch

（2428）山茶 *Camellia japonica* Linnaeus

（2429）油茶 *Camellia oleifera* C. Abel

（2430）川鄂连蕊茶 *Camellia rosthorniana* Handel-Mazzetti

（2431）茶梅 *Camellia sasanqua* Thunberg

（2432）茶 *Camellia sinensis* （Linnaeus）Kuntze

782. 木荷属 *Schima*

（2433）银木荷 *Schima argentea* E. Pritzel

（2434）小花木荷 *Schima parviflora* W. C. Cheng & Hung T. Chang

（2435）木荷 *Schima superba* Gardner & Champion

783. 紫茎属 *Stewartia*

（2436）紫茎 *Stewartia sinensis* Rehder & E. H. Wilson

一百六十二、山矾科 **Symplocaceae**

784. 山矾属 *Symplocos*

（2437）薄叶山矾 *Symplocos anomala* Brand

（2438）毛山矾 *Symplocos groffii* Merrill

（2439）光叶山矾 *Symplocos lancifolia* Siebold & Zuccarini

（2440）白檀 *Symplocos paniculata* （Thunberg）Miquel

（2441）叶萼山矾 *Symplocos phyllocalyx* Clarke

（2442）多花山矾 *Symplocos ramosissima* Wallich ex G. Don

（2443）老鼠矢 *Symplocos stellaris* Brand

（2444）山矾 *Symplocos sumuntia* Buchanan-Hamilton ex D. Don

一百六十三、安息香科 **Styracaceae**

785. 赤杨叶属 *Alniphyllum*

（2445）赤杨叶 *Alniphyllum fortunei* （Hemsley）Makino

786. 白辛树属 *Pterostyrax*

（2446）小叶白辛树 *Pterostyrax corymbosus* Siebold & Zuccarini

（2447）白辛树 *Pterostyrax psilophyllus* Diels ex Perkins

787. 秤锤树属 *Sinojackia*

（2448）长果秤锤树 *Sinojackia dolichocarpa* C. J. Qi

（2449）秤锤树 *Sinojackia xylocarpa* Hu

788. 安息香属 *Styrax*

（2450）灰叶安息香 *Styrax calvescens* Perkins

（2451）垂珠花 *Styrax dasyanthus* Perkins

（2452）白花龙 *Styrax faberi* Perkins

（2453）老鸹铃 *Styrax hemsleyanus* Diels

（2454）野茉莉 *Styrax japonicus* Siebold & Zuccarini

（2455）芬芳安息香 *Styrax odoratissimus* Champion

（2456）栓叶安息香 *Styrax suberifolius* Hooker et Arnott

一百六十四、猕猴桃科 Actinidiaceae

789. 猕猴桃属 *Actinidia*

（2457）软枣猕猴桃 *Actinidia arguta* (Siebold & Zuccarini) Planchon ex Miquel

（2458）陕西猕猴桃 *Actinidia arguta* var. *giraldii* (Diels) Voroschilov

（2459）硬齿猕猴桃 *Actinidia callosa* (C. B. Clarke) Ridley

（2460）京梨猕猴桃 *Actinidia callosa* var. *henryi* Maximowicz

（2461）中华猕猴桃 *Actinidia chinensis* Planchon

（2462）美味猕猴桃 *Actinidia chinensis* var. *deliciosa* (A. Chevalier) A. Chevalier

（2463）阔叶猕猴桃 *Actinidia latifolia* (Gardner & Champion) Merrill

（2464）黑蕊猕猴桃 *Actinidia melanandra* Franchet

（2465）葛枣猕猴桃 *Actinidia polygama* (Siebold & Zuccarini) Maximowicz

（2466）红茎猕猴桃 *Actinidia rubricaulis* Dunn

（2467）革叶猕猴桃 *Actinidia rubricaulis* var. *coriacea* (Finet & Gagnepain) C. F. Liang

（2468）四萼猕猴桃 *Actinidia tetramera* Maximowicz

（2469）毛蕊猕猴桃 *Actinidia trichogyna* Franchet

（2470）对萼猕猴桃 *Actinidia valvata* Dunn

790. 藤山柳属 *Clematoclethra*

（2471）猕猴桃藤山柳 *Clematoclethra scandens* subsp. *actinidioides* (Maximowicz) Y. C. Tang & Q. Y. Xiang

（2472）繁花藤山柳 *Clematoclethra scandens* subsp. *hemsleyi* (Baillon) Y. C. Tang & Q. Y. Xiang

一百六十五、桤叶树科 Clethraceae

791. 桤叶树属 *Clethra*

（2473）髭脉桤叶树 *Clethra barbinervis* Siebold & Zuccarini

（2474）城口桤叶树 *Clethra fargesii* Franchet

一百六十六、杜鹃花科 Ericaceae

792. 喜冬草属 *Chimaphila*

（2475）喜冬草 *Chimaphila japonica* Miquel

793. 吊钟花属 *Enkianthus*

（2476）灯笼树 *Enkianthus chinensis* Franchet

（2477）齿缘吊钟花 *Enkianthus serrulatus* (E. H. Wilson) C. K. Schneider

794. 珍珠花属 *Lyonia*

（2478）小果珍珠花 *Lyonia ovalifolia* var. *elliptica* (Siebold & Zuccarini) Handel-Mazzetti

795. 水晶兰属 *Monotropa*

（2479）水晶兰 *Monotropa uniflora* Linnaeus

796. 马醉木属 *Pieris*

(2480) 美丽马醉木 *Pieris formosa* (Wallich) D. Don

797. 鹿蹄草属 *Pyrola*

(2481) 鹿蹄草 *Pyrola calliantha* Andres

(2482) 普通鹿蹄草 *Pyrola decorata* Andres

798. 杜鹃花属 *Rhododendron*

(2483) 弯尖杜鹃 *Rhododendron adenopodum* Franchet

(2484) 毛肋杜鹃 *Rhododendron augustinii* Hemsley

(2485) 耳叶杜鹃 *Rhododendron auriculatum* Hemsley

(2486) 喇叭杜鹃 *Rhododendron discolor* Franchet

(2487) 丁香杜鹃 *Rhododendron farrerae* Tate ex Sweet

(2488) 云锦杜鹃 *Rhododendron fortunei* Lindley

(2489) 杂种杜鹃 *Rhododendron hybrida* Hort.

(2490) 粉白杜鹃 *Rhododendron hypoglaucum* Hemsley

(2491) 西施花 *Rhododendron latoucheae* Franchet

(2492) 麻花杜鹃 *Rhododendron maculiferum* Franchet

(2493) 宝兴杜鹃 *Rhododendron moupinense* Franchet

(2494) 马银花 *Rhododendron ovatum* (Lindley) Planchon ex Maximowicz

(2495) 早春杜鹃 *Rhododendron praevernum* Hutchinson

(2496) 石门杜鹃 *Rhododendron shimenense* Q. X. Liu et C. M. Zhang

(2497) 杜鹃 *Rhododendron simsii* Planchon

(2498) 长蕊杜鹃 *Rhododendron stamineum* Franchet

(2499) 四川杜鹃 *Rhododendron sutchuenense* Franchet

(2500) 天门山杜鹃 *Rhododendron tianmenshanense* C. L. Peng & L. H. Yan

(2501) 锦绣杜鹃 *Rhododendron × pulchrum* Sweet

799. 越橘属 *Vaccinium*

(2502) 南烛 *Vaccinium bracteatum* Thunberg

(2503) 无梗越橘 *Vaccinium henryi* Hemsley

(2504) 黄背越橘 *Vaccinium iteophyllum* Hance

(2505) 扁枝越橘 *Vaccinium japonicum* var. *sinicum* (Nakai) Rehder

(2506) 江南越橘 *Vaccinium mandarinorum* Diels

一百六十七、茶茱萸科 **Icacinaceae**

800. 无须藤属 *Hosiea*

(2507) 无须藤 *Hosiea sinensis* (Oliver) Hemsley & E. H. Wilson

801. 假柴龙树属 *Nothapodytes*

(2508) 马比木 *Nothapodytes pittosporoides* (Oliver) Sleumer

一百六十八、杜仲科 **Eucommiaceae**

802. 杜仲属 *Eucommia*

(2509) 杜仲 *Eucommia ulmoides* Oliver

一百六十九、丝缨花科 **Garryaceae**

803. 桃叶珊瑚属 *Aucuba*

(2510) 桃叶珊瑚 *Aucuba chinensis* Bentham

（2511）喜马拉雅珊瑚 *Aucuba himalaica* J. D. Hooker et Thomson

（2512）长叶珊瑚 *Aucuba himalaica* var. *dolichophylla* W. P. Fang et T. P. Soong

（2513）密毛桃叶珊瑚 *Aucuba himalaica* var. *pilossima* W. P. Fang et T. P. Soong

（2514）倒心叶珊瑚 *Aucuba obcordata*（Rehder）Fu ex W. K. Hu et T. P. Soong

一百七十、茜草科 Rubiaceae

804. 水团花属 *Adina*

（2515）细叶水团花 *Adina rubella* Hance

805. 茜树属 *Aidia*

（2516）茜树 *Aidia cochinchinensis* Loureiro

806. 虎刺属 *Damnacanthus*

（2517）虎刺 *Damnacanthus indicus* C. F. Gaertner

（2518）四川虎刺 *Damnacanthus officinarum* Huang

807. 狗骨柴属 *Diplospora*

（2519）毛狗骨柴 *Diplospora fruticosa* Hemsley

808. 香果树属 *Emmenopterys*

（2520）香果树 *Emmenopterys henryi* Oliver

809. 拉拉藤属 *Galium*

（2521）原拉拉藤 *Galium aparine* Linnaeus

（2522）四叶葎 *Galium bungei* Steudel

（2523）狭叶四叶葎 *Galium bungei* var. *angustifolium*（Loesener）Cufodontis

（2524）硬毛四叶葎 *Galium bungei* var. *hispidum*（Matsud）Cufodontis

（2525）毛四叶葎 *Galium bungei* var. *punduanoides* Cufodontis

（2526）阔叶四叶葎 *Galium bungei* var. *trachyspermum*（A. Gray）Cufodontis

（2527）线梗拉拉藤 *Galium comari* H. Léveillé & Vaniot

（2528）六叶葎 *Galium hoffmeisteri*（Klotzsch）Ehrendorfer & Schönbeck-Temesy ex R. R. Mill

（2529）显脉拉拉藤 *Galium kinuta* Nakai et H. Hara

（2530）线叶拉拉藤 *Galium linearifolium* Turczaninow

（2531）林猪殃殃 *Galium paradoxum* Maximowicz

（2532）猪殃殃 *Galium spurium* Linnaeus

（2533）小叶猪殃殃 *Galium trifidum* Linnaeus

810. 栀子属 *Gardenia*

（2534）栀子 *Gardenia jasminoides* J. Ellis

811. 耳草属 *Hedyotis*

（2535）金毛耳草 *Hedyotis chrysotricha*（Palibin）Merrill

（2536）伞房花耳草 *Hedyotis corymbosa*（Linnaeus）Lamarck

812. 粗叶木属 *Lasianthus*

（2537）日本粗叶木 *Lasianthus japonicus* Miquel

813. 野丁香属 *Leptodermis*

（2538）野丁香 *Leptodermis potaninii* Batalin

814. 巴戟天属 *Morinda*

（2539）羊角藤 *Morinda umbellata* subsp. *obovata* Y. Z. Ruan

815. 玉叶金花属 *Mussaenda*

(2540)玉叶金花 *Mussaenda pubescens* W. T. Aiton

(2541)大叶白纸扇 *Mussaenda shikokiana* Makino

816. 密脉木属 *Myrioneuron*

(2542)密脉木 *Myrioneuron faberi* Hemsley

817. 新耳草属 *Neanotis*

(2543)薄叶新耳草 *Neanotis hirsuta* (Linnaeus f.) W. H. Lewis

(2544)臭味新耳草 *Neanotis ingrata* (Wallich ex J. D. Hooker) W. H. Lewis

818. 薄柱草属 *Nertera*

(2545)薄柱草 *Nertera sinensis* Hemsley

819. 蛇根草属 *Ophiorrhiza*

(2546)中华蛇根草 *Ophiorrhiza chinensis* H. S. Lo

(2547)贵州蛇根草 *Ophiorrhiza guizhouensis* C. D. Yang & G. Q. Gou

(2548)日本蛇根草 *Ophiorrhiza japonica* Blume

820. 鸡矢藤属 *Paederia*

(2549)鸡矢藤 *Paederia foetida* Linnaeus

821. 茜草属 *Rubia*

(2550)金剑草 *Rubia alata* Wallich

(2551)茜草 *Rubia cordifolia* Linnaeus

(2552)金钱茜草 *Rubia membranacea* Diels

(2553)卵叶茜草 *Rubia ovatifolia* Z. Ying Zhang ex Q. Lin

822. 白马骨属 *Serissa*

(2554)六月雪 *Serissa japonica* (Thunberg) Thunberg

823. 鸡仔木属 *Sinoadina*

(2555)鸡仔木 *Sinoadina racemosa* (Siebold et Zuccarini) Ridsdale

824. 假繁缕属 *Theligonum*

(2556)假繁缕 *Theligonum macranthum* Franchet

825. 钩藤属 *Uncaria*

(2557)钩藤 *Uncaria rhynchophylla* (Miquel) Miquel ex Haviland

(2558)华钩藤 *Uncaria sinensis* (Oliver) Haviland

一百七十一、龙胆科 **Gentianaceae**

826. 龙胆属 *Gentiana*

(2559)川东龙胆 *Gentiana arethusae* Burkill

(2560)少叶龙胆 *Gentiana oligophylla* Harry Smith

(2561)红花龙胆 *Gentiana rhodantha* Franchet

(2562)深红龙胆 *Gentiana rubicunda* Franchet

(2563)水繁缕叶龙胆 *Gentiana samolifolia* Franchet

(2564)灰绿龙胆 *Gentiana yokusai* Burkil

827. 扁蕾属 *Gentianopsis*

(2565)卵叶扁蕾 *Gentianopsis paludosa* var. *ovatodeltoidea* (Burkill) Ma

828. 花锚属 *Halenia*

(2566)卵萼花锚 *Halenia elliptica* D. Don

829. 獐牙菜属 *Swertia*

（2567）獐牙菜 *Swertia bimaculata* (Siebold & Zuccarini) J. D. Hooker & Thomson ex C. B. Clarke

（2568）川东獐牙菜 *Swertia davidii* Franchet

（2569）紫斑歧伞獐牙菜 *Swertia dichotoma* var. *punctata* T. N. Ho et S. W. Liu

（2570）贵州獐牙菜 *Swertia kouitchensis* Franchet

（2571）大籽獐牙菜 *Swertia macrosperma* (C. B. Clarke) C. B. Clarke

（2572）紫红獐牙菜 *Swertia punicea* Hemsley

830. 双蝴蝶属 *Tripterospermum*

（2573）湖北双蝴蝶 *Tripterospermum discoideum* (C. Marquand) Harry Smith

（2574）细茎双蝴蝶 *Tripterospermum filicaule* (Hemsley) Harry Smith

一百七十二、马钱科 Loganiaceae

831. 蓬莱葛属 *Gardneria*

（2575）柳叶蓬莱葛 *Gardneria lanceolata* Rehder & E. H. Wilson

（2576）蓬莱葛 *Gardneria multiflora* Makino

832. 度量草属 *Mitreola*

（2577）毛叶度量草 *Mitreola pedicellata* Bentham

一百七十三、夹竹桃科 Apocynaceae

833. 秦岭藤属 *Biondia*

（2578）祛风藤 *Biondia microcentra* (Tsiang) P. T. Li

834. 长春花属 *Catharanthus*

（2579）长春花 *Catharanthus roseus* (Linnaeus) G. Don

835. 吊灯花属 *Ceropegia*

（2580）巴东吊灯花 *Ceropegia driophila* C. K. Schneider

836. 鹅绒藤属 *Cynanchum*

（2581）牛皮消 *Cynanchum auriculatum* Royle ex Wight

（2582）峨眉牛皮消 *Cynanchum giraldii* Schlechter

（2583）朱砂藤 *Cynanchum officinale* (Hemsley) Tsiang & Zhang

（2584）隔山消 *Cynanchum wilfordii* (Maximowicz) J. D. Hooker

837. 马兰藤属 *Dischidanthus*

（2585）马兰藤 *Dischidanthus urceolatus* (Decaisne) Tsiang

838. 黑鳗藤属 *Jasminanthes*

（2586）假木藤 *Jasminanthes chunii* (Tsiang) W. D. Stevens et P. T. Li

839. 牛奶菜属 *Marsdenia*

（2587）牛奶菜 *Marsdenia sinensis* Hemsley

840. 萝藦属 *Metaplexis*

（2588）华萝藦 *Metaplexis hemsleyana* Oliver

841. 夹竹桃属 *Nerium*

（2589）欧洲夹竹桃 *Nerium oleander* Linnaeus

842. 杠柳属 *Periploca*

（2590）青蛇藤 *Periploca calophylla* (Wight) Falconer

843. 毛药藤属 *Sindechites*

（2591）毛药藤 *Sindechites henryi* Oliver

844. 弓果藤属 *Toxocarpus*

(2592) 毛弓果藤 *Toxocarpus villosus* (Blume) Decaisne

845. 络石属 *Trachelospermum*

(2593) 亚洲络石 *Trachelospermum asiaticum* (Siebold & Zuccarini) Nakai

(2594) 紫花络石 *Trachelospermum axillare* J. D. Hooker

(2595) 络石 *Trachelospermum jasminoides* (Lindley) Lemaire

846. 娃儿藤属 *Tylophora*

(2596) 湖北娃儿藤 *Tylophora silvestrii* (Pampanini) Tsiang et P. T. Li

847. 白前属 *Vincetoxicum*

(2597) 白薇 *Vincetoxicum atratum* (Bunge) Morren et Decne.

(2598) 蔓剪草 *Vincetoxicum chekiangense* (M. Cheng) C. Y. Wu et D. Z. Li

(2599) 竹灵消 *Vincetoxicum inamoenum* Maxim.

(2600) 徐长卿 *Vincetoxicum pycnostelma* Kitag.

(2601) 柳叶白前 *Vincetoxicum stauntonii* (Decne.) C. Y. Wu et D. Z. Li

一百七十四、紫草科 **Boraginaceae**

848. 斑种草属 *Bothriospermum*

(2602) 柔弱斑种草 *Bothriospermum zeylanicum* (J. Jacquin) Druce

849. 琉璃草属 *Cynoglossum*

(2603) 琉璃草 *Cynoglossum furcatum* Wallich

(2604) 小花琉璃草 *Cynoglossum lanceolatum* Forsskål

850. 蓝蓟属 *Echium*

(2605) 蓝蓟 *Echium vulgare* Linnaeus

851. 紫草属 *Lithospermum*

(2606) 紫草 *Lithospermum erythrorhizon* Siebold & Zuccarini

(2607) 梓木草 *Lithospermum zollingeri* A. de Candolle

852. 车前紫草属 *Sinojohnstonia*

(2608) 短蕊车前紫草 *Sinojohnstonia moupinensis* (Franchet) W. T. Wang

853. 聚合草属 *Symphytum*

(2609) 聚合草 *Symphytum officinale* Linnaeus

854. 盾果草属 *Thyrocarpus*

(2610) 盾果草 *Thyrocarpus sampsonii* Hance

855. 附地菜属 *Trigonotis*

(2611) 西南附地菜 *Trigonotis cavaleriei* (H. Leveille) Handel-Mazzetti

(2612) 湖北附地菜 *Trigonotis mollis* Hemsley

(2613) 附地菜 *Trigonotis peduncularis* (Triranus) Bentham ex Baker & S. Moore

一百七十五、厚壳树科 **Ehretiaceae**

856. 厚壳树属 *Ehretia*

(2614) 厚壳树 *Ehretia acuminata* R. Brown

(2615) 粗糠树 *Ehretia dicksonii* Hance

一百七十六、旋花科 **Convolvulaceae**

857. 打碗花属 *Calystegia*

(2616) 打碗花 *Calystegia hederacea* Wallich

858. 菟丝子属 *Cuscuta*

(2617) 南方菟丝子 *Cuscuta australis* R. Brown

(2618) 金灯藤 *Cuscuta japonica* Choisy

859. 马蹄金属 *Dichondra*

(2619) 马蹄金 *Dichondra micrantha* Urban

860. 飞蛾藤属 *Dinetus*

(2620) 飞蛾藤 *Dinetus racemosus*（Wallich）Sweet

861. 虎掌藤属 *Ipomoea*

(2621) 蕹菜 *Ipomoea aquatica* Forsskål

(2622) 番薯 *Ipomoea batatas*（Linnaeus）Lamarck

(2623) 牵牛 *Ipomoea nil*（Linnaeus）Roth

(2624) 圆叶牵牛 *Ipomoea purpurea*（Linnaeus）Roth

(2625) 三裂叶薯 *Ipomoea triloba* Linnaeus

(2626) 茑萝 *Ipomoea quamoclit* Linnaeus

(2627) 葵叶茑萝 *Ipomoea × sloteri*（Raf.）Shinners

862. 三翅藤属 *Tridynamia*

(2628) 大果三翅藤 *Tridynamia sinensis*（Hemsley）Staples

一百七十七、茄科 Solanaceae

863. 地海椒属 *Archiphysalis*

(2629) 广西地海椒 *Archiphysalis chamaesarachoides*（Makino）Kuang

864. 天蓬子属 *Atropanthe*

(2630) 天蓬子 *Atropanthe sinensis*（Hemsley）Pascher

865. 木曼陀罗属 *Brugmansia*

(2631) 大花曼陀罗 *Brugmansia arborea*（L.）Lagerh.

866. 鸳鸯茉莉属 *Brunfelsia*

(2632) 鸳鸯茉莉 *Brunfelsia latifolia* Bentham

867. 辣椒属 *Capsicum*

(2633) 辣椒 *Capsicum annuum* Linnaeus

868. 夜香树属 *Cestrum*

(2634) 夜香树 *Cestrum nocturnum* Linnaeus

869. 曼陀罗属 *Datura*

(2635) 曼陀罗 *Datura stramonium* Linnaeus

870. 红丝线属 *Lycianthes*

(2636) 鄂红丝线 *Lycianthes hupehensis*（Bitter）C. Y. Wu et S. C. Huang

(2637) 单花红丝线 *Lycianthes lysimachioides*（Wallich）Bitter

(2638) 紫单花红丝线 *Lycianthes lysimachioides* var. *purpuriflora* C. Y. Wu et S. C. Huang

871. 枸杞属 *Lycium*

(2639) 宁夏枸杞 *Lycium barbarum* Linnaeus

(2640) 枸杞 *Lycium chinense* Miller

872. 烟草属 *Nicotiana*

(2641) 烟草 *Nicotiana tabacum* Linnaeus

873. 散血丹属 *Physaliastrum*

(2642) 江南散血丹 *Physaliastrum heterophyllum* (Hemsley) Migo

874. 酸浆属 *Physalis*

(2643) 酸浆 *Physalis alkekengi* Linnaeus

(2644) 挂金灯 *Physalis alkekengi* var. *franchetii* (Masters) Makino

(2645) 苦蘵 *Physalis angulata* Linnaeus

875. 茄属 *Solanum*

(2646) 喀西茄 *Solanum aculeatissimum* Jacquin

(2647) 番茄 *Solanum lycopersicum* Linnaeus.

(2648) 白英 *Solanum lyratum* Thunberg

(2649) 茄 *Solanum melongena* Linnaeus

(2650) 龙葵 *Solanum nigrum* Linnaeus

(2651) 海桐叶白英 *Solanum pittosporifolium* Hemsley

(2652) 珊瑚樱 *Solanum pseudocapsicum* Linnaeus

(2653) 珊瑚豆 *Solanum pseudocapsicum* var. *diflorum* (Vellozo) Bitter

(2654) 马铃薯 *Solanum tuberosum* Linnaeus

876. 龙珠属 *Tubocapsicum*

(2655) 龙珠 *Tubocapsicum anomalum* (Franchet & Savatier) Makino

一百七十八、木犀科 **Oleaceae**

877. 流苏树属 *Chionanthus*

(2656) 流苏树 *Chionanthus retusus* Lindley et Paxton

878. 连翘属 *Forsythia*

(2657) 秦连翘 *Forsythia giraldiana* Lingelsheim

(2658) 连翘 *Forsythia suspensa* (Thunberg) Vahl

(2659) 金钟花 *Forsythia viridissima* Lindley

879. 梣属 *Fraxinus*

(2660) 白蜡树 *Fraxinus chinensis* Roxburgh

(2661) 光蜡树 *Fraxinus griffithii* C. B. Clarke

(2662) 湖北梣 *Fraxinus hupehensis* Ch'u et Shang et Su

(2663) 苦枥木 *Fraxinus insularis* Hemsley

(2664) 秦岭梣 *Fraxinus paxiana* Lingelsheim

880. 素馨属 *Jasminum*

(2665) 探春花 *Jasminum floridum* Bunge

(2666) 清香藤 *Jasminum lanceolaria* Roxburgh

(2667) 野迎春 *Jasminum mesnyi* Hance

(2668) 迎春花 *Jasminum nudiflorum* Lindley

(2669) 茉莉花 *Jasminum sambac* (Linnaeus) Aiton

(2670) 华素馨 *Jasminum sinense* Hemsley

(2671) 川素馨 *Jasminum urophyllum* Hemsley

881. 女贞属 *Ligustrum*

(2672) 丽叶女贞 *Ligustrum henryi* Hemsley

(2673) 蜡子树 *Ligustrum leucanthum* (S. Moore) P. S. Green

（2674）女贞 *Ligustrum lucidum* W. T. Aiton

（2675）辽东水蜡树 *Ligustrum obtusifolium* subsp. *suave* (Kitagaw) Kitagawa

（2676）小叶女贞 *Ligustrum quihoui* Carrière

（2677）小蜡 *Ligustrum sinense* Loureiro

（2678）多毛小蜡 *Ligustrum sinense* var. *coryanum* (W. W. Smith) Handel-Mazzetti

（2679）光萼小蜡 *Ligustrum sinense* Loureiro var. *myrianthum* (Diels) Hoefker

（2680）宜昌女贞 *Ligustrum strongylophyllum* Hemsley

882. 木犀属 *Osmanthus*

（2681）红柄木犀 *Osmanthus armatus* Diels

（2682）宁波木犀 *Osmanthus cooperi* Hemsley

（2683）木犀 *Osmanthus fragrans* Loureiro

一百七十九、苦苣苔科 Gesneriaceae

883. 旋蒴苣苔属 *Boea*

（2684）大花旋蒴苣苔 *Boea clarkeana* Hemsley

（2685）旋蒴苣苔 *Boea hygrometrica* (Bunge) R. Brown

884. 珊瑚苣苔属 *Corallodiscus*

（2686）珊瑚苣苔 *Corallodiscus lanuginosus* (Wallich ex R. Brown) B. L. Burtt

885. 光叶苣苔属 *Glabrella*

（2687）光叶苣苔 *Glabrella mihieri* (Franch.) Mich. Möller & W. H. Chen

886. 半蒴苣苔属 *Hemiboea*

（2688）纤细半蒴苣苔 *Hemiboea gracilis* Franchet

（2689）柔毛半蒴苣苔 *Hemiboea mollifolia* W. T. Wang

（2690）降龙草 *Hemiboea subcapitata* C. B. Clarke

887. 吊石苣苔属 *Lysionotus*

（2691）小叶吊石苣苔 *Lysionotus microphyllus* W. T. Wang

（2692）吊石苣苔 *Lysionotus pauciflorus* Maximowicz

888. 马铃苣苔属 *Oreocharis*

（2693）长瓣马铃苣苔 *Oreocharis auricula* (S. Moore) C. B. Clarke

（2694）直瓣苣苔 *Oreocharis saxatilis* (Hemsl.) Mich. Möller & A. Weber

（2695）鄂西佛肚苣苔 *Oreocharis speciosa* (Hemsl.) Mich. Möller & W. H. Chen

889. 蛛毛苣苔属 *Paraboea*

（2696）厚叶蛛毛苣苔 *Paraboea crassifolia* (Hemsley) B. L. Burtt

（2697）蛛毛苣苔 *Paraboea sinensis* (Oliver) B. L. Burtt

890. 石山苣苔属 *Petrocodon*

（2698）石山苣苔 *Petrocodon dealbatus* Hance

891. 石蝴蝶属 *Petrocosmea*

（2699）中华石蝴蝶 *Petrocosmea sinensis* Oliver

892. 报春苣苔属 *Primulina*

（2700）牛耳朵 *Primulina eburnea* (Hance) Yin Z. Wang

（2701）钝齿报春苣苔 *Primulina obtusidentata* (W. T. Wang) Mich. Möller & A. Weber

（2702）神农架唇柱苣苔 *Primulina tenuituba* (W. T. Wang) Yin Z. Wang

一百八十、车前科 Plantaginaceae

893. 水马齿属 *Callitriche*

（2703）水马齿 *Callitriche palustris* Linnaeus

894. 鞭打绣球属 *Hemiphragma*

（2704）鞭打绣球 *Hemiphragma heterophyllum* Wallich

895. 石龙尾属 *Limnophila*

（2705）石龙尾 *Limnophila sessiliflora*（Vahl）Blume

896. 车前属 *Plantago*

（2706）车前 *Plantago asiatica* Linnaeus

（2707）疏花车前 *Plantago erosa* Wallich

（2708）平车前 *Plantago depressa* Willdenow

（2709）大车前 *Plantago major* Linnaeus

897. 婆婆纳属 *Veronica*

（2710）北水苦荬 *Veronica anagallis-aquatica* Linnaeus

（2711）华中婆婆纳 *Veronica henryi* T. Yamazaki

（2712）疏花婆婆纳 *Veronica laxa* Bentham

（2713）蚊母草 *Veronica peregrina* Linnaeus

（2714）阿拉伯婆婆纳 *Veronica persica* Poiret

（2715）婆婆纳 *Veronica polita* Fries

（2716）小婆婆纳 *Veronica serpyllifolia* Linnaeus

（2717）四川婆婆纳 *Veronica szechuanica* Batalin

（2718）水苦荬 *Veronica undulata* Wallich ex Jack

898. 腹水草属 *Veronicastrum*

（2719）爬岩红 *Veronicastrum axillare*（Siebold et Zuccarini）T. Yamazaki

（2720）美穗草 *Veronicastrum brunonianum*（Benth.）Hong

（2721）四方麻 *Veronicastrum caulopterum*（Hance）T. Yamazaki

（2722）腹水草 *Veronicastrum stenostachyum*（Hemsley）T. Yamazaki

（2723）细穗腹水草 *Veronicastrum stenostachyum* subsp. *plukenetii*（T. Yamazaki）D. Y. Hong

一百八十一、玄参科 Scrophulariaceae

899. 醉鱼草属 *Buddleja*

（2724）巴东醉鱼草 *Buddleja albiflora* Hemsley

（2725）大叶醉鱼草 *Buddleja davidii* Franchet

（2726）醉鱼草 *Buddleja lindleyana* Fortune

（2727）密蒙花 *Buddleja officinalis* Maximowicz

900. 玄参属 *Scrophularia*

（2728）玄参 *Scrophularia ningpoensis* Hemsley

一百八十二、母草科 Linderniaceae

901. 母草属 *Lindernia*

（2729）泥花草 *Lindernia antipoda*（Linnaeus）Alston

（2730）母草 *Lindernia crustacea*（Linnaeus）F. Mueller

（2731）狭叶母草 *Lindernia micrantha* D. Don

（2732）宽叶母草 *Lindernia nummulariifolia*（D. Don）Wettstein

（2733）旱田草 *Lindernia ruellioides*（Colsmann）Pennell

902. 蝴蝶草属 *Torenia*

（2734）蓝猪耳 *Torenia fournieri* Linden ex Fournier

（2735）光叶蝴蝶草 *Torenia glabra* Osbeck

（2736）紫萼蝴蝶草 *Torenia violacea*（Azaola ex Blanco）Pennell

一百八十三、芝麻科 Pedaliaceae

903. 芝麻属 *Sesamum*

（2737）芝麻 *Sesamum indicum* Linnaeus

一百八十四、唇形科 Lamiaceae

904. 藿香属 *Agastache*

（2738）藿香 *Agastache rugosa*（Fischer & C. Meyer）Kuntze

905. 筋骨草属 *Ajuga*

（2739）微毛筋骨草 *Ajuga ciliata* var. *glabrescens* Hemsley

（2740）金疮小草 *Ajuga decumbens* Thunberg

（2741）多花筋骨草 *Ajuga multiflora* Bunge

（2742）紫背金盘 *Ajuga nipponensis* Makino

906. 紫珠属 *Callicarpa*

（2743）紫珠 *Callicarpa bodinieri* H. Léveillé

（2744）华紫珠 *Callicarpa cathayana* Chang

（2745）老鸦糊 *Callicarpa giraldii* Hesse ex Rehder

（2746）毛叶老鸦糊 *Callicarpa giraldii* var. *subcanescens* Rehder

（2747）湖北紫珠 *Callicarpa gracilipes* Rehder

（2748）藤紫珠 *Callicarpa integerrima* var. *chinensis*（P'ei）S. L. Chen

（2749）日本紫珠 *Callicarpa japonica* Thunberg

（2750）广东紫珠 *Callicarpa kwangtungensis* Chun

（2751）窄叶紫珠 *Callicarpa membranacea* Chang

（2752）红紫珠 *Callicarpa rubella* Lindley

（2753）常绿紫珠 *Callicarpa* sp.

（2754）秃尖尾枫 *Callicarpa subglabra*（P'ei）Daigui-Zhang et Qun-Liu al.

907. 莸属 *Caryopteris*

（2755）兰香草 *Caryopteris incana*（Thunberg ex Houttuyn）Miquel

908. 铃子香属 *Chelonopsis*

（2756）毛药花 *Chelonopsis deflexa*（Bentham）Diels

909. 大青属 *Clerodendrum*

（2757）臭牡丹 *Clerodendrum bungei* Steudel

（2758）大青 *Clerodendrum cyrtophyllum* Turczaninow

（2759）海通 *Clerodendrum mandarinorum* Diels

（2760）海州常山 *Clerodendrum trichotomum* Thunberg

910. 风轮菜属 *Clinopodium*

（2761）风轮菜 *Clinopodium chinense*（Bentham）Kuntze

（2762）细风轮菜 *Clinopodium gracile*（Bentham）Matsumura

（2763）寸金草 *Clinopodium megalanthum*（Diels）C. Y. Wu & Hsuan ex H. W. Li

（2764）灯笼草 *Clinopodium polycephalum*（Vaniot）C. Y. Wu & Hsuan ex P. S. Hsu

911. 绵穗苏属 *Comanthosphace*

（2765）绵穗苏 *Comanthosphace ningpoensis*（Hemsley）Handel-Mazzetti

912. 香薷属 *Elsholtzia*

（2766）紫花香薷 *Elsholtzia argyi* H. Léveillé

（2767）香薷 *Elsholtzia ciliata*（Thunberg）Hylander

（2768）野香草 *Elsholtzia cyprianii*（Pavolini）S. Chow ex P. S. Hsu

913. 活血丹属 *Glechoma*

（2769）白透骨消 *Glechoma biondiana*（Diels）C. Y. Wu et C. Chen

（2770）狭萼白透骨消 *Glechoma biondiana* var. *angustituba* C. Y. Wu et C. Chen

（2771）活血丹 *Glechoma longituba*（Nakai）Kuprianova

914. 异野芝麻属 *Heterolamium*

（2772）异野芝麻 *Heterolamium debile*（Hemsley）C. Y. Wu

（2773）细齿异野芝麻 *Heterolamium debile* var. *cardiophyllum*（Hemsley）C. Y. Wu

915. 香茶菜属 *Isodon*

（2774）鄂西香茶菜 *Isodon henryi*（Hemsley）Kudo

（2775）内折香茶菜 *Isodon inflexus*（Thunberg）Kudo

（2776）线纹香茶菜 *Isodon lophanthoides*（Buchanan-Hamilton ex D. Don）H. Hara

（2777）显脉香茶菜 *Isodon nervosus*（Hemsley）Kudo

（2778）总序香茶菜 *Isodon racemosus*（Hemsley）H. W. Li

（2779）碎米桠 *Isodon rubescens*（Hemsley）H. Hara

（2780）溪黄草 *Isodon serra*（Maximowicz）Kudo

916. 动蕊花属 *Kinostemon*

（2781）粉红动蕊花 *Kinostemon alborubrum*（Hemsley）C. Y. Wu & S. Chow

（2782）动蕊花 *Kinostemon ornatum*（Hemsley）Kudo

917. 野芝麻属 *Lamium*

（2783）宝盖草 *Lamium amplexicaule* Linnaeus

（2784）野芝麻 *Lamium barbatum* Siebold & Zuccarini

918. 益母草属 *Leonurus*

（2785）假鬃尾草 *Leonurus chaituroides* C. Y. Wu et H. W. Li

（2786）益母草 *Leonurus japonicus* Houttuyn

919. 地笋属 *Lycopus*

（2787）硬毛地笋 *Lycopus lucidus* var. *hirtus* Regel

920. 小野芝麻属 *Matsumurella*

（2788）小野芝麻 *Matsumurella chinense*（Benth.）C. Y. Wu

921. 龙头草属 *Meehania*

（2789）肉叶龙头草 *Meehania faberi*（Hemsley）C. Y. Wu

（2790）华西龙头草 *Meehania fargesii*（H. Leveille）C. Y. Wu

（2791）梗花华西龙头草 *Meehania fargesii* var. *pedunculata*（Hemsley）C. Y. Wu

（2792）走茎华西龙头草 *Meehania fargesii* var. *radicans*（Vaniot）C. Y. Wu

（2793）龙头草 *Meehania henryi*（Hemsley）Sun ex C. Y. Wu

922. 蜜蜂花属 Melissa

(2794) 蜜蜂花 Melissa axillaris (Bentham) Bakhuizen f.

923. 薄荷属 Mentha

(2795) 薄荷 Mentha canadensis Linnaeus

(2796) 辣薄荷 Mentha × piperita Linnaeus

924. 冠唇花属 Microtoena

(2797) 麻叶冠唇花 Microtoena urticifolia Hemsley

925. 石荠苎属 Mosla

(2798) 小花荠苎 Mosla cavaleriei H. Leveille

(2799) 石香薷 Mosla chinensis Maximowicz

(2800) 小鱼荠苎 Mosla dianthera (Buchanan-Hamilton ex Roxburgh) Maximowicz

(2801) 石荠苎 Mosla scabra (Thunberg) C. Y. Wu & H. W. Li

926. 荆芥属 Nepeta

(2802) 心叶荆芥 Nepeta fordii Hemsley

927. 罗勒属 Ocimum

(2803) 疏柔毛罗勒 Ocimum basilicum var. pilosum (Willdenow) Bentham

928. 牛至属 Origanum

(2804) 牛至 Origanum vulgare Linnaeus

929. 假糙苏属 Paraphlomis

(2805) 绒毛假糙苏 Paraphlomis albotomentosa C. Y. Wu

(2806) 纤细假糙苏 Paraphlomis gracilis (Hemsley) Kudo

(2807) 狭叶假糙苏 Paraphlomis javanica var. angustifolia (C. Y. Wu) C. Y. Wu & H. W. Li

(2808) 低矮假糙苏 Paraphlomis nana Y. P. Chen, C. Xiong & C. L. Xiang

930. 紫苏属 Perilla

(2809) 紫苏 Perilla frutescens (Linnaeus) Britton

(2810) 回回苏 Perilla frutescens var. crispa (Bentham) Deane ex Bailey

(2811) 野生紫苏 Perilla frutescens var. purpurascens (Hayat) H. W. Li

931. 糙苏属 Phlomis

(2812) 糙苏 Phlomis umbrosa Turczaninow

(2813) 凹叶糙苏 Phlomis umbrosa var. emarginata S. H. Fu et J. H. Zheng

932. 豆腐柴属 Premna

(2814) 狐臭柴 Premna puberula Pampanini

933. 夏枯草属 Prunella

(2815) 夏枯草 Prunella vulgaris Linnaeus

934. 钩子木属 Rostrinucula

(2816) 长叶钩子木 Rostrinucula sinensis (Hemsley) C. Y. Wu

935. 鼠尾草属 Salvia

(2817) 南丹参 Salvia bowleyana Dunn

(2818) 贵州鼠尾草 Salvia cavaleriei H. Léveillé

(2819) 血盆草 Salvia cavaleriei var. simplicifolia E. Peter

(2820) 华鼠尾草 Salvia chinensis Bentham

（2821）湖北鼠尾草 *Salvia hupehensis* E. Peter

（2822）鄂西鼠尾草 *Salvia maximowicziana* Hemsley

（2823）丹参 *Salvia miltiorrhiza* Bunge

（2824）南川鼠尾草 *Salvia nanchuanensis* Sun

（2825）荔枝草 *Salvia plebeia* R. Brown

（2826）长冠鼠尾草 *Salvia plectranthoides* Griffith

（2827）一串红 *Salvia splendens* Ker Gawler

（2828）佛光草 *Salvia substolonifera* E. Peter

（2829）齿唇丹参 *Salvia vasta* var. *fimbriata* H. W. Li

936. 四棱草属 *Schnabelia*

（2830）三花莸 *Schnabelia terniflora*（Maxim.）P. D. Cantino

（2831）四齿四棱草 *Schnabelia tetrodonta*（Sun）C. Y. Wu et C. Chen

937. 黄芩属 *Scutellaria*

（2832）半枝莲 *Scutellaria barbata* D. Don

（2833）莸状黄芩 *Scutellaria caryopteroides* Handel-Mazzetti

（2834）岩藿香 *Scutellaria franchetiana* H. Léveillé

（2835）韩信草 *Scutellaria indica* Linnaeus

（2836）长毛韩信草 *Scutellaria indica* var. *elliptica* Sun ex C. H. Hu

（2837）锯叶峨眉黄芩 *Scutellaria omeiensis* var. *serratifolia* C. Y. Wu & S. Chow

（2838）紫茎京黄芩 *Scutellaria pekinensis* var. *purpureicaulis*（Migo）C. Y. Wu & H. W. Li

（2839）四裂花黄芩 *Scutellaria quadrilobulata* Sun ex C. H. Hu

938. 筒冠花属 *Siphocranion*

（2840）光柄筒冠花 *Siphocranion nudipes*（Hemsley）Kudo

939. 水苏属 *Stachys*

（2841）地蚕 *Stachys geobombycis* C. Y. Wu

（2842）针筒菜 *Stachys oblongifolia* Wallich ex Bentham

940. 香科科属 *Teucrium*

（2843）二齿香科科 *Teucrium bidentatum* Hemsley

（2844）穗花香科科 *Teucrium japonicum* Willdenow

（2845）庐山香科科 *Teucrium pernyi* Franchet

（2846）长毛香科科 *Teucrium pilosum*（Pampanini）C. Y. Wu & S. Chow

941. 牡荆属 *Vitex*

（2847）灰毛牡荆 *Vitex canescens* Kurz

（2848）黄荆 *Vitex negundo* Linnaeus

（2849）牡荆 *Vitex negundo* var. *cannabifolia*（Siebold et Zuccarini）Handel-Mazzetti

一百八十五、通泉草科 Mazaceae

942. 通泉草属 *Mazus*

（2850）匍茎通泉草 *Mazus miquelii* Makino

（2851）美丽通泉草 *Mazus pulchellus* Hemsley

（2852）通泉草 *Mazus pumilus*（N. L. Burman）Steenis

（2853）毛果通泉草 *Mazus spicatus* Vaniot

（2854）弹刀子菜 *Mazus stachydifolius*（Turczaninow）Maximowicz

一百八十六、透骨草科 Phrymaceae

943. 狗面花属 Erythranthe

(2855) 沟酸浆 Erythranthe tenellus (Bunge) G. L. Nesom

(2856) 尼泊尔沟酸浆 Erythranthe nepalensis (Benth) G. L. Nesom

944. 透骨草属 Phryma

(2857) 透骨草 Phryma leptostachya subsp. asiatica (H. Har) Kitamura

一百八十七、泡桐科 Paulowniaceae

945. 泡桐属 Paulownia

(2858) 川泡桐 Paulownia fargesii Franchet

(2859) 白花泡桐 Paulownia fortunei (Seemann) Hemsley

(2860) 台湾泡桐 Paulownia kawakamii T. Ito

(2861) 毛泡桐 Paulownia tomentosa (Thunberg) Steudel

946. 野菰属 Aeginetia

(2862) 野菰 Aeginetia indica Linnaeus

一百八十八、列当科 Orobanchaceae

947. 来江藤属 Brandisia

(2863) 来江藤 Brandisia hancei J. D. Hooker

948. 假野菰属 Christisonia

(2864) 假野菰 Christisonia hookeri C. B. Clarke

949. 钟萼草属 Lindenbergia

(2865) 野地钟萼草 Lindenbergia muraria (Roxburgh ex D. Don) Bruhl

950. 山罗花属 Melampyrum

(2866) 山罗花 Melampyrum roseum Maximowicz

951. 列当属 Orobanche

(2867) 列当 Orobanche coerulescens Stephan

952. 马先蒿属 Pedicularis

(2868) 扭盔马先蒿 Pedicularis davidii Franchet

(2869) 美观马先蒿 Pedicularis decora Franchet

(2870) 华中马先蒿 Pedicularis fargesii Franchet

(2871) 亨氏马先蒿 Pedicularis henryi Maximowicz

(2872) 全萼马先蒿 Pedicularis holocalyx Handel-Mazzetti

(2873) 藓生马先蒿 Pedicularis muscicola Maximowicz

(2874) 蔊菜叶马先蒿 Pedicularis nasturtiifolia Franchet

(2875) 返顾马先蒿 Pedicularis resupinata Linnaeus

(2876) 穗花马先蒿 Pedicularis spicata Pallas

(2877) 扭旋马先蒿 Pedicularis torta Maximowicz

953. 松蒿属 Phtheirospermum

(2878) 松蒿 Phtheirospermum japonicum (Thunberg) Kanitz

954. 地黄属 Rehmannia

(2879) 裂叶地黄 Rehmannia piasezkii Maximowicz

955. 阴行草属 Siphonostegia

(2880) 阴行草 Siphonostegia chinensis Bentham

956. 崖白菜属 *Triaenophora*

(2881) 崖白菜 *Triaenophora rupestris* (Hemsley) Solereder

一百八十九、狸藻科 Lentibulariaceae

957. 狸藻属 *Utricularia*

(2882) 圆叶挖耳草 *Utricularia striatula* Smith

一百九十、爵床科 Acanthaceae

958. 十万错属 *Asystasia*

(2883) 白接骨 *Asystasia neesiana* (Wallich) Nees

959. 水蓑衣属 *Hygrophila*

(2884) 水蓑衣 *Hygrophila ringens* (Linnaeus) R. Brown ex Sprengel

960. 爵床属 *Justicia*

(2885) 虾衣花 *Justicia brandegeana* D. C. Wasshausen et L. B. Smith

(2886) 爵床 *Justicia procumbens* Linnaeus

(2887) 杜根藤 *Justicia quadrifaria* (Nees) T. Anderson

961. 观音草属 *Peristrophe*

(2888) 九头狮子草 *Peristrophe japonica* (Thunberg) Bremekamp

962. 马蓝属 *Strobilanthes*

(2889) 翅柄马蓝 *Strobilanthes atropurpurea* Nees

(2890) 球花马蓝 *Strobilanthes dimorphotricha* Hance

(2891) 腺毛马蓝 *Strobilanthes forrestii* Diels

(2892) 南一笼鸡 *Strobilanthes henryi* Hemsley

(2893) 薄叶马蓝 *Strobilanthes labordei* H. Leveille

(2894) 野芝麻马蓝 *Strobilanthes lamium* C. B. Clarke ex W. W. Smith

(2895) 少花马蓝 *Strobilanthes oligantha* Miquel

一百九十一、紫葳科 Bignoniaceae

963. 凌霄属 *Campsis*

(2896) 凌霄 *Campsis grandiflora* (Thunberg) Schumann

964. 梓属 *Catalpa*

(2897) 灰楸 *Catalpa fargesii* Bureau

(2898) 梓 *Catalpa ovata* G. Don

965. 菜豆树属 *Radermachera*

(2899) 菜豆树 *Radermachera sinica* (Hance) Hemsley

一百九十二、马鞭草科 Verbenaceae

966. 马鞭草属 *Verbena*

(2900) 马鞭草 *Verbena officinalis* Linnaeus

(2901) 柳叶马鞭草 *Verbena bonariensis* Linnaeus

一百九十三、青荚叶科 Helwingiaceae

967. 青荚叶属 *Helwingia*

(2902) 中华青荚叶 *Helwingia chinensis* Batalin

(2903) 西域青荚叶 *Helwingia himalaica* J. D. Hooker et Thomson ex C. B. Clarke

(2904) 青荚叶 *Helwingia japonica* (Thunberg) F. Dietrich

(2905)白粉青荚叶 *Helwingia japonica* var. *hypoleuca* Hemsley ex Rehder

一百九十四、冬青科 Aquifoliaceae
968. 冬青属 *Ilex*

(2906)华中枸骨 *Ilex centrochinensis* S. Y. Hu

(2907)冬青 *Ilex chinensis* Sims

(2908)珊瑚冬青 *Ilex corallina* Franchet

(2909)枸骨 *Ilex cornuta* Lindley et Paxton

(2910)齿叶冬青 *Ilex crenata* Thunberg

(2911)龙里冬青 *Ilex dunniana* H. Leveille

(2912)狭叶冬青 *Ilex fargesii* Franchet

(2913)榕叶冬青 *Ilex ficoidea* Hemsley

(2914)康定冬青 *Ilex franchetiana* Loesener

(2915)扣树 *Ilex kaushue* S. Y. Hu

(2916)大果冬青 *Ilex macrocarpa* Oliv.

(2917)长梗冬青 *Ilex macrocarpa* var. *longipedunculata* S. Y. Hu

(2918)大柄冬青 *Ilex macropoda* Miquel

(2919)河滩冬青 *Ilex metabaptista* Loesener

(2920)小果冬青 *Ilex micrococca* Maximowicz

(2921)具柄冬青 *Ilex pedunculosa* Miquel

(2922)猫儿刺 *Ilex pernyi* Franchet

(2923)铁冬青 *Ilex rotunda* Thunberg

(2924)香冬青 *Ilex suaveolens* (H. Leveille) Loesener

(2925)四川冬青 *Ilex szechwanensis* Loesener

(2926)三花冬青 *Ilex triflora* Blume

(2927)绿叶冬青 *Ilex viridis* Champion ex Bentham

(2928)尾叶冬青 *Ilex wilsonii* Loesener

(2929)云南冬青 *Ilex yunnanensis* Franchet

一百九十五、桔梗科 Campanulaceae
969. 沙参属 *Adenophora*

(2930)丝裂沙参 *Adenophora capillaris* Hemsley

(2931)湖北沙参 *Adenophora longipedicellata* D. Y. Hong

(2932)杏叶沙参 *Adenophora petiolata* subsp. *hunanensis* (Nannfeldt) D. Y. Hong & S. Ge

(2933)无柄沙参 *Adenophora stricta* subsp. *sessilifolia* D. Y. Hong

(2934)聚叶沙参 *Adenophora wilsonii* Nannfeldt

970. 金钱豹属 *Campanumoea*

(2935)金钱豹 *Campanumoea javanica* Blume

971. 党参属 *Codonopsis*

(2936)川鄂党参 *Codonopsis henryi* Oliver

(2937)羊乳 *Codonopsis lanceolata* (Siebold & Zuccarini) Trautvetter

(2938)党参 *Codonopsis pilosula* (Franchet) Nannfeldt

(2939)川党参 *Codonopsis pilosula* subsp. *tangshen* (Oliver) D. Y. Hong

972. 轮钟草属 *Cyclocodon*

(2940)轮钟花 *Cyclocodon lancifolius* (Roxburgh) Kurz Flor.

973. 半边莲属 *Lobelia*

（2941）半边莲 *Lobelia chinensis* Loureiro

（2942）江南山梗菜 *Lobelia davidii* Franchet

（2943）铜锤玉带草 *Lobelia nummularia* Lamarck

（2944）西南山梗菜 *Lobelia seguinii* H. Léveillé & Vaniot

974. 袋果草属 *Peracarpa*

（2945）袋果草 *Peracarpa carnosa*（Wallich）J. D. Hooker & Thomson

975. 桔梗属 *Platycodon*

（2946）桔梗 *Platycodon grandiflorus*（Jacquin）A. Candolle

976. 蓝花参属 *Wahlenbergia*

（2947）蓝花参 *Wahlenbergia marginata*（Thunberg）A. Candolle

一百九十六、菊科 **Asteraceae**

977. 蓍属 *Achillea*

（2948）云南蓍 *Achillea wilsoniana*（Heimerl ex Handel-Mazzetti）Heimerl

978. 和尚菜属 *Adenocaulon*

（2949）和尚菜 *Adenocaulon himalaicum* Edgeworth

979. 下田菊属 *Adenostemma*

（2950）宽叶下田菊 *Adenostemma lavenia* var. *latifolium*（D. Don）Handel-Mazzetti

980. 藿香蓟属 *Ageratum*

（2951）藿香蓟 *Ageratum conyzoides* Linnaeus

981. 兔儿风属 *Ainsliaea*

（2952）杏香兔儿风 *Ainsliaea fragrans* Champion ex Bentham

（2953）四川兔儿风 *Ainsliaea glabra* var. *sutchuenensis*（Franchet）S. E. Freire

（2954）纤枝兔儿风 *Ainsliaea gracilis* Franchet

（2955）粗齿兔儿风 *Ainsliaea grossedentata* Franchet

（2956）长穗兔儿风 *Ainsliaea henryi* Diels

（2957）灯台兔儿风 *Ainsliaea kawakamii* Hayata

（2958）宽叶兔儿风 *Ainsliaea latifolia*（D. Don）Schultz Bipontinu

982. 香青属 *Anaphalis*

（2959）车前叶黄腺香青 *Anaphalis aureopunctata* var. *plantaginifolia* F. H. Chen

（2960）珠光香青 *Anaphalis margaritacea*（Linnaeus）Bentham & J. D. Hooker

（2961）线叶珠光香青 *Anaphalis margaritacea* var. *angustifolia*（Franchet et Savatier）Hayata

（2962）黄褐珠光香青 *Anaphalis margaritacea* var. *cinnamomea*（Candolle）Herder ex Maximowicz

（2963）香青 *Anaphalis sinica* Hance

983. 牛蒡属 *Arctium*

（2964）牛蒡 *Arctium lappa* Linnaeus

984. 木茼蒿属 *Argyranthemum*

（2965）木茼蒿 *Argyranthemum frutescens*（L.）Sch. -Bip

985. 蒿属 *Artemisia*

（2966）黄花蒿 *Artemisia annua* Linnaeus

（2967）艾 *Artemisia argyi* H. Leveille et Vaniot

（2968）牛尾蒿 *Artemisia dubia* Wallich ex Besser

（2969）茵陈蒿 *Artemisia capillaris* Thunberg

（2970）五月艾 *Artemisia indica* Willdenow

（2971）牡蒿 *Artemisia japonica* Thunberg

（2972）白苞蒿 *Artemisia lactiflora* Wallich ex Candolle

（2973）细裂叶白苞蒿 *Artemisia lactiflora* var. *incisa* （Pampanini） Y. Ling et Y. R. Ling

（2974）矮蒿 *Artemisia lancea* Vaniot

（2975）野艾蒿 *Artemisia lavandulifolia* Candolle

（2976）魁蒿 *Artemisia princeps* Pampanini

（2977）红足蒿 *Artemisia rubripes* Nakai

（2978）白莲蒿 *Artemisia stechmanniana* Besser

986. 紫菀属 *Aster*

（2979）三脉紫菀 *Aster ageratoides* Turczaninow

（2980）狭叶三脉紫菀 *Aster ageratoides* var. *gerlachii* （Hance） C. C. Chang ex Y. Ling

（2981）毛枝三脉紫菀 *Aster ageratoides* var. *lasiocladus* （Hayat） Handel-Mazzetti

（2982）宽伞三脉紫菀 *Aster ageratoides* var. *laticorymbus* （Vaniot） Handel-Mazzetti

（2983）小花三脉紫菀 *Aster ageratoides* var. *micranthus* Y. Ling

（2984）垂茎三脉紫菀 *Aster ageratoides* var. *pendulus* W. P. Li & G. X. Chen

（2985）微糙三脉紫菀 *Aster ageratoides* var. *scaberulus* （Miquel） Y. Ling

（2986）小舌紫菀 *Aster albescens* （Candolle） Wallich ex Handel-Mazzetti

（2987）镰叶紫菀 *Aster falcifolius* Handel-Mazzetti

（2988）狗娃花 *Aster hispidus* Thunberg

（2989）马兰 *Aster indicus* Linnaeus

（2990）琴叶紫菀 *Aster panduratus* Nees ex Walpers

（2991）秋分草 *Aster verticillatus* （Reinwardt） Brouillet，Semple & Y. L. Chen

987. 苍术属 *Atractylodes*

（2992）苍术 *Atractylodes lancea* （Thunberg） Candolle

（2993）白术 *Atractylodes macrocephala* Koidzumi

988. 云木香属 *Aucklandia*

（2994）云木香 *Aucklandia costus* Falconer

989. 雏菊属 *Bellis*

（2995）雏菊 *Bellis perennis* Linnaeus

990. 鬼针草属 *Bidens*

（2996）婆婆针 *Bidens bipinnata* Linnaeus

（2997）金盏银盘 *Bidens biternata* （Loureiro） Merrill & Sherff

（2998）大狼杷草 *Bidens frondosa* Linnaeus

（2999）小花鬼针草 *Bidens parviflora* Willdenow

（3000）鬼针草 *Bidens pilosa* Linnaeus

（3001）狼杷草 *Bidens tripartita* Linnaeus

991. 金盏花属 *Calendula*

（3002）金盏花 *Calendula officinalis* Linnaeus

992. 翠菊属 *Callistephus*

（3003）翠菊 *Callistephus chinensis* （Linnaeus） Nees

993. 飞廉属 *Carduus*

(3004) 节毛飞廉 *Carduus acanthoides* Linnaeus

(3005) 丝毛飞廉 *Carduus crispus* Linnaeus

994. 天名精属 *Carpesium*

(3006) 天名精 *Carpesium abrotanoides* Linnaeus

(3007) 烟管头草 *Carpesium cernuum* Linnaeus

(3008) 金挖耳 *Carpesium divaricatum* Siebold & Zuccarini

(3009) 中日金挖耳 *Carpesium faberi* C. Winkler

(3010) 长叶天名精 *Carpesium longifolium* F. H. Chen & C. M. Hu

(3011) 小花金挖耳 *Carpesium minus* Hemsley

(3012) 棉毛尼泊尔天名精 *Carpesium nepalense* var. *lanatum* (J. D. Hooker & Thomson ex C. B. Clarke) Kitamura

(3013) 四川天名精 *Carpesium szechuanense* F. H. Chen et C. M. Hu

(3014) 暗花金挖耳 *Carpesium triste* Maximowicz

995. 石胡荽属 *Centipeda*

(3015) 石胡荽 *Centipeda minima* (Linnaeus) A. Braun et Ascherson

996. 菊属 *Chrysanthemum*

(3016) 野菊 *Chrysanthemum indicum* Linnaeus

(3017) 菊花 *Chrysanthemum* × *morifolium* Ramat

(3018) 毛华菊 *Chrysanthemum vestitum* (Hemsley) Stapf

997. 蓟属 *Cirsium*

(3019) 刺儿菜 *Cirsium arvense* var. *integrifolium* Wimmer & Grabowski

(3020) 壶瓶山蓟 *Cirsium hupingshanicum* Z. C. Jin & Y. S. Chen

(3021) 蓟 *Cirsium japonicum* Candolle

(3022) 线叶蓟 *Cirsium lineare* (Thunberg) Schultz Bipontinus

(3023) 马刺蓟 *Cirsium monocephalum* (Vaniot) H. Leveille

(3024) 总序蓟 *Cirsium racemiforme* Ling et Shih

998. 金鸡菊属 *Coreopsis*

(3025) 大花金鸡菊 *Coreopsis lanceolata* Linnaeus

(3026) 两色金鸡菊 *Coreopsis tinctoria* Nutt.

999. 秋英属 *Cosmos*

(3027) 秋英 *Cosmos bipinnatus* Cavanilles

(3028) 黄秋英 *Cosmos sulphureus* Cavanilles

1000. 野茼蒿属 *Crassocephalum*

(3029) 野茼蒿 *Crassocephalum crepidioides* (Bentham) S. Moore

1001. 假还阳参属 *Crepidiastrum*

(3030) 黄瓜假还阳参 *Crepidiastrum denticulatum* (Houttuyn) Pak & Kawano

(3031) 心叶黄瓜菜 *Crepidiastrum humifusum* (Dunn) Sennikov

(3032) 尖裂假还阳参 *Crepidiastrum sonchifolium* (Maximowicz) Pak et Kawano

(3033) 柔毛假还阳参 *Crepidiastrum sonchifolium* subsp. *pubescens* (Stebbins) N. Kilian

1002. 夜香牛属 *Cyanthillium*

(3034) 夜香牛 *Cyanthillium cinereum* (L.) H. Rob.

1003. 矢车菊属 *Cyanus*

（3035）蓝花矢车菊 *Cyanus segetum* Hill

1004. 大丽花属 *Dahlia*

（3036）大丽花 *Dahlia pinnata* Cavanilles

1005. 鱼眼草属 *Dichrocephala*

（3037）鱼眼草 *Dichrocephala integrifolia*（Linnaeus f.）Kuntze

1006. 鳢肠属 *Eclipta*

（3038）鳢肠 *Eclipta prostrata*（Linnaeus）Linnaeus

1007. 飞蓬属 *Erigeron*

（3039）一年蓬 *Erigeron annuus*（Linnaeus）Persoon

（3040）香丝草 *Erigeron bonariensis* Linnaeus

（3041）小蓬草 *Erigeron canadensis* Linnaeus

（3042）苏门白酒草 *Erigeron sumatrensis* Retzius

1008. 白酒草属 *Eschenbachia*

（3043）白酒草 *Eschenbachia japonica*（Thunberg）J. Koster

1009. 泽兰属 *Eupatorium*

（3044）多须公 *Eupatorium chinense* Linnaeus

（3045）佩兰 *Eupatorium fortunei* Turczaninow

（3046）异叶泽兰 *Eupatorium heterophyllum* Candolle

（3047）白头婆 *Eupatorium japonicum* Thunberg

（3048）林泽兰 *Eupatorium lindleyanum* Candolle

（3049）南川泽兰 *Eupatorium nanchuanense* Y. Ling et C. Shih

1010. 大吴风草属 *Farfugium*

（3050）大吴风草 *Farfugium japonicum*（Linnaeus f.）Kitam.

1011. 牛膝菊属 *Galinsoga*

（3051）牛膝菊 *Galinsoga parviflora* Cavanilles

1012. 合冠鼠曲属 *Gamochaeta*

（3052）匙叶合冠鼠麹草 *Gamochaeta pensylvanica*（Willdenow）Cabrera

1013. 茼蒿属 *Glebionis*

（3053）南茼蒿 *Glebionis segetum*（Linnaeus）Fourreau

1014. 鼠麹草属 *Gnaphalium*

（3054）细叶鼠麹草 *Gnaphalium japonicum* Thunberg

1015. 菊三七属 *Gynura*

（3055）菊三七 *Gynura japonica*（Thunberg）Juel

1016. 向日葵属 *Helianthus*

（3056）向日葵 *Helianthus annuus* Linnaeus

（3057）黑紫向日葵 *Helianthus atrorubens* Linnaeus

（3058）菊芋 *Helianthus tuberosus* Linnaeus

1017. 泥胡菜属 *Hemisteptia*

（3059）泥胡菜 *Hemisteptia lyrata*（Bunge）Fischer & C. A. Meyer

1018. 山柳菊属 *Hieracium*

（3060）山柳菊 *Hieracium umbellatum* Linnaeus

1019. 须弥菊属 *Himalaiella*

(3061) 三角叶须弥菊 *Himalaiella deltoidea* (Candolle) Raab-Straube

1020. 山蟛蜞菊属 *Indocypraea*

(3062) 山蟛蜞菊 *Indocypraea montana* (Blume) Orchard

1021. 旋覆花属 *Inula*

(3063) 湖北旋覆花 *Inula hupehensis* (Y. Ling) Y. Ling

(3064) 旋覆花 *Inula japonica* Thunberg

(3065) 线叶旋覆花 *Inula linariifolia* Turczaninow

(3066) 总状土木香 *Inula racemosa* J. D. Hooker

1022. 小苦荬属 *Ixeridium*

(3067) 小苦荬 *Ixeridium dentatum* (Thunberg) Tzvelev

(3068) 细叶小苦荬 *Ixeridium gracile* (Candolle) Pak & Kawano

1023. 苦荬菜属 *Ixeris*

(3069) 多色苦荬菜 *Ixeris chinensis* subsp. *versicolor* (Fischer ex Link) Kitamura

1024. 莴苣属 *Lactuca*

(3070) 台湾翅果菊 *Lactuca formosana* Maximowicz

(3071) 翅果菊 *Lactuca indica* Linnaeus

(3072) 毛脉翅果菊 *Lactuca raddeana* Maximowicz

(3073) 莴苣 *Lactuca sativa* Linnaeus

1025. 稻槎菜属 *Lapsanastrum*

(3074) 稻槎菜 *Lapsanastrum apogonoides* (Maximowicz) Pak & K. Bremer

1026. 大丁草属 *Leibnitzia*

(3075) 大丁草 *Leibnitzia anandria* (Linnaeus) Turczaninow

1027. 火绒草属 *Leontopodium*

(3076) 薄雪火绒草 *Leontopodium japonicum* Miquel

1028. 滨菊属 *Leucanthemum*

(3077) 大滨菊 *Leucanthemum maximum* (Ramood) A. Candolle

1029. 橐吾属 *Ligularia*

(3078) 大老岭橐吾 *Ligularia dalaolingensis*

(3079) 齿叶橐吾 *Ligularia dentata* (A. Gray) Hara

(3080) 鹿蹄橐吾 *Ligularia hodgsonii* J. D. Hooker

(3081) 狭苞橐吾 *Ligularia intermedia* Nakai

(3082) 大头橐吾 *Ligularia japonica* (Thunberg) Lessing

(3083) 橐吾 *Ligularia sibirica* (Linnaeus) Cassini

(3084) 窄头橐吾 *Ligularia stenocephala* (Maximowicz) Matsumura & Koidzumi

(3085) 簇梗橐吾 *Ligularia tenuipes* (Franchet) Diels

(3086) 离舌橐吾 *Ligularia veitchiana* (Hemsley) Greenman

1030. 黏冠草属 *Myriactis*

(3087) 圆舌粘冠草 *Myriactis nepalensis* Lessing

1031. 紫菊属 *Notoseris*

(3088) 光苞紫菊 *Notoseris macilenta* (Vaniot et H. Leveille) N. Kilian

1032. 假福王草属 *Paraprenanthes*

（3089）异叶假福王草 *Paraprenanthes prenanthoides*（Hemsl.）C. Shih

（3090）雷山假福王草 *Paraprenanthes heptantha* C. Shih et D. J. Liu

1033. 蟹甲草属 *Parasenecio*

（3091）兔儿风蟹甲草 *Parasenecio ainsliaeiflorus*（Franchet）Y. L. Chen

（3092）珠芽蟹甲草 *Parasenecio bulbiferoides*（Handel-Mazzetti）Y. L. Chen

（3093）披针叶蟹甲草 *Parasenecio lancifolius*（Franchet）Y. L. Chen

（3094）耳翼蟹甲草 *Parasenecio otopteryx*（Handel-Mazzetti）Y. L. Chen

（3095）苞鳞蟹甲草 *Parasenecio phyllolepis*（Franchet）Y. L. Chen

（3096）深山蟹甲草 *Parasenecio profundorum*（Dunn）Y. L. Chen

1034. 瓜叶菊属 *Pericallis*

（3097）瓜叶菊 *Pericallis hybrida* B. Nordenstam

1035. 帚菊属 *Pertya*

（3098）华帚菊 *Pertya sinensis* Oliver

1036. 蜂斗菜属 *Petasites*

（3099）毛裂蜂斗菜 *Petasites tricholobus* Franchet

1037. 毛连菜属 *Picris*

（3100）毛连菜 *Picris hieracioides* Linnaeus

1038. 拟鼠麴草属 *Pseudognaphalium*

（3101）宽叶拟鼠麴草 *Pseudognaphalium adnatum*（Candolle）Y. S. Chen

（3102）拟鼠麴草 *Pseudognaphalium affine*（D. Don）Anderberg

（3103）秋拟鼠曲草 *Pseudognaphalium hypoleucum*（Candolle）Hilliard et B. L. Burtt

1039. 漏芦属 *Rhaponticum*

（3104）华漏芦 *Rhaponticum chinense*（S. Moore）L. Martins & Hidalgo

1040. 金光菊属 *Rudbeckia*

（3105）金光菊 *Rudbeckia laciniata* Linnaeus

（3106）黑心金光菊 *Rudbeckia triloba* Linnaeus

1041. 风毛菊属 *Saussurea*

（3107）翼柄风毛菊 *Saussurea alatipes* Hemsley

（3108）庐山风毛菊 *Saussurea bullockii* Dunn

（3109）心叶风毛菊 *Saussurea cordifolia* Hemsley

（3110）长梗风毛菊 *Saussurea dolichopoda* Diels

（3111）巴东风毛菊 *Saussurea henryi* Hemsley

（3112）风毛菊 *Saussurea japonica*（Thunberg）Candolle

（3113）利马川风毛菊 *Saussurea leclerei* H. Leveille

（3114）少花风毛菊 *Saussurea oligantha* Franchet

（3115）多头风毛菊 *Saussurea polycephala* Handel-Mazzetti

（3116）华中雪莲 *Saussurea veitchiana* J. R. Drummond et Hutchinson

1042. 鸦葱属 *Scorzonera*

（3117）华北鸦葱 *Scorzonera albicaulis* Bunge

1043. 千里光属 *Senecio*

（3118）林荫千里光 *Senecio nemorensis* Linnaeus

(3119)千里光 *Senecio scandens* Buchanan-Hamilton ex D. Don

1044. 虾须草属 *Sheareria*

(3120)虾须草 *Sheareria nana* S. Moore

1045. 豨莶属 *Sigesbeckia*

(3121)毛梗豨莶 *Sigesbeckia glabrescens*（Makino）Makino

(3122)豨莶 *Sigesbeckia orientalis* Linnaeus

(3123)腺梗豨莶 *Sigesbeckia pubescens*（Makino）Makino

1046. 松香草属 *Silphium*

(3124)串叶松香草 *Silphium perfoliatum* Linnaeus

1047. 华蟹甲属 *Sinacalia*

(3125)华蟹甲 *Sinacalia tangutica*（Maxim.）B. Nord

1048. 蒲儿根属 *Sinosenecio*

(3126)白脉蒲儿根 *Sinosenecio albonervius* Y. Liu et Q. E. Yang

(3127)川鄂蒲儿根 *Sinosenecio dryas*（Dunn）C. Jeffrey et Y. L. Chen

(3128)毛柄蒲儿根 *Sinosenecio eriopodus* C. Jeffrey et Y. L. Chen

(3129)匍枝蒲儿根 *Sinosenecio globiger*（C. C. Chang）B. Nordenstam

(3130)黔蒲儿根 *Sinosenecio guizhouensis* C. Jeffrey & Y. L.

(3131)壶瓶山蒲儿根 *Sinosenecio hupingshanensis* Y. Liu et Q. E. Yang

(3132)蒲儿根 *Sinosenecio oldhamianus*（Maximowicz）B. Nordenstam

1049. 包果菊属 *Smallanthus*

(3133)菊薯 *Smallanthus sonchifolius*（Poepp.）H. Rob.

1050. 一枝黄花属 *Solidago*

(3134)一枝黄花 *Solidago decurrens* Loureiro

1051. 苦苣菜属 *Sonchus*

(3135)续断菊 *Sonchus asper*（Linnaeus）Hill

(3136)苦苣菜 *Sonchus oleraceus* Linnaeus

(3137)苣荬菜 *Sonchus wightianus* Candolle

1052. 联毛紫菀属 *Symphyotrichum*

(3138)钻叶紫菀 *Symphyotrichum subulatum*（Michaux）G. L. Nesom

1053. 合耳菊属 *Synotis*

(3139)锯叶合耳菊 *Synotis nagensium*（C. B. Clarke）C. Jeffrey & Y. L. Chen

1054. 山牛蒡属 *Synurus*

(3140)山牛蒡 *Synurus deltoides*（Aiton）Nakai

1055. 万寿菊属 *Tagetes*

(3141)万寿菊 *Tagetes patula* Linnaeus

1056. 蒲公英属 *Taraxacum*

(3142)蒙古蒲公英 *Taraxacum mongolicum* Handel-Mazzetti

1057. 女菀属 *Turczaninovia*

(3143)女菀 *Turczaninovia fastigiata*（Fischer）Candolle

1058. 款冬属 *Tussilago*

(3144)款冬 *Tussilago farfara* Linnaeus

1059. 斑鸠菊属 *Vernonia*

(3145) 南漳斑鸠菊 *Vernonia nantcianensis* (Pampanini) Handel-Mazzetti

1060. 苍耳属 *Xanthium*

(3146) 苍耳 *Xanthium strumarium* Linnaeus

1061. 黄鹌菜属 *Youngia*

(3147) 五峰黄鹌菜 *Youngia hangii* T. Deng, D. G. Zhang, Qun Liu & Z. M. Li

(3148) 长裂黄鹌菜 *Youngia henryi* (Diels) Babcock et Stebbins

(3149) 异叶黄鹌菜 *Youngia heterophylla* (Hemsley) Babcock & Stebbins

(3150) 黄鹌菜 *Youngia japonica* (Linnaeus) Candolle

(3151) 戟叶黄鹌菜 *Youngia longipes* (Hemsley) Babcock & Stebbins

(3152) 川西黄鹌菜 *Youngia prattii* (Babcock) Babcock et Stebbins

1062. 百日菊属 *Zinnia*

(3153) 百日菊 *Zinnia elegans* Jacq.

一百九十七、五福花科 Adoxaceae

1063. 接骨木属 *Sambucus*

(3154) 接骨草 *Sambucus javanica* Blume

(3155) 接骨木 *Sambucus williamsii* Hance

1064. 荚蒾属 *Viburnum*

(3156) 日本珊瑚树 *Viburnum awabuki* K. Koch

(3157) 桦叶荚蒾 *Viburnum betulifolium* Batalin

(3158) 短序荚蒾 *Viburnum brachybotryum* Hemsley

(3159) 短筒荚蒾 *Viburnum brevitubum* (P. S. Hsu) P. S. Hsu

(3160) 金佛山荚蒾 *Viburnum chinshanense* Graebner

(3161) 伞房荚蒾 *Viburnum corymbiflorum* P. S. Hsu et S. C. Hsu

(3162) 水红木 *Viburnum cylindricum* Buchanan-Hamilton ex D. Don

(3163) 荚蒾 *Viburnum dilatatum* Thunberg

(3164) 宜昌荚蒾 *Viburnum erosum* Thunberg

(3165) 红荚蒾 *Viburnum erubescens* Wallich

(3166) 直角荚蒾 *Viburnum foetidum* var. *rectangulatum* (Graebner) Rehder

(3167) 巴东荚蒾 *Viburnum henryi* Hemsley

(3168) 湖北荚蒾 *Viburnum hupehense* Rehder

(3169) 绣球荚蒾 *Viburnum macrocephalum* Fortune

(3170) 黑果荚蒾 *Viburnum melanocarpum* P. S. Hsu

(3171) 显脉荚蒾 *Viburnum nervosum* D. Don

(3172) 鸡树条 *Viburnum opulus* subsp. *calvescens* (Rehder) Sugimoto

(3173) 粉团 *Viburnum plicatum* Thunberg

(3174) 球核荚蒾 *Viburnum propinquum* Hemsley

(3175) 狭叶球核荚蒾 *Viburnum propinquum* var. *mairei* W. W. Smith

(3176) 皱叶荚蒾 *Viburnum rhytidophyllum* Hemsley

(3177) 茶荚蒾 *Viburnum setigerum* Hance

(3178) 合轴荚蒾 *Viburnum sympodiale* Graebner

(3179) 三叶荚蒾 *Viburnum ternatum* Rehder

（3180）烟管荚蒾 *Viburnum utile* Hemsley

一百九十八、忍冬科 Caprifoliaceae

1065. 糯米条属 *Abelia*

（3181）糯米条 *Abelia chinensis* R. Brown

（3182）二翅糯米条 *Abelia macrotera* (Graebner et Buchwald) Rehder

（3183）蓪梗花 *Abelia uniflora* R. Brown

1066. 双盾木属 *Dipelta*

（3184）双盾木 *Dipelta floribunda* Maximowicz

1067. 川续断属 *Dipsacus*

（3185）川续断 *Dipsacus asper* Wallich ex C. B. Clarke

（3186）日本续断 *Dipsacus japonicus* Miquel

（3187）天目续断 *Dipsacus tianmuensis* C. Y. Cheng et Z. T. Yin

1068. 忍冬属 *Lonicera*

（3188）淡红忍冬 *Lonicera acuminata* Wallich

（3189）无毛淡红忍冬 *Lonicera acuminata* var. *depilata* Hsu et H. J. Wang Wall.

（3190）金花忍冬 *Lonicera chrysantha* Turczaninow ex Ledebour

（3191）须蕊忍冬 *Lonicera chrysantha* var. *koehneana* (Rehder) Q. E. Yang

（3192）葡匐忍冬 *Lonicera crassifolia* Batalin

（3193）苦糖果 *Lonicera fragrantissima* var. *lancifolia* (Rehder) Q. E. Yang

（3194）蕊被忍冬 *Lonicera gynochlamydea* Hemsley

（3195）忍冬 *Lonicera japonica* Thunberg

（3196）红白忍冬 *Lonicera japonica* var. *chinensis* (Watson) Baker

（3197）蕊帽忍冬 *Lonicera ligustrina* var. *pileata* (Oliver) Franchet

（3198）女贞叶忍冬 *Lonicera ligustrina* Wallich

（3199）亮叶忍冬 *Lonicera ligustrina* var. *yunnanensis* Franchet

（3200）金银忍冬 *Lonicera maackii* (Ruprecht) Maximowicz

（3201）大花忍冬 *Lonicera macrantha* (D. Don) Sprengel

（3202）下江忍冬 *Lonicera modesta* Rehder

（3203）短柄忍冬 *Lonicera pampaninii* H. Léveillé

（3204）贯月忍冬 *Lonicera sempervirens* Linnaeus

（3205）唐古特忍冬 *Lonicera tangutica* Maximowicz

（3206）盘叶忍冬 *Lonicera tragophylla* Hemsley

（3207）华西忍冬 *Lonicera webbiana* Wallich ex Candolle

1069. 败酱属 *Patrinia*

（3208）墓头回 *Patrinia heterophylla* Bunge

（3209）少蕊败酱 *Patrinia monandra* C. B. Clarke

（3210）败酱 *Patrinia scabiosifolia* Link

（3211）攀倒甑 *Patrinia villosa* (Thunberg) Dufresne

1070. 莛子藨属 *Triosteum*

（3212）穿心莛子藨 *Triosteum himalayanum* Wallich

1071. 双参属 *Triplostegia*

（3213）双参 *Triplostegia glandulifera* Wallich ex Candolle

1072. 缬草属 *Valeriana*

（3214）柔垂缬草 *Valeriana flaccidissima* Maximowicz

（3215）长序缬草 *Valeriana hardwickii* Wallich

（3216）蜘蛛香 *Valeriana jatamansi* W. Jones

（3217）缬草 *Valeriana officinalis* Linnaeus

1073. 锦带花属 *Weigela*

（3218）半边月 *Weigela japonica* Thunberg

1074. 六道木属 *Zabelia*

（3219）南方六道木 *Zabelia dielsii*（Graebner）Makino

一百九十九、鞘柄木科 Torricelliaceae

1075. 鞘柄木属 *Toricellia*

（3220）角叶鞘柄木 *Toricellia angulata* Oliver

二百、海桐科 Pittosporaceae

1076. 海桐属 *Pittosporum*

（3221）光叶海桐 *Pittosporum glabratum* Lindley

（3222）狭叶海桐 *Pittosporum glabratum* var. *neriifolium* Rehder & E. H. Wilson

（3223）海金子 *Pittosporum illicioides* Makino

（3224）柄果海桐 *Pittosporum podocarpum* Gagnepain

（3225）线叶柄果海桐 *Pittosporum podocarpum* var. *angustatum* Gowda

（3226）厚圆果海桐 *Pittosporum rehderianum* Gowda

（3227）海桐 *Pittosporum tobira*（Thunberg）W. T Aiton

（3228）崖花子 *Pittosporum truncatum* Pritzel

二百〇一、五加科 Araliaceae

1077. 楤木属 *Aralia*

（3229）黄毛楤木 *Aralia chinensis* Linnaeus

（3230）食用土当归 *Aralia cordata* Thunberg

（3231）头序楤木 *Aralia dasyphylla* Miquel

（3232）棘茎楤木 *Aralia echinocaulis* Handel-Mazzetti

（3233）楤木 *Aralia elata*（Miquel）Seemann

（3234）龙眼独活 *Aralia fargesii* Franchet

（3235）后河龙眼独活 *Aralia houheensis* W. X. Wang et Y. S. Fu

1078. 五加属 *Eleutherococcus*

（3236）藤五加 *Eleutherococcus leucorrhizus* Oliver

（3237）糙叶藤五加 *Eleutherococcus leucorrhizus* var. *fulvescens*（Harms et Rehder）Nakai

（3238）狭叶藤五加 *Eleutherococcus leucorrhizus* var. *scaberulus*

（3239）蜀五加 *Eleutherococcus leucorrhizus* var. *setchuenensis*（Harm）C. B. Shang & J. Y. Huang

（3240）细柱五加 *Eleutherococcus nodiflorus*（Dunn）S. Y. Hu

（3241）白簕 *Eleutherococcus trifoliatus*（Linnaeus）S. Y. Hu

1079. 八角金盘属 *Fatsia*

（3242）八角金盘 *Fatsia japonica*（Thunberg）Decaisne & Planchon

1080. 萸叶五加属 *Gamblea*

（3243）吴茱萸五加 *Gamblea ciliata* var. *evodiifolia*（Franchet）C. B. Shang et al.

1081. 常春藤属 *Hedera*

(3244) 常春藤 *Hedera nepalensis* var. *sinensis* (Tobler) Rehder

1082. 南鹅掌柴属 *Heptapleurum*

(3245) 穗序鹅掌柴 *Heptapleurum delavayi* Franchet

1083. 天胡荽属 *Hydrocotyle*

(3246) 中华天胡荽 *Hydrocotyle hookeri* subsp. *chinensis* (Dunn ex R. H. Shan & S. L. Liou) M. F. Watson & M. L. Sheh

(3247) 红马蹄草 *Hydrocotyle nepalensis* Hooker

(3248) 天胡荽 *Hydrocotyle sibthorpioides* Lamarck

(3249) 破铜钱 *Hydrocotyle sibthorpioides* var. *batrachium* (Hance) Handel-Mazzetti ex R. H. Shan

(3250) 鄂西天胡荽 *Hydrocotyle wilsonii* Diels ex R. H. Shan et S. L. Liou

1084. 刺楸属 *Kalopanax*

(3251) 刺楸 *Kalopanax septemlobus* (Thunberg) Koidzumi

(3252) 毛叶刺楸 *Kalopanax septemlobus* var. *magnificus* (Zabel) Handel-Mazzetti

1085. 大参属 *Macropanax*

(3253) 短梗大参 *Macropanax rosthornii* (Harms) C. Y. Wu ex G. Hoo

1086. 梁王茶属 *Metapanax*

(3254) 异叶梁王茶 *Metapanax davidii* (Franchet) J. Wen & Frodin

1087. 人参属 *Panax*

(3255) 竹节参 *Panax japonicus* (T. Nees) C. A. Meyer

1088. 通脱木属 *Tetrapanax*

(3256) 通脱木 *Tetrapanax papyrifer* (Hooker) K. Koch

二百〇二、伞形科 **Apiaceae**

1089. 羊角芹属 *Aegopodium*

(3257) 湘桂羊角芹 *Aegopodium handelii* H. Wolff

(3258) 巴东羊角芹 *Aegopodium henryi* Diels

1090. 当归属 *Angelica*

(3259) 重齿当归 *Angelica biserrata* (R. H. Shan & C. Q. Yuan) C. Q. Yuan

(3260) 白芷 *Angelica dahurica* (Fischer ex Hoffmann) Bentham et J. D. Hooker ex Franchet et Savatier

(3261) 紫花前胡 *Angelica decursiva* (Miquel) Franchet & Savatier

(3262) 疏叶当归 *Angelica laxifoliata* Diels

(3263) 拐芹 *Angelica polymorpha* Maximowicz

(3264) 当归 *Angelica sinensis* (Oliver) Diels

1091. 峨参属 *Anthriscus*

(3265) 峨参 *Anthriscus sylvestris* (Linnaeus) Hoffmann

1092. 芹属 *Apium*

(3266) 旱芹 *Apium graveolens* Linnaeus

1093. 柴胡属 *Bupleurum*

(3267) 紫花阔叶柴胡 *Bupleurum boissieuanum* H. Wolff

(3268) 空心柴胡 *Bupleurum longicaule* var. *franchetii* de Boiss.

(3269) 长茎柴胡 *Bupleurum longicaule* var. *longicaule* de Candolle

1094. 积雪草属 *Centella*

(3270) 积雪草 *Centella asiatica* (Linnaeus) Urban

1095. 蛇床属 *Cnidium*

(3271) 蛇床 *Cnidium monnieri* (Linnaeus) Cusson

1096. 山芎属 *Conioselinum*

(3272) 尖叶藁本 *Conioselinum acuminatum* (Franch.) Lavrova

(3273) 藁本 *Conioselinum anthriscoides* (H. Boissieu) Pimenov & Kljuykov

1097. 芫荽属 *Coriandrum*

(3274) 芫荽 *Coriandrum sativum* Linnaeus

1098. 鸭儿芹属 *Cryptotaenia*

(3275) 鸭儿芹 *Cryptotaenia japonica* Hasskarl

1099. 细叶旱芹属 *Cyclospermum*

(3276) 细叶旱芹 *Cyclospermum leptophyllum* (Persoon) Sprague ex Britton et P. Wilson

1100. 胡萝卜属 *Daucus*

(3277) 野胡萝卜 *Daucus carota* Linnaeus

(3278) 胡萝卜 *Daucus carota* var. *sativa* Hoffmann

1101. 茴香属 *Foeniculum*

(3279) 茴香 *Foeniculum vulgare* (Linnaeus) Miller

1102. 独活属 *Heracleum*

(3280) 独活 *Heracleum hemsleyanum* Diels

(3281) 短毛独活 *Heracleum moellendorffii* Hance

(3282) 少管短毛独活 *Heracleum moellendorffii* var. *paucivittatum* R. H. Shan & T. S. Wang

(3283) 狭叶短毛独活 *Heracleum moellendorffii* var. *subbipinnatum* (Franchet) Kitagawa

1103. 白苞芹属 *Nothosmyrnium*

(3284) 川白苞芹 *Nothosmyrnium japonicum* var. *sutchuenense* H. de Boissieu

1104. 水芹属 *Oenanthe*

(3285) 水芹 *Oenanthe javanica* (Blume) de Candolle

(3286) 卵叶水芹 *Oenanthe rosthornii* Diels

(3287) 窄叶水芹 *Oenanthe thomsonii* subsp. *stenophylla* (H. de Boissieu) F. T. Pu

1105. 香根芹属 *Osmorhiza*

(3288) 香根芹 *Osmorhiza aristata* (Thunberg) Rydberg

1106. 前胡属 *Peucedanum*

(3289) 鄂西前胡 *Peucedanum henryi* H. Wolff

(3290) 华中前胡 *Peucedanum medicum* Dunn

(3291) 前胡 *Peucedanum praeruptorum* Dunn

1107. 茴芹属 *Pimpinella*

(3292) 锐叶茴芹 *Pimpinella arguta* Diels

(3293) 尾尖茴芹 *Pimpinella caudata* (Franchet) H. Wolff

(3294) 异叶茴芹 *Pimpinella diversifolia* de Candolle

(3295) 菱叶茴芹 *Pimpinella rhomboidea* Diels

1108. 囊瓣芹属 *Pternopetalum*

(3296) 散血芹 *Pternopetalum botrychioides* (Dunn) Handel-Mazzetti

(3297) 异叶囊瓣芹 *Pternopetalum heterophyllum* Handel-Mazzetti
(3298) 裸茎囊瓣芹 *Pternopetalum nudicaule*（H. de Boissieu）Handel-Mazzetti
(3299) 川鄂囊瓣芹 *Pternopetalum rosthornii*（Diels）Handel-Mazzetti
(3300) 东亚囊瓣芹 *Pternopetalum tanakae*（Franchet et Savatier）Handel-Mazzetti
(3301) 膜蕨囊瓣芹 *Pternopetalum trichomanifolium*（Franchet）Handel-Mazzetti
(3302) 五匹青 *Pternopetalum vulgare*（Dunn）Handel-Mazzetti
1109. 变豆菜属 *Sanicula*
(3303) 变豆菜 *Sanicula chinensis* Bunge
(3304) 薄片变豆菜 *Sanicula lamelligera* Hance
(3305) 直刺变豆菜 *Sanicula orthacantha* S. Moore
1110. 窃衣属 *Torilis*
(3306) 窃衣 *Torilis scabra*（Thunberg）de Candolle

附录二　湖北五峰后河国家级自然保护区重要植物物种 DNA 条形码

附录三 湖北五峰后河国家自然保护区大型真菌名录

子囊菌门 Ascomycota
锤舌菌纲 Leotiomycetes
柔膜菌目 Helotiales
柔膜菌科 Helotiaceae

杯紫胶盘菌 *Ascocoryne cylichnium* (Tul.) Korf
杨家河（100549、100590）。

肉质囊盾菌 *Ascocoryne sarcoides* (Jacq.) J. W. Groves & D. E. Wilson
大阴坡（090520）、杨家河（100567）。

橘色小双孢盘菌 *Bisporella citrina* (Batsch) Korf & S. E. Carp.
羊子溪（100606、100659）、杨家河（070117、080281、080288）、黄家坪（100697）、大阴坡（090504）。

橙黄膜盘菌 *Hymenoscyphus scutula* (Pers.) W. Phillips
黄家坪（080414）、羊子溪（090453）。

变色膜盘菌 *Hymenoscyphus varicosporoides* Tubaki
羊子溪（070179）、杨家河（060014、080285、080305）。

绿杯盘菌科 Chlorociboriaceae

变绿杯盘菌 *Chlorociboria aeruginascens* (Nyl.) Kanouse ex C. S. Ramamurthi, Korf & L. R. Batra
黄家坪（090426、100690）、羊子溪（100598）。

绿杯菌 *Chlorociboria aeruginosa* (Oeder) Seaver ex C. S. Ramamurthi, Korf & L. R. Batra
羊子溪（090491、100658）、大阴坡（090536）、黄家坪（100688）。

波托绿杯盘菌 *Chlorociboria poutoensis* P. R. Johnst.
羊子溪（070205、100613）、黄家坪（090427）。

贫盘菌科 Hemiphacidiaceae

扭曲绿散胞盘菌 *Chlorencoelia torta* (Schwein.) J. R. Dixon
杨家河（080302）、羊子溪（080323、100595）。

多形墨绿盘菌 *Chlorencoelia versiformis* (Pers.) J. R. Dixon
杨家河（080301、100562）、羊子溪（080322）。

粒毛盘菌科 Lachnaceae

异常小绵杯盘菌（异常粒毛盘菌）*Erioscyphella abnormis* (Mont.) Baral, Šandová & B. Perić
黄家河（070145）、羊子溪（060065）。

核盘菌科 Sclerotiniaceae

橙红二头孢盘菌 *Dicephalospora rufocornea* (Berk. & Broome) Spooner
大阴坡（070104）、羊子溪（070240、080326）、黄家坪（090423）、杨家河（070116）。

斑痣盘菌目 Rhytismatales
地锤菌科 Cudoniaceae

黄地勺菌 *Spathularia flavida* Pers.
杨家河（070146）。

圆盘菌纲 Orbiliomycetes
圆盘菌目 Orbiliales
圆盘菌科 Orbiliaceae

酒色圆盘菌 *Orbilia vinosa* (Alb. & Schwein.) P. Karst.
羊子溪（070174）。

盘菌纲 Pezizomycetes
盘菌目 Pezizales
马鞍菌科 Helvellacea
弹性马鞍菌 *Helvella elastica* Bull.
羊子溪（070236、080399）。
灰褐马鞍菌 *Helvella ephippium* Lév.
羊子溪（100668）。
盘菌科 Pezizaceae
刺孢盘菌 *Peziza echinospora* P. Karst.
杨家河（080309）。
米氏盘菌 *Peziza michelii*（Boud.）Dennis
黄家坪（100700）。
甜盘菌 *Peziza succosa* Berk.
黄家坪（060021）、羊子溪（090501）。
火丝菌科 Pyronemataceae
网胞盘菌 *Aleuria aurantia*（Pers.）Fuckel
杨家河（070136）。
半球土盘菌 *Humaria hemisphaerica*（F. H. Wigg.）Fuckel
黄家坪（070260、070262）、羊子溪（080392、080404）。
盾盘菌 *Scutellinia scutellata*（L.）Lambotte
杨家河（060013、100569）、羊子溪（060073、070195、080319、090475、100626）、黄家坪（HH 060016、HH 080418、100691）
碗状疣杯菌 *Tarzetta catinus*（Holmsk.）Korf & J. K. Rogers
杨家河（060015、060019）。
窄孢胶陀盘菌 *Trichaleurina tenuispora* M. Carbone，Yei Z. Wang & Cheng L. Huang
羊子溪（080339、090467、090495）。
根盘菌科 Rhizinaceae
类裸盘菌 *Psilopezia nummularialis* Pfister & Cand.
杨家河（080308）。
肉杯菌科 Sarcoscyphaceae
大孢毛杯菌 *Cookeina insititia*（Berk. &M. A. Curtis）Kuntze
羊子溪（HH 090502）、黄家河（HH 100676）。
白毛小口盘菌 *Microstoma floccosum*（Sacc.）Raitv.
羊子溪（HH 080350、HH 080451、HH 100662）、杨家河（HH 100577）。
中华歪盘菌 *Phillipsia chinensis* W. Y. Zhuang
杨家河（070122、080313）、羊子溪（070181、070201、090461、090496）、黄家坪（080415、090428、100684）。
肉杯菌 *Sarcoscypha coccinea*（Gray）Boud.
羊子溪（070169、090452、090459）、杨家河（100572）、黄家河（100681）、黄家坪（100692）。
平盘肉杯菌 *Sarcoscypha mesocyatha* F. A. Harr.
羊子溪（080341）。

小红肉杯菌 *Sarcoscypha occidentalis* (Schwein.) Sacc.

羊子溪（080368）。

白色肉杯菌 *Sarcoscypha vassiljevae* Raitv.

羊子溪（060102）。

大丛耳菌 *Wynnea gigantea* Berk. & M. A. Curtis

羊子溪（090379）。

粪壳菌纲 Sordariomycetes
肉座菌目 Hypocreales
虫草菌科 Cordycipitaceae

蛾蛹虫草 *Cordyceps polyarthra* Möller

黄家坪（060053、090436）。

线孢虫草科 Ophiocordycipitaceae

下垂线虫草 *Ophiocordyceps nutans* (Pat.) G. H. Sung, J. M. Sung, Hywel-Jones & Spatafora

杨家河（060004、080289、080290）、黄家坪（060042、060045）、大阴坡（070111）。

炭角菌目 Xylariales
炭角菌科 Xylariaceae

黑柄炭角菌 *Podosordaria nigripes* (Klotzsch) P. M. D. Martin

黄家坪（070270）、大阴坡（100553）。

古巴炭角菌 *Xylaria cubensis* (Mont.) Fr.

杨家河（100554）。

短小炭角菌 *Xylaria curta* Fr.

羊子溪（HH 070182、HH 090454、HH 090500、HH 100623）。

团炭角菌 *Xylaria hypoxylon* (L.) Grev.

黄家坪（070269、100689）、杨家河（100587）。

多型炭棒 *Xylaria polymorpha* (Pers.) Grev.

羊子溪（080337）。

炭团菌科 Hypoxylaceae

启迪轮层炭壳 *Daldinia childiae* J. D. Rogers & Y. M. Ju

羊子溪（100630）。

黑轮层炭壳 *Daldinia concentrica* (Bolton) Ces. & De Not.

标本编号：HH 060056、HH 070163、HH 070192、HH 070233、HH 080412、HH 090445、HH 090523、HH 100571、HH 100611。

黄家坪（060056、080412）、羊子溪（070163、070192、070233、090445、100611）、大阴坡（090523、杨家河（100571）。

光轮层炭壳 *Daldinia eschscholtzii* (Ehrenb.) Rehm

黄家坪（070256）。

担子菌门 Basidiomycota
蘑菇纲 Agaricomycetes
蘑菇目 Agaricales
蘑菇科 Agaricaceae

灰鳞蘑菇 *Agaricus moelleri* Wasser

羊子溪（070200）。

黄色灰球菌 *Bovista pusilla* (Batsch) Pers.

纸厂河（090545）。

粟粒皮秃马勃 *Calvatia boninensis* S. Ito & S. Imai

羊子溪（100650）、黄家河（100678）。

头状秃马勃 *Calvatia craniiformis* (Schwein.) Fr.

大阴坡（070110）。

白蛋巢 *Crucibulum laeve* (Huds.) Kambly

羊子溪（070209、080367、080372）、黄家坪（070265、080407）、大阴坡（090507）。

隆纹黑蛋巢菌 *Cyathus striatus* (Huds.) Willd.

羊子溪（080320、HH 080373、HH 090490、HH 090497）、大阴坡（090512）。

褐鳞环柄菇 *Lepiota helveola* Bres.

羊子溪（070215）。

易碎白鬼伞 *Leucocoprinus fragilissimus* (Ravenel exBerk. & M. A. Curtis) Pat.

羊子溪（070196）、杨家河（080293）。

变黑马勃 *Lycoperdon nigrescens* Pers.

羊子溪（080336、100631、100633）。

网纹马勃 *Lycoperdon perlatum* Pers.

大阴坡（090524）、杨家河（100555）。

梨形马勃 *Lycoperdon pyriforme* Schaeff.

黄家河（100674）。

暗褐马勃 *Lycoperdon umbrinum* Pers.

杨家河（060020）。

金盖褐环柄菇 *Phaeolepiota aurea* (Matt.) Maire

羊子溪（070222）。

鹅膏菌科 Amanitaceae

巴塔鹅膏 *Amanita battarrae* (Boud.) Bon

羊子溪（060099、080402）。

青灰鹅膏菌 *Amanita lividopallescens* (Gillet) Bigeard & H. Guill.

黄家坪（070245）。

环盖鹅膏菌 *Amanita pachycolea* D. E. Stuntz

羊子溪（070231）。

黄鹅膏菌 *Amanita parcivolvata* (Peck) E. -J. Gilbert

羊子溪（080348）。

角鳞灰鹅膏菌 *Amanita spissacea* S. Imai

羊子溪（080387）。

臧氏圆盾伞 *Aspidella zangii* (Zhu L. Yang, T. H. Li & X. L. Wu) Vizzini & Contu

大阴坡（070107）。

粪伞科 Bolbitiaceae

粉粘粪伞 *Bolbitius demangei* (Quél.) Sacc. & D. Sacc.

杨家河（070124）。

大孢锥盖伞 *Conocybe macrospora*（G. F. Atk.）Hauskn.

羊子溪（100629）。

脆盖小鳞伞 *Conocybe vexans* P. D. Orton

大阴坡（090527）、杨家河（100563）。

栎圆头伞 *Descolea quercina* J. Khan & Naseer

羊子溪（060100）。

珊瑚菌科 Clavariaceae

小勺珊瑚菌 *Clavaria acuta* Sowerby

杨家河（080286）。

紫珊瑚菌 *Clavaria purpurea* O. F. Müll.

羊子溪 090448。

丝膜菌科 Cortinariaceae

紫红丝膜菌 *Cortinarius rufo-olivaceus*（Pers.）Fr.

羊子溪（100656）。

半血红丝膜菌 *Cortinarius semisanguineus*（Fr.）Gillet

大阴坡（090532）。

粉褶蕈科 Entolomataceae

肉褐色粉褶蕈 *Entoloma carneobrunneum* W. M. Zhang

羊子溪（090483）。

极细粉褶蕈 *Entoloma praegracile* Xiao Lan He & T. H. Li

羊子溪（070229、HH 070230）。

牛舌菌科 Fistulinaceae

盘孔菌 *Porodisculus pendulus*（Fr.）Murrill

大阴坡（090514）。

轴腹菌科 Hydnangiaceae

红蜡蘑 *Laccaria laccata*（Scop.）Cooke

羊子溪（060083、100592、100642）、杨家河（080370）。

酒红蜡蘑 *Laccaria vinaceoavellanea* Hongo

杨家河（070149）。

蜡伞科 Hygrophoraceae

舟湿伞 *Hygrocybe cantharellus*（Schwein.）Murrill

杨家河（100591）、羊子溪（100653）。

硬湿伞 *Hygrocybe firma*（Berk. & Broome）Singer

羊子溪（080386）。

浅黄褐湿伞 *Hygrocybe flavescens*（Kauffman）Singer

羊子溪（080345）。

小红湿伞 *Hygrocybe miniata*（Fr.）P. Kumm.

邓家台（070158）。

小红蜡伞 *Hygrophorus imazekii* Hongo

大阴坡（070109）。

美丽蜡伞 *Hygrophorus speciosus* Peck
杨家河（070120）。

层腹菌科 Hymenogastraceae

苔藓盔孢菌 *Galerina hypnorum* (Schrank) Kühner
羊子溪（090489）。

黄褶裸伞 *Gymnopilus luteofolius* (Peck) Singer
黄家坪（060046）。

橘黄裸伞 *Gymnopilus spectabilis* (Fr.) Sing.
杨家河（080311）。

丝盖伞科 Inocybaceae

亚拉巴马靴耳 *Crepidotus alabamensis* Murrill
羊子溪（060031、080351）、黄家坪（060040）。

平盖靴耳 *Crepidotus applanatus* (Pers.) P. Kumm.
羊子溪（060060）。

球孢靴耳 *Crepidotus cesatii* (Rabenh.) Sacc.
羊子溪（070175）。

铬黄靴耳 *Crepidotus crocophyllus* (Berk.) Sacc.
羊子溪（070165）。

海南靴耳 *Crepidotus hannanensis* T. Bau & S. S. Yang
黄家坪（070274）。

马其顿靴耳 *Crepidotus macedonicus* Pilát
羊子溪（070237）。

圆孢靴耳 *Crepidotus malachius* Sacc.
羊子溪（070218）。

软靴耳 *Crepidotus mollis* (Schaeff.) Staude
羊子溪（060068、070191）。

南方靴耳 *Crepidotus occidentalis* Hesler & A. H. Sm.
羊子溪（070164）。

硫磺靴耳 *Crepidotus sulphurinus* Imazeki & Toki
杨家河（060002、100579）、黄家坪（070246）、羊子溪（080325、090482）。

柄靴耳 *Crepidotus stipitatus* Kauffman
羊子溪（060081）。

潮湿靴耳 *Crepidotus uber* (Berk. & M. A. Curtis) Sacc.
杨家河（060008）。

变色靴耳 *Crepidotus variabilis* (Pers.) P. Kumm.
羊子溪（070220）。

乖巧靴耳 *Crepidotus versutus* Peck
杨家河（070118）。

土味丝盖伞 *Inocybe geophylla* (Bull.) P. Kumm.
羊子溪（060034）、黄家坪（070252）。

橄榄绿丝盖伞 *Inocybe olivaceonigra* (E. Horak) Garrido
杨家河（100566）。

裂丝盖伞 *Inocybe rimosa* (Bull.) P. Kumm.
羊子溪（060087、070235、080369）。

离褶伞科 Lyophyllaceae

斑玉蕈 *Hypsizygus marmoreus* (Peck) H. E. Bigelow
黄家坪（100696）。

小皮伞科 Marasmiaceae

暗淡色脉褶菌 *Campanella tristis* (G. Stev.) Segedin
羊子溪（080393）。

盔状毛伞 *Chaetocalathus galeatus* (Berk. & M. A. Curtis) Singer
杨家河（070142、070148）、羊子溪（070166）。

松木小杯伞 *Clitocybula familia* (Peck) Singer
羊子溪（080331）。

伯特路小皮伞 *Marasmius berteroi* (Lév.) Murrill
杨家河（070138）、羊子溪（070167、070219、090450）、黄家坪（070276、080416）、大阴坡（090518）。

狭缩小皮伞 *Marasmius coarctatus* Wannathes, Desjardin & Lumyong
杨家河（080284）、黄家坪（090425）。

融合宽孢小皮伞 *Marasmius confertus* var. *parvisporus* Antonín
羊子溪（060075、070194）。

叶生小皮伞 *Marasmius epiphyllus* (Pers.) Fr.
羊子溪（090499）。

红盖小皮伞 *Marasmius haematocephalus* (Mont.) Fr.
黄家坪（090440）。

新无柄小皮伞 *Marasmius neosessilis* Singer
杨家河（070119）。

淡赭色小皮伞 *Marasmius ochroleucus* Desjardin & E. Horak
羊子溪（060089）。

轮小皮伞 *Marasmius rotalis* Berk. & Broome
羊子溪（090464）。

干小皮伞 *Marasmius siccus* (Schwein.) Fr.
大阴坡（070112）、纸厂河（090547）。

杯伞状大金钱菌 *Megacollybia clitocyboidea* R. H. Petersen, Takehashi & Nagas.
黄家坪（060011）、羊子溪（060095、070213）。

黑柄四角孢伞 *Tetrapyrgos nigripes* (Fr.) E. Horak
羊子溪（070198）。

小菇科 Mycenaceae

大白胶孔菌 *Favolaschia pustulosa* (Jungh.) Kuntze
杨家河（080295）。

褐小菇 *Mycena alcalina* (Fr.) Kummer.
羊子溪（080356、090477、100603）、黄家坪（100699）。

纤弱小菇 *Mycena alphitophora* (Berk.) Sacc.
羊子溪（060094）。

弯柄小菇 *Mycena arcangeliana* Bres.
羊子溪（060033）。

焚光小菇 *Mycena chlorophos* (Berk. & Curt.) Sacc.
黄家坪（060039）、羊子溪（060063、070242、090469）。

黄柄小菇 *Mycena epipterygia* (Scop.) Gray
羊子溪（080327）。

盔盖小菇 *Mycena galericulata* (Scop.) Gray
羊子溪（080355、080397）。

血红小菇 *Mycena haematopus* (Pers.) P. Kumm.
羊子溪（060096、080358、090481、100607、100628）、大阴坡（090526）、杨家河（100559）、黄家河（100680）、黄家坪（100694）。

水晶小菇 *Mycena laevigata* Gillet
杨家河（100573）。

暗花纹小菇 *Mycena pelianthina* (Fr.) Quél.
黄家坪（060029）。

洁小菇 *Mycena pura* (Pers.) P. Kumm.
黄家坪（060043）、羊子溪（060062、070238、070239）。

粉色小菇 *Mycena rosea* Gramberg
黄家河（100671）、黄家坪（100698）。

血色小菇 *Mycena sanguinolenta* (Alb. & Schwein.) P. Kumm.
羊子溪（080395、090486、100605）。

铃铛小菇 *Mycena tintinnabulum* (Paulet) Quél.
黄家坪（070264）。

鳞皮扇菇 *Panellus stipticus* (Bull.) P. Karst.
羊子溪（090463、100655）、大阴坡（090503）。

黏柄小菇 *Roridomyces roridus* (Fr.) Rexer
羊子溪（070184）。

黄干脐菇 *Xeromphalina campanella* (Batsch) Kühner & Maire
羊子溪（060080）。

类脐菇科 Omphalotaceae

安络裸脚伞 *Gymnopus androsaceus* (L.) Della Magg. & Trassin.
杨家河（060012）。

红柄裸脚伞 *Gymnopus erythropus* (Pers.) Antonín, Halling & Noordel.
邓家台（070160）。

臭柄裸脚伞 *Gymnopus perforans* (Hoffm.) Antonín & Noordel
大阴坡（060022）、杨家河（090509）。

小裸脚伞 *Gymnopus putillus* (Fr.) Antonín, Halling & Noordel.
邓家台（080317）。

密褶裸脚伞 *Gymnopus densilamellatus* Antonín, Ryoo & Ka

羊子溪（080346）。

简单裸脚伞 *Gymnopus similis* Antonín, Ryoo & Ka

羊子溪（080403）。

褐白微皮伞 *Marasmiellus albofuscus* (Berk. & M. A. Curtis) Singer

羊子溪（090449）。

纯白微皮伞 *Marasmiellus candidus* (Fr.) Singer

杨家河（070141）、黄家坪（070267、070268）、羊子溪（090492）。

皮微皮伞 *Marasmiellus corticum* Singer

羊子溪（080344、080347、090479）。

树生微皮伞 *Marasmiellus dendroegrus* Singer

羊子溪（060069、070190）。

黑柄微皮伞 *Marasmiellus melanopus* (A. W. Wilson, Desjardin & E. Horak) J. S. Oliveira

黄家坪（070254）。

枝生微皮伞 *Marasmiellus ramealis* (Bull.) Singer

羊子溪（070212、080332）。

狭褶微皮伞 *Marasmiellus stenophyllus* (Mont.) Singer

羊子溪（070180）。

近叶生微皮伞 *Marasmiellus subgraminis* (Murrill) Singer

杨家河（080294、100556、100580）。

泡头菌科 Physalacriaceae

黄蜜环菌 *Armillaria cepistipes* Velen.

杨家河（100574、100585）、羊子溪（100664）。

高卢蜜环菌 *Armillaria gallica* Marxm. & Romagn.

纸厂河（090540）、羊子溪（100622）。

蜜环菌 *Armillaria mellea* (Vahl) P. Kumm.

羊子溪（100646、100660）。

金黄鳞盖伞 *Cyptotrama asprata* (Berk.) Redhead & Ginns

羊子溪（060064、060071、070203）。

粘盖菇 *Mucidula mucida* (Schrad.) Pat.

杨家河（100564）、黄家坪（100634）、羊子溪（100703）。

长根拟干蘑 *Paraxerula hongoi* (Dörfelt) R. H. Petersen

大阴坡（090525）、杨家河（100570）、羊子溪（100639、100665）。

中华膨瑚菌 *Physalacria sinensis* Zhu L. Yang & J. Qin

羊子溪（090458）。

侧耳科 Pleurotaceae

肾形亚侧耳 *Hohenbuehelia reniformis* (G. Mey.) Singer

羊子溪（090478）。

糙皮侧耳 *Pleurotus ostreatus* (Jacq.) P. Kumm.

羊子溪（080334、100625）、黄家坪（090431）

光柄菇科 Pluteaceae

灰光柄菇 *Pluteus cervinus* (Schaeff.) P. Kumm.
羊子溪（070193）。

金褐光柄菇 *Pluteus chrysophaeus* (Schaeff.) Quél.
邓家台（070206）、羊子溪（070208、070211）。

嫩光柄菇 *Pluteus ephebeus* (Fr.) Gillet
羊子溪（070177）。

硬毛光柄菇 *Pluteus hispidulus* (Fr.) Gillet
羊子溪（070176）。

长条纹光柄菇 *Pluteus longistriatus* (Peck) Peck
羊子溪（090480）。

矮光柄菇 *Pluteus nanus* (Pers.) P. Kumm.
羊子溪（070214、070217、090468）、杨家河（080312、100550）。

粉褶光柄菇 *Pluteus plautus* (Weinm.) Gillet
羊子溪（090487）。

网顶光柄菇 *Pluteus umbrosus* (Pers.) P. Kumm.
羊子溪（100601）。

褐毛小草菇 *Volvariella subtaylor* Hongo
黄家河（100670）。

小脆柄菇科 Psathyrellaceae

白小鬼伞 *Coprinellus disseminatus* (Pers.) J. E. Lange
羊子溪（060070、080361、100602）、大阴坡（090519、090521）。

家园小鬼伞 *Coprinellus domesticus* (Bolton) Vilgalys，Hopple & Jacq. Johnson
黄家坪（070273）、大阴坡（090522）。

晶粒小鬼伞 *Coprinellus micaceus* (Bull.) Vilgalys，Hopple & Jacq. Johnson
黄家坪（060044、060048）、羊子溪（060076）、纸厂河（090541）。

辐毛小鬼伞 *Coprinellus radians* (Desm.) Vilgalys，Hopple & Jacq. Johnson
羊子溪（090474）。

灰盖鬼伞 *Coprinopsis cinerea* (Schaeff.) Redhead，Vilgalys & Moncalvo
羊子溪（070170）。

白绒拟鬼伞 *Coprinopsis lagopus* (Fr.) Redhead，Vilgalys & Moncalvo
羊子溪（070185）。

毡毛脆柄菇 *Lacrymaria lacrymabunda* (Bull.) Pat.
黄家河（100669）。

薄肉近地伞 *Parasola plicatilis* (Curtis) Redhead，Vilgalys & Hopple
黄家坪（090434、100682）、羊子溪（100619）。

阿玛拉小脆柄菇 *Psathyrella amaura* (Berk. & Broome) Pegler
羊子溪（100663）。

黄盖小脆柄菇 *Psathyrella candolleana* (Fr.) Maire
杨家河（060001、060018、060026）、黄家坪（060049）、羊子溪（060035、060066、060077、070216）。

小脆柄菇 *Psathyrella corrugis* (Pers.) Konrad & Maubl.

杨家河（100588）。

小根小脆柄菇 *Psathyrella microrhiza* (Lasch) Konrad & Maubl.

大阴坡（090535）。

花盖小脆柄菇 *Psathyrella multipedata* (Peck) A. H. Sm.

邓家台（070151）。

奥林匹亚小脆柄菇 *Psathyrella olympiana* A. H. Sm.

杨家河（060025）、黄家河（100677）。

胶小脆柄菇 *Psathyrella pertinax* (Fr.) Örstadius

羊子溪（100638）。

微小脆柄菇 *Psathyrella pygmaea* (Bull.) Singer

邓家台（070157）。

灰褐小脆柄菇 *Psathyrella spadiceogrisea* (Schaeff.) Maire

邓家台（070150、070159）、羊子溪（090442）、黄家坪（100651）。

香蒲小脆柄菇 *Psathyrella typhae* (Kalchbr.) A. Pearson & Dennis

邓家台（070153、070154）。

羽瑚菌科 Pterulaceae

白须瑚菌 *Pterula multifida* (Chevall.) Fr.

羊子溪（080343）。

裂褶菌科 Schizophyllaceae

裂褶菌 *Schizophyllum commune* Fr.

黄家坪（060057、070266、090422）、大阴坡（070105、100517、090538）、邓家台（080316）、羊子溪（070188、070202、090456、090476、100599）。

球盖菇科 Strophariaceae

深色环伞 *Cyclocybe erebia* (Fr.) Vizzini & Matheny

羊子溪（070241）、黄家坪（070255、100685）、大阴坡（090530）、纸厂河（090546）。

客居黄囊菇 *Deconica inquilina* (Fr.) Romagn.

羊子溪（070226）。

叶生黄囊菇 *Deconica phyllogena* (Sacc.) Noordel.

羊子溪（070232）。

簇生垂幕菇 *Hypholoma fasciculare* (Huds.) P. Kumm.

杨家河（060017）、羊子溪（060090、100635）。

砖红垂暮菇 *Hypholoma lateritium* (Schaeff.) P. Kumm.

羊子溪（100661）。

毛柄库恩菌 *Kuehneromyces mutabilis* (Schaeff.) Singer & A. H. Sm.

黄家坪（100687、100701）。

木生鳞伞 *Pholiota lignicola* (Peck) Jacobsson

黄家坪（100695）。

粘皮鳞伞 *Pholiota lubrica* (Pers.) Singer

羊子溪（100621）。

暗黄鳞伞 *Pholiota pseudosiparia* A. H. Sm. & Hesler
杨家河（060024）、羊子溪（080335）。

尖鳞伞 *Pholiota squarrosoides*（Peck）Sacc.
邓家台（070155）。

黏膜鳞伞 *Pholiota velaglutinosa* A. H. Sm. & Hesler
羊子溪（100636）。

铜绿球盖菇 *Stropharia aeruginosa*（Curtis）Quél.
杨家河（100583）、羊子溪（100632）。

皱环球盖菇 *Stropharia rugosoannulata* Farl. ex Murrill
羊子溪（100666）。

口蘑科 Tricholomataceae

水浸杯伞 *Clitocybe hydrophora* Pegler
杨家河（080304）。

林地杯伞 *Clitocybe obsoleta*（Batsch）Quél.
羊子溪（080342）。

白杯伞 *Clitocybe phyllophila*（Pers.）P. Kumm.
大阴坡（090531）、纸厂河（090539）、杨家河（100561）。

紫丁香蘑 *Lepista nuda*（Bull.）Cooke
羊子溪（100644、100652）、黄家河（100679）。

白黄铦囊蘑 *Melanoleuca arcuata*（Bull.）Singer
羊子溪（100617）。

黄毛拟侧耳 *Phyllotopsis nidulans*（Pers.）Singer
杨家河（100558）。

假杯伞 *Pseudoclitocybe cyathiformis*（Bull.）Singer
大阴坡（090511）。

小伏褶菌 *Resupinatus applicatus*（Batsch）Gray
大阴坡（070114）、杨家河（070128）、黄家坪（090421）。

毛伏褶菌 *Resupinatus trichotis*（Pers.）Singer
羊子溪（060103）。

硫色口蘑 *Tricholoma sulphureum*（Bull.）P. Kumm.
羊子溪（100654）。

赭红拟口蘑 *Tricholomopsis rutilans*（Schaeff.）Singer
黄家河（100675）。

牛肝菌目 Boletales

牛肝菌科 Boletaceae

橙黄牛肝菌 *Crocinoboletus laetissimus*（Hongo）N. K. Zeng, Zhu L. Yang & G. Wu
羊子溪（080390）。

小褐牛肝菌 *Imleria parva* Xue T. Zhu & Zhu L. Yang
羊子溪（060098）。

皱盖疣柄牛肝菌 *Leccinum rugosiceps*（PK.）Sing.
羊子溪（080377、080394）。

刺鳞松塔牛肝菌 *Strobilomyces echinocephalus* Gelardi & Vizzini

大阴坡（070106）。

茶褐牛肝菌 *Sutorius brunneissimus*（W. F. Chiu）G. Wu & Zhu L. Yang

羊子溪（070223）。

双囊菌科 Diplocystidiaceae

硬皮地星 *Astraeus hygrometricus*（Pers.）Morgan

羊子溪（100641）。

铆钉菇科 Gomphidiaceae

假绒盖色钉菇 *Chroogomphus pseudotomentosus* O. K. Mill. & Aime

羊子溪（080400）。

血红色钉菇 *Chroogomphus rutilus*（Schaeff.）O. K. Mill.

羊子溪（100657）。

桩菇科 Paxillaceae

卷边桩菇 *Paxillus involutus*（Batsch）Fr.

杨家河（070126）。

硬皮马勃科 Sclerodermataceae

网硬皮马勃 *Scleroderma areolatum* Ehrenb.

杨家河（060009）。

大孢硬皮马勃 *Scleroderma bovista* Fr.

羊子溪（080366）。

乳牛肝菌科 Suillaceae

点柄小牛肝菌 *Boletinus punctatipes* Snell & E. A. Dick

邓家台（070152）。

粘盖乳牛肝菌 *Suillus bovinus*（L.）Roussel

邓家台（060051）。

暗黄乳牛肝菌 *Suillus plorans*（Rolland）Kuntze

羊子溪（080401）。

地星目 Geastrales

地星科 Geastraceae

布袋地星 *Geastrum saccatum* Fr.

黄家坪（070248）。

钉菇目 Gomphales

钉菇科 Gomphaceae

绒柄暗锁瑚菌 *Phaeoclavulina murrillii*（Coker）Franchi & M. Marchetti

羊子溪（080398）。

纤细枝瑚菌 *Ramaria gracilis*（Fr.）Quél.

大阴坡（090508）。

鬼笔目 Phallales

鬼笔科 Phallaceae

白鬼笔 *Phallus impudicus* L.

羊子溪（100640、100647）。

木耳目 Auriculariales
木耳科 Auriculariaceae

毛木耳 *Auricularia cornea* Ehrenb.
黄家坪（060028、060032、070250、080419、090420）、羊子溪（060078、070178、080340、090498、100596）、杨家河（070135）。

皱木耳 *Auricularia delicata* (Fr.) Henn.
杨家河（080277）。

黑木耳 *Auricularia heimuer* F. Wu，B. K. Cui & Y. C. Dai
羊子溪（060058）、杨家河（070132）。

黑耳 *Exidia glandulosa* (Bull.) Fr.
大阴坡（090516）。

明木耳科 Hyaloriaceae

胶质刺银耳 *Pseudohydnum gelatinosum* (Scop.) P. Karst.
大阴坡（070108、090505）。

淀粉伏革菌目 Amylocorticiales
粉伏革菌科 Amylocorticiaceae

雪白褶尾菌 *Plicatura nivea* (Fr.) P. Karst.
羊子溪（100610）。

波状拟褶尾菌 *Plicaturopsis crispa* (Pers.) D. A. Reid
杨家河（100560）。

鸡油菌目 Cantharellales
锁瑚菌科 Clavulinaceae

珊瑚状锁瑚菌 *Clavulina coralloides* (L.) J. Schröt.
杨家河（080300）。

锈革菌目 Hymenochaetales
锈革菌科 Hymenochaetaceae

黄褐集毛菌 *Coltricia cinnamomea* (Jacq.) Murrill
羊子溪（080381）。

红锈革菌 *Hymenochaete cruenta* (Pers. : Fr.) Donk
黄家坪（100702）。

黄褐锈革菌 *Hymenochaete luteobadia* (Fr.) Höhn. & Litsch.
杨家河（100578）。

分离锈革菌 *Hymenochaete separabilis* J. C. Léger
大阴坡（090534）。

匙毛锈革菌 *Hymenochaete spathulata* J. C. Léger
大阴坡（090506）。

柽柳核纤孔菌 *Inocutis tamaricis* (Pat.) Fiasson & Niemelä
大阴坡（090529）。

侧柄褐孔菌 *Fuscoporia discipes* (Berk.) Y. C. Dai & Ghob.-Nejh.
羊子溪（080362）。

黑壳褐孔菌 *Fuscoporia rhabarbarina* (Berk.) Groposo, Log. -Leite & Góes-Neto

杨家河（070133）、羊子溪（080329、080385、100627）。

淡黄木层孔菌 *Phellinus gilvus* (Schwein.) Pat.

杨家河（080306、100586）、黄家坪（090439）、羊子溪（090462）。

桑黄纤孔菌 *Sanghuangporus sanghuang* (Sheng H. Wu, T. Hatt. & Y. C. Dai) Sheng H. Wu, L. W. Zhou & Y. C. Dai

黄家坪（060030）。

重担菌科 Repetobasidiaceae

瘦藓菇 *Rickenella fibula* (Bull.) Raithelh.

羊子溪（070207）。

多孔菌目 Polyporales

拟层孔菌科 Fomitopsidaceae

迪氏迷孔菌 *Daedalea dickinsii* Yasuda

羊子溪（060079、100649）、杨家河（070129、100584）。

栎迷孔菌 *Daedalea quercina* (L. Fr.) Fr.

杨家河（070127）、羊子溪（080328）。

哀牢山绚孔菌 *Laetiporus ailaoshanensis* B. K. Cui & J. Song

羊子溪（060093）。

硫色绚孔菌 *Laetiporus sulphureus* (Bull.) Murrill

羊子溪（070199、070221）。

树皮生帕氏孔菌 *Parmastomyces corticola* Corner

羊子溪（070225）。

香泊氏孔菌 *Postia balsamea* (Peck) Jülich

杨家河（100589）。

灵芝科 Ganodermataceae

灵芝 *Ganoderma lingzhi* Sheng H. Wu, Y. Cao & Y. C. Dai

杨家河（060005）。

薄孔菌科 Meripilaceae

流苏刺孔菌 *Hydnopolyporus fimbriatus* (Cooke) D. A. Reid

黄家坪（090441）。

小孔硬孔菌 *Rigidoporus microporus* (Sw.) Overeem

羊子溪（080330、090493）。

皱孔菌科 Meruliaceae

烟管菌 *Bjerkandera adusta* (Willd.) P. Karst.

羊子溪（070186）、杨家河（080280）、黄家坪（090433）。

鲑贝耙齿菌 *Irpex consors* Berk.

羊子溪（080378）。

齿囊耙齿菌 *Irpex hydnoides* Y. W. Lim & H. S. Jung

杨家河（080278）。

白囊耙齿菌 *Irpex lacteus* (Fr.) Fr.

杨家河（060003）、羊子溪（090465）。

科普兰齿舌革菌 Radulodon copelandii（Pat.）N. Maek.

羊子溪（080353、100618）。

原毛平革菌科 Phanerochaetaceae

革质絮干朽菌 Byssomerulius corium（Pers.）Parmasto

杨家河（080307）。

白黄拟蜡孔菌 Ceriporiopsis alboaurantia C. L. Zhao, B. K. Cui & Y. C. Dai

羊子溪（070161）。

蓝色特蓝伏革菌 Terana coerulea（Lam.）Kuntze

羊子溪（090460、100604）、大阴坡（090513）。

多孔菌科 Polyporaceae

变形深黄孔菌 Aurantiporus transformatus（Núñez & Ryvarden）Spirin & Zmitr.

羊子溪（060072）、黄家坪（070257）。

宽鳞角孔菌 Cerioporus squamosus（Huds.）Quél.

羊子溪（090488）。

拟浅孔角孔菌 Cerioporus subcavernulosus（Y. C. Dai & Sheng H. Wu）Zmitr.

杨家河（100551）。

变形角孔菌 Cerioporus varius（Pers.）Zmitr. & Kovalenko

杨家河（060007、070121）、羊子溪（090466）。

单色齿毛菌 Cerrena unicolor（Bull.）Murrill

羊子溪（060067）。

粗糙拟迷孔菌 Daedaleopsis confragosa（Bolton）J. Schröt.

羊子溪（070162、080349、080376、100616）、杨家河（100582）。

三色拟迷孔菌 Daedaleopsis tricolor（Bull.）Bondartsev & Singer

羊子溪（080360、090444、100645）、纸厂河（090542）。

污叉丝孔菌 Dichomitus squalens（P. Karst.）D. A. Reid

杨家河（080287）。

菲律宾棱孔菌 Favolus philippinensis（Berk.）Sacc.

羊子溪（070183）、黄家坪（070251）。

木蹄层孔菌 Fomes fomentarius（L.）Fr.

杨家河（100575）。

粗糙粗毛盖菌 Funalia aspera（Jungh.）Zmitr. & Malysheva

杨家河（070137）、黄家坪（070263）。

漏斗韧伞 Lentinus arcularius（Batsch）Zmitr.

邓家台（070156）、黄家坪（070247、080406、080413、090443）。

冬生韧伞 Lentinus brumalis（Pers.）Zmitr.

羊子溪（100615）。

大褶孔菌 Lenzites vespacea（Pers.）Pat.

羊子溪（100620）。

微灰齿脉菌 Lopharia cinerascens（Schwein.）G. Cunn.

羊子溪（090470、090472）。

褐小孔菌 *Microporus affinis* (Blume & T. Nees) Kuntze

杨家河（060006、070140、080292）、羊子溪（080363、080364、080374、080380、080391、090429）。

新棱孔菌 *Neofavolus alveolaris* (DC.) Sotome & T. Hatt.

杨家河（080303）。

黄褐黑斑根孔菌 *Picipes badius* (Pers.) Zmitr. & Kovalenko

杨家河（070144）。

黑柄黑斑根孔菌 *Picipes melanopus* (Pers.) Zmitr. & Kovalenko

羊子溪（070210、100600）、黄家坪（080417）、纸厂河（090544）、杨家河（100565）。

网柄多孔菌 *Polyporus dictyopus* Mont.

杨家河（070134）、羊子溪（070243）。

条盖多孔菌 *Polyporus hypomelanus* Berk. ex Cooke

杨家河（070123）。

三河多孔菌 *Polyporus mikawai* Lloyd

杨家河（070139）。

栓多孔菌 *Polyporus trametoides* Corner

羊子溪（060059）、杨家河（080297）。

鲜红密孔菌 *Pycnoporus cinnabarinus* (Jacq.) P. Karst.

黄家坪（060047）、邓家台（060052）。

紫干皮孔菌 *Skeletocutis lilacina* A. David & Jean Keller

黄家坪（100686）。

雪白干皮孔菌 *Skeletocutis nivea* (Jungh.) Jean Keller

羊子溪（070172）。

褐扇栓孔菌 *Trametes vernicipes* (Berk.) Zmitr., Wasser & Ezhov

杨家河（080291）。

浅囊状栓菌 *Trametes gibbosa* (Pers.) Fr.

羊子溪（090447）。

毛栓孔菌 *Trametes hirsuta* (Wulfen) Lloyd

黄家坪（060027、070249、070258、070259、080409、090432、090438）、羊子溪（060037、090457）。

云芝栓孔菌 *Trametes versicolor* (L.) Lloyd

黄家坪（070261、090435）、羊子溪（080354、080375、090471）、纸厂河（090543）、杨家河（100548、100552）。

齿贝拟栓孔菌 *Trametopsis cervina* (Schwein.) Tomšovský

杨家河（070147）。

薄皮干酪菌 *Tyromyces chioneus* (Fr.) P. Karst.

羊子溪（060101、080384）、黄家河（100581、100672）。

刺孢齿耳菌科 Steccherinaceae

柔韧小薄孔菌 *Antrodiella duracina* (Pat.) I. Lindblad & Ryvarden

羊子溪（060061）、杨家河（070143）、黄家坪（070275）。

红菇目 Russulales

地花菌科 Albatrellaceae

地花菌 *Albatrellus confluens* (Alb. & Schwein.) Kotl. & Pouzar

羊子溪（080388）。

耳匙菌科 Auriscalpiaceae

小冠瑚菌 *Artomyces colensoi* (Berk.) Jülich

羊子溪（070168）、杨家河（100576）。

杯冠瑚菌 *Artomyces pyxidatus* (Pers.) Jülich

羊子溪（070227、090485、090494）。

刺孢多孔菌科 Bondarzewiaceae

南方异担子菌 *Heterobasidion australe* Y. C. Dai & Korhonen

大阴坡（090533）。

隔孢伏革菌科 Peniophoraceae

乳色巴氏垫革菌 *Baltazaria galactina* (Fr.) Leal-Dutra, Dentinger & G. W. Griff.

黄家坪（100683）。

红菇科 Russulaceae

栗褐乳菇 *Lactarius castaneus* W. F. Chiu

杨家河（080315）。

肉桂色乳菇 *Lactarius cinnamomeus* W. F. Chiu

羊子溪（080359）。

松乳菇 *Lactarius deliciosus* (L.) Gray

黄家坪（070271）、羊子溪（080389）。

木生乳菇 *Lactarius lignicola* W. F. Chiu

羊子溪（090484）。

黑褐乳菇 *Lactarius lignyotus* Fr.

羊子溪（080371）。

橄榄裂皮乳菇 *Lactarius olivaceorimosellus* X. H. Wang, S. F. Shi & T. Bau

羊子溪（060084）。

红褐乳菇 *Lactarius rufus* (Scop.) Fr.

杨家河（070130）。

花盖红菇 *Russula cyanoxantha* (Schaeff.) Fr.

羊子溪（060082、060085、060088、100643）。

密褶红菇 *Russula densifolia* Secr. ex Gillet

羊子溪（080383）。

粉柄黄红菇 *Russula farinipes* Romell

羊子溪（060091）。

臭红菇 *Russula foetens* Pers.

羊子溪（060092）。

淡紫红菇 *Russula lilacea* Quél.

羊子溪（080382）。

沼泽红菇 *Russula paludosa* Britzelm.

黄家坪（060050）、杨家河（070131）。

红色红菇 *Russula rosea* Pers.

羊子溪（070224、070234、080365）、杨家河（100593）。

点柄臭红菇 *Russula senecis* S. Imai

邓家台（080318）。

菱红菇 *Russula vesca* Fr.

羊子溪（080396）。

韧革菌科 Stereaceae

烟血色韧革菌 *Stereum gausapatum*（Fr.）Fr.

羊子溪（080338）。

毛韧革菌 *Stereum hirsutum*（Willid.）Pers.

黄家坪（060036）、杨家河（080282、080283、080298）。

片状韧革菌 *Stereum lobatum*（Kunze ex Fr.）Fr.

羊子溪（070173）。

轮纹韧革菌 *Stereum ostrea*（Blume & T. Nees）Fr.

羊子溪（060097）、杨家河（080279）、黄家坪（090437）、大阴坡（090515）。

绒毛韧革菌 *Stereum subtomentosum* Pouzar

杨家河（070125）。

大趋木菌 *Xylobolus princeps*（Jungh.）Boidin

黄家坪（060054）。

花耳纲 Dacrymycetes
花耳目 Dacrymycetales
花耳科 Dacrymycetaceae

胶角耳属 *Calocera*（Fr.）Fr.

中国胶角耳 *Calocera sinensis* McNabb

黄家坪（060038）、羊子溪（090446）。

角质胶角耳 *Calocera cornea*（Batsch）Fr.

黄家坪（060041、090424）、杨家河（080299）。

金孢花耳 *Dacrymyces chrysospermus* Berk. & M. A. Curtis

杨家河（080314）、羊子溪（090455）。

花耳 *Dacrymyces stillatus* Nees

羊子溪（080352）。

匙盖假花耳 *Dacryopinax spathularia*（Schwein.）G. W. Martin

黄家坪（060055、080405）、杨家河（0070115）。

银耳纲 Tremellomycetes
胶珊瑚目 Holtermanniales
胶珊瑚科 Holtermanniaceae

角状胶珊瑚 *Holtermannia corniformis* Kobayasi

羊子溪（080357）、HH 黄家坪（080410、080411）、大阴坡（090537）。

银耳目 Tremellales
银耳科 Tremellaceae

茶色褐银耳 *Phaeotremella foliacea* (Pers.) Wedin, J. C. Zamora & Millanes

杨家河（100594）、羊子溪（100597、100609）。

银耳 *Tremella fuciformis* Berk.

羊子溪（070171）。

莽山银耳 *Tremella mangensis* Y. B. Peng

羊子溪（090473）。

附录四　湖北五峰后河国家级自然保护区主要地衣植物名录

本名录依据《China Checklist of Fungi》（科学出版社，2021 年）的科、属顺序进行了排列，并依据名录对各物种种名进行了核对、整理和合并。文中 xxxx 为采集编号，（xxxxm）为海拔高度，r 表示石生、s 表示土生、t 表示树生、d 表示腐木生，人名为采集人员。

一、庞衣菌科 Verrucariaceae

（一）皮果衣属 Dermatocarpon

1. 皮果衣 *Dermatocarpon miniatum*（L.）W. Mann

003（750m）d 杨婧媛、010（828m）r 童善刚、020（750m）r 杨婧媛、026（1110m）r 刘胜祥、147（785m）r 童善刚

二、石蕊科 Cladoniaceae

（二）石蕊属 Cladonia

2. 红头石蕊 *Cladonia floerkeana*（Fr.）Flörke

008（828m）r 刘胜祥、094（2230m）s 童善刚

3. 北方石蕊 *Cladonia borealis* S. Stenroos

023（1257m）s 刘胜祥

4. 果石蕊 *Cladonia fruticulosa* Kremp.

011（964m）s 何钰等

5. 拟小杯石蕊 *Cladonia subconistea* Asahina

014（700m）r 童善刚、016（700m）s 童善刚、035（1330m）s 郭磊、091（2230m）s 童善刚

6. 麸石蕊 *Cladonia pityrea*（Flörke）Fr.

015（700m）r 童善刚

7. 裂杯石蕊 *Cladonia rei* Schaer.

004（760m）s 张炎华等、017（700m）r 童善刚、075（780m）r 郭磊、092（2230m）s 童善刚

8. 喇叭粉石蕊 *Cladonia chlorophaea*（Flörke ex Sommerf.）Spreng.

018（700m）r 童善刚

9. 尖头石蕊 *Cladonia subulata*（L.）Weber ex F. H. Wigg.

021（816m）r 童善刚、054（870m）r 郭磊

10. 粉杆红石蕊 *Cladonia bacillaris*（Ach.）Nyl.

013（850m）s 何钰等

11. 枪石蕊 *Cladonia coniocraea*（Flörke）Spreng.

055（1600m）r 张炎华等

三、梅衣科 Parmeliaceae

（三）条衣属 Everniastrum

12. 针芽条衣 *Everniastrum vexans*（Zahlbr. ex W. L. Culb. & C. F. Culb.）Hale ex Sipman

024（1082m）t 童善刚

（四）皱衣属 Flavoparmelia

13. 皱衣 *Flavoparmelia caperata*（L.）Hale

242（1567m）t 胡小龙等

（五）袋衣属 Hypogymnia

14. 拟袋衣 *Hypogymnia pseudophysodes*（Asahina）Rass.

234（1567m）t 胡小龙等

（六）双歧根属 Hypotrachyna

15. 骨白双歧根 *Hypotrachyna osseoalba*（Vain.）Y. S. Park & Hale

030（1175m）t 郭磊

（七）狭叶衣属 Parmelinopsis

16. 疱体粉芽狭叶衣 *Parmelinopsis subfatiscens*（Kurok.）Elix & Hale

063（950m）t 郭磊

（八）大叶梅属 Parmotrema

17. 粉网大叶梅 *Parmotrema reticulatum*（Taylor）M. Choisy

069（930m）t 郭磊

18. 鸡冠大叶梅 *Parmotrema cristiferum*（Taylor）Hale

039（1115m）t 童善刚

19. 睫毛大叶梅 *Parmotrema cetratum*（Ach.）Hale

071（1417m）d 郭磊

20. 光滑大叶梅 *Parmotrema laeve*（J. D. Zhao）J. B. Chen & Elix

099（1755m）t 童善刚、102（1755m）t 许佳妮等、106（1755m）t 童善刚、107（1755m）t 童善刚、143（420m）t 许佳妮等

（九）星点梅属 Punctelia

21. 粗星点梅 *Punctelia rudecta*（Ach.）Krog

027（1089m）t 张炎华等

22. 粉斑星点梅 *Punctelia borreri*（Sm.）Krog

066（950m）r 童善刚

（十）槽枝属 Sulcaria

23. 槽枝 *Sulcaria sulcate*（Lév.）Bystrek ex Brodo & D. Hawksw.

041（1180m）t 童善刚

（十一）松萝属 Usnea

24. 尖刺松萝 *Usnea aciculifera* Vain.

105（1755m）t 童善刚

（十二）黄髓叶属 Myelochroa

25. 亚黄髓叶 *Myelochroa subaurulenta*（Nyl.）Elix & Hale

062（880m）r 童善刚

四、树花衣科 Ramalinaceae

（十三）树花属 Ramalina

26. 芽树花 *Ramalina peruviana* Ach.

033（1300m）t 郭磊

27. 肉刺树花 *Ramalina roesleri*（Hochst. ex Schaer.）Hue

111（1750m）t 童善刚、161（1970m）刘胜祥、190（1100m）龙健军等

28. 扁平树花 *Ramalina complanate*（Sw.）Ach.

188（1750m）r 童善刚

五、珊瑚枝科 Stereocaulaceae

（十四）珊瑚枝属 Stereocaulon

29. 茸珊瑚枝 *Stereocaulon tomentosum* Th. Fr.

064（950m）r 郭磊

(十五)癞屑衣属 Lepraria

30. 膜癞屑衣 *Lepraria membranacea* (Weiss) A. L. Sm.

001（928m）r 童善刚、046（770m）r 郭磊、048（770m）t 郭磊、051、076（780m）r 童善刚、077、079、097、103、123、126、132、133、

31. 灰白癞屑衣 *Lepraria incana*

060（880m）r 郭磊

32. 淡蓝癞屑衣 *Lepraria caesioalba* (B. de Lesd.) J. R. Laundon

080（780m）t 童善刚

六、网衣科 Lecideaceae

(十六)假网衣属 Porpidia

33. 白兰假网衣 *Cladonia floerkeana* (Fr.) Flörke

067（930m）r 郭磊、083（880m）r 何钰、183（1980m）r 童善刚

七、石墨菌科 Graphidaceae

(十七)文字衣属 Graphis

34. 文字衣 *Graphis scripta*

047（770m）t 杨婧媛、142（460m）t 童善刚

八、胶衣科 Collemataceae

(十八)猫耳衣属 Leptogium

35. 多毛猫耳衣 *Leptogium hirsutum* Sierk

057（880m）t 郭磊

36. 薄刃猫耳衣 *Leptogium moluccanum* var. *myriophyllinum* (Müll. Arg.) Asahina

022（1257m）r 杨婧媛

37. 拟鳞粉猫耳衣 *Leptogium pseudofurfuraceum* P. M. Jørg. & A. K. Wallace

034（1340m）t 郭磊

38. 土星猫耳衣 *Leptogium saturninum* (Dicks.) Nyl.

040（1170m）t 童善刚

九、肺衣科 Lobariaceae

(十九)肺衣属 Lobaria

39. 网脊肺衣 *Lobaria retigera* (Bory) Trevis.

025（1110m）t 童善刚、037（1120m）t 郭磊、108（1755m）t 童善刚

40. 针芽肺衣 *Lobaria isidiophora* Yoshim.

036（1123m）t 童善刚、109（1755m）t 童善刚

(二十)假杯点衣属 Pseudocyphellaria

41. 黄假杯点衣 *Pseudocyphellaria aurata* (Ach.) Vain.

031（1200m）t 郭磊

十、鳞叶衣科 Pannariaceae

(二十一)鳞叶衣属 Pannaria

42. 铁色鳞叶衣 *Pannaria lurida* (Mont.) Nyl.

032（1200m）t 郭磊

十一、地卷科 Peltigeraceae

(二十二) 地卷属 Peltigera

43. 犬地卷 *Peltigera canina* (L.) Willd.

006 (790m) t 杨婧媛

44. 多指地卷 *Peltigera polydactyla* (Neck.) Hoffm.

019 (800m) t 童善刚、113 (1750m) r 童善刚、151 (1750m) r 童善刚、186 (1920m) r 童善刚、187 (1750m) r 童善刚

45. 粉点地卷 *Peltigera erumpens* (Taylor) Lange

192 (1180m) s 童善刚

十二、霜降衣科 Icmadophilaceae

(二十三) 地茶属 Thamnolia

46. 地茶 *Thamnolia vermicularis* (Sw.) Schaer.

246 (2007m) s 刘胜祥

十三、肉疣衣科 Ochrolechiaceae

(二十四) 肉疣衣属 Ochrolechia

47. 轮生肉疣衣 *Ochrolechia trochophore* (Vain.) Oshio

101 (1755m) t 童善刚、112 (1750m) t 龙建军、122 (1686m) t 童善刚、152 (1760m) t 童善刚、153 (1760m) t 童善刚

48. 亚莲座肉疣衣 *Ochrolechia subrosella* Z. F. Jia & Z. T. Zhao

194 (1200m) t 张炎华

十四、鸡皮衣科 Pertusariaceae

(二十五) 鸡皮衣属 Pertusaria

49. 睛鸡皮衣 *Pertusaria ophthalmiza* (Nyl.) Nyl.

197 (1200m) t 童善刚

十五、蜈蚣衣科 Physciaceae

(二十六) 哑铃孢属 Heterodermia

50. 暗哑铃孢 *Heterodermia obscurata* (Nyl.) Trevis.

009 (828m) r 童善刚、012 (850m) r 何钰、028 (1089m) t 郭磊、056 (870m) t 郭磊、072 (780m) t 童善刚、081 (880m) t 童善刚、118 (1684m) t 张炎华、119 (1685m) t 童善刚、124 (1685m) t 童善刚

51. 卷梢哑铃孢 *Heterodermia boryi* (Fée) Hale

029 (1150m) t 郭磊

(二十七) 蜈蚣衣属 Physcia

52. 蜈蚣衣 *Physcia stellaris* (L.) Nyl.

089 (1480m) t 陈丽

53. 毛边黑蜈蚣衣 *Phaeophyscia hispidula* (Ach.) Moberg

193 (1200m) t 龙健军

54. 红髓黑蜈蚣衣 *Phaeophyscia endococcina* (Körb.) Moberg

230 (1567m) t 刘胜祥

十六、黄枝衣科 Teloschistaceae

(二十八) 大孢衣属 Physconia

55. 北海道大孢衣 *Physconia hokkaidensis* Kashiw.

096 (1755m) t 尹恒等

(二十九)石黄衣属 Xanthoria
56. 拟石黄衣 *Xanthoria mandschurica*（Zahlbr.）Asahina
219（1567m）t 童善刚

十七、未定科

(三十)串屑衣属 Botryolepraria
57. 莱氏串屑衣 *Botryolepraria lesdainii*（Hue）Canals，Hern.-Mar.，Gómez-Bolea & Llimona
222（1569m）t 童善刚

附录五　湖北五峰后河国家级自然保护区苔藓植物名录

本名录依据《中国生物物种名录·第一卷，苔藓植物》（科学出版社，2021年）的科、属顺序进行了排列，并依据名录对各物种种名进行了核对、整理和合并。文中 xxxx 为采集编号，（xxxx）为海拔高度，r 表示石生、s 表示土生、t 表示树生、d 表示腐木生，人名为采集人员。

第一部分：藓类植物总录

藓类植物门 Bryophyta Schimp.

一、泥炭藓科 Sphagnales

（一）泥炭藓属 Sphagnum L.

1. 泥炭藓 Sphagnum palustre L.

1126（1590）s 刘胜祥等、1127（1590）s 刘胜祥等、1128（1590）s 刘胜祥等、1129（1590）s 郭磊等、1130（1590）s 郭磊等、1131（1590）s 郭磊等、1132（1590）s 胡小龙等、1133（1590）s 胡小龙等、1386（1590）s 张炎华等、1388（1590）s 张炎华等、1389（1590）s 张炎华等

二、牛毛藓科 Ditrichaceae

（二）拟牛毛藓属 Ditrichopsis Broth.

2. 拟牛毛藓 Ditrichopsis gymnostoma Broth.

1560a（950）r 彭丹

三、小曲尾藓科 Dicranellaceae

（三）小曲尾藓属 Dicranella (Mull. Hal.) Schimp.

3. 短颈小曲尾藓 Dicranella cerviculata (Hedw.) Schimp.

1738（880）s 彭丹、5033（1693）彭丹

四 DG、曲背藓科 Oncophoraceae

（四）曲背藓属 Oncophorus (Brid.) Brid.

4. 卷叶曲背藓 Oncophorus crispifolius (Mitt.) Lindb.

1740（750）s 彭丹

五、曲尾藓科 Dicranaceae

（五）曲尾藓属 Dicranum Hedw.

5. 硬叶曲尾藓 Dicranum lorifolium Mitt.

5360（1560）d 彭丹、5260（1520）d 彭丹

六、白发藓科 Leucobryaceae

（六）曲柄藓属 Campylopus Brid.

6. 疏网曲柄藓 Campylopus laxitextus Lac.

5403b（1157）r 彭丹

（七）青毛藓属 Dicranodontium Bruch & Schimp.

7. 丛叶青毛藓 Dicranodontium caespitosum (Mitt.) Par.

1702b（1590）t 彭丹

（八）白发藓属 Leucobryum Hampe.

8. 粗叶白发藓 Leucobryum boninense Sull. & Lesq.

1577（1070）d 彭丹

9. 白发藓 Leucobryum glaucum (Hedw.) Anogstr. in Fries

0101（700）r 何钰等、0139（900）r 杨婧媛等、5038（1170）s 彭丹、5452（1240）d 彭丹

10. 桧叶白发藓 *Leucobryum juniperoideum* (Brid) C. Muell.

1608(1130)t 彭丹、5090(1150)r 彭丹

七、凤尾藓科 Fissidentaceae

(九) 凤尾藓属 *Fissidens* Hedw.

11. 异形凤尾藓 *Fissidens anomalus* Mont.

5406(1180)r 彭丹、5267(1510)r 彭丹、5163(1300)s 彭丹、5261b(1500)r 彭丹、5315(1130)s 彭丹、5409(1230)r 彭丹

12. 多枝小叶凤尾藓 *Fissidens bryoides* var. *ramosissimus* Thér.

0692(1200)r 尹恒等、1099(1100)t 童善刚等、1119(890)r 郭磊等

13. 粗柄凤尾藓 *Fissidens crassipes* Wils. ex Bruch & Schimp.

5284(1430)r 彭丹

14. 卷叶凤尾藓 *Fissidens dubius* P. Beauv.

1633(1130)r 彭丹、1600(1140)r 彭丹、1647(1120)r 彭丹、1574(1080)r 彭丹、5458(1190)s 彭丹、5340(1130)r 彭丹、5327(1130)r 彭丹、5089(1150)r 彭丹、5384(1130)r 彭丹、5098(1360)r 彭丹、5249(1460)r 彭丹、5415(1230)r 彭丹、5229(1150)r 彭丹、5237(1320)r 彭丹、5127(1280)r 彭丹、5400(1120)t 彭丹、5122(1200)t 彭丹、5393(1110)r 彭丹、5251(1320)r 彭丹、5135(1250)s 彭丹、5282(1420)r 彭丹、5287(1360)s 彭丹

15. 二形凤尾藓 *Fissidens geminiflorus* Doz. et Molk.

1685(1370)r 彭丹、5319(1130)r 彭丹

16. 大叶凤尾藓 *Fissidens grandifrons* Brid.

1684(1370)r 彭丹、1546(900)r 彭丹、5368(1570)r 彭丹、5293b(1370)r 彭丹、5125(1260)r 彭丹、5165(1200)r 彭丹、5118(1100)r 彭丹、5250(1370)r 彭丹、5105(1100)r 彭丹、5377(1540)r 彭丹

17. 裸萼凤尾藓 *Fissidens gymnogynus* Besch.

1102(1100)r 童善刚等、5110(1190)r 彭丹

18. 垂叶凤尾藓 *Fissidens obscurus* Mitt.

0040(930)r 童善刚等、1085(1100)r 童善刚等、5203(1200)r 彭丹、5372(1130)r 彭丹

19. 延叶凤尾藓 *Fissidens perdecurrens* Besch.

1615(1270s) 彭丹、1655(1370)t 彭丹、1720a(1570)r 彭丹、5304(1110)r 彭丹

20. 鳞叶凤尾藓 *Fissidens taxifolius* Hedw.

1558(970)r 童善刚等、977(930)d 龙建军等、1042(1100)t 张炎华等

21. 南京凤尾藓 *Fissidens teysmannianus* Dozy&. Molk.

5160(1310)t 彭丹

22. 黄叶凤尾藓原变种 *Fissidesn zippelianus* (Turner) Brid. var. *crispulus* (Brid.) Brid.

1549(900)s 彭丹、5018(1240)d 彭丹、5001(1320)s 彭丹

八、丛藓科 Pottiaceae

(十) 对齿藓属 *Didymodon* Hedw.

23. 红对齿藓 *Didymodon asperifolius* (Mitt.) H. A. Crum.

1554b(870)r 彭丹

24. 尖叶对齿藓 *Didymodon constricta* (Mitt.) Saito.

1562(920)r 彭丹、5331(1140)r 彭丹

25. 尖叶对齿藓芒尖变种 *Didymodon constrictus* (P. C. Chen).

5434(1130)r 彭丹、5429(1120)r 彭丹

26. 长尖对齿藓 *Didymodon ditrichoides*（Broth.）X. J. Li & S. He.
5330(1140) r 彭丹、1556(980) r 彭丹

27. 北地对齿藓 *Didymodon fajjax*（Hedw）R. H. Zander.
1556(980) r 彭丹、5479(1130) d 彭丹

28. 反叶对齿藓 *Didymodon ferrugineus*（Schimp. ex Besch.）M. O. Hill
1556(980) r 彭丹、5429(1150) r 彭丹

29. 硬叶对齿藓原变种 *Didymodon rigidulus* Hedw. var. *rigidulus*
1748(500) r 彭丹

30. 剑叶对齿藓 *Didymodon rufidulus*（Mull. Hal.）Broth.
1554(870) r 彭丹

（十一）薄齿藓属 *Leptodontium*（C. Muell.）Hamp. ex Lindb.

31. 厚壁薄齿藓 *Leptodontium flexifolium*（Dick.）
5171(1310) d 彭丹

32. 薄齿藓细齿变种 *Leptodontium viticulosoides*（P. Beauv.）Wilk et Marg.
5425(1150) r 彭丹

（十二）拟合睫藓属 *Pseudosymblepharis* Broth.

33. 狭叶拟合睫藓 *Pseudosymblepharia angustata*（Mitt.）Hilp.
5251(1320) r 彭丹、5355(1140) r 彭丹、5275(1510d) 彭丹

34. 细拟合睫藓 *Pseudosymblepharia duriuscula*（Mitt.）P. C. Chen.
5331(1140) r 彭丹

（十三）反纽藓属 *Timmiella*（De Not.）Limpr.

35. 反纽藓 *Timmiella anomala*（Bruch & Schimp.）Limpr.
1639(1220) s 彭丹、1693(1400) r 彭丹、5375(1150) r 彭丹

（十四）纽藓属 *Tortella*（Lindb.）Limpr.

36. 折叶纽藓 *Tortella fragilis*（Hook. et Wilson.）Limpr.
5403a(1157) r 彭丹

37. 长叶纽藓 *Tortella tortuosa*（Hedw.）Limpr.
1732(1560) d 彭丹、1675(1110) r 彭丹、1626(1250) r 彭丹、1641(1100) r 彭丹、1594b(1100) r 彭丹、1569(1100) r 彭丹、5440(1150) r 彭丹、5223(1150) r 彭丹、5456(1210) r 彭丹、5164(1310) t 彭丹、5048(1140) r 彭丹、5246(1440) r 彭丹、5179a(1310) r 彭丹、5180a(1310) r 彭丹、5345(1140) r 彭丹、1646(1120) r 彭丹、1558(970) r 彭丹、1570b(1100) r 彭丹

（十五）毛口藓属 *Trichostomum* Bruch.

38. 阔叶毛口藓 *Trichostomum platyphyllum*（Iisiba）P. C. Chen.
5481(1130) d 彭丹

39. 波边毛口藓 *Trichostomum tenuirostre*（Hook. f. &Taylor）Lindb.
5460(1560) d 彭丹、5041(1290) r 彭丹

40. 平叶毛口藓 *Trichostomum planifolium*（Dixon）R. H. Zander.
1553(970) s 彭丹、1554(870) s 彭丹

（十六）小石藓属 *Weissia* Hedw.

41. 小口小石藓 *Weissia brachycarpa*（Nees & Hornsch.）Jur.
5353(1130) r 彭丹

42. 缺齿小石藓 *Weissia edentula* Mitt.

1563(960)r 彭丹

(十七)小墙藓属 *Weisiposis* Broth.

43. 褶叶小墙藓 *Weisiopsis anomala* (Broth. et Paris.) Broth.

5310(1130)r 彭丹

九、缩叶藓科 Ptychomitriaceae

(十八)缩叶藓属 *Ptychomitrium* Fuernr.

44. 狭叶缩叶藓 *Ptychomitrium linearifolium* Reim.

5345(1140)r 彭丹

十、细叶藓科 Seligeriaceae

(十九)细叶藓属 *Seligeria* Bruch & Schimp.

45. 弯柄细叶藓 *Seligeria recurvata* (Hedw.) Bruch & Schimp.

5343(1140)r 彭丹

十一、紫萼藓科 Grimmiaceae

(二十)长齿藓属 *Niphotrichum*(Bednarek-Ochyra)

46. 东亚长齿藓 *Niphotrichum japonicum* (Dozy & Molk) Bednarek-Ochyra & Ochyra.

1741(900)s 彭丹、1767(700)r 彭丹、1765(1060)s 彭丹

(二十一)砂藓属 *Racomitrium*

47. 砂藓属 *Racomitrium* sp.

50036 傅荣胜

十二、葫芦藓科 Funariaceae

(二十二)葫芦藓属 *Funaria* Hedw.

48. 葫芦藓 *Funaria hygrometrica* Hedw.

5030(1260)s 彭丹

十三、真藓科 Bryaceae

(二十三)短月藓属 *Brachymenium* Schwaegr.

49. 短月藓 *Brachymenium nepalense* Hook.

0729(420)d 童善刚等、0793(400)t 陈丽等

(二十四)真藓属 *Bryum* Hedw.

50. 极地真藓 *Bryum arcticum* (R. Br. bis) Bruch & Schimp.

5226a(1150)r 彭丹

51. 比拉真藓 *Bryum billarderi* Schwagr.

5197(1200)s 彭丹、5162(1300)s 彭丹、5336b(1125)r 彭丹、5086(1150)r 彭丹、5339(1120)s 彭丹、5446b(1150)r 彭丹

52. 细叶真藓 *Bryum capillare* Hedw.

5033(1300)r 彭丹

53. 蕊形真藓 *Bryum coronatum* Schwägr.

5376(1570)d 彭丹

54. 圆叶真藓 *Bryum cyclophyllum* (Schwaegr.) Bruch & Schimp.

5430(1140)r 彭丹

55. 沼生真藓 *Bryum knowltonii* Barnes.

5333(1125)r 彭丹、5378(1130)r 彭丹

56. 刺叶真藓 *Bryum lonchocauion* Mull. Hal.

5469(1200)r 彭丹

57. 拟三列真藓 *Bryum pseudotriquetum* (Hedw.) Gaertn.

5341(1120)r 彭丹、5469(1200)r 彭丹、5441(1140)s 彭丹、5332(1130)r 彭丹、0005(HKAS) 武显维

（二十五）大叶藓属 *Rhodobryum* (Schimp.) Hampe.

58. 暖地大叶藓 *Rhodobryum giganteum* (Schwaegr.) Paris.

5351(1125)r 彭丹、5355(1140)r 彭丹、1708(1570)s 彭丹、1660(1270)d 彭丹、1653(1290)s 彭丹、5362b(1540)r 彭丹、5155(1250)r 彭丹、5130(1280)r 彭丹、5482(1170)r 彭丹、5418(1240)r 彭丹、5265(1510)r 彭丹、5286(1360)r 彭丹、5272(1530)d 彭丹、1095(1100)r 童善刚、1107(1100)t 张炎华等、1109(1100)t 龙建军等、5037(HKAS) 付运生

十四、提灯藓科 Mniaceae

（二十六）提灯藓属 *Mnium* Hedw.

59. 异叶提灯藓 *Mnium heterophyllum* (Hook.) Schwagr.

5255(1360)d 彭丹

60. 平肋提灯藓 *Mnium laevinerve* Cardot.

5026(1260)s 彭丹、5123(1190)r 彭丹、5291(1350)r 彭丹、5111a(1190)r 彭丹、5111b(1190)r 彭丹、1690(1370)t 彭丹、5192(1310)s 彭丹、5436(1130)r 彭丹、5396(1140)t 彭丹

61. 长叶提灯藓 *Mnium lycopodioides* Schwagr.

5193(1310)s 彭丹、5199(1200)s 彭丹、5332b(1130)r 彭丹

62. 具缘提灯藓 *Mnium marginatum* (With.) P. Beauv.

5353a(1130)r 彭丹、5428(1130)r 彭丹、5097b(1190)d 彭丹、5097a(1190)d 彭丹、1661(1270)d 彭丹、5358(1550)t 彭丹

63. 偏叶提灯藓 *Mnium thomsonii* Schimp.

5043a(1270)s 彭丹

（二十七）毛灯藓属 *Rhizomnium* (Broth.) T. J. Kop.

64. 小毛灯藓 *Rhizomnium parvulum* (Mitt.) T. J. Kop.

5035(1290)d 彭丹、5228(1150)t 彭丹、5060(1320)d 彭丹、5167(1250)d、5070a(1320)d 彭丹、5166(1250)d 彭丹、5073(1320)d 彭丹

65. 具丝毛灯藓 *Rhizomnium tuomikoskii* T. J. Kop.

5210(1180)d 彭丹、5120b(1190)d 彭丹、5208(1180)d 彭丹、5121(1190)d 彭丹、1612(1270)d 彭丹

（二十八）匐灯藓属 *Plagiomnium* T. J. Kop.

66. 尖叶匐灯藓 *Plagiomnium acutum* (Lindb.) T. J. Kop.

1723(1570)d 彭丹、1610(1370)r 彭丹、1601(1290)r 彭丹、5419(1190)r 彭丹彭丹、5404a(1170)r 彭丹、5116(1120)r 彭丹、1581(1180)r 彭丹、5407(1190)r 彭丹、5404b(1170)r 彭丹

67. 密集匐灯藓 *Plagiomnium confertidens* (Lindb. & H. Arnell.) T. J. Kop.

5186(1250)r 彭丹、5138(1270)r 彭丹、5024(1270)s 彭丹

68. 全缘匐灯藓 *Plagiomnium integrum* (Besch. & Sande. Lac.) T. J. Kop.

5259(1420)r 彭丹、5296(1370)r 彭丹、5108(1190)r 彭丹、5095(1190)r 彭丹

69. 日本匐灯藓 *Plagiomnium japonicum* (Lindb.) T. J. Kop.

5004a(1260)r 彭丹、5004b(1260)r 彭丹、5247(1380)r 彭丹、5270(1530)d 彭丹、5271(1530)d 彭丹、5277(1510)d 彭丹、5292(1350)r 彭丹、5181a(1250)d 彭丹、5181b(1250)d 彭丹、5141(1250)r 彭丹、5151a(1250)r 彭丹、5151b(1250)r 彭丹、5371(1550)r 彭丹、5121(1190)d 彭丹、1593b(1240)r 彭丹、1722(1570)d 彭丹、1614(1270)s 彭丹、1657(1150)d 彭丹、5246(1440)r 彭丹、5266(1510)r 彭丹、5286b(1360)s 彭丹

70. 侧枝匐灯藓 *Plagiomnium maximoviczii* (Lindb.) T. J. Kop.

5083(1190)r 彭丹、5227(1150)r 彭丹、5109(1190)r 彭丹、5411(1150)r 彭丹、5190(1250)d 彭丹、5148(1250)r 彭丹、5021(1340)d 彭丹、5390(1130)s 彭丹、5386(1140)r 彭丹、5353b(1130)r 彭丹、5354(1120)r 彭丹、5318(1130)r 彭丹、5264(1510)r 彭丹、5320(1130)r 彭丹

71. 具喙匐灯藓 *Plagiomnium rhynchophorum* (Hook.) T. J. Kop.

1584a(1290)r 彭丹、5255b(1360)d 彭丹

72. 钝叶匐灯藓 *Plagiomnium rostratum* (Schrad.) T. J. Kop.

1736(1585)s 彭丹

73. 大叶匐灯藓 *Plagiomnium succulentum* (Mitt.) T. J. Kop.

5212(1170)s 彭丹、5207(1170)d、5124a(1200)s 彭丹、5124b(1200)s 彭丹、5126b(1200)r 彭丹、5297(1370)r 彭丹、5136(1200)r 彭丹、5129(1200)s 彭丹、5184a(1180)d 彭丹、5184b(1180)d 彭丹、5158(1170)d 彭丹、5337(1120)r 彭丹、1689b(1200)r 彭丹、1729(1490)d 彭丹、5035(1290)d 彭丹

(二十九)立灯藓属 *Orthomnium* Wilson

74. 柔叶立灯藓 *Orthomnium dilatatum* (Mitt.) P. C. Chen.

1635a(1270)d 彭丹、5225c(1160)d 彭丹、5121b(1190)d 彭丹

(三十)疣灯藓属 *Trachycystis* Lindb.

75. 疣灯藓 *Trachycystis microphylla* (Dozy & Molk.) Lindb.

1592(1250)s 彭丹、5257(1510)d 彭丹

76. 鞭枝疣灯藓 *Trachycystis flagellaris* (Sull. & Lesq.) Lindb.

5102(1290)d 彭丹、5245(1420)d 彭丹、5276(1510)d 彭丹、5069(1320)d 彭丹、1677(1270)d 彭丹

十五、皱蒴藓科 Aulacomniaceae

(三十一)皱蒴藓属 *Aulacomnium* Schwagr.

77. 异枝皱蒴藓 *Aulacomnium heterostichum* (Hedw.) Bruch & Schimp.

5261(1500)r 彭丹

十六、珠藓科 Bartramiaceae

(三十二)珠藓属 *Bartramia* Hedw.

78. 亮叶珠藓 *Bartramia halleriana* Hedw.

1733(1590)t 彭丹

79. 梨蒴珠藓 *Bartramia pomiformis* Hedw.

5299a(1330)s 彭丹、5233(1470)s 彭丹、5074(1350)r 彭丹、5412(1140)r 彭丹、1630(1270)r 彭丹、5278a(1450)r 彭丹、5299b(1330)s 彭丹、5261(1500)r 彭丹、0118(814)s 何钰等

(三十三)泽藓属 *Philonotis*

80. 东亚泽藓 *Philonotis turneriana* (Schwaeqr.) Mitt.

0037(820)s 杨婧媛等、0037(HKAS)武昌雄

(三十四)平珠藓属 *Plagiopus* Brid.

81. 平珠藓 *Plagiopus oederianus* (Sw.) H. A. Crum & L. E. Anderson. 122

5431(1140)r 彭丹

十七、木灵藓科 Orthotrichaceae

(三十五)木灵藓属 *Orthotrichum* Hedw.

82. 木灵藓 *Orthotrichum anomalum* Hedw.

5012(1240)d 彭丹、5078(1330)d

(三十六)蓑藓属 *Macromitrium* Brid.

83. 中华蓑藓 *Macromitrium cavaleriei* Cardot.

5387(1130)t 彭丹

84. 缺齿蓑藓 *Macromitrium gymnostomum* Sull. Et Lesq.

5014(1170)d 彭丹、5169(1170)d 彭丹、5112(1290)t 彭丹

85. 钝叶蓑藓 *Macromitrium japonicum* Doz. et Molk.

5076(1350)d 彭丹、5215(1150)d 彭丹、5231c(1150)d 彭丹

十八、虎尾藓科 Hedwigiaceae

(三十七)虎尾藓属 *Hedwigia* P. Beauv.

86. 虎尾藓 *Hedwigia ciliata* (Hedw.) Ehrh. ex P. Beauv.

1548a(950)r 彭丹

十九、白齿藓科 Leucodontaceae

(三十八)白齿藓属 *Leucodon* Schwaegr.

87. 陕西白齿藓 *Leucodon exaltatus* C. Mull.

5344(1120)r 彭丹

88. 白齿藓 *Leucodon sciuroides* (Hedw.) Schwagr.

5187(1310)t 彭丹、5198(1250)r 彭丹、5376(1570)d 彭丹、1637(1340)t、1654(1380)d 彭丹

(三十九)单齿藓属 *Dozya* Lac.

89. 单齿藓 *Dozya japonica* Lac. in Miq.

5395b(1120)r 彭丹

二十、蕨藓科 Pterobryaceae

(四十)拟蕨藓属 *Pterobryopsis* Fleisch.

90. 四川拟蕨藓 *Pterobryopsis setschwanica* Broth.

5079(1130)s 彭丹

二十一、蔓藓科 Meteoriaceae

(四十一)扭叶藓属 *Trachypus* Reinw. et Hornsch.

91. 扭叶藓 *Trachypus bicolor* Reinw. et Hornsch.

5235b(1530)r 彭丹、5253(1320)d 彭丹、5446a(1130)r 彭丹、5261a(1500)r 彭丹、5472(1140)r 彭丹、5444(1240)d 彭丹、5437(1190)r 彭丹、5225(1160)d 彭丹、5189(1300)r 彭丹、1606(1080)r 彭丹、1625(1190)d 彭丹、5000(1260)r 彭丹、5178(1310)t 彭丹、5179b(1310)r 彭丹、5180b(1310)r 彭丹、5118b(1100)r 彭丹

92. 小扭叶藓 *Trachypus humilis* Lindb.

5475(1230)d 彭丹

93. 长叶扭叶藓 *Trachypus longifolius* Nog.

5467(1220)r 彭丹

(四十二) 拟扭叶藓属 *Trachypodopsis* Fleisch.

94. 拟扭叶藓 *Trachypodopsis serrulata* (P. Beauv.) Fleisch. var. *serrulata*

5088(1150)r 彭丹、5295(1320)t 彭丹、5045(1320)d 彭丹

95. 拟扭叶藓卷叶变种 *Trachypodopsis serrulata* (P. Beauv.) Fleisch. var *crispatula* (Hook.) Zant.

1594(1100)r 彭丹、5017(1200)r 彭丹、5286a(1360)s 彭丹、5059(1320)d s

(四十三) 绿锯藓属 *Duthiella* C. Muell.

96. 斜枝绿锯藓 *Duthiella declinate* (Mitt.) Zanten.

5273(1530)d 彭丹、5454(1210)r 彭丹、5113(1290)t 彭丹、5071(1320)d 彭丹、5254(1330)s 彭丹

97. 软枝绿锯藓 *Duthiella flaccida* (Card.) Broth.

5280(1450)r 彭丹、5423(1170)r 彭丹、5204(1200)r 彭丹、5043(1270)t 彭丹、5125(1260)r 彭丹

98. 美绿锯藓 *Duthiella speciosissima* Broth. ex Card. in Cardot

5051(1320)r 彭丹、5478(1140)r 彭丹、5217(1150)r 彭丹、5417(1230)r 彭丹、5268(1510)r 彭丹、5254(1330)s 彭丹、5235(1530)r 彭丹、5099(1150)r 彭丹、5153(1170)d 彭丹

(四十四) 粗蔓藓属 *Meteoriopsis* Fleisch. ex Broth.

99. 反叶粗蔓藓 *Meteoriopsis reclinata* (C. Muell.) Fleisch.

5016c(1290)d 彭丹、5016b(1290)d 彭丹、5307(1130)t 彭丹、5413(1130)t 彭丹、5322(1130)t 彭丹、5015a(1290)d 彭丹、5456b(1210)r 彭丹

(四十五) 假悬藓属 *Pseudobarbella* Nog.

100. 南亚假悬藓 *Pseudobarbella levieri* (Ren. et Card.) Nog.

1636(1340)t 彭丹

(四十六) 多疣藓属 *Sinskea* W. R. Buck

101. 小多疣藓 *Sinskea flammea* (Mitt.) W. R. Buck.

1623(1130)r 彭丹、5084(1160)r 彭丹

102. 多疣藓 *Sinskea phaea* (Mitt.) W. R. Buck

5225a(1160)d 彭丹、5410(1140)d 彭丹、5464(1230)t 彭丹

(四十七) 垂藓属 *Chrysocladium* Fleisch.

103. 垂藓 *Chrysocladium retrorsum* (Mitt.) Fleisch.

1719(1580)r 彭丹

(四十八) 毛扭藓属 *Aerobryidium* Fleisch.

104. 毛扭藓 *Aerobryidium filamentosum* (Hook.) Fleisch.

5408(1230)r 彭丹、5173(1310)d 彭丹、5413(1190)r 彭丹、5305(1110)r 彭丹

(四十九) 灰气藓属 *Aerobryopsis* Fleisch.

105. 大灰气藓 *Aerobryopsis subdivergens* (Broth.) Broth.

5457(1210)r 彭丹、1645(1120)t 彭丹、5395a(1120)r 彭丹、5335(1130)r 彭丹

106. 大灰气藓长尖亚种 *Aerobryopsis subdivergens* subsp. *scariosa* Bartr.

5325b(1130)r 彭丹

(五十) 丝带藓属 *Floribundaria* Fleisch.

107. 丝带藓 *Floribundaria floribunda* (Doz. et Molk.) Fleisch.

5087(1150)r 彭丹、5256a(1480)r 彭丹

108. 四川丝带藓 *Floribundaria setchwanica*

5094(1190)d 彭丹、5015b(1290)d 彭丹、5016a(1290)d 彭丹

(五十一)新丝藓属 *Neodicladiella* (Nog.) W. R. Buck

109. 新丝藓 *Neodicladiella pendula* (Sull.) W. R. Buck

1599(1270)t 彭丹、5358(1550)t 彭丹、5326(1125)t 彭丹、5374(1550)t 彭丹、5464b(1230)t 彭丹、5101a(1200)d 彭丹

110. 鞭枝新丝藓 *Neodicladiella flagellifera* (Card.) Nog.

5302(1140)t 彭丹

二十二、船叶藓科 Lembophyllaceae

(五十二)新悬藓属 *Neobarbella* Nog.

111. 新悬藓原变种 *Neobarbella come* var. *comes* (Griff.) Nog.

5334(1130)r 彭丹、5421(1230)t 彭丹

二十三、平藓科 Neckeraceae

(五十三)木藓属 *Thamnobryum* Nieuwl.

112. 褶叶木藓 *Thamnobryum plicatulum* (Sande Lac.) Iwats.

5222(1150)r 彭丹、5258a(1520)r 彭丹、5281a(1420)r 彭丹、5258b(1520)r 彭丹、5008a(1390)s 彭丹、5246a(1440)r 彭丹、5139(1250)r 彭丹、5143(1250)r 彭丹

113. 匙叶木藓 *Thamnobryum subseriatum* (Mitt. ex sande lac.) B. C. Tan.

5278(1450)r 彭丹、5252b(1350)r 彭丹、1583(1180)r 彭丹、1567(1070)r 彭丹、1656(1350)r 彭丹、1596(1290)r 彭丹、5235a(1530)r 彭丹、1680(1370)t 彭丹、1619a(1290)r 彭丹、1674(1280)r 彭丹

(五十四)树平藓属 *Homaliodendron* Fleisch.

114. 舌叶树平藓 *Homaliodendron ligulaefolium* (Mitt.) Fleisch.

5316(1130)r 彭丹、5056(1270)r 彭丹

115. 刀叶树平藓 *Homaliodendron scalpellifolium* (Mitt.) Fleisch.

5200(1250)t 彭丹、5062(1320)d 彭丹、5308(1130)t 彭丹、1664(1340)r 彭丹、5137(1200)r 彭丹

(五十五)拟平藓属 *Neckeropsis* Reichdt.

116. 截叶拟平藓 *Neckeropsis lepineana* (Mont.) Fleisch

5008b(1390)s 彭丹

117. 钝叶拟平藓 *Neckeropsis obtusata* (Mont.) Fl. in Broth.

5459(1200)r 彭丹、5453(1210)r 彭丹、5450(1240)t 彭丹

(五十六)羽枝藓属 *Pinnatella* Fleisch.

118. 东亚羽枝藓 *Pinnatella makinoi* (Broth.) Broth.

5063(1320)d 彭丹

二十四、万年藓科 Climaciaceae

(五十七)万年藓属 *Climacium* Web. et Mohr.

119. 东亚万年藓 *Climacium japonicum* Lindb.

5447(1220)r 彭丹、5362a(1540)s 彭丹、5359(1550)s 彭丹

二十五、油藓科 Hookeriaceae

(五十八)油藓属 *Hookeria* Sm.

120. 尖叶油藓 *Hookeria acutifolia* Hook. et Grev.

5134(1280)s 彭丹、1628(1250)r 彭丹、1622(1250)r 彭丹、5092(1150)s 彭丹、5091(1150)s 彭丹、5047(1320)s 彭丹、5234(1280)s 彭丹、5301(1320)s 彭丹、5380(1130)d 彭丹、5381(1130)d 彭

丹、5236(1320)s 彭丹、5350(1120)s 彭丹、5300b(1320)s 彭丹

二十六、小黄藓科 Daltoniaceae

(五十九)黄藓属 *Distichophyllum* Dozy et Molk.

121. 兜叶黄藓 *Distichophyllum meizhiae* B. C. Tan et P. J. Lin

5433(1140)r 彭丹

二十七、孔雀藓科 Hypopterygiaceae

(六十)孔雀藓属 *Hypopterygium* Brid.

122. 黄边孔雀藓 *Hypopterygium flavolimbatum* Mull.

5039(1660)r 彭丹、5168(1250)r 彭丹、5465(1230)r 彭丹、5202(1250)t 彭丹、5218(1150)r 彭丹、5394(1120)r 彭丹、1571(1080)r 彭丹、1619b(1290)r 彭丹、1768(1280)r 彭丹、0256(1123)r 郭磊等

(六十一)雉尾藓属 *Cyathophorum* P. Beauv

123. 短肋雉尾藓 *Cyathophorella hookerianum* (Griff.) Mitt.

5379b(1130)d 彭丹

(六十二)树雉尾藓属 *Dendrocyathophorum* Dix.

124. 树雉尾藓 *Dendrocyathophorum decolyi* (Broth. exM. Fleisch.) Kruijer

5128(1280)r 彭丹

二十八、羽藓科 Thuidiaceae

(六十三)鹤嘴藓属 *Pelekium* Mitt.

125. 红毛鹤嘴藓 *Pelekium versicolor* (Hornsch. ex Mull. Hal.)

1585a(1290)r 彭丹

(六十四)羽藓属 *Thuidium* B. S. G.

126. 绿羽藓 *Thuidium assimile* (Mitt.) Jaeg.

1561a(890)r 彭丹、1585a(1290)r 彭丹、1590(1250)r 彭丹、1689a(1200)r 彭丹、1688(1370)t 彭丹、1568(1080)r 彭丹、1703(1590)s 彭丹、1713(1600)s 彭丹、1582(1180)r 彭丹、1726a(1570)r 彭丹、1597(1150)r 彭丹、1686(1370)r 彭丹、1674(1280)r 彭丹、5133(1280)r 彭丹

127. 大羽藓 *Thuidium cymbifolium* (Dozy et Molk.) Dozy et Molk.

5209(1180)d 彭丹、5027(1360)d 彭丹、5066(1320)d 彭丹、5157(1170)d 彭丹、5022a(1270)d 彭丹、5082(1160)s 彭丹、1711(1590)r 彭丹、5303(1130)r 彭丹、5246b(1440)r 彭丹、5416(1230)r 彭丹

128. 短肋羽藓 *Thuidium kanedae* Sak.

5220(1160)r 彭丹、5065(1320)r 彭丹、5363a(1550)r 彭丹、5072(1320)d 彭丹、5054(1320)r 彭丹、5283(1430)r 彭丹、5144(1250)r 彭丹、5279(1450)r 彭丹、1745(840)r 彭丹、1763(890)s 彭丹、1753(490)r 彭丹、1750(850)s 彭丹、1757(920)r 彭丹

129. 灰羽藓 *Thuidium pristocalyx* (Mell. Hal.) A.

5009a(1290)r 彭丹、1578b(1140)d 彭丹

(六十五)细羽藓属 *Cyrtohypnum* C. Muell.

130. 密枝细羽藓 *Cyrtohypnum tamariscellum* (C. Muell.) Buck et Crum

5042(1290)r 彭丹

(六十六)小羽藓属 *Haplocladium* (C. Muell.) C. Muell.

131. 细叶小羽藓 *Haplocladium microphyllum* (Hedw.) Broth.

1560(950)r 彭丹、5006(1260)d 彭丹

二十九、薄罗藓科 Leskeaceae

（六十七）麻羽藓属 Claopodium (Lesq. et Jam.) Ren. et Card.

132. 狭叶麻羽藓 Claopodium aciculum (Broth.) Broth.
5015b(1290)彭丹

133. 偏叶麻羽藓 Claopodium rugulosifolium Zeng
5220b(1160)r 彭丹

（六十八）薄罗藓属 Leskea Hedw.

134. 粗肋薄罗藓 Leskea scabrinervis Broth. & Paris

（六十九）细枝藓属 Lindbergia Kindb.

135. 中华细枝藓 Lindbergia sinensis (Müll. Hal.) Broth.

三十、牛舌藓科 Anomodonaceae

（七十）牛舌藓属 Anomodon Hook. et Tayl.

136. 尖叶牛舌藓 Anomodon giraldii Mull.
5289(1380)d 彭丹、5231(1150)d 彭丹

137. 小牛舌藓 Anomodon minor (Hedw.) Lindb.
5174(1310)d 彭丹、1744(840)r 彭丹

138. 牛舌藓 Anomodon viticulosus (Hedw.) Hook. et Tayl.
1752(490)r 彭丹、1754(490)r 彭丹

（七十一）多枝藓属 Haplohymenium Dozy et Molk.

139. 鞭枝多枝藓 Haplohymenium flagelliforme Savicz.
0239(1340)t 郭磊等

140. 暗绿多枝藓 Haplohymenium triste (Ces.) Kindb.
1602(1270)r 彭丹、0203(1340)r 童善刚等、0212(1089)t 童善刚等、0216(1089)t 郭磊等

（七十二）羊角藓属 Herpetineuron (Mull. Hall.) Cardot

141. 羊角藓 Herpetineuron toccoae (Sull. & Lesq.) Cardot.
0151(700)r 杨婧媛等、0364(880)r 郭磊等、1000(1200)s 童善刚等

三十一、柳叶藓科 Amblystegiaceae

（七十三）牛角藓属 Cratoneuron (Sull.) Spruc.

142. 牛角藓 Cratoneurom filicinum (Hedw.) Spruc.
5432(1120)r 彭丹、5473(1130)r 彭丹、5443(1120)r 彭丹

（七十四）镰刀藓属 Drepanocladus (C. Muell.) Roth.

143. 粗肋镰刀藓 Drepanocladus sendtneri (Schimp.) Warnst.
5474(1120)r 彭丹

（七十五）水灰藓属 Hygrohypnum Lindb.

144. 扭叶水灰藓 Hygrohypnum eugyrium (B. S. G.) Broth.
5050(1320)r 彭丹、5053(1320)r 彭丹

145. 水灰藓 Hygrohypnum luridum (Hedw.) Jenn.
5263(1510)r 彭丹、5366b(1570)r 彭丹

146. 钝叶水灰藓 Hygrohypnum smithii (SW.) Broth.
5025(1270)r 彭丹、5252(1350)r 彭丹、5243(1370)r 彭丹、5364(1550)r 彭丹、5146(1250)r 彭丹、5398(1110)r 彭丹、5034(1170)r 彭丹、5170(1250)r 彭丹、5461(1210)r 彭丹、5106(1190)r 彭丹、5125(1260)r 彭丹、5025c(1270)r 彭丹、5298(1370)r 彭丹

（七十六）细湿藓属 *Campylium* (Sull.) Mitt.

147. 细湿藓 *Campylium hispidulum* (Brid.) Mitt.

5348（1115）r 彭丹、1593a（1240）r 彭丹

三十二、青藓科 Brachytheciaceae6

（七十七）气藓属 *Aerobryum* Dozy et Molk.

148. 气藓 *Aerobryum speciosum* Dozy et Molk.

5225b（1160）d 彭丹、5221（1160）t 彭丹

（七十八）青藓属 *Brachythecium* B. S. G.

149. 多褶青藓 *Brachythecium buchananii* (Hook.) Iaeg.

5463（1230）r 彭丹、5435（1130）r 彭丹、5397（1140）r 彭丹、5462（1200）r 彭丹

150. 皱叶青藓 *Brachythecium kuroishicum* Besch.

5480（1130）r 彭丹、5341（1120）r 彭丹

151. 羽枝青藓 *Brachythecium plumosum* (Hedw.) B. S. G.

1710（1590）r 彭丹、1588（1270）t 彭丹

152. 青藓 *Brachythecium pulchellum* Broth.

5195（1250）d 彭丹

153. 弯叶青藓 *Brachythecium reflexum* (Stark.) B. S. G.

5100（1240）r 彭丹、5311（1130）r 彭丹

154. 褶叶青藓 *Brachythecium salebrosum* (Web. et Mohr.) B. S. G.

1728a（1490）d 彭丹

（七十九）美喙藓属 *Eurhynchium* B. S. G.

155. 尖叶美喙藓 *Eurhynchium eustegium* (Besch.) Dixon

0030（916）r 何钰等

156. 疏网美喙藓 *Eurhynchium laxirete* Broth. et Card.

1682（1350）r 彭丹

（八十）斜蒴藓属 *Camptothecium* B. S. G.

157. 斜蒴藓 *Camptothecium lutescens* (Hedw.) B. S. G.

5255（1360）d 彭丹、1652（1350）t 彭丹

（八十一）鼠尾藓属 *Myuroclada* Besch.

158. 鼠尾藓 *Myuroclada maximowiczii* (G. G. Borshch.) Steere & W. B. Schofield

1142（1590）s 郭磊等

（八十二）细喙藓属 *Rhynchostegiella* (B. S. G.) Limpr.

159. 细肋细喙藓 *Rhynchostegiella leptoneura* Dix. et Ther.

5341（1120）r 彭丹

（八十三）长喙藓属 *Rhynchostegium*

160. 水生长喙藓 *Rhynchostegium riparioides* (Hedw.) Cardot

1679（1270）r 彭丹、5285（1430）r 彭丹

三十三、绢藓科 Entodontaceae

（八十四）绢藓属 *Entodon* C. Muell.

161. 亮叶绢藓 *Entodon schleicheri* (schimp.) Demet

1598（1290）d 彭丹

162. 深绿绢藓 *Entodon luridus*（Griff.）Jaeg.

5336（1125）r 彭丹、0028（650）s 杨婧媛、0028（650，HKAS）武显维

163. 高原绢藓 *Entodon chloropus* Ren. et Card.

1585b（1290）r 彭丹、5096（1190）d 彭丹、5040（1260）r 彭丹

164. 厚角绢藓 *Entodon concinnus*（De Not.）Par.

5363b（1550）r 彭丹

165. 绿叶绢藓 *Entodon viridulus* Card.

1691（1370）r 彭丹

166. 柱蒴绢藓 *Entodon challenger*（Paris）Card

1642（1270）r 彭丹

167. 长叶绢藓 *Entodon longifolius*（Müll. Hal.）A. Jaeger

0986（1100）t 童善刚等

168. 长柄绢藓 *Entodon macropodus*（Hedw.）Mull

5369（1550）r 彭丹

169. 尼泊尔绢藓 *Entodon nepalensis* U. Mizushima.

5361（1550）r 彭丹

170. 薄叶绢藓 *Entodon scariosus* Renauld & Cardot

0041（1000）t 杨婧媛等、0041（1000，HKAS）武显维

171. 绢藓 *Entodon cladorrhizans*（Hedw.）C. Muell.

5149（1250）r 彭丹、5068（1320）d 彭丹

172. 贡山绢藓 *Entodon kungshanensis* R. L. Hu

0034（1100，HKAS）武显维

（八十五）螺叶藓属 *Sakuraia* Broth.

173. 螺叶藓 *Sakuraia conchophylla*（Cardot）Nog.

1045（1100）t 龙建军等、0203（1340）r 童善刚等

三十四、棉藓科 Plagiotheciaceae

（八十六）棉藓属 *Plagiothecium* B. S. G.

174. 棉藓 *Plagiothecium denticulatum*（Hedw.）B. S. G.

5239（1410）r 彭丹、5128（1280）r 彭丹、5119（1180）s 彭丹

175. 光泽棉藓 *Plagiothecium laetum* B. S. G.

5132（1280）r 彭丹、5306（1130）r 彭丹

三十五、毛锦藓科 Pylaisiadelphaceae

（八十七）小锦藓属 *Brotherella* Loesk. ex Fleisch.

176. 南方小锦藓弯叶变种 *Brotherella henonii*（Duby）M. Fleisch

1662（1270）d 彭丹、5064（1320）d 彭丹、5213（1200）d 彭丹、5093（1190）d 彭丹、1640（1150）d 彭丹、5161（1250）d 彭丹、5081（1150）d 彭丹、5061（1320）d 彭丹、5241（1420）d 彭丹

（八十八）毛锦藓属 *Pylaisiadelpha*

177. 暗绿毛锦藓 *Pylaisiadelpha tristoviridis*（Broth）O. M. Afonima

5103（1170）d 彭丹、5154（1270）d 彭丹、5290（1250）d 彭丹、5002（1260）d 彭丹

三十六、硬叶藓科 Stereophyllaceae

（八十九）拟绢藓属 *Entodontopsis* Broth.

178. 四川拟绢藓 *Entodontopsis setschwanica*（Broth.）W. R. Buck & Ireland

0217（1090）t 郭磊等、0218（1090）t 童善刚等

三十七、灰藓科 Hypnaceae

(九十) 灰藓属 *Hypnum* Hedw.

179. 多蒴灰藓 *Hypnum fertile* Sendtn.

5373(1570)d 彭丹、5357(1560)d 彭丹、5020(1340)d 彭丹

180. 大灰藓 *Hypnum plumaeforme* Wils.

1742(1050)s 彭丹、1761(1070)s 彭丹、5352(1125)r 彭丹、1570a(1080)r 彭丹、1749(850)s 彭丹、1756(920)r 彭丹、1766(800)s 彭丹、5382(112)r 彭丹

181. 尖叶灰藓 *Hypnum callichroum* Brid.

1667(1340)d 彭丹、1605(1300)d 彭丹

182. 弯叶灰藓 *Hypnum hamulosum* B. S. G.

1730a(1580)d 彭丹、5232a(1150)r 彭丹

183. 卷叶灰藓 *Hypnum revolutum* (Mitt.) Lindb.

1546b(900)r 彭丹、1728c(1490)d 彭丹、5022b(1270)d 彭丹

184. 黄灰藓 *Hypnum pallescens* (Hedw.) P. Beauv.

1762(890)r 彭丹、1591(1270)d 彭丹

(九十一) 鳞叶藓属 *Taxiphyllum* Fleisch.

185. 鳞叶藓 *Taxiphyllum taxirameum* (Mitt.) Fleisch.

1620a(1240)d 彭丹、5323(1125)r 彭丹、1607(1350)t 彭丹、1624a(1190)d 彭丹、1715(1600)s 彭丹

(九十二) 梳藓属 *Ctenidium* (Schimp.) Mitt.

186. 梳藓 *Ctenidium molluscum* (Hedw.) Mitt.

1580(1000)d 彭丹

(九十三) 同叶藓属 *Isopterygium* Mitt.

187. 淡色同叶藓 *Isopterygium albescens* (Hook.) Jaeg.

1714(1590)d 彭丹、5140(1240)d 彭丹

(九十四) 长灰藓属 *Herzogiella* Broth.

188. 齿边长灰藓 *Herzogiella perrobusta* (Broth. ex Cardot) Z. Iwats.

5288(1380)d 彭丹

三十八、垂枝藓科 Rhytidiaceae

(九十五) 垂枝藓属 *Rhytidium* (Sull.) Kindb.

189. 垂枝藓 *Rhytidium rugosum* (Hedw) Kindb..

1704(1590)r 彭丹

三十九、塔藓科 Hylocomiaceae

(九十六) 拟垂枝藓属 *Rhytidiadelphus* (Lindb. ex Limpr.) Warnst.

190. 大拟垂枝藓 *Rhytidiadelphus triquetrus* (Hedw.) Warnst.

1720b(1570)r 彭丹、1595(1220)d 彭丹

四十、金灰藓科 Pylaisiaceae

(九十七) 小蔓藓属 *Meteoriella* Okam.

191. 小蔓藓 *Meteoriella soluta* (Mitt) Okam.

5347(1140)r 彭丹

(九十八) 毛灰藓属 *Homomallium* (Schimp.) Loesk

192. 东亚毛灰藓 *Homomallium connexum* (Cardot) Broth.

0205(420)t 张炎华

（九十九）金灰藓属 *Pylaisiella* Kindb.

193. 东亚金灰藓 *Pylaisiella brotheri* Besch.
1544（840）r 彭丹、1547（890）r 彭丹、5013（1150）r 彭丹、0185（1082）r 童善刚

194. 金灰藓 *Pylaisiella polyantha*（Hedw.）Bruch
5010（1390）d 彭丹

四十一、金发藓科 Polytrichaceae

（一百）仙鹤藓属 *Atrichum* P. Beauv.

195. 小仙鹤藓 *Atrichum crispulum* Schimp. ex Besch.
1712（1600）s 彭丹、5314（1130）r 彭丹、1759（1040）s 彭丹、5242（1500）s 彭丹

196. 仙鹤藓多蒴变种 *Atrichum undulatum*（Hedw.）P. Beauv. var *gracilisetum*
1704（1590）r 彭丹、5075（1180）r 彭丹、1644（1240）r 彭丹、1609（1130）r 彭丹

（一百〇一）小金发藓属 *Pogonatum* P. Beauv.

197. 小金发藓 *Pogonatum aloides*（Hedw.）P. Beauv.
1714（1590）d 彭丹、1673（1250）r 彭丹

198. 苞叶小金发藓 *Pogonatum spinulosum* Mitt.
5498（1560）s 彭丹

199. 川西小金发藓 *Pogonatum nudiusculum* Mitt.
5300（1320）s 彭丹

200. 东亚小金发藓 *Pogonatum inflexum*（Lindb.）S. Lac.
1648（1250）s 彭丹、1631（1270）r 彭丹、5328（1130）s 彭丹、1605（1300）d 彭丹

第二部分：苔类植物名录 Marchntiophyta Stotler & Crand. -Stotl.

四十二、疣冠苔科 Aytoniaceae

（一百〇二）石地钱属 *Reboulia* Raddi.

201. 石地钱 *Reboulia hemisphaerica*（L.）Raddi
0001（916）r 童善刚等、0019（916）r 童善刚等、0387（930）s 童善刚等、童善刚等、0767（430）s 童善刚等

（一百〇三）紫背苔属 *Plagiochasma* Lehm. & Lindenb

202. 钝鳞紫背苔 *Plagiochasma appendiculatum* Lehm. & Lindenb.
0135（775）s 童善刚等

（一百〇四）花萼苔属 *Asterella* Beauv.

203. 花萼苔属 *Asterella* sp.
0031（1140）r 童善刚等、0165（816）r 童善刚等

四十三、蛇苔科 Conocephalaceae

（一百〇五）蛇苔属 *Conocephalum* F. H. Wigg.

204. 蛇苔 *Conocephalum conicum*（L.）Dumort.
0015（916）s 童善刚等、0188（1082）r 童善刚等、253（1123）s 郭磊等、0795（400）r 童善刚等

205. 小蛇苔 *Conocephalum japonicum*（Thunb.）Grolle
0003（916）r 童善刚等、0004（916）r 童善刚等、0017（916）r 童善刚等、0120（814）s 童善刚等、0686（1200）s 童善刚等、0713（1120）r 童善刚等、0760（430）r 童善刚等、1023（1250）r 童善刚等

四十四、地钱科 Marchantiaceae

（一百〇六）地钱属 *Marchantiaceae* L.

206. 楔瓣地钱 *Marchantia emarginata* Reinw.，Blume & Nees

0028(775)s 童善刚等、0121(814)s 童善刚等、0767(430)s 童善刚等、0807(390)s 童善刚等

207. 粗裂地钱 *Marchantia paleacea* Bertol.

0795(400)s 童善刚等、0804(400)s 童善刚等、0931(1750)s 童善刚等

208. 地钱 *Marchantia polymorpha* L.

0430(709)s 童善刚等、1034(1100)s 童善刚等

209. 地钱属 *Marchantia* sp.

0992(1180)r 童善刚等

四十五、魏氏苔科 Dumortieraceae

(一百〇七)毛地钱属 *Dumortiera* Nees.

210. 毛地钱 *Dumortiera hirsuta* (Sw.) Nees

0016(916)s 童善刚等、0020(775)s 童善刚等、0050(775)s 童善刚等、0202(1110)r 郭磊等、0327(770)s 郭磊等、1115(970)s 童善刚等

四十六、光苔科 Cyathodiaceae

(一百〇八)光苔属 *Cyathodium* Kunze.

211. 艳绿光苔 *Cyathodium smaragdium* Schiffn. ex Keissler

0268(1140)s 童善刚等、1084(1100)r 刘胜祥等

四十七、南溪苔科 Makinoaceae

(一百〇九)南溪苔属 *Makinoa* Miyake.

212. 南溪苔属 *Makinoa* sp.

四十八、带叶苔科 Pallaviciniaceae Mig.

(一百一十)带叶苔属 *Pallavicinia* Gray.

213. 暖地带叶苔 *Pallavicinia levieri* Schiffn.

1060(1100)s 童善刚等

四十九、溪苔科 Pelliaceae

(一百一十一)溪苔属 *Pellia* Raddi.

214. 花叶溪苔 *Pellia endiviifolia* (Dicks.) Dumort.

0018(916m)s 童善刚等、0292(1160)s 郭磊等、0335(820)s 郭磊等

215. 溪苔属 *Pellia* sp.

0022(775)s 童善刚等、0025(775)s 童善刚等、0957(930)s 童善刚等、1123(890)r 童善刚等

五十、叶苔科 Jumgermanniaceae

(一百一十二)叶苔属 *Jungermannia* L.

216. 心叶长萼叶苔 *Jungermannia exsertifolia* subsp. *cordifolia* (Dumort.) Váňa

0401(821)t 童善刚等、0402(821)t 童善刚等

217. 叶苔属 *Jungermannia* sp.

0993(1180)s 童善刚等、1055(1100)r 童善刚等

五十一、护蒴苔科 Calypogeiaceae

(一百一十三)护蒴苔属 *Calypogeia* Raddi.

218. 刺叶护蒴苔 *Calypogeia arguta* Nees & Mont.

0382(960)t 童善刚等

219. 护蒴苔属 *Calypogeia tosana* (Steph.) Steph.

0539(1830)t 童善刚等

五十二、合叶苔科 Scapaniaceae

(一百一十四)合叶苔属 *Scapania* (Dumort.) Dumort.

220. 林地合叶苔 *Scapania nemorea* (L.) Grolle

刘胜祥等(1999)

221. 斜齿合叶苔 *Scapania umbrosa* (Schrad.) Dumort.

0919(1970)s 童善刚等

222. 短合叶苔 *Scapania curta* (Mart.) Dumort.

0555(1446)r 童善刚等

五十三、羽苔科 Plagiochilaceae

(一百一十五)羽苔属 *Plagiochila* (Dumort.) Dumort.

223. 纤细羽苔 *Plagiochila gracilis* Lindenb. & Gottsche

0242(1240)t 童善刚等

224. 尖头羽苔 *Plagiochila cuspidata* Steph.

0381(960)t 童善刚等

225. 尖齿羽苔 *Plagiochila pseudorenitens* Schiffn.

0417(780)r 童善刚等、0420(780)t 童善刚等

226. 狭叶羽苔 *Plagiochila trabeculata* Steph.

0513(1790)t 童善刚

227. 福氏羽苔 *Plagiochila fordiana* Steph.

1047(1100)r 童善刚等

228. 齿萼羽苔 *Plagiochila hakkodensis* Steph

0523(1790)t 童善刚等

229. 短齿羽苔 *Plagiochila vexans* Schiffn. ex Steph.

0914(1970)s 童善刚等

五十四、齿萼苔科 Lophocoleaceae

(一百一十六)裂萼苔属 *Chiloscyphus* Corda

230. 裂萼苔 *Chiloscyphus polyanthus* (L.) Corda

0403(821)r 郭磊等、0761(430)r 童善刚等、0771(430)r 童善刚等

(一百一十七)异萼苔属 *Heterosyphus* Schiffn.

231. 四齿异萼苔 *Heteroscyphus argutus* (Reinw., Blume & Nees) Schiffn.

0305(1180)s 童善刚等、0412(780)r 童善刚等、1004(1200)r 刘胜祥等

232. 叉齿异萼苔 *Heteroscyphus lophocoleoides* S. Hatt.

0305(1180)s 童善刚等

五十五、光萼苔科 Porellaceae

(一百一十八)光萼苔属 *Porella* L.

233. 毛边光萼苔 *Porella perrottetiana* (Mont.) Trevis.

0962(930)r 童善刚等

234. 尾尖光萼苔 *Porella handelii* S. Hatt.

0903(1720)t 童善刚等、0970(930)t 童善刚等、1007(1250)童善刚等、1014(1250)t 童善刚等

235. 光萼苔 *Porella pinnata* L.

0546(1684)t 童善刚等

236. 密叶光萼苔 *Porella densifolia* (Steph.) S. Hatt.

0201(1110)t 郭磊等、0422(880)r 童善刚等、0428(880)r 童善刚等、0849(785)r 童善刚等

237. 绢丝光萼苔 *Porella nitidula* (C. Massal. ex Steph.) S. Hatt.

0925(1750)t 童善刚等

238. 毛边光萼苔齿叶变种 *Porella perrottetiana* (Mont.) Trevis.

0481(1750)t 童善刚等

239. 光萼苔属 *Porella* sp.

1006(1200)r 童善刚等

五十六、扁萼苔科 Radulaceae

(一百一十九)扁萼苔属 *Radula* Dumort.

240. 尖舌扁萼苔 *Radula acuminata* Steph.

5490、5495、5496，叶面，寄主植物为水丝梨

241. 尖瓣扁萼苔 *Radula apiculata* Sande Lac. ex Steph.

0981(930)r 童善刚等

242. 扁萼苔 *Radula complanata* (L.) Dumort.

刘胜祥等(1999)；熊源新等(2006)；余夏君等(2018)

243. 断叶扁萼苔 *Radula caduca* K. Yamada

0464(1750)t 童善刚等

244. 钝瓣扁萼苔 *Radula obtusiloba* Steph.

0350(870)r 童善刚等、1024(1250)t 童善刚等

245. 芽胞扁萼苔 *Redula lindenbergiana* Gott.

0740(460)t 童善刚、0746(460)t 童善刚

246. 扁萼苔属 *Redula* sp.

0888(1760)t 童善刚等

五十七、耳叶苔科 Frullaniaceae

(一百二十)耳叶苔属 *Frullaniaceae* Raddi.

247. 列胞耳叶苔 *Frullania moniliata* (Reinw., Blume & Nees) Mont.

0228(1100)t 童善刚等、0259(1120)t 郭磊等

248. 钟瓣耳叶苔 *Frullania parvistipula* Steph.

0322(770)t 童善刚等、0328(770)t 童善刚等、0395(821)t 童善刚等、0396(950)d 童善刚等

249. 达乌里耳叶苔 *Frullania davurica* Hampe

0170(816)r 童善刚等

250. 喙尖耳叶苔 *Frullania acutiloba* Mitt.

0220(1160)t 童善刚等

251. 卵圆耳叶苔 *Frullania obovata* S. Hatt.

0237(1225)t 童善刚等、0747(460)t 童善刚等

252. 微凹耳叶苔 *Frullania retusa* Mitt.

0389(930)r 童善刚等

253. 耳叶苔属 *Frullania* sp.

446(2215)t 童善刚等、1145(1569)t 童善刚等、1153(1595)t 童善刚等

五十八、细鳞苔科 Lejeuneaceae

(一百二十一)细鳞苔属 *Lejeunea* Lib.

254. 日本细鳞苔 *Lejeunea japonica* Mitt.

1039(1100)t 童善刚等、1083(1100)r 童善刚等

255. 细鳞苔属 *Lejeunea* sp.

0214(1120)t 童善刚等

（一百二十二）唇鳞苔属 *Cheilolejeunea* (Steph.) Schiffn.

256. 瓦叶唇鳞苔 *Cheilolejeunea imbricta* (Nees) S. Hatt.

0238(1225)t 童善刚等

257. 唇鳞苔属 *Cheilolejeunea* sp.

0792(400)t 童善刚等、1106(1100)r 童善刚等

（一百二十三）疣鳞苔属 *Cololejeunea* (Spruce) Schiffn.

258. 阔瓣疣鳞苔 *Cololejeunea latilobula* (Herzog) Tixier

5490、5497，叶面，寄主植物为水丝梨、蔓稠

259. 鳞叶疣鳞苔 *Cololejeunea longifolia* (Mitt.) Benedix

5490、5495、5483，叶面，寄主植物为水丝梨、十大功劳（彭丹）

0269(1075)叶面，箬竹（童善刚）、0358(880)r 童善刚等

269，叶面，寄主植物为阔叶箬竹

（一百二十四）薄鳞苔属 *Leptolejeunea* (Spruce) Schiffn.

260. 尖叶薄鳞苔 *Leptolejeunea elliptica* (Lehm. &Lindb.) Schiffn

5483、5484、5485、5486、5487、5489、5490、5491、5493、5494、5496、5497、5498 叶面，寄主植物为水丝梨、十大功劳、木姜子、红茴香、蔓稠、菝葜

（一百二十五）纤鳞苔属 *Microlejeunea*

261. 斑叶纤鳞苔 *Microlejeunea punctiformis* (Taylor) Steph.

5490、5495，叶面，寄主植物为水丝梨 *lejeunea punctiformis* (Taylor) Steph. 的异名

（一百二十六）角鳞苔属 *Drepanolejeunea* (Spruce) Schiffn.

262. 叶生针鳞苔 *Drepanolejeunea foliicola* Horik.

5483、5484、5485、5486、5487、5488、5489、5490、5491、5492、5493、5494、5495、5496、5497、5498 叶面，寄主植物为 水丝梨、十大功劳、木姜子、红茴香、蔓稠、菝葜、苔草、箭竹、暖地大叶藓

263. 日本角鳞苔 *Drepanolejeunea erecta* (Steph.) Mizut.

0756(460)t 童善刚等

（一百二十七）瓦鳞苔属 *Trochlejeunea* Schiffn.

264. 南亚瓦鳞苔 *Trocholejeunea sandvicensis* (Gottsche) Mizt.

0055(775)t 童善刚等、0349(870)s 童善刚等、0418(780)童善刚等、0426(880)童善刚等、0723(420)t 童善刚等、0725(420)t 童善刚等、0726(420)t 童善刚等、0739(460)t 童善刚等、0741(460)t 童善刚等、0748(460)t 童善刚等、0967(930)t 童善刚等

（一百二十八）鞭鳞苔属 *Mastigolejeunea* (Spruce) Schiffn.

265. 鞭鳞苔 *Mastigolejeunea auriculata* (E. H. Wilson) Schiffn.

0753(430)t 童善刚等、0754(430)t 童善刚等

五十九、绿片苔科 Aneuraceae

（一百二十九）绿片苔属 *Aueura* Dumort.

266. 绿片苔 *Aueura pinguis* (L.) Dumort.

0200(1110)r 郭磊等

267. 绿片苔属 *Aueura* sp.

0124(820)r 童善刚等、0125(820)t 童善刚等、0224(1160)r 郭磊等

六十、叉苔科 Metzgeriaceae

（一百三十）毛叉苔属 *Apometzgeria* Kuwah.

268. 毛叉苔 *Apometzgeria pubescens*（Schrank）Kuwah.

0183（1257）r 童善刚等

（一百三十一）叉苔属 *Metzgeria* Raddi.

269. 平叉苔 *Metzgeria conjugata* Lindb.

5483、5484、5490，叶面，寄主植物为水丝梨、十大功劳

270. 叉苔 *Metzgeria furcata*（L.）Corda

0183（1257）s 刘胜祥等、0557（1930）t 童善刚等

271. 大叉苔 *Metzgeria fruticulosa*（Dicks.）A. Evans

1021（1250）t 童善刚等

第三部分：角苔类植物名录

角苔门 Anthocerotophyta Rohm. ex Stotler &Crand-Stotl.

六十一、短角苔科 Notothyladaceae

（一百三十二）黄角苔属 *Phaeoceros* Prosk.

272. 黄角苔 *Phaeoceros laevis*（L.）Prosk.

0085（814）r 童善刚等、0086（814）r 童善刚等、0089（814）r 童善刚等、0119（814）s 童善刚等、0380（814）r 郭磊等 、1162（1580）s 童善刚等

附录六 湖北五峰后河国家级自然保护区野生兽类名录

物种	依据	CITES	《IUCN 红色名录》	中国重点保护野生动物级别	《中国脊椎动物红色名录》	地理型	特有种	数量等级
一、劳亚食虫目 Eulipotyphla								
1. 猬科 Erinacedae								
(1) 远东刺猬 Erinaceus amurensis	标本				LC	古北种		++
2. 鼹科 Talpidae								
(2) 甘肃鼹 Scapanulus oweni	文献		LC		NT	东洋种	√	
(3) 长吻鼹 Euroscaptor longirostris	标本		LC		LC	东洋种		+
3. 鼩鼱科 Soricidae								
(4) 川鼩 Blarinella quadraticauda	文献		NT		LC	东洋种	√	
(5) 微尾鼩 Anourosorex sauamipes	文献				LC	东洋种		++
(6) 喜马拉雅水麝鼩 Chimarrogale himalayica	标本		LC		VU	东洋种		
(7) 灰麝鼩 Crocidura attenuata	文献		LC		LC	东洋种		
(8) 白尾梢麝鼩 Crocidura fuliginosa	文献		LC		LC	东洋种		
(9) 山东小麝鼩 Crocidura shantungensis	文献				LC	古北种		
二、翼手目 Chiropiera								
4. 菊头蝠科 Rhinolophidae								
(10) 中菊头蝠 Rhinolophus affinis	文献		LC		LC	东洋种		
(11) 皮氏菊头蝠 Rhinolophus pearsoni	文献				LC	东洋种		
(12) 中华菊头蝠 Rhinolophus sinicus	文献		LC		LC	东洋种		
5. 蹄蝠科 Hipposideridae								
(13) 大蹄蝠 Hipposideros armiger	文献		LC		LC	东洋种		
(14) 普氏蹄蝠 Hipposideros pratti	文献		LC		NT	东洋种		
6. 蝙蝠科 Vespertilionidae								
(15) 东亚伏翼 Pipistrellus pipistrellus	文献		LC		LC	广布种		

(续)

物种	依据	CITES	《IUCN红色名录》	中国重点保护野生动物级别	《中国脊椎动物红色名录》	地理型	特有种	数量等级
(16) 南蝠 *Ia io*	文献		NT		NT	东洋种		
四、灵长目 Primates								
7. 猴科 Cercopithecidae								
(17) 猕猴 *Macaca mulatta*	红外相机调查	II	LC	二级	LC	东洋种		+
五、鳞甲目 Pholidota								
8. 鲮鲤科 Manidae								
(18) 穿山甲 *Manis pentadactyla*	文献	I	CR	一级	CR	东洋种		
六、食肉目 Carnivora								
9. 熊科 Ursidae								
(19) 黑熊 *Ursus thibetanus*	红外相机调查	I	VU	二级	VU	广布种		++
10. 鼬科 Mustelidae								
(20) 黄喉貂 *Martes flavigula*	红外相机调查	III	LC	二级	NT	广布种		+
(21) 黄腹鼬 *Mustela kathiah*	红外相机调查	III	LC		NT	东洋种		+
(22) 黄鼬 *Mustela sibirica*	红外相机调查	III	LC		LC	古北种		+
(23) 鼬獾 *Melogale moschata*	红外相机调查		LC		NT	东洋种		++
(24) 猪獾 *Arctonyx collaris*	红外相机调查		LC		NT	东洋种		+++
(25) 水獭 *Lutra lutra*	文献	I	NT	二级	EN	古北种		
11. 灵猫科 Viverridae								
(26) 大灵猫 *Viverra zibetha*	红外相机调查	III	LC	一级	VU	东洋种		+
(27) 果子狸 *Paguma larvata*	红外相机调查	III	LC		NT	东洋种		++++
12. 獴科 Herpestidae								
(28) 食蟹獴 *Herpestes urva*	文献	III	LC		NT	东洋种		
13. 猫科 Felidae								
(29) 豹猫 *Prionailurus bengalensis*	红外相机调查	II	LC	二级	VU	广布种		++
(30) 亚洲金猫 *Pardofelis temminckii*	文献	I	NT	一级	CR	东洋种		

(续)

物种	依据	CITES	《IUCN红色名录》	中国重点保护野生动物级别	《中国脊椎动物红色名录》	地理型	特有种	数量等级
(31) 云豹 Neofelis nebulosa	文献	I	VU	一级	CR	东洋种		
(32) 金钱豹 Panthera pardus	文献	I	VU	一级	EN	广布种		
七、偶蹄目 Cetartiodactyla								
14. 猪科 Suidae								
(33) 野猪 Sus scrofa	红外相机调查		LC		LC	古北种		+++
15. 麝科 Moschidae								
(34) 林麝 Moschus berezovskii	红外相机调查	II	EN	一级	CR	东洋种		++
16. 鹿科 Cervidae								
(35) 毛冠鹿 Elaphodus cephalophus	红外相机调查		NT		VU	东洋种		++++
(36) 小麂 Muntiacus reevesi	红外相机调查		LC		VU	东洋种	√	++++
17. 牛科 Bovidae								
(37) 中华斑羚 Naemorhedus griseus	红外相机调查	I	VU	二级	VU	东洋种		+++
(38) 中华鬣羚 Capricornis milneedwardsii	红外相机调查	I	VU	二级	VU	东洋种		++
八、啮齿目 Rodentia								
18. 松鼠科 Sciuridae								
(39) 赤腹松鼠 Callosciurus erythraeus	文献		LC		LC	东洋种		+
(40) 隐纹花松鼠 Tamiops swinhoei	红外相机调查		LC		LC	东洋种		++
(41) 珀氏长吻松鼠 Dremomys pernyi	红外相机调查		LC		LC	东洋种		+++
(42) 红腿长吻松鼠 Dremomys pyrrhomerus	红外相机调查；标本		LC		NT	东洋种		+
(43) 岩松鼠 Sciurotamias davidianus	红外相机调查		NT		LC	古北种		
(44) 复齿鼯鼠 Trogopterus xanthipes	文献		VU		VU	东洋种	√	
(45) 红白鼯鼠 Petaurista alborufus	红外相机调查；标本		LC		LC	东洋种	√	+
19. 仓鼠科 Cricetidae								
(47) 大仓鼠 Tscherskia triton	文献		LC		LC	古北种		
(48) 黑腹绒鼠 Eothenomys melanogaster	文献		LC		LC	东洋种		

(续)

物种	依据	CITES	《IUCN 红色名录》	中国重点保护野生动物级别	《中国脊椎动物红色名录》	地理型	特有种	数量等级
(49) 大绒鼠 Eothenomys miletus	文献		LC		LC	东洋种	√	
(50) 洮州绒鼠 Caryomys eva	文献		LC		LC	东洋种	√	
(51) 苛岚绒鼠 Caryomys inez	文献		LC		LC	古北种	√	
20. 鼠科 Muridae								
(52) 巢鼠 Micromys minutus	文献		LC		LC	广布种		
(53) 黑线姬鼠 Apodemus agrarius	文献		LC		LC	古北种		
(54) 齐氏姬鼠 Apodemus chevrieri	文献		LC		LC	东洋种		
(55) 中华姬鼠 Apodemus draco	文献		LC		LC	东洋种		
(56) 大足鼠 Rattus nitidus	标本		LC		LC	东洋种		+
(57) 褐家鼠 Rattus norvegicus	标本		LC		LC	广布种		++
(58) 黄胸鼠 Rattus tanezumi	文献		LC		LC	东洋种		
(59) 黑家鼠 Rattus rattus	文献		LC		LC	东洋种		
(60) 北社鼠 Niviventer confucianus	标本		LC		LC	东洋种		+
(61) 针毛鼠 Niviventer fulvescens	标本		LC		LC	东洋种		+
(62) 白腹巨鼠 Leopoldamys edwardsi	红外相机调查；标本		LC		LC	东洋种		+++
(63) 小家鼠 Mus musculus	文献		LC		LC	广布种		
21. 刺山鼠科 Platacanthomyidae								
(64) 猪尾鼠 Typhlomys cinereus	文献		LC		LC	东洋种		
22. 鼹型鼠科 Spalacidae								
(65) 中华竹鼠 Rhizomys sinensis	文献		LC		LC	东洋种		
(66) 罗氏鼢鼠 Eospalax rothschildi	文献		LC		LC	东洋种	√	
23. 豪猪科 Hystricidae								
(67) 豪猪 Hystrix brachyura hodgsoni	红外相机调查				LC	东洋种		+
九、兔形目 Lagomorpha								
24. 兔科 Leporidae								
(68) 蒙古兔 Lepus tolai	红外相机调查		LC		LC	古北种		+

附录七 湖北五峰后河国家级自然保护区野生鸟类名录

物种	依据	CITES	《ICUN红色名录》	中国重点保护野生动物	《中国脊椎动物红色名录》	地理型	繁殖型	特有种
一、鸡形目 Galliformes								
1. 雉科 Phasianidae								
(1) 灰胸竹鸡 *Bambusicola thoracicus*	拍到照片		LC		LC	东洋界	R	√
(2) 红腹角雉 *Tragopan temminckii*	拍到照片		LC	二级	NT	东洋界	R	
(3) 勺鸡 *Pucrasia macrolopha*	拍到照片	III	LC	二级	LC	东洋界	R	
(4) 环颈雉 *Phasianus colchicus*	文献		LC		LC	广布种	R	
(5) 红腹锦鸡 *Chrysolophus pictus*	拍到照片		LC	二级	NT	东洋界	R	√
二、雁形目 Anseriformes								
2. 鸭科 Anatidae								
(6) 鸳鸯 *Aix galericulata*	拍到照片		LC	二级	NT	古北界	W	
(7) 棉凫 *Nettapus coromandelianus*	拍到照片		LC	二级	EN	东洋界	S	
(8) 绿翅鸭 *Anas crecca*	文献		LC		LC	广布种	W	
(9) 中华秋沙鸭 *Mergus squamatus*	拍到照片		EN	一级	EN	古北界	W	
三、鸊鷉目 Podicipediformes								
3. 鸊鷉科 Podicipedidae								
(10) 小鸊鷉 *Tachybaptus ruficollis*	拍到照片		LC		LC	古北界	R	
四、鸽形目 Columbiformes								
4. 鸠鸽科 Columbidae								
(11) 山斑鸠 *Streptopelia orientalis*	拍到照片		LC		LC	广布种	R	
(12) 火斑鸠 *Streptopelia tranquebarica*	拍到照片		LC		LC	东洋界	R	
(13) 珠颈斑鸠 *Streptopelia chinensis*	拍到照片				LC	东洋界	R	
(14) 红翅绿鸠 *Treron sieboldii*	拍到照片		LC	二级	LC	东洋界	R	

(续)

物种	依据	CITES	《ICUN 红色名录》	中国重点保护野生动物	《中国脊椎动物红色名录》	地理型	繁殖型	特有种
五、夜鹰目 Caprimulgiformes								
5. 雨燕科 Apodidae								
(15) 短嘴金丝燕 Aerodramus brevirostris	文献		LC		NT	东洋界	S	
(16) 小白腰雨燕 Apus nipalensis	拍到照片		LC		LC	东洋界	S	
六、鹃形目 Cuculiformes								
6. 杜鹃科 Cuculidae								
(17) 红翅凤头鹃 Clamator coromandus	拍到照片		LC		LC	东洋界	S	
(18) 噪鹃 Eudynamys scolopaceus	拍到照片		LC		LC	东洋界	R	
(19) 大鹰鹃 Hierococcyx sparverioides	拍到照片		LC		LC	东洋界	S	
(20) 小杜鹃 Cuculus poliocephalus	拍到照片		LC		LC	东洋界	S	
(21) 四声杜鹃 Cuculus micropterus	声音		LC		LC	东洋界	S	
(22) 中杜鹃 Cuculus saturatus	拍到照片		LC		LC	广布种	S	
(23) 大杜鹃 Cuculus canorus	拍到照片		LC		LC	广布种	S	
七、鹤形目 Gruiformes								
7. 秧鸡科 Rallidae								
(24) 红脚田鸡 Zapornia akool	拍到照片		LC		LC	东洋界	R	
(25) 白胸苦恶鸟 Amaurornis phoenicurus	拍到照片		LC		LC	东洋界	S	
八、鸻形目 Charadriiformes								
8. 鸻科 Charadriidae								
(26) 灰头麦鸡 Vanellus cinereus	拍到照片		LC		LC	古北界	P	
(27) 金眶鸻 Charadrius dubius	文献		LC		LC	广布种	S	
9. 鹬科 Scolopacidae								
(28) 丘鹬 Scolopax rusticola	拍到照片		LC		LC	广布种	W	
(29) 扇尾沙锥 Gallinago gallinago	拍到照片		LC		LC	广布种	W	

(续)

物种	依据	CITES	《ICUN红色名录》	中国重点保护野生动物	《中国脊椎动物红色名录》	地理型	繁殖型	特有种
(30) 白腰草鹬 Tringa ochropus	拍到照片		LC		LC	古北界	W	
(31) 矶鹬 Actitis hypoleucos	拍到照片		LC		LC	广布种	W	
10. 鸥科 Laridae								
(32) 灰翅浮鸥 Chlidonias hybrida	拍到照片		LC		LC	广布种	S	
九、鹈形目 Pelecaniformes								
11. 鹭科 Ardeidae								
(33) 黄苇鳽 Ixobrychus sinensis	拍到照片		LC		LC	东洋界	S	
(34) 黑苇鳽 Ixobrychus flavicollis	文献		LC		LC	东洋界	S	
(35) 夜鹭 Nycticorax nycticorax	拍到照片		LC		LC	广布种	R	
(36) 绿鹭 Butorides striata	拍到照片		LC		LC	广布种	S	
(37) 池鹭 Ardeola bacchus	拍到照片		LC		LC	东洋界	S	
(38) 牛背鹭 Bubulcus ibis	拍到照片		LC		LC	东洋界	R	
(39) 大白鹭 Ardea alba	拍到照片		LC		LC	广布种	P	
(40) 中白鹭 Ardea intermedia	拍到照片		LC		LC	东洋界	S	
(41) 白鹭 Egretta garzetta	拍到照片		LC		LC	东洋界	S	
十、鹰形目 Accipitriformes								
12. 鹰科 Accipitridae								
(42) 凤头蜂鹰 Pernis ptilorhynchus	拍到照片	II	LC	二级	NT	东洋界	P	
(43) 褐冠鹃隼 Aviceda jerdoni	文献	II	LC	二级	NT	东洋界	R	
(44) 黑冠鹃隼 Aviceda leuphotes	拍到照片	II	LC	二级	LC	东洋界	R	
(45) 蛇雕 Spilornis cheela	拍到照片	II	LC	二级	NT	东洋界	R	
(46) 金雕 Aquila chrysaetos	拍到照片	II	LC	一级	VU	古北界	R	
(47) 白腹隼雕 Aquila fasciata	拍到照片	II	LC	二级	VU	东洋界	R	
(48) 凤头鹰 Accipiter trivirgatus	拍到照片	II	LC	二级	NT	东洋界	R	

(续)

物种	依据	CITES	《ICUN 红色名录》	中国重点保护 野生动物	《中国脊椎动物 红色名录》	地理型	繁殖型	特有种
(49) 赤腹鹰 Accipiter soloensis	拍到照片	II	LC	二级	LC	东洋界	R	
(50) 日本松雀鹰 Accipiter gularis	拍到照片	II	LC	二级	LC	广布种	W	
(51) 松雀鹰 Accipiter virgatus	拍到照片	II	LC	二级	LC	东洋界	R	
(52) 雀鹰 Accipiter nisus	拍到照片	II	LC	二级	NT	古北界	W	
(53) 苍鹰 Accipiter gentilis	文献	II	LC	二级	NT	广布种	W	
(54) 白腹鹞 Circus spilonotus	文献	II	LC	二级	NT	广布种	W	
(55) 白尾鹞 Circus cyaneus	文献	II	LC	二级	NT	广布种	W	
(56) 鹊鹞 Circus melanoleucos	拍到照片	II	LC	二级	LC	古北界	R	
(57) 黑鸢 Milvus migrans	拍到照片	II	LC	二级	NT	广布种	P	
(58) 灰脸鵟鹰 Butastur indicus	拍到照片	II	LC	二级	LC	古北界	W	
(59) 普通鵟 Buteo japonicus	拍到照片	II	LC	二级				
十一、鸮形目 Strigiformes								
13. 鸱鸮科 Strigidae								
(60) 领角鸮 Otus lettia	拍到照片	II	LC	二级	LC	东洋界	R	
(61) 红角鸮 Otus sunia	文献	II	LC	二级	LC	广布种	S	
(62) 雕鸮 Bubo bubo	拍到照片	II	LC	二级	NT	广布种	R	
(63) 灰林鸮 Strix aluco	拍到照片	II	LC	二级	LC	广布种	R	
(64) 领鸺鹠 Glaucidium brodiei	拍到照片	II	LC	二级	LC	东洋界	R	
(65) 斑头鸺鹠 Glaucidium cuculoides	拍到照片	II	LC	二级	LC	东洋界	R	
(66) 鹰鸮 Ninox scutulata	文献	II	LC	二级	NT	东洋界	S	
十二、犀鸟目 Bucerotiformes								
14. 戴胜科 Upupidae								
(67) 戴胜 Upupa epops	拍到照片		LC		LC	广布种	R	
十三、佛法僧目 Coraciiformes								
15. 翠鸟科 Alcedinidae								

(续)

物种	依据	CITES	《ICUN 红色名录》	中国重点保护野生动物	《中国脊椎动物红色名录》	地理型	繁殖型	特有种
(68) 蓝翡翠 Halcyon pileata	拍到照片				LC	东洋界	S	
(69) 普通翠鸟 Alcedo atthis	拍到照片		LC		LC	广布种	R	
(70) 冠鱼狗 Megaceryle lugubris	拍到照片		LC		LC	东洋界	R	
(71) 斑鱼狗 Ceryle rudis	拍到照片		LC		LC	东洋界	R	
十四、啄木鸟目 Piciformes								
16. 拟啄木鸟科 Capitonidae								
(72) 大拟啄木鸟 Psilopogon virens	拍到照片		LC		LC	东洋界	R	
17. 啄木鸟科 Picidae								
(73) 蚁䴕 Jynx torquilla	拍到照片		LC		LC	古北界	W	
(74) 斑姬啄木鸟 Picumnus innominatus	拍到照片		LC		LC	东洋界	R	
(75) 棕腹啄木鸟 Dendrocopos hyperythrus	拍到照片		LC		LC	东洋界	P	
(76) 星头啄木鸟 Dendrocopos canicapillus	拍到照片				LC	东洋界	R	
(77) 赤胸啄木鸟 Dendrocopos cathpharius	拍到照片		LC		LC	东洋界	R	
(78) 大斑啄木鸟 Dendrocopos major	拍到照片		LC		LC	广布种	R	
(79) 灰头绿啄木鸟 Picus canus	拍到照片		LC		LC	广布种	R	
(80) 黄嘴栗啄木鸟 Blythipicus pyrrhotis	拍到照片		LC		LC	东洋界	R	
十五、隼形目 Falconiformes								
18. 隼科 Falconidae								
(81) 红隼 Falco tinnunculus	拍到照片	II	LC	二级	LC	广布种	R	
(82) 红脚隼 Falco amurensis	拍到照片	II	LC	二级	NT	广布种	P	
(83) 灰背隼 Falco columbarius	文献	II	LC	二级	NT	古北界	W	
(84) 燕隼 Falco subbuteo	文献	II	LC	二级	LC	广布种	S	
(85) 游隼 Falco peregrinus	拍到照片	I	LC	二级	NT	广布种	R	
十六、雀形目 Passeriformes								
19. 黄鹂科 Oriolidae								

(续)

物种	依据	CITES	《ICUN 红色名录》	中国重点保护野生动物	《中国脊椎动物红色名录》	地理型	繁殖型	特有种
(86) 黑枕黄鹂 Oriolus chinensis	拍到照片		LC		LC	广布种	S	
20. 莺雀科 Vireonidae								
(87) 淡绿鵙鹛 Pteruthius xanthochlorus	拍到照片		LC		NT	东洋界	R	
21. 山椒鸟科 Campephagidae								
(88) 暗灰鹃鵙 Lalage melaschistos	拍到照片		LC		LC	东洋界	S	
(89) 小灰山椒鸟 Pericrocotus cantonensis	拍到照片		LC		LC	东洋界	S	
(90) 灰山椒鸟 Pericrocotus divaricatus	拍到照片		LC		LC	广布种	P	
(91) 灰喉山椒鸟 Pericrocotus solaris	拍到照片		LC		LC	东洋界	R	
(92) 长尾山椒鸟 Pericrocotus ethologus	拍到照片		LC		LC	东洋界	S	
22. 卷尾科 Dicruridae								
(93) 黑卷尾 Dicrurus macrocercus	拍到照片		LC		LC	东洋界	S	
(94) 灰卷尾 Dicrurus leucophaeus	拍到照片		LC		LC	东洋界	S	
(95) 发冠卷尾 Dicrurus hottentottus	拍到照片		LC		LC	东洋界	S	
23. 王鹟科 Monarchidae								
(96) 寿带 Terpsiphone incei	拍到照片		LC		NT	东洋界	S	
(97) 虎纹伯劳 Lanius tigrinus	拍到照片		LC		LC	古北界	S	
24. 伯劳科 Laniidae								
(98) 牛头伯劳 Lanius bucephalus	拍到照片		LC		LC	古北界	P	
(99) 红尾伯劳 Lanius cristatus	拍到照片		LC		LC	古北界	P	
(100) 棕背伯劳 Lanius schach	拍到照片		LC		LC	东洋界	R	
25. 鸦科 Corvidae								
(101) 松鸦 Garrulus glandarius	拍到照片		LC		LC	古北界	R	
(102) 灰喜鹊 Cyanopica cyanus	拍到照片		LC		LC	古北界	R	
(103) 红嘴蓝鹊 Urocissa erythroryncha	拍到照片		LC		LC	东洋界	R	
(104) 喜鹊 Pica pica	拍到照片		LC		LC	古北界	R	

物种	依据	CITES	《ICUN红色名录》	中国重点保护野生动物	《中国脊椎动物红色名录》	地理型	繁殖型	特有种
(105) 小嘴乌鸦 Corvus corone	拍到照片		LC		LC	古北界	W	
(106) 白颈鸦 Corvus pectoralis	拍到照片		VU		NT	东洋界	R	
(107) 大嘴乌鸦 Corvus macrorhynchos	拍到照片		LC		LC	广布种	R	
26. 玉鹟科 Stenostiridae								
(108) 方尾鹟 Culicicapa ceylonensis	拍到照片		LC		LC	东洋界	S	
27. 山雀科 Paridae								
(109) 黄腹山雀 Pardaliparus venustulus	拍到照片		LC		LC	东洋界	R	√
(110) 大山雀 Parus cinereus	拍到照片		LC		LC	广布种	R	
(111) 绿背山雀 Parus monticolus	拍到照片		LC		LC	东洋界	R	
28. 扇尾莺科 Cisticolidae								
(112) 纯色山鹪莺 Prinia inornata	拍到照片		LC		LC	东洋界	R	
29. 苇莺科 Acrocephalidae								
(113) 东方大苇莺 Acrocephalus orientalis	拍到照片		LC		LC	广布种	S	
(114) 钝翅苇莺 Acrocephalus concinens	拍到照片		LC		LC	东洋界	S	
30. 鳞胸鹪鹛科 Pnoepygidae								
(115) 小鳞胸鹪鹛 Pnoepyga pusilla	拍到照片		LC		LC	东洋界	R	
31. 蝗莺科 Locustellidae								
(116) 高山短翅蝗莺 Locustella mandelli	拍到照片		LC		LC	东洋界	R	
(117) 四川短翅蝗莺 Locustella chengi	拍到照片		LC		LC	东洋界	S	√
(118) 棕褐短翅蝗莺 Locustella luteoventris	拍到照片		LC		LC	东洋界	R	
32. 燕科 Hirundinidae								
(119) 崖沙燕 Riparia riparia	拍到照片		LC		LC	广布种	P	
(120) 家燕 Hirundo rustica	拍到照片		LC		LC	广布种	S	
(121) 烟腹毛脚燕 Delichon dasypus	拍到照片		LC		LC	广布种	S	
(122) 金腰燕 Cecropis daurica	拍到照片		LC		LC	广布种	S	

(续)

(续)

物种	依据	CITES	《ICUN红色名录》	中国重点保护野生动物	《中国脊椎动物红色名录》	地理型	繁殖型	特有种
33. 鹎科 Pycnonotidae								
(123) 领雀嘴鹎 *Spizixos semitorques*	拍到照片		LC		LC	东洋界	R	
(124) 黄臀鹎 *Pycnonotus xanthorrhous*	拍到照片		LC		LC	东洋界	R	
(125) 白头鹎 *Pycnonotus sinensis*	拍到照片		LC		LC	东洋界	R	
(126) 绿翅短脚鹎 *Ixos mcclellandii*	拍到照片		LC		LC	东洋界	R	
(127) 栗背短脚鹎 *Hemixos castanonotus*	拍到照片		LC		LC	东洋界	P	
(128) 黑短脚鹎 *Hypsipetes leucocephalus*	拍到照片		LC		LC	东洋界	S	
34. 柳莺科 Phylloscopidae								
(129) 褐柳莺 *Phylloscopus fuscatus*	文献		LC		LC	古北界	W	
(130) 棕腹柳莺 *Phylloscopus subaffinis*	拍到照片		LC		LC	东洋界	S	
(131) 棕眉柳莺 *Phylloscopus armandii*	文献		LC		LC	东洋界	S	
(132) 巨嘴柳莺 *Phylloscopus schwarzi*	拍到照片		LC		LC	广布种	P	
(133) 黄腰柳莺 *Phylloscopus proregulus*	文献		LC		LC	古北界	W	
(134) 黄眉柳莺 *Phylloscopus inornatus*	文献		LC		LC	古北界	P	
(135) 淡眉柳莺 *Phylloscopus humei*	文献		LC		LC	东洋界	S	
(136) 极北柳莺 *Phylloscopus borealis*	文献		LC		LC	广布种	P	
(137) 乌嘴柳莺 *Phylloscopus magnirostris*	拍到照片		LC		LC	东洋界	S	
(138) 冕柳莺 *Phylloscopus coronatus*	文献		LC		LC	广布种	P	
(139) 冠纹柳莺 *Phylloscopus claudiae*	拍到照片		LC		LC	东洋界	S	
(140) 黑眉柳莺 *Phylloscopus ricketti*	拍到照片		LC		LC	东洋界	S	
(141) 灰冠鹟莺 *Seicercus tephrocephalus*	拍到照片				LC	东洋界	S	
(142) 峨眉鹟莺 *Seicercus omeiensis*	拍到照片				LC	东洋界	S	
(143) 栗头鹟莺 *Seicercus castaniceps*	拍到照片				LC	东洋界	S	
35. 树莺科 Cettiidae								
(144) 棕脸鹟莺 *Abroscopus albogularis*	拍到照片		LC		LC	东洋界	R	

(续)

物种	依据	CITES	《ICUN 红色名录》	中国重点保护野生动物	《中国脊椎动物红色名录》	地理型	繁殖型	特有种
(145) 远东树莺 *Horornis canturians*	文献				LC	东洋界	W	
(146) 强脚树莺 *Horornis fortipes*	拍到照片		LC		LC	东洋界	R	
(147) 黄腹树莺 *Horornis acanthizoides*	文献				LC	东洋界	R	
(148) 鳞头树莺 *Urosphena squameiceps*	文献		LC		LC	广布种	P	
36. 长尾山雀科 Aegithalidae								
(149) 红头长尾山雀 *Aegithalos concinnus*	拍到照片		LC		LC	东洋界	R	
(150) 银脸长尾山雀 *Aegithalos fuliginosus*	拍到照片		LC		LC	古北界	R	√
37. 莺鹛科 Sylviidae								
(151) 金胸雀鹛 *Lioparus chrysotis*	拍到照片		LC	二级	LC	东洋界	R	
(152) 褐头雀鹛 *Fulvetta cinereiceps*	拍到照片		LC		LC	东洋界	R	
(153) 白眶鸦雀 *Sinosuthora conspicillata*	拍到照片		LC	二级	NT	东洋界	R	√
(154) 棕头鸦雀 *Sinosuthora webbiana*	拍到照片		LC		LC	东洋界	R	
(155) 金色鸦雀 *Suthora verreauxi*	拍到照片		LC		NT	东洋界	R	
(156) 灰头鸦雀 *Psittiparus gularis*	拍到照片		LC		LC	东洋界	R	
(157) 点胸鸦雀 *Paradoxornis guttaticollis*	拍到照片		LC		LC	东洋界	R	
38. 绣眼鸟科 Zosteropidae								
(158) 栗耳凤鹛 *Yuhina castaniceps*	拍到照片		LC		LC	东洋界	R	
(159) 白领凤鹛 *Yuhina diademata*	拍到照片		LC		LC	东洋界	R	
(160) 黑颏凤鹛 *Yuhina nigrimenta*	拍到照片		LC		LC	东洋界	R	
(161) 红胁绣眼鸟 *Zosterops erythropleurus*	拍到照片		LC	二级	LC	古北界	P	
(162) 暗绿绣眼鸟 *Zosterops japonicus*	拍到照片		LC		LC	东洋界	R	
39. 林鹛科 Timaliidae								
(163) 斑胸钩嘴鹛 *Erythrogenys gravivox*	拍到照片		LC		LC	东洋界	R	
(164) 棕颈钩嘴鹛 *Pomatorhinus ruficollis*	拍到照片		LC		LC	东洋界	R	
(165) 斑翅鹩鹛 *Spelaeornis troglodytoides*	文献		LC		LC	东洋界	R	

(续)

物种	依据	CITES	《ICUN 红色名录》	中国重点保护野生动物	《中国脊椎动物红色名录》	地理型	繁殖型	特有种
(166) 红头穗鹛 Cyanoderma ruficeps	拍到照片		LC		LC	东洋界	R	
40. 幽鹛科 Pellorneidae								
(167) 褐顶雀鹛 Schoeniparus brunneus	拍到照片		LC		LC	东洋界	R	
(168) 灰眶雀鹛 Alcippe morrisonia	拍到照片		LC		LC	东洋界	R	
41. 噪鹛科 Leiothrichidae								
(169) 矛纹草鹛 Babax lanceolatus	拍到照片				LC	东洋界	R	
(170) 画眉 Garrulax canorus	拍到照片	II	LC	二级	NT	东洋界	R	
(171) 灰翅噪鹛 Garrulax cineraceus	拍到照片		LC		LC	东洋界	R	
(172) 眼纹噪鹛 Garrulax ocellatus	拍到照片		LC	二级	NT	东洋界	R	
(173) 黑脸噪鹛 Garrulax perspicillatus	拍到照片		LC		LC	东洋界	R	
(174) 白喉噪鹛 Garrulax albogularis	拍到照片		LC		LC	东洋界	R	
(175) 黑领噪鹛 Garrulax pectoralis	拍到照片		LC		LC	东洋界	R	
(176) 棕噪鹛 Garrulax berthemyi	拍到照片		LC	二级	LC	东洋界	R	∨
(177) 白颊噪鹛 Garrulax sannio	拍到照片		LC		LC	东洋界	R	
(178) 橙翅噪鹛 Trochalopteron elliotii	拍到照片		LC	二级	LC	东洋界	R	∨
(179) 红嘴相思鸟 Leiothrix lutea	拍到照片	II	LC	二级	LC	东洋界	R	
(180) 黑头奇鹛 Heterophasia desgodinsi	拍到照片		LC		LC	东洋界	R	
42. 䴓科 Sittidae								
(181) 普通䴓 Sitta europaea	拍到照片		LC		LC	古北界	R	
43. 鹪鹩科 Troglodytidae								
(182) 鹪鹩 Troglodytes troglodytes	文献		LC		LC	广布种	R	
44. 河乌科 Cinclidae								
(183) 褐河乌 Cinclus pallasii	拍到照片		LC		LC	东洋界	R	
45. 椋鸟科 Sturnidae								
(184) 八哥 Acridotheres cristatellus	拍到照片		LC		LC	东洋界	R	

(续)

物种	依据	CITES	《ICUN红色名录》	中国重点保护野生动物	《中国脊椎动物红色名录》	地理型	繁殖型	特有种
(185) 丝光椋鸟 Spodiopsar sericeus	拍到照片		LC		LC	东洋界	R	
(186) 灰椋鸟 Spodiopsar cineraceus	拍到照片		LC		LC	广布种	W	
46. 鸫科 Turdidae								
(187) 橙头地鸫 Geokichla citrina	拍到照片		LC		LC	东洋界	S	
(188) 虎斑地鸫 Zoothera aurea	拍到照片		LC		LC	广布种	P	
(189) 灰翅鸫 Turdus boulboul	拍到照片		LC		LC	东洋界	S	
(190) 乌鸫 Turdus mandarinus	拍到照片		LC		LC	古北界	R	
(191) 灰头鸫 Turdus rubrocanus	拍到照片		LC		LC	东洋界	R	
(192) 红尾斑鸫 Turdus naumanni	拍到照片		LC		LC	古北界	W	
(193) 斑鸫 Turdus eunomus	拍到照片		LC		LC	古北界	P	
(194) 宝兴歌鸫 Turdus mupinensis	拍到照片				LC	东洋界	R	√
47. 鹟科 Muscicapidae								
(195) 红胁蓝尾鸲 Tarsiger cyanurus	拍到照片		LC		LC	古北界	W	
(196) 白眉林鸲 Tarsiger indicus	拍到照片		LC		LC	东洋界	R	
(197) 鹊鸲 Copsychus saularis	拍到照片		LC		LC	东洋界	R	
(198) 蓝额红尾鸲 Phoenicuropsis frontalis	拍到照片				LC	东洋界	R	
(199) 北红尾鸲 Phoenicurus auroreus	拍到照片		LC		LC	古北界	W	
(200) 红尾水鸲 Rhyacornis fuliginosa	拍到照片				LC	东洋界	R	
(201) 白顶溪鸲 Chaimarrornis leucocephalus	拍到照片				LC	东洋界	R	
(202) 白尾蓝地鸲 Myiomela leucurum	拍到照片		LC		LC	东洋界	R	
(203) 紫啸鸫 Myophonus caeruleus	拍到照片				LC	东洋界	S	
(204) 小燕尾 Enicurus scouleri	拍到照片		LC		LC	东洋界	R	
(205) 灰背燕尾 Enicurus schistaceus	拍到照片		LC		LC	东洋界	R	
(206) 白额燕尾 Enicurus leschenaulti	拍到照片		LC			东洋界	R	
(207) 斑背燕尾 Enicurus maculatus	拍到照片		LC		LC	东洋界	R	

（续）

物种	依据	CITES	《ICUN 红色名录》	中国重点保护野生动物	《中国脊椎动物红色名录》	地理型	繁殖型	特有种
(208) 黑喉石䳭 Saxicola maurus	拍到照片				LC	广布种	R	
(209) 灰林䳭 Saxicola ferreus	拍到照片		LC		LC	东洋界	R	
(210) 蓝矶鸫 Monticola solitarius	拍到照片		LC		LC	古北界	R	
(211) 栗腹矶鸫 Monticola rufiventris	拍到照片		LC		LC	东洋界	R	
(212) 乌鹟 Muscicapa sibirica	拍到照片		LC		LC	广布种	P	
(213) 北灰鹟 Muscicapa dauurica	拍到照片		LC		LC	古北界	P	
(214) 褐胸鹟 Muscicapa muttui	拍到照片		LC		LC	东洋界	S	
(215) 白眉姬鹟 Ficedula zanthopygia	拍到照片		LC		LC	古北界	S	
(216) 红喉姬鹟 Ficedula albicilla	拍到照片		LC		LC	古北界	P	
(217) 灰蓝姬鹟 Ficedula tricolor	拍到照片		LC		LC	东洋界	S	
(218) 白腹暗蓝鹟 Cyanoptila cumatilis	拍到照片		NT		LC	东洋界	S	
(219) 铜蓝鹟 Eumyias thalassinus	拍到照片		LC		LC	东洋界	S	
(220) 白喉林鹟 Cyornis brunneatus	文献		VU	二级	VU	东洋界	S	
(221) 棕腹大仙鹟 Niltava davidi	拍到照片		LC	二级	LC	东洋界	R	
(222) 棕腹仙鹟 Niltava sundara	文献		LC		LC	东洋界	S	
48. 戴菊科 Regulidae								
(223) 戴菊 Regulus regulus	文献		LC		LC	古北界	R	
49. 啄花鸟科 Dicaeidae								
(224) 红胸啄花鸟 Dicaeum ignipectus	拍到照片				LC	东洋界	R	
50. 花蜜鸟科 Nectariniidae								
(225) 叉尾太阳鸟 Aethopyga christinae	拍到照片		LC		LC	东洋界	R	
(226) 蓝腹太阳鸟 Aethopyga gouldiae	拍到照片		LC		LC	东洋界	R	
51. 梅花雀科 Estrildidae								
(227) 白腰文鸟 Lonchura striata	拍到照片				LC	东洋界	R	
52. 雀科 Passeridae								
(228) 山麻雀 Passer cinnamomeus	拍到照片		LC		LC	东洋界	R	

(续)

物种	依据	CITES	《ICUN红色名录》	中国重点保护野生动物	《中国脊椎动物红色名录》	地理型	繁殖型	特有种
(229) 麻雀 Passer montanus	拍到照片		LC		LC	广布种	R	
53. 鹡鸰科 Motacillidae								
(230) 山鹡鸰 Dendronanthus indicus	拍到照片		LC		LC	广布种	S	
(231) 黄鹡鸰 Motacilla tschutschensis	拍到照片		LC		LC	古北界	P	
(232) 黄头鹡鸰 Motacilla citreola	拍到照片		LC		LC	古北界	P	
(233) 灰鹡鸰 Motacilla cinerea	拍到照片		LC		LC	广布种	W	
(234) 白鹡鸰 Motacilla alba	拍到照片		LC		LC	广布种	P	
(235) 树鹨 Anthus hodgsoni	拍到照片		LC		LC	古北界	W	
(236) 粉红胸鹨 Anthus roseatus	拍到照片		LC		LC	古北界	R	
(237) 山鹨 Anthus sylvanus	文献		LC		LC	东洋界	R	
54. 燕雀科 Fringillidae								
(238) 燕雀 Fringilla montifringilla	拍到照片		LC		LC	古北界	W	
(239) 黑尾蜡嘴雀 Eophona migratoria	拍到照片		LC		LC	古北界	P	
(240) 黑头蜡嘴雀 Eophona personata	拍到照片		LC		NT	古北界	P	
(241) 褐灰雀 Pyrrhula nipalensis	拍到照片		LC		LC	东洋界	R	
(242) 灰头灰雀 Pyrrhula erythaca	拍到照片		LC		LC	东洋界	R	
(243) 普通朱雀 Carpodacus erythrinus	拍到照片		LC		LC	广布种	W	
(244) 酒红朱雀 Carpodacus vinaceus	拍到照片		LC		LC	东洋界	R	
(245) 金翅雀 Chloris sinica	拍到照片		LC		LC	广布种	R	
(246) 黄雀 Spinus spinus	拍到照片		LC		LC	古北界	W	
55. 鹀科 Emberizidae								
(247) 蓝鹀 Emberiza siemsseni	拍到照片		LC	二级	LC	东洋界	W	√
(248) 灰眉岩鹀 Emberiza godlewskii	拍到照片		LC		LC	广布种	R	
(249) 三道眉草鹀 Emberiza cioides	拍到照片		LC		LC	古北界	R	

(续)

物种	依据	CITES	《ICUN 红色名录》	中国重点保护野生动物	《中国脊椎动物红色名录》	地理型	繁殖型	特有种
(250) 小鹀 *Emberiza pusilla*	拍到照片		LC		LC	古北界	W	
(251) 黄眉鹀 *Emberiza chrysophrys*	拍到照片		LC		LC	古北界	P	
(252) 田鹀 *Emberiza rustica*	文献		VU		LC	古北界	W	
(253) 黄喉鹀 *Emberiza elegans*	拍到照片		LC		LC	古北界	R	
(254) 灰头鹀 *Emberiza spodocephala*	拍到照片		LC		LC	古北界	S	
(255) 白眉鹀 *Emberiza tristrami*	拍到照片		LC		NT	古北界	W	

附录八　湖北五峰后河国家级自然保护区野生爬行类名录

目	科	中文名	学名
龟鳖目 Tesudines	地龟科（龟科）Geoemydidae（Emydidae）	乌龟	*Mauremys reevesii*
龟鳖目 Tesudines	鳖科 Trionychidae	中华鳖	*Pelodiscus sinensis*
有鳞目 Squamata	壁虎科 Gekkonidae	多疣壁虎	*Gekko japonicus*
有鳞目 Squamata	蛇蜥科 Anguidae	脆蛇蜥	*Ophisaurus harti*
有鳞目 Squamata	蜥蜴科 Lacertidae	北草蜥	*Takydromus septentrionalis*
有鳞目 Squamata	蜥蜴科 Lacertidae	南草蜥	*Takydromus sexlineatus*
有鳞目 Squamata	蜥蜴科 Lacertidae	峨眉地蜥	*Platyplacopus intermedius*
有鳞目 Squamata	石龙子科 Scincidae	黄纹石龙子	*Eumeces capito*
有鳞目 Squamata	石龙子科 Scincidae	中国石龙子	*Eumeces chinensis*
有鳞目 Squamata	石龙子科 Scincidae	蓝尾石龙子	*Eumeces elegans*
有鳞目 Squamata	石龙子科 Scincidae	铜蜓蜥	*Sphenomorphus indicus*
有鳞目 Squamata	鬣蜥科 Agamidae	丽纹攀蜥 *	*Japalura splendida*
有鳞目 Squamata	游蛇科 Colubridae	黑脊蛇	*Achalinus spinalis*
有鳞目 Squamata	游蛇科 Colubridae	锈链腹链蛇	*Amphiesma craspedogaster*
有鳞目 Squamata	游蛇科 Colubridae	草腹链蛇	*Amphiesma stolatum*
有鳞目 Squamata	游蛇科 Colubridae	钝尾两头蛇	*Calamaria septentrionalis*
有鳞目 Squamata	游蛇科 Colubridae	翠青蛇	*Cyclophiops major*
有鳞目 Squamata	游蛇科 Colubridae	黄链蛇	*Dinodon flavozonatum*
有鳞目 Squamata	游蛇科 Colubridae	赤链蛇	*Dinodon rufozonatum*
有鳞目 Squamata	游蛇科 Colubridae	王锦蛇	*Elaphe carinata*
有鳞目 Squamata	游蛇科 Colubridae	玉斑丽蛇	*Elaphe mandarina*
有鳞目 Squamata	游蛇科 Colubridae	紫灰山隐蛇	*Oreocryptophis*
有鳞目 Squamata	游蛇科 Colubridae	红点锦蛇	*Elaphe rufodorsata*
有鳞目 Squamata	游蛇科 Colubridae	黑眉锦蛇	*Elaphe taeniura*
有鳞目 Squamata	游蛇科 Colubridae	双全链蛇	*Lycodon fasciatus*
有鳞目 Squamata	游蛇科 Colubridae	黑背白环蛇	*Lycodon ruhstrati*
有鳞目 Squamata	游蛇科 Colubridae	中国小头蛇	*Oligodon chinensis*
有鳞目 Squamata	游蛇科 Colubridae	山溪后棱蛇	*Opisthotropis latouchii*
有鳞目 Squamata	游蛇科 Colubridae	平鳞钝头蛇	*Pareas boulengeri*
有鳞目 Squamata	游蛇科 Colubridae	钝头蛇	*Pareas chinensis*
有鳞目 Squamata	游蛇科 Colubridae	福建颈斑蛇	*Plagiopholis styani*
有鳞目 Squamata	游蛇科 Colubridae	大眼斜鳞蛇	*Pseudoxenodon macrops*
有鳞目 Squamata	游蛇科 Colubridae	花尾斜鳞蛇	*Pseudoxenodon stejnegeri*
有鳞目 Squamata	游蛇科 Colubridae	灰鼠蛇	*Ptyas korros*
有鳞目 Squamata	游蛇科 Colubridae	滑鼠蛇	*Ptyas mucosus*

(续)

目	科	中文名	学名
有鳞目 Squamata	游蛇科 Colubridae	颈槽蛇	*Rhabdophis nuchalis*
有鳞目 Squamata	游蛇科 Colubridae	虎斑颈槽蛇	*Rhabdophis tigrinus*
有鳞目 Squamata	游蛇科 Colubridae	黑头剑蛇	*Sibynophis chinensis*
有鳞目 Squamata	游蛇科 Colubridae	乌华游蛇	*Sinonatrix percarinata*
有鳞目 Squamata	游蛇科 Colubridae	乌梢蛇	*Ptyas dhumnades*
有鳞目 Squamata	游蛇科 Colubridae	刘氏链蛇	*Lycodon liuchengchaoi*
有鳞目 Squamata	游蛇科 Colubridae	绞花林蛇	*Boiga kraepelini*
有鳞目 Squamata	游蛇科 Colubridae	桑植腹链蛇	*Hebius sangzhiensis*
有鳞目 Squamata	眼镜蛇科 Elapidae	银环蛇	*Bungarus multicinctus*
有鳞目 Squamata	眼镜蛇科 Elapidae	丽纹蛇	*Calliophis macclellandi*
有鳞目 Squamata	眼镜蛇科 Elapidae	舟山眼镜蛇	*Naja atra*
有鳞目 Squamata	蝰科 Viperidae	白头蝰	*Azemiops kharini*
有鳞目 Squamata	蝰科 Viperidae	尖吻蝮	*Deinagkistrodon acutus*
有鳞目 Squamata	蝰科 Viperidae	短尾蝮	*Gloydius brevicaudus*
有鳞目 Squamata	蝰科 Viperidae	山烙铁头蛇	*Ovophis monticola*
有鳞目 Squamata	蝰科 Viperidae	菜花原矛头蝮	*Protobothrops jerdonii*
有鳞目 Squamata	蝰科 Viperidae	原矛头蝮	*Protobothrops mucrosquamatus*
有鳞目 Squamata	蝰科 Viperidae	福建竹叶青蛇	*Trimeresurus stejnegeri*

附录九 湖北五峰后河国家级自然保护区野生两栖类名录

目	科	中文名	学名
有尾目 Caudata	小鲵科 Hynobiidae	巫山北鲵	*Ranodon shihi*
有尾目 Caudata	蝾螈科 Salamandridae	东方蝾螈	*Cynops orientalis*
有尾目 Caudata	蝾螈科 Salamandridae	细痣瑶螈	*Yaotriton asperrimus*
有尾目 Caudata	隐鳃鲵科 Cryptobranchidae	大鲵	*Andrias davidianus*
无尾目 Anura	角蟾科 Megophryidae	小角蟾	*Megophrys minor*
无尾目 Anura	角蟾科 Megophryidae	峨眉角蟾	*Megophrys omeimontis*
无尾目 Anura	角蟾科 Megophryidae	桑植角蟾	*Megophrys sangzhiensis*
无尾目 Anura	角蟾科 Megophryidae	尾突角蟾	*Megophrys caudoprocta*
无尾目 Anura	角蟾科 Megophryidae	短肢角蟾	*Megophrys brachykolos*
无尾目 Anura	角蟾科 Megophryidae	巫山角蟾	*Megophrys wushanensis*
无尾目 Anura	角蟾科 Megophryidae	峨眉髭蟾	*Vibrissaphora boringii*
无尾目 Anura	角蟾科 Megophryidae	崇安髭蟾	*Vibrissaphora liui*
无尾目 Anura	蟾蜍科 Bufonidae	中华蟾蜍	*Bufo gargarizans*
无尾目 Anura	雨蛙科 Hylidae	华西雨蛙	*Hyla gongshanensis*
无尾目 Anura	雨蛙科 Hylidae	中国雨蛙	*Hyla chinensis*
无尾目 Anura	雨蛙科 Hylidae	无斑雨蛙	*Hyla immaculata*
无尾目 Anura	雨蛙科 Hylidae	三港雨蛙	*Hyla sanchiangensis*
无尾目 Anura	蛙科 Ranidae	崇安湍蛙	*Amolops chunganensis*
无尾目 Anura	蛙科 Ranidae	华南湍蛙	*Amolops ricketti*
无尾目 Anura	蛙科 Ranidae	隆肛蛙	*Feirana quadranus*
无尾目 Anura	蛙科 Ranidae	泽陆蛙	*Fejervarya multistriata*
无尾目 Anura	蛙科 Ranidae	虎纹蛙	*Hoplobatrachus chinensis*
无尾目 Anura	蛙科 Ranidae	沼蛙	*Boulengerana guentheri*
无尾目 Anura	蛙科 Ranidae	龙胜臭蛙	*Odorrana lungshengensis*
无尾目 Anura	蛙科 Ranidae	绿臭蛙	*Odorrana margaretae*
无尾目 Anura	蛙科 Ranidae	大绿臭蛙	*Odorrana graminea*
无尾目 Anura	蛙科 Ranidae	花臭蛙	*Odorrana schmackeri*
无尾目 Anura	蛙科 Ranidae	棘腹蛙	*Quasipaa boulengeri*
无尾目 Anura	蛙科 Ranidae	小棘蛙	*Quasipaa exilispinosa*
无尾目 Anura	蛙科 Ranidae	九龙棘蛙	*Quasipaa jiulongensis*
无尾目 Anura	蛙科 Ranidae	棘胸蛙	*Quasipaa spinosa*
无尾目 Anura	蛙科 Ranidae	双团棘胸蛙	*Gynandropaa yunnanensis*
无尾目 Anura	蛙科 Ranidae	湖北侧褶蛙	*Pelophylax hubeiensis*
无尾目 Anura	蛙科 Ranidae	黑斑侧褶蛙	*Pelophylax nigromaculatus*
无尾目 Anura	蛙科 Ranidae	威宁趾沟蛙	*Pseudorana weiningensis*

(续)

目	科	中文名	学名
无尾目 Anura	蛙科 Ranidae	中国林蛙	*Rana chensinensis*
无尾目 Anura	蛙科 Ranidae	日本林蛙	*Rana japonica*
无尾目 Anura	树蛙科 Rhacophoridae	大树蛙	*Polypedates dennysii*
无尾目 Anura	树蛙科 Rhacophoridae	斑腿泛树蛙	*Polypedates megacephalus*
无尾目 Anura	姬蛙科 Microhylidae	粗皮姬蛙	*Microhyla butleri*
无尾目 Anura	姬蛙科 Microhylidae	饰纹姬蛙	*Microhyla ornata*

附录十 湖北五峰后河国家级自然保护区鱼类名录

目	科	中文名	学名
鲤形目 Cypriniformes	鳅科 Cobitidae	泥鳅	*Misgurnus anguillicaudatus*
鲤形目 Cypriniformes	平鳍鳅科 Homalopteridae	平舟原缨口鳅	*Vanmanenia pingchowensis*
鲤形目 Cypriniformes	鲤科 Cyprinidae	齐口裂腹鱼	*Schizothorax prenanti*
鲤形目 Cypriniformes	鲤科 Cyprinidae	拉氏鱥	*Phoxinus lagowskii*
鲤形目 Cypriniformes	鲤科 Cyprinidae	细鳞鲴	*Xenocypris microlepis*
鲤形目 Cypriniformes	鲤科 Cyprinidae	鲤	*Cyprinus carpio*
鲈形目 Perciformes	虾虎鱼科 Gobiidae	刘氏吻虾虎鱼	*Rhinogobius Liui*
鲈形目 Perciformes	虾虎鱼科 Gobiidae	后河吻虾虎鱼	*Rhinogobius hooheensis*

附录十一 湖北五峰后河国家级自然保护区昆虫名录

蜉蝣目 EPHEMEROPTERA

蜉蝣科 EPHEMERIDAE

紫蜉 *Ephemara purpurata* Ulmer

间蜉 *Ephemara media* Ulmer

鞍山蜉 *Ephemara yaosani* Hsu

中国假蜉 *Iron sinensis* Ulmer

双斑二翅蜉 *Cloeon bimaculatum* Eaton

似动蜉 *Cinygmina* sp.

蜻蜓目 ODONATA

蜻科 LIBELLULIDAE

异色灰蜻 *Orthetrum melania* Sely

褐肩灰蜻 *Orthetrum iuternum* MeLachilan

黄蜻 *Pantala flavescens* Fabricius

小黄赤蜻 *Sympetrum kunkeli* Selys

半黄赤蜻 *Sympetrum croceolum* Selys

晓褐蜻 *Trithemis aurora* Burmeiter

红蜻 *Crocothemis servilia* Drury

玉带蜻 *Pseudothemis zonata* Burmiester

竖眉赤蜻 *Sympetrum eroticum*（Selys）

闪蓝宽腹蜻 *Lyriothemis elegantissima* Selys

粗灰蜻 *Orthetrum cancellatum*（Linnaeus）

白尾灰蜻 *Orthetrum albistylum* Selys

赤褐灰蜻 *Orthetrum pruinosum neglectum*（Rambur）

鼎异色灰蜻 *Orthetrum triangulare*（Selys）

大蜻科 MACROMIDAE

达氏弓蜻 *Macromia daimoji* Okumura

闪蓝丽大蜻 *Epophthalmia elegans*（Brauer）

大蜓科 CORDULEGASTERIDAE

巨圆臀大蜓 *Anotogaster sieboldii* Selys

春蜓科 GOMPHIDAE

马奇异春蜓 *Anisogomphus maacki*（Selys）

小团扇春蜓 *Ictinogomphus rapax*（Rambur）

蜓科 AESCHNIDAE

长者头蜓 *Cephalaeschna patrorum* Neesham

色蟌科 AGRIIDAE

褐单脉色蟌 *Matrona basilaris nigripectus* Selys

透顶单脉色蟌 *Matrona basilaris basilaris* Selys

黄翅绿色蟌 *Mnais auripennis* Needham

蓝斑腹溪蟌 *Anisopleura furcata* Selys

亮翅绿色螅 *Mnais maclachlani* Fraser
赤基色螅 *Echo incarnata* Karsch.
螅科 COENAGRIONIDAE
长尾黄螅 *Ceriagrion fallax* Ris
四斑长腹螅 *Coeliccia didyma*（Selys）
白狭扇螅 *Copera annulata*（Selys）
杨氏华扇螅 *Sinocnemis yangbingi* Wilson et Zhou
溪螅科 EPALLAGIDAE
褐翅暗溪螅 *Pseudophaea opaca* Selys
巨齿尾溪螅 *Bayadera melanopteryx* Ris
二尾暗溪螅 *Bayadera bidentata* Needham
蓝斑腹溪螅 *Anisopleura furcata* Selys

等翅目 ISOPTERA

鼻白蚁科 RHINOTERMITIDAE
三色散白蚁 *Reticulitermes tricolorus* Ping et Li
黄肢散白蚁 *Reticulitermes flaviceps*（Oshima）

蜚蠊目 BLATTARIA

蜚蠊科 BLATITIDAE
黑胸大蠊 *Periplaneta fuliginosa*（Serv.）
淡赤褐大蠊 *Periplaneta ceylonica* Karny
美洲大蠊 *Periplaneta americana*（L.）
硕蠊科 BLABERIDAE
刻点球蠊 *Perisphaerus punctatus* Bey-Bienko
姬蠊科 BLATTELLIDAE
中华拟歪尾蠊 *Episymploce sinensis*（Walker）
棒突刺板蠊 *Scalida schenklimgi*（Karny）
广纹小蠊 *Blattella latistriga*（Walker）
黄缘拟截尾蠊 *Hemithyrsecora lateralis* Walker
地鳖科 POLYPHAGIDAE
带纹真地鳖 *Eucorydia aenea dasytoides*（Walker）

襀翅目 PLECOPTERA

襀科 PERLIDAE
黄襀 *Flavoperla* sp.
新襀 *Neoperla* sp.
偻襀 *Gibosia* sp.
叉襀 *Nemoura* sp.
长形襟襀 *Togoperla perpicta* Klapálek
纯襀 *Paragnetina* sp.

螳螂目 MANTODEA

螳螂科 MANTIDAE
大刀螳螂 *Tenodera aridifolia* Stoll
广腹螳螂 *Hierodula patellifera* Serville

中华螳螂 *Tenodera sinensis* (Saussure)
小丝螳 *Leptomantella* sp.
格华小翅螳 *Sinomiopteryx grahami* Tinkham
壮屏顶螳 *Kishinouyeum robusta* Niu et Liu
中华大齿螳 *Odontomantis sinensis* (Giglio-Tos)
屏顶螳 *Phyllothelys* sp.
丝螳 *Leptomantella* sp.
花螳科 HYMENOPODIDAE
郑氏原螳 *Anaxarcha zhengi* Ren et Wang
眼斑螳 *Creobroter* sp.
弧纹螳 *Theopropus* sp.

䗛目 PHASMIDA

䗛科 PHASMATIDAE
疏齿短肛棒䗛 *Baculum sparsidentatum* Chen et He
异䗛科 HETERONEMIIDAE
粒突皮䗛 *Phraortes granulatus* Chen et He

直翅目 ORTHOPTERA

蝼蛄科 GREYLLOTALPIDAE
非洲蝼蛄 *Gryllotalpa africana* Palisot et Beauvois
蟋蟀科 GRYLLIDAE
迷卡斗蟋 *Velarifictorus micado* (Saussure)
拟斗蟋 *Velarifictorus khasiensis* Vasanth et Ghosh
大扁头蟋 *Loxoblemmus doenitzi* Stein
油葫芦 *Teleogryllus emma* (Ohmschi et Matsummura)
小棺头蟋 *Loxoblemmus aomoriensis* Shiraki
小悍蟋 *Tartarogryllus minusculus* (Walker)
线拟长蟋 *Parapentacentrus lineaticeps* (Chopard)
黄脸油葫芦 *Teleogryllus emma* Ohmachi et Matsumma
刻点哑蟋 *Goniogryllus punctatus* Chopard
咭蟋科 ENEOPTERIDAE
绒拟长蟋 *Parapentacentrus lineaticeps* (Chopard)
梨片蟋 *Truljalia hibinonis* (Matsumura)
蛉蟋科 TRIGONIDIIDAE
虎甲蛉蟋 *Trigonidium cicineloides* Rambur
树蟋科 OECANTHIDAE
树蟋 *Oecanthus* sp.
螽斯科 TETTIGONIIDAE
陈氏平脉树螽 *Elimaea cheni* Kang et Yang
中国拟平脉树螽 *Hemielimaea chinensis* Brunner
日本管树螽 *Ducetia japonica* (Thunberg)
日本绿树螽 *Holochlora japonica* Brunnervon Wattenwyl
凸肛华绿树螽 *Sinochlora longifissa* (Mats. et Shir.)

宽翅绿树螽 *Sympaestria truncato-lobata* Brunner
薄翅树螽 *Phaneroptera falcata*（Poda）
日本条螽 *Ducetia japonica*（Thunberg）
中华华绿螽 *Sinochlora sinensis* Tinkham
黑斑草螽 *Conocephalus maculatus*（Le Guil）
日本似织螽 *Hexacentrus japonica* Karny
中华草螽 *Conocephalus chinensis*（Redt.）
赤褐环螽 *Letana rubescens*（Stål）
中华糙颈螽 *Ruidocollaris sinensis* Liu et Kang
细齿平背螽 *Isopsera denticulata* Ebner
刺平背螽 *Isopsera spinosa* Ingrisch
悦鸣草螽 *Conocephalus melas*（DeHaan）
多变尖头草螽 *Euconcephalus varius*（Walker）
剑尾草螽 *Conocephalus gladiatus* Redt.
无刺神农螽 *Shennongia inermis* Liu
驼螽科 RHAPHIDOPHOROID
庭疾灶螽 *Tachycines asynamorus* Adelung
露螽科 PHANEROPTERIDAE
歧尾鼓鸣螽 *Bulbistridulous furcatus* Xia et Liu
湖北安螽 *Prohimerta hubeiensis* Gorochov et Kang
凸翅糙颈螽 *Ruidocollaris convexipennis*（Caudell）
张氏西洋螽 *Atlanticus chang* Tinkham
直须西洋螽 *Atlanticus piepi* Tinkham
短须灰卒螽 *Zulpha perlaria*（Westwood）
长翅纺织娘 *Mecopoda elongata*（Linn.）
蟋螽科 GRYLLACRIDAE
日本蟋螽 *Gryllacris japonica* Mats. et Shir.
螳螽科 MIMENERMIDAE
卡氏翼糜螽 *Pteranabropsis carli*（Griffini）
拟叶螽亚科 PSEUDOPHYLLINAE
深褐拟叶螽 *Tegra novaehollandiae-vividinotata*
单色拟叶螽 *Togona unicolor* Matsumura et Shiraki
锥头蝗科 PYRGOMORPHIDAE
短额负蝗 *Atractomorpha sinensis* Bolivar.
斑腿蝗科 CATANTOPIDAE
短角外斑腿蝗 *Xenocatantops brachycerus*（Will.）
中华稻蝗 *Oxya chinensis* Thunb.
山稻蝗 *Oxya agavisa* Tsai
小稻蝗 *Oxya hyla intricata*（Stål）
红褐斑腿蝗 *Catantops pinguis*（Stål）
四川突额蝗 *Traulia orientalis szetschuanensis* Ramme
大斑外斑腿蝗 *Xenocatantops humilis*（Audinet-Servilles）

丝角蝗科 OEDIPODIDAE

山蹦蝗 *Sinopodisma lofaoshana*（Tinkham）

湖南雏蝗 *Chorthippus hunanensis* Yin et Wei

疣蝗 *Trilophidia annulata*（thunb.）

花胫绿纹蝗 *Aiolopus thalassinus tamulus*（Fabr.）

中华越北蝗 *Tonkinacris sinensis* Chang

芋蝗 *Gesonula punctifrons*（Stål）

斑腿伴越蝗 *Paratonkinacris vittifemoralis* You et Li

罗浮山疹蝗 *Ecphyinacris lofaoshana*（Tinkham）

网翅蝗科 ARCYPTERIDAE

斑角蔗蝗 *Hieroglyphus annulicornis*（Shiraki）

黑脊竹蝗 *Ceracris fasciata*（Br.-W.）

黄脊竹蝗 *Ceracris kiangsu* Tsai

隆额网翅蝗 *Arcyptera coreana* Shir.

剑角蝗科 ACRIDAE

小戛蝗 *Paragonista infumata* Will.

蚱科 TETRIGIDAE

桂南蚱 *Tetrix guinanensis* Zheng

钻形蚱 *Tetrix subulata*（Linnaeus）

重庆蚱 *Tetrix chongqingensis* Zheng et Shi

圆头波蚱 *Bolivaritettix circocephalus* Zheng

瑞氏真角蚱 *Eucriotettix ridleyi* Gunther

波氏蚱 *Tetrix bolivari* Saulcy

武当山微翅蚱 *Alulatettix wudanshanensis* Wang et Zheng

宽背台蚱 *Formosatettix platynotus* Zheng et Wang

喀蚱 *Tetrix ceperoi*（Bolivar）

神农架台蚱 *Formosatettix shennongjiaensis* Zheng

细角蚱 *Tetrix tenuixornis*（Sahlberg）

大优角蚱 *Eucriotettix grandis*（Hancock）

肩波蚱 *Bolivaritettix humeralis* Gunther

印悠背蚱 *Euparatettix indicus*（Bolivar）

刺羊角蚱 *Criotettix bispinosus*（Dalman）

日本蚱 *Tetrix japonica*（Bolivar）

刺羊角蚱 *Criotettix bispinosus*（Dalman）

湖南拟台蚱 *Formosatettixoides hunanensis* Zheng et Fu

峨嵋拟扁蚱 *Pseudogignotettix emeiensis* Zheng

大别山台蚱 *Formosatettix dabieshanensis* Zheng et Wang

细庭蚱 *Bedotettix gracilis*（De Haan）

峨嵋狭顶蚱 *Systolederus emeiensis* Zheng

湖北澳汉蚱 *Austrohancockia hubeiensis* Zheng

突眼蚱 *Ergatettix dorsiferus*（Walker）

爪哇波蚱 *Bolivaritettix javanicus*（Bolivar）

贡嘎山台蚱 *Formosatettix brachyptera* Zheng

短翅突眼蚱 *Brgatettix brachyptera* Zheng

白纹悠背蚱 *Euparatettix albonemus* Zheng et Deng

革翅目 DERMAPTERA

球螋科 FORFICULIDAE

多毛环张球螋 *Anechura pilosa* Ma et Chen

中华山球螋 *Oreasiobia chinensis* Steinmann

达球螋 *Forficula davidi* Burr

慈螋 *Eparchus insignis* (De Haan)

华球螋 *Forficula sinica* (Bey-Bienko)

克乔球螋 *Timomenus komarowi* (Semenov)

双刺异球螋 *Allodablia bispina* Bey-Bienko

基白球螋 *Forficula albida* Liu

瘦球螋 *Forficula splendida* Bey-Bienke

多毛垂缘球螋 *Eudohrnia hirsuta* Zhang, Ma et Chen

垂缘球螋 *Eudohrnia metallica* (Dohrn)

净乔球螋 *Timomenus inermis* Borelli

异球螋 *Allodablia scabruscula* Serville

日本张球螋 *Anechura japonica* (Bormans)

曲囊球螋 *Forficula curvivesica* Ma et Chen

华球螋 *Forficula berezovskyi* Bey-Bienko

垫跗螋科 CHELISOCHIDAE

首垫跗螋 *Proreus simulans* Stål

肥螋科 ANISOLABIDIDAE

海肥螋 *Anisolabis maritima* (Gene)

蠼螋科 LABIDURIDAE

蠼螋 *Labidure riparia* (Pallas)

日本张铗螋 *Anechura japonica* (Bormans)

尼纳螋 *Nala nepalensis* (Burr)

丝尾螋科 DIPLATYIDAE

天平单突丝尾螋 *Haplodiplatys tianpingensis* Ma et Chen

钳丝尾螋 *Diplatys forcipatus* Ma et Chen

半翅目 HEMIPTERA

蝉科 CICADIDAE

亲斑蝉 *Gaeana consors* (White)

绿草蝉 *Magannia hebes* (Walker)

碧蝉 *Hea* sp.

黑蚱蝉 *Cryptotympana atrata* (Fabricius)

高山唐蝉 *Tanna obliqua* Liu

鸣蝉 *Oncotympana maculaticollis* (Mats.)

川马蝉 *Platylomia juno* Distani

黑安蝉 *Chremistica nigra* Chen

蛉蛄 *Pycna repanda* Linnaeus
网翅蝉 *Polyneura ducalis* Westwood
斑蝉 *Gaeana* sp.
松寒蝉 *Meimuna opalifera* (Walker)
螂蝉 *Pomponia linearis* (Walker)
蚱蝉 *Cryptotympana* sp.
黄蟪蛄 *Platypleura hilpa* Walker
蒙古寒蝉 *Meimuna mongolica* (Dist.)
胡蝉 *Graptopsaltria tienta* (Karsch)

角蝉科 MEMBBACIDAE
黑圆角蝉 *Gargara genistae* (Fabricius)
弯刺无齿角蝉 *Nondenticentrus curvispineus* Chou et Yuan
沃克三刺角蝉 *Tricentrus walkeri* Metcalf et Wade
油桐三刺角蝉 *Tricentrus aleuritis* Chou
安耳角蝉 *Maurya angulata* Funkhouser
曲矛角蝉 *Leptobelus decurvatus* Funkhouser

巢沫蝉科 MACHAEROTIDAE
棘蝉 *Machaerota* sp.

沫蝉科 CERCOPIDAE
褐带平冠沫蝉 *Clovia bipunctata* (Kirby)
尤氏曙沫蝉 *Eoscarta assimilis* (Uhler)
红头风沫蝉 *Paphnutius ruficeps* (Melichar)
中华尖胸沫蝉 *Aphrophora corticina* (Melichar)
四斑尖胸沫蝉 *Aphrophora quadriguttata* Melichar
橘红丽沫蝉（中国隆沫蝉）*Cosmoscarta mandarina* Distant
黑斑丽沫蝉 *Cosmoscarta dorsimacula* (Walker)
大连脊沫蝉 *Aphropsis gigantea* Metcalf et Horton
二点尖胸沫蝉 *Aphrophora bipunctata* Melichar
黑斑尖胸沫蝉 *Aphrophora stictica* Matsumura
尖胸沫蝉1 *Aphrophora* sp. (1)
尖胸沫蝉2 *Aphrophora* sp. (2)
新长沫蝉 *Neophilaenus lineatus* (Linnaeus)
四斑象沫蝉 *Philagra quadrimaculata* Schmidt
白纹象沫蝉 *Philagra albinotata* Uhler
背斑隆沫蝉 *Cosmoscarta dorsimacula* (Walker)
黑点尖胸沫蝉 *Aphrophora tsuratus* Matsumura
红二带隆沫蝉 *Cosmoscarta egens* (Walker)
一带拟沫蝉 *Paracercopis atricapilla* (Distant)
白带尖胸沫蝉 *Aphrophora intermedia* Uhler
小白带尖胸沫蝉 *Aphrophora obliqua* Uhler
褐带平冠沫蝉 *Clovia bipunctata* (Kirby)
中脊沫蝉 *Mesoptyelus decoratus* (Melichar)

南方曙沫蝉 *Eoscarta borealis*（Distant）
红基隆沫蝉 *Cosmoscarta exultans*（Walker）
拟沫蝉 *Paracercopis* sp.
川拟沫蝉 *Paracercopis seminigra*（Melichar）
红背隆沫蝉 *Cosmoscarta bispecularis* White
新斑瘤胸沫蝉 *Phymatostetha novittata* Yuan et Chou
东方丽沫蝉 *Cosmoscavta heros*（Fabricius）
丽沫蝉 *Cosmoscarta* sp.

广翅蜡蝉科 RICANIIDAE
透翅疏广翅蜡蝉 *Euricania clara* Kato
八点广翅蜡蝉（桔八点、八点蜡蝉）*Ricania speculum*（Walker）
西藏疏广蜡蝉 *Euricania xizangensis* Chou et Lu

蜡蝉科 FULGORIDAE
斑衣蜡蝉（樗鸡、椿皮蜡蝉、斑蜡蝉）*Lycorma delicatula*（White）
长头棱扁蜡蝉 *Sogana longiceps* Fennah

象蜡蝉科 DICTYOPHARIDAE
纵带细象蜡蝉（双线象蜡蝉）*Thanatotictya lineata*（Donovin）
丽象蜡蝉 *Orthopagus splendens*（Germar）
瘤鼻象蜡蝉 *Saigona gibbosa* Matsumura

广蜡蝉科 RICANIIDAE
鼎点宽广蜡蝉 *Pochazia trinitalis* Chou et Lu

扁蜡蝉科 TROPIDUCHIDAE
罗浮傲扁蜡蝉 *Ommatissus lofouensis* Muir
扁蜡蝉 *Barunoides* sp.
娇弱鳎扁蜡蝉 *Tambinia debilis* Stål
叶扁蜡蝉 *Mesepora* sp.

菱蜡蝉科 CIXIIDAE
脊菱蜡蝉 *Oliarus* sp.
贝菱蜡蝉 *Betacixius* sp.

瓢蜡蝉科 ISSIDAE
席瓢蜡蝉 *Sivaloka* sp.
黄瓢蜡蝉 *Flavina* sp.
台湾叉脊瓢蜡蝉 *Eusarima contorta* Yang

叶蝉科 CICADELLIDAE
黑缘条大叶蝉 *Atkinsoniella heiyuana* Li
格氏条大叶蝉 *Atkinsoniella graham* Young
蜀凹大叶蝉 *Bothrogonia shuana* Yang et Li
白边大叶蝉 *Kolla paulula*（Walker）
白头小板叶蝉 *Oniella leucocephala* Matsumura
白边利叶蝉 *Usuironus limbifera*（Matsumura）
槽胫叶蝉 *Drabescus* sp.
黄褐角顶叶蝉 *Deltocephalus brunnescens* Distant

脊翅叶蝉 *Parabolopona* sp.
黑斑叶蝉 *Erythroneura* sp.
窗翅叶蝉 *Mileewa margheritae* Distant
稻叶蝉 *Deltocephalus oryzae* Matsumura
二刺片叶蝉 *Thagria bispina* Zhang
黄缘大贯叶蝉 *Onukia flavifrons* Matsumura
条大叶蝉 *Atkinsoniella* sp.
点翅大叶蝉 *Anatkina illustris*（Distant）
大青叶蝉 *Tettigoniella viridis*（Linne）
橙带突额叶蝉 *Gunungidia aurantiifasciata*（Jacobi）
横脊叶蝉 *Evacanthus* sp.
黄冠梯顶叶蝉 *Jassus atkinsoni* Distant
锥顶叶蝉 *Aconura producta* Matsumura
角胸叶蝉 *Tituria angulata*（Matsumura）
隐纹大叶蝉 *Tettigoniella thalia* Distant
色安大叶蝉 *Atkinsoniella opponens*（Walker）
大叶蝉 *Tettigoniella* sp.
顶斑大叶蝉 *Kolla paulula*（Walker）
黑尾大叶蝉 *Bothrogonia ferruginea*（Fabricius）
褐尾角胸叶蝉 *Tituria crinita* Cai
红纹角胸叶蝉 *Tituria plagiata* Kuoh
橙色条大叶蝉 *Atkinsoniella aurantiaca* Caiet Kuoh
丽叶蝉 *Calodia* sp.
红条梯顶叶蝉 *jassus conspersus*（Stål）
角胸叶蝉 *Tituria angulata*（Matsumura）
宽槽胫叶蝉 *Drabescus ogumae* Matsumura
光小叶蝉 *Apheliona* sp.
二刺丽叶蝉 *Calodia obliquasimilaris* Zhang
无突叶蝉 *Taharana aproboscidea* Zhang
点线叶蝉 *Tettigoniella* sp.
长斑凹大叶蝉 *Bothrogonia longimaculata* Kuoh
桨头叶蝉 *Nacolus assamensis*（Distant）
红缘角胸叶蝉 *Tituria planata*（Fabricius）
红边片头叶蝉 *Petalocephala manchurica* Kato
磺安条大叶蝉 *Atkinsoniella sulphurata*（Distant）
黑纹条大叶蝉 *Tettigoniella nigrisigna* Li
飞虱科 DELPHACIDAE
花翅飞虱 *Peregrinus* sp.
瘤蝽科 PHYMATIDAE
天目螳瘤蝽 *Cnizocoris dimorphus* Maa et Lin
龟蝽科 PLATAPIDAE
双列圆龟蝽 *Coptosoma bifaria* Montandon

显著圆龟蝽 *Coptosoma notabilis* Montandon
圆头异龟蝽 *Aponsila cycloceps* Hsiao et Jen
双痣圆龟蝽 *Coptosoma biguttula* Motschulsky
狄豆龟蝽 *Megacopta distanti* (Montandon)
筛豆龟蝽 *Megacopta cribraria* (Fabricius)
浙江圆龟蝽 *Coptosoma chekiana* Yang
跷蝽科 BERYTIDAE
圆肩跷蝽 *Metatropis longirostris* Hsiao
土蝽科 CYDNIDAE
青革土蝽 *Macroscyrtus subaenus* (Dallas)
黑伊土蝽 *Aethus nigritus* (Fabricius)
圆阿土蝽 *Adomerus rotundus* (Hsiao)
圆地土蝽 *Geotomus convexus* Hsiao
青革土蝽 *Macroscyrtus subaenus* (Dallas)
短点边土蝽 *Legnotus breviguttulus* Hsiao
华西朱土蝽 *Parastrachia napaensis* Distant
侏地土蝽 *Geotomus pygmaeus* (Fabricius)
兜蝽科 DINIDORIDAE
细角瓜蝽 *Megymenum gracilicorne* Dallas
大皱蝽 *Cyclopelta obscura* (Lepletier et Serville)
蝽科 PENTATOMIDAE
茶翅蝽 *Halyomorpha picus* (Fabricius)
宽碧蝽 *Palomena viridissima* (Poda)
紫蓝曼蝽 *Menida violacea* Motschulsky
巨蝽 *Eusthenes robustus* (Lepeletier et Serville)
菜蝽 *Eurydema dominulus* Scopoli
辉蝽 *Carbula obtusangula* Reuter
亮盾蝽 *Lamprocoris roylii* (Westwood)
广二星蝽 *Eysarcoris ventralis* (Westwood)
尖角普蝽 *Priassus spiniger* Haglund
锚纹二星蝽 *Eysarcoris montivagus* (Distant)
稻绿蝽 *Nezara viridula* (Linnaeus)
青蝽 *Glaucias subpunctatus* (Walker)
斑真蝽 *Pentatoma mosaicus* Hsiao et Cheng
黑须稻绿蝽 *Nezara antennata* Scott
红玉蝽 *Hoplistodera pulchra* Yang
麻皮蝽 *Erthesina fullo* (Thunberg)
斑真蝽 *Pentatoma mosaicus* Hsiao et Cheng
九香虫 *Coridius chinensis* (Dallas)
紫蓝曼蝽 *Menida violacea* Motschulsky
点蝽碎斑型 *Tolumnia latipeforma contingens* (Walker)
褐真蝽 *Pentatoma semiannulata* (Motschulsky)

斯氏珀蝽 *Plautia stali* Scott
宽缘伊蝽 *Aenaria pinchii* Yang
大皱蝽 *Cyclopelta obscura* (Lepletier et Serville)
川甘碧蝽 *Palomena haemorrhoidalis* Lindberg
珀蝽 *Plautia crossota* (Dallas)
滴蝽 *Dybowskyia reticulata* (Dallas)
川康真蝽 *Pentatoma montana* Hsiao et Cheng
紫蓝曼蝽 *Menida violacea* Motschulsky
庐山珀蝽 *Plautia lushanica* Yang
斑莽蝽 *Placosternus urus* Stål
绿岱蝽 *Dalpada smaragdina* (Walker)
削疣蝽 *Cazira frivaldszkyi* Horvath
稻绿蝽黄肩型 *Nezara viridula forma torquata* (Fabricius)
尖角普蝽 *Priassus spiniger* Haglund
异色巨蝽 *Eusthenes cupreus* (Westwood)
红缘岱蝽 *Dalpada perelegans* Breddin
雷蝽 *Rhacognathus punctatus* (Linnaeus)
巨蝽 *Eusthenes robustus* (Lepetier et Serville)
盾蝽科 SECUTELLERIDAE
金绿宽盾蝽 *Poecilocoris lewisi* (Distant)
亮盾蝽 *Lamprocoris roylii* (Westwood)
扁盾蝽 *Eurygaster testudinarius* (Geofroy)
斑须蝽 *Dalpada oculata* (Fabricius)
半球盾蝽 *Hyperoncus lateritius* (Westwood)
桑宽盾蝽 *Poecilocoris druraei* (Linnaeus)
大斑宽盾蝽 *Poecilocoris splendidus* Esaki
同蝽科 ACANTHOSOMATIDAE
细齿同蝽 *Acanthosoma denticauda* Jakovlev
背匙同蝽 *Elasmucha dorsalis* (Jakovlev)
原同蝽 *Acanthosoma haemorrhoidalis* (Linnaeus)
黑背同蝽 *Acanthosoma nigrodorsum* Hsiao et Liu
显同蝽 *Acanthosoma distinctum* Dallas
伊锥同蝽 *Sastrala esakii* Hasegawa
剪板同蝽 *Platacantha forfex* (Dallas)
钝肩狭同蝽 *Dichobothrium nubilum* (Dallas)
钝肩直同蝽 *Elasmostethus scotti* Reuter
副锥同蝽 *Sastrala edessoides* Distant
小光匙同蝽 *Elasmucha minor* Hsiao et Liu
缘蝽科 COREIDAE
波原缘蝽 *Coreus potanini* Jakovlev
褐伊缘蝽 *Aeschyntelus sparsus* Blote
点蜂缘蝽 *Riptortus pedestris* (Fabricius)

粟缘蝽 *Liorhyssus hyalinus* (Fabricius)
黄伊缘蝽 *Aeschyntelus chinensis* Dallas
开环缘蝽 *Sticotopleurus minutus* Blöte
暗黑缘蝽 *Hygia opaca* Uhler
山赭缘蝽 *Ohrochira monticola* Hsiao
长腹佚缘蝽 *Pseudomictis distinctus* Hsiao
瘤缘蝽 *Acanthocoris scaber* (Linnaeus)
刺肩普缘蝽 *Plinachtus dissimilis* Hsiao
平肩棘缘蝽 *Cletus tenuis* Kiritshenko
月肩奇缘蝽 *Derepteryx lunata* (Distant)
中稻缘蝽 *Leptocorisa chinensis* Dallas
钝缘蝽 *Anacestra hirticornis* Hsiao
稻棘缘蝽 *Cletus punctiger* Dallas
广腹同缘蝽 *Homoeocerus dilatatus* Horvath
条蜂缘蝽 *Riptortus linearis* (Fabricius)
黄胫佚缘蝽 *Mictis serina* Dallas
小点同缘蝽 *Homoeocerus marginellus* Herrich-Schaeffer
黄边佚缘蝽 *Myrmus lateralis* Hsiao
黑胫佚缘蝽 *Mictis fuscipes* Hsiao
条蜂缘蝽 *Riptortus linearis* (Fabricius)
拉缘蝽 *Rhamnomia dubia* (Hsiao)
宽棘缘蝽 *Cletus schmidti* Kiritshenko
褐奇缘蝽 *Derepteryx fuliginosa* (Uhler)
黑刺锤缘蝽 *Marcius nigrospinosus* Ren
暗异缘蝽 *Pterygomia obscurata* (Stål)
纹须同缘蝽 *Homoeocerus striicornis* Scott
环胫黑缘蝽 *Hygia touchei* Distant

异蝽科 UROSTYLIDAE
亮壮异蝽 *Urochela distincta* Distant
花壮异蝽 *Urochela luteovaria* Distant
淡娇异蝽 *Urostylis yangi* Maa
带盲异蝽 *Urolabida subtruncata* Maa
棕带盲异蝽 *Urolabida lineata* Hsiao et Ching
橘边娇异蝽 *Urostyllis spectabilis* Distant
黑色盲异蝽 *Urolabida nigra* Zhang et Sie

红蝽科 PYRRHOCORIDAE
地红蝽 *Pyrrhocoris tibialis* Stål
小斑红蝽 *Physopelta cincticollis* Stål
突背斑红蝽 *Physopelta gutta* (Burmeister)
阔胸光红蝽 *Dindymus lanius* Stål
四斑红蝽 *Physopelta quadriguttata* Bergroth
直红蝽 *Pyrrhopeplus carduelis* (Stål)

原锐红蝽 *Euscopus rufipes* Stål
小斑红蝽 *Physopelta cincticollis* Stål
黑足颈红蝽 *Antilochus nigripes*（Burmeister）
曲缘红蝽 *Pyrrhocoris sibiricus* Kuschakevich

猎蝽科 REDUVIIDAE
齿塔猎蝽 *Tapirocoris densa* Hsiao et Ren
岭猎蝽 *Lingnania biaconiformis* China
黄背雅猎蝽 *Serendus flavonotus* Hsiao
六刺素猎蝽 *Epidaus sexspinus* Hsiao
素猎蝽 *Epidaus famulus*（Stål）
褐菱猎蝽 *Isyndus obscurus*（Dallas）
斑腹雅猎蝽 *Serendus geniculatus* Hsiao
艳腹壮猎蝽 *Biasticus confusus* Hsiao
环塔猎蝽 *Tapirocoris annuliatus* Hsiao et Ren
显脉土猎蝽 *Coranus hammarstroemi* Reuter
云斑瑞猎蝽 *Rhynocoris incertis* Distant
艳红猎蝽 *Cydnocoris russatus* Stål
暴猎蝽 *Agriosphodrus dohrni*（Signret）
云斑真猎蝽 *Harpactor incertus*（Distant）
棘猎蝽 *Polididus armatissimus* Stål
环足健猎蝽 *Neozirta annulipes* China
环斑猛猎蝽 *Sphedanolestes impressicollis*（Stål）
华齿胫猎蝽 *Rihirbus sinicus* Hsiao et Ren
红彩瑞猎蝽 *Rhynocoris fuscipes* Fabricius

姬蝽科 NABIDAE
普姬蝽 *Nabis semiferus* Hsiao
暗色姬蝽 *Nabis stenoferus* Hsiao
山姬蝽 *Oronabis brevilineatus*（Scott）
小翅姬蝽 *Nabis apicalis* Matsumura

黾蝽科 GERRIDAE
水黾 *Gerris paludum* Fabricius

盲蝽科 MIRIDAE
柳棱额盲蝽 *Salignus duplicatus*（Reuter）
深色狭盲蝽 *Stenodema elegans* Reuter
东亚异盲蝽 *Apolygopsis nigritulus*（Linnavuori）
法氏树丽盲蝽 *Arbolygus falkovitshi*（Kerzhner）
斯氏后丽盲蝽 *Apolygus spinolae*（Meyer-Dür）
邻红唇拟丽盲蝽 *Lygocorides affinis* Lu et Zheng
多变光盲蝽 *Chilocrates patulus*（Walker）
四川箬盲蝽 *Elthemidea sichuanense* Zheng
川狭盲蝽 *Stenodema plebeja* Reuter
胡桃新丽盲蝽 *Neolygus juglandis*（Kerzhner）

狭长树丽盲蝽 *Arbolygus longustus* Lu et Zheng
黑褐箬盲蝽 *Elthemidea picea* Zheng
马来喙盲蝽 *Proboscidocoris malayus* Reuter
毛翅木盲蝽 *Castanopsides dasypterus* (Reuter)
山地狭盲蝽 *Stenodema alpestris* Reuter
横断苜蓿盲蝽 *Adelphocoris funestus* Reuter
污苜蓿盲蝽 *Adelphocoris luridus* Reuter
绿盲蝽 *Apolygus lucorum* (Meyer-Dür)
眼斑厚盲蝽 *Eurystylus coelestialium* (Kirkaldy)
三点苜蓿盲蝽 *Adelphocoris fasciaticollis* Reuter
条赤须盲蝽 *Trigonotylus caelestialium* (Kirkaldy)
斑楔齿爪盲蝽 *Deraeocoris ater* (Jakovlev)
斑异盲蝽 *Polymerus unifasciatus* (Fabricius)
横断树丽盲蝽 *Arbolygus difficilis* Lu et Zheng
黑唇厘盲蝽 *Liistonotus melanostoma* (Reuter)
中黑苜蓿盲蝽 *Adelphococris suturalis* (Jakovlev)
灰绿合垫盲蝽 *Orthotylus interpositus* Schmidt
白纹苜蓿盲蝽 *Adelphocoris albonotatus* (Jakovlev)
环足齿爪盲蝽 *Deraeocoris aphidicidus* Ballard
东亚异丽盲蝽 *Lygocoris nigritulus* (Linnaevuori)
沙氏植盲蝽 *Phytocoris shabliovskii* Kerzhner
乌毛盲蝽 *Cheilocapsus thibetanus* (Reuter)
齿爪盲蝽 *Deraeocoris* sp.
黄头蕨盲蝽 *Bryocoris flaviceps* Zheng et Liu
斑盾后丽盲蝽 *Apolygus nigrocinctus* (Reuter)
完崤丽盲蝽 *Lygocoris nitegricarinatus* Lu et Zheng
美丽毛盾盲蝽 *Onomaus lautus* (Uhler)
异色后丽盲蝽 *Apolygus hilaris* (Horváth)
雷氏草盲蝽 *Lygus renati* Schwartz
原丽盲蝽 *Lygocoris pabulinus* (Linnaeus)
长狭盲蝽 *Stenodema longula* Zheng
弯胫后丽盲蝽 *Apolygus curvipes* (Zheng et Wang)
角斑后丽盲蝽 *Apolygus concinnus* (Wang et Zheng)
秀异丽盲蝽 *Apolygopsis elegans* (Zheng et Wang)
横断异盲蝽 *Polymerus funestus* (Reuter)
大长盲蝽 *Dolichomiris antennatus* (Distant)
邻棱额草盲蝽 *Lygus paradiscrepans* Zheng et Liu
新丽盲蝽 *Neolygus* sp.
山地浅缢长蝽 *Stigmatonotum rufipes* (Motschulsky)
绿后丽盲蝽 *Apolygus lucorum* (Meyer-Dür)
黑头松盲蝽 *Pinalitus nigriceps* Kerzhner
艾黑直头盲蝽 *Orthocephalus funestus* Jakolev
俊盲蝽 *Closterotomus* sp.

长蝽科 LYGAEIDAE

大眼长蝽亚科 GEOCORINAE

大眼长蝽 *Geocoris pallidipennis* (Costa)

南亚大眼长蝽 *Gencoris ochropterus* (Fieber)

宽大眼长蝽 *Geocoris varius* (Uhler)

红长蝽亚科 LYGAEINAE

红脊长蝽 *Tropidothorax elegans* (Distant)

地长蝽亚科 RHYPAROCHROMINAE

大突喉长蝽 *Diniella servosa* (Distant)

白斑地长蝽 *Panaorus albomaculatus* (Scott)

山地浅缢长蝽 *Stigmatonotum rufipes* (Motschulsky)

东亚毛肩长蝽 *Neolethaeus dallasi* (Scott)

刺胸长蝽 *Paraporta megaspina* Zheng

凹盾长蝽 *Potamiaena* sp.

松地长蝽 *Rhyparochromus pini* (Linnaeus)

小地长蝽 *Rhyparochromus v-album* Stål

锥股棘胸长蝽 *Primierus tuberculatus* Zheng

长刺棘胸长蝽 *Primierus longispinus* Zheng

小黑毛肩长蝽 *Neolethaeus esakii* (Hidaka)

短翅迅足长蝽 *Metochus abbreviatus* (Scott)

紫黑刺胫长蝽 *Horridipamera nietneri* (Dohrn)

暗黑松果长蝽 *Gastrodes piceus* Zheng

斑角隆胸长蝽 *Eucosinetus tenuipes* Zheng

长足长蝽 *Dieuches femoralis* Dohrn

室翅长蝽亚科 HETEROGASTRINAE

中华异腹长蝽 *Heterogaster chinensis* Zou et Zheng

啮目 PSOCOPTERA

啮科 PSOCOIDAE

白斑触啮 *Psococerastis albimaculatus* Li et Yang

鞘翅目 COLEOPTERA

龙虱科 DYTISCIDAE

异爪龙虱 *Hyphydrus* sp.

切眼龙虱亚科 COLYMBETINAE

日本端毛龙虱 *Agabus japonicus* Sharp

虎甲科 CICINDELIDAE

金斑虎甲 *Cicindela aurulenta* Fabricius

星斑虎甲 *Cicindela kaleea* Bates

台湾树栖虎甲皱胸亚种 *Collyris formosana rugosior* Horn

中国虎甲 *Cicindela chinensis* DeGeer

双锯球胸虎甲 *Therates biserratus* Tan, Mo et Liang

匙斑虎甲 *Cicidela davidi* Fairmaire

芫菁科 MEMOIDAE
心胸短翅芫菁 *Meloe subcordicollis* Fairmaire
红头豆芫菁 *Epicauta ruficeps* Illiger
毛胫豆芫菁 *Epicauta tibialis* Waterhouse
步甲科 CARABIDAE
毛梦步甲 *Harpalus griseus* (Panzer)
黄鞘梦步甲 *Harpalus pallidipennis* Morawitz
黑足梦步甲 *Harpalus roninus* Bates
肖毛梦步甲 *Harpalus jureceki* (Jedlicka)
马来宽颚步甲 *Parena malaisei* (Andrewes)
爪步甲 *Onycholabis* sp.
榄细胫步甲 *Agonum elainus* (Bates)
麻步甲 *Carabus brandti* Faldermann
巨短胸步甲 *Amara giantea* (Motschulsky)
单齿梦步甲 *Harpalus simplicidens* Schauberger
烦狭胸步甲 *Stenolophus difficilis* (Hope)
潜色梦步甲 *Harpalus tinctulus* Bates
黑足梦步甲 *Harpalus roninus* Bates
日本细胫步甲 *Agonum japonicum* (Motschulsky)
中华婪步甲 *Harpalus sinicus* Hope
赤褐婪步甲 *Harpalus rubefactus* Bates
尖角爪步甲 *Onycholabis acutangulus* Andrewes
灿丽步甲 *Callide splendidula* (Fabricius)
拟暗黑步甲 *Amara chalcites* Dejean
速小步甲 *Tachyta nanus* (Gyllenhall)
中国心步甲 *Nebria chinensis* Bates
盆步甲 *Lebia* sp.
小步甲 *Tachys* sp.
宽重唇步甲 *Diplocheila zeelandica* Redtenbacher
毛盆步甲 *Lachnolebia cribricollis* (Morawitz)
中华爪步甲 *Onycholabis sinensis* (Bates)
三齿梦步甲 *Harpalus tridens* Morawitz
黑背狭胸步甲 *Stenolophus connotalus* Bates
广屁步甲 *Pheropsophus occipitalis* (MacLeay)
小宽颚步甲 *Parena tripunctata* (Bates)
凹翅宽颚步甲 *Parena cavipennis* (Bates)
宽步甲 *Platynus* sp.
黑梦步甲 *Harpalus nigrans* Morawitz
心步甲 *Nebria* sp.
拟步甲科 TENEBRIONIDAE
拱轴甲 *Campsiomorpha* sp.
沙潜 *Opatrum subaratum* Fald.

邻烁甲 *Plesiophthalmus* sp.
菌甲 *Plesiophthalmus* sp.
树甲 *Strongylium* sp.
小同树甲 *Strongylium amamianum* Nomwa
黑菌虫 *Alphitobius diaperinus*（Panzer）
呆舌甲 *Derispia* sp.
毛粉甲 *Setenis* sp.
菌甲 *Diaperis* sp.
暗黑拟步甲 *Plesiophthalmus fuscoaenescens* Faimaire
掣爪泥甲科 EULICHADIDAE
掣爪泥甲 *Eulichas* sp.
大蕈甲科 EROTYLIDAE
戈氏大蕈甲 *Episcopha gorhomi* Lewis
月斑沟蕈甲 *Aulacochilus luniferus*（Guéérin-Ménerille）
黄斑蕈甲 *Episcapha* sp.
红斑蕈甲 *Episcapha* sp.
隐翅虫科 STAPHYLINIDAE
黑足毒隐翅虫 *Paederus tamulus* Frichson
小毒隐翅虫 *Paederus fuscipes*（Curtis）
单色密隐翅虫 *Lathrobium unicolor* Kraatz
刺松隐翅虫 *Pinophilus punctatissimus* Sharp
叩甲科 ELATERIDAE
凸胸鳞叩甲 *Lacon rotundicollis* Kishii et Jiang
霜斑灿叩甲 *Actenicerus pruinosus*（Motschulsky）
暗带重脊叩甲 *Chiagosnius vittiger*（Heyden）
暗胸杆叩甲 *Dalopius obscuricollis* Jiang
宽胸异刻叩甲 *Heteroderes albicans* Candeze
麻胸锦叩甲 *Aphotistus functicollis*（Motschulsky）
拟伟梳爪叩甲 *Melanotus pseudoregalis* Platia et Schimmel
异色直缝叩甲 *Hemicrepidius variabilis*（Fleutiaux）
长角球胸叩甲 *Hemiops substriata* Fleutiaux
双瘤槽缝叩甲 *Agrypnus bipapulatus*（Candeze）
武当筛胸叩甲 *Athousius wudanganus* Kishii et Jiang
暗色槽缝叩甲 *Agrypnus musculus*（Candeze）
锈色槽缝叩甲 *Agrypnus kawamurae*（Miwa）
红足截额叩甲 *Silesis rufipes* Candèze
沟线角叩甲 *Pleononus canaliculatus*（Faldermann）
武当薄叩甲 *Penia wudangana* Kishii et Jiang
栗腹梳爪叩甲 *Melanotus nuceus* Candeze
筛胸梳爪叩甲 *Melanotus cribricollis*（Faldermant）
槽缝叩甲 *Agrypnus* sp.
缝线重脊叩甲斑胸亚种 *Chiagosnius suturalis maculicollis*（Candeze）

木棉梳角叩甲 *Pectocera fortunei* Candeze
舟梳爪叩甲 *Melanotus fuscus* (Fabricius)
小丽叩甲 *Campsosternus dohrni* Westwood
黑背重脊叩甲 *Chiagosnius dorsalis* (Candeze)
丽叩甲 *Campsosternus auratus* (Drury)
蓝光灿叩甲 *Actenicerus odaisanus* (Miwa)
黄球胸叩甲 *Hemiops flava* Castelnau
山槽缝叩甲 *Agrypnus montamus* (Miwa)
泥红槽缝叩甲 *Agrypnus argillaceus* (Solsky)
等胸皮叩甲 *Lanelater aequalis* (Candeze)
蔗根平顶叩甲 *Agonischius obscuripes* (Cyllenhal)
中国直缝叩甲 *Hemicrepidius chinensis* Kishii et Jiang
血红沟胸叩甲 *Agrypnus davidi* (Fairmaire)

蜡斑甲科 HELOTIDAE
四星蜡斑甲 *Helota gemmata* Gorham

萤科 LAMPYRIDAE
红胸萤 *Luciola lateralis* Motschulsky
萤火虫 *Lychnuris* sp.
凹背锯角萤 *Pyrocoelia anylissima* E-elav
窗胸萤 *Pyrocoelia pectoralis* E. Olivier
淡红萤火虫 *Lychnuris rufa* (Olivier)
中华黄萤 *Luciola chinensis* L.

红萤科 LYCIDAE
赤美红萤 *Calochromus ruber* Waterhouse
红萤 *Lycostomus* sp.

花萤科 CANTHARIDAE
喀氏丽花萤 *Themus eavaleriei* (Pic)
双带钩花萤 *Lycocerus bilineatus* (Wittmer)
黑斑丽花萤 *Themus stigmaticus* (Fairmaire)
钩花萤 *Lycocerus* sp.
红毛花萤 *Cantharis rufa* Linnaeus
利氏丽花萤 *Themus leechianus* (Gorharm)
地下丽花萤 *Themus hypopelius* (Fairmaire)
华丽花萤 *Themus imperialis* (Gorharm)
斑胸异花萤 *Athemus maculitharax* Wang et Yang
糙翅钩花萤 *Lycocerus asperipennis* (Fairmaire)
红翅圆胸花萤 *Prothemus purpureipennis* (Gorham)
黑点花萤 *Athemus vitellinus* (Kiesemvetter)
钩花萤 *Lycocerus* sp.
皱蓝丽花萤 *Themus rugosocyaneus* (Fabricius)
紫翅丽花萤 *Themus violetipennis* Wang et Yang
双孔圆胸花萤 *Prothemus biforatus* Wang

挂墩丽花萤 *Themus kuatunensis* Wittmer
中国圆胸花萤 *Prothemus chinensis* Wittmer
柯氏花萤 *Cantharis knizeki* Vihla
细花萤科 PRONOCERIDAE
细花萤 *Idgia* sp.
赤翅甲科 PYROCHROIDAE
栉赤翅甲 *Pyrochroa serraticornis* Scopoli
脊伪赤翅甲 *Pseudopyrochroa taiwana* Kono
拟叩甲科 LANGURIIDAE
红角新拟叩甲 *Caenolanguria ruficornis* Zia
直安拟叩甲 *Anadastus bocae* Villiers
天目四拟叩甲 *Tetralanguria tienmuensis* Zia
韦安拟叩甲 *Anadastus wiedemanni* Gorham
长四拟叩甲 *Tetralanguria elongata* (Fabricius)
吉丁虫科 BUPRESIDAE
黄胸圆纹吉丁 *Coraebus sauteri* Kerremans
蔷薇弓胫吉丁 *Toxscelus auriceps* (Saunders)
拟窄吉丁 *Coraebus quadrispinosus* Fairmaire
紫蓝窄吉丁 *Agrilus cyanescence* Rats.
桃金吉丁 *Catoxantha fulgidissima* (Schoenh)
牙甲科 HYDROPHILIDAE
钝刺腹牙甲 *Hydrochara affinis* (Sharp)
露尾甲科 NITIDULIDAE
扁露尾甲 *Soronia* sp.
毛跗露尾甲 *Lasiodactylus* sp.
水龟虫科 HYDROPHILIDAE
长须水龟虫 *Hydrophilus acuminatus* Motschulsky
金龟水龟虫 *Sphaeridium scarabaeoides* (Linnaeus)
距甲科 MEGALOPODIDAE
丽距甲 *Poecilomorpha pretiosa* Reineok
郭公虫科 CLERIDAE
奥郭公虫 *Opilo* sp.
中华食蜂郭公虫 *Trichodes sinae* Chevr.
葬甲科 SILPHIDAE
黑负葬甲 *Necrophous concolor* Kraatz
亚洲葬甲 *Necrodes asiaticus* Protvon
尼负葬甲 *Necrophorus nepalensis* Hope
弯翅亡葬甲 *Thanatophilus sinuatus* (Fabricius)
滨尸葬甲 *Necrodes littoralis* (Linnaeus)
二色真葬甲 *Eusilpha bicolor* Fairmaire
朽木甲科 ALLECULIDAE
达氏赤朽木甲 *Cistepomorpha davidi* Frm.

赤朽木甲 *Cistepomorpha* sp.
朽木甲 *Allecula* sp.
家园朽木甲 *Allecula* sp.
大花蚤科 RHIPIPHORIDAE
暗色大花蚤 *Mocrosiagon obscuricolor* Pic
花蚤科 MORDELLIDAE
姬花蚤 *Mordellistena* sp.
瓢虫科 COCCINELLIDAE
二十二星菌瓢虫 *Psyllobara vigintiduopunctata*（Linnaeus）
龟纹瓢虫 *Propylaea japonica*（Thunberg）
黑缘红瓢虫 *Chilocorus rubidus* Hope
红点唇瓢虫 *Chilocorus kuwanae* Silvestri
湖北红点唇瓢虫 *Chilocorus hubehanus* Miyatake
菱斑巧瓢虫 *Oenopia conglobata*（Linnaeus）
黄缘巧瓢虫 *Oenopia sauzeti* Mulsant
黄宝盘瓢虫 *Propylea luteopustulata*（Mulsant）
中华食植瓢虫 *Epilachna chinensis*（Weise）
马铃薯瓢虫 *Henosepilachna vigintiomaculata*（Motschulsky）
阿里山崎齿瓢虫 *Afissula arisana*（Li）
茄二十八星瓢虫 *Henosepilachna vigintiopunctata*（Fabricius）
十二斑褐菌瓢虫 *Vibidia duodecimguttata*（Poda）
六斑月瓢虫 *Cheilomenes sexmaculata*（Fabricius）
异色瓢虫 *Harmonia axyridis*（Pallas）
白条菌瓢虫 *Macroilleis hauseri*（Mader）
黑中齿瓢虫 *Myzia gebleri*（Croych）
十眼裸瓢虫 *Bothrocalvia pupillata*（Swartz）
靴管食植瓢虫 *Epilachna ocreata* Zeng et Yang
猛遮食植瓢虫 *Epilachna paramagna* Pang et Yang
峨嵋食植瓢虫 *Epilachna erythrotricha* Hoàng
眼斑裂臀瓢虫 *Henosepilachna ocellata*（Redtenbacher）
奇变瓢虫 *Aiolocaria mirabilis*（Motschulsky）
天平食植瓢虫 *Epilachna tianpingiensis* Pang et Mao
三色广盾瓢虫 *Platynaspis tricolor*（Hoàng）
钩管崎齿瓢虫 *Afissula uniformis* Pang et Mao
菱斑食植瓢虫 *Epilachna insignis* Gorham
黑背显盾瓢虫 *Hyperaspis amurernsis* Weise
奇斑裂臀瓢虫 *Henosepliachna libera*（Dieke）
眼斑食植瓢虫 *Epilachna ocellataemaculata*（Mader）
九斑食植瓢虫 *Epilachna freyana* Bielawski
管刺食植瓢虫 *Epilachna siphonechinulata* Zeng et Yang
闪蓝红点唇瓢虫 *Chilocorus chalybeatus* Gorham
十五星裸瓢虫 *Calvia quinquedecimguttata*（Fabricius）

艾菊瓢虫 *Epilachna plicata* Weise
四斑裸瓢虫 *Calvia muiri* (Timberlake)
链纹裸瓢虫 *Calvia sicardi* Mader
五味子瓢虫 *Epilachna subacuta* (Dieke)
八斑和瓢虫 *Harmonia octomaculata* (Fabricius)
六斑月瓢虫 *Menochilus sexmaculatus* (Fabricius)
端尖食植瓢虫 *Epilachna quadricollis* (Dieke)
新月食植瓢虫 *Epilachna bicrescens* (Dieke)
细缘唇瓢虫 *Chilocorus circumdatus* (Gyllenhal)
伪瓢虫科 EUDOMYCHIDAE
黄星伪瓢虫 *Cymbachus* sp.
皮蠹科 DERMESTIDAE
皮蠹 *Dermestes* sp.
黑毛皮蠹 *Attagenes unicolor japonicus* Reitter
花斑皮蠹 *Trogoderma variabile* (Ballion)
金龟子科 SCARABAEIDAE
魔蜣螂 *Copris magicus* Harold
三开蜣螂 *Copris tripartitus* Waterhouse
翘侧裸蜣螂 *Gymnopleurus sinuatus* Olivier
疣侧裸蜣螂 *Gymnopleurus brahminus* Weterhouse
嗡蜣螂 *Onthophagus* sp.
蜉金龟科 APHODIIDAE
蜉金龟 *Aphodius* sp.
粪金龟科 GEOTRUPIDAE
粪金龟 *Bolbotrypes* sp.
华武粪金龟 *Bolbotrypes sinensis* Lucas
犀金龟科 DYNASTIDAE
华晓扁犀金龟 *Eophileurus chinensis* (Faldermann)
双叉犀金龟 *Allomyrina dichotoma* (Linnaeus)
蒙瘤犀金龟 *Trichogomphus mongol* Arrow
鳃金龟科 MELOLONTHIDAE
暗黑鳃金龟 *Holotrichia parallela* Motschulsky
斑单爪鳃金龟 *Hoplia davidis* Fairmaire
小黄鳃金龟 *Metabolus flavescens* Brenske
鲜黄鳃金龟 *Metabolus impresifrons* Fairmaire
头黄鳃金龟 *Metabolus callosiceps* Frey
东方绢金龟(东玛绢金龟) *Serica orientalis* Motschulsky
四川大黑鳃金龟 *Holotrichia szechuanensis* Chang
锈色鳃金龟 *Melolontha rubiginosa* Fairmaire
日本玛绢金龟 *Maladera japonica* (Motschulsky)
宽齿爪鳃金龟 *Holotrichia lata* Brenske
卵圆齿爪鳃金龟 *Holotrichia ovata* Chang

额臀大黑鳃金龟 *Holotrichia convepyga* Moser
戴云鳃金龟 *Polyphylla davidis* Fairmaire
裸黄鳃金龟 *Metabolus glabrous* Zhang
阔胫玛绢金龟 *Maladera verticalis* Fairmaire
绣色鳃金龟 *Melolontha rubiginosa* Fairmaire
筛阿鳃金龟 *Apogonia cribricollis* Burmeister
拟凸眼绢金龟 *Ophthamoserica rosinae* Pic
中华胸突鳃金龟 *Holotrichia chinensis* Guerin
二色希鳃金龟 *Hilyotrogus bicoloreus*（Heyden）
裸黄鳃金龟 *Metabolus glabrous* Zhang
毛黄脊鳃金龟 *Holotrichia formosana* Moser
影等鳃金龟 *Exolontha umbraculata* Burmeister
肖黄鳃金龟 *Metabolus similaris* Zhang
毛双缺鳃金龟 *Diphycerus davidis* Fairmaire
绒毛金龟科 GLAPHYRIDAE
长角绒金龟 *Toxocerus* sp.
丽金龟科 RUTELIDAE
苍翅藜丽金龟 *Blitopertha pallidipennis* Reitter
弱脊异丽金龟 *Anomala suleipennis*（Faldermann）
蓝边矛丽金龟 *Callistethus plagiicollis* Fairmaire
无斑弧丽金龟 *Popillia mutans* Newman
墨绿彩丽金龟 *Mimela splendens*（Gyllenhal）
绿丽金龟 *Anomala expansa*（H. Bates）
绿脊异丽金龟 *Anomala aulax* Wiedemann
古黑异丽金龟 *Anomala antiqua*（Gyllenhal）
侧斑异丽金龟 *Anomala luculenta* Erichson
毛斑喙丽金龟 *Adoretus tenuimaculatus* Waterhouse
大绿异丽金龟 *Anomala virens* Lin
砂臀异丽金龟 *Anomala granulicauda* Lin
红背异丽金龟 *Anomala rufithorax* Ohaus
浅褐彩丽金龟 *Mimela testaceoviridis*（Blanchard）
翠绿异丽金龟 *Anomala millestriga* Bates
铜绿丽金龟 *Anomala corpulenta* Motschulsky
棉花弧丽金龟 *Popillia mutans* Newman
中华弧丽金龟 *Popillia quadriguttata* Fabricius
纵带长丽金龟 *Adoretosoma elegans* Blanchard
花金龟科 CETONIIDAE
白星花金龟 *Protaetia brevitarsis*（Lewis）
黄毛罗花金龟 *Rhomborrhina fulvopilosa* Moore
日铜罗花金龟 *Rhomborrhina japonica* Hope
绿罗花金龟 *Rhomborrhina unicolor* Motschulsky
绿唇花金龟 *Trigonophorus ruthschidi varians* Bourgoin

拟六斑绒毛花金龟 *Pleuronota subsexmaculata* Ma
褐鳞花金龟 *Cosmiomorpha modesta* Saunders
圆唇肋花金龟 *Parapilinurgus varigatus* Arrow
小青花金龟 *Oxycetonia jucunda* Faldermann
毛鳞花金龟 *Cosmiomorpha setulosa* Westwood
黄毛罗花金龟 *Rhomborrhina fulvopilosa* Moore
榄罗花金龟 *Rhomborrhina olivacea* Janson
丽花金龟 *Euselates* sp.

锹甲科 LUCANIDAE

巨锯锹甲 *Serrognathus titanus* Boiscuval
四川锹甲 *Lucanus szetschuanius* Hanus
福州锹甲 *Lucanus fortunei* Saundens
翘角柱锹甲 *Prismognathus dauricus*（Motschulsky）
褐黄前锹甲 *Prosopocoilus blanchardi* Parry
伞形柱锹甲 *Prismognathus dauricus*（Motschulsky）
红腹刀锹甲 *Dorcus rubrofemoratus*（Vollenhoven）
污铜狭锹甲 *Prismognathus subaeneus* Motschulsky
大卫鬼锹甲 *Prismognathus davidis davidis* Deyrolle
钳前锹甲 *Prosopocoilus prosopoceloides*（Houlb.）
扁锹甲 *Dorcus titanus platymelus*（Saunders）
沟纹眼锹甲 *Aegus laevicollis* Saunders
大卫深山锹甲 *Lucanus davidis*（Deyrolle）
黄背深山锹甲 *Lucanus laetus* Arrow
钳前锹甲 *Prosopocoilus prosopoceloides*（Houlb.）
扁齿光胫锹甲 *Odontolabis platynota* Hope

拟天牛科 OEDEMERIDAE

龙翅拟天牛 *Aselera carinicollis*（Lewis）

天牛科 CERAMBYCIDAE

中华棒角天牛 *Rhodopina sinica*（Pic）
麻竖毛天牛 *Thyestilla gebleri*（Faldermann）
黑腹筒天牛 *Oberea nigriventris* Bates
黄纹小筒天牛 *Phytoecia comes*（Bates）
黄腹脊筒天牛 *Nupserha testaceipes* Pic
黑翅脊筒天牛 *Nupserha infantula* Ganglbauer
星天牛 *Anoplophora chinensis*（Forster）
光肩星天牛 *Anoplophora glabripennis*（Motschulsky）
小灰长角天牛 *Acanthocinus griseus*（Fabricius）
三带纤天牛 *Cleomenes tenuipes* Gressitt
苎麻双脊天牛 *Paraglenea fortune*（Saunders）
榕脊胸天牛 *Rhytidodera intera* Kolbe
八木迷天牛（八木胡麻斑长须天牛）*Myagrus yagii* Hayashi
菊小筒天牛 *Plytoecia rufiventris* Gautier

齿瘦花天牛 *Strangalia crebrepunctata* Gressitt
云斑白条天牛 *Batocera horsfieldi*（Hope）
桔褐天牛 *Madezhdiella cantori*（Hope）
双带粒翅天牛 *Lamiomimus gottschei* Kolbe
栗灰锦天牛 *Acalolepta degener*（Bates）
竹紫天牛 *Purpuricenus temminckii* Guerin-Meneville
二点红天牛 *Purpuricenus spectabilis* Motschulsky
苎麻双脊天牛 *Paraglenea fortunei*（Saunders）
红足缨天牛 *Allotraeus grahami* Gressitt
苜蓿多节天牛 *Agapanthia amurensis* Kraatz
多斑方额天牛 *Rondibilis multinotatus* Gressitt
裂纹绿虎天牛 *Chlorophorus separatus* Gressitt
灰带象天牛 *Mesosa sinica*（Gressitt）
黑跗眼天牛 *Bacchisa atritarsis* Pic
瘦筒天牛 *Oberea atropunctata* Pic
长角柄天牛 *Aphrodisium attenuatum* Gressitt
橙斑白条天牛 *Batocera davidis* Deyrolle
铜色肿角天牛 *Neocerambyx grandis* Gahan
弧纹绿虎天牛 *Chlorophorus miwai* Gressitt
峦山象天牛 *Mesosa irrorata* Gressitt
四点象天牛 *Mesosa myops*（Dalman）
棕扁胸天牛 *Callidium villosulum* Fairmaire
眼斑齿胫天牛 *Paraleprodera diophthalma*（Pascoe）
蒋氏星天牛 *Anoplophora chiang* Hue et Zhang

负泥虫科 CRIOCERIDAE

蓝负泥虫 *Lema concinnipennis* Baly
蓝颈负泥虫 *Lilioceris cyaneicollis*（Pic）
红负泥虫 *Lilioceris lateritia*（Baly）
异负泥虫 *Lilioceris impressa*（Fabricius）
弯突负泥虫 *Lilioceris neptis*（Weise）

距甲科 MEGALOPODIDAE

肩瘤距甲 *Temnaspis humeralis* Jacoby

伪叶甲科 LAGRIIDAE

黑胸伪叶甲 *Lagria nigircollis* Hope
红翅伪叶甲 *Lagria rufipennis* Marseul
中华角伪叶甲 *Cerogria chinensis*（Fairmaire）
凸纹伪叶甲 *Lagria lameyi* Fairmaire
四斑角伪叶甲 *Cerogria quadrimaculata*（Hope）
齿沟伪叶甲 *Bothynogria calcarata* Borchmann
变色异伪叶甲 *Anisostira varicolor* Borchmann
红胸辛伪叶甲 *Xenocera ruficollis*（Borchmann）
普通角伪叶甲 *Cerogria popularis* Borchmann

结胸角伪叶甲 *Cerogria nodocollis* Chen

水叶甲亚科 DINACIIDAE

长角水叶甲 *Sominella longicornis*（Jacoby）

叶甲科 CHRYSOMELIDAE

叶甲亚科 CHRYSOMELINAE

黑盾角胫叶甲 *Gonioctena fulva*（Motschulsky）

粗刻凹顶叶甲 *Parascela cribrata*（Schaufuss）

柳圆叶甲 *Plagiodera versicolora*（Laicharting）

小猿叶甲 *Phaedon brassicae* Baly

李叶甲 *Cleoporus variabilis*（Baly）

金绿里叶甲 *Linaeidea aeneipennis*（Baly）

十三斑角胫叶甲 *Gonioctena tredecimmaculata*（Jacoby）

大毛叶甲 *Trichochrysea imperialis*（Baly）

琉璃榆叶甲 *Ambrostoma fortunei*（Baly）

水麻波叶甲 *Potaninia assamensis*（Baly）

斑胸叶甲 *Chrysomela maculicollis*（Jacoby）

沟胸金叶甲 *Chrysolina aulcicollis*（Fairmaire）

核桃扁叶甲指名亚种 *Gastrolina depressa depressa* Baly

核桃扁叶甲黑胸亚种 *Gastrolina depressa thoracica* Baly

黄猿叶甲 *Phaedon fulvescens* Weise

银纹毛叶甲 *Trichochrysea japana*（Motschulsky）

蒿金叶甲 *Chrysolina aurichalcea*（Mannerheim）

黄斑角胫叶甲 *Gonioctena flavoplagiata*（Jacoby）

漠金叶甲 *Chrysolina aeruginosa*（Faldermann）

蓝胸圆肩叶甲 *Humba cyamicollis*（Hope）

盾厚缘叶甲 *Aoria scutellaris* Pic

黄盾叶甲 *Aspidolopha melanophthalma* Lacordaire

黑带斑叶甲 *Paropsides nirofasciata* Jacoby

合欢毛叶甲 *Trichochrysea nitidissima*（Jacoby）

跳甲亚科 ALTICINAE

黄色凹缘跳甲（漆树大黄叶甲）*Podontia lutea*（Olivier）

朴草跳甲 *Altica caerulescens*（Baly）

棕翅粗角跳甲 *Phygasia fulvipennis* Baly

蓝跳甲 *Altica cyanea*（Weber）

东方沟顶跳甲 *Xuthea orientalis* Baly

隆基侧刺跳甲 *Aphthona howenchuni*（Chen）

隆基寡毛跳甲 *Luperomorpha clypeata* Wang

蛇莓跳甲 *Altica fragariae* Nakane

双齿长瘤跳甲 *Trachyaphthona bidentata* Chen et Wang

苎麻凸顶跳甲 *Euphitrea nisotroides*（Chen）

金绿沟胫跳甲 *Hemipyxis plagioderoides*（Motschulsky）

老鹳草跳甲 *Altica viridicyanea*（Baly）

黄曲条菜跳甲 *Phyllotreta striolata* Fabricius
油菜蚤跳甲 *Psylliodes punctifrons* Baly
金绿沟胫跳甲 *Hemipyxis plagioderoides*（Motschulsky）
模跗连瘤跳甲 *Asiorestia obscuritarsis*（Motschulsky）
长角丝跳甲 *Hespera krishna* Maulik
裸顶丝跳甲 *Hespera sericea* Weise
黑足凹唇跳甲 *Argopus nigritarsis*（Gebler）
东方沟顶跳甲 *Xuthea orientalis* Baly
地榆跳甲 *Altica sanguisobae* Ohno
蓝色九节跳甲 *Nonarthra cyaneum* Baly
棕顶沟胫跳甲 *Hemipyxis moseri*（Weise）
红足凸顶跳甲 *Euphitrea flavipes*（Chen）
隆基寡毛跳甲 *Luperomorpha clypeata* Wang
蓟跳甲 *Altica cirsicola* Ohno
寡毛跳甲 *Luperomorpha* sp.
金绿长瘤跳甲 *Trachyaphthona cyanea*（Chen）
斑翅粗角跳甲 *Phygasia ornata* Baly
黑缝长跗跳甲 *Longitarsus dorsopictus* Chen
瓢跳甲 *Argopistes* sp.
月见草跳甲 *Altica oleracea*（Linnaeus）
烁凸顶跳甲 *Euphitrea micans* Baly
缝细角跳甲 *Sangariola fortunei*（Baly）
黄斑双行跳甲 *Pseudodera xanthospila* Baly
黄胸寡毛跳甲 *Luperomorpha xanthodera*（Fairmaire）
峨嵋球跳甲 *Omeisphaera anticata* Chen et Zia

萤叶甲亚科 GALERUCINAE
丝殊角萤叶甲 *Agetocera filicornis* Laboissiere
拟黑胸筱萤叶甲 *Euliroetis simulonigrinotum* Yang
黑胸筱萤叶甲 *Euliroetis suturalis*（Laboissiere）
绿翅隶萤叶甲 *Liroetis aeneipennis* Weise
黑条波萤叶甲 *Brachyphora nigrovittata* Jacoby
黄缘米萤叶甲 *Mimastra limbata* Baly
中华阿萤叶甲 *Arthrotus chinensis*（Baly）
褐翅拟丽萤叶甲 *Siemssenius fulvipennis*（Jacoby）
蓝色拟守瓜 *Paridea cyanea* Yang
谷氏黑守瓜 *Aulacophora coomani* Laboissiere
榆黄毛萤叶甲 *Pyrrhalta maculicollis*（Motschulsky）
黄片爪萤叶甲 *Haplomela semiopaca* Chen
枫香凹翅萤叶甲 *Paleosepharia liquidambar* Gressitt et Kimoto
胡枝子克萤叶甲 *Cneorane violaceipennis* Allard
蓝沙萤叶甲 *Sastroides submetallicus*（Gressitt et Kimoto）
双斑长跗萤叶甲 *Monolepta hieroglyphica*（Motschulsky）

中华沟臀叶甲 *Colaspoides chinensis* Jacoby
猕猴桃柱萤叶甲 *Agelasa nigriceps* Motschulsky
茶殊角萤叶甲 *Agetocera mirabilis* (Hope)
竹长跗萤叶甲 *Monolepta pallidula* (Baly)
桑窝额萤叶甲 *Fleutiauxia armata* (Baly)
黑腹米萤叶甲 *Mimastra soreli* Baly
云南长跗萤叶甲 *Monolepta yunnanica* Gressitt et Kimoto
凹翅萤叶甲 *Paleosepharia* sp.
黑足守瓜 *Aulacophora nigripennis* Motschulsky
黄阿萤叶甲 *Arthrotidea ruficollis* Chen
黑头旋萤叶甲 *Strobiderus nigriceps* Laboissiere
旋心异腹萤叶甲 *Apophylia flavovirens* (Fairmaire)
端黑长跗萤叶甲 *Monolepta selmani* Gressitt et Kimoto
双色长刺萤叶甲 *Atrachya bipartila* (Jacoby)
端蓝德萤叶甲 *Dercetina posticata* (Baly)
褐翅拟丽萤叶甲 *Siemssenius fulvipennis* (Jacoby)
黑条波萤叶甲 *Brachyphora nigrovittata* Jacoby
蓝翅瓢萤叶甲 *Dides bowringii* (Baly)
红翅长刺萤叶甲 *Atrachya rubripennis* Gressitt et Kinoto
斜边拟守瓜 *Paridea biplagiata* (Fairmaire)
日埃萤叶甲 *Exosoma chujoi* (Nakana)
黄腹德萤叶甲 *Dercetina flaviventris* (Jacoby)
双斑长跗萤叶甲 *Monolepta hieroglyphica* (Motschulsky)
蓝毛臀萤叶甲东方亚种 *Agelastica alni orientalis* Baly
闽克萤叶甲 *Cneorane fokiensis* Weise
柳氏黑守瓜 *Aulacophora lewisii* Baly
凹翅长跗萤叶甲 *Monolepta bicavipennis* Chen
T斑长跗萤叶甲 *Monolepta postfasciata* Gressitt et Kimoto
黑头长跗萤叶甲 *Monolepta capitata* Chen
褐方胸萤叶甲 *Proegmena pallidipennis* Weise
新月日萤叶甲 *Japonitata lunata* Chen et Jiang
桑黄米萤叶甲 *Mimastra cyanura* Hope
黑缝攸萤叶甲 *Euliroetis suturalis* (Laboissiere)
斑黑毛萤叶甲 *Pyrrhalta nigromaculata* Yang
二带凹翅萤叶甲 *Paleosepharia excavata* (Chujo)
黑跗瓢萤叶甲 *Oides tarsatus* (Baly)
等节臀萤叶甲 *Agelastica coerulea* Baly
菊筱萤叶甲 *Euliroetis ornata* (Baly)
中华阿萤叶甲 *Arthrotus chinensis* (Baly)
双色长刺萤叶甲 *Atrachya bipartita* (Jacoby)
日本埃萤叶甲 *Exosoma chujoi* (Nakane)
四斑拟守瓜 *Paridea quadriplagiata* (Baly)
背毛萤叶甲 *Pyrrhalta dorsalis* (Chen)

二纹柱萤叶甲 *Gallerucida bifasciata* Motschulsky
柱萤叶甲 *Gallerucida* sp.
端黄盔萤叶甲 *Cassena terminalis* (Gressitt et Kimoto)
脊刻克萤叶甲 *Cneorane femoralis* Jacoby
黑胫柱萤叶甲 *Gallerucida moseri* (Weise)
黄腹拟大萤叶甲 *Meristoides grandipennis* (Fairmaire)
褐方胸萤叶甲 *Proegnena pallidipennis* Weise
旋心异跗萤叶甲 *Apophylia flavovirens* (Fairmaire)
褐背哈萤叶甲 *Haplosomoides annamitus* (Allard)
褐背小萤叶甲 *Galerucella grisescens* (Joannis)
红角榕萤叶甲 *Morphosphaera cavaleriei* Laboissière
日榕萤叶甲 *Morphosphaera japonica* (Hornstedt)
黄斑长跗萤叶甲 *Monolepta signata* (Olivier)
中华拟守瓜 *Paridea sinensis* Laboissiere
黑足黑守瓜 *Aulacophora nigripennis* Motschulsky
榛讷萤叶甲 *Cneoranidea oryli* Chen et Jiang
水杉阿萤叶甲 *Arthrotus nigrofasciatus* (Jacoby)
天目隶萤叶甲 *Liroetis tiemushannis* Jang
黄斑德萤叶甲 *Dercetina flavocincta* (Hope)
斑刻拟柱萤叶甲 *Laphris emarginata* Baly
黄胸长跗萤叶甲 *Monolepta xanthodera* Chen
褐跗米萤叶甲 *Mimastra malvi* Chen
黑翅哈萤叶甲 *Haplosomoides costata* (Baly)
红褐长刺萤叶甲 *Atrachya haemoptera* (Chen)
日本榕萤叶甲 *Morphosphaera japonica* (Hornstedt)
钩殊角萤叶甲 *Agetocera deformicornis* Laboissiere
福建克萤叶甲 *Cneorane fokiensis* Weise
紫殊角萤叶甲 *Agetocera hopei* Baly
黄腹埃萤叶甲 *Exosoma flaviventris* (Motschulsky)
细毛米萤叶甲 *Trichomimatra attenuate* Gressitt et Kimoto
凸长跗萤叶甲 *Monolepta mordelloides* Chen
肖叶甲科 EUMOLPIDAE
麦颈叶甲 *Colasposoma dauricum dauricum* Mannerheim
双带方额叶甲 *Physauchenia bifasciata* (Jacoby)
中华萝肖叶甲 *Chrysochus chinensis* Baly
甘薯肖叶甲丽鞘亚种 *Colasposoma dauricum auripenne* (Motschulsky)
棕红厚缘肖叶甲 *Aoria rufotestacea* Fairmaire
黑额光叶甲 *Smaragdina nigrifrons* (Hope)
李叶甲 *Cleoporus variabilis* (Baly)
粉筒胸叶甲 *Lypesthes ater* (Motschulsky)
钝角胸叶甲 *Basilepta davidi* (Lefèvre)
瘤鞘茶叶甲 *Demotina tuberosa* Chen

褐足角胸叶甲 *Basilepta fulvipes* (Motschulsky)
隆基角胸肖叶甲 *Basilepta leechi* (Jacoby)
甘薯肖叶甲指名亚种 *Colasposoma dauricum dauricum* Mannerheim
大胸角胸肖叶甲 *Basilepta magnicollis* Tan
粗刻似角胸肖叶甲 *Parascela cribrata* (Schaufuss)
黑足厚缘肖叶甲 *Aoria nigripes* (Baly)
圆角胸叶甲 *Basilepta ruficolle* (Jacoby)
长跗角胸叶甲 *Basilepta longitarsalis* Tan
葡萄丽肖叶甲 *Acrothinium gaschkevitschii* (Motschulsky)
绿缘扁角叶甲 *Platycorynus parryi* Baly
蓝扁角叶甲 *Platycorynus peregrinus* (Herbst)
中华萝摩叶甲 *Chrysochus chinensis* Baly
蓝黑扁角肖叶甲 *Platycorynus niger* (Chen)
铜红扁角肖叶甲 *Platycorynus purpureipennis* (Pic)
长跗角胸叶甲 *Sasilepta longitarsalis* Tan

铁甲科 HISPIDAE

甘薯腊龟甲 *Laccoptera quadrimaculata* (Thunberg)
豹短椭龟甲 *Glaphocassis spilota* (Gorham)
蒿龟甲 *Cassida fuscorufa* Motschulsky
素带台龟甲 *Taiwania postarcuata* Chen et Zia
双枝尾龟甲指名亚种 *Thlaspida biramosa biramosa* (Boheman)
黑额圆龟甲 *Taiwania probata* (Spaeth)
印度梳龟甲 *Aspidomorpha indica* Boheman
中华叉趾铁甲 *Dactylispa chinensis* Weise
西南锯龟甲 *Basiprionota pudica* (Spaeth)
虾钳菜日龟甲 *Cassida japona* Baly
山楂肋龟甲 *Alledoya vespertina* (Boheman)
拉底台龟甲 *Taiwania rati* (Maulik)

卷象科 ATTELABIDAE

圆斑象 *Paroplapoderus semiamulatus* Jekel
膝卷象 *Apoderus geniculatus* Jekel
前小卷叶象 *Apoderus praecellens* Sharp
大黑斑卷象 *Paraplapoderus melanostictus* Fairmatre
半黑卷叶象 *Apoderus dimidiatus* Faust
中国切卷象 *Euops chinensis* Voss
长胸唇卷象 *Isolabus longicollis* Fairmaire
黑瘤象 *Phymatapoderus latipennis* Jekel
桃虎象 *Rhynchites confragosicollis* Voss

象虫科 CURCULIONIDAE

中国癞象 *Episomus chinensis* Faust
斜纹筒喙象 *Lixus obliquivittis* Voss
黑龙江筒喙象 *Lixus amurensis* Faust

圆筒筒喙象 *Lixus mandaranus fukienesis* Voss
红黄毛棒象 *Rhadinopus confinis* Voss
沟眶象 *Eucryptorrhychus chinensis*（Olivier）
臭椿沟眶象 *Eucryptorrhychus brandti*（Harold）
长棒横沟象 *Dyscerus longicavis* Marshall
淡灰瘤象 *Dermatoxenus caesicollis*（Gyllenhyl）
圆窝斜脊象 *Platymycteropsis walkeri* Marshall
洼纹双沟象 *Peribleptus foveostriatus*（Voss）
茶丽纹象 *Myllocerinus aurolineatus* Voss
黑带长颚象 *Eugnathus nigrofasciatus* Voss
刚毛遮眼象 *Callirhopalus setosus* Roelofs
黑瘤象 *Phymatapoderus latipennis* Jekel
白带象甲 *Cryptodema fortunei* Waterhouse
丽纹象 *Myllocerinus* sp.
圆锥毛棒象 *Rhadinopus subornatus* Voss
长尖筒喙象 *Lixus moiwanus* Roelofs
大筒喙象 *Lixus divaricatus* Motschulsky
尖翅筒喙象 *Lixus acutipennis* Roelofs
大灰象 *Sympiezomias velatus*（Chevrolax）
筛孔二节象 *Aclees cribratus* Gyllenhyl
深窝双沟象 *Peribleptus forcatus* Voss
横沟象 *Dyscerus* sp.
乌桕长足象 *Alcidodes erro*（Pascoe）
毛束象 *Desmidophorus hebes* Fabricius
二结光洼象 *Gasteroclisus binodulus* Boheman
三角扁喙象 *Gasterocercus onizo* Kcno
西伯利亚绿象 *Chlorophanus sibiricus* Gyllenhyl
柑桔斜脊象 *Platymycteropsis mandarinus* Fairmaire
陡坡癞象 *Episomus declives* Faust
檫木长足象 *Alcidodes* sp.
松树皮象 *Hylobius abietis haroldi* Faust
松瘤象 *Sipalinus gigas*（Fabricius）
茶丽纹象山甲 *Myllocerinus aurolineatus* Voss
方喙象 *Cleonus* sp.
毛棒象 *Rhadinopus* sp.
长毛圆筒象 *Macrocorynus fortis*（Reitter）
沙文龟象 *Ceutorhynchus shaowuensis* Voss
花椒长足象 *Alcidodes sauteri*（Heller）
波纹斜纹象 *Lepyrus japonicus* Roelofs
长角象科 ANTHRIBIDAE
长角象 *Androceras* sp.
掣爪泥甲科 EULICHADIDAE
掣爪泥甲 *Eulichas* sp.

三锥象科 BRENTIDAE
颈锥象 *Trachelizus* sp.
豆象科 BRUCHIDAE
豌豆象 *Bruchus pisorum* (L.)
蚕豆象 *Bruchus rufimanus* Boheman
苦参豆象 *Kytorhinus senilis* Solsky
小蠹科 SCOLYTIDAE
横坑切梢小蠹 *Tomicus minor* (Hartig)
毛刺锉小蠹 *Scolytoplatypus raja* Blandford
削尾材小蠹 *Xyleborus mutilatus* Blandford

广翅目 MEGALOPTERA
齿蛉科 CORYDALIDAE
齿蛉亚科 CORYDALINA
中华巨齿蛉 *Acanthacorydalis sinensis* Yang et Yang
麦克齿蛉 *Neoneuromus maclachlani* (Weele)
东方齿蛉 *Neoneuromus orientalis* Liu et Yang
湖北星齿蛉 *Protohermes hubeiensis* Yang et Yang
广西星齿蛉 *Protohermes guangxiensis* Yang
炎黄星齿蛉 *Protohermes xanthodes* Navás
滇蜀星齿蛉 *Protohermes similis* Yang et Yang
鱼蛉亚科 CHAULIODINAE
碎斑鱼蛉 *Neochauliodes parasparsus* Liu et Yang
中华斑鱼蛉 *Neochauliodes sinensis* (Walker)
西华斑鱼蛉 *Neochauliodes occidentalis* Weele
蝶角蛉科 ASCALAPHIDAE
黄脊蝶角蛉 *Hybris subjacens* (Walker)

长翅目 MECOPTERA
蝎蛉科 HEMEROBIIDAE
大新蝎蛉 *Neopanorpa magna* Chou et Wang
天平山新蝎蛉 *Neopanorpa tienpingshana* Chou et Wang
莽山新蝎蛉 *Neopanorpa mangshanensis* Chou et Wang
显斑新蝎蛉 *Neopanorpa clara* Chou et Wang
疑似小蝎蛉 *Neopanorpa dubis* Chou et Wang
卡本特新蝎蛉 *Neopanorpa carpenteri* Cheng
三带蝎蛉 *Panorpa tritaenia* Chou et Wang
桂东蝎蛉 *Panorpa guidongensis* Chou et Li
安仁蝎蛉 *Panorpa anrenensis* Chou et Wang
蚊蝎蛉 *Bittacus* sp.

脉翅目 NEUROPTERA
草蛉科 CRYSOPIDAEH
玉带尼草蛉 *Nineta vittata* (Wesmael)
巨意草蛉 *Italochrysa megista* Wang et Yang

蚁蛉科 MYRMELEONTIDAE
黑角树蚁蛉 *Dendroleon melanocoris* Yang
小华锦蚁蛉 *Gatzara jezoensis* (Okamoto)
褐蛉科 HEMEROBIIDAE
薄叶脉线蛉 *Neuronema laminata* Tjeder
溪蛉科 OSMYLIDAE
溪蛉 *Osmylus* sp.

毛翅目 TRICHOPTERA
齿角石蛾科 ODONTOCERIDAE
叶茎裸齿角石蛾 *Psilotreta lobopennis* Hwang
角石蛾科 STENOPSYCHIDAE
纳氏角石蛾 *Stenopsyche navasi* Ulmer
角石蛾 *Stenopsyche* sp.
阔茎角石蛾 *Stenopsyche complanta* Tian et Li
等翅石蛾科 PHILOPOTAMIDAE
缺叉等翅石蛾 *chimarra* sp.
齿角石蛾科 ODONTOCERIDAE
齿角石蛾 *Psilotreta* sp.
瘤石蛾科 GOERIDAE
瘤石蛾 *Goera* sp.

鳞翅目 LEPIDOPTERA
祝蛾科 LECTTHOCERIDAE
半网平祝蛾 *Lecithocera aulias* Meyrick
密祝蛾 *Lecithocera melliflua* Gozmany
长角蛾科 ADSELIDAE
长角蛾 *Nemophora* sp.
卷蛾科 TORTRICIDAE
倒卵小卷蛾 *Olethreutes obovata* (Walsingham)
忍冬双斜卷蛾 *Clepsis rurinana* (Linnaeus)
缩发小卷蛾 *Pseudohedya retracta* Falkovitsh
纵纹小卷蛾 *Phaecadophora fimbriata* Walsingham
豆小卷蛾 *Matsumuraeses phaseoli* (Matsumura)
榆白长翅卷蛾 *Acleris ulmicola* Meyrick
麦蛾科 GELECHIIDAE
艾棕麦蛾 *Dichomeris rasilella* (Herrich-Schäffer)
山楂棕麦蛾 *Dichomeris derasella* (Denis et Schiffermüller)
蝙蝠蛾科 HEPIALIDAE
杉蝙蛾 *Phassus anhuiensis* Chu et Wang
螟蛾科 PYRALIDAE
齿纹卷叶野螟 *Syllepte invalidalis* South
圆斑黄缘禾螟 *Cirrhochrista brizoalis* Walker

黑脉厚须螟 *Propachys nigrivena* Walker
橙黑纹野螟 *Tyspanodes striata*（Butler）
台湾卷叶野螟 *Syllepte taiwanalis* Shibuya
四斑扇野螟 *Pleuroptya quadrimaculalis*（Kollar et Redtenbacher）
窗斑扇野螟 *Pleuroptya inferior*（Hampson）
一点缀螟 *Paralipsa gularis*（Zeller）
黄头长须短颚螟 *Trebania flavifrontalis*（Leech）
款冬玉米螟 *Ostrinia scapulalis*（Walker）
梳齿细突野螟 *Ecpyrrhorrhoe puralis*（South）
黄黑纹野螟 *Tyspanodes hypsalis* Walker
三条柱野螟 *Dichocrocis chlorophanta* Butler
黄腹长肩野螟 *Charema noctescens*（Moore）
暗纹尖翅野螟 *Ceratarcha umbrosa* Swinhoe
黑斑蚀叶野螟 *Lamprosema sibirialis*（Milliére）
黄斑镰翅野螟 *Circobotys aurealis*（Leech）
宁波卷叶野螟 *Sylepta ningpoalis* Leech
亮斑扇野螟 *Pleuroptya expictalis*（Christoph）
黑斑草螟 *Crambus atrosignatus* Zeller
黄翅叉环野螟 *Eumorphobotys eumorphalis*（Caradja）
斑点卷叶野螟 *Sylepta maculalis* Leech
黑缘犁角野螟 *Goniorhynchus butyrosus*（Butler）
显纹卷叶螟 *Pycnarmon radiata*（Warren）
黄杨绢野螟 *Diaphania perspectalis*（Walker）
黄褐棘丛螟 *Termioptycha nigrescens*（Warren）
榄绿草螟 *Crambus monochromellus* Herrich-Schaeffer
二点织螟 *Aphomia zelleri* de Joannis
双线棘丛螟 *Termioptycha bilineate*（Wileman）
斑点卷叶野螟 *Sylepta maculalis* Leech
栗叶瘤丛螟 *Orthaga achatina* Butler
桃蛀螟 *Dichocrocis punctiferalis* Guenée
小竹绒螟 *Sinibotys habisalis* Walker
葡萄卷叶野螟 *Sylepta luctuosalis*（Guenée）
黑褐双纹螟 *Herculia japonica* Warren
枇杷扇野螟 *Pleuroptya balteata*（Fabricius）
瓜绢野螟 *Diaphania indica*（Saunders）
齿纹绢野螟 *Diaphania crithusalis*（Walker）
芦禾草螟 *Chilo luteellus*（Motschulsky）
榄绿歧角螟 *Endotricha olivacealis*（Bremer）
赭翅双叉端环野螟 *Eumorphobotys obscuralis*（Caradja）
灯草雪禾螟 *Niphadoses dengeaolites* Wang, Sung et Li
褐切叶野螟 *Psara rudis*（Warren）
饰光水螟 *Luma ornatalis*（Leech）
红缘纹丛螟 *Stericta asopialis*（Snellen）

纯白草螟 *Pseudocatharylla simplex* (Zeller)
三纹蚀野螟 *Lamprosema tristrialis* Bremer
竹弯茎野螟 *Crypsiptya coclesalis* (Walker)
金黄镰翅野螟 *Circobotys aurealis* (Leech)
朱硕螟 *Toccolosida rubriceps* Walker
灰直纹螟 *Orthopygia glaucinalis* (Linnaeus)
粗缨突野螟 *Udea lugubralis* (Leech)
紫斑谷螟 *Pyralis farinalis* (Linnaeus)
黄翅锥额野螟 *Loxostege umbrosalis* Warren
紫双点螟 *Orybina plangonalis* Walker
麻楝锄须丛螟 *Macalla marginata* Butler
圆斑栉角斑螟 *Ceroprepes ophthalmicella* (Christoph)
豆荚螟 *Etiella zinckenella* Treitschke
缀叶丛螟 *Locastra muscosalis* (Walker)
小蜡螟 *Achroia grisella* Fabricius
双纹草螟 *Crambus diplogrammus* Zeller
地中海斑螟 *Anagustra kiihniella* (Zeller)
杨芦伸喙野螟 *Mecyna tricolor* (Butler)
梨云翅斑螟 *Nephopteryx pirivorella* Matsumura
黄斑野螟 *Pyrausta pullatallis* (Christoph)
乌苏里褶缘野螟 *Paratalanta ussurialis* (Bremer)
淡黄扇野螟 *Pleuroptya sabinusalis* (Walker)
芬氏羚野螟 *Pseudebulea fentoni* Butler
条纹野螟 *Mimetebulea arctialis* Munroe et Mutuura
豆卷叶野螟 *Sylepta ruralis* Scopoli
纯白草螟 *Pseudocatharylla simplex* (Zeller)
金黄镰翅野螟 *Circobotys aurealis* (Leech)
梳角栉野螟 *Tylostega pectinata* Du et Li
黄斑切叶野螟 *Herpetogramma ochrimaculalis* (South)
夏枯草线须野螟 *Eurrhypara hortulata* (Linnaeus)
款冬玉米螟 *Ostrinia scapulalis* (Walker)
黄褐暗野螟 *Bradina gerninalis* Caradja
四斑绢野螟 *Glyphodes quadrimaculalis* (Bremer et Grey)
挂墩羚野螟 *Bradina gerninalis* Caradja
黑顶暗水螟 *Bradina melanoperas* Hampson
伊锥岐角螟 *Cotachena histricalis* (Walker)
麻楝棘丛螟 *Termioptycha margarita* (Butler)
曲纹褐叶螟 *Sybrida discinota* (Moore)
波纹丛螟 *Stericta sinuosa* Moore
暗纹沟须丛螟 *Lamida obscura* (Moore)
指状细突野螟 *Ecpyrrhoe digitaliformis* Zhan, Li et Wang
狭翅切叶野螟 *Herpetogramma pseudomagna* Yamanaka
大黄缀叶野螟 *Botyodes principalis* Leech

角突金草螟 *Chrysoteuchia disasterella* Bleszynski
黄褐棘丛螟 *Termioptycha nigrescens* (Warren)
黄翅缀叶野螟 *Botyodes diniasalis* (Walker)
赭翅双叉端环野螟 *Eumorphobotys obscuralis* (Caradja)
枇杷扇野螟 *Pleuroptya balteata* (Fabricius)
白带网丛螟 *Teliphasa albifusa* (Hampson)
桑绢野螟 *Diaphania pyloalis* (Walker)
白杨缀叶野螟 *Botyodes asialis* Guenée
褐钝额野螟 *Opsibotys fuscalis* (Denis et Schiffermüller)
白斑翅野螟 *Diastictis inspersalis* (Zeller)
华斑水螟 *Aulacodes sinensis* Hampson
甜菜白带野螟 *Hymenia recurvalis* Fabricius
稻巢草螟 *Ancylolomia japonica* Zeller
豆荚野螟 *Maruca testulalis* Geyer
黑三稜髓草螟 *Calamotropha subfamulella* (Caradja)
宁波卷叶野螟 *Sylepta ningpoalis* Leech
白桦角须野螟 *Agrotera nemoralis* (Scopoli)
缘斑缨须螟 *Stemmatophora valida* (Butler)
长须曲角野螟 *Camptomastix hisbonalis* (Walker)
绢丝野螟 *Glyphodes* sp.
暗切叶野螟 *Herpetogramma fuscens* (Warren)
郑氏宽突野螟 *Paranomis zhengi* Zhang，Li etWang
棉卷叶野螟 *Paranomis zhengi* Zhang，Li etWang
夹须双纹螟 *Herculia racilialis* (Walker)
艳双点螟 *Orybina regalis* Leech
黑基鳞丛螟 *Lepidogma melanobasis* Hampson
橄绿瘤丛螟 *Orthaga olivacea* (Warren)
宽缘犁角野螟 *Goniorhynchus clausalis* (Chisteph)
黄犁角野螟 *Goniorhynchus marginalis* Warren
烟翅野螟 *Pyrausta fuliginata* Yamanaka
斑蛾科 ZYGAENIDAE
透翅硕斑蛾 *Piarosoma hyalina thibetana* Oberthür
黑心赤眉锦斑蛾 *Rhodopsona rubiginosa* Leech
赤眉锦斑蛾 *Rhodopsona costata* Walker
桧带锦斑蛾 *Pidorus glaucopis atratus* Butler
茶柄脉锦斑蛾 *Eterusia aedea* Linnaeus
波纹蛾科 THYATIRIDAE
宽太波纹蛾 *Tethea ampliata* Butler
白肋太波纹蛾 *Tethea albicostata* (Bremer)
藕洒波纹蛾 *Saronaga oberthuri* Houlbert
阔洒波纹蛾 *Saronaga commifera* Warren
足浩波纹蛾 *Habrosyne fraterna* Moore

黄波纹蛾 *Thyatira flavida* Butler
浩波纹蛾 *Habrosyne derasa* Linnaeus
波纹蛾 *Thyatira batis* Linnaeus
洒波纹蛾 *Saronaga albicosta* (Moore)
刺蛾科 LIMACODIDAE
枣奕刺蛾 *Phlossa conjuncta* (Walker)
纵带球须刺蛾 *Scopelodes contracta* Walker
线银纹刺蛾 *Miresa urga* Hering
迹银纹刺蛾 *Miresa inornata* Walker
狡娜刺蛾 *Narosoideus vulpinus* (Wileman)
皱焰刺蛾 *Iragoides crispa* (Swinhoe)
显脉球须刺蛾 *Scopelodes venosa kwangtungensis* Hering
梨娜刺蛾 *Narosoideus flavidorsalis* (Staudinger)
光眉刺蛾 *Narosa fulgens* (Leech)
灰双线刺蛾 *Cania bilineata* (Walker)
白眉刺蛾 *Narosa edoensis* Kawada
枯刺蛾 *Mahanta quadrilinea* Moore
眼鳞刺蛾 *Squamosa ocellata* (Moore)
褐边绿刺蛾 *Parasa consocia* Walker
黄刺蛾 *Monema flavescens* Walker
丽绿刺蛾 *Parasa lepida* (Cramer)
媚绿刺蛾 *Latoia repanda* Walker
暗扁刺蛾 *Thosea loesa* (Moore)
漫绿刺蛾 *Parasa ostia* Swinhoe
窄斑褐刺蛾 *Setora suberecta* Hering
绒刺蛾 *Phocoderma velutina* Kollar
迹斑绿刺蛾 *Latoia pastoralis* Butler
艳刺蛾 *Demonarosa rufotessellata* (Moore)
灰褐球须刺蛾 *Scopelodes tamtula melli* Hering
网蛾科 THYRIDIDAE
一点斜线网蛾 *Striglina vialis* Moore
金盏网蛾 *Camptochilus sinuosus* Warren
叉斜线网蛾 *Striglina bifida* Chu et Wang
红斜线网蛾 *Striglina roseus* (Gaede)
蝉网蛾 *Glanycus foochowensis* Chu et Wang
三带网蛾 *Rhodoneura taeniata* Warren
钩蛾科 DREPANIDAE
虎纹距钩蛾 *Agnidra tigrina* Chu et Wang
光黄钩蛾 *Tridrepana leva* Chu et Wang
黄带山钩蛾 *Oreta pulchripes* Butler
三线钩蛾 *Pseudalbara parvula* (Leech)
褐斑黄钩蛾 *Callidrepana argenteola* (Moore)

五斜线白钩蛾 *Ditrigona obliquilinea thibetaria*（Poujade）
肾点丽钩蛾 *Callidrepana patrana padrana*（Moore）
一线山钩蛾 *Oreta unilinea*（Warren）
昏山钩蛾 *Oreta fusca* Chu et Wang
白绢钩蛾 *Auzatella guinguelineata*（Leech）
日本线钩蛾 *Nordostroemia japonica*（Moore）
黄翅山钩蛾 *Oreta cera* Chu et Wang
双线钩蛾 *Nordstroemia grisearia*（Staudinger）
接骨木钩蛾 *Psiloreta loochooana*（Swinhoe）
黄点钩蛾 *Callicilix abraxata* Butler
二点镰钩蛾四川亚种 *Drepana dispilata grisearipennis* Strand
二点镰钩蛾 *Drepana dispilata* Warren
尖顶圆钩蛾 *Mimozethes angula* Chu et Wang
网卑钩蛾 *Betalbara acuminata*（Leech）
交让木山钩蛾 *Oreta insignis*（Butler）
窗距钩蛾 *Agnidra fenestra*（Leech）
洋麻圆钩蛾 *Cyclidia substigmaria*（Hübner）
净赭钩蛾 *Paralbara spicula* Walker
短铃钩蛾 *Macrocilix mysticata brevinotata* Watson
华夏山钩蛾 *Oreta pavaca siensis* Watson
栎距钩蛾 *Agnidra scabiosa fixseni*（Bryk）
六点钩蛾 *Betalbara acuminata*（Leech）
土一线钩蛾 *Albara soluma* Chu et Wang
灯台木钩蛾 *Leucodrepanilla virgo*（Butler）
袋蛾科 PSYCHIDAE
乌龙墨蓑蛾 *Mahasena colona* Sonan
枯叶蛾科 LASIOCAMPIDAE
斜纹枯叶蛾 *Philudoria diversifasciata* Gaede
油茶枯叶蛾 *Lebeda nobilis* Walker
新光枯叶蛾 *Somadasys saturatus* Zolotuhin
苹枯叶蛾 *Odonestis pruni*（Linnaeus）
圆翅枯叶蛾 *Lasiocampa medicaginis* Borkhausen
焦褐枯叶蛾 *Gastropacha quercifolia thibetana* Lajongniére
双纹枯叶蛾 *Philudoria hani* Lajonguiére
李枯叶蛾 *Gastropacha quercifolia* Linnaeus
栎毛虫 *Paralebeda plagifera* Walker
云南松毛虫 *Dendrolimus houi* Lajonquiere
棕色幕枯叶蛾 *Malacosoma dentata* Mell
缘褐枯叶蛾 *Gastropacha xenopates wilemani* Tams
赤李褐枯叶蛾 *Gastropacha quercifolia lucens* Mell
锡金褐枯叶蛾 *Gastropacha sikkima* Moore
斜纹枯叶蛾 *Philudoria diversifasciata* Gaede

黄角枯叶蛾 *Radhica flavovittata flavovittata* Moore
六点枯叶蛾 *Alompra ferruginea* Moore
竹纹枯叶蛾 *Euthrix laeta* (Walker)
大斑丫毛虫 *Metanastria hyrtaca* Cramer
德昌松毛虫 *Dendrolimus punctata tehchangensis* Tsai et Liu
杨枯叶蛾 *Gastropacha populifolia* Esper
棕色天幕毛虫 *Malacosoma insignis* Lajonquiére
黄褐天幕毛虫 *Malacosoma neustria testacea* Motschulsky
思茅松毛虫 *Dendrolimus kikuchii* Matsumura
苹毛虫 *Odonestis pruni* Linnaeus
直纹杂毛虫 *Cyclophragama lineata* (Moore)
高山松毛虫 *Dendrolimus angulata* Gaede
栗黄枯叶蛾 *Trabala vishnou* Lefebure
带蛾科 EUPTEROTIDAE
丽江带蛾 *Palirisa cervina mosoensis* Mell
褐斑带蛾 *Apha subdives* Walker
灰纹带蛾 *Ganisa cyanugrisea* Mell
灰褐带蛾 *Palirisa sinensis* Rothsch
褐带蛾 *Palirisa cervina* Moore
箩纹蛾科 BRAHMAEIDAE
枯球箩纹蛾 *Brahmophthalma wallichii* (Gray)
天蛾科 SPHINGIDAE
四川蓝目天蛾 *Smeritus planus junnanus* Clark
条背天蛾 *Cechenena lineosa* (Walker)
缺角天蛾 *Acosmeryx castanea* Rothschild et Jordan
葡萄天蛾 *Ampelophaga rubiginosa rubiginosa* Bremer et Grey
日本鹰翅天蛾 *Oxyambulyx japonica* Rothschild
梨六点天蛾 *Marumba gaschkewitschi complacens* Walker
青白肩天蛾 *Rhagastis olivacea* (Moore)
构月天蛾 *Paeum colligata* (Walker)
齿翅三线天蛾 *Polyptychus dentatus* (Cramer)
平背天蛾 *Cechenena minor* (Butler)
白肩天蛾 *Rhagastis mongoliana mongoliana* (Butler)
紫光盾天蛾 *Phyllosphingia dissimilis sinensis* Jordan
鹰翅天蛾 *Oxyambulyx ochracea* (Butler)
大背天蛾 *Meganoton analis* (Felder)
女贞天蛾 *Kentrochrysalis streckeri* Staudinger
洋槐天蛾 *Clanis deucalion* (Walker)
湖南长喙天蛾 *Macroglossum hunanensis* Chu et Wang
丁香天蛾 *Psilogramma inereta* (Walker)
白薯天蛾 *Herse convolvuli* (Linnaeus)
芋双线天蛾 *Theretra oldenlandiae* (Fabricius)

浙江土色斜纹天蛾 *Theretra latreillei lucasi*（Walker）
大星天蛾 *Dolbina inexacta*（Walker）
华中白肩天蛾 *Rhagastis mongoliana centrosinaria* Chu et Wang
黄胸木蜂天蛾 *Sataspes tagalica thoracica* Rothschild et Jordan
木蜂天蛾 *Sataspes tagalica tagalica* Boisduval
青背长喙天蛾 *Macroglossum bombylans*（Boisduval）
霜天蛾 *Psilogramma menephron*（Cramer）
榆绿天蛾 *Callambulyx tatarinovi*（Bremer et Grey）
红天蛾 *Pergesa elpenor lewisi*（Butler）
雀纹天蛾 *Theretra japonica*（Orza）
斜纹天蛾 *Theretra clotho*（Drury）
椴六点天蛾 *Marumba dyras*（Walker）
栗六点天蛾 *Marumba sperchius* Ménéntriés
南方豆天蛾 *Clanis bilineata bilineata*（Walker）
葡萄缺角天蛾 *Acosmeryx naga*（Moore）
核桃鹰翅天蛾 *Oxyambulyx schauffergeri*（Bremer et Grey）
后黄黑边天蛾 *Haemorrhagia radians*（Walker）
灰天蛾 *Acosmerycoides leucocraspis leucocraspis*（Hampson）
背天蛾 *Cechenena* sp.
大蚕蛾科 SATURNIIDAE
樗蚕（小柏蚕）*Philosamia cynthia* Walker et Felder
银杏大蚕蛾 *Dictyoploca japonica* Moore
绿尾大蚕蛾 *Actias selene ningpoana* Felder
樟蚕 *Eriogyna pyretorum*（Westwood）
长尾大蚕蛾 *Actias dubernardi* Oberthür
蓖麻蚕 *Philosamia cynthia ricina* Donovan
藤豹大蚕蛾 *Loepa anthera* Jordan
蚕蛾科 BOMBYCIDAE
黄波花蚕蛾 *Oberthüria caeca* Oberthür
钩翅赭蚕蛾 *Mustilia sphingiformis* Moore
野蚕蛾 *Themus mandarina* Moore
白线野蚕蛾 *Theophila religiosa* Helf
蛱蛾科 EPIPLEMIDAE
宽黑边白蛱蛾 *Psychostrophia picaria* Leech
黑边白蛱蛾 *Psychostrophia nymphidiaria*（Oberthür）
白蛱蛾 *Psychostrophia* sp.
尺蛾科 GEOMETRIDAE
尘尺蛾 *Serraca punctinalis conferenda* Butler
木橑尺蛾 *Culcula panterinaria*（Bremer et Grey）
掌尺蛾 *Amraica supersns*（Butlae）
角顶尺蛾 *Phthonandria emaria*（Bremer）
赤链白尖尺蛾 *Pseudomiza cruentaria cruentaria*（Moore）

丝绵木金星尺蛾 *Abraxas suspecta* Warren
帕金星尺蛾 *Abraxas pauxilla* Wehrli
黄玫隐尺蛾 *Heterolocha subroseata* Warren
盛尾尺蛾 *Ourapteryx virescens* Matsumura
同尾尺蛾 *Ourapteryx similaria* Leech
默蛮尺蛾 *Medasina corticaria corticaria* (Leech)
中国巨青尺蛾 *Limbatochlamys rothorni* Rothschild
灰点尺蛾 *Percnia grisearia* Leech
灰绿片尺蛾 *Fascellina plagiata subvirens* Wehlrli
小点尺蛾 *Percnia maculata* (Moore)
钻四星尺蛾 *Ophthalmitis petusaria* (Felder)
白鹰尺蛾 *Biston contectaria* (Walker)
染尺蛾 *Psilotaqma decorata* Warren
指眼尺蛾 *Problepsis crassinotata* Prout
金星垂耳尺蛾 *Terpna amplificata* Walker
大造桥虫 *Ascotis selensria* (Denis et Schiffermüller)
台湾虚星尺蛾 *Pseudabraxas taiwana* Inoue
兀尺蛾 *Elphos insueta* Butler
暗绿苔尺蛾 *Hirasa muscosaria* (Walker)
黄辐射尺蛾 *Lotaphora iridicolor* Butler
柑橘尺蛾 *Menophra subplagiata* (Walker)
白珠绶尺蛾 *Zethenia contiguaria* Leech
雕蛮尺蛾 *Medasina characta* Wehrli
川白脉尺蛾 *Geometra albovenaria latirigua* (Prout)
天目槭烟尺蛾 *Phthonosema invenustaria Psathyra* (Wehrli)
卑尺蛾 *Endropiodes abjectus* (Butler)
闲尺蛾 *Auaxa cesadaria* Walker
陶魃尺蛾 *Garaeus argillacea* (Butler)
紫斑绿尺蛾 *Comibaena nigromacularia* (Leech)
黄带晓尺蛾 *Eois piuristrigata* (Moore)
福金星尺蛾 *Abraxas formosilluminata* Inoue
四星尺蛾 *Ophthalmitis irrorataria* (Bremer et Grey)
中国枯叶尺蛾 *Gandaritis sinicaria sinicaria* Leech
白带青尺蛾 *Geometra sponsaria* (Bremer)
紫玫隐尺蛾 *Heterolocha rosearia* Leech
麻岩尺蛾 *Scopula nigropunctata subcandidata* Walker
雪尾尺蛾 *Ourapteryx nivea* Butler
盛尾尺蛾 *Ourapteryx virescens* Matsumura
同尾尺蛾 *Ourapteryx similaria* Leech
锯线烟尺蛾 *Phthonosema serratilinearia* (Leech)
灰褐尺蛾 *Lomographa poliotaeniata* (Wehrli)
复线长柄尺蛾 *Cataclysme plurilinearia* (Leech)
安褐尺蛾 *Lomographa anoxys* (Wehrli)

四川垂耳尺蛾 *Terpna erionoma subnubigosa* Prout
焦斑魈尺蛾 *Garaeus apicata*（Moore）
广绵庶尺蛾 *Semiothisa monticolaria notia* Wehrli
雪岩尺蛾 *Scopula nivearia*（Leech）
褐斑岩尺蛾 *Scopula propinguaria*（Leech）
白蛮尺蛾 *Medasina albidaria albidaria* Walker
峨嵋尖尾尺蛾 *Gelasma omeiensis* Chu
散长翅尺蛾 *Obeidia conspurcata* Leech
散斑点尺蛾 *Percnia luridaria*（Leech）
黑斑裙尺蛾 *Eustroma aerosa*（Butler）
古波尺蛾 *Palaeomystis falcataria*（Moore）
日本紫云尺蛾 *Hypephyra terrosa pryeraria*（Leech）
云南回纹尺蛾 *Chartographa fabiolaria*（Oberthür）
小玷尺蛾 *Naxidia glaphyra*（Wehrli）
柿星尺蛾 *Percnia giraffata*（Guenée）
红缘无缰青尺蛾 *Hemistola rubrimargo* Warren
续尖尾尺蛾 *Gelasma grandificaria*（Graeser）
埃玛岩尺蛾 *Scopula emma emma*（Prout）
双斑岩尺蛾 *Scopula bimacularia*（Leech）
栎绿尺蛾 *Comibaena quadrinotata*（Butler）
紫斑绿尺蛾 *Comibaena nigromacularia*（Leech）
核桃四星尺蛾 *Ophthalmitis albosignaria*（Bremer et Grey）
槭烟尺蛾 *Phthonosema invenustaria* Leech
川滇细玉臂尺蛾 *Xandrames albofasciata tromodes* Wehrli
折玉臂尺蛾 *Xandrames latiferaria*（Walker）
黑玉臂尺蛾 *Xandrames dholaria* Butler
川匀点尺蛾 *Percnia belluaria sifarica* Wehrli
丝绵木金星尺蛾 *Abraxas suspecta* Warren
拟柿星尺蛾 *Percnia albingrata* Warren
台湾虚星尺蛾 *Pseudabraxas taiwana* Inoue
无脊青尺蛾 *Herochroma baba* Swinhoe
异巨青尺蛾 *Limbatochlamys pararosthorni* Han et Xue
蒿杆三角尺蛾 *Trigonoptila straminearia*（Leech）
赤链白尖尺蛾 *Pseudomiza cruentaria cruentaria*（Moore）
斧木纹尺蛾 *Plagodis dolabraria*（Linnaeus）
双云尺蛾 *Biston comitata* Warren
紫带佐尺蛾 *Rikiosatoa shibatai*（Inoue）
点玷尺蛾 *Naxidia punctata*（Butler）
黄连木尺蛾 *Biston panterinaria*（Bremer et Grey）
虚俭尺蛾 *Spilopera debilis*（Butler）
玻璃尺蛾 *Krananda semihyalina* Moore
紫白尖尺蛾 *Pseudomiza obliquaria*（Leech）
沙弥绶尺蛾 *Zethenia inaccepta* Prout

湖南黄蝶尺蛾 *Tinopteryx crocoptera erthrosticta* Wehrli
三线达尺蛾 *Dalima truncataria* (Moore)
镰翅绿尺蛾 *Tanaorhinus reciprocata reciprocata* (Walker)
黑斑褥尺蛾 *Eustroma aerosa* (Butler)
疏焰尺蛾 *Electrophaes alena alena* (Butler)
川仿锈腰青尺蛾 *Chlorissa tyro* Prout
八角尺蛾 *Pogonopygia nigralbata* Warren
晶尺蛾 *Peratophyga hylinata* (Kollar)
刺槐外斑尺蛾 *Ectropis excellens* (Butler)
狮涡尺蛾 *Dindicodes leopardinata* (Moore)
饰粉垂耳尺蛾 *Pachyodes ornataria* Moore
斑镰翅绿尺蛾锡金亚种 *Tanaorhinus kina embrithes* Prout
巨长翅尺蛾 *Obeidia gigantearia* Leech
纤木纹尺蛾 *Plagodis reticulata* Warren
玫缘俭尺蛾 *Spilopera roseimarginaria* Leech
中国虎尺蛾 *Xanthabraxas hemionata* Guenée
陶魈尺蛾 *Garaeus argillacea* (Butler)
橄榄斜灰尺蛾 *Loxotephria olivacea* Warren
波俭尺蛾 *Spilopera crenularia* Leech
网褥尺蛾峨眉亚种 *Eustroma reticulata dictyota* Prout
黄幡尺蛾 *Eilicrinia flava* (Moore)
凸翅小盅尺蛾 *Microcalicha catotaeniaria* (Poujade)
秃贡尺蛾 *Odontopera insulata* Bastelberger
茶贡尺蛾 *Odontopera bilinearia coryphodes* (Wehrli)
骐黄尺蛾 *Opisthograptis moelleri* Warren
铅灰金星尺蛾 *Abraxas plumbeata* Cockerell
昌尾尺蛾 *Ourapteryx changi* Inoue
紫带霞尺蛾 *Nothomiza aureolaria* Inoue
拉克尺蛾 *Racotis boarmiaria* (Guenée)
合脉褶尺蛾 *Lomographa perapicata* (Wehrli)
光边锦尺蛾 *Heterostegane hyriaria* Walker
勉方尺蛾 *Chorodna sedulata* Xue
赭点峰尺蛾指名亚种 *Dindica para para* Swinhoe
淡尾尺蛾 *Ourapteryx sciticaudaria* Walker
云纹绿尺蛾 *Comibaena pictipennis* Butler
择长翅尺蛾 *Obeidia tigrata neglecta* Thierry-Mieg
紫片尺蛾 *Fascellina chromataria* Walker
中国后星尺蛾 *Metabraxas clerica inconfusa* Warren
明金星尺蛾 *Abraxas flavisinuata* Warren
赭尾尺蛾 *Exurapteryx aristidaria* (Oberthür)
黑斑褥尺蛾 *Eustoma aerosa* (Butler)
眶褥尺蛾 *Eustoma inextricata* (Walker)
雕蛮尺蛾 *Medasina characta* Wehrli

点尾尺蛾 *Ourapteryx nigrociliaris* Leech
四星尺蛾 *Ophthalmitis irrorataria*（Bremer et Grey）
钩线青尺蛾 *Geometra dieckmanni* Graeser
槟星尺蛾 *Arichanna jaguaraia*（Guenée）
小点尺蛾 *Percnia maculata*（Moore）
点尺蛾 *Naxa angustaria* Leech
光穿孔尺蛾 *Corymica specularia nea* Wehrli
毛穿孔尺蛾 *Corymica arnearia* Walker
缘苔尺蛾 *Hirasa latimarginaria*（Leech）
巧无缰青尺蛾 *Hemistola euethes* Prout
琉璃尺蛾 *Krananda lucidaria* Leech
渺樟翠尺蛾 *Thalassodes immissaria* Walker
海南接眼尺蛾 *Problepsis conjunctiva* Prout
角顶尺蛾 *Menophra emaria*（Bremer）
萝藦艳青尺蛾 *Agathia carissima* Butler
茶担冥尺蛾 *Heterarmia diorthogonia*（Wehrli）
青辐射尺蛾 *Iotaphora admirabilis* Oberthür
长突芽尺蛾 *Scionomia anomala nasuta* Prout
豹垂耳尺蛾 *Pachyodes davidaria* Poujada
黄黑玉臂尺蛾 *Xandrames xanthomelanaria* Poujade
高山尾尺蛾 *Ourapteryx monticola* Inoue
黑条眼尺蛾 *Problepsis diazoma* Prout
钻四星尺蛾 *Ophthalmitis pertusaria*（Felder）
偏黑尾尺蛾 *Ourapteryx latimarginaria* Leech
凌幅尺蛾 *Photoscotosia atrostrigata*（Bremer）
缘玫俭尺蛾 *Spilopera roseimarginaria* Leech
褐纹绿尺蛾 *Comibaena amoenaria*（Oberthür）
鲜鹿尺蛾 *Alcis perfurcana*（Wehrli）
指眼尺蛾 *Problepsis crassinotata* Prout
斑弓莹尺蛾 *Hyalinetta circumflexa*（Kollar）
江浙垂耳尺蛾 *Pachyodes iterans*（Prout）
小茶尺蛾 *Ectropis obliqua* Prout
浙江矶尺蛾 *Abaciscus tristis tschekianga*（Wehrli）
窝尺蛾 *Atopophysa indistinca*（Butler）
大金星尺蛾 *Abraxas major* Wehrli
点古波尺蛾 *Palaeomystis mabillaria*（Poujade）
镶纹绿尺蛾 *Comibaena subhyalina*（Warren）
白带青尺蛾 *Geometra sponsaria*（Bremer）
绿始青尺蛾马来亚种 *Herochroma viridaria peperata*（Herbulot）
显鹿尺蛾 *Alcis nobilis* Alphéraky
达尺蛾 *Dalima apicata eoa* Wehrli
媚尺蛾 *Anthyperythra hermearia* Swinhoe
紫红魑尺蛾 *Garaeus cruentalus* Butler

同慧尺蛾 *Crypsicometa homoema* Prout
灰沙黄蝶尺蛾 *Thinopteryx delectans* (Butler)
赭点始青尺蛾 *Herochroma ochreipicta* (Swinhoe)
维亚四目绿尺蛾 *Comostola virago* Prout
金星垂耳尺蛾 *Pachyodes amplificata* (Walker)
瑞霜尺蛾 *Cleora repulsaria* (Walker)
天目书苔尺蛾 *Hirasa scripturaria eugrapha* Wehrli
豹尺蛾 *Dysphania* sp.
黄缘霞尺蛾 *Nothomiza flavicosta* Prout
中华星尺蛾 *Ophthalmitis senensium* Oberthür
川白脉青尺蛾 *Geometra albovenaria latirigua* (Prout)
暮尘尺蛾 *Hypomecis roboraria* (Denis et Schiffermüller)
双线垂耳尺蛾 *Pachyodes varicoloraris* (Moore)
缺口镰翅青尺蛾 *Tanaorhinus discolor* Warren
西藏庶尺蛾 *Semiothisa khasiana sinotibetaria* Wehrli
悦水尺蛾 *Hydrelia laetivirga* Prout
枉岩尺蛾 *Scopula ambigua* Prout
山枝子尺蛾 *Aspilates geholaria* Oberthür
灰绿片尺蛾 *Fascellina plagiata subvirens* Wehrli
云纹尺蛾 *Eulithis* sp.
白鹿尺蛾 *Alcis diprosopa* (Wehrli)
波缘尺蛾 *Apeira* sp.
魈尺蛾 *Garaeus* sp.
长阳葡萄洞纹尺蛾 *Chartographa ludovicaria praemutans* (Leech)
易达尺蛾 *Dalima variaria* Leech
玫始青尺蛾 *Herochroma rosulata* Han et Xue
中国紫边尺蛾 *Leptomiza calcearia apoleuca* Wehrli
四点波翅青尺蛾指名亚种 *Thalera lacerataria lacorataria* Graeser
猫眼尺蛾 *Problepsis superans* (Butler)
隐折线尺蛾 *Ecliptopera haplocrossa* (Prout)
萝摩艳青尺蛾 *Agathia carissima* Butler
川白脉青尺蛾 *Geometra albovenaria latirigua* (Prout)
齿带毛腹尺蛾 *Gasterocome pannosaria* (Moore)
波岩尺蛾 *Scopula rivularia* (Leech)
黄蟠尺蛾 *Eilicrinia flava* (Moore)
白尖尺蛾 *Pseudomiza cruentaria flavescens* (Swinhoe)
黄边垂耳尺蛾 *Pachyodes costiflavens* (Walker)
焦褥尺蛾 *Eustroma ustulata* Xue
海南艳青尺蛾 *Agathia hiarata hainanensis* Prout
李尺蛾 *Angerona prunaria* Linnaeus
后缘长翅尺蛾 *Obeidia postmarginata* Wehrli
凯无疆青尺蛾 *Hemistola kezukai* Inoue
灰汝尺蛾 *Rheumaptera grisearia* (Leech)

黄颜蓝青尺蛾 *Geometra flavifrontaria*（Guenée）
斑镰翅绿尺蛾指名亚种 *Tanaorhinus kina kina* Swinhoe
黄玉臂尺蛾 *Xandrames xanthomelanaria* Poujade
豹涡尺蛾 *Dindicodes davidaria*（Poujade）
四川洞魑尺蛾 *Garaeus specularis latior* Wehrli
晰垂耳尺蛾 *Pachyodes leucomelanaria* Poujade
川冠尺蛾四川亚种 *Lophophelma erionoma suonubigosa* Prout
金盅尺蛾 *Calicha ornataria*（Leech）
多线洄纹尺蛾 *Chartographa plurilineata*（Walker）
简无疆青尺蛾 *Hemistola unicolor*（Thierry-Mieg）
源无疆青尺蛾 *Hemistola periphanes* Prout
桦霜尺蛾 *Alcis repandata* Linnaeus
细枝树尺蛾 *Erebomorpha fulgurariantervolans* Wehrli
苹烟尺蛾 *Phthonosema tendinosaria* Bremer
白棒后星尺蛾 *Metabraxas coryneta* Swinboe
白珠鲁尺蛾 *Amblychia angeronaria* Guenée
疑尖尾尺蛾 *Gelasma ambigua*（Butler）
苔伪沼尺蛾 *Nothocasis muscigera*（Butler）
白脉青尺蛾指名亚种 *Geonietra albovenaria albovenaria* Bremer
肖彩青尺蛾 *Eucyclodes omeica*（chu）
璃尺蛾 *Krananda* sp.
黑暮尺蛾 *Hypomecis catharma*（Wehrli）
茶担尺蛾 *Heterarmia diorthogonia*（Wehrli）
假尘尺蛾 *Hypomecis pseudopunchinolis*（Wehrli）
小蜻蜓尺蛾 *Cystidia couaggaria* Guenée
黑纹游尺蛾 *Euphyia undulata*（Leech）
沙尺蛾 *Sarcinodes* sp.
金沙尺蛾 *Sarcinodes mongaku* Marumo
粉红边尺蛾 *Leptomiza crenularia* Leech
亚叉脉尺蛾 *Leptostegna asiatica*（Warren）
维界尺蛾四川亚种 *Horisme vitalbata ponderata* Prout
暮烟尺蛾 *Phthonosema peristygna*（Wehrli）
舟蛾科 NOTODONTIDAE
刺槐掌舟蛾 *Phalera birmicola*（Bryk）
杨二尾舟蛾 *Cerura menciana* Moore
黑蕊尾舟蛾 *Dudusa sphingformis* Moore
三线雪舟蛾 *Gazalina chrysolopha*（Kollar）
暗齿舟蛾 *Scotodonta tenebrosa*（Moore）
核桃美舟蛾 *Uropyia meticulodina*（Oberthür）
星篦舟蛾 *Besaia sideridis*（Kiriakoff）
洛纷舟蛾 *Fentonia notodontina*（Rothschild）
刺槐掌舟蛾 *Phalera birmicola*（Bryk）

栎枝背舟蛾 *Hybocampa umbrosa* (Staudinger)
迥舟蛾 *Disparia variegata* (Wileman)
苹掌舟蛾 *Phalera flavescens* (Bremer et Grey)
杨小舟蛾 *Micromelalopha sieversi* (Staudinger)
白颈异齿舟蛾 *Allodonta sikkima sikkima* (Moore)
疹灰舟蛾指名亚种 *Cnethodonta pustulifer pustulifer* (Oberthür)
峨嵋迥舟蛾 *Disparia abraama* (Schaus)
栎掌舟蛾 *Phalera assimilis* (Bremer et Grey)
榆掌舟蛾 *Phalera fuseescens* Butler
珠掌舟蛾 *Phalera parivala* Moore
新林舟蛾 *Neodrymonia delia* (Leech)
灰舟蛾 *Cnethodonta grisescens* Stadinger
富金舟蛾 *Spatalia plusiotis* (Oberthür)
土舟蛾 *Togepteryx velutina* (Oberthür)
曲纷舟蛾 *Fentonia excurvata* (Hampson)
黄钩翅舟蛾 *Gangarides flavescens* Schintlmeister
弗舟蛾 *Franzdaniela fasciata* Sugi
金纹角翅舟蛾 *Gonoclostera argentata* (Oberthür)
点舟蛾 *Stigmatophorina hammamelis* Mell
步间掌舟蛾 *Mesophalera bruno* Schintlmeister
大半齿舟蛾 *Semidonta basalis* (Moore)
双线亥齿舟蛾 *Hyperaeschrella nigribasis* (Hampson)
白缘剎舟蛾 *Parachadisra atrifusa* (Hampson)
显昏舟蛾 *Betashachia angustipennis* Matsumura
褐斑绿舟蛾 *Cyphanta chortochroa* Hampson
绿蚁舟蛾 *Stauropus virescens* Moore
凤舟蛾 *Suzukia cinerea* (Butler)
角瓣舟蛾 *Dypna triungularis* Kiriakoff
强小舟蛾 *Micromelalopha adrian* Schintlmeister
后齿舟蛾 *Epodonta lineata* (Oberthür)
分月扇舟蛾 *Clostera anastomosis* (Linnaeus)
著蕊尾舟蛾 *Dudusa nobilis* Walker
浅黄箩舟蛾 *Ceira postfusca* (Kiriakoff)
槐羽舟蛾 *Pterostoma sinicum* Moore
黑胯舟蛾 *Syntypistis melana* Wu et Fang
纹峭舟蛾 *Rachia striata* Hampson
窄翅舟蛾 *Niganda strigifascia* Moore
歧怪舟蛾 *Hagapteryx kishidai* Nakamura
曲良舟蛾 *Benbowia callista* Schintlmeister
噶夙舟蛾 *Pheosiopsis gaedei* Schintlmeister
苔岩舟蛾 *Rachiades lichenicolor* (Oberthür)
侧带内斑舟蛾中原亚种 *Peridea lativitta interrupta* Kiriakoff
半明奇舟蛾 *Allata laticostalis* (Hampson)

昏舟蛾 *Mesaeschra senescens* Kiriakoff
云舟蛾 *Neopheosia fasciata*（Moore）
艾涟舟蛾 *Shachia eingana*（Schaus）
同心舟蛾 *Homocentridia concentrica*（Oberthür）
梭舟蛾 *Netria viridescens* Walker
新奇舟蛾 *Neophyta sikkima*（Moore）
肖剑心银斑舟蛾 *Tarsolepis japonica* Wileman et South
基线纺舟蛾 *Fusadonta basilinea*（Wileman）
大新二尾舟蛾 *Neocerura wisei*（Swinhoe）
剑心银斑舟蛾 *Tarsolepis sommeri*（Hübner）
枝舟蛾 *Ramesa tosla* Walker
斑拟纷舟蛾 *Pseudofentonia maculata*（Moore）
厄内斑舟蛾 *Peridea elzet* Kiriakoff
苹蚁舟蛾 *Stauropus persimilis* Butler
半齿舟蛾 *Semidonta biloba*（Oberthür）
艳金舟蛾 *Spatalia doerriesi* Graeser
刺桐掌舟蛾 *Phalera raya* Moore
凹缘舟蛾 *Euhampsonia niveiceps*（Walker）
红褐甘舟蛾 *Gangaridopsis dercetis* Schintlmeister
戒心舟蛾 *Metriaeschra zhubajie* Schintlmeister et Fang
糊胯舟蛾 *Syntypistis ambigua* Schintlmeister et Fang
苔蛾科 LITHOSIIDAE
纺苔蛾 *Neasura hypophaeola* Hampson
白黑华苔蛾 *Agylla ramelana*（Moore）
乌闪苔蛾 *Paraona staudingeri* Alpheraky
圆斑土苔蛾 *Eilema signata*（Walker）
暗脉艳苔蛾 *Asura nigrivena*（Leech）
滴苔蛾 *Agrisius* sp.
一点艳苔蛾 *Asura unipuncta*（Leech）
点清苔蛾 *Apistosia subnigra* Leech
异美苔蛾 *Miltochrista aberrans* Butler
黄土苔蛾 *Eilema nigripoda*（Bremer et Grey）
缘点土苔蛾 *Eilema costipuncta*（Leech）
红束雪苔蛾 *Cyana fasciola*（Elwes）
之美苔蛾 *Miltochrista ziczac*（Walker）
乌土苔蛾 *Eilema ussurica*（Daniel）
黑缘美苔蛾 *Miltochrista delineata*（Walker）
棕灰苔蛾 *Poliosia brunnea*（Moore）
小白雪苔蛾 *Chionaema alba*（Moore）
优雪苔蛾 *Cyana hamata*（Walker）
条纹艳苔蛾 *Asura strigipennis*（Herrich-Schäffer）
粉鳞土苔蛾 *Eilema moorei*（Leech）

卷土苔蛾 *Eilema tortricoides* (Walker)
筛土苔蛾 *Eilema cribrata* Staudinger
膨土苔蛾 *Eilema tumida* (Walker)
黑轴美苔蛾 *Miltochrista cardinalis* Hampson
头褐华苔蛾 *Agylla collitoides* (Butler)
灰翅点苔蛾 *Hyposiccia punctigera* (Leech)
美苔蛾 *Miltochrista miniata* (Forster)
滴苔蛾 *Agrisius guttivitta* Walker
路雪苔蛾 *Chionaema adita* (Moore)
闪光苔蛾 *Chrysaeglia magnifica* (Walker)
耳土苔蛾 *Eilema auriflua* (Moore)
掌痣苔蛾 *Stigmatophora palmata* (Moore)
头橙华苔蛾 *Agylla gigantea* (Oberthür)
银土苔蛾 *Eilema varana* (Moore)
蛛雪苔蛾 *Chionaema ariadne* (Elwes)
褐脉艳苔蛾 *Asura esmia* (Swinhoe)
蓝缘苔蛾 *Conilepia nigricosta* Leech
优美苔蛾 *Miltochrista striata* Bremer
愉美苔蛾 *Miltochrista jucunda* Fang
全黄华苔蛾 *Agylla holochrea* Hampson
顶弯苔蛾 *Parabitecta flava* Draeseke
血红雪苔蛾 *Chionaema sanguinea* (Motschulsky)
砾美苔蛾 *Miltochrista pulchra* Butler
白颈雪苔蛾 *Cyana albicollis* Fang
煤色滴苔蛾 *Agrisius fuliginosus* Moore
灯蛾科 ARCTIIDAE
红线污灯蛾 *Spilarctia rubilinea* (Moore)
赭污灯蛾 *Spilarctia nehallenia* (Oberthür)
褐带污灯蛾 *Spilarctia lewisi* Butler
净雪灯蛾 *Spilosoma album* (Bremer et Grey)
华虎丽灯蛾 *Calpenia zerenaria* (Oberthür)
星白雪灯蛾 *Spilosoma menthastri* (Esper)
双带坦灯蛾 *Thanatarctia burmanica* (Rothschild)
淡色孔灯蛾 *Baroa vatala* Swinhoe
八点灰灯蛾 *Creatonotus transiens* (Walker)
红点浑黄灯蛾 *Rhyparioides subvaria* (Walker)
花布丽灯蛾 *Camptoloma interiorata* Walker
白雪灯蛾 *Spilosoma niveus* (Ménétriès)
姬白污灯蛾 *Spilarctia rhodophila* (Walker)
首丽灯蛾 *Callimorpha principalis* Kollar
白腹污灯蛾 *Spilarctia melansoma* (Hampson)
粉蝶灯蛾 *Nyctemera plagifera* Walker

黑须污灯蛾 *Spilarctia casigneta* (Koller)
尘污灯蛾 *Spilarctia obliqua* (Walker)
缘斑污灯蛾 *Spilarctia costimacula* (Leech)
大丽灯蛾 *Callimorpha histrio* Walker
显脉污灯蛾 *Spilarctia bisecta* (Leech)
强污灯蛾 *Spilarctia robusta* (Leech)
黑带污灯蛾 *Spilarctia quercii* (Oberthür)
净污灯蛾 *Spilarctia alba* (Bremer et Grey)
淡黄污灯蛾 *Spilarctia jankowskii* (Oberthür)
洁雪灯蛾 *Spilosoma pura* Leech
凤蛾科 EPICOPEIIDAE
浅翅凤蛾 *Epicopeia bainesi sinicaria* Leech
拟灯蛾科 HYPSIDAE
楔斑拟灯蛾 *Asota paliura* Swinhoe
敌蛾科 EPIPLEMIDAE
粉蝶敌蛾 *Thuria dividi* Oberthür
鹿蛾科 CTENUCHIDAE
多点春鹿蛾 *Eressa multigutta* (Walker)
广鹿蛾 *Amata emma* (Butler)
锚纹蛾科 CALLIDULIDAE
锚纹蛾 *Pterodecta feldari* Bremer
木蠹蛾科 COSSIDAE
咖啡豹蠹蛾 *Zeuzera coffeae* Nietner
梨豹蠹蛾 *Zeuzera pyrina* Stauding et Rebel
日本木蠹蛾 *Holcocerus japonicus* Gaede
夜蛾科 NOCTUIDAE
星闪夜蛾 *Sypna constellata* Moore
八字地老虎 *Amathes c-nigrum* Linnaeus
日月明夜蛾 *Chasmina biplaga* Walker
光陌夜蛾 *Trachea mitens* Butler
茶色狭翅夜蛾 *Hermonassa cecilia* Butler
白肾夜蛾 *Edessena gentiusalis* Walker
霉巾夜蛾 *Parallelia maturata* Walker
石榴巾夜蛾 *Parallelia stuposa* (Fabricius)
翎壶夜蛾 *Calyptra gruesa* (Draudt)
三斑蕊夜蛾 *Cymatophoropsis trimaculata* Bremer
角镰须夜蛾 *Zanclognatha angulina* Leech
霉裙剑夜蛾 *Polyphaenis oberthuri* Staudinger
雪耳夜蛾 *Ercheia niveostrigata* Warren
白线筅夜蛾 *Episparis liturata* Fabricius
赭尾歹夜蛾 *Diarsia ruficauda* (Warren)
折纹殿尾夜蛾 *Anuga multiplicans* Walker

朋秀夜蛾 *Apamea sodalis* Butler
谐夜蛾 *Emmelia trabealis* Scopoli
白点闪夜蛾 *Sypna astrigera* Butler
胖夜蛾 *Orthogonia sera* Felder
丹日明夜蛾 *Chasmina sigillata* Ménétrès
素星夜蛾 *Perigea capensis*（Guenée）
粉斑夜蛾 *Trichoplusia ni* Hübner
间纹粘夜蛾 *Leucania compta* Moore
双条波夜蛾 *Bocana bistrigata* Staudinger
白斑散纹夜蛾 *Callopistria albomacula* Leech
鸟嘴壶夜蛾 *Oraesia excavata* Butler
甘薯卷绮夜蛾 *Cretonia vegata* Swinhoe
迷弱夜蛾 *Orzaba incondita* Butler
榆剑纹夜蛾 *Acronicta hercules* Felder
紫棕扇夜蛾 *Sineugraphe exusta* Butler
冥杂夜蛾 *Amphipyra charon* Draudt
脉散纹夜蛾 *Callopistria venata* Leech
张卜夜蛾 *Bomolocha rhombalis*（Guenée）
克闪夜蛾 *Sypna kirbyi* Butler
粉蓝闪夜蛾 *Sypna cyanivitta* Moore
肘闪夜蛾 *Sypna olena* Swinhoe
中华遮夜蛾 *Trichestra chinensis* Draudt
白矢夜蛾 *Odontestra potanini*（Alpheraky）
旋秀夜蛾 *Apamea rurea* Fabricius
前黄鲁夜蛾 *Amathes stupenda*（Butler）
钩白肾夜蛾 *Edessena hamada*（Felder）
晦寡夜蛾 *Sideridis obscura* Moore
石委夜蛾 *Athetis lapidea* Wileman
朋秀夜蛾 *Apamea sodalis* Butler
灰绒夜蛾 *Lasiestra elwesi* Hampson
旋目夜蛾 *Spirama retorta*（Linnaeus）
奇光裳夜蛾 *Ephesia mirifica* Butler
大闪夜蛾 *Sypna amplifascia* Warren
疆夜蛾 *Peridroma saucia*（Hübner）
掌夜蛾 *Tiracola plagiata* Walker
比星夜蛾 *Perigea contigua*（Leech）
红晕散纹夜蛾 *Callopisyria repleta* Walker
壶夜蛾 *Calyptra capucina* Esper
满卜馍夜蛾 *Bomolocha mandarina* Leech
红衣夜蛾 *Clethrophora distincta* Leech
黄带后夜蛾 *Trisuloides luteifascia* Hampson
鸥裳夜蛾 *Catocala patala* Felder
褐贯夜蛾 *Mesogona indiana* Guenée

匹鲁夜蛾 *Amathes vidua* Staudinger
染歹夜蛾 *Diarsia tincta* Leech
晚星夜蛾 *Perigea atronitens* Draudt
长翅蕊夜蛾 *Sadarsa longipennis* Moore
红棕灰夜蛾 *Polia illoba* Butler
楔胸夜蛾 *Brachyxanthia zelotypa* Lederer
麦奂夜蛾 *Amphipoea fucosa* Freyer
嵌白散纹夜蛾 *Callopisyria quadralba* Draudt
大红裙扁身夜蛾 *Amphipyra monolitha* Guenée
霜壶夜蛾 *Calytra albivirgata*（Hampson）
粉翠夜蛾 *Hylophilodes orientalis*（Hampson）
鸽光裳夜蛾 *Ephesia columbina* Leech
白斑后夜蛾 *Trisuloides c-album*（Leech）
白斑胖夜蛾 *Orthogonia canimaculata* Warren
红尺夜蛾 *Dierna timandra* Alpheraky
美带夜蛾 *Triphaenopsis pulcherrima*（Moore）
明带夜蛾 *Triphaenopsis lucilla* Butler
黑后夜蛾 *Trisuloides coerulea* Butler
雪疽夜蛾 *Nodaria niphona* Butler
秦陌夜蛾 *trachea tsinlinga* Draudt
青夜蛾 *Belciades niveola* Motschulsky
俊夜蛾 *Westermannia superba* Hübner
三斑蕊夜蛾 *Cymatophoropsis trimaculata* Bremer
白束展夜蛾 *Hyperstrotia albicincta* Hampson
肖长须夜蛾 *Hypena iconicalis* Walker
清卜夜蛾 *Bomolocha indicatalis*（Walker）
粘虫 *Leucania separata* Walker
金斑夜蛾 *Chrysospidia festucae* Linnaeus
旋皮夜蛾 *Eligma narcissus*（Cramer）
曲粘夜蛾 *Leucania sinuosa* Moore
蓝条夜蛾 *Ischyja manlia* Cramer
并线尖须夜蛾 *Bleptina parallela* Leech
白缘寡夜蛾 *Sideridis albicosta* Moore
丽木冬夜蛾 *Xylena formosa*（Butler）
巨肾朋闪夜蛾 *Hypersypnoides pretiosissima*（Draudt）
巨肾鹰冬夜蛾 *Valeria exanthema*（Boursin）
武陵狭翅夜蛾 *Hermonassa wulinga* Chen
斯鲁夜蛾 *Xestia sternecki*（Boursin）
白斑锦夜蛾 *Euplexia albovittata* Moore
散纹夜蛾 *Prodenia litura* Fabricius
戟夜蛾 *Lacera alope* Cramer
艳叶夜蛾 *Eudocima salaminia*（Cramer）
桔肖毛翅夜蛾 *Lagoptera dotata* Fabricius

肖毛翅夜蛾 *Lagoptera juno* Dalman
文陌夜蛾 *Trachea literata* (Moore)
中金弧夜蛾 *Diachrysia intermixta* Warren
青安钮夜蛾 *Anua tirhaca* Cramer
显长角皮夜蛾 *Risoba prominens* Moore
小地老虎 *Agrotis ypsilon* Rottemberg
黄赭图夜蛾 *Eugraphe ochracea* Walker
胡桃豹夜蛾 *Sinna extrema* (Walker)
暗纹纷夜蛾 *Polydesma otiosa* Guenée
斑重尾夜蛾 *Bombotelia maculata* Butler
白纹尖须夜蛾 *Bleptina albovenata* Leech
毛野冬夜蛾 *Dasythorax hirsuta* Staudinger
超桥夜蛾 *Anomis fulvida* Guenée
柔粘夜蛾 *Leucania placida* (Butler)
苎麻夜蛾 *Cocytodes caerulea* Guenée
粉点闪夜蛾 *Sypna punctosa* Walker
棕点粘夜蛾 *Leucania transversata* Draudt
差粘夜蛾 *Leucania irregularis* Walker
斜纹夜蛾 *Prodenia litura* Fabricius
玉边魔目夜蛾 *Erebus albcincta* Kollar
铃斑翅夜蛾 *Serrodes campana* Guenée
鹰夜蛾 *Hypocala deflorata* (Fabricius)
月殿尾夜蛾 *Anuga lunulata* Moore
蔷薇扁身夜蛾 *Amphipyra perflua* Fabricius
落叶夜蛾 *Ophideres fullonica* Linnaeus
柚巾夜蛾 *Parallelia palumba* Guenée
褐闪夜蛾 *Sypna prunosa* Moore
银纹夜蛾 *Ctenoplusia agnata* (Staudinger)
淡银纹夜蛾 *Puriplusia purissima* Butler
斜线哈夜蛾 *Hamodes butleri* (Leech)
柿藓皮夜蛾 *Blenina senex* Butler
柿梢鹰夜蛾 *Hypocala moorei* Butler
红棕狼夜蛾 *Ochropleura ellapsa* Corti
角镰须夜蛾 *Zanclongtha angulina* Leech
淡眉夜蛾 *Pangrapta umbrosa* Leech
棕肾鲁夜蛾 *Amathes renalis* Moore
彩色鲁夜蛾 *Amathes efflorescens* Butler
缪狼夜蛾 *Ochropleura musiva* Hübner
线委夜蛾 *Athetis lineosa* (Moore)
黄寡夜蛾 *Sideridis vitellina* Hübner
寒锉夜蛾 *Blasticorhinus ussuriensis* Bremer
无肾巾夜蛾 *Parallelia crameri* Moore
仿劳粘夜蛾 *Leucania insecuta* Walker

赭黄粘夜蛾 *Leucania rufistrigosa* Moore
点线粘夜蛾 *Leucania lineatissima* Warren
巨黑颈夜蛾 *Eccrita maxima* Bremer
紫棕扇夜蛾 *Sineugraphe exusta* Butler
饰翠夜蛾 *Daseochaeta pallida*（Moore）
线夜蛾 *Elydna lineosa*（Moore）
缩卜馍夜蛾 *Bomolocha obductalis* Walker
霉裙剑夜蛾 *Polydphaeaenis oberthuri* Staudinger
胖夜蛾 *Orthogonia sera* Felder
土夜蛾 *Macrochthonia fervens* Butler
直带夜蛾 *Orthogonia quadrilineata* Moore
癞皮夜蛾 *Gadirtha inexacta* Walker
桔肖毛翅夜蛾 *Lagoptera dotata* Fabricius
肖毛翅夜蛾 *Lagoptera juno*（Dalman）
玉边魔目夜蛾 *Erebus albicincta* Kollar
长冬夜蛾 *Cucullia elongata* Butler
聚星夜蛾 *Perigea sideria* Leech
镶夜蛾 *Trichosea champa* Moore
黄剑纹夜蛾 *Acronicta lutea*（Bremer et Grey）
威剑纹夜蛾 *Acronicta digna* Butler
铜尾赭夜蛾 *Hadjina cupreipennis* Moore
侠冬夜蛾 *Cucullia generosa* Staudinger
柿梢鹰夜蛾 *Hypocala moorei* Butler
阴耳夜蛾 *Ercheia umbrosa* Butler
冷靛夜蛾 *Belciana virens* Butler
利翅夜蛾 *Oxygonitis* sp.
后夜蛾 *Trisuloides sericea* Butler
克袭夜蛾 *Sidemia spilogramma* Rambur
光闪夜蛾 *Sypna lucilla* Butler
镰大棱夜蛾 *Arytrura subfalcata* Ménétrès
枫杨藓皮夜蛾 *Arytrura subfalcata* Ménétrès
播粘夜蛾 *Leucania aspersa* Snellen
归裘夜蛾 *Dasygaster reversa* Moore
日月明夜蛾 *Chasmina biplaga*（Walker）
苜蓿夜蛾 *Heliothis viriplaca* Hufnagel
绿角翅夜蛾 *Tyana falcata* Walker
两色夜蛾 *Dichromia trigonalis* Guenée
苹梢鹰夜蛾 *Hypocala subsatura* Guenée
南夜蛾 *Ericeia inangulata* Guenée
黄斑粘夜蛾 *Leucania plavostigma* Bremer
肾巾夜蛾 *Parallelia praetrmissa* Warren
玫瑰巾夜蛾 *Parallelia arctotaenia* Guenée
角后夜蛾 *Trisuloides cornelia* Staudinger

大闪夜蛾 *Sypna amplifascia* Warren
黄颈缤夜蛾 *Moma fulvicollis* Lattin
桃红猎夜蛾 *Eublemma amasina* Eversmann
客来夜蛾 *Chrysorithrum amata* Bremer
黄镰须夜蛾 *Zanclognatha helva* Butler
点线粘夜蛾 *Leucania lineatissima* Warren
碧夜蛾 *Bena fagana* Linnaeus
花实夜蛾 *Heliothis ononis* Schiffermüller
绵冬夜蛾 *Dasypolia templi* Thunberg
木叶夜蛾 *Xylophylla punctifascia* Leech
鳞眉夜蛾 *Pangrapta squamea* Leech
青安纽夜蛾 *Anua tirhaca* Cramer
连光裳夜蛾 *Ephesia connexa* Butler
布光裳夜蛾 *Ephesia butleri* Leech
洁后夜蛾 *Trisuloides bella* Mell
缤夜蛾 *Moma* sp.
黑条翠夜蛾 *Daseochaeta marmorea* Leech
毛魔目夜蛾 *Erebus pilosa* Leech
袜纹夜蛾 *Chrysaspidia excelsa*（Kretschmar）
朴变色夜蛾 *Enmonodia feniseca* Guenée
湛点闪夜蛾 *Sypna distincta* Leech
半点顶夜蛾 *Callyna semivitta* Moore
湛闪夜蛾 *Sypna distincta* Leech
阴卜馍夜蛾 *Bomolocha stygiana* Butler
灰薄夜蛾 *Araeognatha cineracea* Butler
基夜蛾 *Kumasia kumaso*（Sugi）
斑肾朋闪夜蛾 *Hypersypnoides submarginata*（Walker）
闪疠夜蛾 *Adrapsa simplex*（Butler）
花夜蛾 *Yepcalphis dilectissima*（Walker）
旗眉夜蛾 *Pangrapta mandarina*（Leech）
匀杂夜蛾 *Amphipyra tripartita* Butler
底白盲裳夜蛾 *Lygniodes hypoleuca* Guenée
虎蛾科 AGARISTIDAE
黄修虎蛾 *Seudyra flavida* Leech
艳修虎蛾 *Seudyra venusta* Leech
小修虎蛾 *Seudyra manderina* Leech
白云修虎蛾 *Seudyra subalba* Leech
选彩虎蛾 *Episteme lectrix* Linnaeus
日龟虎蛾 *Chelonomorpha japona* Motschulsky
葡萄修虎蛾 *Seudyra subflava* Moore
黑星修虎蛾 *Seudyra catocalina*（Walker）
毒蛾科 LYMANTRIIDAE
黑褐盗毒蛾 *Porhesia atereta* Collenette

点丽毒蛾 *Calliteara angulata* (Hampson)
叉斜带毒蛾 *Numenes separata* Leech
芒果毒蛾 *Lymantria marginata* Walker
闽羽毒蛾 *Pida minensis* Chao
肾毒蛾 *Cifuna locuples* Walker
柳毒蛾 *Stilpnotia candida* Staudinger
角斑台毒蛾 *Orgyia recens* (Hübner)
烟素毒蛾 *Laelia unbrina* Moore
栎毒蛾 *Lymantria mathra* Moore
鹅点足毒蛾 *Redoa anser* Collenette
云星黄毒蛾 *Euproctis niphonis* (Butler)
白斜带毒蛾 *Numenes albofascia* (Leech)
迹带黄毒蛾 *Euproctis subfasciata* (Walker)
淡黄毒蛾 *Euproctis tanaocera* Collenette
梯带黄毒蛾 *Euproctis montis* (Leech)
无忧花丽毒蛾 *Calliteara horsfieldi* (Saunders)
角茸毒蛾 *Dasychira cyrteschata* Collenette
茶点足毒蛾 *Redoa phaeocraspeda* Collenette
白点足毒蛾 *Redoa cygnopsis* (Collentte)
刚竹毒蛾 *Pantana phyllostachysae* Chao
火黄毒蛾 *Euproctis glaphyra* Collenette
蓖麻黄毒蛾 *Euproctis cryptosticta* Collenette
盗毒蛾 *Porthesia similis* (Fueszly)
瑞丽毒蛾 *Calliteara strigata* (Moore)
豆盗毒蛾 *Porthesia piperita* (Oberthür)
熏黄毒蛾 *Euproctis fumea* Chao
纭毒蛾 *Lymantria similis* Moore
栎毒蛾 *Lymantria mathura* Moore
直角点足毒蛾 *Redoa anserella* Collenette
皎星黄毒蛾 *Euproctis bimaculata* Walker
顶点黄毒蛾 *Euproctis unipuncta* Leech
茶白毒蛾 *Arctornis alba* (Bremer)
白毒蛾 *Arctornis l-nigrum* (Müller)
斜纹白毒蛾 *Arctornis obliquilineata* Chao
漫星黄毒蛾 *Euproctis plana* Walker
乌桕黄毒蛾 *Euproctis bipunctapex* (Hampson)
戟盗毒蛾 *Porthesia kurosawai* Inoue
渗黄毒蛾 *Euproctis callipotama* Collenette
绿茸毒蛾 *Dasychira chloroptera* Hampson
模毒蛾 *Lymantria monacha* (Linnaeus)
峨嵋黄毒蛾 *Euproctis emeiensis* Chao
栎茸毒蛾 *Dasychira taiwana aurifera* Scriba
隐带黄毒蛾 *Euproctis inconspicua* Leech

饰黄毒蛾 *Euproctis divisa* (Walker)
肘带黄毒蛾 *Euproctis straminea* Leech
绢白毒蛾 *Arctornis gelasphora* Collenette
露毒蛾 *Daplasa irrorata* Moore
带跗雪毒蛾 *Leucoma chrysoscela* (Collenette)
黄羽毒蛾 *Pida strigipennis* (Moore)
尘盗毒蛾 *Porthesia seintillans* (Walker)
刻茸毒蛾 *Dasychira taiwana taiwana* Wileman
杨雪毒蛾 *Stilpnotia camdida* Staudinger
绿点足毒蛾 *Redoa verdura* Chao
黄斜带毒蛾 *Numenes disparilis separata* Leech
油桐黄毒蛾 *Euproctis latifascia* Walker
双弓黄毒蛾 *Euproctis diploxutha* Collenette
松茸毒蛾 *Dasychira axutha* Collenette
虹毒蛾 *Lymantria obsoleta* Walker
轻白毒蛾 *Arctornis cloanges* Collenette
折带黄毒蛾 *Euproctis flava* (Bremer)
灰翅毒蛾 *Lymantria polioptera* Collenette

凤蝶科 PAPILIONIDAE
碧凤蝶(黑凤蝶) *Papilio bianor* Cramer
蓝凤蝶 *Papilio protenor* Cramer
巴黎翠凤蝶 *Papilio paris* Linnaeus
玉斑凤蝶 *Papilio helenus* Linnaeus
红基美凤蝶西藏亚种 *Papilio alcmenor nlatenius* Fruhstorfer
宽带凤蝶东部亚种 *Papilio nephelus chaonulus* Fruhstorfer
云凤蝶 *Papilio nephelus* Boisduval
麝凤蝶 *Byasa alcinous* (Klug)
红基美凤蝶 *Papilio alcmenor* Felder et Felder
金凤蝶 *Papilio machaon* Linnaeus
玉带凤蝶 *Papilio polytes* Linnaeus
美凤蝶 *Papilio memnon* Linnaeus
灰绒麝凤蝶 *Byasa mencius* Feld.
宽带凤蝶 *Papilio nephelus* Boisduval
宽尾凤蝶 *Agehana elwesi* (Leech)
宽带青凤蝶 *Graphium cloanthus* (Westwood)
碧凤蝶指名亚种 *Papilio bianor bianor* Cramer
窄斑翠凤蝶 *Papilio arcturus* Westwood
乌克兰剑凤蝶 *Pazala tamerlana* (Oberthür)
柑桔凤蝶 *Papilio xuthus* Linnaeus

粉蝶科 PIERIDAE
大纹白粉蝶 *Pieris naganum* Moore
圆翅钩粉蝶 *Gonepteryx amintha* Blanchard

黑角方粉蝶 *Dercas lycorias*（Doubleday）
暗脉菜粉蝶 *Pieris napi*（Linnaeus）
黑纹粉蝶 *Pieris melete* Ménétriès
菜粉蝶 *Pieris rapae*（Linnaeus）
东方菜粉蝶 *Pieris canidia*（Sparrman）
展脉粉蝶 *Artogeia extensa* Poujade
橙黄豆粉蝶 *Colias fieldii* Ménétriès
斑缘豆粉蝶 *Colias erate*（Esper）
橙翅方粉蝶 *Dercas nina* Mell
檗黄粉蝶 *Eurema blanda*（Boisduval）
大翅绢粉蝶 *Aporia largeteaui* Oberthür
宽边黄粉蝶 *Eurema hecabe*（Linnaeus）
黑脉园粉蝶 *Cepora nerissa*（Fabricius）
暗脉菜粉蝶 *Pieris napi*（Linnaeus）
尖钩粉蝶 *Gonepteryx mahaguru*（Gistel）
檗黄粉蝶 *Eurema blanda*（Boisduval）
橙黄粉蝶 *Colias electo* Linnaeus
大翅绢粉蝶 *Aporia largeteaui*（Oberthür）
奥倍绢粉蝶 *Aporia oberthueri*（Leech）
绢粉蝶 *Aporia crataegi*（Linnaeus）
巨翅绢粉蝶 *Aporia gigantea* Koiwaya
眼蝶科 SATYRIDAE
大艳眼蝶 *Callerebia suroia* Tytler
中华矍眼蝶 *Ypthima chinensis* Leech
完璧矍眼蝶 *Ypthima perfecta* Leech
小矍眼蝶 *Ypthima nareda* Koller
矍眼蝶 *Ypthima baldus* Fabricius
边纹黛眼蝶 *Lethe marginalis*（Motschulsky）
白带黛眼蝶 *Lethe confusa*（Aurivillius）
深色昏眼蝶 *Melanites phedima* Cr.
玉带黛眼蝶 *Lethe verma* Kollar
密纹矍眼蝶 *Ypthima multistriata*（Butler）
姬目眼蝶 *Mycalesis gotama* Moore
蛇神黛眼蝶 *Lethe satyrina* Butler
拟稻眉眼蝶 *Mycalesis francisca*（Stoll）
混同艳眼蝶 *Callerebia confusa* Watkins
蓝斑丽眼蝶 *Mandarinia regalis*（Leech）
蒙链荫眼蝶指名亚种 *Neope muirheadii muirheadii*（Felder）
密沙眉眼蝶华中亚种 *Mycalesis misenus serica* Leech
多斑艳眼蝶 *Callerebia polyphemus* Oberthür
大波矍眼蝶 *Ypthima tappana* Matsumura
华西黛眼蝶 *Lethe baucis* Leech

稻眉眼蝶 *Mycalesis gotama* Moore
黄斑荫眼蝶 *Neope pulaha*（Moore）
幽矍眼蝶 *Ypthima conjuncta* Leech
山地白眼蝶 *Melanargia montana* Leech
白斑眼蝶 *Penthema adelma*（C. et R. Felder）
布莱荫眼蝶 *Neope bremeri*（Felder）
圆翅竹眼蝶 *Lethe satyrina* Btlr.
魔女矍眼蝶 *Ypthima medusa* Leech
鹭矍眼蝶 *Ypthima ciris* Leech
前雾矍眼蝶 *Ypthima praenubila* Leech
睇目眼蝶 *Melanitis phedima* Cramer
黄斑荫眼蝶中原亚种 *Neope pulaha ramosa* Leech

环蝶科 AMATHUSIIDAE
灰翅串珠环蝶 *Faunis aerope*（Leech）
灰色链珠环蝶 *Faunis aerope* Leech
赭环蝶 *Stichophthalma sparta* Niceville

蛱蝶科 NYMPHALIDAE
银豹蛱蝶 *Chidrena childreni* Gray
云豹蛱蝶 *Argynnis anadyomene* Felder
大红蛱蝶（苎麻赤蛱蝶） *Vanessa indica* Linnaeus
小红蛱蝶（苎麻赤蛱蝶、姬蛱蝶） *Vanessa cardui* Linnaeus
中华枯叶蛱蝶（木蛱蝶、枯叶蛾、木叶蛱蝶、中华枯叶蝶） *Kallima inachus* Swinhoe
玉杵带蛱蝶 *Athyma jina* Moore
黄帅蛱蝶 *Sephisa princeps*（Fixsen）
倒钩带蛱蝶 *Athyma recurva* Leech
折环蛱蝶 *Neptis beroe* Leech
钩翅眼蛱蝶 *Junonia iphita* Cramer
紫闪蛱蝶 *Apatura iris* Linnaeus
散纹盛蛱蝶 *Symbrenthia lilaea*（Hewitson）
戟眉线蛱蝶 *Limenitis homeyeri* Tancré
花豹盛蛱蝶 *Symbrenthia hypselis*（Godart）
黄钩蛱蝶 *Polygonia c-aureum* Linnaeus
斐豹蛱蝶 *Argyreus hyperbius* Linnaeus
大黄三线蛱蝶 *Neptis thisbe* Menetries
二尾蛱蝶 *Polyura narcaea* Hewitson
小三线蛱蝶 *Neptis sapphe* Pallar
绿豹蛱蝶 *Argynnis paphia*（Linnaeus）
曲纹蜘蛱蝶 *Araschnia doris* Leech
素饰蛱蝶 *Stibochiona nicea*（Gray）
美眼蛱蝶 *Junonia almana*（Linnaeus）
翠蓝眼蛱蝶 *Junonia orithya*（Linnaeus）
秀蛱蝶 *Pseudergolis wedah*（Kollar）

玉杵带蛱蝶华中亚种 *Athyma jina jinoides* Moore
弥环蛱蝶 *Neptis miah disopa* Swinhoe
断环蛱蝶 *Neptis samkara*（Kollar）
大二尾蛱蝶 *Polyura eudamippus*（Doubleday）
拟斑脉蛱蝶 *Hestina persimilis*（Westwood）
素饰蛱蝶 *Stibochiona nicea*（Gray）
玛环蛱蝶 *Neptis manasa* Moore
断环蛱蝶 *Neptis sankara*（Kollar）
中环蛱蝶 *Neptis hylas*（Linnaeus）
黄豹盛蛱蝶 *Symbrenthia brabira* Moore
玫环蛱蝶 *Neptis meloria* Oberthür
啡环蛱蝶 *Neptis philyra* Ménétriès
珂环蛱蝶 *Neptis clinia* Moore
戟眉线蛱蝶 *Limenitis homeyeri* Tancré
蔼菲蛱蝶 *Phaedyma aspasia*（Leech）
苎麻蛱蝶 *Acraea issoria* Hbn.
嘉翠蛱蝶 *Euthalia kardama*（Moore）
白裳猫蛱蝶 *Timelaea albescens*（Oberthür）
大紫蛱蝶 *Sasakia charonda*（Hewitson）
波纹翠蛱蝶 *Euthalia undosa* Fruhstorfer
太平翠蛱蝶 *Euthalia pacifica* Mell
古铜绿蛱蝶峨嵋亚种 *Dophla nara omeia* Leech
大白斑紫蛱蝶 *Mimathyma schrenckii* Ménétriès
断纹蜘蛱蝶 *Araschina dohertyi* Moore
白斑迷蛱蝶 *Mimathyma schrenckii* Ménétriès
残锷线蛱蝶 *Limenitis sulpitia*（Cramer）
琉璃蛱蝶 *Kaniska canace*（Linnaeus）
烟环蛱蝶 *Neptis harita* Moore
细带连环蛱蝶 *Neptis andetia* fruhstorfer
小环蛱蝶 *Neptis sapphe*（Pallas）
流星蛱蝶台湾亚种 *Dichorragia nesimachus formosanus* Fruhst
黄翅翠蛱蝶白化亚种 *Euthalia kosempona albescens* Mell
珍蝶科 ACRAEIDAE
苎麻珍蝶 *Acraea issoria*（Hübner）
蚬蝶科 RIODINIDAE
波蚬蝶 *Zemeros flegyas* Cramer
带蚬蝶 *Abisara fylloides* Moore
白带褐蚬蝶 *Abisara fylloides*（Moore）
喙蝶科 LIBYTHEIDAE
朴喙蝶 *Libythea celtis* Godart
灰蝶科 LYCAENIDAE
长尾蓝灰蝶 *Everes lacturnus*（Godart）

黑灰蝶 Niphanda fusca（Bremer et Grey）
优秀洒灰蝶 Satyrium eximium（Fixsen）
咖灰蝶 Catochrysops strabo（Fabricius）
蚜灰蝶 Taraka hamada（Druce）
酢浆灰蝶 Pseudozizeeria maha（Kollar）
蓝灰蝶 Everes crgiades（Pallas）
摩来彩灰蝶莎菲亚种 Heliophorus moorei saphir（Blanchard）
摩来彩灰蝶 Heliophorus moorei（Hewitson）
银线工灰蝶 Gonerilia thespis（Leech）
宽边小紫灰蝶 Zizina otis Fab.
雾驳灰蝶 Bothrinia nebulosa（Leech）
亮灰蝶 Lampides boeticus（Linnaeus）
尖翅银灰蝶台湾亚种 Curetis acuta formosana Fruhst
银线灰蝶 Spindasis lohita（Horsfield）
华灰蝶 Wagimo sulgeri（Oberthür）
褐翅银灰蝶 Curetis brunnea Wileman
尖翅银灰蝶指名亚种 Curetis acuta acuta Moore
雅灰蝶大陆亚种 Jamides bochus plato（Fabricius）
放踵珂弄蝶大陆亚种 Caltoris cahira carina（Evans）
琉璃灰蝶 Celastrina argiola（Linnaeus）
大紫琉璃灰蝶 Celastrina oreas（Leech）
尖翅银灰蝶 Curetis acuta Moore
大斑里白灰蝶海南亚种 Pithecops corvus cornix Cowan
银灰蝶 Curetis bulis（Westwood）
刺痣洒灰蝶 Satyrium latior（Fixsen）
点玄灰蝶 Tongeia filicaudis（Pryer）
莎菲彩灰蝶 Heliophorus saphir（Blanchard）
浓紫彩灰蝶 Heliophorus ila（de Nicéville et Martin）
珍贵妩灰蝶 Udara dilecta（Moore）
弄蝶科 HESPERIIDAE
大白裙弄蝶（大环弄蝶）Satarupa gopala Moore
中华白裙弄蝶 Satarupa sinica Felder
黑弄蝶 Daimio tethys（Ménétriès）
旖弄蝶 Isoteinon lamprospilus Felder et Felder
小星弄蝶 Celaenorrhinus ratna Fruhstorfer
斑星弄蝶指名亚种 Celaenorrhinus maculosus maculosus（Felder et Felder）
斑星弄蝶 Celaenorrhinus maculosus（Felder et Felder）
台湾籼弄蝶 Borbo cinnara Wall.
密纹飒弄蝶 Satarupa monbeigi Oberthür
台湾孔弄蝶 Polytremis eltola（Hewitson）
黄斑蕉弄蝶 Erionota torus Evans
直纹稻弄蝶 Parnara guttata（Bremer et Grey）

黄标琵弄蝶 *Pithauria marsena*（Hewitson）
绿弄蝶 *Choaspes benjaminii*（Guérin-Méneville）
黄斑弄蝶 *Ampittia discorides*（Fabricius）
白弄蝶 *Satarupa davidii*（Mabille）
双带弄蝶 *Lobocla bifasciata*（Bremer et Grey）
飒弄蝶 *Satarupa gopala* Moore
侏儒锷弄蝶 *Aeromachus pygmaeus*（Fabricius）
绿伞弄蝶 *Burara striata*（Hewitson）
斑星弄蝶 *Celaenorrhinus maculosa*（C. et R. Felder）
匪夷捷弄蝶 *Gerosis phisara*（Moore）
黑豹弄蝶 *Thymelicus sylvaticus*（Bremer）
华西孔弄蝶 *Polytremis nascens*（Leech）
华中刺胫弄蝶 *Baoris leechii*（Elwes et Edwards）
白角星弄蝶 *Celaenorrhinus victor* Devyatrin

双翅目 DIPTERA

大蚊科 TIPULIDAE

丽大蚊 *Tipula* sp.
短柄大蚊 *Nephrotoma* sp.
黄斑大蚊 *Nephrotoma scalaris terminalis*（Wiedemann）
暗缘尖大蚊 *Tipula furvimarginata* Yang et Yang
比栉大蚊 *Pselliophora* sp.
黄头蜚大蚊 *Tipula xanthocephala* Yang et Yang

蚊科 CULICIDAE

淡色库蚊 *Culex pipiens* Linnaeus

毛蚊科 BIBIONIDAE

哈氏襀毛蚊 *Piecia hardyi* Yang et Luo
细足叉毛蚊 *Penthetria simplioipes* Brunetti
小距毛蚊 *Bibio parvispinalis* Luo et Yang
乌叉毛蚊 *Penthetria picea* Yang

食蚜蝇科 SYRPHIDAE

狭带条胸蚜蝇 *Helophilus virgatus*（Coquilletti）
黑带食蚜蝇 *Episyrphus balteatus*（De Geer）
灰带管蚜蝇 *Eristalis cerealis*（Fabricius）
野食蚜蝇 *Syrphus torvus* Osten-Sacken
印度细腹蚜蝇 *Sphaerophoria indiana* Bigot
长尾管蚜蝇 *Eristalis tenax*（Linnaeus）
中黑条胸蚜蝇 *Helophilus melanodasys* Huo
褐线黄斑蚜蝇 *Xanthogramma coreanum* Shiraki
黄颜蚜蝇 *Syrphus ribesii*（Linnaeus）
梯斑墨蚜蝇 *Melanostoma scalare* Fabricius
短刺刺腿蚜蝇 *Ischiodon scutellaris*（Fabricius）
连带细腹蚜蝇 *Sphaerophoria taeniata*（Meigen）

钝黑离眼蚜蝇 *Eristalinus sepulchralis* (Linnaeus)
黄色细腹蚜蝇 *Sphaerophoria flavescentis* Huo et Zheng
东方墨蚜蝇 *Melstoma orientale* (Wiedemann)
紫柏垂边蚜蝇 *Epistrophe zibaiensis* Huo
黑蜂蚜蝇 *Volucella nigricans* Coquillett
宽带食蚜蝇 *Metasyrphus confrater* (Wiedemann)
卵腹直脉蚜蝇 *Dideoides ovatus* Brunetti
方斑墨蚜蝇 *Melanostoma mellinum* (Linnaeus)
多色黑蚜蝇 *Cheilosia versicolor* Curran
狭带贝蚜蝇 *Betasyrphus serarius* (Wiedemann)
黄腹狭口蚜蝇 *Asarkina porcina* (Coquillett)
狭腹毛管蚜蝇 *Mallota vilis* (Wiedemann)
短腹管蚜蝇 *Eristalis arbustorum* (Linnaeus)
黄盾蜂蚜蝇 *Volucella pellucens tabanoides* Motschulsky

粪蝇科 SCATHOPHAGIDAE

小黄粪蝇 *Scathophaga stercoraria* (Linnaeus)

花蝇科 ANTHOMIIDAE

灰地种蝇 *Delia platura* (Meigen)
横带花蝇 *Anthomyia illocata* Walker
蓝翠蝇 *Neomyia timorensis* (Robineau-Desvoidy)

丽蝇科 CALLIPHORIDAE

大头金蝇 *Chrysomyia megacephala* (Fabricius)
紫绿蝇 *Lucilia porphyrina* (Walker)
中华绿蝇 *Lucilia sinensis* Aubertin

蜣蝇科 PYRGOTIDAE

适蜣蝇 *Adapsilia* sp.
真蜣蝇 *Eupyrgota* sp.

寄蝇科 TACHINIDAE

健壮刺蛾寄蝇 *Chaetexorista eutachinoides* (Baranov)
细稜茸毛寄蝇 *Servilla puncto-cincta* Villeneuve
日本异丛寄蝇 *Isosturmia japonica* (Mesnil)
黑色美根寄蝇 *Meigenia nigra* Chao et Sun
褐瓣麦寄蝇 *Meidina fuscisquama* Mesnil
拱瓣狭颊寄蝇 *Carcelia iridipennis* (Wulp)
灰腹狭颊寄蝇 *Carcelia rasa* (Macquart)
毛斑裸板寄蝇 *Phorocerosoma postulans* Walker
峨眉短须寄蝇 *Linnaemya omega* Zimin
银颜筒须寄蝇 *Halydaia luteicornis* (Walker)
蚕饰腹寄蝇 *Blepharipa zebina* (Walker)
长足寄蝇 *Dexia* sp.
细稜茸毛寄蝇 *Servillia puncto-cincta* Villeneuve
毛鬃饰腹寄蝇 *Blepharipa chaetoparafacialis* Chao

狭颊寄蝇 *Carcelia* sp.
异长足寄蝇 *Dexia divergens* Walker
非利鹛寄蝇 *Eophyllophila filipes* Townsend
眼蝇科 CONOPIDAE
叉芒眼蝇 *Physocephala* sp.
蝇科 MUSCIDAE
斑踱黑蝇 *Ophyra chalcogaster* (Wiedemann)
绯胫纹蝇 *Graphomya rufitibia* Stein
圆莫蝇 *Morellia hortensia* (Wiedemann)
水虻科 STRATIOMYIIDAE
光亮扁角水虻 *Hermetia illucens* (Linnaeus)
金黄指突水虻 *Pteoticus aurifer* (Walker)
日本指突水虻 *Ptecticus japonicus* (Thunberg)
丽瘦腹水虻 *Sargusmetallinus* Fabricius
虻科 TABANIDAE
中华六带虻 *Tabanus chinensis* Ouchi
峨眉山瘤虻 *Hybomitra omeishanensis* Xu et Li
庐山瘤虻 *Tabanus lushanensis* Liu
蜂虻科 BOMBYLIIDAE
斑蜂虻 *Hemipenthes* sp.
食虫虻科 ASILIDAE
中华基叉食虫虻 *Phirodicus chinensis* Shiner
单腹基叉食虫虻 *Phirodocus univentris* Walker
毛腹鬃腿食虫虻 *Hoplopheromerus hirtiventris* Becker
安裂肛食虫虻 *Heligmoneura yenpingensis* (Bromly)
毛圆突食虫虻 *Machimus setibarbus* Loew
毛食虫虻 *Laphria* sp.
实蝇科 TEPHRITIDAE
淡笋羽角实蝇 *Gastrozona vulgaris* Zia
狭颊后鬃实蝇 *Sineuleia consobrina* (Zia)
欧非枣实蝇 *Trypeta incomplete* Becker
大实蝇 *Tetradacus* sp.
羽角实蝇 *Gastrozona* sp.
斑翅实蝇 *Campiglossa* sp.
缟蝇科 LAUXANIIDAE
同脉缟蝇 *Homoneura* sp.
斑翅同脉缟蝇 *Homoneura* sp.
甲蝇科 CELYPHIDAE
甲蝇 *Celyphus* sp.

膜翅目 HYMENOPTERA
三节叶蜂科 TENTHREDINIDAE
杜鹃三节叶蜂 *Arge similis* Vollenhoven

丽麦须三节叶蜂 *Athermantus imperialis* Smith
三节叶蜂 *Arge* sp.
榆三节叶蜂 *Arge captiva* Smith
叶蜂科 TENTHREDINIDAE
黑色拟栉叶蜂 *Priophorus nigricans* (Cameron)
真片叶蜂 *Eutomostethus* sp.
歪唇隐斑叶蜂 *Lagidina apicalis* Wei et Nie
蓬莱元叶蜂 *Taxonus formosacolus* (Rohwer)
雾带环角叶蜂 *Tenthredo sordidezonata* Malaise
天目山叶蜂 *Tenthredo tienmushana* (Tokeuchi)
黄胫白端叶蜂 *Tenthredo lagidina* Malaise
钝颊叶蜂 *Aglaostigma* sp.
隆盾宽蓝叶蜂 *Tenthredo lasurea* (Mocsáry)
元叶蜂 *Taxonus* sp.
麦叶蜂 *Dolerus* sp.
锤角叶蜂科 CIMBICIDAE
格氏细锤角叶蜂 *Leptocimex grahami* Malaise
红黑细锤角叶蜂 *Leptocimbex rufo-niger* Malaise
树蜂科 SIRICIDAE
黑顶扁角树蜂 *Tremex apicalis* Matsumura
姬蜂科 ICHNEUMONIDAE
黑纹细颚姬蜂 *Enicospilus nigropectus* Cameron
细线细颚姬蜂 *Enicospilus lineolatus* (Roman)
桑夜蛾盾脸姬蜂 *Metopius dissectorius dissectorius* (Panzer)
日本黑瘤姬蜂 *Cocoygomimus nipponious* (Uchida)
斑翅细瘦姬蜂 *Leptophion maculipennis* (Cameron)
后斑尖腹姬蜂 *Stenichneumor posticalis* (Matsumura)
湖南佩姬蜂 *Perjiva hunanensis* He et Chen
黑基肿跗姬蜂 *Anomalon nigribase* Cushman
玉米螟厚唇姬蜂 *Phaeogenes eguchii* Uchida
黑胸细颚姬蜂 *Enicospilus nigripectus* (Enderlein)
台湾细颚姬蜂 *Enicospilus formosensis* (Uchida)
细脉细颚姬蜂 *Enicospilus stenophleps* Cushman
红足亲姬蜂 *Gambrus ruficoxatus* (Sonan)
朱色遏姬蜂 *Euoptosage miniata* (Uchida)
黑斑锥凸姬蜂 *Euoptosage miniata* (Uchida)
茶毛虫细颚姬蜂 *Enicospilus psedoconspersae* (Sonan)
松毛虫异足姬蜂 *Heteropelma amictum* (Fabricius)
多毛单距姬蜂 *Sphinctus pilosus* Uchida
毛足滑姬蜂 *Idiolispa villosa* Sheng
细点细颚姬蜂 *Enicospilus puncticulatus* Tang
毛头泥甲姬蜂 *Bathythrix hirticeps* (Cameron)

短胸姬蜂 *Brachyscleroma* sp.
窄环厕蝇姬蜂 *Mesoleptus laticinctus*（Walker）
四川污翅姬蜂 *Spilopteron sichuanense* Wang
褐齿腿姬蜂 *Pristomerus rufiabdminalis* Uchida
刺蛾紫姬蜂 *Chlorocryptus purpuratus* Smith
两色深沟姬蜂 *Trogus bicolor* Radoszkowki
螟蛉悬茧姬蜂 *Charops bicolor* Szepligeti
弄蝶武姬蜂 *Ulesta agitata*（Matsumura et Uchida）
薄膜细颚姬蜂 *Enicospilus tenuinubeculus* Chiu
长尾漫姬蜂 *Mansa longicauda* Uchida
四角蚜蝇姬蜂 *Diplazon tetragonus tetragonus*（Thunberg）
湖南畸脉姬蜂 *Neurogenia hunanensis* He et Tong
大螟钝唇姬蜂 *Eriborus terebranus*（Gravenhorst）
长区宽跗姬蜂 *Eupalamus longisuperomedias* Uchida
点尖腹姬蜂 *Stenichneumon appropinquans*（Cameron）
苹毒蛾细颚姬蜂 *Enicospilus pudibundae*（Uchida）
环跗钝杂姬蜂台湾亚种 *Amblyjoppa annulitarsis horishanus*（Matsumura）
白足长孔姬蜂 *Goedartia pallidipes*（Uchida）
驼姬蜂 *Goryphus* sp.
眼斑姬蜂 *Ichneumon* sp.
黄须瘤姬蜂 *Pimpla flavipalpis* Cameron
伪瘤姬蜂 *Pseudopimpla* sp.
茧蜂科 BRACONIDAE
细足脊茧蜂 *Aleiodes gracilipes*（Telenga）
红腹滑胸茧蜂 *Homolobus rufiventralis* Maeto
红胸甲内茧蜂 *Aleiodes rufithorax*（Enderlein）
两色刺足茧蜂 *Zombrus bicolor*（Enderlein）
黑脊茧蜂 *Aleiodes caliginosis*（Shestakol）
白腹赛茧蜂 *Zele albiditarsus* Curtis
暗滑胸茧蜂 *Homolobus infumator*（Lyle）
湖南长体茧蜂 *Macrocentrus hunanensis* He et Lou
松毛虫脊茧蜂 *Aleiodes dendrolimi*（Matsumura）
湖南三节茧蜂 *Acampsis hunanensis* Chen et He
黄愈腹茧蜂 *Phanerotoma flava* Ashmead
蚁总科 FORMICOIDAE
蚁亚科 FORMICINAE
江华弓背蚁 *Camponotus jianghuaensis* Xiao et Wang
拟光腹弓背蚁 *Camponotus pseudoirritans* Wu et Wang
东方食植行军蚁 *Dorylus orientalis* Westwood
黑毛蚁 *Lasius niger*（L.）
少毛弓背蚁 *Camponotus spanis* Xiao et Wang
日本黑褐蚁 *Formica japonica* Motschulsky

玉米毛蚁 *Lasius alienus* (Foerster)
亮毛蚁 *Lasius fuliginosus* (Latreille)
重庆弓背蚁 *Camponotus chongqingensis* Wu et Wang
大头弓背蚁 *Camponotus largiceps* Wu et Wang
埃氏拟毛蚁 *Pseudolasius emeryi* Forel
铺道蚁 *Tetramorium caespitum* (L.)
拟光腹弓背蚁 *Camponotus pseudoirritans* Wu et Wang
安宁弓背蚁 *Camponotus anning ensis* Wu et Wang
马格丽特氏红蚁 *Myrmica margaritae* Emery
山大齿猛蚁 *Odontomachus monticola* Emery
双齿多刺蚁 *Polyrhachis dives* Smith
黄腹弓背蚁 *Camponotus helvus* Xiao et Wang
高桥盘腹蚁 *Aphaenogaster takahashii* Wheeler
亮腹黑褐蚁 *Formica gagatoides* Ruzsky
西伯利亚臭蚁 *Hypoclinea sibiricus* Emery
梅氏刺蚁 *Polyrhachis illaudata* Walker
亮红大头蚁 *Pheidole fervida* Smith
东京弓背蚁 *Camponotus tokioensis* Ito
掘穴蚁 *Formica cunicularia* Latreille
褐毛弓背蚁 *Camponotus fuscivillosus* Xiao et Wang
叶形刺蚁 *Polyhachis lamellidens* Smith
史氏盘腹蚁 *Aphaenogaster smythiesi* Forel

胡蜂总科 VESPOIDEA

胡蜂科 VESPIDAE

陆马蜂 *Polistes rothneyi grahami* Vecht
镶黄蜾蠃 *Eumenes decoratus* Smith
库侧异腹胡蜂 *Parapolybia indica bioculata* van der Vecht
变侧异腹胡蜂 *Parapolybia varia varia* (Fabricius)
日本元蜾蠃 *Discoelius japonicus* Perez
显佳盾蜾蠃 *Euodynerus notatus notatus* (Jurine)
黑尾胡蜂 *Vespa tropica ducalis* Smith
柑马蜂 *Polistes mandarinus* Saussure
印度侧异腹胡蜂 *Parapolybia indica indica* (Saussure)
朝鲜侧纹黄胡蜂 *Paravespula koerrnsis koreensis* (Radoszkowski)
墨胸胡蜂 *Vespa velutina nigrithorax* Buysson
多色铃腹胡蜂 *Ropalidia variegata variegata* (Smith)
金环胡蜂 *Vespa mandarinia mandarinia* Smith
畦马蜂 *Polistes sulcatus* Smith
褐胡蜂 *Vespa binghami* Buysson
中华马蜂 *Polistes chinensis* Fabricius
棕马蜂 *Polistes gigas* (Kirby)
方蜾蠃 *Eumenes quadratus* Smith

黄喙蜾蠃 *Rhynchium quinquecinctum* (Fabricius)
川沟蜾蠃 *Ancistrocerus parietum* (Linnaeus)
三齿胡蜂 *Vespa analis parallela* Andre
平唇原胡蜂 *Provespa barthelemyi* (Buysson)
啄蜾蠃 *Antepipona* sp.
蚁蜂科 MUTILLIDAE
眼斑驼盾蚁蜂 *Trogaspidia oculata* Fabricius
土蜂科 MUTILLIDAE
间色腹土蜂 *Scolia watanabei* (Mats.)
蜜蜂总科 APOIDEA
中华蜜蜂 *Apis cerana* Fabricius
黄芦蜂 *Ceratina flavipes* Smith
瑞熊蜂 *Bombus richardsi* (Reing)
红光熊蜂 *Bombus ignitus* Smith
长木蜂 *Xylocopa attenuata* Perkins
黄胸木蜂 *Xylocopa appendiculata* Smith
黑面条蜂 *Anthophora nigrifrons* Cockerell
盗条蜂 *Anthophora plagiata* Illiger
黑足熊蜂 *Bombus atripes* Smith
稻棒腹蜂 *Rhopalomelissa esakii* Hirashima
小突切叶蜂 *Megachile disjuncta* Fabricius
熊无垫蜂 *Amegilla pseudobomboides* (Meade-Waldo)
冲绳芦蜂 *Ceratina okinawana* Motsumura et Uchida
桔黄彩带蜂 *Nomia megasoma* Cockerell
细切叶蜂 *Megachile spissula* Cockerell
湖南地蜂 *Andrena hunanensis* Wu
汶川淡脉隧蜂 *Lasioglossum wenchuanensis* Fan
淡脉隧蜂 *Lasioglossum* sp.
玉米棒腹蜂 *Rhopalomelissa aeae* Wu
淡翅切叶蜂 *Megachile remota* Smith
拟蔷薇切叶蜂 *Megachile subtranquilla* Yansumatsu
华美盾斑蜂 *Thyreus decorus* (Smith)
黄芦蜂 *Ceratina flavipes* Smith
双条黄斑蜂 *dianthidium bifoveolatum* Alfken
脊跗拟孔蜂 *Hoplitis carinotarsa* Wu
大黑淡脉隧蜂 *Lasioglossum dybowskii* (Radoszkowsky)
铜色隧蜂 *Halictus aerarius* Smith
鳞棒腹蜂 *Rhopalomelissa burmica* Cockerell
红腹蜂 *Sphecodes* sp.
长板尖腹蜂 *Coelioxys fenstrata* Smith
红带尖腹蜂 *Coelioxys ruficincta* Cockerell
长棒腹蜂 *Rhopalomelissa elongata* Friese

贞洁熊蜂 *Bombus parthenius* Richards
红光熊蜂 *Bombus ignitus* Smith
重黄熊蜂 *Bombus flavus* Friese
峨嵋回条蜂 *Habropoda omeiensis* Wu
中华回条蜂 *Habropoda sinensis* Alfken
台湾回条蜂五月亚种 *Habropoda tainanicola maiella* Lieftinck
尖肩淡脉隧蜂 *Lasioglossum subopacum* (Smith)
鞋斑无垫蜂 *Amegilla calceifera* Cockerell
图拟熊蜂 *Psithyrus turneri* Richards
灰胸木蜂 *Xylocopa phalothorax* Lepeletier
黄回条蜂 *Habropoda mimetica* Cockerell
天目山长足条蜂 *Elaphropoda tienmushannensis* Wu
疏熊蜂 *Bombus remotus* (Tkalcu)
泰山准蜂 *Melitta taishanensis* Wu
粗切叶蜂 *Megachile sculpturalis* Smith
油茶地蜂 *Andrena camellia* Wu
喜马拉雅准蜂 *Melitta harrietae* Bingham

泥蜂总科 SPHECOIDAE

中华小唇沙蜂 *Tachytes sinensis* Smith
蓝长背泥蜂 *Trirogma caerulea* Westwood
黑足脊小唇泥蜂 *Liris ducalis* (Smith)
红腿小唇沙蜂 *Larra luzonensis* Rohwer
矛小唇沙蜂 *Liris docilis* Smith

附录十二 湖北五峰后河国家级自然保护区重点保护野生脊椎动物名录

物种	CITES 附录Ⅰ	CITES 附录Ⅱ	CITES 附录Ⅲ	《IUCN红色名录》	中国重点保护野生动物级别	《中国脊椎动物红色名录》
鸟纲						
红腹角雉 *Tragopan temminckii*					Ⅱ	
勺鸡 *Pucrasia macrolopha*			√		Ⅱ	
红腹锦鸡 *Chrysolophus pictus*					Ⅱ	
鸳鸯 *Aix galericulata*					Ⅱ	
棉凫 *Nettapus coromandelianus*					Ⅱ	EN
中华秋沙鸭 *Mergus squamatus*				EN	Ⅰ	EN
红翅绿鸠 *Treron sieboldii*					Ⅱ	
凤头蜂鹰 *Pernis ptilorhynchus*		√			Ⅱ	
褐冠鹃隼 *Aviceda jerdoni*		√			Ⅱ	
黑冠鹃隼 *Aviceda leuphotes*		√			Ⅱ	
蛇雕 *Spilornis cheela*		√			Ⅱ	
金雕 *Aquila chrysaetos*		√			Ⅰ	VU
白腹隼雕 *Aquila fasciata*		√			Ⅱ	VU
凤头鹰 *Accipiter trivirgatus*		√			Ⅱ	
赤腹鹰 *Accipiter soloensis*		√			Ⅱ	
日本松雀鹰 *Accipiter gularis*		√			Ⅱ	
松雀鹰 *Accipiter virgatus*		√			Ⅱ	
雀鹰 *Accipiter nisus*		√			Ⅱ	
苍鹰 *Accipiter gentilis*		√			Ⅱ	
白腹鹞 *Circus spilonotus*		√			Ⅱ	
白尾鹞 *Circus cyaneus*		√			Ⅱ	
鹊鹞 *Circus melanoleucos*		√			Ⅱ	
黑鸢 *Milvus migrans*		√			Ⅱ	
灰脸鵟鹰 *Butastur indicus*		√			Ⅱ	
普通鵟 *Buteo japonicus*		√			Ⅱ	
领角鸮 *Otus lettia*		√			Ⅱ	
红角鸮 *Otus sunia*		√			Ⅱ	
雕鸮 *Bubo bubo*		√			Ⅱ	
灰林鸮 *Strix aluco*		√			Ⅱ	
领鸺鹠 *Glaucidium brodiei*		√			Ⅱ	
斑头鸺鹠 *Glaucidium cuculoides*		√			Ⅱ	

（续）

物种	CITES 附录Ⅰ	CITES 附录Ⅱ	CITES 附录Ⅲ	《IUCN红色名录》	中国重点保护野生动物级别	《中国脊椎动物红色名录》
鹰鸮 *Ninox scutulata*		√			Ⅱ	
红隼 *Falco tinnunculus*		√			Ⅱ	
红脚隼 *Falco amurensis*		√			Ⅱ	
灰背隼 *Falco columbarius*		√			Ⅱ	
燕隼 *Falco subbuteo*		√			Ⅱ	
游隼 *Falco peregrinus*	√				Ⅱ	
白颈鸦 *Corvus pectoralis*				VU		
金胸雀鹛 *Lioparus chrysotis*					Ⅱ	
白眶鸦雀 *Sinosuthora conspicillata*					Ⅱ	
红胁绣眼鸟 *Zosterops erythropleurus*					Ⅱ	
画眉 *Garrulax canorus*		√			Ⅱ	
眼纹噪鹛 *Garrulax ocellatus*					Ⅱ	
棕噪鹛 *Garrulax berthemyi*					Ⅱ	
橙翅噪鹛 *Trochalopteron elliotii*					Ⅱ	
红嘴相思鸟 *Leiothrix lutea*		√			Ⅱ	
白喉林鹟 *Cyornis brunneatus*				VU	Ⅱ	VU
棕腹大仙鹟 *Niltava davidi*					Ⅱ	
蓝鹀 *Emberiza siemsseni*					Ⅱ	
哺乳纲						
喜马拉雅水麝鼩 *Chimarrogale himalayica*						VU
复齿鼯鼠 *Trogopterus xanthipes*						VU
穿山甲 *Manis pentadactyla*		√		CR	Ⅰ	CR
猕猴 *Macaca mulatta*		√			Ⅱ	
黑熊 *Ursus thibetanus*	√			VU	Ⅱ	VU
黄喉貂 *Martes flavigula*			√		Ⅱ	
黄腹鼬 *Mustela kathiah*			√			
黄鼬 *Mustela sibirica*			√			
水獭 *Lutra lutra*	√				Ⅱ	EN
大灵猫 *Viverra zibetha*			√		Ⅰ	
果子狸 *Paguma larvata*			√			
食蟹獴 *Herpestes urva*			√			
豹猫 *Prionailurus bengalensis*		√			Ⅱ	VU
金猫 *Pardofelis temminckii*					Ⅰ	CR
云豹 *Neofelis nebulosa*	√			VU	Ⅰ	CR
金钱豹 *Panthera pardus*	√			VU	Ⅰ	EN

（续）

物种	CITES			《IUCN红色名录》	中国重点保护野生动物级别	《中国脊椎动物红色名录》
	附录Ⅰ	附录Ⅱ	附录Ⅲ			
林麝 *Moschus berezovskii*		√		EN	Ⅰ	CR
毛冠鹿 *Elaphodus cephalophus*					Ⅱ	VU
小麂 *Muntiacus reevesi*						VU
中华斑羚 *Naemorhedus griseus*	√				Ⅱ	VU
中华鬣羚 *Capricornis milneedwardsii*	√				Ⅱ	VU
两栖纲						
大鲵 *Andrias davidianus*	√			CR	Ⅱ	CR
虎纹蛙 *Hoplobatrachus rugulosus*		√			Ⅱ	
细痣瑶螈 *Yaotriton asperrimus*					Ⅱ	NT
峨眉髭蟾 *Vibrissaphora boringii*					Ⅱ	VU
棘腹蛙 *Paa boulengeri*						VU
棘胸蛙 *Paa spinosa*						VU
桑植角蟾 *Megophrys sangzhiensis*				CR		
尾突角蟾 *Megophrys caudoprocta*				EN		EN
短肢角蟾 *Megophrys brachykolos*				EN		VU
巫山角蟾 *Megophrys wushanensis*						VU
小棘蛙 *Quasipaa exilispinosa*				VU		VU
九龙棘蛙 *Quasipaa jiulongensis*				VU		VU
双团棘胸蛙 *Gynandropaa yunnanensis*						EN
爬行纲						
乌龟 *Mauremys reevesii*					Ⅱ	EN
中华鳖 *Pelodiscus sinensis*				VU		EN
脆蛇蜥 *Ophisaurus harti*					Ⅱ	EN
王锦蛇 *Elaphe carinata*						EN
玉斑锦蛇 *Elaphe mandarina*						VU
紫灰蛇 *Oreocryptophis porphyraceus*						VU
黑眉锦蛇 *Elaphe taeniura*						VU
灰鼠蛇 *Ptyas korros*		√				VU
滑鼠蛇 *Ptyas mucosus*						EN
乌梢蛇 *Ptyas dhumnades*						VU
银环蛇 *Bungarus multicinctus*						VU
舟山眼镜蛇 *Naja atra*		√		VU		VU
白头蝰 *Azemiops feae*						VU
尖吻蝮 *Deinagkistrodon acutus*						EN

附 图

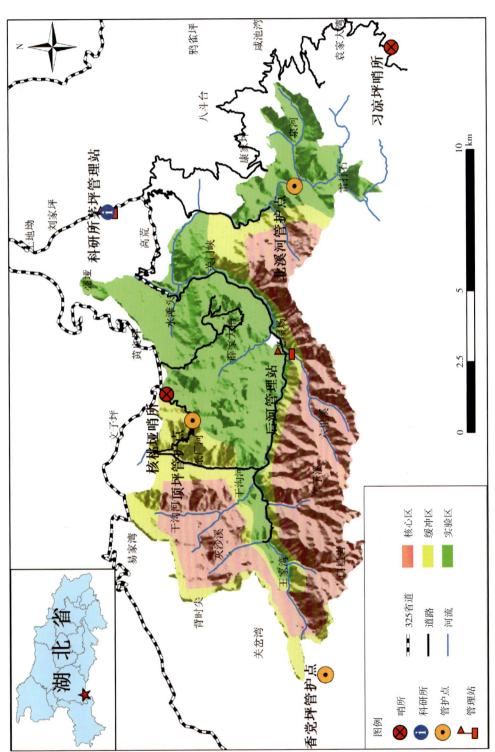

附图1 湖北五峰后河国家级自然保护区位置图

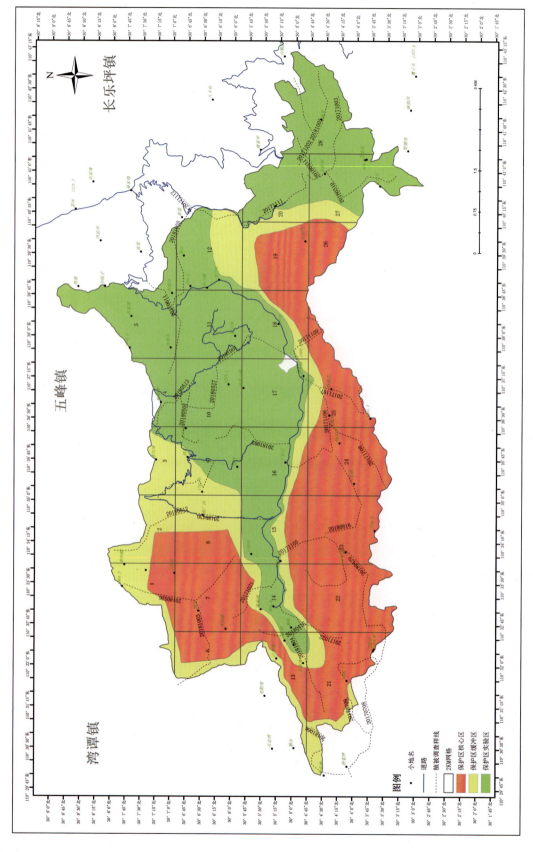

附图2 湖北五峰后河国家级自然保护区森林植被调查样线图

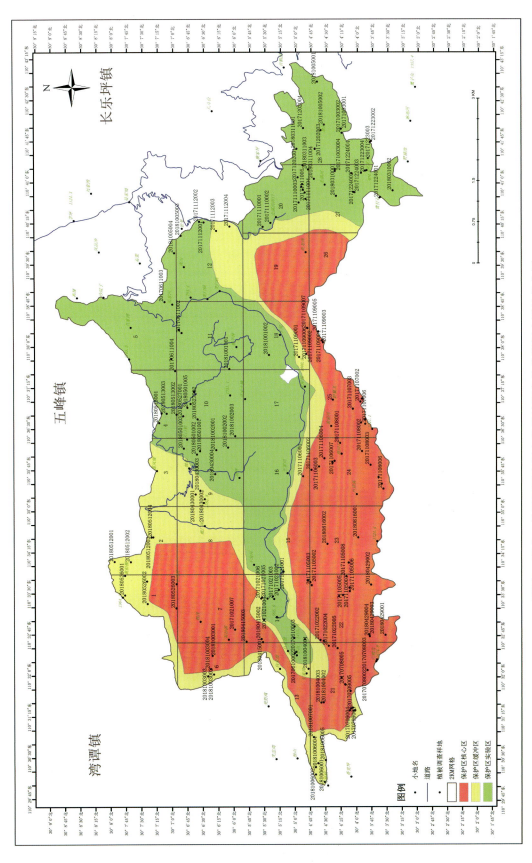

附图3 湖北五峰后河国家级自然保护区森林植被调查样地分布图

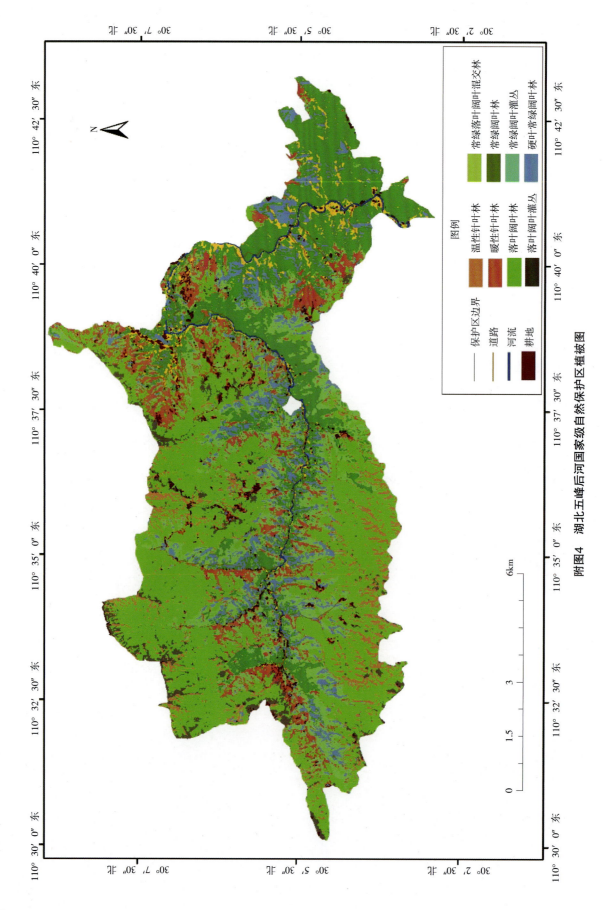

附图4 湖北五峰后河国家级自然保护区植被图

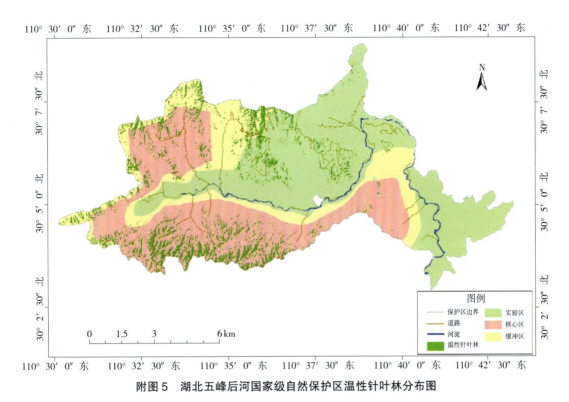

附图5　湖北五峰后河国家级自然保护区温性针叶林分布图

附图6　湖北五峰后河国家级自然保护区巴山松林

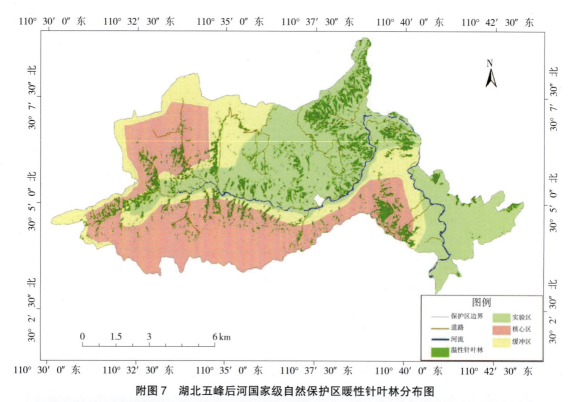

附图7　湖北五峰后河国家级自然保护区暖性针叶林分布图

附图8　湖北五峰后河国家级自然保护区水杉林

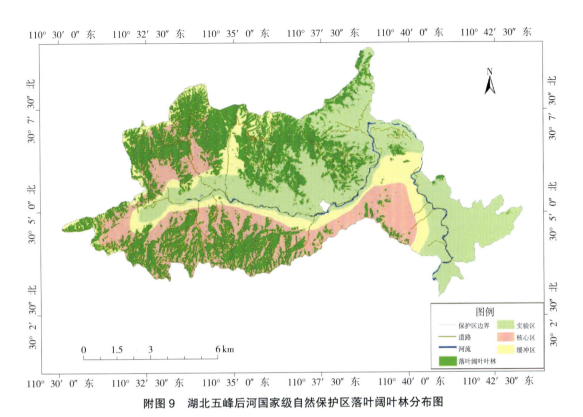

附图 9　湖北五峰后河国家级自然保护区落叶阔叶林分布图

附图 10　湖北五峰后河国家级自然保护区狭翅桦群落

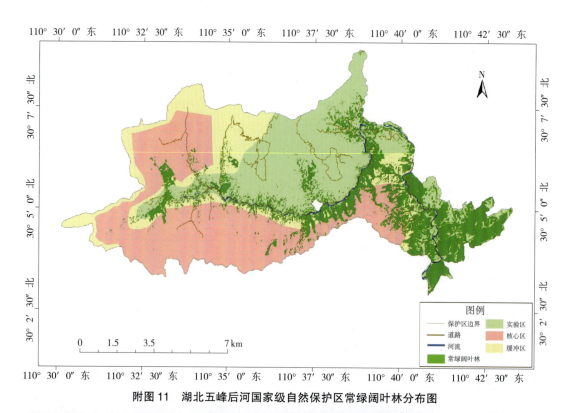

附图11　湖北五峰后河国家级自然保护区常绿阔叶林分布图

附图12　湖北后河国家级自然保护区栲树林

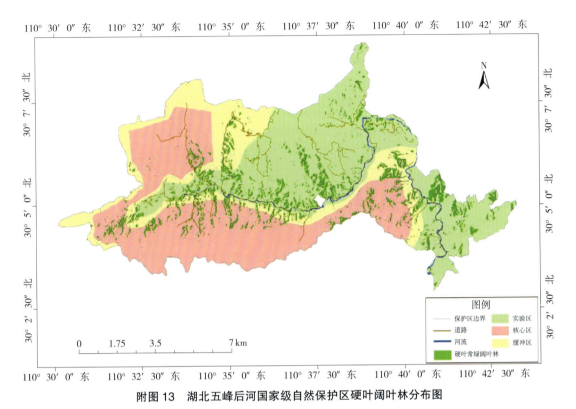

附图13 湖北五峰后河国家级自然保护区硬叶阔叶林分布图

附图14 湖北五峰后河国家级自然保护区岩栎林

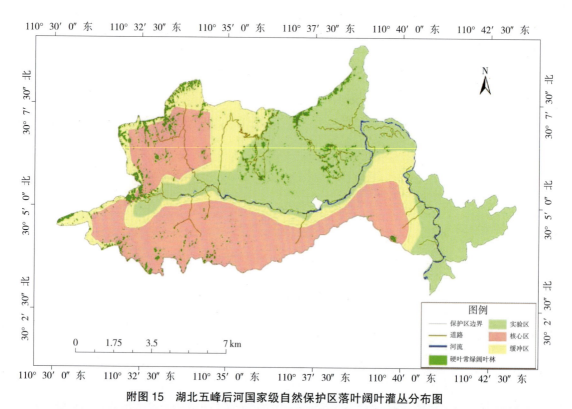

附图15　湖北五峰后河国家级自然保护区落叶阔叶灌丛分布图

附图16　湖北五峰后河国家级自然保护区马桑灌丛

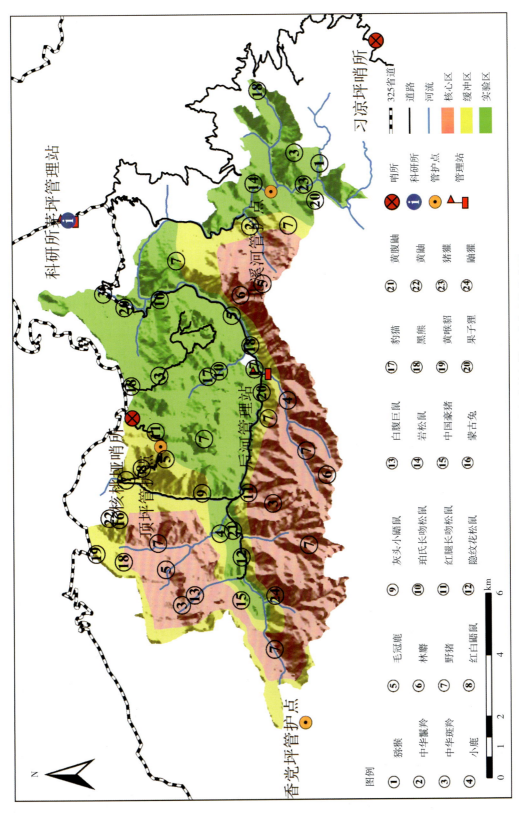

附图17 湖北五峰后河国家级自然保护区哺乳动物分布图

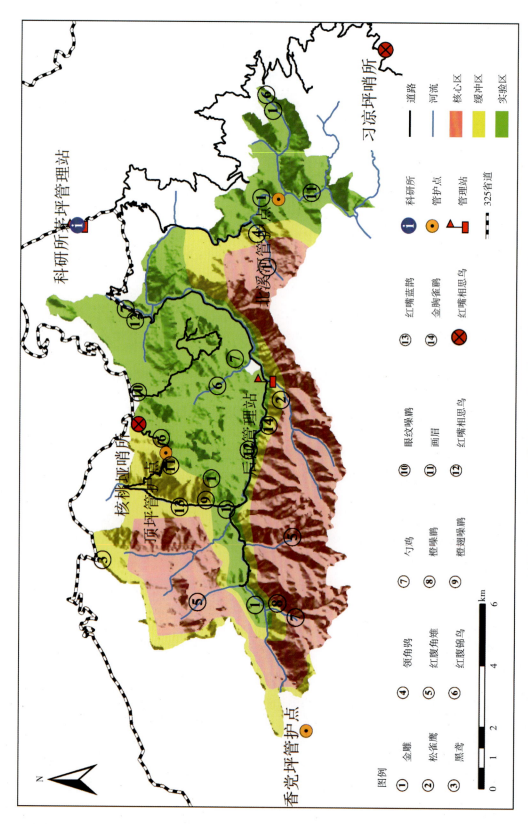

附图18 湖北五峰后河国家级自然保护区珍稀濒危鸟类分布图

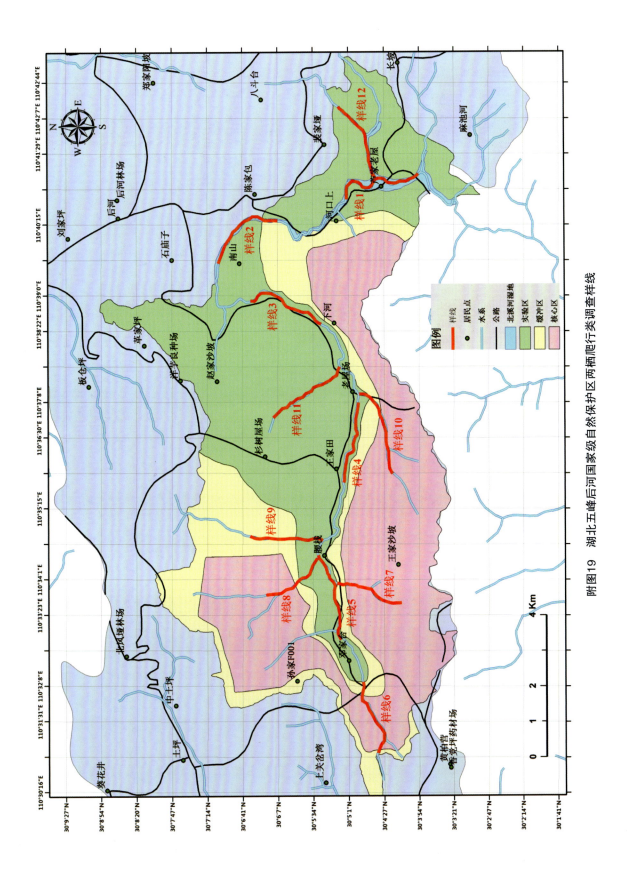

附图19 湖北五峰后河国家级自然保护区两栖爬行类调查样线